Dokumenten-Management

Klaus Götzer · Patrick Maué · Ulrich Emmert

Dokumenten-Management

Informationen im Unternehmen effizient nutzen

6., vollständig überarbeitete und aktualisierte Auflage

dpunkt.verlag

Dr. Klaus Götzer
Dr. Patrick Maué
Ulrich Emmert

Lektorat: Dr. Michael Barabas
Projektkoordinierung: Anja Weimer
Copy-Editing: Friederike Daenecke, Zülpich
Satz: Jörg Liedtke, Flensburg
Herstellung: Stefanie Weidner, Frank Heidt
Umschlaggestaltung: Helmut Kraus, *www.exclam.de*
Druck und Bindung: mediaprint solutions GmbH, 33100 Paderborn

Bibliografische Information der Deutschen Nationalbibliothek
Die Deutsche Nationalbibliothek verzeichnet diese Publikation in der Deutschen Nationalbibliografie; detaillierte bibliografische Daten sind im Internet über *http://dnb.d-nb.de* abrufbar.

ISBN:
Print 978-3-86490-955-9
PDF 978-3-96910-948-9
ePub 978-3-96910-949-6
mobi 978-3-96910-950-2

6., vollständig überarbeitete und aktualisierte Auflage 2023

Wieblinger Weg 17
69123 Heidelberg

Hinweis:
Dieses Buch wurde auf PEFC-zertifiziertem Papier aus nachhaltiger Waldwirtschaft gedruckt. Der Umwelt zuliebe verzichten wir zusätzlich auf die Einschweißfolie.

PEFC zertifiziert
Das Papier für dieses Buch stammt aus nachhaltig bewirtschafteten Wäldern und kontrollierten Quellen.
PEFC/04-31-0810 www.pefc.de

Schreiben Sie uns:
Falls Sie Anregungen, Wünsche und Kommentare haben, lassen Sie es uns wissen: *hallo@dpunkt.de*.

5 4 3 2 1 0

Inhaltsübersicht

Inhalt

1 Einführung

In diesem Kapitel werden zentrale Begriffe und Konzepte erläutert, die für das weitere Verständnis von zentraler Bedeutung sind. Am Schluss wird noch auf die Struktur des Buches eingegangen.

1.1 Relevanz von Dokumenten-Management

Die aufzubewahrenden und verfügbar zu haltenden Dokumentenmengen haben heute Größenordnungen erreicht, die von einzelnen Personen und mit konventionellen Hilfsmitteln nicht mehr effizient zu handhaben sind. Ein Beispiel soll dies verdeutlichen:

Der Umfang einer durchschnittlichen Dokumentation für ein konventionelles Kraftwerk beträgt heute ca. 500.000 Dokumente, das entspricht einer Strecke von 500 Metern aneinandergereihter Ordner. Betrachten wir die Situation eines Energieversorgers ohne Erzeugungsanlagen, der eine Großstadt mit ca. 500.000 Einwohnern versorgt, so können wir von einem Volumen in Höhe von ca. 3 Millionen Dokumenten ausgehen, das sich jährlich um durchschnittlich 250.000 Dokumente erhöht.

Die Menge an täglich eingehenden und ausgehenden Informationen nimmt kontinuierlich zu. Informationen sind Unternehmenswerte, und immer öfter entscheidet die intelligente Nutzung von Informationen über den geschäftlichen Erfolg. In allen Bereichen der Wirtschaft und Verwaltung nehmen die Anforderungen an Dokumentationen, Nachweispflichten, Informationspflichten etc. stark zu. Darüber hinaus dienen vorgehaltene Informationen als Nachweis gegenüber Vertragspartnern oder Behörden. Dadurch werden Risiken gemindert, die sich aus dem Handeln der Unternehmen ergeben können. Es ergibt sich damit die Forderung, dass die relevanten Informationen während des Vorhaltezeitraums sicher und formgerecht aufzubewahren sind sowie bedarfsgerecht verfügbar sein müssen.

Im Vorfeld der Erarbeitung einer Dokumentenverwaltungs- und/oder Archivierungslösung stellt sich daher auf der einen Seite die Frage nach den Maßnahmen, die ergriffen werden müssen, um die Forderung nach effizienten Lösungen zu erfüllen; auf der anderen Seite stellt sich die Frage nach den konkreten Potenzialen, die durch die jeweiligen Maßnahmen erschlossen werden können.

1.2 Begriffe zum Dokumenten-Management

Der Begriff **Dokument** erscheint auf den ersten Blick so einfach und ist doch sehr komplex. Ein Dokument soll etwas »dokumentieren«, also einen Nachweis erbringen, ein Ereignis, einen Sachverhalt oder einen Vorgang festhalten. Es bietet oft auch eine partnerschaftliche Absicherung, z.B. mithilfe eines Vertrags. Dokumente gibt es in den unterschiedlichsten Varianten, beispielsweise als ein Angebot, ein Zeitschriftenartikel, ein Besprechungsprotokoll, ein Brief, eine Rechnung, eine Gebrauchsanweisung usw. Ein Dokument kann aber auch ein Film oder eine Tonreportage oder sogar eine Tontafel sein. Dokumente können unterschiedlichste Inhalte und Bedeutung haben. Dokumente können für nur wenige Tage oder Stunden relevant sein oder auch für Jahrzehnte. Die Inhalte von Dokumenten können trivial oder hochkomplex sein. Entsprechend vielfältig und komplex können auch die Organisation und die Systeme zur Administration von Dokumenten sein.

1.2.1 Der Begriff des »Dokuments«

»Ein Dokument ist eine festgelegte und strukturierte Menge von Informationen, die als Einheit verwaltet und zwischen Anwendern und Systemen ausgetauscht werden kann.« (Definition nach ISO 8613-1)

Im klassischen Sinne versteht man unter einem Dokument eine Urkunde, eine amtliche Bescheinigung bzw. ein Schriftstück, das als Beweis dient. Doch muss heute der Begriff des Dokuments deutlich weiter gefasst werden:

- Ein Dokument fasst inhaltlich zusammengehörende Informationen strukturiert zusammen, die nicht ohne erheblichen Bedeutungsverlust weiter unterteilt werden können.
- Die Gesamtheit der Information ist für einen gewissen Zeitraum zu erhalten.
- Dokumente dienen oft dem Nachweis von Tatsachen.
- Ein Dokument ist als Einheit ablegbar (speicherbar) und/oder versendbar und/oder wahrnehmbar (sehen, hören, fühlen).
- Dokumente treten oft in einer materiellen Form auf (zumindest in einem gewissen Zeitabschnitt ihres »Lebens«) und/oder können in eine materielle Form transformiert werden.
- Das Dokument ist eigentlich der Träger, der die Informationen speichert, egal ob das Dokument ein Stück Papier, eine Datei auf einem Rechner, ein Videoband oder eine Tontafel etc. ist. Dies bedeutet auch, dass es keine Bindung an Papier oder an ein geschriebenes Wort gibt.

Der Begriff des Dokuments ist im Verständnis der Allgemeinheit immer noch sehr stark an ein körperliches Medium, z.B. Papier, gebunden. Von dieser gegenständlichen Vorstellung muss man aber heute abstrahieren.

Als Dokumente werden einerseits Dokumente bezeichnet, die als körperliches Dokument (z.B. Papier) vorliegen, ursprünglich als körperliches Dokument vorlagen oder für die Publizierung auf einem körperlichen Medium vorgesehen sind.

Andererseits muss der Begriff des Dokuments erweitert werden, da es sich bei einem Dokument auch um semantisch zusammengehörige Informationsbestände handeln kann, die für die Publikation in nichtkörperlichen Medien, z.B. Webseiten, Radio, Fernsehen o.Ä. vorgesehen sind. Derartige Dokumente werden oft dynamisch gestaltet und zusammengestellt. Oft erscheinen sie nur für kurze Zeit und verschwinden dann wieder.

1.2.2 Dokumenten-Management als eine organisatorische Aufgabe

Dokumenten-Management beinhaltet das Management der Dokumente, also primär Verwaltungsfunktionen, und weniger die inhaltliche Konzeption und Erstellung. Das Dokumenten-Management umfasst dabei alle Prozesse, Abläufe und Verantwortlichkeiten, die mit der Administration von Dokumenten zusammenhängen. Vor allem folgende Punkte stehen im Vordergrund:

- Kennzeichnung und Beschreibung von Dokumenten (auch »Metadaten des Dokuments« genannt)
- Fortschreibung, Versionen- und Historienverwaltung von Dokumenten
- Ablage und Archivierung von Dokumenten
- Verteilung und Umlauf von Dokumenten (Geschäftsprozesse und Workflow). Dabei wird auch oft von einer »Umlaufmappe« gesprochen, die alle zum Vorgang relevanten Informationen enthält.
- Suche nach Dokumenten bzw. Dokumenteninhalten
- Schutz der Dokumente vor Verfälschung, Missbrauch und ungeplanter Vernichtung
- langfristiger Zugriff auf die Dokumente und Lesbarkeit der Dokumente
- Lebenslauf und Vernichtung von Dokumenten
- Regelung von Verantwortlichkeiten für Inhalt und Verwaltung von Dokumenten

Ist in einer Organisationseinheit (Unternehmen, Dienststelle, Abteilung etc.) die Mehrzahl der oben genannten Punkte geregelt, dann existiert für diese Organisationseinheit eine Dokumenten-Management-Organisation. Darunter wird die Gesamtheit aller administrativen, organisatorischen und technischen Maßnahmen verstanden, die die konkrete Verwaltung von Dokumenten innerhalb einer Organisationseinheit betreffen. Im Idealfall sollten alle Maßnahmen aufeinander abgestimmt sowie in Arbeitsanweisungen oder im Organisationshandbuch beschrieben sein. Die Dokumente weisen dabei einen Zyklus auf, der sich als eine Art Lebenslauf beschreiben lässt (siehe auch Abbildung 1–1):

- Neue Dokumente unterschiedlichster Art aus unterschiedlichen Quellen (eigenerstellte oder fremderstellte) werden in ein Archiv aufgenommen.
- Das Archiv ist nach frei definierbaren Kriterien zu organisieren.
- Mittels Suchkriterien sind im Archiv abgelegte Dokumente wieder zu finden und zu reproduzieren.
- Die Dokumente können modifiziert, veröffentlicht und wieder abgelegt werden.
- Die Aufbewahrungszeit der Dokumente ist definiert.
- Nach Ablauf der Aufbewahrungszeit werden die Dokumente gemäß einem Regelwerk vernichtet.

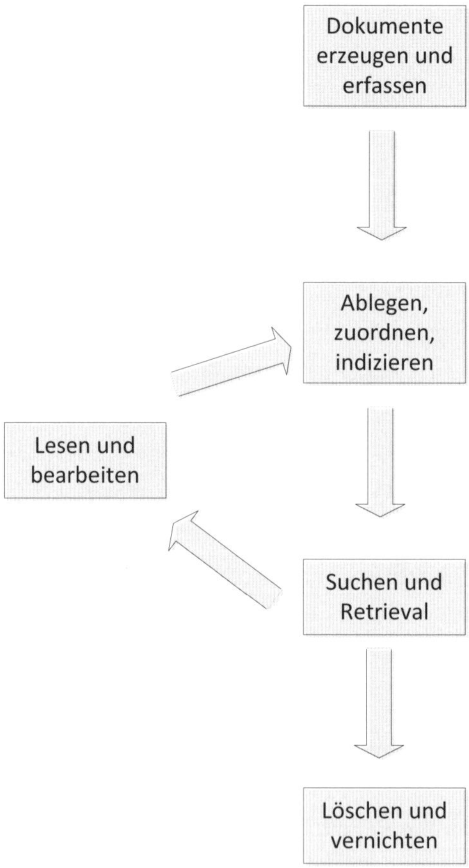

Abb. 1-1 *Der Dokumenten-Management-Zyklus*

Oft wird das Dokumenten-Management auf die rein elektronische Verwaltung von Dokumenten reduziert. Dies ist aber eine unzulässige Beschränkung, da Dokumente immer verwaltet werden sollten, egal in welcher Form sie vorliegen.

Innerhalb der Dokumenten-Management-Prozesse können Werkzeuge zum Einsatz kommen, die die Prozesse effizienter gestalten. Dabei kann es sich um einfache Werkzeuge handeln, z.B. Karteikartensysteme für die verbesserte Recherche nach Dokumenten, Mikrofilmsysteme für eine platzsparende Archivierung von Dokumenteninhalten oder Magazine für eine geordnete Ablage von Dokumenten, aber auch um komplexe Werkzeuge, z.B. IT-Anwendungen, die konkret die Verwaltung und Archivierung von Dokumenten unterstützen. Diese Werkzeuge werden als »elektronische Dokumenten-Management-Systeme« bezeichnet, und um diese Systeme handelt es sich, wenn hier von Dokumenten-Management-Systemen (kurz DMS) gesprochen wird. Ein DMS ist daher ein IT-System zur Unterstützung der Dokumenten-Management-Organisation.

Die verschiedenen Dokumenten-Management-Systeme unterscheiden sich nun darin, wie umfassend, komfortabel und effektiv die Hilfsmittel sind, die sie für diese Aufgaben anbieten. Hier gibt es keine einheitliche Verwendung des Begriffs »Dokumenten-Management«, sodass je nach Sichtweise von »Dokumenten-Management im engeren Sinne« und »Dokumenten-Management im weiteren Sinne« gesprochen werden kann:

- Bei **Dokumenten-Management-Systemen im engeren Sinne** geht es um die Logik der Verwaltung von Dokumenten, deren Status, Struktur, Lebenszyklus und Inhalt. Dokumente werden beschrieben, klassifiziert und in einer bestimmten logischen Struktur eingeordnet, damit sie einfach wiedergefunden werden können. Dokumente entstehen, werden verändert und (irgendwann) vernichtet.
- Den **Dokumenten-Management-Systemen im weiteren Sinne** ordnet man auch noch weitere Funktionalitäten zu, z.B. Schrifterkennung, automatische Indizierung, *Computer Output to Laser Disc* (COLD), Vorgangssteuerung, Scannen, Publizierung. Hier lassen sich die Grenzen nicht mehr genau bestimmen!

In diesem Buch werden beide Aspekte betrachtet. Dokumenten-Management-Systeme setzen in der Regel ein Dokumenten-Management im weiteren Sinne um. Ziel ist es hier, dem Benutzer einen umfassenden und integrierten »Werkzeugkasten« für alle Belange des Dokumenten-Managements im gesamten Lebenszyklus der Dokumente zur Verfügung zu stellen (vgl. hierzu Abbildung 1–2).

Daneben gibt es weitere Systeme, deren Fokus auf anderen Aufgaben liegt (wie Partnerverwaltung, Buchhaltung etc.), die aber in diesem Kontext auch einen Dokumentenbezug haben. Ihre Anbieter integrieren daher oft auch spezielle DMS-Funktionalitäten in diese Systeme.

Zur Organisation der Dokumente benutzt man oft die Metapher einer »Mappe« oder eines »Ordners«. Hierunter werden temporäre oder dauerhafte Container verstanden, die unterschiedliche Dokumente nach bestimmten inhaltlichen Kriterien beinhalten. Ein typisches Beispiel dafür ist eine sogenannte *Vorgangsmappe* im Rahmen eines Workflows. Diese begleitet den Geschäftsprozess und nimmt sukzessive alle Dokumente auf, die im Rahmen dieses Prozesses entstehen oder benötigt werden. Ein anderes Beispiel ist eine *Kundenmappe* oder *Projektmappe*. Charakteristisch für eine derartige Mappe ist, dass sie selbst wiederum beschreibende Merkmale (Metadaten) hat und auch in anderer Hinsicht wiederum selbst ein Objekt der Betrachtung ist (Zugriffsrechte, Lebenslauf etc.). Ein elektronisches Dokument kann gleichzeitig Mitglied in mehreren elektronischen Mappen sein.

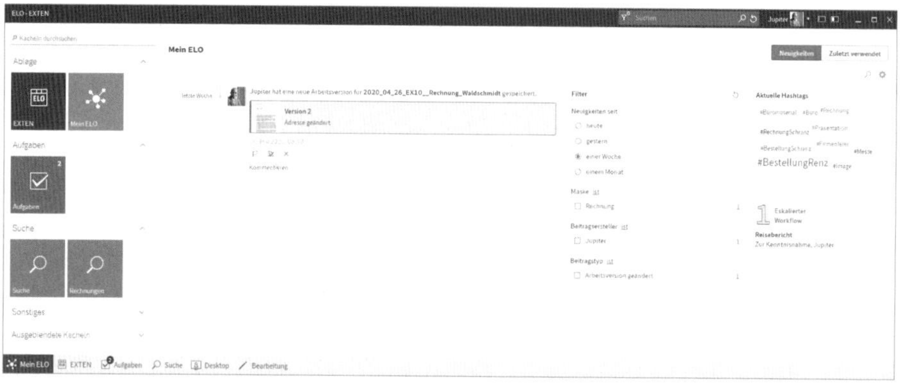

Abb. 1–2 *Desktop eines DMS (Quelle: ELO)*

1.2.3 Archivierung als unterstützende Funktion

Abschließend soll noch auf den Begriff der **Archivierung** eingegangen werden. Oft wird der Begriff Archivierung im Zusammenhang mit Dokumenten nicht klar vom Dokumenten-Management getrennt. Dies mag zum Teil daher rühren, dass die Dokumenten-Management-Systeme ihre Wurzeln oft in speziellen Archivsystemen für gescannte Dokumente haben. Im traditionellen Sinne wird unter **Archivierung** jedoch eine dauerhafte und sichere Ablage von Informationen verstanden, auf die nur selten zugegriffen wird. Das Dokumenten-Management dagegen befasst sich vor allem mit den oben genannten Verwaltungsfunktionen. Die Dokumente können aus der Sicht des DMS auch im Filesystem abgelegt werden – es besteht kein technischer Zwang zur Archivierung. In der Regel ist aber im Lieferumfang eines DMS auch ein Archiv enthalten oder wird separat angeboten. Daher wird oft begrifflich nicht genau zwischen DMS und Archiv getrennt.

Unter einem **Archiv** versteht man einen realen oder elektronischen Ort, in dem Dokumente, die zur laufenden Aufgabenerfüllung nicht mehr notwendig sind, erfasst, ausgewertet und zugänglich gemacht werden.

Heute werden häufig Dokumente schon sehr frühzeitig archiviert, d.h. unmittelbar nach ihrer Entstehung. Wenn das Dokument sich ändert, dann wird gleichfalls jede neue Version archiviert. Dadurch wird letztendlich der gesamte Lebenslauf des Dokuments dokumentiert. Auch ist die Anzahl der Zugriffe auf die archivierten Dokumente heute kein charakterisierendes Kriterium mehr. Unter dem Begriff *Information-Lifecycle-Management* werden heute komplexe Archivierungskonzepte und -systeme zusammengefasst, die sich mit der optimalen Administration der Speicherung, Verwaltung und Organisation von Informationen befassen. Das Ziel ist, unter Berücksichtigung der Bedeutung der jeweiligen Informationen und Dokumente für die Organisation den optimalen Speicherplatz und das optimale Speichermedium festzulegen und automatisch die Informationen dorthin zu transferieren.

Ein optimaler Speicherplatz kann auch ein konventionelles Archiv auf der Basis von Papier, Mikrofilm, Tonträger oder Ähnlichem sein. Die Verwaltung der Dokumente kann trotzdem in einem DMS erfolgen – hier spricht man dann oft auch von einem *Hybridsystem*.

Ein elektronisches Archiv muss heute oft mehrere Funktionen gewährleisten:

- langfristige Archivierung der Informationen
- revisionssichere Archivierung
- Sicherung der Informationen (Backup und Recovery)
- Reorganisation der Bestände (alte Bestände löschen, Defragmentierung)

Ein Archivsystem kann dabei als ein Dienst für verschiedene Systeme aufgefasst werden: Nicht nur die Dokumente aus einem DMS können dort sicher gespeichert werden, sondern z.B. auch die Daten aus anderen Systemen (wie E-Mails oder ERP-Systeme). Für alle diese Anwendungen müssen die Daten und Dokumente entsprechend verwaltet und gespeichert werden.

1.3 Die Entwicklung des Dokumenten-Managements

Ursprünglich stand die Archivierung von Belegen im Fokus der ersten Systeme. Große Unternehmen und Organisationen mit einem hohen Belegvolumen (wie Versicherungen, Banken, Versandhandel etc.) hatten den Bedarf, Ihre Belege (Kontoauszüge, Rechnungen und dergleichen) papierlos sicher zu archivieren. Insofern steht das Archiv am Anfang der kommerziellen Entwicklung von Dokumenten-Management. Man brauchte natürlich gleichzeitig Verwaltungssysteme, um Dokumente strukturiert ablegen und wiederfinden zu können. Eingehende Dokumente wurden gescannt und als Images (Bilddateien) abgelegt. Für ausgehende Dokumente wurden die Druckdateien aufbereitet und archiviert. Mit speziellen Betrachtungstools konnten sie sichtbar gemacht werden. Insgesamt waren diese Anwendungen eher statisch und befassten sich mit der Archivierung abgeschlossener Vorgänge.

Im Laufe der Zeit wurden diese Systeme immer weiter ausgebaut und um zusätzliche Funktionen (Schrifterkennung, Volltextsuche etc.) erweitert. Die Systeme waren anfangs sehr teuer; es gab nur wenige spezialisierte Anbieter und eingesetzt wurden sie primär von großen Konzernen.

Im Zuge von Automatisierungsbemühungen wurden immer wieder Versuche gestartet, die Prozessketten als Workflows elektronisch abzubilden. Auch hier entstanden zunächst sehr komplexe und teure Spezialsysteme, die oft scheiterten und auch nur in Großorganisationen eingesetzt werden konnten. Aber es war damit der Schritt zu einer dynamischen Entwicklung getan: Nun konnte man die Erstellung und Nutzung von Dokumenten in den Systemen abbilden. Auch entstanden komplexere Betrachtungsobjekte wie Vorgangsmappen, die mehrere zusammenhängende Dokumente bündeln.

Im Zuge der technischen Entwicklungen entstanden dann auch günstigere Systeme, die man einfacher implementieren und bedienen konnte. Damit erweiterte sich auch der Kreis der Nutzer, was wiederum weitere Anforderungen und Lösungsansätze mit sich brachte. Die Integration von Dokumenten-Management-Systemen in Fach- und Office-Anwendungen wurde Standard. Man kann z.B. nun direkt von der Buchhaltung heraus auf Belege zugreifen oder Office-Dokumente aus Word direkt im DMS ablegen. Die Metadaten werden automatisch übergeben.

Zugleich wurde auch die Fuktionalität immer weiter ausgebaut (OCR, elektronische Signaturen und vieles mehr). Man integrierte Subsysteme wie Suchmaschinen oder Scan-Clients in die Systeme und verkaufte sie als Gesamtpaket.

Verschiedene Anwendungen konnten sich erst entwickeln, nachdem auf juristischem Gebiet Festlegungen getroffen wurden, die Rechtssicherheit schafften (z.B. was die Beweiskraft von gescannten Dokumenten betrifft).

Inzwischen gibt es auch mehr und vielfältigere Erfahrungen innerhalb und außerhalb der jeweiligen Organisation. Man kann zielgerichtet Know-how einkaufen und sich an Lösungen in anderen Unternehmen orientieren. Der Markt an DMS-Anbietern hat sich in den vergangenen Jahren konsolidiert. Diese Entwicklung ist für den potenziellen Kunden durchaus als positiv einzuschätzen, da heute Funktionalität und Preis eine wirtschaftlich interessante Investition in fast jeder Branche und für jede Unternehmensgröße ermöglichen.

Gegenwärtig kann man einerseits bestimmte – zum Teil sehr eng begrenzte – Schwerpunktthemen beobachten, wie E-Mail-Archivierung, elektronischer Personalausweis, Blockchain oder Cloud-Computing, die zum Teil durch gesetzliche Entwicklungen forciert wurden. Andererseits erlebt man zurzeit die Rückkehr des Prozessgedankens und damit eine gesamtheitliche Betrachtung des Themas. Inzwischen sind die Erfahrungspotenziale und technischen Möglichkeiten wesentlich verbessert worden. Hier bestehen nun tatsächlich funktionierende Systeme, die z.B. eine Automatisierung der Rechnungsverarbeitung vom Eingang über die Prüfung bis zur Zahlung ermöglichen. Umso mehr rückt dadurch natürlich die organisatorische Analyse und Gestaltung der Geschäftsprozesse im Zusammenhang mit dem DMS in den Vordergrund eines derartigen Projekts.

Dokumenten-Management wird auch oft in einem weiteren Kontext angeboten – man spricht hier von *Enterprise-Content-Management* (ECM). Mit diesem Begriff werden verschiedene Funktionalitäten und Systeme rund um Informationen und Dokumente zusammengefasst. Dies sind meist Dokumenten-Management, (Web-)Content-Management, Workflow, Output-Management und ggf. weitere Themen. Der Anspruch hier ist, eine integrierte und umfassende Funktionalität für weitgehend unstrukturierte Informationen anzubieten.

Dokumenten-Management und Dokumenten-Management-Systeme sind inzwischen in den Unternehmen und Organisationen weitgehend etabliert. Heute steht meist die Weiterentwicklung oder Migration im Vordergrund.

1.4 Dokumenten-Management und Recht

Dokumenten-Management ist kein Selbstzweck, sondern hat auch viel mit den rechtlichen Anforderungen an Beweissicherheit, Urheberrecht und Formvorschriften zu tun.

Dokumente sollten in digitaler Form so aufbewahrt werden, dass die Urheberschaft am Dokument, der Zeitpunkt des Entstehens und die Unverändertheit seit diesem Zeitpunkt nachgewiesen werden können.

Dafür sind technische Maßnahmen erforderlich, die auch in Dokumenten-Management-Systemen verbreitet Anwendung finden, wie Hashwerte von Dokumenten und Datenträger mit Schreibschutz für die Dauer der Aufbewahrungszeit. Optimal wäre es für Dokmenten-Management-Systeme, wenn solche Sicherheitsmaßnahmen gewählt würden, die auch in beweisrechtlicher Hinsicht Anscheinsbeweise dafür bieten, dass alles seine Richtigkeit hat. Dies lässt sich durch die Beweisregelungen in der eIDAS-Verordnung der EU, den §§ 371a ff. ZPO und §§ 415 ff. ZPO in Deutschland und dem ZertES in der Schweiz erreichen. Bei langen Aufbewahrungsfristen ist zu beachten, dass technische Sicherungsmittel wie qualifizierte und fortgeschrittene Signaturen ihre Sicherheit mit dem technischen Fortschritt verlieren und z.B. nach § 15 Vertrauensdienstegesetz ggf. erneuert werden müssen.

Dokumente, die darüber hinaus der gesetzlichen oder vertraglichen Schriftform entsprechen müssen, müssen den Formvorschriften der §§ 125–127 BGB in Deutschland bzw Art. 12–16 des Obligationenrechts in der Schweiz entsprechen. In beiden Ländern können Schriftformerfordernisse durch qualifizierte Signaturen ersetzt werden (zu Ausnahmen siehe Kapitel 3).

Urheberrechtlich laufen Unternehmen Gefahr, bei der Aufbewahrung von Unterlagen in Konflikt mit dem Gesetz zu kommen, wenn es sich nicht um eine legale Kopie handelt. Durch die EU-Urheberrechtreform im Jahr 2019 und die Leistungsschutzrechte ist diese Gefahr noch größer geworden.

Die Anforderungen an steuerrelevante Dokumente nach HGB, AO und GoBD in Deutschland bzw. nach den Steuergesetzen und der Geschäftsbücherverordnung in der Schweiz sind auch von Dokumenten-Management-Systemen einzuhalten. Bei der Auswahl eines DMS-Systems ist nicht zuletzt darauf zu achten, dass sämtliche gesetzliche Anforderungen im eigenen Land und bei internationalen Geschäftsbeziehungen auch darüber hinaus eingehalten werden.

1.5 Leistungen eines Dokumenten-Management-Systems

Wenn man sich mit dem Dokumenten-Management beschäftigt, muss man sich zunächst über mögliche Leistungen und Potenziale klar werden. Dies ist die Voraussetzung, um sinnvolle Einsatzgebiete identifizieren zu können.

Ein elektronisches Dokumenten-Management hat gegenüber einer konventionellen Verwaltung von Dokumenten mehrere Vorteile:

- Unabhängigkeit des Zugriffs von Ort und Zeit: Dank moderner Kommunikationsnetze kann man von jedem Ort der Welt zu jeder Zeit auf die Dokumente zugreifen. Nach Dokumenteninhalten und Dokumentenbeschreibungen kann schnell und zielgerichtet gesucht werden.
- Schnelle Verfügbarkeit der Dokumente: Langwierige Transportwege und -zeiten entfallen. Eine Recherche ist über große Entfernungen hinweg sofort möglich.
- Gleichzeitiger Zugriff auf die Dokumente durch mehrere Nutzer: Jeder Nutzer kann jederzeit auf den aktuellen Stand des Dokuments lesend zugreifen.
- Transparenz der Prozesse: Es ist jederzeit für alle Berechtigten einsehbar, wer das Dokument bearbeitet und in welchem Zustand das Dokument ist.
- Die Fortschreibung und Historienverwaltung von Dokumenten wird transparent, nachvollziehbar und sicherer.
- Die Weiterleitung bzw. der Umlauf von Dokumenten wird beschleunigt, nachvollziehbar und sicherer.
- Die Aufbewahrungszeiten und die Vernichtung von Dokumenten können besser gesteuert werden, sodass weniger Dokumente gespeichert werden müssen und entsprechende Ressourcen eingespart werden können.
- Die Aktualität bzw. der Wahrheitsgehalt von Dokumenteninhalten wird besser steuerbar und nachvollziehbar. Bei Papierarchiven besteht eine höhere Gefahr für Verlust und Verfälschung.
- Vermeidung von Medienbrüchen in den Prozessen: Moderne IT-Systeme unterstützen schon lange den Umgang mit strukturierten Daten (ERP, PDM, CRM, ...). Papiergebunde Dokumente, die wichtige Daten beinhalten, werden damit automatisch zum Bremser im Prozess, da permanent ein Transfer zwischen Elektronik und Papier stattfinden muss und die Durchlaufzeit des Prozesses immer durch die langen Transportzeiten des Papiers bestimmt wird.

Neben der mehr operativen Nutzenbetrachtung kann und muss man Dokumenten-Management auch aus einer strategischen Sicht betrachten, da es eine umfassende, langfristig wirksame Infrastruktur für die Verwaltung der Dokumente in der gesamten Organisation bildet. Da praktisch in allen Prozessen Dokumente eine Rolle spielen und die meisten Dokumente in mehreren Prozessen Verwendung finden, ist ein DMS von unternehmensweiter oder gar unternehmensübergreifender Bedeutung. Es muss letztendlich eine übergreifende Dokumenteninfrastruktur bestehen, sodass im Prinzip jeder Nutzer bzw. jeder Prozess die technische Möglichkeit hat, auf jedes Dokument (sofern berechtigt) zuzugreifen. Nur dann hat man die erforderliche Flexibilität, jederzeit seine elektronischen Prozesse anzupassen und neue zu implementieren.

1.6 Bestandteile einer Dokumenten-Management-Lösung

Eine Dokumenten-Management-Lösung ist mehr als ein Dokumenten-Management-System. Sie ist letztendlich die Gesamtheit aller organisatorischen Festlegungen, technischen Systeme und deren Zusammenwirken in Bezug auf den Umgang mit den Dokumenten in der betrachteten Organisation. Ein technisches System allein bringt keinen Nutzen. Es ist daher wichtig, sich immer bewusst zu sein, dass ein effektives Dokumenten-Management immer eine auf die eigenen Bedürfnisse zugeschnittene Dokumenten-Management-Lösung ist. Das ist weitaus mehr, als der Kauf eines Dokumenten-Management-Systems!

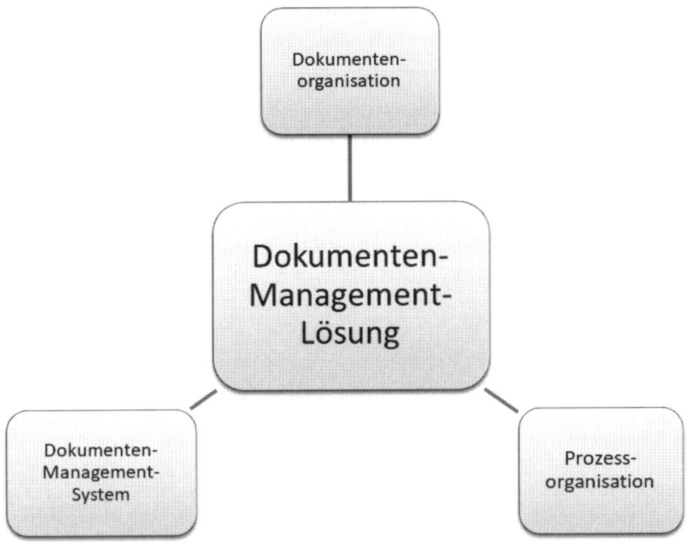

Abb. 1–3 *Bestandteile einer Dokumenten-Management-Lösung*

Eine Dokumenten-Management-Lösung beinhaltet folglich folgende Bestandteile:

- In der **Dokumenten-Organisation** werden alle Regeln und Festlegungen zum Umgang mit den einzelnen Dokumenten beschrieben.
- Außerdem muss die **Prozess-Organisation** festgelegt werden. Hieraus ergibt sich, wie die Dokumente in die Geschäftsprozesse integriert sind, wie die Dokumente selbst entstehen, verändert werden und wann sie letztendlich wieder gelöscht werden können.
- Das **Dokumenten-Management-System** ist letztendlich der technische Erfüllungsgehilfe, der die verschiedenen Anforderungen optimal unterstützen soll.

Erst das Zusammenspiel zwischen diesen Bestandteilen ermöglicht eine effektive Nutzung der Dokumente (siehe Abbildung 1–3).

1.7 Aufbau des Buches

Das Buch soll dieses komplexe Thema aus mehreren Perspektiven beleuchten, um Ihnen eine möglichst umfassende Gesamtsicht zu geben.

Kapitel 2 befasst sich dazu mit den Anforderungen, die an eine Dokumenten-Management-Lösung gestellt werden können. Dies können neben fachlichen Anforderungen vor allem auch organisatorische und juristische sein.

Rechtliche Themen werden detailliert in **Kapitel 3** betrachtet. Dies umfasst die deutsche und die Schweizer Rechtssituation.

In **Kapitel 4** werden die Systeme für das Dokumenten-Management vorgestellt. Dabei werden der typische Aufbau eines derartigen Systems, die Komponenten, die Schnittstellen sowie das Umfeld betrachtet. Der Schwerpunkt liegt hierbei auf der fachlichen Funktionalität und den betroffenen Prozessen.

Kapitel 5 ist technikorientiert. In ihm werden die aktuellen technischen Komponenten und Standards vorgestellt.

Die Einführung einer Dokumenten-Management-Lösung wird in **Kapitel 6** betrachtet. In ihm wird dargestellt, welche spezifischen Fragestellungen und Aufgaben in einem Dokumenten-Management-Projekt zu berücksichtigen sind.

In **Kapitel 7** befassen wir uns mit den künftigen Trends und der Zukunft des Dokumenten-Managements.

In **Kapitel 8** finden sich Anwenderberichte. Diese stellen aktuelle Projekte vor, um verschiedene Anwendungsbereiche in Bezug auf Problemstellung, Vorgehensweise und Lösung zu präsentieren.

Ein umfangreicher **Anhang** bietet ein Literaturverzeichnis mit einer speziellen Erweiterung zu den rechtlichen Aspekten, ein Glossar, ein Abkürzungsverzeichnis, Informationen über die Autoren sowie unsere Danksagung.

2 Anforderungen an das Dokumenten-Management

In diesem Kapitel werden zentrale Anforderungsbereiche an ein Dokumenten-Management dargestellt:

- fachliche Anforderungen
- typische Szenarien
- Dokumenten-Management-Organisation

Es ist zwingend erforderlich, dass man die Anforderungen klärt und präzise beschreibt, bevor man eine Lösung implementiert. Viel zu oft wird der Fehler gemacht, dass man mit unzureichend beschriebenen oder falschen Anforderungen sich für Lösungen entscheidet und diese umsetzt. Daraus entstehen dann entweder weitere Aufwände, um eine falsche Lösung dann später doch noch passend zu machen, oder man muss schon kurze Zeit später auf eine andere Lösung migrieren. Beides lässt sich vermeiden, wenn man bei der Anforderungsanalyse sorgfältig vorgeht.

Hinweis: Auf juristische Aspekte wird in Kapitel 3 detailliert eingegangen.

2.1 Fachliche Anforderungen

2.1.1 Anwendungsgebiete

Wichtig ist zunächst, dass man sich über das Anwendungsgebiet klar ist. Was ist die fachliche Domäne, und welche Problemstellungen ergeben sich daraus?

Ist es die klassische Verwaltung von Belegen und anderen betriebswirtschaftlichen Dokumenten? In diesem »klassischen Fall« stehen Themen wie die *revisionssichere Archivierung* im Vordergrund. Es treten typische Prozesse zur Unterstützung kaufmännischer Prozesse auf, und man kann sich an bewährten Standardszenarien orientieren. Dies umfasst das Scanning von Belegen (wie Rechnungen, Lieferscheine, Aufträge etc.) und die darauf aufbauenden Prozesse zur Bearbeitung dieser Unterlagen. Es muss sichergestellt werden, dass diese Prozesse und die Archivierung der Unterlagen den Anforderungen der Finanzbehörden genügen.

In einem Behördenumfeld muss man mit sehr vielen formalen Anforderungen zur Bearbeitung und Verwaltung rechnen. Geschäftsverteilungspläne, Zugriffsrechte und peinlich genaues Einhalten von Gesetzen, Verordnungen und dienstlichen Regelungen stehen oft im Mittelpunkt der Betrachtung. Entscheidungen müssen exakt nachvollzogen und belegt werden können, damit z.B. bei gerichtlichen Auseinandersetzungen die eigene Behörde nicht aufgrund von Formfehlern oder Ähnlichem unterliegt. Klassische Registraturen müssen in eine äquivalente elektronische Archivstruktur überführt werden.

In einem mehr technischen Umfeld muss man sich mit komplexen Dokumentationsstrukturen und Dokumentenentstehungsprozessen auseinandersetzen. Technische Zeichnungen, die mit CAD-Systemen erstellt werden, erfordern von einem DMS andere Fähigkeiten als einfache Briefe. Die innere Struktur der Dokumente ist wesentlich komplexer (*Layer*). Es müssen Verknüpfungen zu PDM-Systemen (Produktdaten-Management) hergestellt werden, und eine korrekte Versionierung ist unabdingbar. Aufgrund von Produkthaftungsregelungen sind oft lange Aufbewahrungsfristen erforderlich.

Im medizinischen Bereich ist man einerseits mit hohen Datenschutzanforderungen (ärztliche Schweigepflicht) und andererseits mit besonderen Dokumenten (wie Röntgenaufnahmen) konfrontiert. Insbesondere wenn man Untersuchungsergebnisse erfassen will, muss man sich mit einer ganzen Reihe von speziellen Geräten (EKG, Ultraschall etc.) auseinandersetzen. Aber dafür gibt es standardisierte Schnittstellen, um eine automatisierte Datenübernahme sicherzustellen.

Eine andere Situation hat man, wenn es um Aufgaben zur Wissensverarbeitung geht. Hier ist der Inhalt der Dokumente wichtig. Es müssen thematische Verbindungen zwischen den Dokumenten erzeugt werden. Die Dokumente müssen inhaltlich richtig interpretiert und klassifiziert werden.

Will man Webinhalte verwalten und archivieren, muss man auch mit Audio- und Videodateien agieren. Die Strukturen des Contents müssen erhalten werden. Die Inhalte sind sehr dynamisch, und man muss daher auch klären, was man wann festhalten will.

Wie man anhand dieser Anwendungsfelder sieht, ist jedes durch bestimmte Charakteristika geprägt. Diese muss man erkennen und beschreiben, um auf die zentralen Anforderungen zu stoßen. Es gibt natürlich auch hier immer Überschneidungen und Mischformen; gerade dann ist es aber wichtig, die zentralen Aspekte herauszuarbeiten. Nur wenn diese gut unterstützt werden, wird die Lösung auf Akzeptanz beim Benutzer treffen und den erwarteten Nutzen bringen.

2.1.2 Prozesse

In einem weiteren Schritt muss man sich mit den Prozessen befassen:

- Welche Prozesse sollen unterstützt werden?
- Wie sind diese Prozesse charakterisiert?

- Sind es stark deterministische Prozesse, die man gut beschreiben kann, oder Prozesse mit einer hohen Variabilität?
- Wie kann man die Prozesse voneinander abgrenzen?
- Durch was werden sie ausgelöst, und welche Ergebnisse sollen sie liefern?

Hier sollte man dann noch mal überlegen, ob gegenwärtig die richtigen Ergebnisse geliefert werden. Die Prozesse selbst sollten dann – je nach Zielsetzung – mit Kennzahlen belegt werden, um sie messbar zu machen. Eine zentrale Frage ist hier natürlich, wie die Beziehung der Dokumente zu den Prozessen ist: Dient der Prozess zur Erstellung der Dokumente (z.B. Prozess zur Angebotserstellung) oder »begleitet« das Dokument den Prozess (z.B. Prozess zur Rechnungsprüfung)? Für die Aufnahme und Analyse der Prozesse kann man auch ein entsprechendes Prozess-Management-Tool nutzen (siehe Abbildung 2–1).

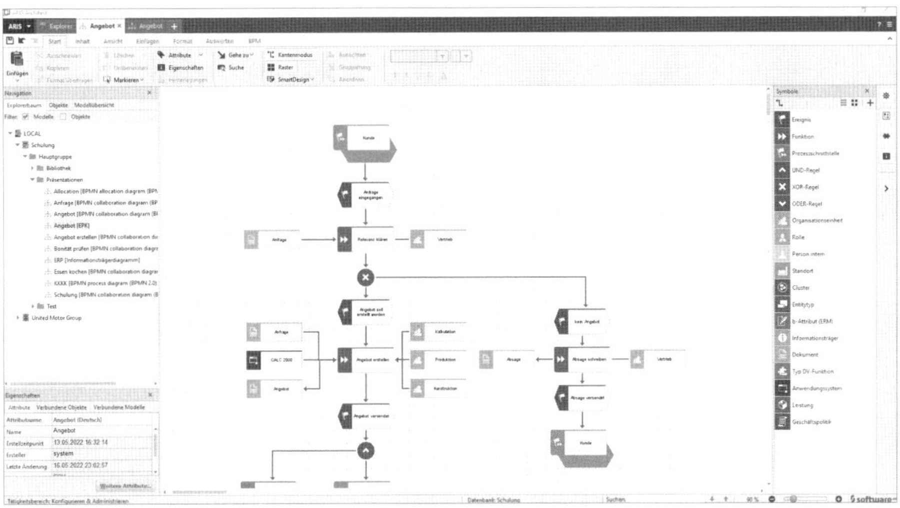

Abb. 2–1 *Grafischer Editor für Prozesse von ARIS (Quelle: Software AG)*

2.1.3 Dokumente

Erst danach ist es sinnvoll, sich näher mit den Dokumenten zu befassen, da man nun das Untersuchungsfeld entsprechend eingegrenzt und beschrieben hat. Auch hier stellen sich zunächst die Fragen:

- Welche Dokumente betrachte ich, und was ist der Zweck dieser Dokumente?
- Sollen diese Dokumente als Beleg bzw. Beweis für bestimmte Sachverhalte dienen, muss man sie inhaltlich erschließen (im Sinne einer Wissensverarbeitung) oder dokumentieren sie den Zustand eines Objekts?

So vielfältig die Dokumente sind, so unterschiedlich kann die zu erfüllende Aufgabe sein.

Aus diesen grundlegenden Anforderungen ergeben sich dann weitere Anforderungen an die Dokumenten-Management-Organisation sowie rechtliche Anforderungen (siehe Kapitel 3). In Kapitel 6 wird dargestellt, wie man detaillierte Anforderungen zu den einzelnen Aspekten erhebt und beschreibt.

2.2 Szenarien des Dokumenten-Managements

In diesem Abschnitt werden einige typische Szenarien für das Dokumenten-Management dargestellt. Daraus kann man erkennen, wie sich jeweils spezifische Anforderungen ergeben.

2.2.1 Eingangspostbearbeitung

Eine Standardanwendung ist die Bearbeitung von Eingangspost. Hier entstehen verschiedene Anforderungen:

- Bei analogen Posteingängen müssen die Briefe in eine maschinenlesbare Form gebracht werden. Bei E-Mails oder Eingaben über das Webportal liegen diese schon dieser Form vor.
- Die Briefe müssen maschinell gelesen und klassifiziert werden. Abhängig davon sollen entsprechende Geschäftsprozesse gestartet werden. Bei bekannten Partnern soll die Post sofort diesem Partner zugeordnet werden.

Zu all diesen Anforderungen gibt es in den diversen Systemen passende Funktionalitäten.

2.2.2 Automatische inhaltliche Verarbeitung

Eine Erweiterung des obigen Szenarios stellt die Prüfung von Eingangsrechnungen dar. Rechnungen haben alle eine gewisse Grundstruktur. Wenn man das Dokument in eine maschinenlesbare Form gebracht hat, kann man die Rechnungsdaten auslesen und prüfen, ob die Rechnung korrekt ist. Idealerweise gibt es dazu eine Bestellung und man gleicht die Rechnung mit der Bestellung ab.

Ein ähnliches Szenario kann man bei privaten Krankenversicherungen finden. Alle Arztrechnungen haben auch in der Regel eine ähnliche Struktur. Zu finden sind darauf auch die Kennziffern nach der GOÄ (Gebührenordnung für Ärzte). Damit kann man gut die Rechnungen auswerten und entsprechend weiterbearbeiten.

2.2.3 Langzeitarchivierung

In verschiedenen Bereichen müssen Dokumente über sehr lange Zeiträume aufbewahrt werden. Dies können z.B. Versicherungsakten für Renten- und Lebensversicherungen sein. Die Aufbewahrungsdauer kann sich über viele Jahrzehnte erstrecken – von der ersten Beitragszahlung bis zur letzten Auszahlung der Monatsrente. Ähnliche Dimensionen haben oft langlebige und kritische Industrieanlagen, wie Kraftwerke, chemische Werke etc. Hier werden die Pläne und sonstigen Dokumentationen der Anlage mit allen Modifikationen und Umbauten bis zum Abriss und zur Entsorgung der Materialien benötigt. Ein wichtiger Punkt dabei ist immer, dass die Unterlagen bei allen IT-technischen Änderung weiterhin lesbar und auswertbar bleiben. Das heißt, man muss diese öfter verlustfrei auf neuere Plattformen und Formate migrieren.

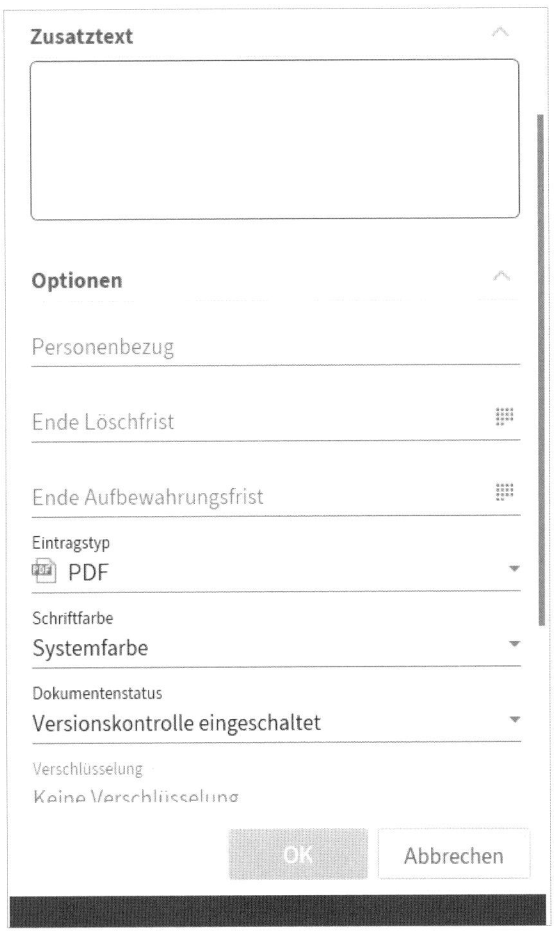

Abb. 2–2 *Definition von Fristen (Quelle: ELO)*

2.2.4 Workflow

Praktisch jede Arbeit in einer Organisation ist Bestandteil eines Geschäftsprozessen. Dies können kundenorientierte Prozesse (wie Bestellabwicklung) oder Managementprozesse (wie Budgetplanung) oder Beschaffungsprozesse oder auch beliebige andere sein. Der Ablauf eines derartigen Prozesses unterliegt einem Regelwerk und wird von Dokumenten begleitet. Sehr viele Dokumenten-Management-Systeme bringen daher auch eine Workflow-Komponente mit, die dies unterstützt. Die Dokumente kann man sich dabei in einer Art Vorgangsmappe vorstellen, die im Rahmen des Prozessablaufs von Arbeitsstation zu Arbeitsstation mitgegeben wird.

2.3 Dokumenten-Management-Organisation

Mit dem Begriff *Dokumenten-Management-Organisation* (DMO) werden die organisatorischen und administrativen Aspekte des Dokumenten-Managements zusammengefasst. Die Betrachtung und die Regelung dieser Aspekte sind wesentlich für den Erfolg einer Dokumenten-Management-Lösung.

Jedes Dokumenten-Management-Projekt muss sich auch mit organisatorischen und administrativen Fragestellungen auseinandersetzen. Häufig bilden diese den eigentlichen Schwerpunkt der Lösungserarbeitung. Die folgend aufgeführten **organisatorischen** und **administrativen Aspekte** sind in unterschiedlicher Gewichtung Bestandteil jeder Dokumenten-Management-Lösung:

- Ablauforganisation und Prozesse
- Kennzeichnung und Beschreibung von Dokumenten
- Dokumentationsstruktur
- Nachweis von Änderungen
- Struktur von Ablagen und Archiven
- Verantwortlichkeiten
- Kompetenzvermittlung

Die im Rahmen der DMO getroffenen Festlegungen müssen in einem übergreifenden Dokumenten-Management-Konzept geregelt und in Organisationsanweisungen, Aktenplänen und Qualitätsmanagement-Richtlinien umgesetzt werden.

Organisationen, die den DMO-Aspekten nur wenig Beachtung schenken, haben in Folge eines Regelungsmangels oft mit der »Verwahrlosung« von Abläufen, Ablagestrukturen und Kennzeichensystemen zu kämpfen. Aufgrund fehlender Regelungen entwickeln die Mitarbeiter »persönliche« Lösungen, die anderen Mitarbeitern das Auffinden von Dokumenten fast unmöglich machen, die Dokumentenpflege deutlich erschweren und die Informationsqualität der Dokumente mindern.

Der alleinige Einsatz von IT-Werkzeugen, z.B. von Dokumenten-Management-Systemen, ohne Betrachtung der DMO führt in der Regel nicht zum erhofften wirtschaftlichen Erfolg. Durch die unzureichende Beachtung der DMO-Aspekte entstehen unter anderem Lücken bei der Prozessintegration der IT-Werkzeuge, die sich wiederum auf die Akzeptanz der Werkzeuge bei den Anwendern niederschlagen.

2.3.1 Geschäftsprozesse und Ablauforganisation

Im Zusammenhang mit der DMO kann man diesen Themenbereich unter zwei Perspektiven betrachten:

- übergreifende Geschäftsprozesse (End-to-End), um ein betriebliches Ziel (wie die Abwicklung eines Kundenauftrages) zu erreichen
- dokumentenzentrierte Prozesse

Die übergreifenden Geschäftsprozesse werden an anderer Stelle behandelt (vgl. Kapitel 4.4.3). An dieser Stelle wird auf die Prozesse und Abläufe eingegangen, die sich mit dem Dokumentenlebenszyklus befassen. Folgende Aspekte sollten zumindest geregelt sein:

- Erzeugung eines Dokuments
- Identifikation und Beschreibung eines Dokuments
- Änderung und Freigabe eines Dokuments
- Verteilung eines Dokuments
- Archivierung eines Dokuments
- Vernichtung eines Dokuments

Für die konkrete Lösung muss der Umfang der zu regelnden Arbeitsabläufe genau definiert werden. In der Regel gibt es spezifische Festlegungen für einzelne Dokumentengruppen. Diese ergeben sich aus organisatorischen und/oder rechtlichen Anforderungen (z.B. zur Lebensdauer von Dokumenten).

Die Dokumentation der definierten Arbeitsabläufe ist unerlässlich. Sie wird für die Gestaltung von Arbeitsanweisungen benötigt und als Basis für die zukünftige Anpassung der Abläufe an neue Rahmenbedingungen (Pflege der Abläufe). Sollen darüber hinaus Standards erfüllt werden oder zwingen gar gesetzliche Vorgaben zur Dokumentation, so erweitern sich Dokumentationszweck und Dokumentationsumfang.

Aus der Dokumentation der Abläufe sollte die Sequenz der Arbeitsschritte ebenso ersichtlich sein wie die an den Arbeitsschritten beteiligten Rollen und Werkzeuge. Die Dokumentation sollte vorzugsweise in einer grafisch-textlichen Kombination erfolgen. Als grafische Notation ist es sinnvoll, eine Beschreibungsform anzuwenden, die für die Prozessbeteiligten leicht verständlich ist. Erfahrungsgemäß eignen sich EPK- und BPMN-Diagramme (siehe Abbildung 2–3) besser als UML-Darstellungen. Ist aufgrund des Detaillierungsgrads eine grafische Darstellung nicht mehr sinnvoll möglich, so ist die textliche Beschreibung vorzuziehen.

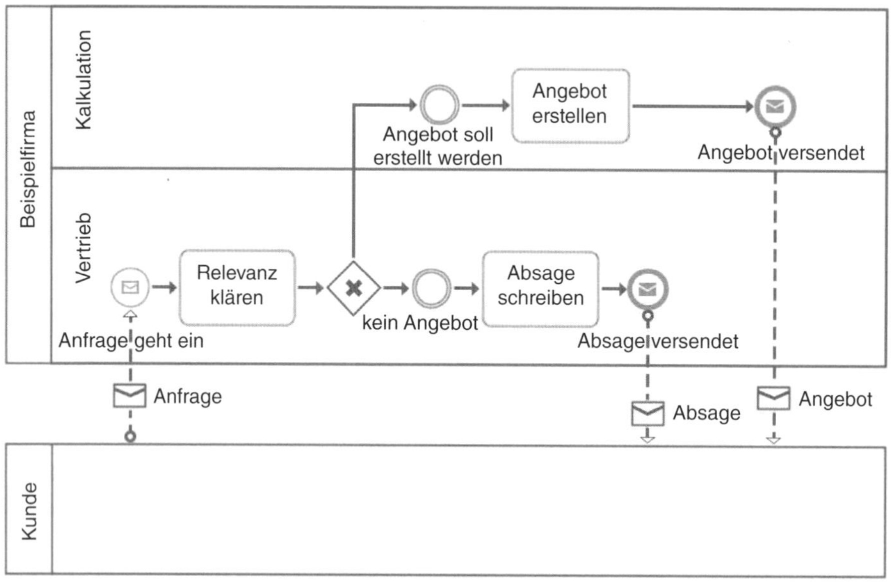

Abb. 2–3 *Einfaches Prozessbeispiel (BPMN-Darstellung)*

2.3.2 Kennzeichnung und Beschreibung von Dokumenten

Identifizierungsmerkmale dienen zur eindeutigen Unterscheidung eines Dokuments von einem anderen Dokument, d.h., der Identifikator ist eindeutig. So kann man z.B. aus anderen Systemen immer exakt auf das Dokument referenzieren. In »klassischen« (papiergestützten) DMOs war dieses Kennzeichen oft sprechend: Es setzte sich z.B. aus mehreren Elementen (wie Jahr, Abteilung, Sachgebiet etc.) und einer fortlaufenden Nummer zusammen. Dadurch konnten die Mitarbeiter gezielter nach dem Dokument suchen bzw. das Dokument besser bestimmten fachlichen Vorgängen zuordnen. In IT-gestützten Systemen ist das Kennzeichen in der Regel aber ein eindeutiger vom System automatisch vergebener nichtsprechender Schlüssel (Dokumenten-ID). Bei einer Umstellung auf ein automatisches System findet man oft beide Schlüssel. Das heißt, der alte Schlüssel wird noch fortgeführt, um den Mitarbeitern die Umstellung zu erleichtern, aber auch, weil oft in den Texten auf den alten Identifikator verwiesen wird.

Ergänzt wird ein solcher Identifikator bzw. Schlüssel ggf. durch weitere Angaben wie »Version« oder »Bearbeitungsstand« eines Dokuments. Zu beachten ist ferner, dass in Papierarchiven nicht zwingend jedes Dokument durch einen derartigen Identifikator gekennzeichnet ist, sondern zur Identifizierung auf andere Merkmale (wie »Schreiben des Herrn Müller vom xx.yy.zzzz«) zurückgegriffen wird. Nur in stark formalisierten Umfeldern (z. B. bei Anlagendokumentation) werden derartige Dokumenten-IDs zwingend vergeben. In einem DMS bekommt aber jedes Dokument einen eindeutigen (technischen) Schlüssel.

Oft bilden mehrere Dokumente eine fachlich zusammengehörende Dokumentengruppe. Eine derartige Gruppe wird dann meist *Mappe*, *Vorgang* oder *Akte* genannt. Auch diese Gruppen erhalten in der Regel einen Identifikator (z. B. ein Aktenzeichen), für das die gleichen Regeln und Aussagen wie bei den Dokumenten gelten.

Klassifizierungsmerkmale dienen zur Gruppierung, Steuerung oder zur Beschreibung von Dokumenten, oder sie werden gezielt für die Dokumentenrecherche benötigt. Damit sind auch die wichtigsten Aspekte genannt, anhand derer der Umfang der Klassifizierungsmerkmale ausgewählt werden sollte. Die konkreten Klassifizierungsmerkmale können sich von Lösung zu Lösung stark unterscheiden. Jedoch werden sich Merkmale wie »Autor« und »Erstellungsdatum« in vielen Lösungen wiederfinden.

Interessant ist, dass – im Unterschied zu den Identifizierungsmerkmalen – die Klassifizierungsmerkmale sowohl Informationen über das Dokument an sich als auch über den Dokumenteninhalt enthalten können. So könnte das Klassifizierungsmerkmal »Dokumentenformat« eine Information über das Originalformat des Dokuments enthalten, z. B. dass das Dokument im DIN-A3-Format vorliegt. Hingegen enthält z. B. das Merkmal »Komponententyp« das Typkennzeichen der technischen Komponenten, z. B. einer Pumpe, die auf dem Dokument dargestellt ist.

Alle identifizierenden und ein großer Teil der klassifizierenden Merkmale eines Dokuments werden in der Regel in das Metadatenportfolio eines Dokuments übernommen.

Grundsätzlich kann jede Organisation die für sie relevanten Identifizierungs- und Klassifizierungsmerkmale individuell bestimmen und gemäß ihren konkreten Bedürfnissen gestalten. Jedoch wurden in den vergangenen 15 Jahren verschiedene Modelle entwickelt, die unabhängig von Branche und Geschäftsfeld eine breite Anwendungsbasis besitzen. Als Beispiel sei an dieser Stelle die Normenreihe ISO 23081 genannt, die grundlegende Modelle zur Gestaltung des Metadatenportfolios enthält. Es kann hilfreich sein, auf eines dieser Modelle aufzusetzen und lediglich eine bedarfsgerechte Modifikation vorzunehmen.

Im Prinzip kann man Metadaten in folgende Gruppen einteilen:

- Metadaten, die das Dokument direkt beschreiben
- Metadaten, die den Dokumenteninhalt beschreiben
- Metadaten, die Eigenschaften eines im Dokument referenzierten Objekts beschreiben

In der ersten Gruppe findet man statische Attribute wie Autor, Erstellungsdatum, technisches Format, aber auch dynamische, wie das Datum der letzten Änderung, die aktuelle Versionsnummer oder »ausgecheckt von XYZ«.

Der fachliche Inhalt ist in der 2. Gruppe enthalten: Dies können der Dokumententyp (»Rechnung«), der Fremdschlüssel (»Rechnungsnummer«), bei Fachaufsätzen auch inhaltliche Kategorien (»Dissertation«) und Schlagworte zum Inhalt sein.

Die Angaben, die der dritten Gruppe zuzuordnen sind, sind meist problematisch, da sich diese unabhängig von dem Dokument ändern können. Wenn es sich z.B. um eine Kundenakte handelt und man in den Metadaten zur Akte die Bankverbindung des Kunden ablegt, kann sich diese unabhängig von der Akte ändern. Eigentlich gehört eine derartige Information in ein Partnerdatensystem. Man muss dann organisatorisch und technisch sicherstellen, dass diese Daten immer abgeglichen und aktualisiert werden.

Einen weitergehenden Ansatz findet man in [STEINBRECHER 2008][1]. Hier wird explizit auf die Prozesse Bezug genommen, um eine Ablagestruktur für Dokumente zu definieren.

2.3.3 Dokumentationsstruktur

Die Dokumentationsstruktur beschreibt, wie Dokumente eines Dokumentationsumfanges miteinander in Zusammenhang stehen. Dieser Sachverhalt ist von Bedeutung, da die Dokumentationsstruktur unmittelbaren Einfluss auf die Verteilung, Ablage/Archivierung und Änderung von Dokumenten hat.

Beispielhaft sei dies an der Struktur einer Genehmigungsdokumentation dargestellt: Die genehmigende Behörde schreibt vor, dass ein Genehmigungspaket aus einem Deckblatt besteht, auf dem alle Dokumente des einzureichenden Pakets aufgeführt sind. Auf dem Deckblatt müssen die Dokumentennummer, der Bearbeitungsstand und der Dokumententitel aufgeführt sein. Das Deckblatt selbst stellt ebenfalls ein selbstständiges Dokument dar. Zusätzlich zum Deckblatt enthält das Genehmigungspaket Zeichnungen und Berichte, die inhaltlich durch die Behörde geprüft werden. Die Genehmigung der Dokumente erfolgt ausschließlich für das Gesamtpakt und nicht für Einzeldokumente.

Die oben geschilderte Dokumentationsstruktur stellt somit besondere Anforderungen an die Verteilung, die Ablage/Archivierung und die Änderung der betroffenen Dokumente.

Für alle drei Sachverhalte muss abgesichert sein, dass das Dokumentenpaket in seiner Gesamtheit behandelt wird. So muss z.B. beim Versand eines der Dokumente erkennbar sein, dass es Bestandteil eines Dokumentenpakets ist; bei Ablage und Archivierung muss darauf geachtet werden, dass es nicht »auseinander-

1. Insgesamt ist das Werk sehr interessant und enthält viele Vorschläge für Ablagestrukturen.

gerissen« wird bzw. dass der Gesamtzusammenhang erhalten bleibt. Und im Fall von Änderungen muss gewährleistet sein, dass neue Bearbeitungsstände auch im Deckblatt geändert werden und dass für das Deckblatt selbst ein neuer Bearbeitungsstand erzeugt wird.

2.3.4 Nachweis von Änderungen

Im Zuge der sich verschärfenden Haftungsfragen und hoher Qualitätsanforderungen gewinnen der Nachweis und das Vorgehen im Fall von Dokumentenänderungen zunehmend an Bedeutung. Es viele Anlässe, um ein Dokument zu ändern: Das im Dokument beschriebene Objekt (z.B. ein Produkt oder eine Anlage) ändert sich; ein Fehler im Dokument wird korrigiert; das Angebot auf einer Internetpage (auch das ist ein Dokument!) ändert sich; die AGBs werden modifiziert usw.

Derartige Änderungen müssen dokumentiert werden. Dies bedeutet, dass man letztendlich festhält, wer wann was an welchem Dokument geändert hat. Ergänzend wird oft festgehalten, aus welchem Grund die Änderung erfolgte und ggf. wer dies genehmigt hat bzw. ob noch jemand im »Vier-Augen-Prinzip« das Dokument gesichtet hat.

Zwei wesentliche **Änderungsumfänge** müssen hierbei unterschieden werden: auf der einen Seite die inhaltliche Änderung eines Dokuments und auf der anderen Seite die Änderung der Metadaten eines Dokuments.

Ein weiterer relevanter Aspekt ist die **historische Nachvollziehbarkeit** von Änderungen. Dahinter steht die Frage, ob und über welchen Zeitraum Änderungen nachverfolgbar sein sollen.

Die einfachste Variante ist es, keinerlei Änderungen zu dokumentieren – weder die Änderung von Dokumenteninhalten noch die Änderung von Metadaten. So liegen immer nur der aktuelle Dokumenteninhalt und die aktuellen Metadaten vor. Heutzutage entspricht dieses Vorgehen in den wenigsten Fällen den Anforderungen.

Eine weitere Variante besteht darin, die Änderung der Dokumenteninhalte lediglich zu beschreiben. Diese Beschreibung kann inhaltlicher Bestandteil des Dokuments selbst sein oder auch in den Metadaten des Dokuments erfolgen. Bei dieser Variante werden meist nur umfassende bedeutungsrelevante Änderungen beschrieben. Kleinere semantische Änderungen und formale Änderungen werden wegen des hohen manuellen Erfassungsaufwands meist nicht dokumentiert. Diese Variante wird häufig praktiziert und erfüllt in vielen Fällen die Bedürfnisse, soweit dies rechtlich zulässig ist.

Werden jedoch hohe gesetzliche oder sonstige Anforderungen an die Nachvollziehbarkeit von Änderungen gestellt, so müssen meist Hilfsmittel eingesetzt werden, mit deren Hilfe Änderungen automatisch protokolliert werden können. Im Fall von inhaltlichen Änderungen bedeutet dies, dass z.B. die Änderung einzelner Zeichen ebenso protokolliert werden muss wie die Änderung einer Linienstärke bei grafischen Objekten. Einige für die Dokumentenerstellung eingesetzte IT-Systeme unterstützen bereits die lückenlose Protokollierung derartiger Sachverhalte (siehe Abbildung 2–4). Als Beispiel sei an dieser Stelle die Änderungsfunktion von Microsoft Word genannt. Hinsichtlich der Änderungsprotokollierung der Metadaten empfiehlt es sich, dass der ursprüngliche Metadatensatz eines Dokuments komplett archiviert wird und durch einen neuen Metadatensatz ersetzt wird, der die vorgenommenen Änderungen enthält. Die Gültigkeit eines konkreten Metadatensatzes muss entsprechend dokumentiert werden. Auch an dieser Stelle sind Automatismen erforderlich, die nur durch entsprechende IT-Funktionen sinnvoll realisiert werden können.

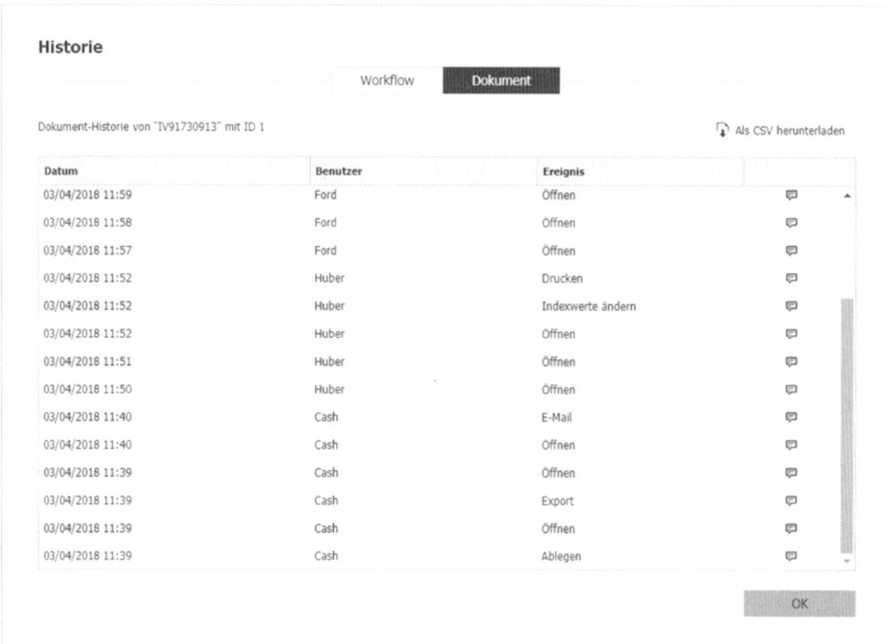

Abb. 2–4 *Dokumentenhistorie (Quelle: Docuware)*

Entscheidet sich eine Organisation für eine Variante, die die historische Nachvollziehbarkeit von Änderungen erlaubt, so stellt sich theoretisch die Frage nach der Anzahl der historisch nachvollziehbaren Bearbeitungsstände eines Dokuments oder nach dem Zeitraum der Nachvollziehbarkeit. In der Praxis verkürzt sich jedoch diese Fragestellung: Entweder ist keine historische Nachvollziehbarkeit erforderlich, oder wenn eine Historienverwaltung gefordert wird, dann ist diese für die gesamte Lebensdauer eines Dokuments abzusichern.

Dokumenten-Management-Systeme bieten meist an, dass man in Abhängigkeit von Dokumentenklasse und/oder Dokumententyp entscheiden kann, ob Veränderungen am Dokument erlaubt sind oder nicht und – falls Änderungen vorgenommen werden dürfen – ob hierfür Versionen zur Nachvollziehbarkeit der Änderungen angelegt werden sollen. Auch kann man meist differenzieren zwischen Änderungen an den Metadaten und Änderungen am Dokument.

2.3.5 Struktur von Ablagen und Archiven

An dieser Stelle werden unter *Ablagen* und *Archiven* Örtlichkeiten verstanden, an denen Dokumente für einen bestimmten oder unbestimmten Zeitraum abgelegt werden. Die Terminologie lässt grundsätzlich offen, welche Art von Medien in einer Ablage bzw. einem Archiv eingestellt wird. So können in körperlichen Ablagen und Archiven z.B. Papierdokumente oder mikroverfilmte Dokumente abgelegt werden. Hingegen dienen elektronische Ablagen und Archive zur Ablage von z.B. elektronischen Dokumenten in Form von Dateien oder zur Ablage der Metadaten innerhalb von Datenbanken. Dabei wird auch erkennbar, dass der primäre Zugriff auf die abgelegten Dokumente entweder unmittelbar durch natürliche Personen erfolgen kann oder auch nur mittelbar, z.B. bei elektronischen Archiven durch Nutzung von IT-Funktionen, die die Informationen aus der Ablage bzw. dem Archiv »entnehmen« und dem Nutzer verfügbar machen.

Die Struktur von Ablagen und Archiven sollte sich, unabhängig von der Archivierungsform (körperlich oder elektronisch), an den konkreten Zugriffsbedürfnissen orientieren. Es muss untersucht werden, wer oder was auf eine Ablage bzw. ein Archiv zugreift und mithilfe welcher Kriterien der Zugriff auf die abgelegten Dokumente erfolgt.

Die Gestaltung körperlicher Ablagen und Archive für Papier oder Microfiches gestaltet sich in der Praxis häufig schwierig. Im Prinzip ist die Ablagestruktur eindimensional und hierarchisch. Man legt z.B. für die Struktur fest, dass eine Einteilung nach Aktenzeichen erfolgt. In einer zweiten Stufe erfolgt dann eine Einteilung der Dokumente eines Aktenzeichens z.B. nach dem Erstellungsdatum usw. In einer derartigen Struktur ist es praktisch unmöglich z.B rasch alle Dokumente eines bestimmten Autors zu finden. Meist spiegelt die Ablage- bzw. Archivstruktur ein konkretes Zugriffsbedürfnis wider, vernachlässigt aber andere. In der Konsequenz kann dies zum Aufbau redundanter Ablagen/Archive führen, in denen die gleichen Dokumente mehrfach in unterschiedlichen Strukturen abgelegt werden. Dies hat nicht nur hohe Aufwände für die Verwaltung der Ablagen/des Archivs zur Folge, sondern beeinträchtigt auch die Qualität. So muss im Fall von Änderungen das Dokument in zwei oder mehr Ablagen oder Archiven parallel aktualisiert werden. Wird die Aktualisierung der Dokumente in einer Ablage oder in einem Archiv unterlassen, so entwickeln sich abweichende Ablage- bzw. Archivbestände.

Im Fall von körperlichen Ablagen können Referenzlisten helfen, die unterschiedlichen Sichtweisen abzubilden und auf die entsprechenden Fundstellen zu verweisen.

Ein weiteres Problem tritt auf, wenn sich die ursprünglichen Zugriffsbedürfnisse ändern und man die Struktur anpassen will. Die ursprünglich festgelegte Struktur einer körperlichen Ablage oder eines körperlichen Archivs ist nicht kurzfristig veränderbar, und eine Umsortierung ist meist nur manuell und mit hohem Aufwand möglich (siehe Abbildung 2–5).

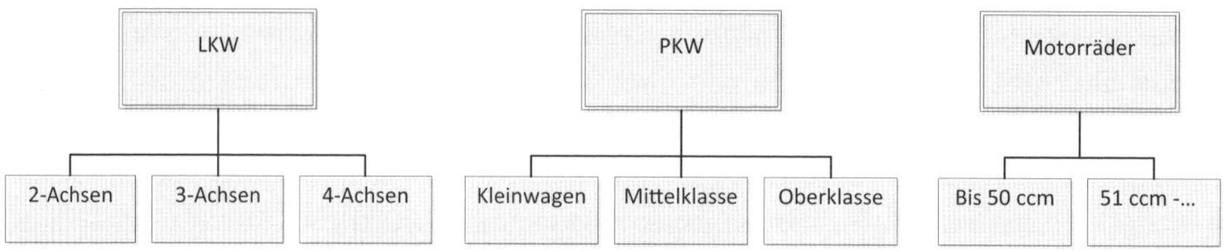

Abb. 2–5 *Hierarchische Struktur eines körperlichen Archivs*

Elektronische Archive und Ablagen sind wesentlich flexibler. Man kann im Prinzip n-dimensionale Strukturen aufbauen (siehe Abbildung 2–6). Daher ist es möglich, dass man für jede Interessensgruppe nach ihren Bedürfnissen eine Struktur bestimmen kann. So kann praktisch jedes Metadatum zur Suche und Sortierung der Dokumente genutzt werden, und es ist ein Leichtes, z.B. sofort alle Dokumente eines Autors zu finden. Das Problem verlagert sich hier mehr in Richtung sorgfältiger Pflege der Daten und Minimierung des Erfassungsaufwandes. Daher sollte man auch hier die Wünsche nach weiteren Klassifikationskriterien kritisch in Hinblick auf Zweck und Nutzen hinterfragen.

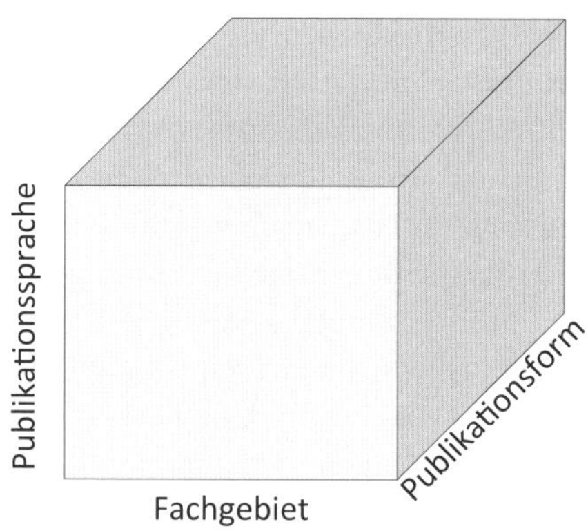

Abb. 2–6 *Mehrdimensionale Ablagestruktur in digitalen Archiven*

Ein weiterer Mangel, der sowohl bei körperlichen als auch bei elektronischen Ablagen und Archiven zu beobachten ist, ist das Fehlen eines führenden Merkmals bei der Gestaltung der Ablage- bzw. Archivstruktur.[2] Nicht selten werden aufbauorganisatorische und ablauforganisatorische Merkmale zusammen mit Themen-

2. vgl. [STEINBRECHER 2008], S. 48 ff.

oder Wissensgebieten willkürlich in einer Ablagestruktur vermengt. Dies führt zu uneinheitlichen Ablagen und Problemen bei der Suche.

2.3.6 Zugriffsrechte und Verantwortlichkeit

Während des Lebenszyklus eines Dokuments gibt es eine Reihe von Verantwortlichkeiten, die sich auf den Dokumenteninhalt und die Dokumentenverwaltung beziehen.

So ist während des Dokumentenerstellungsprozesses der Autor für den Inhalt des Dokuments verantwortlich. Nach der inhaltlichen Fertigstellung wird das Dokument ggf. geprüft und freigegeben. Für diese Schritte sind in der Regel weitere Personen verantwortlich. Weiterhin kann es Verantwortliche für die Auslösung eines Änderungsverfahrens, die korrekte Indizierung, die Archivierung und die Vernichtung des Dokuments geben. Die Aufzählung kann beliebig ergänzt werden. Wichtig ist, dass diese Verantwortlichkeiten festgelegt und nachweisbar dokumentiert werden. Damit bei einem Personalwechsel keine Überarbeitung der Dokumentationsrichtlinien erforderlich wird, sollten den Verantwortlichkeiten lediglich Rollen zugeordnet werden, z.B: »Für die Freigabe des Dokumenteninhalts ist der Abteilungsleiter verantwortlich.«

Neben den für den Inhalt des Dokuments Verantwortlichen, gibt es in der Regel weitere Rollen, die lesenden Zugriff auf die Dokumente haben sollen (siehe Abbildung 2–7). Auch hier können die Festlegungen wichtig sein, weil z.B. aus betrieblichen Geheimhaltungsgründen oder gesetzlichen Festlegungen (wie Datenschutz) nicht jeder alles lesen soll.

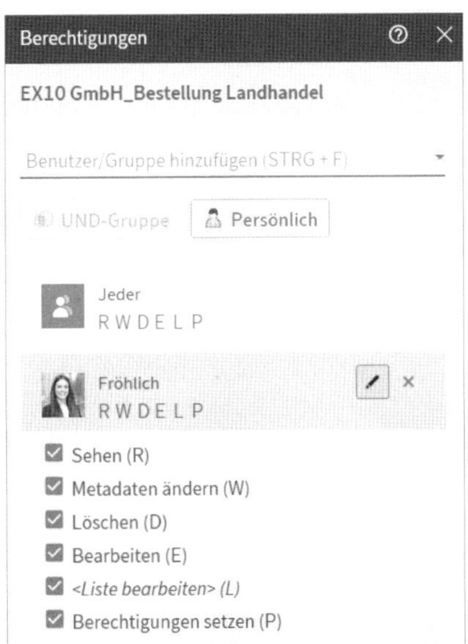

Abb. 2–7 *Zuweisung von Benutzerrechten (Quelle: ELO)*

In einer physischen Struktur wird man in der Regel versuchen, klare und einfache Regelungen aufzustellen, da sonst schnell die Grenzen der Handhabbarkeit erreicht werden. Dagegen besteht in elektronischen Systemen die Möglichkeit bzw. die »Versuchung«, die Rechte wesentlich differenzierter festzulegen. Man kann praktisch jedes Klassifikationskriterium nutzen, um Zugriffsrechte zu definieren. Aber auch hier sollte man das Motto »Weniger ist oft mehr« beherzigen. Auch wenn die IT-Systeme theoretisch hier alles abbilden können, sollte man vermeiden, über das hinauszugehen, was im Standard als Customizing-Möglichkeit angeboten wird. Die Mitarbeiter sollten die Regeln verstehen und nachvollziehen können, da sonst die Akzeptanz leidet. Mit der Komplexität des Systems steigt der Pflegeaufwand überproportional – und die Fehlerrate ebenso.

3 Rechtliche Anforderungen an das Dokumenten-Management

Das Thema Dokumenten-Management ist von einer Vielzahl von rechtlichen Vorschriften abhängig und wird durch sie maßgeblich beeinflusst. In diesem Kapitel werden die wichtigsten rechtlichen Anforderungen im deutschen und Schweizer Recht dargestellt.

Dabei geht es um sehr viele unterschiedliche Rechtsgebiete: um allgemeines Zivilrecht und Zivilprozessrecht im Bereich der Formvorschriften, um Handels-, Verwaltungs- und Steuerrecht im Bereich von Aufbewahrung und Rechnungsstellung, um Datenschutzrecht sowie um Urheberrecht.

In den letzten 6 Jahren seit dem Erscheinen der 5. Auflage haben sich erhebliche Änderungen in quasi allen hier behandelten Rechtsgebieten ergeben, sodass eine umfassende Überarbeitung dieses Kapitels notwendig war.

Das bisherige Datenschutzrecht wurde durch die Datenschutz-Grundverordnung (DSGVO) der EU abgelöst, das Signaturgesetz durch die EU-Verordnung über elektronische Identitäten und Vertrauensdienste, die GDPdU durch schon die zweite Fassung der GoBD usw.

Auch auf die Schweiz haben die Entwicklungen Einfluss genommen: Das neue Datenschutzgesetz wurde schon auf Druck der EU an die DSGVO angepasst, soll aber erst 2023 in Kraft treten. Auf der anderen Seite wurden auch hier Bürokratiehürden abgebaut, z. B. durch die Streichung der EIDI-V.

3.1 Das Kapitel »Rechtliche Aspekte«

Dieses Kapitel wurde von Praktikern für Praktiker nach rechtlichen Themen systematisiert, die für den Einsatz von Dokumenten-Management- und Archivlösungen relevant sind. Auf die berührten gesetzlichen Regelungen und anderweitige Richtlinien wird themenspezifisch eingegangen. In den Unterkapiteln wird zwischen deutschem und Schweizer Recht unterschieden. In den Ausführungen zum Schweizer Recht sind die relevanten Bundesgesetze und Verordnungen berücksichtigt. Im konkreten Anwendungsfall kann aber auch die Einbeziehung kantonalen Rechts vonnöten sein, auf das in dieser Veröffentlichung nicht weiter eingegangen werden soll.

Dokumente sind Träger von Daten, die Aufschluss über Handlungen, Abläufe und Produkte eines Unternehmens oder einer Institution geben. Häufig dienen sie als Nachweis sowohl im Tagesgeschäft als auch bei Streitigkeiten. Allein die Tatsache, dass Dokumente erzeugt, verwaltet und aufbewahrt werden, berührt eine Reihe von gesetzlichen Regelungen, Normen und Vorschriften, die zu beachten sind (siehe Tab. 3–1). Darüber hinaus entscheidet der Dokumenteninhalt über die Notwendigkeit, weitere rechtliche Anforderungen zu berücksichtigen.

Die Autoren möchten ausdrücklich darauf hinweisen, dass eine abschließende rechtliche Bewertung nur an konkret vorliegenden Sachverhalten vorgenommen werden kann und zu diesem Zweck professioneller juristischer Rat eingeholt werden sollte.

Gesetzliche Grundlagen, rechtliche Themen	AO	DSGVO	BDSG	BetrVG	BGB	GoB	GoBD	HGB	eIDAS VDG	UrhG	ZPO
Ordnungsmäßigkeit, Integrität, Authentizität	X	X	X		X	X	X	X	X		
Schutz vor Verlust (Datensicherheit)		X	X				X				
Schutz vor unberechtigtem Zugriff (Datenschutz)		X	X	X							
Ermittlung und Einhaltung der Aufbewahrungsfristen	X				X			X			
Sicherstellung des gesetzlichen Zugriffs	X						X	X			
Sicherstellung der Beweiskraft vor Gericht							X		X		X
Beteiligungsrechte der Mitarbeiter				X							
Schutz vor Verletzung des Urheberrechts										X	

AO – Abgabeordnung; DSGVO – Datenschutz-Grundverordnung; BDSG – Bundesdatenschutzgesetz; BetrVG – Betriebsverfassungsgesetz; BGB – Bürgerliches Gesetzbuch; GoB – Grundsätze ordnungsgemäßer Buchführung; GoBD – Grundsätze zur ordnungsmäßigen Führung und Aufbewahrung von Büchern, Aufzeichnungen und Unterlagen in elektronischer Form sowie zum Datenzugriff; HGB – Handelsgesetzbuch; eIDAS – Verordnung über elektronische Identitäten und Vertrauensdienste: VDG – Vertrauensdienstegesetz; UrhG – Gesetz über Urheberrecht und verwandte Schutzrechte; ZPO – Zivilprozessordnung

Tab. 3–1 *Gesetzliche Grundlagen und Themen – Bundesrepublik Deutschland*

Tab. 3–1 und Tab. 3–2 dienen Ihnen als Orientierung. Aus ihnen gehen die gesetzlichen Grundlagen hervor, die durch die jeweiligen rechtlichen Themen berührt werden. Diese wiederum spiegeln sich in den Überschriften der Unterkapitel wider.

Gesetzliche Grundlagen/ rechtliche Themen	DSG, VDSG	GeBüV	MWSTG, MWSTGV	OR	UrhG	ZertES, VZertES
Ordnungsmäßigkeit, Integrität, Authentizität		X	X	X		X
Schutz vor Verlust (Datensicherung)		X				
Schutz vor unberechtigtem Zugriff (Datenschutz)	X					
Ermittlung und Einhaltung der Aufbewahrungsfristen				X		X
Sicherstellung des gesetzlichen Zugriffs		X	X	X		
Sicherstellung der Beweiskraft vor Gericht						

DSG – Bundesgesetz über den Datenschutz; VDSG – Verordnung zum Bundesgesetz über den Datenschutz; GeBüV – Geschäftsbücherverordnung; MWSTG – Mehrwertsteuergesetz, MWSTGV – Verordnung zum Mehrwertsteuergesetz; OR – Obligationsrecht; UrhG – Gesetz über Urheberrecht und verwandte Schutzrechte; ZertES – Bundesgesetz über Zertifizierungsdienste im Bereich der elektronischen Signatur, VZertES – Verordnung über Zertifizierungsdienste im Bereich der elektronischen Signatur

Tab. 3–2 *Rechtliche Grundlagen und Themen – Schweiz*

3.1.1 Allgemeine Grundsätze

Die **Ordnungsmäßigkeit** bei der Erstellung, Verwaltung und Archivierung ist eine wesentliche Basis zur Erlangung von Rechtssicherheit. Der Begriff der Ordnungsmäßigkeit wird im Folgenden, soweit nicht anders beschrieben, stellvertretend für die Nachvollziehbarkeit von Vorgängen und Dokumenteninhalten, für die systematische Gliederung von Dokumentenstrukturen sowie für die Wahrung der Integrität und Authentizität verwendet. Grundsätzlich sollte die Ordnungsmäßigkeit für alle Dokumenttypen gelten, die in einer Organisationseinheit erstellt, verwaltet und archiviert werden. Aufgrund gesetzlicher Regelungen gilt sie aber insbesondere für Dokumente, die die Buchhaltung berühren, Dokumente, die als Nachweis von rechtlich relevanten Sachverhalten genutzt werden sollen, sowie für Dokumente, die einer gesetzlichen Aufbewahrungsfrist unterliegen. Für die Einhaltung der Ordnungsmäßigkeit gibt es keine branchen- und fachübergreifenden gesetzlichen Regelungen. Allerdings wurden im Bereich des Handels- und

Steuerrechts detaillierte Vorgaben erlassen, die wegen fehlender fachspezifischer Regelungen sinngemäß auf andere Bereiche übertragen werden sollten.

Die **Integrität** eines Dokuments ist gewahrt, wenn dieses inhaltlich vollständig und unveränderlich erhalten ist. Häufig werden formale Kriterien angesetzt, um die Vollständigkeit der Inhalte zu wahren, z.B. Seitennummerierung mit Bezug auf die Gesamtseitenanzahl, Signatur jeder einzelnen Seite bzw. Kordel und Siegel bei notariellen Urkunden. Der unverfälschte Inhalt kann hingegen häufig nur mit kriminaltechnischen Mitteln bestätigt werden.

Die **Authentizität** eines Dokuments, d.h. der Nachweis seines Ursprungs, ist rechtlich relevant, wenn ein Dokument Urkundencharakter trägt und/oder als Nachweis verwendet werden soll (siehe auch Kapitel 3.6). Bisher war der Nachweis des Ursprungs an die Vorlage des Originaldokuments in Papierform geknüpft. Als wesentliches Merkmal zum Nachweis der Authentizität bei originären Papierdokumenten wird die handschriftliche Signatur betrachtet (siehe Abbildung 3–1).

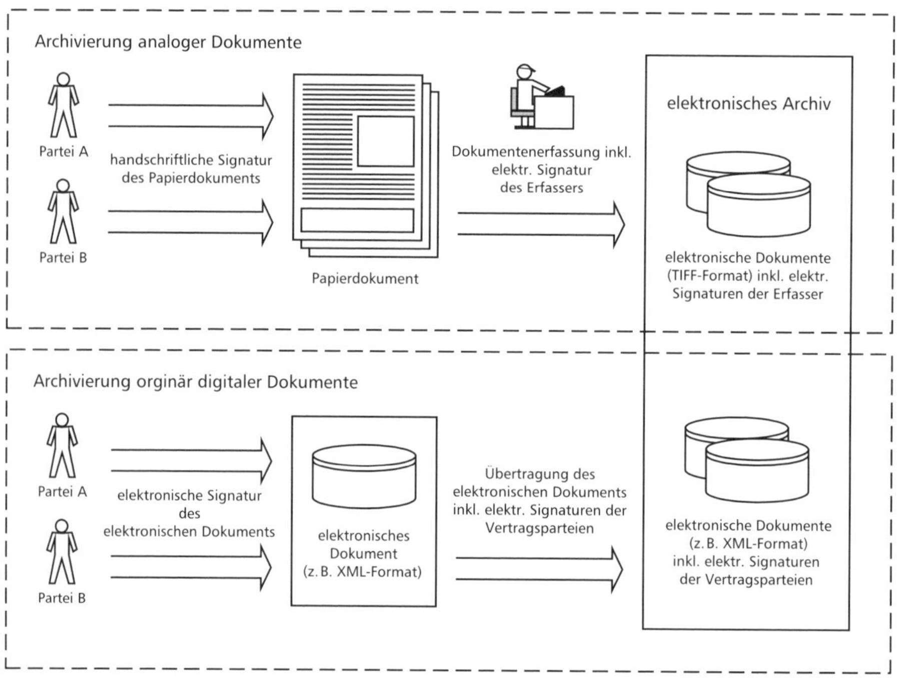

Abb. 3–1 *Originär digitale Dokumente versus analoge Dokumente*

Bereits seit den 1970er-Jahren bestehen die technischen Voraussetzungen, um Integrität und Authentizität elektronischer Dokumente auch mithilfe elektronischer Signaturen sicherzustellen.[1]

1. Durch die Entwicklung des Public-Key-Ansatzes seit 1970 und die Patentierung des RSA-Verfahrens im Jahre 1977 (RSA: nach seinen Entwicklern Rivest, Shamir und Adleman)

An dieser Stelle muss auf die bereits beschriebenen Erscheinungsformen elektronischer Dokumente hingewiesen werden. Aus rechtlicher Sicht muss die Erscheinungsform »analoge Dokumente« von »originär digitalen Dokumenten« unterschieden werden. Bei der Umwandlung der Papierform in elektronische Dokumente muss damit umgegangen werden, dass ein solcher Medienbruch rechtliche Folgen für die Beweiswirkung von Dokumenten hat (siehe auch Kapitel 3.6).

Die durchgängige Sicherstellung der Integrität und Authentizität eines elektronischen Dokuments mithilfe der elektronischen Signatur ist nur bei originär digitalen Dokumenten möglich. Wird hingegen ein analoges Dokument z.B. unmittelbar nach dem Scannen signiert, so kann die elektronische Signatur zwar zur Identifikation der Person dienen, die das Dokument erfasst hat, und die Integrität für die Folgebearbeitung abgesichert werden; aber ein Nachweis für die Authentizität und ein Nachweis für die Wahrung der Integrität, bevor das Dokument gescannt worden ist, kann somit nicht technisch aus dem elektronisch signierten Dokument abgeleitet werden.

Die Sicherstellung und die Erhaltung von Integrität und Authentizität bei einem Wechsel der Informationsträger (Medienbruch) ist ein grundsätzliches Problem, das sowohl in Deutschland als auch in der Schweiz über rechtliche Bestimmungen gelöst wird.

Für öffentliche elektronische Dokumente, also Dokumente einer Behörde oder einer mit öffentlichem Glauben versehenen Person, bleibt nach § 371b ZPO beim ersetzenden Scannen der Beweiswert erhalten, wenn die Dokumente von einer öffentlichen Behörde oder einer mit öffentlichem Glauben versehenen Person nach dem Stand der Technik gescannt werden.

»Stand der Technik« ist in Deutschland nach dem Minikommentar des Bundesinnenministeriums zum E-Government-Gesetz[2] die Einhaltung der Technischen Richtlinien TR-ESOR 03125[3] zur Beweiswerterhaltung[4] bzw. TR-RESISCAN 03138[5] zum Ersetzenden Scannen[6] des Bundesamts für Sicherheit in der Informationstechnik.

Ohne die Verwendung qualifizierter elektronischer Signaturen gibt es keine zwingende Beweisregel für das ersetzende Scannen; es verbleibt hier beim Augenscheinbeweis, d.h., der Richter kann selbst entscheiden, ob das verwendete Verfahren in seinen Augen revisionssicher ist.

---

2. *https://www.bmi.bund.de/SharedDocs/downloads/DE/veroeffentlichungen/themen/moderne-verwaltung/e-government-gesetz-minikommentar.pdf;jsessionid=198A80010B78C77A520BC997490071C7.1_cid364?__blob=publicationFile&v=2*
3. *https://www.bsi.bund.de/DE/Themen/Unternehmen-und-Organisationen/Standards-und-Zertifizierung/Technische-Richtlinien/TR-nach-Thema-sortiert/tr03125/TR-03125_node.html*
4. BMI-Minikommentar zu § 6 EGovG
5. *https://www.bsi.bund.de/SharedDocs/Downloads/DE/BSI/Publikationen/TechnischeRichtlinien/TR03138/TR-03138.pdf?__blob=publicationFile&v=5*
6. BMI-Minikommentar zu § 7 EGovG

In jedem Fall wird man davon ausgehen können, dass die Einhaltung der TR-RESISCAN geeignet ist, die Revisionssicherheit nachzuweisen. Der Begriff *Revisionssicherheit* wurde 1992 durch den *Verband Organisations- und Informationssysteme (VOI) e. V.* geprägt, dessen stellvertretender Vorstandsvorsitzender der Mitautor ist, und er bedeutet:

> »*Revisionssicherheit bezieht sich rückblickend auf die Prüfbarkeit des eingesetzten Verfahrens der Aufbewahrung und somit nicht nur auf technische Komponenten, sondern auf die gesamte Lösung. Revisionssicherheit schließt sichere Abläufe, die Organisation des Anwenderunternehmens, die ordnungsgemäße Nutzung, den sicheren Betrieb und den Nachweis in einer Verfahrensdokumentation ein. Wesentliches Merkmal revisionssicherer Archivsysteme ist, dass die Informationen wieder auffindbar, nachvollziehbar, unveränderbar und verfälschungssicher archiviert sind. Revisionssichere Archivierung ist ein wesentlicher Bestandteil für die Compliance von Informationssystemen.*«[7]

Daneben sind für die Anforderungen der Finanzverwaltung die Grundsätze zur ordnungsmäßigen Führung und Aufbewahrung von Büchern, Aufzeichnungen und Unterlagen in elektronischer Form sowie zum Datenzugriff (GoBD)[8] vom 28.11.2019 zu beachten, die aufgrund der Vorgaben von Handelsgesetzbuch und Abgabenordnung als Nachfolger von GoBS und GdPdU zum 1.1.2015 in Kraft getreten sind und seit 1.1.2020 in einer neuen, digitalisierungsfreundlicheren Version gelten.

Wichtige Rechtsgrundlagen im handels- und steuerrechtlichen Bereich in Deutschland sind das Handelsgesetzbuch (HGB), die Abgabenordnung (AO) sowie die Grundsätze ordnungsmäßiger Buchführung (GoB), die sich aus den Kommentierungen zu den Gesetzen und aus der betrieblichen Praxis entwickelt haben und ein Regelwerk darstellen, das die gesamte Rechnungslegung berührt.

Definiert wird das Wesen der GoB in Abschnitt 1.10 der GoBD vom 28.11.2019[9] wie folgt: »Die GoB sind ein unbestimmter Rechtsbegriff, der insbesondere durch Rechtsnormen und Rechtsprechung geprägt ist und von der Rechtsprechung und Verwaltung jeweils im Einzelnen auszulegen und anzuwenden ist.« (BFH-Urteil vom 12. Mai 1966, BStBl III S. 371; BVerfG-Beschluss vom 10. Oktober 1961, 2 BvL 1/59, BVerfGE 13 S. 153). Die GoB können sich durch gutachterliche Stellungnahmen, Handelsbrauch, ständige Übung, Gewohnheitsrecht, organisatorische und technische Änderungen weiterentwickeln und sind einem Wandel unterworfen.

---

7. *https://de.wikipedia.org/wiki/Revisionssicherheit*
8. *https://www.bundesfinanzministerium.de/Content/DE/Downloads/BMF_Schreiben/Weitere_Steuerthemen/Abgabenordnung/2019-11-28-GoBD.pdf?__blob=publicationFile&v=13*
9. GoBD, Seite 7, Tz 17 ff.

Grundsätze der GOB für die Buchführung und Rechnungsstellung sind:

- Grundsatz der Richtigkeit und Willkürfreiheit: Der Jahresabschluss ist nach gültigen Regeln erstellt und lässt sich objektiv aus den Büchern herleiten (§ 239 Abs. 2 HGB).
- Grundsatz der Klarheit und Übersichtlichkeit: Die äußere Gestaltung der Unterlagen muss es sachverständigen Dritten ermöglichen, die Buchführung nachzuvollziehen (§ 238 Abs. 1 S. 2 HGB, § 243 Abs. 2 HGB).
- Grundsatz der Einzelbewertung: Sämtliche Vermögensgegenstände sind einzeln zu bewerten, in bestimmten Fällen sind Gruppenbewertungen zulässig (§ 252 Abs. 1 Nr. 3 HGB).
- Grundsatz der Vollständigkeit: Eine lückenlose Buchführung wird erwartet (§ 239 Abs. 2 HGB, § 246 Abs. 1 HGB).
- Grundsatz der Ordnungsmäßigkeit: Geschäftsvorfälle sind zeitnah und chronologisch zu erfassen (239 Abs. 2 HGB).
- Grundsatz der Sicherheit: Unterlagen sind revisionssicher für die Dauer der gesetzlichen Aufbewahrungspflicht zu archivieren (§ 147 AO, § 257 Abs. 1 und 4 HGB, § 14b UStG, § 239 Abs. 3 HGB).
- Belegprinzip: Jedem einzelnen Geschäftsfall muss ein Beleg zugrunde liegen (§ 238 Abs. 1 und 2 HGB).

»Der Zusammenhang zwischen dem zugrundeliegenden Geschäftsvorfall und dessen Buchung bzw. dessen DV-Verarbeitung muss durch eine aussagekräftige Verfahrensdokumentation – ergänzend durch den Nachweis ihrer ordnungsmäßigen Anwendung – dargestellt werden«.[10] Der Verfahrensdokumentation und dem Nachweis ihrer Anwendung kommen somit Schlüsselfunktionen zu, um die Ordnungsmäßigkeit der Erstellung, Verwaltung und Archivierung von Dokumenten sicherzustellen. Die Erstellung und Pflege der Verfahrensdokumentation liegen in der Verantwortung des Buchführungspflichtigen.[11] Umfang und Aufbau sind nicht vorgeschrieben. Die GoBD legt nur den Mindestinhalt fest. Eine bereits bestehende Verfahrensdokumentation, z. B. für eine Buchhaltungslösung, kann auf die Dokumenten-Management- und Archivierungslösung ausgedehnt werden.

Im Grundsatz sind von den GoBD handelsrechtlich und steuerrechtlich relevante Organisations- und Informatiklösungen betroffen. Jedoch gibt es in der Praxis bereits Fälle, bei denen mangels anderweitiger Regelungen auf die GoBD verwiesen wird. Dies führt dazu, dass die Verfahrensdokumentation nach GoBD immer öfter zum Standard auch für andere Fachgebiete erklärt wird.

Die Neufassung der GoBD im Jahr 2019 hat zu einer Anpassung an moderne IT-Verfahren geführt. So ist es nicht mehr unzulässig, unterwegs, sogar im Aus-

10. GoBD, Seite 36, Tz. 10.1
11. vgl. Tz. 10.1 GoBD

land, Belege mit der Smartphone-Kamera zu erfassen und dann an das Unternehmen zu schicken, um diese Kopie dann revisionssicher zu speichern. Ebenso ist die Führung der Buchhaltung in der Cloud explizit erlaubt, wenn die übrigen Rahmenbedingungen der GoBD und der Gesetze, insbesondere des HGB und der DSGVO, eingehalten werden.

Die konkrete Struktur und die Inhalte für eine Verfahrensdokumentation nach den GoBD sind im Kapitel 3.10 beschrieben.

Wie bereits weiter oben erwähnt, kann eine elektronische Signatur die Grundlage für die Sicherung der Integrität und Authentizität von elektronischen Dokumenten bilden. Das erste deutsche Signaturgesetz (SigG) wurde im Jahr 1997 als Teil des Gesetzes des Bundes zur Regelung der Rahmenbedingungen für Informations- und Kommunikationsdienste (IuKDG) erlassen.[12] 2001 und 2005 gab es Änderungen des Signaturgesetzes und der zugehörigen Signaturverordnung mit den spezifischen technischen Voraussetzungen. Seit dem 28.08.2014 gilt in der ganzen Europäischen Union die eIDAS-Verordnung über elektronische Identitäten und Vertrauensdienste (EU 910/2014)[13], die im Unterschied zur vorherigen EU-Signaturrichtlinie 1999/93/EG[14] nicht mehr nur einen Rechtsrahmen für die Mitgliedsstaaten bietet, sondern direkt in der ganzen EU anwendbar ist. Seit 2016 sind auch die wesentlichen Durchführungsverordnungen mit den technischen Normen der Vertrauensdienste in Kraft.

Neben der elektronischen Signatur gibt es seitdem weitere Vertrauensdienste:

- Erstellung, Überprüfung und Validierung von
  - elektronischen Signaturen
  - elektronischen Siegeln
  - elektronischen Zeitstempeln
- Zustellung elektronischer Einschreiben
- Erstellung, Überprüfung und Validierung von Zertifikaten für die Website-Authentifizierung
- Bewahrungsdienste von Dokumenten mit elektronischen Signaturen, Siegeln oder Zertifikaten

In Folge des Formanpassungsgesetzes[15] wurde § 126a in das BGB aufgenommen. Durch ihn wird die elektronische Form mit der Schriftform im deutschen Recht gleichgestellt, wie es nun auch in Art. 25 der eIDAS-Verordnung vorgesehen ist. Generell gilt nun, dass die gesetzliche Schriftform erfüllt ist, wenn elektronische

---

12. vgl. Art. 3 IuKDG
13. *https://eur-lex.europa.eu/legal-content/DE/TXT/PDF/?uri=CELEX:32014R0910*
14. *https://eur-lex.europa.eu/legal-content/DE/TXT/HTML/?uri=CELEX:31999L0093&from=ES*
15. Gesetz zur Anpassung der Formvorschriften im Privatrecht und anderer Vorschriften an den modernen Rechtsverkehr vom 01.08.2001

Dokumente mit einer qualifizierten elektronischen Signatur versehen sind. Es sei denn, die elektronische Form ist explizit ausgeschlossen, wie z.B. bei privaten Bürgschaften oder Schuldanerkenntnissen. Die Beweiskraft elektronisch signierter Dokumente ist in den §§ 371a ff. und 415 ff. ZPO geregelt.

In der **Schweiz** stellen das Obligationenrecht (OR)[16] und das Mehrwertsteuergesetz (MWSTG)[17] sowie die Geschäftsbücherverordnung von 2002[18] und das Bundesgesetz über die elektronische Signatur (ZertES)[19] die wichtigsten rechtlichen Grundlagen für eine ordnungsgemäße Verwaltung und Archivierung von Dokumenten dar. So kann sinngemäß das OR als Rechtsgrundlage für die handelsrechtlichen Aspekte angesehen werden und das MWSTG als stellvertretende Grundlage für die steuerliche Seite dienen.

Die Möglichkeit, Bücher, Buchungsbelege und Geschäftskorrespondenz in elektronischer Form zu verwahren, ist im Grundsatz durch das OR gesetzlich geklärt.[20] Ausnahmen bilden lediglich Betriebsrechnung und Bilanz; diese sind grundsätzlich schriftlich und unterzeichnet aufzubewahren.[21] Unter bestimmten Voraussetzungen besitzen elektronische Dokumente und Dokumente in Papierform die gleiche Beweiskraft.[22]

Im Obligationenrecht heißt es zur Frage der Grundsätze ordnungsmäßiger Buchführung und zur Möglichkeit elektronischer Belege:

»Die Buchführung bildet die Grundlage der Rechnungslegung. Sie erfasst diejenigen Geschäftsvorfälle und Sachverhalte, die für die Darstellung der Vermögens-, Finanzierungs- und Ertragslage des Unternehmens (wirtschaftliche Lage) notwendig sind.

Sie folgt den Grundsätzen ordnungsmässiger Buchführung. Namentlich sind zu beachten:

1. die vollständige, wahrheitsgetreue und systematische Erfassung der Geschäftsvorfälle und Sachverhalte;
2. der Belegnachweis für die einzelnen Buchungsvorgänge;
3. die Klarheit;
4. die Zweckmässigkeit mit Blick auf die Art und Grösse des Unternehmens;
5. die Nachprüfbarkeit.

Als Buchungsbeleg gelten alle schriftlichen Aufzeichnungen auf Papier oder in elektronischer oder vergleichbarer Form, die notwendig sind, um den einer Bu-

16. *https://www.fedlex.admin.ch/eli/cc/27/317_321_377/de*
17. *https://www.fedlex.admin.ch/eli/fga/2016/1634/de*
18. *https://www.fedlex.admin.ch/eli/cc/2002/216/de*
19. *https://www.fedlex.admin.ch/eli/cc/2016/752/de*
20. vgl. Art. 957 Abs. 2 OR
21. vgl. Art. 957 Abs. 3 OR
22. vgl. Art. 957a Abs. 1 und 2 OR

chung zugrunde liegenden Geschäftsvorfall oder Sachverhalt nachvollziehen zu können.«

Die erforderlichen Voraussetzungen, die elektronische Dokumente bzw. das Verfahren ihrer Erzeugung und Aufbewahrung im Steuerrecht erfüllen müssen, um mit Papierdokumenten gleichgestellt zu werden, sind in der Geschäftsbücherverordnung (GeBüV)[23] beschrieben. Die GeBüV ist als eine direkte Umsetzung des OR zu verstehen. Sie beschreibt die zulässigen Informationsträger und benennt die Bedingungen zur Wahrung der Integrität, der Verfügbarkeit der Dokumente und der ordnungsgemäßen Organisation.

Die auf Grundlage des MWSTG und der Verordnung vom 29.03.2000 zum Bundesgesetz über die Mehrwertsteuer (MWSTGV) erlassene Verordnung über elektronisch übermittelte Daten und Informationen (EIDI-V) hat das Eidgenössische Finanzdepartement zum 1.1.2018 abgeschafft. Damit sind ähnlich wie in der EU die Anforderungen der qualifizierten Signatur von Belegen weggefallen; es gelten nur noch OR und GeBüV.

Die Wahrung der Integrität und Authentizität bei einem Datenträgerwechsel von Dokumenten, die der GeBüV zuzuordnen sind, ist im 4. Abschn. GeBüV, i.B. im Art. 10 GeBüV geregelt. Danach können Daten in andere Formate oder auf andere Informationsträger übertragen werden, wenn sichergestellt wird, dass die Vollständigkeit und Richtigkeit der Informationen gewährleistet bleiben und die Verfügbarkeit und Lesbarkeit den gesetzlichen Anforderungen weiterhin genügen.[24]

Auch in der Schweiz werden zur umfänglichen Erfüllung der GeBüV Dokumentationen gefordert.[25] Dabei konzentrieren sich die Forderungen gemäß GeBüV schwerpunktmäßig auf die Dokumentation der Arbeitsorganisation. Eine gesetzliche Vorgabe zur Struktur der Verfahrensdokumentation ist nicht gegeben. Jedoch wird empfohlen, die Strukturvorgabe (siehe Kapitel 3.10) gemäß den deutschen GoBD als Grundlage auch in der Schweiz zu verwenden. Diese dürften vollumfänglich den Dokumentationsanforderungen gemäß GeBüV genügen.

Seit 01.01.2005 ist das Bundesgesetz über Zertifizierungsdienste im Bereich der elektronischen Signatur (ZertES) in Kraft, das die seit dem Jahr 2000 bestehende Zertifizierungsdiensteverordnung (ZertDV) ablöste. Es regelt die Voraussetzungen, unter denen die Anbieter von Zertifizierungsdiensten im Bereich der elektronischen Signatur anerkannt werden, sowie die Rechte und Pflichten der Anbieter. Die detaillierte Umsetzung des ZertES erfolgte zeitgleich mit der Verordnung über Zertifizierungsdienste im Bereich der elektronischen Signatur (VZertES).

Mit Erlass des ZertES wurde der Artikel 14 OR wie folgend ergänzt: »Der eigenhändigen Unterschrift gleichgestellt ist die qualifizierte elektronische Signa-

23. Verordnung über die Führung und Aufbewahrung von Geschäftsbüchern vom 24.04.2002
24. vgl. Art. 10 Abs. 2 GeBüV
25. vgl. Art. 4 GeBüV V

tur, die auf einem qualifizierten Zertifikat einer anerkannten Anbieterin von Zertifizierungsdiensten im Sinne des Bundesgesetzes vom 19. Dezember 2003 über die elektronische Signatur beruht. Abweichende gesetzliche oder vertragliche Regelungen bleiben vorbehalten.«[26] Wie in der EU wird dies oft als Hindernis für die Digitalisierung betrachtet, da in vielen Fällen auch eine fortgeschrittene elektronische Signatur dem Sicherheitsbedürfnis Rechnung tragen würde oder eine Rückstufung der Formerfordernisse zu niedrigeren Formvorschriften sinnvoll wäre.[27]

Es gibt nach ZertES folgende Stufen von elektronischen Signaturen:

- **(einfache) elektronische Signatur**
  Diese Daten sind keiner Person zugeordnet und ermöglichen daher keine Identifizierung von Personen.
- **fortgeschrittene elektronische Signatur (Art. 2 Bst. b ZertES)**
  Dies ist eine elektronische Signatur, die folgende Anforderungen erfüllt:
  1. Sie ist ausschließlich der Inhaberin oder dem Inhaber zugeordnet,
  2. sie ermöglicht die Identifizierung der Inhaberin oder des Inhabers,
  3. sie wird mit Mitteln erzeugt, die die Inhaberin oder der Inhaber unter ihrer oder seiner alleinigen Kontrolle halten kann,
  4. sie ist mit den Daten, auf die sie sich bezieht, so verknüpft, dass eine nachträgliche Veränderung der Daten erkannt werden kann.

  Wenn die fortgeschrittene Signatur unter Verwendung einer sicheren Signaturerstellungseinheit erstellt wurde und auf einem gültigen Zertifikat beruht, wird diese als geregelte elektronische Signatur (Art. 2 Bst. c ZertES) bezeichnet.
- **qualifizierte elektronische Signatur (Art. 2 Bst. e ZertES)**
  Ein qualifiziertes Zertifikat darf nur auf eine natürliche Person ausgestellt werden und muss einen Eintrag enthalten, wonach es nur für die elektronische Signatur bestimmt ist (Art. 8 Abs. 1 und 2 ZertES). Zudem ist der Hinweis ins Zertifikat aufzunehmen, dass es sich um ein qualifiziertes Zertifikat handelt (Art. 8 Abs. 3 ZertES). Die qualifizierte elektronische Signatur hat im Grundsatz dieselben Eigenschaften wie die fortgeschrittene elektronische Signatur nach Art. 2 Bst. b ZertES, muss jedoch unter Verwendung einer sicheren Signaturerstellungseinheit nach Art. 6 ZertES erstellt werden und beruht auf einem qualifizierten Zertifikat.
- **geregeltes elektronisches Siegel (Art. 2 Bst. d ZertES)**
  Das entsprechende Zertifikat wird nicht auf den Namen einer Person, sondern auf den Namen einer Organisation (Behörde, Unternehmen usw.) ausgestellt.

---

26. Art. 14 Abs. 2bis OR
27. Simon Roth, Die Schriftlichkeit im Privatrecht: Ein Hindernis zur Digitalisierung, *https://www.lexfutura.ch/was-uns-gerade-beschaeftigt/artikel/die-schriftlichkeit-im-privatrecht-ein-hindernis-zur-digitalisierung/*

Diese Regelungen entsprechen fast vollständig den Regelungen der eIDAS-Verordnung der EU.

3.1.2 Konkretes Beispiel: Elektronische Rechnung

In Deutschland wurden diese allgemeinen Grundsätze ganz aktuell am Beispiel der elektronischen Rechnung durch die »Vereinfachung der elektronischen Rechnungsstellung zum 1. Juli 2011 durch das Steuervereinfachungsgesetz 2011« wie folgt konkretisiert:

Durch die Neufassung des § 14 Abs. 1 und 3 UStG durch den Art. 5 Nr. 1 des Steuervereinfachungsgesetzes 2011 vom 01. November 2011 sind die umsatzsteuerrechtlichen Regelungen für elektronische Rechnungen zum 01. Juli 2011 neu gefasst worden. Eine elektronische Rechnung ist nach § 14 Abs. 1 Satz 8 UStG n.F. eine Rechnung, die in einem elektronischen Format ausgestellt und empfangen wird. Die Anforderungen an die Übermittlung elektronischer Rechnungen sind gegenüber der bisherigen Rechtslage deutlich reduziert. Nunmehr können u.a. auch Rechnungen, die per E-Mail (ggf. mit Bilddatei- oder Textdokumentanhang) übermittelt werden, zum Vorsteuerabzug berechtigen.

Bisher wurden auf elektronischem Wege übermittelte Rechnungen umsatzsteuerrechtlich nur anerkannt, wenn eine qualifizierte elektronische Signatur (§ 14 Abs. 3 Nr. 1 UStG a.F.) oder ein EDI-Verfahren (§ 14 Abs. 3 Nr. 2 UStG a.F.) verwendet wurden. Dies entsprach den europarechtlichen Regelungen nach Art. 233 Abs. 1 Satz 1 Buchstabe a und b und Abs. 2 MwStSystRL. Der Gesetzgeber hat nunmehr von der Option nach Art. 233 Abs. 1 Satz 2 MwStSystRL Gebrauch gemacht, die es den Mitgliedsstaaten freistellt, auch Rechnungen anzuerkennen, die auf andere Weise elektronisch übermittelt oder bereitgestellt werden.

In Anlehnung an Art. 233 MwStSystRL in der ab dem 01. Januar 2013 geltenden Fassung (Änderung durch die Richtlinie 2010/45/EU des Rates zu den Rechnungsstellungsvorschriften vom 13. Juli 2010, AB1. EU 2010 L 189 Seite 1) sind Papier- und elektronische Rechnungen ab dem 01. Juli 2011 umsatzsteuerrechtlich gleich zu behandeln (§ 14 Abs. 1 UStG n.F.). Die Gleichstellung führt zu keiner Erhöhung der Anforderungen an die Ordnungsmäßigkeit einer Papierrechnung.

Sowohl bei Papier- als auch bei elektronischen Rechnungen müssen nach § 14 Abs. 1 UStG n.F. die Echtheit der Herkunft, die Unversehrtheit des Inhalts und die Lesbarkeit der Rechnung gewährleistet werden. Dies kann durch jegliche innerbetriebliche Kontrollverfahren erreicht werden, die einen verlässlichen Prüfpfad zwischen Rechnung und Leistung herstellen können. § 14 Abs. 3 Nr. 1 und 2 UStG n.F. nennt deshalb die qualifizierte elektronische Signatur oder die qualifizierte elektronische Signatur mit Anbieter-Akkreditierung nach dem Signaturgesetz und den elektronischen Datenaustausch (EDI) nach Artikel 2 der Empfehlung 94/820/EG der Kommission vom 19. Oktober 1994 über die rechtlichen

Aspekte des elektronischen Datenaustauschs (ABl. EG 1994 L 338 Seite 98) nur noch als Beispiele für Technologien, die die Echtheit der Herkunft und die Unversehrtheit des Inhalts einer elektronischen Rechnung gewährleisten. Der Vorteil seit der Abschaffung der Signaturpflicht ist, dass bei Verwendung dieser Technologien nach § 14 Abs. 3 UStG ein Anscheinsbeweis für die Echtheit und Unversehrtheit des Dokuments spricht, aber gleichzeitig die Anforderungen der ehemaligen GdPdU auf Empfängerseite weggefallen sind. Dies entspricht Art. 233 Abs. 2 MwStSystRL in der Fassung der Richtlinie 2010/45/EU des Rates zu den Rechnungsstellungsvorschriften vom 13. Juli 2010, a.a.O.

Das innerbetriebliche Kontrollverfahren im Sinne des § 14 Abs. 1 UStG n.F. dient nicht dazu, die materiell-rechtlichen Voraussetzungen des Vorsteuerabzugs nach § 15 UStG zu überprüfen. Ebenso wenig soll die inhaltliche Ordnungsmäßigkeit der Rechnung hinsichtlich der nach §§ 14 Abs. 4, 14a UStG erforderlichen Angaben gewährleistet werden. Mit dem innerbetrieblichen Kontrollverfahren soll lediglich die korrekte Übermittlung der Rechnungen sichergestellt werden. Eine inhaltlich richtige Rechnung (gemeint: richtige Leistung, richtiger Leistender, richtiges Entgelt, richtiger Zahlungsempfänger) rechtfertigt die Annahme, dass bei der Übermittlung keine die Echtheit der Herkunft oder die Unversehrtheit des Inhalts beeinträchtigenden Fehler vorgekommen sind. Das heißt, die Rechnung wurde weder ge- noch verfälscht oder auf andere Weise verändert; die Rechnung entspricht der erbrachten Leistung. Die Anforderungen an das innerbetriebliche Kontrollverfahren haben sich an dieser Zielrichtung zu orientieren.

In der Praxis werden sich die Durchführung des Kontrollverfahrens und die Prüfung der Voraussetzungen des Vorsteuerabzuges in Teilen überschneiden. Ist der Nachweis erbracht, dass die Voraussetzungen des Vorsteuerabzuges nach § 15 UStG gegeben sind, kommt der Frage der Durchführung des innerbetrieblichen Kontrollverfahrens in dem konkreten Einzelfall keine eigenständige Bedeutung mehr zu und kann insbesondere nicht mehr zur Versagung des Vorsteuerabzuges führen.

Unter innerbetrieblichen Kontrollverfahren im Sinne des § 14 Abs. 1 UStG n.F. sind Verfahren zu verstehen, die der Unternehmer zum Abgleich der Rechnung mit seinen Zahlungsverpflichtungen einsetzt. Der Unternehmer ist in der Wahl des Verfahrens frei. Er wird im eigenen Interesse insbesondere überprüfen, ob

- die Rechnung in der Substanz korrekt ist, d.h. ob die in Rechnung gestellte Leistung tatsächlich in dargestellter Qualität und Quantität erbracht wurde,
- der Rechnungsaussteller also tatsächlich den behaupteten Zahlungsanspruch hat,
- die vom Rechnungssteller angegebene Kontoverbindung korrekt ist und Ähnliches,

um zu gewährleisten, dass er tatsächlich nur die Rechnungen begleicht, zu deren Begleichung er auch verpflichtet ist.

Ein innerbetriebliches Kontrollverfahren erfüllt die Anforderungen des § 14 Abs. 1 UStG n.F., wenn es einen verlässlichen Prüfpfad gibt, durch den ein Zusammenhang zwischen der Rechnung und der zugrunde liegenden Leistung hergestellt werden kann. Dies kann im Rahmen eines entsprechend eingerichteten Rechnungswesens erfolgen, aber z.B. auch durch einen manuellen Abgleich der Rechnung mit vorhandenen geschäftlichen Unterlagen (z.B. Kopie der Bestellung, Auftrag, Kaufvertrag, Lieferschein, Überweisungs- oder Zahlungsbeleg). Es werden keine technischen Verfahren vorgegeben, die die Unternehmen verwenden müssen. Das innerbetriebliche Kontrollverfahren unterliegt keiner gesonderten Dokumentationspflicht. Allerdings ist der Steuerpflichtige nach wie vor verpflichtet, die Voraussetzungen des geltend gemachten Vorsteuerabzuges nachzuweisen.

Papier- und elektronische Rechnungen sind nach § 14 UStG zehn Jahre aufzubewahren. Während des gesamten Aufbewahrungszeitraums müssen die Echtheit der Herkunft, die Unversehrtheit des Inhalts und die Lesbarkeit der Rechnung gewährleistet werden (§ 14 Abs. 1 Satz 2 UStG n.F.).

Die beweisrechtlichen Anforderungen an elektronische Rechnungen waren in den letzten Jahrzehnten erheblichen Schwankungen ausgesetzt, wie Abbildung 3–2 verdeutlichen soll:

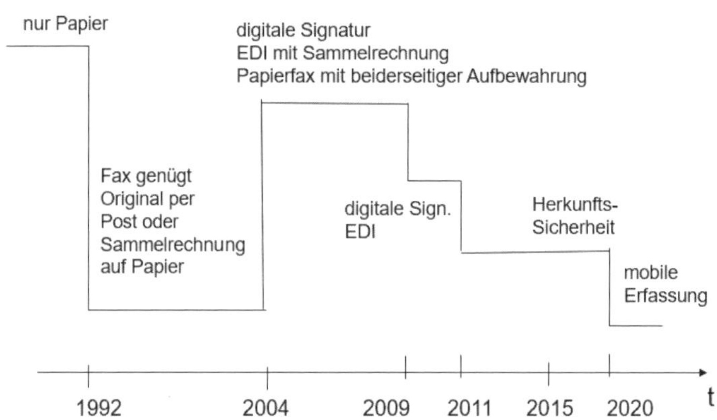

Abb. 3–2 *Beweisrechtliche Anforderungen an Rechnungen*

Für die Bewertung der Anforderungen sind die GoBD in der Fassung seit 1.1.2020 maßgebend.

Für den Austausch von elektronischen Rechnungen wurden verschiedene Dokumentformate entwickelt.

Die EU hat bereits 2014 die E-Rechnungsrichtlinie[28] erlassen, die in den Mitgliedsstaaten die Akzeptanz von elektronischen Rechnungen durch öffentliche Auftraggeber verlangt. Dabei sind zwei verschiedene XML-Standards erlaubt:

28. Richtlinie 2014/55/EU des Europäischen Parlaments und des Rates vom 16. April 2014 über die elektronische Rechnungsstellung bei öffentlichen Aufträgen, *https://eur-lex.europa.eu/legal-content/DE/ALL/?uri=CELEX%3A32014L0055*

- der von der UN-Organisation UN-CEFACT entwickelte *Cross Industry Invoice Standard* (standardisiert als EN 16931) und
- der von der Organization for the Advancement of Structured Information Standards entwickelte Standard *Universal Business Language*, ISO/IEC 19845:2015.

In Deutschland wurde die Richtlinie durch das E-Rechnungsgesetz[29] umgesetzt. Hier wurde der Standard *XRechnung* durch die zugehörige E-Rechnungsverordnung für Rechnungen an öffentliche Auftraggeber über einem Betrag von 1000 Euro festgelegt.

Die elektronische Rechnung hat neben den umsatzsteuerrechtlichen Rechnungsbestandteilen nach § 5 E-Rechnungsverordnung mindestens folgende Angaben zu enthalten:

1. eine Leitweg-Identifikationsnummer,
2. die Bankverbindungsdaten,
3. die Zahlungsbedingungen und
4. die De-Mail-Adresse oder eine E-Mail-Adresse des Rechnungsstellers.

Die elektronische Rechnung hat zusätzlich zu den Angaben nach Absatz 1 folgende Angaben zu enthalten, wenn diese dem Rechnungssteller bereits bei Beauftragung übermittelt wurden:

1. die Lieferantennummer,
2. eine Bestellnummer.

Das *Forum elektronische Rechnung Deutschland* (FeRD) wurde von der *Arbeitsgemeinschaft für wirtschaftliche Verwaltung* unter Beteiligung zahlreicher Institutionen aus Ministerien, Verwaltungen, Hochschulen, Verbänden und Firmen gegründet. Dieses Forum hat ein Hybridformat namens ZUGFerD (*Zentraler User Guide des Forums elektronische Rechnung Deutschland*) entwickelt, das aus einem maschinenlesbaren Teil im XML-Format und einem menschenfreundlichen Teil im PDF-Format besteht. Nach Inkrafttreten der E-Rechnungsrichtlinie wurde dieses Format überarbeitet. Jetzt gibt es insgesamt vier Profile dieses Formats:

- ZUGFeRD 2.0 – Teil 1: Profil EN 16931 (RL-compliant)
- ZUGFeRD 2.0 – Teil 2: Profil Extended
- ZUGFeRD 2.0 – Teil 3: Profil Basic
- ZUGFeRD 2.0 – Teil 4: Profil Buchungshilfe

---

29. *https://www.bgbl.de/xaver/bgbl/start.xav?start=%2F%2F*%5B%40attr_id%3D%27bgbl117s0770.pdf%27%5D#__bgbl__%2F%2F*%5B%40attr_id%3D%27bgbl117s0770.pdf%27%5D__1670424102407*

Seit Version 2.0 entspricht der Teil 1 der Spezifikation der E-Rechnungsrichtlinie und dem deutschen E-Rechnungsgesetz. Dieser wird in Frankreich als *FACTURX*-Standard bezeichnet. Bei Verwendung des Hybridformats ist es erforderlich, dass der Steuerpflichtige entweder das XML-[30] oder das PDF-Format[31] als steuerrechtlich relevant festlegt.

3.2 Datenschutz und Datensicherheit

Daten und Dokumente sind wichtige Ressourcen eines Unternehmens. In vielen Fällen sind sie die einzigen Nachweise für die Erfüllung der Pflichten, die sich aus den Handlungen, Abläufen und Produkten eines Unternehmens oder einer Institution ergeben. Datenschutz und Datensicherheit gehören eng zusammen, da Datenschutz nur mit technischen Sicherheitsmaßnahmen gewährleistet werden kann.

Die Datenschutzrichtlinie 95/46/EG von 1995 unternahm erstmals den Versuch, das Datenschutzrecht in der Europäischen Union zu harmonisieren, und seit dem 25. Mai 2018 gibt es mit der Datenschutz-Grundverordnung (DS-GVO)[32] ein einheitliches Datenschutzrecht in der ganzen Europäischen Union. Daneben gibt es lediglich in Deutschland und Österreich noch nationale Datenschutzgesetze, in denen aber lediglich Ausnahmen zur DSGVO bzw. der parallel erlassenen Datenschutz-Richtlinie für Justiz und Inneres[33] enthalten sind.

Grundlage des Datenschutzes sind für Unternehmen mit Sitz in Deutschland und öffentliche Stellen des Bundes die Datenschutz-Grundverordnung und das Bundesdatenschutzgesetz (BDSG), für öffentliche Stellen der Länder die Datenschutz-Grundverordnung und das jeweilige Landesdatenschutzgesetz. Darüber hinaus gibt es in einzelnen Rechtsgebieten weitere Datenschutzregelungen, wie z.B. den Sozialdatenschutz nach den §§ 67 bis 85a SGB X oder den Telekommunikations- und Telemediendatenschutz im TTDSG.

Daten sind **personenbezogen**, wenn Einzelangaben über persönliche und sachliche Verhältnisse einer bestimmten oder bestimmbaren natürlichen Person, d.h. einem betreffenden Menschen, zugeordnet werden können. Dies gilt nach einem Urteil des Europäischen Gerichtshofes[34] nur dann, wenn der Empfänger der Daten aus eigener Kraft diese Personenzuordnung vornehmen kann, d.h. entweder selbst oder mithilfe eines Gerichtes. Weiter gehören dazu auch technische Daten, z.B. IP-Adressen, Accountnamen oder MAC-Adressen, wenn eine Zuordnung dieser Daten zu einer Person gegeben ist. Bei dynamisch vergebenen IP-Adressen gilt dies nur so lange, wie die Zuordnungsdaten noch vorhanden sind (z.B. DHCP-Tabellen).

30. EN 16937
31. Version PDF-A/3, ISO 19005-3
32. EU-Verordnung 2016/679, Amtsblatt L 119/1 der EU vom 4.5.2016
33. EU-Richtlinie 2016/680, Amtsblatt L 119/89 der EU vom 4.5.2016
34. EuGH, C-582/14 vom 19.10.2016

In Dokumenten-Management-Systemen sind fast alle Dokumente personenbezogene Daten, da der Verfasser, meist ein Empfänger und weitere Personen in diesen Dokumenten genannt sind.

In der DSGVO sind für Dokumenten-Management-Systeme vor allem die Abschnitte 2 (Betroffenenrechte), 3 (Verantwortlicher und Auftragsverarbeiter) sowie 4 (Übermittlung an Drittländer) relevant.

Die **Datensicherheit** ist als Instrument des Datenschutzes eng mit diesem verbunden. Beide gehören zusammen und bedingen sich gegenseitig.[35] Soweit Maßnahmen zur Datensicherheit getroffen werden, die auf die Gewährleistung des Persönlichkeitsrechtes des Einzelnen abzielen (wie z.B. dem Schutz vor Missbrauch personenbezogener Daten), dienen sie auch dem Datenschutz. In der DS-GVO finden sich zahlreiche Bezüge zum Thema Datensicherheit, z.B. zur Sicherheit der Verarbeitung in § 32 DSGVO, den Meldepflichten nach Art. 33/34 DSGVO und zur Datenschutzfolgeabschätzung.

Art. 32 DSGVO verpflichtet die Stellen, die mit personenbezogenen Daten umgehen, technische und organisatorische Maßnahmen zu treffen, die erforderlich sind, um die Anforderungen der DSGVO zu gewährleisten.

In Art. 32 DSGVO werden Kontroll- und Organisationsmaßnahmen beispielhaft und nicht abschließend konkretisiert. Nach Absatz 1 ist Folgendes zu gewährleisten:

- die Pseudonymisierung und Verschlüsselung personenbezogener Daten
- die Fähigkeit, die Vertraulichkeit, Integrität, Verfügbarkeit und Belastbarkeit der Systeme und Dienste im Zusammenhang mit der Verarbeitung auf Dauer sicherzustellen
- die Fähigkeit, die Verfügbarkeit der personenbezogenen Daten und den Zugang zu ihnen bei einem physischen oder technischen Zwischenfall rasch wiederherzustellen
- ein Verfahren zur regelmäßigen Überprüfung, Bewertung und Evaluierung der Wirksamkeit der technischen und organisatorischen Maßnahmen zur Gewährleistung der Sicherheit der Verarbeitung

Gemäß Art. 32 DSGVO gelten Maßnahmen dann als erforderlich, wenn ihr Aufwand in einem angemessenen Verhältnis zum angestrebten Schutzzweck steht. Dieser Grundsatz der Verhältnismäßigkeit führt in der Praxis zu einer Abwägung zwischen der Art der zu schützenden Daten und dem Aufwand, der zu ihrem Schutz betrieben werden muss.

Für die Auswahl der Maßnahmen zur Datensicherheit müssen alle Regelungen, Prozesse und Werkzeuge eines Unternehmens ganzheitlich betrachtet werden. Die singuläre Gewährleistung der Datensicherheit für ein Werkzeug oder ei-

35. Lensdorf/Mayer-Weglin, CR 2009, 545 und ZD 1/20141 Schneider: Datensicherheit

nen Vorgang bietet keine ausreichende Sicherheit. Nur durch eine umfassende Betrachtungsweise dieser Thematik sind effiziente, nachhaltige und lückenlose Lösungen zur Datensicherheit möglich. Für Dokumentenverwaltungs- und Archivierungslösungen müssen in folgenden Bereichen Maßnahmen zur Datensicherheit ergriffen werden:

- Personal
- Gebäudesicherheit
- Organisation
- Administration
- eingesetzte Werkzeuge

Besonders für kritische Prozesse, wie das Erfassen, Verändern, Löschen bzw. Vernichten von Dokumenten bzw. Daten sollte ausschließlich vertrauenswürdiges und ausgebildetes *Personal* zum Einsatz kommen.

Gebäude und Räume, in denen Dokumente bzw. Daten archiviert werden, müssen einer Zugangskontrolle unterliegen und vor Außeneinwirkungen wirksam schützen.

Organisatorisch muss sichergestellt werden, dass eine kontinuierliche Kontrolle und Verbesserung der Datensicherungsmaßnahmen erfolgt sowie die Datensicherungsmaßnahmen nachvollziehbar dokumentiert werden.

Administratorisch sind die Verantwortungen für die Durchführung der Datensicherungsmaßnahmen und das interne Berichtswesen zu regeln.

Die ***eingesetzten Werkzeuge*** (dazu zählen auch Dokumenten-Management-Systeme) müssen ebenfalls den Grundätzen zur Datensicherheit lückenlos entsprechen. Sowohl Hardware- als auch Softwarekomponenten wie auch die Datenspeicherung müssen den Anforderungen an die Datensicherung genügen und technisch auf dem neuesten Stand sein.

Gemäß der EU-Datenschutz-Grundverordnung sind aufgrund der erhöhten Missbrauchsgefahr personenbezogener Daten besondere Maßnahmen zu deren Schutz zu ergreifen. Es gelten gemäß Art. 5 DSGVO folgende Verarbeitungsgrundsätze:

- Rechtmäßigkeit, Verarbeitung nach Treu und Glauben, Transparenz
- Zweckbindung, Verarbeitung der Daten nur für den bei Erhebung beabsichtigten Zweck
- Datenminimierung, Beschränkung auf das erforderliche Maß
- Richtigkeit und Aktualität
- Identifizierbarkeit nur bis zur Zweckerreichung, danach Löschung (oder Anonymisierung, soweit zulässig)
- Integrität und Vertraulichkeit, Schutz der Daten vor Veränderung
- Rechenschaftspflicht für alle vorangegangenen Pflichten

Für Buchhaltungs- und Belegdaten gibt es durch die GoBD gesonderte Anforderungen an die **Revisionssicherheit**. Diese sind:

- Das Verfahren zur Vergabe von Zugriffsberechtigungen muss transparent sein, es muss dokumentiert werden und es muss kontrollierbar sein.
- Zugriffsberechtigungen müssen personenbezogen nachvollziehbar sein, und es muss feststellbar sein, wer wann welche Daten in welcher Weise bearbeitet hat (Revisionssicherheit).
- Alle Bild- und Datenträger müssen sicher vor fremdem Zugriff aufbewahrt werden, und der Kreis der zugriffsberechtigten Personen muss eingeschränkt, definiert und nachvollziehbar sein.
- Konkret erforderliche Sicherheitsmaßnahmen sind aufgrund einer Risikoanalyse individuell zu ermitteln und müssen sich am Stand der Technik orientieren.
- Grundlegende Schutzziele sind die Gewährleistung von Vertraulichkeit, Authentizität, Integrität, Verfügbarkeit und Revisionssicherheit der verarbeiteten Daten.

Sowohl in der Schweiz als auch in Deutschland sind weitere gesetzliche Vorgaben zur Datensicherheit fachgebietsspezifisch. Aussagen zur Datensicherheit sind z.B. in den GoBD (Deutschland) und in der GeBüV[36] (Schweiz) anzutreffen. Die Pflicht zur Anbringung einer qualifizierten elektronischen Signatur auf elektronische Belege ist in Deutschland bereits 2012 mit dem Inkrafttreten der GDPdU abgeschafft worden, in der Schweiz mit der Abschaffung der ElDI-V[37] zum Jahresbeginn 2018. Allerdings gelten die Aussagen im Grundsatz nur für steuer- bzw. handelsrechtlich relevante Dokumente. Da für viele Fachgebiete konkrete Regelungen fehlen, gelten dann die Sicherheitsanforderungen des Art. 32 DSGVO bzw. der alten oder neuen Verordnung zum Datenschutzgesetz der Schweiz.

Nach Art. 32 DSGVO sind folgende technisch-organisatorischen Maßnahmen einzuhalten:

- Pseudonymisierung (Art. 32 Abs. 1 lit. a DSGVO)
- Verschlüsselung (Art. 32 Abs. 1 lit. a DSGVO)
- Gewährleistung der Vertraulichkeit (Art. 32 Abs. 1 lit. b DSGVO)
- Gewährleistung der Integrität (Art. 32 Abs. 1 lit. b DSGVO)
- Gewährleistung der Verfügbarkeit (Art. 32 Abs. 1 lit. b DSGVO)
- Gewährleistung der Belastbarkeit der Systeme (Art. 32 Abs. 1 lit. b DSGVO)

36. Art. 5 GeBüV
37. Verordnung des EFD vom 11. Dezember 2009 über elektronische Daten und Informationen (ElDI-V)

- Verfahren zur Wiederherstellung der Verfügbarkeit personenbezogener Daten nach einem physischen oder technischen Zwischenfall (Art. 32 Abs. 1 lit. c DSGVO)
- Verfahren regelmäßiger Überprüfung, Bewertung und Evaluierung der Wirksamkeit der technischen und organisatorischen Maßnahmen (Art. 32 Abs. 1 lit. d DSGVO)

Für sensible Daten nach Art. 9 sieht § 22 BDSG ergänzende Maßnahmen vor, ebenso gelten für die Landesbehörden je nach Bundesland unterschiedlich die Landesdatenschutzgesetze.

Der Schutz personenbezogener Daten ist für das Dokumenten-Management und die Archivierung von großer Bedeutung, denn selbst in weniger sensiblen Bereichen sind zumeist personenbezogene Daten betroffen. Folgende Beispiele sollen dies verdeutlichen:

- Bei »Ein-Mann-Firmen« lassen die archivierten Firmendaten Rückschlüsse auf die Person zu.
- Zu archivierende Schriftstücke sind häufig mit Unterschrift und Namenskürzel versehen.
- Auf archivierten technischen Zeichnungen sind personenbezogene Kontrollvermerke aufgebracht.
- Archivierte Personal- und Sozialversicherungsdokumente enthalten sehr vertrauliche personenbezogene Daten.
- Bei der Verschlagwortung von Dokumenten (Metadaten) wird der Dokumentenersteller mit anderen Daten in Relation gesetzt.
- Medien mit Personenbezug unterliegen dem Datenschutz und dem Recht am eigenen Bild aus § 23 KunstUrhG.

Für die elektronische Archivierung von Unterlagen sind besonders die Rechte des Betroffenen zu beachten. Diese müssen in die Konzeption und Umsetzung von organisatorischen und technischen Maßnahmen einfließen.

Gemäß der DSGVO ergeben sich folgende Rechte für den Betroffenen:

- Recht auf Auskunft über gespeicherte Daten (Art. 15 DSGVO)
- Recht auf Korrektur der Daten (Art. 16 DSGVO)
- Recht auf Löschung der Daten (Art. 17 DSGVO)
- Recht auf Sperrung der Daten (Art. 18 DSGVO)
- Recht auf Gegendarstellung (Art. 21, 16 DSGVO)

An dieser Stelle wird der Konflikt zwischen den Maßnahmen deutlich, die zur Erfüllung der DSGVO vorzunehmen sind, und den Maßnahmen, die zur Erfüllung anderer gesetzlicher Bestimmungen[38] notwendig wären. Die DSGVO und das

BDSG sehen eine gezielte »Manipulation« der gespeicherten Informationen nach der Archivierung bewusst vor; dagegen soll nach HGB, AO bzw. untergeordneten Anweisungen eine Manipulation der Daten dauerhaft verhindert werden.

Nach Art. 16 DSGVO hat der Betroffene das Recht, unrichtige Daten berichtigen zu lassen. Wenn eine Veränderung der Daten selbst zum Beispiel wegen revisionssicherer Archivierung nicht möglich ist, muss es möglich sein, den Daten einen Randvermerk direkt zuzuordnen, um auf die Unrichtigkeit der gespeicherten Daten hinzuweisen. Aus diesem Grund sollten datenbankbasierte Dokumenten-Management-Systeme Möglichkeiten vorsehen, den einzelnen Datensätzen solche Hinweise auch dann zuzuordnen, wenn die Daten bereits archiviert sind.

Ausgehend von einem einmal beschreibbaren Bild- oder Datenträger ist eine technische Manipulation des Inhalts (Datei), die die Anforderungen der DSGVO erfüllen würde, nur unter unverhältnismäßig hohem Aufwand möglich,[39] denn es müsste bei jeder Manipulation der gesamte Datenträger vernichtet werden und noch gültige Daten müssten auf einen neuen Datenträger übernommen werden. In § 35 BDSG in Verbindung mit Art. 18 DSGVO ist geregelt, dass in diesem Fall die Löschung der Daten durch die Einschränkung der Verarbeitung ersetzt werden kann. Eine Löschung der Daten muss aber in jedem Fall erfolgen, wenn einer Vernichtung des Datenträgers nichts mehr im Wege steht, z.B. dann, wenn alle Daten gesperrt sind und die Aufbewahrungs- und Verjährungsfristen abgelaufen sind.

Es ist jedoch zweifelhaft, ob § 35 BDSG eine zulässige Ausnahme zu Art. 17 DSGVO darstellt. Im Kurzpapier der Datenschutzkonferenz zu Art. 17[40] heißt es:

> *»Es bestehen jedoch Zweifel, ob die in § 35 BDSG-neu vorgesehenen Beschränkungen des Rechts auf Löschung nach Art. 23 DS-GVO zulässig sind. Jedenfalls sind diese Regelungen grundsätzlich eng und im Sinne einer größtmöglichen Transparenz auszulegen. Ob und in welchem Umfang eine in § 35 BDSG-neu vorgesehene Beschränkung des Rechts auf Löschung aufgrund des Anwendungsvorrangs der DS-GVO tatsächlich angewendet werden kann, bleibt einer Entscheidung im jeweiligen konkreten Einzelfall vorbehalten.«*

Große, nur einmal beschreibbare Datenträger sind daher datenschutzrechtlich problematisch. Es ist sinnvoller, durch das Betriebssystem des Datenträgers (z.B. *EMC Centera*, *NetApp Snaplock* etc.) oder durch kryptografische Sicherung die Unversehrtheit der Daten zu gewährleisten, in diesen Fällen bleibt die Löschbarkeit der einzelnen Daten erhalten. Im Gegensatz zu früher vertretenen Auffassungen ist unter »Löschen« das physikalische Löschen zu verstehen; eine Beschrän-

38. vgl. § 257 HGB, §§ 140–147 AO
39. vgl. §35 BDSG
40. *https://datenschutzkonferenz-online.de/media/kp/dsk_kpnr_11.pdf*, Konferenz der unabhängigen Datenschutzbehörden des Bundes und der Länder (Datenschutzkonferenz). Datenlizenz Deutschland – Namensnennung – Version 2.0 (*www.govdata.de/dl-de/by-2-0*).

kung des Zugangs zu diesen Daten ist nicht ausreichend, ebenso wenig das Löschen der Indizierung.

Die **Einschränkung der Verarbeitung nach Art. 18 DSGVO** ist in vier Fällen notwendig, wenn der Betroffene das verlangt:

- während eines Streits über die Rechtmäßigkeit der Daten
- bei unrechtmäßiger Verarbeitung, wenn der Betroffene die Löschung ablehnt
- wenn die betroffene Person die Daten noch benötigt, aber aus Sicht des Verantwortlichen Löschreife besteht
- während der Prüfung eines Widerspruches nach Art. 21 DSGVO

Dazu kommt jedoch der Fall aus § 35 BDSG, der für Anbieter von Dokumenten-Management-Systemen besonders relevant ist:

Die Daten müssen rechtmäßig verarbeitet worden sein, eigentlich zu löschen sein, aber wegen der Form der Speicherung ist das Löschen nicht oder nur unter großem Aufwand möglich und das Interesse der betroffenen Person an der Löschung ist als gering anzusehen. In diesem Fall dürfen die Daten weiter gespeichert bleiben. Es dürfen jedoch nur noch bestimmte Zugriffe gemäß Art. 18 DSGVO erfolgen:

- mit Zustimmung der betroffenen Person
- zur Geltendmachung, Ausübung oder Verteidigung von Rechtsansprüchen
- zum Schutz der Rechte einer anderen natürlichen oder juristischen Person
- wegen wichtigem öffentlichem Interesse der EU oder eines Mitgliedsstaates

Das bedeutet, dass revisionssicher archivierte Daten bei rechtmäßiger Verarbeitung weiter in einem Dokumenten-Management-System gespeichert werden dürfen, auch wenn die operative Notwendigkeit der Nutzung der Daten entfallen ist. Es ist jedoch zu beachten, dass dann die Daten nur noch eingeschränkt verarbeitet werden dürfen.

Dafür gibt es mehrere Verfahren:

- Eine Kopie aller Daten wird bereits bei der Entstehung revisionssicher gespeichert. Dies wird zum Beispiel bei der Mailarchivierung im Rahmen des sogenannten Journalings gemacht. Hier wird eine Kopie aller ein- und ausgehenden Mails nicht veränderbar und nicht löschbar gespeichert. Im Bereich der Dokumentenarchivierung kann dies gemacht werden, wenn das Dokumenten-Management-System Versionierung unterstützt und die Dateien über die veränderbare Version hinaus noch in einem nicht veränderbaren Format wie PDF/A, idealerweise mit einer elektronischen Signatur, gespeichert werden.
- Die Dateien sind nach der Erstellung noch veränderbar und werden erst zu einem späteren Zeitpunkt der Archivierung revisionssicher gespeichert. Dies ist zum Beispiel der Fall, wenn bei der Mailarchivierung die sogenannte Post-

facharchivierung eingestellt wird, bei der erst nach einiger Zeit keine Eingriffe mehr möglich sind (Aussortieren von Spam, Privatmails, nicht nach Handels- oder Steuerrecht archivierungspflichtige Mails). Bei der Dokumentenverarbeitung ist dies der Fall, wenn die Revisionssicherheit der Dokumente erst zum Zeitpunkt der Ablage garantiert wird.

Darüber hinaus muss der **Zugriff auf die personenbezogenen Daten nach Art. 18 beschränkt** werden. Dafür gibt es mehrere Möglichkeiten:

- **Steuerung über das Berechtigungssystem**
  Die Daten dürfen nur noch für die in Art. 18 DSGVO genannten Zwecke auffindbar sein, d.h., eine Suche nach den Daten muss auf die Personen beschränkt werden, die die Daten noch zu genau diesen Zwecken benötigen (z.B. Datenowner, Legal, Geschäftsleitung). Die Daten dürfen auch für diese Personen nicht mehr veränderbar sein.
- **Archivieren und bei Notwendigkeit ggf. zurückspielen**
  Eine weitere Möglichkeit besteht darin, die Daten getrennt von den operativen Daten in einem extra Archiv aufzubewahren, auf das nur wenige Personen für die Zwecke des Art. 18 DSGVO Zugriff haben.
- **Trennen der Personenzuordnung**
  Schließlich können Daten dann länger aufbewahrt werden, wenn die Personenzuordnung beseitigt wird. Wenn es auch keine Möglichkeit mehr gibt, die Daten nachträglich wieder einer Person zuzuordnen, handelt es sich um eine Anonymisierung der Daten mit der Folge, dass es sich nicht mehr um personenbezogene Daten handelt. Dann sind die Vorschriften der DSGVO und des BDSG nicht mehr auf die Daten anwendbar; es können jedoch weitere Vorschriften aus anderen Rechtsgebieten gelten.

Die weitere Speicherung der Daten ist bei unrechtmäßiger Verarbeitung nach § 35 Abs. 1 Satz 3 BDSG jedoch nicht erlaubt. Das heißt, es muss eine Art »privilegiertes Löschen« geben. Es müssen Daten auch dann im Einzelfall gelöscht werden können, wenn die Daten unrechtmäßig verarbeitet wurden. Das kann im Extremfall auch die Speicherung von Daten sein, bei denen bereits der Besitz strafbar ist, wie z.B. verfassungsfeindliche Schriften oder Kinderpornografie.

Zertifizierte Festplattensysteme zur revisionssicheren Aufbewahrung, wie z.B. EMC Centera oder NetApp Snaplock, bieten für diesen Sonderfall an, den Grundsatz der Löschsicherheit vor Ablauf der Aufbewahrungsfrist zu durchbrechen. Dafür gibt es erhöhte Sicherheitsanforderungen, z.B. das Vier-Augen-Prinzip, und eine erweiterte revisionssichere Protokollierung des Vorgangs der privilegierten Löschung.

Das organisatorische Vorgehen muss in der Verfahrensdokumentation (siehe Kapitel 3.9) beschrieben werden.

Abb. 3–3 *Platzersparnis durch Deduplikation*

Hierzu noch ein Hinweis: Das Verfahren der Deduplikation von Dokumenten zur Einsparung von Speicherplatz darf nur angewendet werden, wenn das Beweisrecht nicht die Speicherung der vollständigen Inhalte inklusive unveränderter Headerangaben in kryptografisch gesicherter Version verlangt. Die Vorteile der Deduplikation bezüglich des Speicherplatzes sind erheblich (siehe Abbildung 3–3), damit lassen sich nach verschiedenen Untersuchungen bis zu 7/8 des Speicherplatzes einsparen.

Darüber hinaus sind aufgrund der technischen Entwicklungen auf diesem Gebiet noch ergänzende Informationen vom Bundesamt für die Sicherheit in der Informationstechnik (BSI) zur datenschutzgerechten Löschung und zur Verwertung geeigneter Archivmedien zu beachten.[41] Umsetzungsempfehlungen und Orientierungshilfen werden regelmäßig und im Tätigkeitsbericht auf der Website des Bundesbeauftragten für den Datenschutz und die Informationsfreiheit veröffentlicht.[42] Das von den zuständigen Datenschutzbehörden vor Jahren angestrebte Ziel, stetig aktuelle Orientierungshilfen zu technischen Fragestellungen zu erarbeiten und diese Interessierten zur Verfügung zu stellen, wird leider nur noch eingeschränkt verfolgt. Dennoch liefert die Website viele nützliche Empfehlungen und Informationen zum Thema Datenschutz und Datenmanagement (siehe auch Kapitel 3.2).

In der **Schweiz** wird der »Schutz der Persönlichkeit und der Grundrechte von Personen, über die Daten bearbeitet werden«[43] durch das Bundesgesetz über den

41. *https://www.bsi.bund.de/SharedDocs/Downloads/DE/BSI/Grundschutz/Kompendium/IT_Grundschutz_Kompendium_Edition2022.pdf?__blob=publicationFile&v=3*, S. 243 ff.
42. siehe *www.bfdi.bund.de*
43. Art. 1 DSG

Datenschutz (DSG) und die Verordnung zum Bundesgesetz über den Datenschutz (VDSG) geregelt. Eine Reform zur Anpassung des DSG[44] und der VDSG[45] an die EU-Datenschutz-Grundverordnung ist am 25.09.2020 beschlossen worden und wird voraussichtlich zum 1. September 2023[46] in Kraft treten, da ansonsten die Einstufung der Schweiz als Land mit angemessenem Datenschutzniveau nach Art. 45 DSGVO gefährdet wäre.

Nach wie vor ist keine explizite Rechtsgrundlage wie nach Art. 6 bzw. 9 DS-GVO in der Schweiz erforderlich. Durch die Änderung der Artikel 30 und 31 DSG 2022 ergibt sich jedoch fast die identische Rechtslage wie in der EU. Die Persönlichkeitsrechte der betroffenen Personen dürfen nicht verletzt werden. Eine Verletzung liegt nach Art. 31 DSG 2022 nicht vor, wenn eine Einwilligung der betroffenen Person[47], ein überwiegendes privates[48] oder öffentliches[49] Interesse oder ein Gesetz[50] dies rechtfertigt.

Informationspflichten werden in der Schweiz zukünftig in Art. 19 DSG geregelt, ähnlich wie in Art. 13 und 14 der DSGVO. Die anderen Betroffenenrechte sind im neuen DSG in Art. 25 bis 29 und Art. 32 zu finden. Eine Datenschutzfolgeabschätzung richtet sich nach der Regelung der Art. 22 und 23 DSG.

Neu ist ähnlich zu Artikel 30 DSGVO das Verzeichnis der Bearbeitungstätigkeiten in Art. 12 DSG. Das Pendant zum Datenschutzbeauftragten der DSGVO, der Datenschutzberater ist weiterhin keine Pflicht.

Zum bisherigen Recht:

Anders als in Deutschland und Österreich sind die nach Internationalem Privatrecht geltenden Regeln nach schweizerischem Recht für die betroffene Person vorteilhaft. Insbesondere hat die betroffene Person im Fall einer Kollision eine große Wahlfreiheit. Betroffene Personen können nämlich wählen, ob sie den streitigen Fall nach dem Recht

- am Ort der Niederlassung des Datenbearbeiters,
- am gewöhnlichen Aufenthaltsort der betroffenen Person oder
- am Erfolgsort

gerichtlich anhängig machen möchten. Insbesondere der Umstand, dass die betroffene Person an jedem Ort entsprechende Ansprüche geltend machen kann, an

44. Gesetzentwurf unter *https://www.fedlex.admin.ch/eli/fga/2017/2057/de*, Gesetz unter *https://www.fedlex.admin.ch/eli/fga/2020/1998/de*
45. zu den Neuerungen im Einzelnen: *https://www.bj.admin.ch/dam/bj/de/data/staat/gesetzgebung/datenschutzstaerkung/vdsg/vn-ber.pdf.download.pdf/vn-ber-d.pdf*
46. *https://www.bj.admin.ch/bj/de/home/staat/gesetzgebung/datenschutzstaerkung.html*
47. vgl. Art. 6 I a DSGVO / Art. 6 I b DSGVO
48. vgl. Art. 6 I f DSGVO
49. vgl. Art. 6 I e DSGVO
50. vgl. Art 6 I c DSGVO

dem der »Erfolg« der unerlaubten Handlung eintritt, gibt der betroffenen Person in der Praxis zahlreiche Möglichkeiten. Erfolgsort kann sein:

- der Ort der Bearbeitung
- der Ort der (unerlaubten) Datenbekanntgabe
- der Ort der Aufbewahrung von Daten, insbesondere Personendaten
- der Ort der Verfügungsmöglichkeit über die Betroffenendaten

Hieraus folgt, dass insbesondere bei der Archivierung von Daten genau darauf geachtet werden muss, dass alle Gesetze, Verordnungen oder sonstigen rechtsrelevanten Regelungen strikt beachtet werden. Werden durch eine Dokumenten-Management- oder Archivierungslösung Daten natürlicher oder juristischer Personen durch private Personen verwaltet, so sind folgende, aus dem DSG resultierende Forderungen relevant:

- »Jede Person kann vom Inhaber einer Datensammlung Auskunft darüber verlangen, ob Daten über sie bearbeitet werden.«[51]
- »Jede betroffene Person kann verlangen, dass unrichtige Daten berichtigt werden.«[52] Daher müssen Berichtigung, Vernichtung oder Sperrung bzw. ggf. Anonymisierung der Daten möglich sein.[53]
- »Personendaten müssen durch angemessene technische und organisatorische Massnahmen gegen unbefugtes Bearbeiten geschützt werden.«[54]

Die oben genannten Forderungen müssen durch geeignete technische und organisatorische Maßnahmen erfüllt werden, deren Zielstellungen in der VDSG näher spezifiziert worden sind:

- Durch geeignete technische und organisatorische Maßnahmen müssen die Daten geschützt werden vor unbefugter und zufälliger Vernichtung, zufälligem Verlust, technischen Fehlern, Fälschung, Diebstahl und widerrechtlicher Verwendung, unbefugtem Ändern, Kopieren, Zugreifen oder anderer unbefugter Bearbeitung.[55]
- Bei der automatisierten Bearbeitung von Personendaten müssen technische und organisatorische Maßnahmen ergriffen werden, welche die Zugangskontrolle, Personendatenträgerkontrolle, Transportkontrolle, Bekanntgabekontrolle, Speicherkontrolle, Benutzerkontrolle, Zugriffskontrolle und Eingabekontrolle ermöglichen.[56]

---

51. Art. 8 Abs. 1 DSG
52. Art. 5 Abs. 2 DSG
53. vgl. Art. 15 Abs. 1 DSG, vgl. auch Art. 20, 21 DSG; Art. 9 Abs. 2 VDSG
54. Art. 7 Abs. 1 DSG
55. vgl. Art. 8 DSG
56. vgl. Art. 9 DSG

Im Vergleich zum deutschen Recht stehen die rechtlichen Anforderungen an die Integrität (Echtheit, Korrektheit und Vollständigkeit) aus der Geschäftsbücherverordnung (GeBüV) nicht im direkten Widerspruch zum DSG, das die Möglichkeit einer Korrektur erfasster Daten vorsieht. So ist im Art. 3 GeBüV formuliert:

»Die Geschäftsbücher müssen so geführt und aufbewahrt und die Buchungsbelege und die Geschäftskorrespondenz müssen so erfasst und aufbewahrt werden, dass sie nicht geändert werden können, ohne dass sich dies feststellen lässt.«

Darüber hinaus wird in der GeBüV der Einsatz veränderbarer Informationsträger ausdrücklich geregelt.[57] Allerdings ist zu beachten, dass unter bestimmten Voraussetzungen die automatische Bearbeitung der Daten zu protokollieren ist bzw. ein Bearbeitungsreglement zu erstellen ist, das die interne Organisation, die Datenbearbeitungs- und Kontrollverfahren beschreibt sowie die Unterlagen über die Planung, Realisierung und den Betrieb der Datensammlung und der Informatikmittel enthält.[58]

3.3 Datenschutz und Datensicherheit beim Cloud-Computing

Das Cloud-Computing als »Datenverarbeitung in der Wolke« gewinnt zunehmend an Bedeutung. Dabei wird die eigene Datenverarbeitung eines Unternehmens in eine über das Internet angeschlossene Rechnerlandschaft ausgelagert.[59] Das Ziel der Unternehmen ist es dabei, durch die Nutzung externer Rechner eigene Ressourcen einzusparen.

Das zentrale rechtliche Problem beim Cloud-Computing liegt in der Wahrung der Vertraulichkeit und Integrität der Daten des Nutzers. Dabei geht es nicht nur um die Sicherheit beim Umgang mit personenbezogenen Daten nach der DSGVO, sondern um jegliche Art vertraulicher Daten, wie z.B. Betriebsgeheimnisse oder Forschungsergebnisse.

Um die rechtliche Verantwortung für den Datenschutz und die Datensicherheit eindeutig zuzuweisen, ist es zwingend erforderlich, die agierenden Stellen zu unterscheiden. Für die Gewährleistung der Datensicherheit werden Maßnahmen der Datenpflege und der Fehlerbeseitigung erforderlich. Zudem sind unberechtigte Zugriffe Dritter zu verhindern. Für die Regelungen der Datensicherheit im **Cloud-Vertrag** ist es schon aus haftungsrechtlichen Gründen von Bedeutung, dass die Verantwortlichkeit für zu ergreifende Sicherheitsmaßnahmen den agierenden Stellen eindeutig zugewiesen werden kann.

Grundsätzlich ist zwischen dem Cloud-Anwender und dem Cloud-Anbieter zu unterscheiden. **Cloud-Anwender (Nutzer)** ist jede natürliche oder juristische Person, die von Betroffenen personenbezogene Daten erhebt, verarbeitet oder

57. vgl. Art. 9 GeBüV
58. vgl. Art. 10, 11 VDSG
59. Thilo Weichert, S. 1. *https://www.datenschutzzentrum.de/uploads/vortraege/20100618-weichert-cloud-computing.pdf*

nutzt und hierfür von anderen Stellen IT-Dienstleistungen für Cloud-Services in Anspruch nimmt. **Cloud-Anbieter** ist jede natürliche oder juristische Person, die einem Cloud-Anwender IT-Dienstleistungen für Cloud-Services bereitstellt. Fehlen dem Cloud-Anbieter selbst dafür die Ressourcen, kann dieser sich eines Unter-Anbieters – eines sog. Ressourcen-Anbieters – bedienen.

In der Praxis werden Sicherheitsvereinbarungen häufig über **Security-Service-Level-Agreements (SSLA)** getroffen. SSLA werden in der Regel als Allgemeine Geschäftsbedingungen (AGB) einschließlich der zugehörigen Auftragsverarbeitungsverträge in die Cloud-Verträge einbezogen. Dies ist jedoch für den Nutzer mit einigen Nachteilen verbunden:

- wenig Einfluss auf Vertragsgestaltung
- einseitig vorformulierte Vertragsbedingungen (AGB) des Anbieters
- standardisierte Leistungsmerkmale
- wenig Kontrolle über Datenschutz und Datensicherheit
- kaum Transparenz über Einhaltung der Bedingungen
- kaum vertragliche Kontrollrechte (vgl. Art. 28 DSGVO)
- häufig Vereinbarung ausländischen Rechts

Bei höherem Schutzbedarf hinsichtlich Datenschutz und Datensicherheit und einem umfassend tätigen IT-Dienstleister sollte man versuchen, die Vertragsbedingungen aktiv zu gestalten, was aber bei großen amerikanischen Konzernen wie Microsoft, Google oder Amazon Web Services als Cloud-Anbietern nur für sehr große Nutzer wie den Bund oder Daimler möglich ist. Das hat folgende Vorteile:

- einzeln ausgehandelter Vertrag
- individuelle Vertragsbedingungen
- bessere Kontrollmöglichkeiten
- Inspektionsrechte des Datenschutzbeauftragten vereinbar
- dedizierte Server mit mehr Zugriffsrechten
- Vereinbarung deutschen Rechts in der Regel möglich

Da beim Cloud-Computing ein Bündel verschiedener Leistungen erbracht wird, sind Cloud-Verträge keinem Standardvertragstyp des Bürgerlichen Gesetzbuches zuzuordnen. Cloud-Verträge sind Schuldverträge besonderer Art mit Anteilen eines Mietvertrages und der Leihe sowie – je nach Art und Umfang der vereinbarten Leistungen – eines Dienst- und/oder Werkvertrages (siehe Abbildung 3–4 und Abbildung 3–5).

Der Cloud-Vertrag kann nach der DSGVO formlos geschlossen werden.

Bei der Vertragsgestaltung können sich inhaltlich Fragen des Haftungs-, Gewährleistungs- und Datenschutzrechtes ergeben, aber auch urheberrechtliche und lizenzrechtliche Aspekte können von Bedeutung sein. Die Gewährleistungsrechte sind je nach den anwendbaren Vertragstypen höchst unterschiedlich.

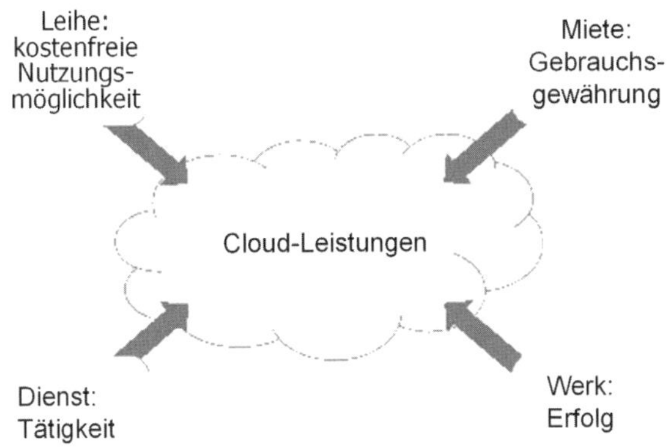

Abb. 3–4 *Cloud-Vertragstyp 1*

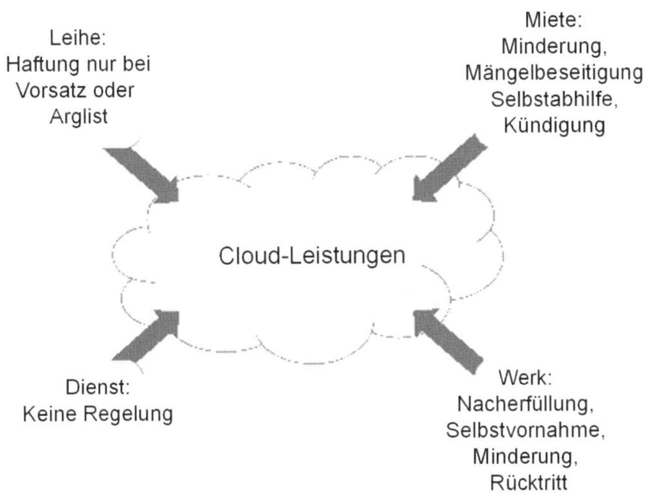

Abb. 3–5 *Cloud-Vertragstyp 2*

Datenschutzrechtlich relevant wird Cloud-Computing dann, wenn personenbezogene Daten verarbeitet werden. Das Datenschutzrecht ist nicht anwendbar, wenn vormals personenbezogene Daten hinreichend anonymisiert werden.

Wenn Daten durch einen **Auftragsverarbeiter** verarbeitet werden, sind die Daten für diesen schon dann nicht mehr personenbezogen, wenn die Daten pseudonymisiert sind und er weder aus eigener Kraft noch mithilfe von Gerichten die Daten mit den Personendaten zusammenführen kann.[60] Ein Beispiel dafür ist die externe Auswertung von internen Logdaten mit lokalen IPv4-Adressen, wenn der externe Dienstleister keinen Zugriff auf die Zuordnung der internen IP-Adressen hat.

60. Europäischer Gerichtshof, Rechtssache C 582/14, Urteil vom 19.10.2016

Die Computernetzwerke und damit auch Clouds sind technisch nicht an territoriale Grenzen gebunden. Bei der **grenzüberschreitenden Datenverarbeitung** stellt sich die Frage, welches nationale Datenschutzrecht anwendbar ist. Innerhalb der EU ist das Datenschutzrecht durch die EU-Datenschutz-Grundverordnung harmonisiert. Hat ein Unternehmen seinen Sitz außerhalb der EU und möchte mit EU-Unternehmen Verträge schließen, so hat es nach Art. 27 DSGVO einen im Inland ansässigen Vertreter zu benennen, demgegenüber das jeweils anwendbare Recht geltend gemacht werden kann. Probleme können auftreten, wenn in Drittstaaten außerhalb des EU-Raumes überhaupt keine Regelungen zum Datenschutz bestehen oder wenn sich die genutzten Rechner außerhalb von nationalen Territorien, z.B. auf hoher See befinden.

Nach dem europäischen und deutschen Datenschutzrecht ist diejenige Stelle, die die inhaltliche Verantwortung für die Entscheidung des Umgangs mit den personenbezogenen Daten trägt, auch rechtlich verantwortlich. Gemäß Art. 4 Nr. 7 DSGVO ist **Verantwortlicher** die natürliche oder juristische Person, Behörde, Einrichtung oder andere Stelle, die allein oder gemeinsam mit anderen über die Zwecke und Mittel der Verarbeitung von personenbezogenen Daten entscheidet. Danach ist der Cloud-Anwender (Nutzer) die verantwortliche Stelle. Bietet der Cloud-Anbieter auch Dienstleistungen an, so kann es sich um eine Gemeinschaftliche Verantwortlichkeit nach Art. 26 DSGVO handeln (z.B. Facebook-Fanpages[61]).

Verantwortlicher ist bei der **Auftragsverarbeitung** gemäß Art. 28 DSGVO der Cloud-Anwender als Auftraggeber, der vollumfänglich über die Datenverarbeitung bestimmen soll. Cloud-Anbieter erfüllen demzufolge bei der Datenverarbeitung als Auftragnehmer eine reine Unterstützungsfunktion und wären im Idealfall völlig von den Vorgaben des Cloud-Nutzers abhängig. Eine Entbindung von Verantwortlichkeit im Wege der Auftragsvergabe ist nicht zulässig, wohl aber ist es möglich, dass bei einer dritten Stelle zusätzliche Verantwortlichkeiten entstehen.

Nach Art. 28 Abs. 9 DSGVO ist der Auftrag schriftlich oder in einem elektronischen Format abzufassen. In Art. 28 Abs. 3 DSGVO wurden die Anforderungen an die Erteilung eines Auftrages zur Datenverarbeitung formuliert. Der Vertrag muss mindestens folgende Punkte regeln:

- Weisungsgebundenheit des Auftrags
- Vertraulichkeit und ggf. gesetzliche Verschwiegenheitspflichten
- die technischen und organisatorischen Maßnahmen gemäß Art. 32 DSGVO
- Bedingungen für Unterauftragsverhältnisse
- Unterstützung des Verantwortlichen bei Betroffenenrechten

61. Europäischer Gerichtshof, Rechtssache C 210/2016, Urteil vom 5. Juni 2018

- Unterstützung bei Meldepflichten und Risikomanagement nach Art. 33 bis 36 DSGVO
- Beschreibung von Löschfristen nach Abschluss des Auftrags
- Mitteilungspflichten der Auftragsverarbeiters bei Verstößen
- Rechenschaftspflicht des Auftragsverarbeiters

Bei Auftragsverarbeitungen außerhalb der EU oder des EWR ist zusätzlich zur Auftragsverarbeitungsvereinbarung auch eine Rechtsgrundlage für die Auslandsübermittlung nach den Art. 44 bis 49 DSGVO zu schaffen. Dies wird in der Regel durch Vereinbarung der Standardvertragsklauseln der EU bewerkstelligt, soweit es sich nicht um Übertragung in Länder handelt, die generell oder für bestimmte Daten von der EU-Kommission als sicher anerkannt sind. Dies ist zum Beispiel derzeit für die Schweiz der Fall; ohne die Änderung des Datenschutzrechts wäre der Schweiz aber mittelfristig dieser Status entzogen worden.

Problematisch ist in der Praxis, dass der Auftraggeber seiner Verantwortung für die Datensicherheit nicht gerecht werden kann, wenn Cloud-Anbieter Dienste anbieten, zu denen sie gegenüber dem Nutzer keine Auskunft im Hinblick auf Sicherheit sowie Art und Ort der Datenverarbeitung geben. Eine datenschutzgerechte Datenverarbeitung in der Cloud ist unter der Voraussetzung vorstellbar, dass dem Cloud-Nutzer als verantwortlicher Stelle umfassende Transparenz über die Bedingungen der Verarbeitung ermöglicht werden.[62]

Bei der Auftragsdatenverarbeitung muss sich der Cloud-Nutzer und Auftraggeber regelmäßig davon überzeugen, dass sämtliche technisch-organisatorische Maßnahmen getroffen und Vorgaben vom Cloud-Anbieter eingehalten werden. Die Sicherstellung der Maßnahmen und die damit verbundenen Kontrollen bedeuten einen hohen Aufwand, den die Cloud-Anwender häufig gerade durch die Nutzung von Clouds vermeiden wollten. Eine Entledigung von den Kontroll- und Weisungspflichten durch den Cloud-Nutzer ist nur bei Vorliegen zweier Voraussetzungen rechtlich möglich und akzeptabel: Erstens muss eine verbindliche Zusage des Cloud-Anbieters in Form einer umfassenden Selbstbindung vorliegen, und zweitens können Kontrollen, ob die jeweiligen Pflichten beachtet werden, nur auf eine unabhängige und kompetente Stelle übertragen werden. Zu diesem Zweck sollten sich sämtliche Anbieter externen Prüfungen oder Zertifizierungen unterwerfen.

Werden Dritte außerhalb der EU/EWR in die Datenverarbeitung einbezogen, sind Cloud-Dienstleistungen unzulässig, es sei denn, es liegt eine datenschutzrechtliche Legitimation nach Art. 44 bis 49 DSGVO vor. Allerdings wurde durch die EU-Kommission für manche Staaten (z.B. die Schweiz, Kanada oder Argenti-

62. Thilo Weichert, S. 5. *https://www.datenschutzzentrum.de/uploads/vortraege/20100618-weichert-cloud-computing.pdf*

nien) ein angemessenes Datenschutzniveau festgestellt, sodass ein Datentransfer in diese Staaten möglich bleibt.

Um dennoch Datenverarbeitung außerhalb der EU bzw. des EWR datenschutzrechtskonform zu ermöglichen, hat die EU-Kommission Standardvertragsklauseln für die Übermittlung personenbezogener Daten an Auftragsverarbeiter in Drittländern gemäß der DSGVO festgelegt, die bei ihrer Verwendung die Einhaltung des EU-Standards sicherstellen sollen.[63] In der Praxis bedeutet dies, dass mit Drittstaaten ein EU-Standardvertrag abgeschlossen und sämtlichen Anforderungen aus § 11 BDSG entsprochen werden muss, sodass das Datenschutzniveau der EU erreicht wird.

Die **Selbstzertifizierung von US-Unternehmen nach dem EU-US Privacy Shield** ist nicht ausreichend, um den EU-Standard des Datenschutzes zu erreichen. Cloud-Anbieter und auch Ressourcen-Anbieter mit Sitz in den USA konnten sich bis zum Urteil des Europäischen Gerichtshofes vom 16.07.2020 freiwillig selbst gegenüber dem US-Handelsministerium zertifizieren, indem sie dem EU-US-Privacy Shield beitraten und eine Datenschutzerklärung veröffentlichten. Der Europäische Gerichtshof hat in der sogenannten »Schrems II«-Entscheidung[64] festgestellt, dass das EU-US Privacy Shield nicht geeignet ist, eine Einhaltung des EU-Datenschutzniveaus zu garantieren. Auch das vorhergehende Abkommen namens *Safe Harbor* wurde am 06.10.2015 vom EuGH kassiert.[65] Auch für die Verwendung von Standardvertragsklauseln hat der EuGH entschieden, dass eine nochmalige Prüfung des EU-Vertragspartners auf Datenschutzkonformität erforderlich ist.

Am 25.03.2022 haben die Präsidentin der EU-Kommission, Ursula von der Leyen, und der amerikanische Präsident Joe Biden bekannt gegeben, dass sich die EU und die USA unter dem Namen *Trans-Atlantic Data Privacy Framework*[66] auf Eckpunkte zu einem dritten Abkommen verständigt haben, das im Laufe des Jahres 2022 ausgearbeitet werden und voraussichtlich Anfang 2023 in Kraft treten soll.

Daher ist es notwendig, dass sich Cloud-Anwender von der Identität des Anbieters überzeugen und dass sie selbst gewisse Mindestkriterien überprüfen, bevor sie personenbezogene Daten an ein US-amerikanisches Unternehmen übermitteln. Grundsätzlich ist ein besonderes Augenmerk auf die Festlegung eines technischen und organisatorischen Datenschutzes zu legen.

---

63. Entscheidung der EU-Kommission vom 04.06.2021, *https://eur-lex.europa.eu/legal-content/DE/TXT/HTML/?uri=CELEX:32021D0914&from=DE*
64. EuGH, Rechtssache C-311/18, *https://curia.europa.eu/juris/liste.jsf?language=de&num=C-311/18*
65. EuGH, Rechtssache C-362/14, *https://eur-lex.europa.eu/legal-content/de/ALL/?uri=CELEX:62014CJ0362*
66. EU-Kommission, *https://ec.europa.eu/commission/presscorner/detail/de/fs_22_2100*

Der für die Datenverarbeitung Verantwortliche hat zunächst die materiell-rechtliche Zulässigkeit der Verarbeitung zu gewährleisten. Zudem ist er Adressat von Verfügungen der Aufsichtsbehörde gemäß Art. 58 ff. DSGVO und von strafrechtlichen oder Bußgeld-Sanktionen nach den §§ 42, 43 BDSG. Zudem richten sich die Betroffenen mit den ihnen zustehenden Ansprüchen auf Auskunft, Löschung, Berichtigung oder Schadensersatz gemäß Art. 12 DSGVO an den Verantwortlichen.

Bei der Erhebung, Verarbeitung und Nutzung personenbezogener Daten mittels Cloud-Services sind alle datenschutzrechtlichen Vorschriften einzuhalten. Aus datenschutzrechtlicher Sicht ergeben sich folgende Besonderheiten, die in der *Orientierungshilfe Cloud-Computing* der Arbeitskreise Technik und Medien der Konferenz der Datenschutzbeauftragten des Bundes und der Länder veröffentlicht wurden:[67]

- Bei der Anwendung von Cloud-Services und der Inanspruchnahme von IT-Dienstleistungen werden regelmäßig mehrere Beteiligte tätig. Hierbei ist bedeutsam, wie deren Beziehungen zueinander datenschutzrechtlich zu bewerten sind und wie vor allem der Verantwortliche[68] seinen Verpflichtungen nachkommen kann.
- Vermeintlich anonymisierte Daten können durch ihre Verarbeitung in der Cloud reidentifizierbar werden, weil verschiedene Beteiligte über Zusatzwissen verfügen, mit dem eine Reidentifizierung möglich ist. In diesem Fall handelt es sich nicht um eine Anonymisierung der Daten, sondern nur um eine umkehrbare Pseudonymisierung. Der Europäische Gerichtshof[69] hat entschieden, dass pseudonymisierte Daten nur für diejenigen als personenbezogene Daten anzusehen sind, die aus eigener Kraft oder mit gerichtlicher Hilfe die Daten depseudonymisieren können.
- Der Verantwortliche hat die Rechtmäßigkeit der gesamten Datenverarbeitung zu gewährleisten, insbesondere muss er ihren Löschpflichten nachkommen,[70] unrichtige Daten berichtigen,[71] für eine Einschränkung der Verarbeitung von Daten sorgen[72] und dem Betroffenen[73] u.a. Auskünfte über die zu seiner Person gespeicherten Daten – auch soweit sie sich auf die Herkunft dieser Daten beziehen – erteilen.[74] Zur Erfüllung der entsprechenden gesetzlichen Bestimmungen muss die verantwortliche Stelle besondere Vorkehrungen treffen.

---

67. Orientierungshilfe Cloud Computing (veraltet, Version 2.0/Stand 09.10.2014)
68. Art. 4 Abs. 7 DSGVO
69. EuGH, Rechtssache C 582/14 vom 19.10.2016
70. Art. 17 DSGVO
71. Art. 16 DSGVO
72. Art. 18 DSGVO
73. Art. 12 bis 22 DSGVO
74. Art. 15 DSGVO

- Zu untersuchen ist die Zulässigkeit grenzüberschreitender Datenverarbeitungen. Bei Clouds, die international verteilt sind und sich auch über Staaten außerhalb des EWR erstrecken, ist eine Rechtsgrundlage für die Übermittlung personenbezogener Daten in Drittstaaten erforderlich.
- Aus technisch-organisatorischer Sicht müssen vor allem besondere Vorkehrungen für die ordnungsgemäße Löschung und Trennung von Daten sowie für die Sicherstellung von Transparenz, Integrität und Revisionsfähigkeit der Datenverarbeitung getroffen werden.

Die grenzüberschreitende Datenübertragung ist nach deutschem Datenschutzrecht grundsätzlich nicht genehmigungspflichtig. Ein Datenempfänger in einem Drittstaat kann aber verpflichtet werden, aufgrund eines durch die Datenschutzaufsichtsbehörde genehmigten Vertrages ein angemessenes Datenschutzniveau sicherzustellen (Standardvertragsklauseln oder ähnliche Garantien nach Art. 46 DSGVO).

Ein Unternehmen kann für seinen internen Datenverkehr oder auch mit seinem Geschäftspartner freiwillig *Binding Corporate Rules* entwerfen und von der zuständigen Aufsichtsbehörde nach Art. 47 DSGVO genehmigen lassen.

In der **Schweiz** gibt es nach bisherigem Recht bei grenzüberschreitenden Datenübertragungen nur eingeschränkte Melde- und Registrierungspflichten. Gemeldet werden müssen Datenexporte in einen unsicheren Drittstaat an einen Empfänger, der sich vertraglich zu einem der schweizerischen Rechtsordnung entsprechenden Datenschutz verpflichtet hat. Diese Meldung kann allerdings in der Praxis ganz einfach erlangt werden – in der Regel genügt ein einseitiges Dokument, um diese Meldepflicht zu erfüllen. Es handelt sich also um eine reine Melde- und nicht etwa um eine Genehmigungspflicht. Da beim Cloud-Computing häufig grenzüberschreitende Datenübertragungen in unsichere Drittländer stattfinden, empfiehlt es sich auch in der Schweiz, von einem technischen Anbieter entsprechende vertragliche Zusicherungen einzuholen und den Datenexport insbesondere in unsichere Drittstaaten schon vorab dem zuständigen Datenschutzbeauftragten zu melden.

Ab Inkrafttreten des neuen Datenschutzgesetzes zum 01.09.2023 wird die Regelung durch eine fast identische Regelung zu den Artikeln 44 bis 49 DSGVO ersetzt: In Artikel 16 Abs. 1 des neuen Schweizer Datenschutzgesetzes sind Angemessenheitsentscheidungen des Bundesrates zugunsten von Ländern mit gleichem Datenschutzniveau wie die Schweiz zulässig, wie dies in der Europäischen Union durch Beschluss der EU-Komission nach Art. 45 DSGVO erreicht werden kann. Nach Artikel 16 Absatz 2 sind zukünftig ergänzend folgende Möglichkeiten gegeben:

»a. einen völkerrechtlichen Vertrag;

b. Datenschutzklauseln in einem Vertrag zwischen dem Verantwortlichen oder dem Auftragsbearbeiter und seiner Vertragspartnerin oder seinem Vertragspartner, die dem EDÖB vorgängig mitgeteilt wurden;

c. spezifische Garantien, die das zuständige Bundesorgan erarbeitet und dem EDÖB vorgängig mitgeteilt hat;

d. Standarddatenschutzklauseln, die der EDÖB vorgängig genehmigt, ausgestellt oder anerkannt hat; oder

e. verbindliche unternehmensinterne Datenschutzvorschriften, die vorgängig vom EDÖB oder von einer für den Datenschutz zuständigen Behörde eines Staates, der einen angemessenen Schutz gewährleistet, genehmigt wurden.«

3.4 Ermittlung und Einhaltung von Aufbewahrungsfristen

Der Begriff *Frist* lässt sich definieren als ein abgegrenzter, also bestimmter oder jedenfalls bestimmbarer Zeitraum.[75]

Eine Aussage über die Dauer einer Aufbewahrungsfrist lässt sich nach Bestimmung des Fristbeginns und des Aufbewahrungszeitraumes treffen. Sie kann daher getroffen werden, wenn die Aufbewahrungsgründe, auf denen die Notwendigkeit der Aufbewahrung beruht, sowie der Inhalt des Dokuments bekannt sind. Häufig ist die Fristenaussage auch an eine konkrete Form gebunden, in der die Inhalte des Dokuments aufbewahrt werden müssen.

Der Fristbeginn kann an einen konkreten Zeitpunkt (Datum) geknüpft sein, z.B.:

- 1. Januar des Folgejahres nach Entstehen des Dokuments (Belegdatum)
- oder im Falle der Ereignisfrist an ein Ereignis, z.B.:
- Ablauf des Kalenderjahres, in dem die letzte Änderung im Dokument erfolgte
- Für den Fristbeginn kann auch kumulativ ein Datum und ein Ereignis maßgebend sein. Bei Akten oder Projekten kann der Fristbeginn auch einheitlich für alle zugehörigen Dokumente die Beendigung der aktiven Bearbeitung darstellen.

Die Fristberechnung erfolgt nach den allgemeinen Vorschriften des Bürgerlichen Gesetzbuches (BGB). Für den Fristbeginn ist § 187 BGB zu beachten: Ist für den Anfang einer Frist (Fristbeginn) ein Ereignis oder ein in den Lauf des Tages fallender Zeitpunkt maßgeblich, so wird bei der Berechnung der Frist der Tag nicht mitgerechnet, in welchen das Ereignis oder der Zeitpunkt fällt.

Beginnt die Aufbewahrungsfrist (wie stets im Handels- und Steuerrecht) mit dem Ablauf des Kalenderjahres, in dem die letzten Eintragungen, Änderungen oder Handlungen in den jeweiligen Unterlagen vorgenommen wurden, so müssen die Unterlagen bis zum 31.12. des entsprechenden Jahres aufgehoben werden.

75. RG 120,362

Nach Ablauf der Frist können folglich die Unterlagen am 01.01. des Folgejahres vernichtet werden.

Die Findung der jeweils für ein Dokument relevanten Aufbewahrungsfrist gestaltet sich in der Praxis häufig recht schwierig. Eine wesentliche Ursache dafür ist, dass die Aufbewahrungsgründe nicht ausreichend spezifiziert werden und die Relevanz gesetzlicher Fristen nicht geklärt ist. Ein Dokument kann von einem oder mehreren der folgenden Aufbewahrungsgründe betroffen sein:

a) Die im Dokument enthaltenen Informationen werden für betriebliche Belange benötigt, z.B. für Wartung/Instandhaltung oder zur Dokumentation von Vorgängen.
b) Die im Dokument enthaltenen Informationen werden für historische Belange benötigt, z.B. als Basis für eine Unternehmenschronik.
c) Die im Dokument enthaltenen Informationen oder das Dokument selbst müssen bzw. muss aus gesetzlichen Gründen aufbewahrt werden.
d) Die im Dokument enthaltenen Informationen oder das Dokument selbst sollen als Nachweis oder ggf. als gerichtlich verwertbares Beweismittel dienen.

Für Dokumente, die ausschließlich den Aufbewahrungsgründen gemäß den Punkten a) und b) zuzuordnen sind, gestaltet sich die Fristfindung relativ einfach, da ausschließlich innerbetriebliche Interessen die Aufbewahrungsfrist bestimmen. Wirklich schwierig wird es, wenn die Punkte c) oder d) berührt werden, denn oft sind die gesetzlichen Aufbewahrungsfirsten nicht an konkrete Dokumententypen gebunden (direkte Aufbewahrungsfristen), sondern die Fristaussagen »verstecken« sich z.B. hinter Nachweispflichten (indirekte Aufbewahrungsfristen), die eine umfassende rechtliche Kenntnis der Sachverhalte erfordern. Hierbei geht es nicht nur um handels- und steuerrechtliche Sachverhalte, sondern insbesondere auch um branchenspezifische gesetzliche Grundlagen.

Bei einer Suche in der Gesetzessammlung des Bundes nach »Aufbewahrung« oder »Aufbewahrungsfrist« unter *www.gesetze-im-internet.de* erscheinen 739 Treffer.

Schon die zwei wichtigsten Aufbewahrungspflichten im deutschen Recht, die §§ 257 des Handelsgesetzbuches und die §§ 140–147 der Abgabenordnung verursachen erhebliche Abgrenzungsschwierigkeiten, wann Unterlagen für die Dauer von 6 Jahren oder 10 Jahren ab Jahresende aufzubewahren sind.

So ist z.B. die Aufbewahrungsfrist für Prüfzeugnissen zur Kesselprüfung nicht zwingend in der Druckbehälterverordnung (DruckbehV) vorgeschrieben. Jedoch ist der Nachweis über eine erfolgte Prüfung sehr wohl erforderlich. Zur Erfüllung dieser Anforderung ist die Aufbewahrung des Prüfzeugnisses unumgänglich. Obwohl dieses Beispiel noch zu den »harmlosen« Fällen gehört, zeigt es die Problematik deutlich auf.

Hingegen gestaltet sich die Findung der direkten Aufbewahrungsfristen deutlich einfacher. Diese sind in den gesetzlichen Grundlagen genau festgeschrieben bzw. in der Fachliteratur, häufig in Form übersichtlicher Tabellen, veröffentlicht.

Die IHK Konstanz hat eine Tabelle erstellt, der man entnehmen kann, wie lange Unterlagen aufzubewahren sind.[76]

Grundsätzlich ist die Aufbewahrungspflicht Teil der steuerlichen und handelsrechtlichen Buchführungspflicht. Daraus lässt sich schließen, dass diejenigen, die Bücher und Aufzeichnungen zu führen haben, auch verpflichtet sind, diese aufzubewahren. Im Handelsrecht verpflichtet § 257 HGB zur Aufbewahrung von Geschäftsunterlagen. Nach den steuerlichen Vorschriften, insbesondere § 147 Abgabenordnung (AO), sind überdies all diejenigen zur Buchführung und Führung von Aufzeichnungen verpflichtet, die nach anderen Gesetzen buchführungspflichtig sind. Andere Gesetze im Sinne dieser Vorschrift können zahlreiche Gesetze und Verordnungen aus den unterschiedlichsten beruflichen Bereichen sein, wie das oben angeführte Beispiel der Kesselprüfung zeigt. Nach steuerrechtlichen Vorschriften (§ 141 Abs. 1 AO) sind zusätzlich alle Gewerbetreibenden zur Bilanzierung/Buchführung verpflichtet, wenn ihr Umsatz 500.000 Euro oder ihr Gewinn 50.000 Euro im Jahr überschreitet.

Die Aufbewahrungspflicht für Rechnungen ist speziell in § 14b UStG geregelt.[77] Danach hat der Unternehmer ein Doppel der Rechnung, die er selbst oder ein Dritter in seinem Namen und für seine Rechnung ausgestellt hat, sowie alle Rechnungen, die er erhalten oder die ein Leistungsempfänger oder in dessen Namen und für dessen Rechnung ein Dritter ausgestellt hat, zehn Jahre aufzubewahren. In Sonderfällen wie einer Besteuerung nach § 13a oder 13b UStG kann die zehnjährige Pflicht auch den Leistungsempfänger treffen; in nichtunternehmerischen Fällen muss der Leistungsempfänger Rechnungen nur 2 Jahre aufbewahren.

Maßgeblich für die Frage der Aufbewahrungsdauer bzw. den Löschungszeitpunkt personenbezogener Daten sind entweder Spezialvorschriften (z.B. Vorschriften zur Personalakte, Beamtengesetze) oder die einschlägigen Bestimmungen der Datenschutzgesetze. Danach dürfen personenbezogene Daten nur so lange aufbewahrt werden, wie ihre Kenntnis für die verantwortliche Stelle zur Erfüllung der in ihrer Zuständigkeit liegenden Aufgaben erforderlich ist.

Es gibt teilweise auch sehr lange Aufbewahrungsfristen; der Ablauf von 10 Jahren ab Jahresende ist bei Weitem kein Freibrief für die Vernichtung von Unterlagen. Dagegen kann datenschutzrechtlich argumentiert werden, dass alle Dokumente mindestens 10 Jahre ab Jahresende aufbewahrt werden dürfen, weil erst dann die kenntnisunabhängige absolute Verjährung nach dem BGB ausläuft.

---

76. *https://www.ihk.de/konstanz/recht-und-steuern/steuer-und-finanzpolitik/finverwal/aufbewahrung-von-geschaeftsunterlagen-1672476*
77. Umsatzsteuergesetz in der Fassung der Bekanntmachung vom 21. Februar 2005 (BGBl. I S. 386), zuletzt geändert durch Gesetz vom 21.12.2021 (BGBl. I S. 5250)

Lange Aufbewahrungsfristen sind zum Beispiel Vorschrift für:

arbeitsmedizinische Untersuchungen ArbMedVV	40 Jahre
Patientenunterlagen i.d.R 10 Jahre	i.d.R 10 Jahre
Röntgenbilder 15 Jahre	15 Jahre
§ 14 TransfusionsG 15 Jahre	15 Jahre
Anhang 2 Gesetz zum Schutz vor gefährlichen Stoffen (ChemG)	15 Jahre
Arzneimitteldatenbank (§ 7 DIMDIV)	20 Jahre nach letzter Änderung
ZDPersAV für Zivildienstleistende	bis zum 45. Lebensjahr des ZDL
§ 28 RöntgenVO Einwilligungen	30 Jahre
§ 43 StrahlenschutzVO	30 Jahre
§ 27 Gesetz über die Untersuchung von Unfällen beim Betrieb ziviler Luftfahrzeuge und § 8 Verordnung über die Untersuchung gefährlicher Ereignisse im Eisenbahnbetrieb	Unfälle mit Todesfolge 30 Jahre, Rest 20 Jahre
§ 4 Gentechnikaufzeichnungsgesetz	30 Jahre bei Sicherheitsstufe 2 bis 4 oder Freisetzungen
§ 113 BBG	5 Jahre nach dem Tod des Beamten bzw. des letzten versorgungsberechtigten Angehörigen
§ 35a RöntgenVO	95 Jahre nach Geburt der Person Löschung aus Strahlenschutzregister
§ 5 PStG: Eheregister und Lebenspartnerschaftsregister	80 Jahre
Geburtenregister	110 Jahre
Sterberegister	30 Jahre

Nachfolgend werden **zwei Lösungsansätze zur Fristfindung** aufgezeigt, insbesondere zur Spezifikation der gesetzlichen Aufbewahrungsfristen: Die **dokumentenbezogene Fristfindung** sieht vor, dass alle Dokumenttypen einer Betrachtungseinheit (z.B. Abteilung) ermittelt werden. In einem nächsten Schritt wird spezifiziert, welche Aufbewahrungsgründe für die einzelnen Dokumenttypen zutreffen, welche inhaltlichen Aussagen sie besitzen und in welcher Form sie vorliegen. Anschließend muss untersucht werden, welche gesetzlichen Grundlagen die Dokumente eines Dokumententyps berühren. Infolgedessen kann nach den betrieblichen und/oder direkten und indirekten gesetzlichen Aufbewahrungsfristen recherchiert werden, die nach ihrer Ermittlung eindeutig einem Dokumententyp zuzuordnen sind.

Die **prozessbezogene Fristfindung** orientiert sich an den tatsächlichen Handlungen, Abläufen und Produkten eines Unternehmens. Zu Beginn der Fristfindung werden die für eine Betrachtungseinheit relevanten Aufbewahrungsgründe spezifiziert. Darauf aufbauend werden die in den Prozessen anfallenden Informationen den spezifizierten Aufbewahrungsgründen zugeordnet. Anschließend werden die Dokumententypen spezifiziert, in denen die zugeordneten Informationen dokumentiert sind. Die weitere Verfahrensweise entspricht der Beschreibung unter »dokumentenbezogene Fristfindung«. Der Mehraufwand für die prozessbezogene Fristfindung gegenüber der dokumentenbezogenen Fristfindung zahlt sich vor allem bei großen Betrachtungseinheiten (Hauptabteilungen, Unternehmen) und in rechtlich kritischen Umfeldern aus. Die Gefahr, dass wesentliche Aspekte übersehen werden, ist durch dieses Vorgehen stark reduziert.

Die ermittelten Aufbewahrungsfristen sollten in einem Fristenkatalog dokumentiert werden. Dieser sollte mindestens folgende Aussagen umfassen:

- Dokumententyp
- Fristbeginn
- Aufbewahrungszeitraum
- ggf. gesetzliche oder betriebliche Grundlagen
- Aufbewahrungsform (z.B. Original oder inhaltliche Wiedergabe)

Um die definierten Fristen in einer Dokumenten-Management-Lösung nachzuhalten, müssen die Fristaussagen bei dem Dokumententyp hinterlegt werden und jedes relevante Dokument einem Dokumententyp zugeordnet werden. Dadurch wird die Grundlage für eine automatisierte Fristenüberwachung geschaffen.

Auf die Aufschlüsselung spezieller Aufbewahrungsfristen wird an dieser Stelle verzichtet. Der Autor möchte zu diesem Thema auf die einschlägige Fachliteratur verweisen.

3.5 Sicherstellung des gesetzlichen Zugriffs

Während der gesetzlichen Aufbewahrungsfristen muss der Zugriff auf die relevanten Dokumente und Informationen sichergestellt sein, um diese den auskunftsberechtigten Behörden verfügbar zu machen. Die Lesbarmachung relevanter Informationen muss »innerhalb angemessener Frist«[78] erfolgen. Dabei kann es sich um einige Stunden bis einige Tage handeln.

Besonders im steuerrechtlichen Bereich wurden in Deutschland die Vorschriften zur Aufbewahrung von Dokumenten und für den Datenzugriff erheblich erweitert und konkretisiert. Das BMF-Schreiben vom 28.11.2019 – *Grundsätze zur ordnungsmäßigen Führung und Aufbewahrung von Büchern, Aufzeichnungen und Unterlagen in elektronischer Form sowie zum Datenzugriff (GoBD)* – ist als eine weitere Ergänzung der bereits in Kraft befindlichen steuerrechtlichen Regelung anzusehen. Die GoBD haben das Ziel, den Datenzugriff der Finanzbehörde

78. vgl. § 147 Abs. 2 Pkt. 1 AO, § 257 Abs. 3 Pkt. 2 HGB

auf die Buchführung mithilfe von Datenverarbeitungssystemen zu regeln, die Prüfungsmethoden den modernen Buchführungstechniken anzupassen und eine rationelle und zeitnahe Außenprüfung zu ermöglichen.[79]

Auf die Konzeption von Dokumentenverwaltungs- und Archivierungslösungen haben die GoBD nur einen geringen Einfluss, allerdings sorgten sie in der Vergangenheit häufig für Diskussionen, da einige DMS-Hersteller die frühere GDPdU für Marketingzwecke instrumentalisierten. An dieser Stelle sollen die GoBD im Wesentlichen aus Sicht der Dokumentenverwaltung und -archivierung betrachtet werden.

In den GoBD werden die Themen Datenzugriff durch die Finanzbehörde, Prüfbarkeit digitaler Unterlagen durch die Finanzbehörde und Archivierung digitaler Unterlagen durch den Steuerpflichtigen behandelt. Die GoBD findet ausschließlich Anwendung für Daten bzw. Unterlagen, die für die Besteuerung von Bedeutung sind, **sog. steuerrelevante Daten** im Sinne des § 147 Abs. 1 AO.[80] Im Folgenden soll versucht werden, die wesentlichen Grundaussagen der GDPdU praxisnah zusammenzufassen.

Im Grundsatz gilt, dass alle steuerlich relevanten Daten in digitaler und maschinell auswertbarer Form vorzuhalten sind, wenn diese auch originär in digitaler und maschinell auswertbarer Form vorlagen.[81] Dies gilt z.B. für elektronische Abrechnungen, Daten der Finanzbuchhaltung, Anlagenbuchhaltung und Lohnbuchhaltung, die mithilfe von Datenverarbeitungssystemen gespeichert, verwaltet und ausgewertet werden. Die Dauer der Aufbewahrung bzw. Vorhaltung dieser Daten richtet sich nach wie vor nach den gesetzlichen Aufbewahrungspflichten. Für Daten bzw. Unterlagen, die nicht originär in digitaler und maschinell auswertbarer Form vorlagen, ist auch eine Archivierung in digitaler und maschinell auswertbarer Form nicht zwingend erforderlich.[82] Das bedeutet z.B., originär in Papierform angefallene Dokumente (wie Eingangsrechnungen, Geschäftsbriefe etc.) können weiterhin in Papierform oder in einer anderen Form aufbewahrt werden, wenn diese Aufbewahrungsform den Anforderungen nach § 147 Abs. 2 AO und den GoBD genügt. Nach den GoBD dürfen Papierdokumente auch eingescannt und das Papieroriginal weggeworfen werden, wenn eine Verfahrensdokumentation dazu existiert und der Prozess die Unveränderbarkeit der Belege garantieren kann.[83] Bei der Verwendung des elektronischen Rechnungsformats ZUGFerD (*Zentraler User Guide des Forums elektronische Rechnung Deutschland*) kann ein Bild als TIFF-Datei gespeichert werden, wenn zur maschinellen Auswertung das parallele XML-Format zur Verfügung steht.[84]

79. vgl. Abschnitt 3.1 GoBD
80. vgl. Abschnitt 1.1 und 1.2 GoBD
81. vgl. Abschnitt 3.1 GoBD
82. vgl. Abschnitt 1.3 GoBD
83. vgl. Abschnitt 9.3 GoBD
84. vgl. Abschnitt 9.1 GoBD

Die mit den GoBD geregelte Archivierung digitaler Daten während der gesetzlichen Aufbewahrungsfrist erfolgt natürlich nicht zum Selbstzweck. Vielmehr soll sichergestellt werden, dass die enthaltenen Informationen den Finanzbehörden im Rahmen der Außenprüfung zur Verfügung stehen. Dabei werden drei Arten des Datenzugriffs unterschieden: unmittelbarer Datenzugriff, mittelbarer Datenzugriff und die Datenträgerüberlassung. Unter »unmittelbarem Zugriff« wird verstanden, dass die Finanzbehörde respektive der Prüfer durch Einsatz der vorhandenen Hard- und Software auf die Datenbestände zugreift. Bei dieser Art des Zugriffs hat der Steuerpflichtige den Prüfer für den Datenzugriff die erforderlichen Hilfsmittel zur Verfügung zu stellen und ihn für den Nur-Lesezugriff in das DV-System einzuweisen.[85] Für den mittelbaren Zugriff werden durch die Finanzbehörde Vorgaben erstellt, anhand derer der Steuerpflichtige Auswertungen vornimmt. Zu diesem Zweck muss der Steuerpflichtige eine mit dem DV-System vertraute Person dem Prüfer zur Seite stellen. Als dritte Möglichkeit des Datenzugriffs kommt die Datenträgerüberlassung infrage. In diesem Fall kann die Finanzbehörde verlangen, dass ihr die gespeicherten Unterlagen auf einem maschinell verwertbaren Datenträger zur Auswertung überlassen werden. Zusätzlich sind der Finanzbehörde alle für die Auswertung notwendigen Informationen (z.B. über die Dateistrukturen, die Datenfelder sowie interne und externe Verknüpfungen) in maschinell auswertbarer Form zur Verfügung zu stellen.

Hinsichtlich des Aufbewahrungsortes ist zu beachten, dass gemäß § 146 Abs. 2 AO steuerlich relevante Dokumente grundsätzlich im Inland aufzubewahren sind.

Dies ist auch für die Archivierung von Daten in grenzüberschreitenden Clouds von Bedeutung. Seit dem 01.01.2011, mit der Änderung von § 146 Abs. 2 a AO, kann die zuständige Finanzbehörde auf Antrag bewilligen, dass **steuerlich relevante Aufzeichnungen** auch außerhalb eines Mitgliedstaats der EU oder des Europäischen Wirtschaftsraums (EWR) mit Amtshilfeübereinkommen archiviert werden. Die Finanzbehörde im Ausland muss ihre Zustimmung erteilen, und es muss gewährleistet sein, dass die deutsche Finanzbehörde auf die Dokumente zugreifen kann. **Steuerrechtliche Unterlagen** hingegen dürfen außerhalb Deutschlands (seit 1.1.2009 innerhalb und seit 1.1.2011 auch außerhalb des EU/EWR-Raumes) nach Bewilligung der Finanzbehörde nur aufbewahrt werden, wenn die Aufbewahrung im Inland für den Steuerpflichtigen Härten mit sich brächte und die Besteuerung dadurch nicht beeinträchtigt wird.

Nach dem **Handelsrecht** müssen im Inland ansässige Unternehmen alle Rechnungen und Handelsbriefe im Inland aufbewahren. Werden Rechnungen auf eine Art und Weise elektronisch aufbewahrt, die eine vollständige Fernabfrage der betreffenden Daten gewährleistet, darf der Unternehmer die Rechnungen auch im Gemeinschaftsgebiet der EU/EWR aufbewahren, sofern er dies dem Finanzamt

85. vgl. Abschnitt 11.1 GoBD

mitteilt. Ein ausdrückliches Verbot der Aufbewahrung in einer Cloud besteht nicht. Geht es um die Ermittlung von Straftaten und Ordnungswidrigkeiten kann die Speicherung von Daten in der Cloud dann problematisch sein, wenn durch Art und Ort der Datenverarbeitung ein Zugriff der Behörden nicht möglich ist.

In Deutschland werden lange Betriebsprüfungsdauern und große zeitliche Abstände zwischen dem zu prüfenden Zeitraum und dem Beginn der Prüfung durch schon lange beklagt. Vergleiche mit anderen EU-Ländern haben gezeigt, dass Betriebsprüfungen im europäischen Ausland oft wesentlich schneller durchgeführt werden. Das Bundesfinanzministerium hat mit Schreiben vom 30.03.2011 (IV A 4-S1400/07/10001-02) die Allgemeine Verwaltungsvorschrift geändert.[86] Kern der Änderungen war die Einfügung des § 4a »Zeitnahe Betriebsprüfung« in die Betriebsprüfungsordnung (BpO). Vorteilhaft für die Unternehmen ist die zeitnahe Betriebsprüfung unter folgenden Aspekten:

- Rechts- und Planungssicherheit sind schneller erreichbar.
- Verzinsungen aus Nachforderungen fielen geringer aus.
- Eine zeitnahe Betriebsprüfung könnte bei konjunkturabhängigen Unternehmen das Risiko mindern, in finanzschwachen Zeiten mit Steuernachforderungen aus »fetteren« Jahren belastet zu werden.
- Für die Prüfung relevante Sachverhalte könnten zeitnah besser rekonstruiert werden.

Aus Sicht der Finanzbehörden bieten zeitnahe Prüfungen den Vorteil, Steuernachforderungen schneller zu vereinnahmen.

Unternehmen sollen den Datenzugriff bis zum aktuellen Prüfungstag ermöglichen und haben dabei zugleich die Wahrung nicht steuerlich relevanter Betriebsgeheimnisse sicherzustellen. Dies erfordert eine Serverarchitektur mit einer angemessenen Zugriffsrechteverwaltung.

Da die Neuregelungen bei Weitem nicht nur vorteilhaft für die Unternehmen sind, wurden Anordnungen zur zeitnahen Betriebsprüfung in der Vergangenheit schon erfolgreich bei den Finanzgerichten angefochten.[87]

Am 8. Juli 2011 stimmte der Bundesrat der »Allgemeinen Verwaltungsvorschrift zu Änderung der Betriebsprüfungsordnung« zu, mit der das Institut der »zeitnahen Betriebsprüfung« erstmals einheitlich bundesweit kodifiziert wurde.[88] Die verabschiedete Vorschrift galt erstmalig für alle Außenprüfungen, die ab dem 01.01.2012 angeordnet wurden.

In der **Schweiz** wurde der gesetzliche Zugriff nur noch durch entsprechende Passagen in der Geschäftsbücherverordnung (GeBüV) geregelt, seit die Verord-

---

86. BpO 2000 vom 15.03.200 Bundesanzeiger Nr. 58, S. 4898; BStBl. I, S. 358, zuletzt geändert mit der Verwaltungsvorschrift vom 20. Juli 2011 (BStBl. 2011 I, S. 710)
87. FG Köln, Urteil vom 7.7. 2009, 13 V 1232/09
88. BR-Drs.330/11

nung des Eidgenössischen Finanzdepartements über elektronisch übermittelte Daten und Informationen (EIDI-V) aufgehoben wurde.

So wird verlangt, dass Geschäftsbücher, Buchungsbelege und Geschäftskorrespondenz bis zum Ende der Aufbewahrungsfrist durch eine berechtigte Person innerhalb angemessener Frist eingesehen und geprüft werden können.[89]

3.6 Sicherstellung der Beweiskraft vor Gericht

Gemäß der deutschen Zivilprozessordnung (ZPO) sind Augenschein, Zeugen, Sachverständige, Parteivernehmung und Urkunden als Beweismittel zugelassen.

Die Urkunde im Sinne der ZPO ist die Verkörperung einer Gedankenäußerung in Schriftzeichen. Unter dem Begriff der Urkunde wird gemeinhin ein Originaldokument in Papierform verstanden. Man unterscheidet – je nach Aussteller – öffentliche Urkunden und Privaturkunden.

Voraussetzung für die Beweiskraft einer Urkunde ist deren Echtheit. Eine Urkunde ist echt, wenn die Unterschrift dem Namensträger zuzuordnen ist und die darüber stehende Schrift vom Aussteller selbst stammt oder mit dessen Willen dort steht.[90] Bei Privaturkunden muss der Nachweis der Echtheit über den Nachweis der Echtheit der Unterschrift erbracht werden. Bei öffentlichen Urkunden ist ein solcher Nachweis nicht erforderlich, sofern sich die Urkunde nach Form und Inhalt als öffentliches Dokument darstellt. Wird in einem Prozess die Echtheit einer Urkunde bestritten, trifft grundsätzlich denjenigen, der sich auf das Dokument beruft, die Beweislast für deren Echtheit.

Bei Vorlage einer echten Urkunde wird ohne Rücksicht auf die Überzeugung des Gerichts angenommen, dass der Aussteller die in der Urkunde enthaltene Erklärung abgegeben hat bzw. dass die Erklärung in der Urkunde richtig wiedergegeben wird. Daher ist der Urkundsbeweis im Vergleich zu anderen Beweismitteln, wie z.B. der Zeugenaussage, der zuverlässigste Beweis.

Die Beweisführung mittels **elektronischer Dokumente** erfolgt im Normalfall nach den Regeln des Augenscheins, § 371 ZPO. Es handelt sich dabei nicht um einen Urkundsbeweis. Im Gegensatz zur Urkunde fehlt elektronischen Dokumenten die Eigenschaft der gegenständlichen Verkörperung auf einem Schriftträger. Sie sind ohne technische Hilfsmittel nicht unmittelbar, sondern nur elektronisch lesbar. Der Beweisantritt erfolgt durch die Übermittlung des Datenträgers, auf dem das Dokument als Datei gespeichert ist.

Auch E-Mails sind elektronische Dokumente. Eine besondere Beweisproblematik ergibt sich aus der Tatsache, dass E-Mails unbemerkt nach dem Speichern manipuliert oder neu geschaffen werden können (Integrität). Serverprotokolle können zwar ergänzend herangezogen werden, doch muss dabei wiederum be-

89. vgl. Art. 6 Abs. 1 GeBüV
90. BGH WM 88, 957

wiesen werden, dass diese unverändert geblieben sind. Steht fest, dass eine E-Mail von einem bestimmten E-Mail-Postfach aus gesendet wurde, beweist dies noch nicht, dass der Inhaber des betreffenden Kontos die E-Mail verschickt hat (Authentizität).[91] Derjenige, der sich im Prozess auf eine E-Mail berufen will, trägt die volle Beweislast für die Integrität und Authentizität der von ihm vorgelegten E-Mail.

Etwas anderes gilt nur für den Fall, dass E-Mails mit einer **qualifizierten elektronischen Signatur** versehen sind.

Für **elektronisch signierte Dokumente** gelten bereits seit Inkrafttreten des Signaturgesetzes 2001 (SigG) und des Formvorschriftenanpassungsgesetzes (FormVorAnpG)[92] neue Rahmenbedingungen. Mit diesen Gesetzen wurden erste Schritte zur Öffnung der gesamten Rechtspflege für den **Elektronischen Rechtsverkehr (ERV)** unternommen.

Die **qualifizierte elektronische Signatur** soll dabei der Sicherheit des ERV dienen. Einmal soll die signierende Person eindeutig identifizierbar sein (Authentizität), zum anderen soll das Dokument durch die Signatur vor Veränderungen geschützt werden (Integrität).

Für die Beweiskraft der elektronischen Signaturen ist auf die eingesetzte Sicherheitstechnik abzustellen. Nur qualifizierten elektronischen Signaturen kommt die Beweiskraft der Urkunde zu. Einfache elektronische Signaturen hingegen unterliegen der freien Beweiswürdigung durch das Gericht. Die qualifizierte elektronische Signatur muss den hohen Anforderungen des Signaturgesetzes (SigG) genügen, beispielsweise ausschließlich dem Schlüsselinhaber zugeordnet sein und seine Identifizierung ermöglichen. Wer mit einer qualifizierten Signatur am Rechtsverkehr teilnehmen will, benötigt zudem ein qualifiziertes Zertifikat eines anerkannten Anbieters.

Originäre elektronische Dokumente, die mit einer qualifizierten elektronischen Signatur versehen sind, können – wie ein händisch signiertes Dokument – die Schriftform erfüllen (laut § 126a BGB).

2005 wurden mit dem Gesetz über die Verwendung elektronischer Kommunikationsformen in der Justiz (JKomG)[93] die §§ 371a und 416a in die Zivilprozessordnung eingefügt.

Gemäß § 371a Abs. 1 S. 1 ZPO finden auf private elektronische Dokumente, die mit einer qualifizierten elektronischen Signatur versehen sind, die Vorschriften über die Beweiskraft privater Urkunden entsprechende Anwendung.

Darüber hinaus wurde mit § 371a Abs. 1 S. 2 ZPO ein gesetzlicher Anscheinsbeweis der Echtheit normiert. Dieser Anschein der Echtheit kann nur dann erschüttert werden, wenn Tatsachen vorliegen, die ernstliche Zweifel daran

91. OLG Köln, Urteil vom 06.09.2002, Az. 19 U 16/02
92. Gesetz zur Anpassung der Formvorschriften des Privatrechts vom 01.08.2001
93. Gesetz über die Verwendung elektronischer Kommunikationsformen in der Justiz vom 22.03.2005

begründen, dass die Erklärung mit dem Willen des Signaturschlüsselinhabers abgegeben worden ist. Insoweit kommt privaten elektronischen Dokumenten, die mit einer qualifizierten Signatur versehen sind, ein höherer Beweiswert als privaten Urkunden zu. Nach § 371a Abs. 2 ZPO gilt das Gleiche für eine DE-Mail einer natürlichen Person mit Absenderbestätigung.

Auf öffentliche elektronische Dokumente, die von einer öffentlichen Behörde oder einer mit öffentlichem Glauben versehenen Person (z.B. Notar) erstellt worden sind, finden gemäß § 371a Abs. 3 S. 1 die Vorschriften über die Beweiskraft öffentlicher Urkunden entsprechende Anwendung. Sind diese öffentlichen Dokumente zusätzlich mit einer qualifizierten elektronischen Signatur versehen, so gilt – nach erfolgreicher Signaturprüfung – vor Gericht die Vermutung der Echtheit.

Dokumente, die aus elektronischen Archivsystemen reproduziert werden (Ausdrucke), haben nicht den Originalcharakter und somit grundsätzlich auch nicht den Status einer Urkunde.

Jedoch werden gemäß § 416a ZPO **Ausdrucke öffentlicher elektronischer Dokumente**, die mit einem Beglaubigungsvermerk oder dem Vermerk des zuständigen Gerichts versehen sind, in ihrer Beweiskraft der öffentlichen Urkunde in beglaubigter Abschrift gleichgestellt.

Ansonsten wird der Beweis bei reproduzierten Dokumenten durch Augenschein gemäß § 371 ZPO erhoben. Ihr Beweiswert wird durch freie richterliche Beweiswürdigung ermittelt.

Zu beachten ist, dass nach § 371b ZPO ein höherer Beweiswert auf **sekundäre elektronische Dokumente**, als Dokumente, die durch **Einscannen** entstanden sind, nur dann Anwendung findet, wenn es sich um eine öffentliche Urkunde handelt und von einer Behörde oder einer mit öffentlichem Glauben versehenen Person übertragen und die Richtigkeit der Übertragung von diesem bestätigt wird.

Kein erhöhter Beweiswert gilt daher nach dem Zivilrecht für originäre elektronische Dokumente, die von einem Dateiformat in ein anderes transformiert wurden, oder für einen Wechsel des Informationsträgers. In allen Fällen des Medienbruchs kann nur dem **ursprünglichen Dokument** (z.B. dem originären Papierdokument) Urkundenqualität zukommen. Selbst wenn ein sekundäres elektronisches Dokument mit einer qualifizierten Signatur versehen wird, kommt es zur freien richterlichen Beweiswürdigung. Es ist jedoch Art. 25 der eIDAS-Verordnung der EU zu beachten. Für die Nachsignierung von Dokumenten, die einer kryptografischen Sicherung bedürfen, gilt § 15 des Vertrauensdienstegesetzes, nach dem Nachsignaturen erfolgen müssen – und dies vor Auslaufen der Sicherheit der bisherigen Signatur. Bei einem Schwachwerden des Hashwertes reicht eine Nachsignatur alleine nicht aus; es muss aus technischen Gründen ein neuer digitaler Fingerabdruck des Dokuments mit einem schwerer brechbaren Algorithmus erstellt werden.

Mit einer eID des neuen Personalausweises lässt sich eine qualifizierte elektronische Signatur bestellen, ebenso wie mit PostIdent- oder VideoIdent-Verfahren. Es ist auch möglich, mit dem neuen Personalausweis und einem Kartenleser qualifizierte Signaturen zu erstellen, sofern die entsprechenden Zertifikate und Schlüssel vom Bürger bestellt wurden. Gleiches gilt für den Aufenthaltstitel und die e-card für EU-Bürger nach dem E-Kartengesetz.

Zur **Blockchain-Technologie** gibt es derzeit außer zu elektronischen Wertpapieren noch keine gesetzlichen Regelungen. Es gibt in der EU den Vorschlag zur Regulierung einer eIDAS 2.0-Verordnung vom 03.06.2021. Dort werden Wallets für Dokumente eingeführt, und zwar auf Basis einer Identifizierung mit der eID und DLT-Technologie.[94] Zusätzlich soll es einen neuen Vertrauensdienst der elektronischen Archivierung geben.

In Deutschland gibt es bisher nur die Blockchain-Strategie der Bundesregierung[95] aus dem Jahr 2020 und das Gesetz zur Einführung von elektronischen Wertpapieren vom 3.6.2021[96].

Für die **Schweiz** wurde die Beweiskraft von Daten und Informationen, die für den Vorsteuerabzug, die Steuererhebung oder den Steuerabzug relevant sind, im 14. Abschnitt MWSTGV geregelt. Danach haben elektronische Daten die gleiche Beweiskraft wie Daten, die ohne Hilfsmittel lesbar sind, sofern der Nachweis des Ursprungs und der Nachweis der Integrität erbracht werden kann sowie der Versand und Empfang nicht abgestritten werden kann.[97] Die Bedingungen zur Erfüllung der verlangten Voraussetzungen zur Erfüllung der Beweiskraft sind im Art. 3 der Geschäftsbücherverordnung formuliert:[98]

- Die Übermittlung und Aufbewahrung der Daten muss mittels digitaler Signatur abgesichert sein.
- Das Signaturzertifikat muss zum Zeitpunkt der Signaturerstellung gültig gewesen sein.
- Die elektronischen Daten müssen spätestens vor ihrer Verwendung auf Integrität, Authentizität geprüft werden, und das Ergebnis der Prüfung muss dokumentiert werden.
- Der zur Überprüfung notwendige öffentliche Schlüssel muss gemeinsam mit den abgesicherten Daten aufbewahrt werden.
- Bei Einsatz von Kryptografietechnik muss der Schlüssel zur Entschlüsselung ebenfalls aufbewahrt werden.

---

94. *Distributed Ledger Technology*, Technologie der verteilten Schlüsselspeicherung (Blockchain-Technologie)
95. *https://www.bmwk.de/Redaktion/DE/Publikationen/Digitale-Welt/blockchain-strategie.pdf?__blob=publicationFile&v=22*
96. *https://www.bmj.de/SharedDocs/Gesetzgebungsverfahren/Dokumente/Bgbl_elektronische_Wertpapiere.pdf;jsessionid=EE84EA20A20D4CA89EA0F1B32A46ECD1.2_cid289?__blob=publicationFile&v=2*
97. vgl. Art. 43 Abs. 1 MWSTGV
98. vgl. Art. 3 GeBüV

- Es dürfen keine Pseudonyme verwendet werden.
- Die Schlüssel müssen zum Zeitpunkt ihrer Verwendung unzweifelhaft als sicher angesehen werden können.
- In der Schweiz gibt es ein Gesetz zur Verwendung von Blockchain-Technologie und eine Mantelverordnung dazu, jedoch ausschließlich im Zusammenhang mit Wertpapieren.[99]

3.7 Rechte der Mitarbeiter und Beteiligungsrechte des Betriebsrates

Die Einführung von Dokumenten-Management-Lösungen und elektronischen Archiven hat die Arbeitsbedingungen für die Mitarbeiter in den letzten Jahren und Jahrzehnten stark verändert. Art. 88 der Datenschutz-Grundverordnung ermächtigt die Mitgliedsstaaten, eigene Regelungen im Bereich des Beschäftigtendatenschutzes zu erlassen. Davon hat der deutsche Gesetzgeber mit § 26 BDSG Gebrauch gemacht.

Der Gesetzgeber versteht § 26 BDSG neuer Fassung als »Grundsatzregelung zum Datenschutz der Arbeitnehmer«; diese Vorschrift regelt die einwilligungsfreie Erhebung, Verarbeitung und Nutzung von Beschäftigungsdaten für Zwecke eines Beschäftigungsverhältnisses. Die Vorschrift gilt im Übrigen unabhängig davon, ob die Beschäftigtendaten automatisiert oder dateigebunden verarbeitet oder genutzt oder für eine automatisierte oder dateigebundene Verarbeitung oder Nutzung erhoben werden. Auch die Beschäftigten-Daten in chronologisch geführten Personalakten und schlichte Telefonnotizen über einen Beschäftigten unterfallen seit Neufassung dem BDSG.

Ganz aktuell haben die unterschiedlichsten Gerichte zu völlig unterschiedlichen Problematiken des § 26 BDSG Stellung genommen. Hierfür nur einige Beispiele:

- Beweisverwertungsverbot bei Nutzung von Chatprotokollen[100]
- verdeckte Videoüberwachung durch den Arbeitgeber[101] nur bei konkretem Straftatverdacht gegen einzelnen Mitarbeiter zulässig
- Sicherheitsüberprüfung der Bediensteten als Voraussetzung für AEO-Zertifikat[102]
- Überwachungsrecht des Betriebsrates beim betrieblichen Eingliederungsmanagement[103]

---

99. *https://www.fedlex.admin.ch/eli/oc/2021/33/de*
100. LArbG Berlin-Brandenburg, Urteil vom 19. Juli 2021, AZ 21 Sa 1291/20; anderer Ansicht zur alten Rechtslage LG Hamm, Urteil vom 10.07.2012 – 14 Sa 1711/10
101. BAG Urteil vom 21.06.2012 – 2 AZR 153/11
102. BFA Urteil vom 19.06.2012 – VII R 43/11
103. BAG Beschluss vom 07.02.2012 – 1 ABR 46/10

Eine besondere Problematik, die für das Dokumenten-Management in der Praxis von erheblicher Bedeutung ist, wird allerdings auch in der novellierten Fassung des BDSG nicht geregelt, nämlich die sogenannte **Konzerndatenverarbeitung.** Grundsätzlich darf der Arbeitgeber die Daten aller Arbeitnehmer speichern, d.h. von sämtlichen Arbeitern und Angestellten sowie von arbeitnehmerähnlichen Beschäftigten. Der Arbeitgeber darf dabei allerdings nur die sogenannten Stammdaten speichern, also die Daten, die für den zukünftigen Verlauf des Arbeitsverhältnisses von Bedeutung werden können. Das sind die typischen Personalien, Arbeitszeugnisse, Qualifikationen etc., nicht aber private und persönliche Daten wie sexuelle Orientierung, ehemalige Schwangerschaften etc. Grundsätzlich darf nur »der Arbeitgeber« diese Daten »seiner Arbeitnehmer« speichern. Er darf allerdings die Datenverarbeitung an Dritte delegieren, wenn die Voraussetzungen des Art. 28 DSGVO erfüllt sind.

In der DSGVO ist durch Art. 14 die Frage entschieden, dass die Arbeitnehmer einer Tochtergesellschaft davon benachrichtigt werden müssen, wenn die Datenverarbeitung im Unternehmen nunmehr durch die (neue) Konzernmutter stattfindet. Nach der bisherigen Rechtsprechung war diese Frage zu verneinen. Dies gilt z.B., wenn ein Konzernunternehmen im Inland oder im EU- oder EWR-Ausland (zugleich auch) im Auftrag für die Tochtergesellschaften eine zentrale Personalabteilung oder eine zentrale Lohnbuchhaltung oder ein zentrales Rechenzentrum führt oder Schulungen oder Fortbildungen für alle Mitarbeiter veranstaltet. Gleiches gilt im Übrigen bei einer outgesourcten Lohnbuchhaltungsstelle.

Der Betriebsrat hat gemäß § 87 Abs. 1 BetrVG ein Mitbestimmungsrecht u.a. bei der »Einführung und Anwendung von technischen Einrichtungen, die dazu bestimmt sind, das Verhalten oder die Leistung der Arbeitnehmer zu überwachen«. Schutzzweck dieser Vorschrift ist, den Eingriff in das Persönlichkeitsrecht des Arbeitnehmers mittels technischer Kontrolleinrichtungen nur nach Mitbestimmung des Betriebsrates zuzulassen. *Überwachung* ist das Sammeln und Festhalten von Daten, die mit anderen Daten verglichen werden, also z.B. das Feststellen der Ankunftszeit eines Arbeitnehmers mittels Stempeluhr und der Vergleich mit dem Beginn der Dienstzeit (Soll-Ist-Vergleich).

Mitbestimmungspflichtig ist die Überwachung sowohl dann, wenn die Daten technisch festgestellt und festgehalten werden, als auch dann, wenn sie technisch ausgewertet werden, z.B. durch automatisierte Personalinformationssysteme. Mitbestimmungspflichtig sind dabei nur solche Überwachungsmaßnahmen, die einem bestimmten Arbeitnehmer zugeordnet werden können, auch wenn dies erst aufgrund weiterer Informationsmittel möglich ist, z.B. aufgrund von Anwesenheitslisten. Die Überwachung muss sich dabei auf die Leistung und das Verhalten des Arbeitnehmers beziehen. *Leistung* ist die vom Arbeitnehmer in Erfüllung seiner Verpflichtung erbrachte Arbeit. *Verhalten* ist jedes Tun oder Unterlassen im betrieblichen und außerbetrieblichen Bereich, das für das Arbeitsverhältnis erheblich werden kann.

Mitbestimmungspflichtig ist die technische Einrichtung bereits dann, wenn sie dazu geeignet ist, den Arbeitnehmer zu überwachen.[104] Mitbestimmungspflichtig ist damit die Einführung von Stechuhren, Zeitstemplern, Fernsehkameras, Multi-Moment-Kameras, Fernsehmonitoren, Zeitmessgeräten, Geräten zur automatischen Erfassung von Telefondaten oder Telefongebühren, Einführung von Computerinformationssystemen, Bildschirmen, die mit einem Rechner verbunden sind, der die Tätigkeit der Arbeitnehmer festhält, sowie das Anbringen von Videokameras.

Darüber hinaus hat der Arbeitgeber den Betriebsrat über die Planung u.a. von technischen Anlagen, aber auch von Arbeitsverfahren und Arbeitsplätzen rechtzeitig unter Vorlage der erforderlichen Unterlagen zu unterrichten. Diese sogenannten *Unterrichtungs- und Beratungsrechte* sind in den §§ 90 ff. BetrVG umfassend geregelt. Der Zweck dieser Vorschriften ist es, die Betriebsverfassung in den Dienst der Humanisierung der Arbeitswelt zu stellen. Bei der Einrichtung und Organisation von Produkten und Betrieb sollen nicht nur Rentabilitätsgesichtspunkte, sondern auch arbeitswissenschaftliche Erkenntnisse berücksichtigt werden. Dies gilt insbesondere bei der Planung und Einrichtung von technischen Anlagen. Hierzu gehören insbesondere EDV-Anlagen mit Datensichtgeräten, Geräte zum computerunterstützten Konstruieren (CAD) oder Fertigen (CAM). Dem Beratungsrecht des Betriebsrates soll die Einrichtung und Aufstellung solcher technischer Anlagen unterliegen, die für das Arbeitsleben des Arbeitnehmers von besonderem Einfluss sein können. Bei bestehenden technischen Anlagen setzt das Beratungsrecht des Betriebsrates allerdings erst bei ihrer Änderung ein.

3.8 Schutz vor Verletzung des Urheberrechts

Das deutsche Urheberrechtsgesetz (UrhG) schützt den Urheber von Werken vor jeder ungenehmigten, rechtswidrigen Nutzung und Verwertung seiner Werke. Die Einführung neuer Dokumenten-Management-Lösungen und elektronischen Archiven berührt im Einzelfall zahlreiche urheberrechtliche Bestimmungen. Dies gilt insbesondere für die elektronische Archivierung von Dokumenten, die Sendung von Dokumenten über Informationsnetze und die Reproduktion von Dokumenten. Nachfolgend sollen hier nur einige wenige grundsätzliche Fragen angesprochen werden; gerade in diesem Bereich empfiehlt es sich bei konkreten Fragestellungen den Rat eines Experten einzuholen.

Wie dargestellt, dürfen fremde Werke ohne Genehmigung des Urhebers grundsätzlich nicht genutzt bzw. verwertet werden. Dies bedeutet als Erstes, dass die Archivierung, die Sendung und die Reproduktion von eigenen Dokumenten völlig unproblematisch ist. Nicht jedes Dokument ist ein Werk im Sinne des Urheberrechtsgesetzes. Urheberrechtlich schutzfähige Werke sind nach § 2 Abs. 2

104. BAG, NJW 1974, 2023, 2023 f.

UrhG nur »persönliche geistige Schöpfungen«. Es muss sich somit um eine persönliche Schöpfung des Urhebers handeln, diese Schöpfung muss einen geistigen Gehalt aufweisen, weiterhin muss die Schöpfung eine wahrnehmbare Formgestaltung gefunden haben, und darüber hinaus muss in der Schöpfung die Individualität des Urhebers zum Ausdruck kommen. Allgemein wird davon gesprochen, dass ein Werk nur dann vorliegt, wenn eine gewisse »Schöpfungshöhe« erreicht worden ist.

Aus der eben genannten Definition des *Werkes* ergibt sich im Übrigen auch, dass Ideen keine Werke sind, weil es ihnen unter anderem an der »wahrnehmbaren Formgestaltung« fehlt. Das Urheberrechtsgesetz nennt neben Musikwerken, Werken der bildenden Kunst und Filmwerken auch Darstellungen wissenschaftlicher oder technischer Art, wie z.B. Zeichnungen, Pläne, Karten, Skizzen, Tabellen, aber auch Sammelwerke und Datenwerke. Bei sogenannten Multimediawerken kommt ein selbstständiger Schutz der sprachlichen Elemente des Multimediawerks als eigenständiges Sprachwerk nur dann in Betracht, wenn auf die Sprache gesondert zugegriffen werden kann, wie etwa bei einem Multimedialexikon.[105]

Computerprogramme, Computersoftware und Programme für die Datenverarbeitung werden vom Gesetz ausdrücklich seit der Novelle 1985 in § 2 Abs. 1 Nr. 1 UrhG und seit 1993 in den §§ 69a ff. UrhG erwähnt und als »Sprachwerke« urheberrechtlich geschützt. Dies bedeutet aber auch, dass Computerprogramme nur dann urheberrechtsfähigen Schutz genießen, wenn sie die eben erwähnten vier Voraussetzungen erfüllen, nämlich *persönliche Schöpfung*, *geistiger Geha*lt, *wahrnehmbare Formgebung* und *gewisse Individualität*. Dabei sind nicht nur »große« neue Programme geschützt, auch die kleine Münze der Softwareentwicklung wird geschützt. Völlig banale Programme sind dagegen nicht schutzfähig.

Im Bereich des Dokumenten-Managements unterliegen einfache Verträge, Rechnungen, Lieferscheine oder Geschäftsbriefe in der Regel nicht dem Urheberschutz, da diese Dokumente nicht die notwendige Schöpfungshöhe im Sinne des § 2 Abs. 2 UrhG aufweisen und daher auch nicht als »Werk« im Sinne des UrhG gelten. Handelt es sich dagegen bei dem elektronisch archivierten Dokument um ein urheberrechtlich geschütztes Werk in dem eben definierten Sinne, dann ist jede Nutzung oder Verwertung dieses Werks ohne Genehmigung des Urhebers unzulässig und damit rechtswidrig. Konkret besteht hier insbesondere die Gefahr des Eingriffs in das sogenannte Bearbeitungsrecht[106], das Senderecht[107] und das Vervielfältigungsrecht[108].

Die Speicherung eines urheberrechtlich geschützten Werks auf einem Rechner gilt nach ständiger Rechtsprechung als urheberrechtliche Vervielfältigung gemäß § 16 UrhG. Dabei wird nicht unterschieden, ob das Werk auf einem flüchtigen

105. Löwenheim § 9 RdNr. 41, S. 97
106. vgl. § 23 UrhG
107. vgl. § 20 UrhG
108. vgl. § 16 UrhG

Speichermedium (Arbeitsspeicher bzw. RAM) oder auf einem nicht flüchtigen Speichermedium (Festplatte, CD-ROM etc.) abgelegt ist. Entscheidend ist vielmehr, dass es möglich ist, das Werk »wahrnehmbar« zu machen. Die Speicherung eines Werks ist somit grundsätzlich nur zulässig, wenn der Urheber dieses Werks der Speicherung ausdrücklich zugestimmt hat.

Hiervon gibt es aber auch Ausnahmen. Diese Schranken des Urheberrechts[109], die bspw. eine Speicherung des Werks auch ohne Zustimmung des Autors zulassen, sollen vor allem die Freiheit der geistigen Auseinandersetzung sichern. Nach dem deutschen Urheberrechtsgesetz ist dies der Fall bei amtlichen Werken[110], bei der Vervielfältigung zum eigenen Gebrauch[111], beim Kopienversand auf Bestellung[112], bei der öffentlichen Zugänglichmachung für Unterricht und Forschung[113], beim Gebrauch im Rahmen des Schulunterrichts[114] und weiter in allen Fällen, in denen die Speicherung und Verbreitung des Werks unmittelbar der Freiheit der Information und Berichterstattung dient. Letzteres ist bspw. der Fall bei der Speicherung und Verbreitung von öffentlichen Reden[115], bei der Wiedergabe kurzer Teile aus Zeitungsartikeln und Rundfunkkommentaren[116] oder im Rahmen der aktuellen Berichterstattung über Tagesereignisse[117].

Auch zum eigenen privaten Gebrauch[118] ist die Speicherung fremder Werke zulässig. Hier steht die private Zweckbestimmung im Vordergrund. Hierunter fällt auch der eigene wissenschaftliche Gebrauch; dieser liegt bei der Tätigkeit von Wissenschaft- und Forschungsinstituten sowie bei gelegentlicher wissenschaftlicher Tätigkeit und bei Unterrichtung über den Stand der Wissenschaft vor. In allen diesen Fällen ist auch die Aufnahme in das eigene Archiv zulässig, allerdings nur dann, wenn es sich um ein privat – nicht betriebsintern – genutztes Archiv handelt.

Seit 1.8.2021 ist das **Leistungsschutzrecht für Verleger** erweitert worden und das Urheberrechts-Diensteanbieter-Gesetz (UrhDaG) in Kraft, das die wegen der Pflicht zu Uploadfiltern umstrittene EU-Richtlinie zur Änderung des Urheberrechtes in Deutschland umsetzt. Für folgende Fälle ist dieses Gesetz nach § 3 jedoch nicht anwendbar:

- nicht gewinnorientierte Online-Enzyklopädien,
- nicht gewinnorientierte bildungsbezogene oder wissenschaftliche Repositorien,

109. vgl. §§ 53 ff. UrhG
110. § 5 UrhG
111. § 53 UrhG
112. § 53a UrhG
113. § 52a UrhG
114. §§ 46/47 UrhG
115. § 48 UrhG
116. § 49 UrhG
117. § 50 UrhG
118. § 53 Abs. 1 UrhG

- Entwicklungs- und Weitergabe-Plattformen für quelloffene Software,
- Anbieter elektronischer Kommunikationsdienste im Sinne des Artikels 2 Nummer 4 der Richtlinie (EU) 2018/1972 des Europäischen Parlaments und des Rates vom 11. Dezember 2018 über den europäischen Kodex für die elektronische Kommunikation,[119]
- Online-Marktplätze,
- Cloud-Dienste, die zwischen Unternehmen erbracht werden, und
- Cloud-Dienste, die ihren Nutzern das Hochladen von Inhalten für den Eigengebrauch ermöglichen.

Damit wird das geänderte Recht in der Regel Dokumenten-Management-Systeme nicht betreffen.

Auch in der **Schweiz** wird der Schutz der Urheber durch das Urheberrechtsgesetz (URG) vom 9.10.1992 geregelt. Das URG wurde am 05.10.2007 umfassend und zuletzt am 21.06.2013[120] geringfügig geändert; die umfassenden Änderungen traten am 01.07.2008 in Kraft. Als Mitglied aller wesentlichen internationalen Urheberrechtsabkommen hatte die Schweiz bereits 1996 auch die beiden Zusatzabkommen zur RBÜ (Revidierte Berner Übereinkunft zum Schutz von Werken der Literatur und Kunst vom 24.07.1971), nämlich den *WIPO Copyright Treaty* (WCT) und den *WIPO Performances und Phonograms Treaty* (WPPT) unterzeichnet. Die Anpassung an diese internationalen Zusatzabkommen erfolgte aber erst durch die Revision vom 05.10.2007.[121]

Vergleicht man den Katalog geschützter Werke in Art. 2 URG mit dem Katalog der geschützten Werke in dem deutschen Urheberrecht, so besteht auch weiterhin große Übereinstimmung. Lediglich Computerprogramme sind, anders als im deutschen Recht, nicht als Sprachwerke geschützt, sondern werden in einem eigenen Artikel erwähnt und den zuvor genannten Werken gleichgestellt. In der Praxis ist dies nur von geringer Relevanz. Werkbegriff und Schutzumfang sind damit auch nach dem neuen Schweizer Urheberrechtsgesetz mit dem deutschen Recht in zentralen Punkten durchaus vergleichbar. Keinen Werkcharakter haben und damit auch nicht geschützt sind gemäß Art. 5 URG völkerrechtliche Verträge, Zahlungsmittel, Rechnungen, Lieferscheine, Geschäftsbriefe, Berichte und Protokolle von Behörden und öffentlichen Verwaltungen, Patentschriften und veröffentlichte Patentgesuche sowie amtliche oder gesetzlich geforderte Sammlungen und Übersetzungen der vorgenannten Werke.

Die Befugnisse des Urhebers werden auch im Schweizer Recht traditionellerweise unterteilt in **Vermögensrechte** einerseits und **Urheberpersönlichkeitsrechte** andererseits, wobei das reformierte Schweizerische Urheberrechtsgesetz diese

---

119. ABl. L 321 vom 17.12.2018, S. 36; L 334 vom 27.12.2019, S. 164
120. *BBl 2009 8533*
121. Löwenheim § 52 RdNr. 2 S. 977

mehr von ihrem sachlichen Zusammenhang als nach dieser dogmatischen Aufteilung anordnet.[122] Der Urheber hat das Recht am eigenen Werk, das hieraus sich ergebende Recht auf Anerkennung seiner Urheberschaft, vor allem aber auch »das ausschließliche Recht zu bestimmen, ob, wann, wie und unter welcher Urheberbezeichnung das eigene Werk erstmals veröffentlicht werden soll«. Art. 11 URG neuer Fassung schützt als sogenannte urheberpersönlichkeitsrechtliche Norm die sogenannte »Werkintegrität«; hierunter fällt der Schutz vor Entstellung einerseits und der Schutz von ungenehmigten Bearbeitungen und Umgestaltungen andererseits.

Wie im deutschen Recht können die sogenannten **Verwertungsrechte** vom Urheber persönlich ausgeübt oder auch auf Dritte übertragen werden. Bei den Verwertungsrechten sind insbesondere das Vervielfältigungsrecht, das Verbreitungsrecht, das Vortrags-, Aufführungs- und Vorführungsrecht, das Recht zur Widergabe durch Bild- oder Tonbildträger sowie das Sende- und Weitersenderecht zu nennen; eigenständig geregelt wurde in Art. 10 Abs. 3 URG das Vermietrecht von Computerprogrammen.

Durch die Novellierung des URG wurden die Schrankenbestimmungen deutlich reformiert und ausgedehnt. Dennoch handelt es sich in der Schweiz – anders als in Deutschland – bei den Schrankenbestimmungen weiterhin um sehr generalisierende Bestimmungen, die der Rechtsprechung die Freiheit lassen, Schranken auch unter dem Gesichtspunkt der technischen Neuerungen zu interpretieren.[123] Der erlaubte Eigengebrauch ist wie bisher sehr konkret geregelt. Ist das Werk einmal veröffentlicht, so ist »jede Werkverwendung im persönlichen Bereich und im Kreis von Personen, die unter sich eng verbunden sind, wie Verwandte oder Freunde« erlaubt. Diese »Werkverwendung im privaten Kreis« ist grundsätzlich vergütungsfrei. Hierzu gehört im Übrigen – anders als im deutschen Recht – weiterhin auch die private Verfügung von rechtswidrig hergestellten Werkexemplaren. Damit ist nach Schweizer Recht der Download eines Musikstücks über eine bekanntermaßen illegale Musiktauschbörse zum eigenen Gebrauch nicht rechtswidrig oder gar strafbar, während der Upload rechtswidrig ist, weil dieser nicht nur dem »Eigengebrauch« dient.

Erlaubt ist im Übrigen auch sowohl »jede Werkverwendung der Lehrperson für den Unterricht in der Klasse« als auch »das Vervielfältigen von Werkexemplaren in Betrieben, öffentlichen Verwaltungen, Institutionen, Kommissionen und ähnlichen Einrichtungen für die interne Information und Dokumentation«. Diese beiden Verwendungsarten sind allerdings nicht vergütungsfrei, vielmehr wird hier die »gesetzliche Lizenz« fällig. Keinerlei Eigengebrauch ist dagegen erlaubt für Computerprogramme jeder Art.

122. Löwenheim § 52 RdNr. 24 S. 984
123. Löwenheim § 52 RdNr. 41 S. 990

Der neue Titel 3 a des URG von 2008 über technische Schutzmaßnahmen und Informationssysteme zur Wahrnehmung von Rechten ist ein besonderer Schwerpunkt der Neuregelung. Alle Möglichkeiten der Umgehung wirksamer technischer Maßnahmen zum Schutz von Werken und anderen Schutzgegenständen werden ausnahmslos verboten. Im Ergebnis sind aber auch hier die Bestimmungen nahezu identisch mit denen im deutschen Urheberrechtsgesetz.

3.9 Weitere Grundlagen zur Gestaltung rechtssicherer Lösungen

Im Einzelfall sind neben den bereits erläuterten Grundlagen weitere Gesetze, Ausführungsverordnungen oder Richtlinien für eine rechtssichere Gestaltung der Dokumenten-Management-Lösung zu berücksichtigen. Diese weiteren Grundlagen müssen gezielt recherchiert und nach ihrer rechtlichen Bedeutung für die konkrete Lösung von einem Fachmann ausgewertet werden.

Die folgenden beiden Beispiele zeigen, wie weiterführende rechtliche Grundlagen im Einzelfall einerseits für Dokumenten-Management-Lösungen, mit denen **rechnungslegungsrelevante Dokumente** verwaltet werden, bzw. andererseits für Dokumenten-Management-Lösungen im **Personalwesen** zu berücksichtigen sind.

3.9.1 Rechnungslegungsrelevante Dokumente

Für Dokumenten-Management-Lösungen, mit denen rechnungslegungsrelevante Dokumente verwaltet werden, sind über die bereits genannten gesetzlichen Grundlagen hinaus auch die Verlautbarungen des *Instituts der Wirtschaftsprüfer* (IDW) zu berücksichtigen. Diese beschäftigen sich konkret mit dem Einsatz von Informationstechnologie in der Rechnungslegung.

Das IDW unterscheidet unter anderem *IDW-Prüfungsstandards* (PS), *IDW-Stellungnahmen zur Rechnungslegung* (RS) und *IDW-Prüfungshinweise* (PH).

Im Fall der Prüfungsstandards und der Prüfungshinweise ist der Wirtschaftsprüfer an diese Verlautbarungen gebunden. Diese Bindungswirkung bedeutet, dass im Fall eines Abweichens wichtige Gründe vorliegen müssen und diese im Prüfungsbericht ausführlich darzustellen sind. Sind seine Gründe des Abweichens von den Verlautbarungen nicht mit der Berufsauffassung vereinbar bzw. kommt es zu einem Regressfall, so kann sein Handeln zu seinem Nachteil ausgelegt und sanktioniert werden.[124]

Diese möglichen Sanktionen, die bei Nichtbeachtung der Prüfungsstandards und -hinweise dem Wirtschaftsprüfer drohen, haben zur Folge, dass die in den Verlautbarungen dargestellten Sachverhalte im Einzelfall zu überprüfen sind. Zur

124. vgl. [WPHAND 2006], S. 2473

Minimierung von Risiko und Aufwand empfiehlt es sich, die relevanten IDW-Verlautbarungen frühzeitig im Organisationskonzept zu berücksichtigen.

Im Folgenden sind die wichtigsten Verlautbarungen aufgeführt:

- **IDW RS FAIT 1 – »Grundsätze ordnungsmäßiger Buchführung bei Einsatz von Informationstechnologie«**
  Die IDW-Stellungnahme zur Rechnunglegung IDW RS FAIT 1 konkretisiert die aus den §§ 238, 239 und 257 HGB resultierenden Anforderungen an die Führung der Handelsbücher mittels IT-gestützter Systeme und verdeutlicht die beim Einsatz von IT möglichen Risiken für die Einhaltung der Grundsätze ordnungsmäßiger Buchführung.[125]
- **IDW RS FAIT 2 – »Grundsätze ordnungsmäßiger Buchführung bei Einsatz von Electronic Commerce«**
  Die IDW Stellungnahme zur Rechnungslegung IDW RS FAIT 2 konkretisiert ebenfalls die aus den §§ 238, 239 und 257 HGB resultierenden Anforderungen an die Führung der Handelsbücher mittels IT-gestützter Systeme. Die bereits in der IDW RS FAIT 1 dargelegten Ordnungsmäßigkeits- und Sicherheitsanforderungen werden unter Berücksichtigung des Einsatzes von E-Commerce-Lösungen konkretisiert. Darüber hinaus werden über die IDW RS FAIT 1 hinausgehende Anforderungen formuliert, um den spezifischen Risiken zu begegnen, die mit dem Einsatz von E-Commerce-Lösungen verbunden sind.[126]
- **IDW RS FAIT 3 – »Grundsätze ordnungsmäßiger Buchführung beim Einsatz elektronischer Archivierungsverfahren«**
  Die IDW-Stellungnahme zur Rechnungslegung IDW RS FAIT 3 konkretisiert die aus den § 257 HGB resultierenden Anforderungen an die Archivierung aufbewahrungspflichtiger Unterlagen und veranschaulicht die in der IDW RS FAIT 1 dargestellten Aufbewahrungspflichten beim Einsatz elektronischer Archivierungssysteme.[127]
- **IDW PS 330 – »Abschlussprüfung bei Einsatz von Informationstechnologie«**
  Im IDW-Prüfungsstandard IDW PS 330 wird dargelegt, wie Wirtschaftsprüfer IT-Systemprüfungen im Rahmen ihrer Prüfungstätigkeit vornehmen sollen.[128] Dabei geht es um die Prüfung computergestützter Verfahren, die in eine Unternehmensorganisation integriert sind und im Rahmen der betrieblichen Übung genutzt werden.[129]
- **IDW PS 880 – »Die Prüfung von Softwareprodukten«**
  Der IDW-Prüfungsstandard IDW PS 880 zeigt die Anforderungen auf, die bei

125. vgl. Tz. 3 IDW RS FAIT 1
126. vgl. Tz. 3 IDW RS FAIT 2
127. vgl. Tz. 1 IDW RS FAIT 3
128. vgl. Tz. 1 IDW PS 330
129. vgl. Tz. 2 IDW PS 880

der Prüfung von Softwareprodukten und der Erteilung von Bescheinigungen zu Softwareprodukten zu beachten sind, wenn diese für die Ordnungsmäßigkeit der Rechnungslegung von Bedeutung sind.[130]

- **IDW PH 9.330.1 – »Checkliste zur Abschlussprüfung bei Einsatz von Informationstechnologie«**
  Der IDW-Prüfhinweis IDW PH 9.9330.1 beinhaltet eine Checkliste, die als konkrete Hilfestellung die IDW PS 330 unterstützt.

3.9.2 Personalwesen

Nach den Grundsätzen einer ordnungsmäßigen Personalaktenführung muss eine Personalakte vollständig, richtig, wahrheitsgetreu und vertraulich sein. Diese Grundsätze gelten auch bei einer digitalen Speicherung uneingeschränkt. Soweit der Inhalt einer Personalakte ausschließlich durch digitale Speichermedien festgehalten wird, ergibt sich aus dem Grundsatz der Vollständigkeit der Personalakte die Verpflichtung des Arbeitgebers, dem Arbeitnehmer alle aufbewahrten Unterlagen oder Daten für die Einsichtnahme in die Personalakte vollständig verfügbar zu halten. Grundsätzlich gelten auch bei der Führung der Personalakte die entsprechenden Regelungen zur Verarbeitung und Nutzung personenbezogener Daten aus der DSGVO und dem BDSG. Da der Zugriff auf die Personalakten nur bestimmten Mitarbeitern gestattet ist, muss auch eine strikte Abschottung der Datenverarbeitung gesichert werden. Folgende Varianten sind möglich:

- galvanische Trennung der in der Personalabteilung verwendeten Hardware vom Unternehmensnetzwerk
- Einsatz eines speziellen Personaldaten-Servers im Unternehmensnetzwerk, Verwendung von kryptografischen Verschlüsselungsverfahren für die Datenübertragung und Verwaltung von Nutzerrechten bis auf Feldebene

Für beide Varianten ist eine nicht manipulierbare Protokollierung aller Dateizugriffe unbedingt erforderlich. Die Software-Applikation muss die Möglichkeit bieten, Abfragen (Recherchen) zu reglementieren, damit keine willkürlichen Auswertungen vorgenommen werden können.

3.10 Verfahrensdokumentation

Eine ordnungsgemäße Verfahrensdokumentation beschreibt sämtliche organisatorischen und informationstechnischen Sachverhalte und Zusammenhänge, die zum Nachweis der rechtskonformen und revisionssicheren Aufbewahrung der geschäftsrelevanten Daten notwendig sind. Somit gibt die Verfahrensdokumenta-

---

130. vgl. Tz. 1 IDW PS 880

tion Auskunft darüber, durch welches Verfahren die Digitalisierung und elektronische Archivierung erfolgt.

Die Verfahrensdokumentation ist eine wichtige Grundlage für den Nachweis der Ordnungsmäßigkeit und in vielen Fällen auch eine Voraussetzung für die Zertifizierung einer Dokumentenverwaltungs- und Archivlösung.

Die rechtlichen Grundlagen ergeben sich aus den §§ 239, 257 HGB. In diesen Vorschriften sind die Grundzüge wie Ordnungsmäßigkeit, Nachvollziehbarkeit, Unverfälschbarkeit u.a. definiert. Tatsächliche Grundlage für den Praktiker im Hinblick auf die für in diesem Kapitel dargestellte Verfahrensdokumentation ist das Kapitel 10.1 der GoBD, die ursprünglich lediglich für handels- und steuerrechtlich relevante Organisations- und Informatiklösungen Anwendung finden sollten. Jedoch werden die GoBD, wie bereits in Kapitel 3.1.1 ausgeführt, immer häufiger auf andere Fachgebiete übertragen. Diese Grundsätze regeln auch die Archivierung von gescannten und selbst erstellten originär digitalen Dokumenten und erweitern die Zugriffsregelung auf Dokumente im Rahmen einer Betriebsprüfung.

Jedes Datenverarbeitungssystem erfordert eine Verfahrensdokumentation. In der Praxis werden die Datenverarbeitungssysteme häufig von anderen Experten erstellt und eingerichtet als von denen, die den täglichen Betrieb der Systeme durchführen. Damit im Alltag in der Praxis der Betrieb ordnungsgemäß abgewickelt werden kann, ist eine Verfahrensdokumentation bzw. Systembeschreibung unumgänglich. Die Verfahrensdokumentation bildet damit die Grundlage sämtlicher Arbeiten. Die Verfahrensdokumentation nach den GoBD stellt aber vor allem auch eine wichtige Grundlage für die Prüfung der formellen und sachlichen Richtigkeit der DV-Buchführung dar.[131] Sie umfasst auch alle Prozesse, die von buchhaltungsrelevanten DV-Systemen betroffen sind.

Die Verfahrensdokumentation muss folgenden Kriterien genügen:

- Beschreibung des aktuellen Verfahrens
- historische Nachvollziehbarkeit sämtlicher Verfahrensänderungen
- Verständlichkeit für einen sachverständigen Dritten

Folgende Punkte müssen dokumentiert werden:

- Beschreibung der sachlogischen Lösung
- Beschreibung der programmtechnischen Lösung
- Beschreibung der Maßnahmen zur Gewährleistung der Programmidentität
- Beschreibung der Maßnahmen zur Gewährleistung der Datenintegrität
- Arbeitsanweisungen für den Anwender

131. vgl. Abschnitt 10.1 in Verbindung mit Abschnitt 3 GoBD

Die Verfahrensdokumentation dient also dazu, den Nachweis der Erfüllung dieser allgemein definierten Anforderungen zu erbringen. Insbesondere müssen aus den Beschreibungen der Umfang und die Wirkungsweise des internen Kontrollsystems hervorgehen. Für den Umfang und die Gestaltung der Verfahrensdokumentation gibt es keine exakten Vorgaben.

3.10.1 Beschreibung der sachlogischen Lösung

»Die sachlogische Beschreibung enthält die Darstellung der fachlichen Aufgabe aus Sicht des Anwenders.«[132] Diese Beschreibung umfasst insbesondere das allgemeine Verfahren, die organisatorischen Abläufe sowie die Charakterisierung des Inhalts und die Art und Weise der Nutzung des Archivs.

Folgende Punkte sind im Einzelnen zu behandeln:

- Beschreibung der Anwendergruppen und des Geschäftszwecks der Anwendergruppen
- Nennung der betroffenen Bereiche, Beschreibung der Aufgabenstellung und der Einbindung in die Unternehmensorganisation
- Beschreibung des allgemeinen organisatorischen Umfelds, in dem das Dokumentenverwaltungssystem eingesetzt wird
- Beschreibung der Aufbauorganisation und die Zusammenhänge mit der Benutzerverwaltung und Rechtevergabe
- Beschreibung der Abläufe, die durch das System unterstützt werden
- Beschreibung der Dokumentengruppen mit ihren Aufbewahrungsfristen und ihrer Archivierungswürdigkeit
- Beschreibung der Zuordnung von Dokumenten zu Dokumentenfamilien und Benutzergruppen
- Beschreibung der Behandlung der Dokumente vor und nach der Erfassung (z.B. körperliche Archivierung, Vernichtung)

3.10.2 Beschreibung der programmtechnischen Lösung

»Die Beschreibung der programmtechnischen Lösung hat zu zeigen, wo und wie die sachlogischen Forderungen in Programmen umgesetzt sind.«[133] Die Beschreibung kann folgende Gliederung und folgende Inhalte umfassen:

132. Tz. 10.1 GoBD
133. Tz. 10.1 GoBD

1. Standardsoftwarekomponenten
   - Nennung der Betriebssystemumgebung, benutzte Programmierwerkzeuge
   - Nennung der eingesetzten Standardmodule
   - Nennung der eingesetzten Zusatzkomponenten
2. individuell angepasste Teile der Anwendung
   - Nennung und Beschreibung der individuellen Teile der Anwendung
   - Dokumentation von Algorithmen und des Programmcodes
3. durch den Anwender manipulierbare Systemeinstellungen
   - Nennung der manipulierbaren Systemeinstellungen
   - Angabe der einstellbaren Wertebereiche
   - Zuordnung der Manipulationsmöglichkeiten zu Anwendergruppen
4. Scanvorgang und Verarbeitung der Scandaten
   - Beschreibung der technischen Teile des Scanvorgangs
   - Beschreibung der Datenverarbeitung während des Scanvorgangs
   - Nennung und Beschreibung der Manipulationsmöglichkeiten durch den Anwender
   - Beschreibung der Protokollierung des Scanprozesses
   - Nennung und Beschreibung der verwendeten Datenformate und Kompressionsarten
5. Erfassung von originär digitalen Dokumenten
   - Beschreibung des Imports von Dateien aus Büroanwendungen
   - Beschreibung des Massendatenimports über COLD
   - Beschreibung der Manipulationskontrolle bei der Datenübertragung
   - Beschreibung der Indexierungslösung (manuell, automatisch)
   - Beschreibung des Übertragungsprozesses von der Quelle zur Zieldatenbank
6. Datenbankstrukturen und Datenbankindizierung
   - Beschreibung der Datenbankstruktur
   - Beschreibung von Wertebereichen (z.B. Kataloge)
   - Beschreibung des Verfahrens zur Integritätspflege und Indexpflege
7. Gültigkeitsdauer von Tabellen
   - Beschreibung der Ereignisse, durch die Tabellen ungültig werden
   - Beschreibung von Tabellen mit zeitlich begrenzter Gültigkeitsdauer
8. Archivierungsvorgang
   - Nennung der eingesetzten Speichermedien
   - Beschreibung des Zusammenspiel der eingesetzten Speichermedien
   - Beschreibung des Archivierungsverfahrens
   - Beschreibung der technischen Komponenten

9. Reproduktionsprozess
   - Qualitätsmaßstäbe für die Wiedergabe am Bildschirm und Drucker definieren
   - Beschreibung der Qualitätsmaßstäbe anhand von Beispielen
   - Beschreibung, für welche Dokumentenklassen eine inhaltliche bzw. eine bildliche Wiedergabe erforderlich ist
10. Protokollierungsmechanismen

    Die Entstehung, Indizierung und Nutzung der Dokumente ist zu protokollieren. In der Verfahrensdokumentation sind Erzeugung, Auswertung und Archivierung der Protokolldateien zu beschreiben. Ist keine eigenständige Protokollfunktion implementiert, müssen die erforderlichen Protokolle zumindest über die in der Datenbank zu speichernden Merkmale und Transaktionsdaten bei Bedarf generiert werden können. Die GoBD sehen vor, dass Bearbeitungsprotokolle zusammen mit den Dokumenten archiviert werden. Folgende Punkte müssen behandelt werden:
   - Beschreibung des programmtechnischen Protokollverfahrens
   - Archivierungsverfahren der Bearbeitungsprotokolle
   - historische Dokumentation von Programmänderungen

3.10.3 Beschreibung der Maßnahmen zur Gewährleistung der Programmidentität

Unter *Programmidentität* versteht man die korrekte Widerspiegelung der sachlogischen Forderungen in der Software. Zum Nachweis der Programmidentität ist das sog. Programmprotokoll (Quellcode mit erläuternden Kommentaren) erforderlich. Als Teil der Verfahrensdokumentation stellt dieses Protokoll regelmäßig den einzigen genauen Nachweis über den Inhalt des tatsächlich verwendeten Programms dar. In der Beschreibung zur Programmidentität hat der Betreiber nachzuweisen, dass die sachlogischen Forderungen durch die eingesetzte Software erbracht werden bzw. erbracht worden sind. Folgende Punkte müssen beschrieben werden:

- präzise Darstellung des Freigabeverfahrens für Software bzw. neue Programmversionen
- Dokumentation der Freigabekompetenzen
- historische Nachvollziehbarkeit der Programmversionen, die sich im »heißen« Betrieb befinden oder befunden haben
- Beschreibung des Testverfahrens und der jeweiligen Testdatenbestände

Die Freigabe eines modifizierten Programms muss in einer Freigabeerklärung schriftlich dokumentiert werden. Die Freigabeerklärung ist Bestandteil der Verfahrensdokumentation.

Der Buchführungspflichtige sollte bei Nutzung einer Fremdsoftware vertraglich regeln, dass ihm die Programmprotokolle ausgehändigt werden, wenn der Anbieter sich vom Markt verabschiedet oder die Wartung der Software einstellt.

3.10.4 Beschreibung der Maßnahmen zur Gewährleistung der Datenintegrität

Folgende Punkte müssen beschrieben werden:

- alle Vorkehrungen, die gewährleisten, dass Daten und Programme nicht von Unbefugten geändert werden
- das Verfahren zur Vergabe von Zugriffsberechtigungen
- Vorkehrungen gegen unbefugte Programm- und Datenmanipulation

Zusätzlich muss der Nachweis erbracht werden, dass die Zugriffsrechte sachgerecht gemäß dem beschriebenen Verfahren vergeben wurden. Dieser Nachweis kann z.B. durch die Aufbewahrung der Anträge zur Vergabe von Zugriffsrechten erbracht werden.

3.10.5 Arbeitsanweisungen

Die Arbeitsanweisungen, die für den Anwender zur sachgerechten Erledigung und Durchführung seiner Aufgaben vorhanden sein müssen, gehören ebenfalls zur Verfahrensdokumentation und sind schriftlich zu fixieren.[134] Folgende Punkte müssen behandelt werden:

- Beschreibung der generellen Aufgabenstellung
- Nennung und Beschreibung der Anwendergruppen
- Beschreibung der Prozesse aus Sicht der jeweiligen Anwendergruppe
- Einbindung der DV-Anwendung in die fachlichen Prozesse
- Beschreibung der Ein- und Ausgabeschnittstellen (Masken, Drucklisten etc.)
- Beschreibung der Anwenderoberfläche für Ein- und Ausgaben einschließlich der manuellen Arbeiten
- Beschreibung des Scanvorgangs (wer?, wann?, wo?; welches Schriftgut?; bildliche oder inhaltliche Übereinstimmung notwendig?; Qualitätskontrolle; Protokollierung von Fehlern etc.)
- Beschreibung der Datenbestände
- Beschreibung der Verarbeitungsregeln
- Beschreibung des Datenaustausches

134. vgl. Tz. 10.1, GoBD

- Beschreibung der maschinellen und manuellen Kontrolle
- Beschreibung der Fehlermeldungen und der sich aus den Fehlern ergebenden Maßnahmen
- Beschreibung der Schlüsselverzeichnisse
- Beschreibung der Schnittstellen zu anderen Systemen
- Beschreibung der Vorgänge zur sachgerechten Durchführung der Aufgaben
- Beschreibung von manuellen Kontrollen und Abstimmungen
- Schnittstellen zu vor- bzw. nachgelagerten Systemen
- Beschreibung des Ordnungsprinzips und die Wiedergabe der archivierten Informationen

3.11 Zertifizierung von Systemen und Lösungen

Im Zusammenhang mit Dokumenten-Management-Lösungen taucht immer wieder der Begriff *Zertifizierung* auf. Jedoch wird er häufig sehr unscharf und inflationär verwendet, sodass vielen Interessierten unklar ist, was sich im Detail hinter dem Begriff verbirgt. Auch der Arbeitskreis *Regelwerk* vom *Verband Organisations- und Informationssysteme e.V.* (VOI) hat sich die Aufgabe gestellt, eine allgemeine Prüfliste für die Zertifizierung von Verfahrensdokumentationen zu erstellen und hat zusammen mit der *TÜV IT GmbH* die *Prüfkriterien für Dokumenten-Management-Lösungen* (PK-DML) entwickelt, die mittlerweile in 5. Auflage veröffentlicht sind.

Der VOI e.V. bietet über die Tochterfirma *VOI Cert GmbH* und die TÜV IT GmbH selbst Zertifizierungen nach PK-DML an. Dabei bewerten unabhängige Auditoren nach den internationalen ISO-Standards für Zertifizierungen. Ohne entsprechende Prüfungsstandards sind Bewertungen von Dokumenten-Management-Systemen wenig aussagekräftig.

- **Kontrollfragen für Zertifizierungsanwärter**
  - Ist der Zertifizierer ein »sachverständiger Dritter«, der im Zertifizierungsbereich (Branche, von Behörden, am Markt) bekannt/anerkannt ist?
  - Wie viele vergleichbare, konkurrierende Zertifizierer wenden identische Vergleichskriterien an?
  - Wie viele Anbieter haben bezahlt und sind durchgefallen?
  - Sind die Kriterien offengelegt und können von konkurrierenden Zertifizierern bewertet werden?
  - **Empfehlung**
    Die Bewertung seriöser Zertifikate ist in Ordnung, aber das entbindet den Anwender nicht von der eigenverantwortlichen funktionalen, technischen und betriebswirtschaftlichen Beurteilung der Angebote.[135]

135. *http://www.voi.de/*

Dies müssen Interessierte wissen; die Autoren bitten auch um Berücksichtigung dieses Umstandes, wenn im Folgenden der Begriff der Zertifizierung und die unterschiedlichen Zertifizierungsmöglichkeiten im Umfeld von Dokumenten-Management-Lösungen dargestellt werden.

3.11.1 Zertifizierung von Dokumenten-Management-Lösungen

Ein Zertifikat ist dann von Nutzen, wenn der Kunde Sicherheit über einen Sachverhalt erlangen will, den er selbst nicht beeinflussen kann, d.h., wenn er keine ausreichende Macht über den Sachverhalt besitzt oder wenn der Sachverhalt ein relativ hohes Geschäftsrisiko in sich birgt und er mit Erhalt des Zertifikats sein Risiko mindern kann. Natürlich kann ein Zertifikat auch ausschließlich zu Marketingzwecken eingesetzt werden und somit dem Anbieter Marktvorteile verschaffen. Möglicherweise schreibt auch der Gesetzgeber eine Zertifizierung vor. Es sei jedoch vorweggenommen, dass dieser Punkt im Dokumenten-Management-System-(DMS-)Umfeld nicht relevant ist. Bei DMS-Lösungen wird der Begriff der *Zertifizierung* in folgenden Zusammenhängen verwendet:

a) Die Prozesse des Herstellers der DMS-Software sind zertifiziert, z.B. nach ISO 9000.
b) Die DMS-Software oder Teile von ihr sind von anderen Softwareherstellern zertifiziert, z.B. von der SAP AG oder der Microsoft AG.
c) Die DMS-Lösung dient dem Kunden zur Verbesserung der Prozessqualität im Zusammenhang mit einer Prozesszertifizierung, z.B. nach ISO 9000 oder ISO 14001.
d) Die DMS-Software oder Teile von ihr sind von einem sachkundigen Dritten auf Basis von anerkannten Prüfungsgrundlagen wie der PK-DML zertifiziert.
e) Die DMS-Lösung ist in ihrer Ganzheitlichkeit, d.h. unter Berücksichtigung administrativer, organisatorischer und technischer Sachverhalte, von einem sachkundigen Dritten auf Basis anerkannter Prüfungsgrundlagen wie der PK-DML zertifiziert.

Sind gemäß Punkt a) die Softwareentwicklungsprozesse des Herstellers zertifiziert, so kann dieses Zertifikat dem Kunden Sicherheit geben, dass er ein qualitativ hochwertiges und wartbares Produkt erhält. Jedoch ist entscheidend, ob die mit einer Zertifizierung verbundenen Steuerungs- und Kontrollsysteme tatsächlich »gelebt« werden. Eine Garantie, dass der Kunde ein ordnungsgemäßes Produkt erhält, können Zertifikate dieser Art nicht bieten.

Zertifikate gemäß Punkt b) haben große Bedeutung für die Softwarekompatibilität, im Besonderen dann, wenn die DMS-Software in eine Systemlandschaft eingebettet werden muss. Zertifizierungen dieser Art zeigen dem Kunden z.B. die Betriebssysteme auf, unter denen das Produkt betrieben werden kann, oder geben Auskunft über Schnittstellenkompatibilitäten zu Fremdsystemen. Natürlich kann eine DMS-Lösung, wie in Punkt c) erwähnt, auch zur Verbesserung der Prozessqualität implementiert werden und somit eine Basis für die Zertifizierung der Kundenprozesse darstellen.

Auf die Zertifizierungen entsprechend den Punkten a), b) und c) wird an dieser Stelle nicht weiter eingegangen. Sie sind allgemeingültig und wurden in der Fachliteratur bereits ausführlich behandelt. Ein Zertifikat gemäß den Punkten d) und e) stellt eine Bescheinigung dar, die bestätigt, dass das zertifizierte Dokumenten-Management-System bzw. die zertifizierte Dokumenten-Management-Lösung bestimmte gesetzliche Anforderungen erfüllt und/oder anerkannte Standards, Normen oder Richtlinien eingehalten sind. Der Umfang der Zertifizierung und die Zertifizierungsgrundlagen sind in der Zertifizierungsurkunde bzw. im Prüfungsbericht genannt.

Betrachtet man die Situation der DMS-Hersteller, so hat sich der Markt im Laufe der vergangenen Jahre kontinuierlich verdichtet. Die professionelle Vermarktung der Dokumenten-Management-Systeme wurde ein entscheidender Erfolgsfaktor. Richtigerweise erkannten die Hersteller, dass die Software- und Rechtssicherheit einen wesentlichen Faktor für die erfolgreiche Platzierung von Dokumenten-Management-Systemen darstellt. Daher war es konsequent, mit der Zertifizierung von Software das Sicherheitsbedürfnis der Kunden zu befriedigen.

Die Zertifizierungen der Software werden von sachverständigen Dritten vorgenommen. In der Regel handelt es sich dabei um Wirtschaftsprüfungsgesellschaften oder um andere auf die Zertifizierung spezialisierte Unternehmen. Doch was sagen die an ein Softwareprodukt gekoppelten Zertifikate aus, und welche Bedeutung haben sie für die Kunden? Im Einzelnen soll auf die folgenden, häufig von Softwareherstellern zitierten Zertifizierungsgrundlagen eingegangen werden:

- IEC/ISO 12119 – Softwarequalitätsnorm
- IDW PS 880 – Erteilung und Verwendung von Softwarebescheinigungen
- RAL GZ 901
- Fachmitteilung der Schweizerischen Treuhand und Revisionskammer Nr. 9

Die **IEC/ISO 12119** beschreibt grundlegende allgemeine Anforderungen an Anwendersoftware. Im Rahmen der Zertifizierung werden die Verständlichkeit, Vollständigkeit und Qualität der Dokumentation sowie die Funktionalität, die Stabilität und die Zuverlässigkeit der Software geprüft. Allerdings sollte die Erfüllung dieser Norm heutzutage für alle Softwareprodukte selbstverständlich sein.

Der Prüfungsstandard **IDW PS 880** wurde vom Institut der Wirtschaftsprüfer in Deutschland e.V. (IDW) entwickelt. Häufig wird er auch als »Softwaretestat« bezeichnet. Der Prüfungsstandard wurde für Softwareprodukte entwickelt, deren Ordnungsmäßigkeit für die Rechnungslegung von Bedeutung ist. Die Prüfung gemäß IDW PS 880 orientiert sich an den gesetzlichen Grundlagen gemäß dem Handelsgesetzbuch (HGB), der Abgabenordnung (AO), den Grundsätzen ordnungsmäßiger Buchführung (GoB) und den Grundsätzen ordnungsmäßiger DV-gestützter Buchführungssysteme (GoBS). Weiterhin wird die FAMA[136]-Stellungnahme 1/1987 i. d. F. v. 1993 – »Grundsätze ordnungsmäßiger Buchführung bei computergestützten Verfahren« – berücksichtigt.

Der Standard **RAL GZ 901** prüft die Software gegenüber den Versprechen in der Produktbeschreibung (Prospektprüfung). Daraus folgt, dass die Sachverhalte, die nicht in der Produktbeschreibung dokumentiert sind, auch nicht geprüft werden.

Allen oben genannten Prüfungsstandards beziehen sich auf ein genau definiertes Standardsoftwareprodukt. Erteilte Zertifikate gelten lediglich für den im Zertifikat benannten Softwareumfang und die benannte Version. Bei einer Versionsänderung muss eine Neuzertifizierung für die veränderten Bestandteile des Softwareprodukts durchgeführt werden. Daraus folgt, dass die oben genannten Zertifizierungsgrundlagen keine Basis für die Zertifizierung konkreter Prozesse und Anwendungen bieten, denn weder werden die organisatorischen und administrativen Regelungen begutachtet noch werden die angepassten Softwarekomponenten (Customizing) berücksichtigt. Somit stellt selbst ein Zertifikat nach IDW PS 880 keinen Freibrief in Bezug auf die Einhaltung der GoB bzw. GoBS im konkreten Prozessumfeld dar.

Dieses Problem wurde auch von den Interessenverbänden erkannt und so wurde die Entwicklung ganzheitlicher Prüfungsgrundlagen in Angriff genommen. Daraus entstanden sind die für DMS-Lösungen relevanten Prüfungsgrundlagen:

- IDW PS 330 – »Abschlussprüfung bei Einsatz von Informationstechnologie«
- PK-DML – »Prüfkriterien für Dokumenten-Management-Lösungen«

Der Prüfungsstandard ***IDW PS 330*** wurde ursprünglich als eine Grundlage für die Abschlussprüfung inklusive der Prüfung der eingesetzten, angepassten und in das Prozessgeschehen eingebundenen Software entwickelt. Entsprechend kann er aber auch allein zur Prüfung eingerichteter Softwareanwendungen herangezogen werden. Im Gegensatz zu IDW PS 880 berücksichtigt IDW PS 330 sowohl die Prozesseinbindung der Softwareanwendung als auch das interne Kontrollsystem (IKS).

PK-DML wurde als Prüfungsgrundlage vom *Verband Organisations- und Informationssysteme e. V.* (VOI) entwickelt. Dieser Standard kann zu Recht als die gegenwärtig umfassendste und bedarfsgerechteste Prüfungsgrundlage angesehen werden. PK-DML wurde speziell für die Prüfung ganzheitlicher Dokumenten-Management-Lösungen eingeführt und betrachtet administrative, organisatorische und technische Gesichtspunkte gleichberechtigt. Kernkriterien des Standards sind Ordnungsmäßigkeit, Vollständigkeit, Nachvollziehbarkeit, Unveränderlichkeit und Verfügbarkeit. Bemerkenswert ist die im Standard definierte Änderungsstrategie, die im Fall einer Veränderung des Umfeldes die Nachzertifi-

136. Fachausschuss für moderne Abrechnungssysteme beim Institut der Wirtschaftsprüfer Deutschland e.V.

zierungsaufwände in Grenzen hält. Im Gegensatz zu den Standards des IDW, die auf handels- und steuerrechtliche Prüfungssachverhalte fokussieren, berücksichtigt die Prüfungsgrundlage PK-DML auch übergreifende betriebliche Interessen. Es sollte jedoch nicht davon ausgegangen werden, dass PK-DML den Prüfungsstandard IDW PS 330 ersetzen kann, denn in der Regel werden sich Wirtschaftsprüfer und Finanzbehörden eher von einem Standard überzeugen lassen, der auf ihre spezifischen Interessen zugeschnitten ist.

Mithilfe der Zertifizierung nach IDW PS 330 oder PK-DML kann unter Umständen das Beweisniveau vom Beweis des Augenscheins zum Sachverständigengutachten angehoben werden. Eine abschließende Beurteilung dieses Sachverhalts muss für den jeweiligen Einzelfall von einem Fachmann geklärt werden.

Die ***Fachmitteilung der Schweizerischen Treuhand und Revisionskammer Nr. 9*** kann als Pendant zum deutschen Prüfungsstandard IDW PS 880 angesehen werden. In der Fachmitteilung werden die Prüfung von Verarbeitungsalgorithmen, internen Kontrollmechanismen, der Softwaredokumentation und der Datenverarbeitung geregelt. Darüber hinaus werden Aussagen über die Bedeutung eines erteilten Softwarezertifikats für die Arbeit des Abschlussprüfers/Betriebsprüfers getroffen.

3.11.2 Zertifizierung von Cloud-Services

Inzwischen hat auch die *International Organization for Standardization* (ISO) mit den ISO-Normen 27017 und 27018 zwei Zertifizierungen geschaffen, deren Erhalt voraussetzt, dass die für die Bereitstellung von Cloud-Services grundlegenden Anforderungen durch geschulte Auditoren geprüft und durch ein Zertifikat bestätigt werden.[137]

Dabei wurden für die Bewertung folgende Kriterien erfasst:

- Anbieterprofil
- Vertrag und Compliance
- Sicherheit
- Betrieb der Infrastruktur
- Betriebsprozesse
- Anwendung
- Implementierung

Im Ergebnis geht es in ISO 27017 um technische Aspekte, in 27018 sowohl um technische als auch um rechtliche Aspekte, um die zuverlässige Bereitstellung von

137. siehe auch Beuth Verlag, *https://www.beuth.de/de/norm/din-en-iso-iec-27017/333970518* und *https://www.beuth.de/de/norm/iso-iec-27018/301539764*

technischen Dienstleistungen sowie um Datenschutz, Datensicherheit und um die Einhaltung grundlegender Qualitätsstandards für Betriebsprozesse und Anwendungsgestaltungen. Der Anbieter muss konkrete Nachweise hinsichtlich dieser Kriterien vorlegen; zudem verpflichtet er sich, wesentliche Änderungen der Rahmenbedingungen und »kritische Vorfälle« unverzüglich zu melden. Auch hier wurde also der Versuch unternommen, ein allgemein qualifiziertes »Gütesiegel« zu entwickeln, das länderübergreifend akzeptiert wird.

4 Dokumenten-Management-Systeme

In diesem Kapitel werden die allgemeinen Konzepte eines Dokumenten-Management-Systems (im Folgenden mit DMS abgekürzt) erläutert und die wesentlichen Funktionsbereiche und typische Anwendungsgebiete definiert. Zusätzlich wird das DMS von vergleichbaren Standards abgegrenzt, und schließlich werden typische DMS-Produkte vorgestellt.

4.1 Dokumente und Dokumenten-Management

Ein wesentlicher Faktor, der die Funktionen eines DMS bestimmt, sind die zu verwaltenden Dokumente. Die Art der Dokumente und der Zweck, den die zu verwaltenden Dokumente haben, sind wesentlich für die Anforderungen an das System. Daher ist es wichtig, die Dokumente exakt zu beschreiben.

4.1.1 Der Zweck des Dokuments

Auch wenn eine Vielzahl unterschiedlicher Dokumente existiert, gibt es in Bezug auf den Zweck zwei Grundtypen:

- **Das Dokument soll als Nachweis einer Tatsache oder als potenzielles Beweismittel dienen:** Typische Beispiele hierfür sind Rechnungen, Verträge, Lieferscheine, Protokolle, Untersuchungsberichte, Gutachten etc. Umgangssprachlich bezeichnet man diese im kaufmännischen Kontext oft als *Belege*, auch wenn dieser Begriff juristisch so nicht existiert. Es muss nachgewiesen werden können, dass das Dokument nicht verändert wurde, seit es den Status eines Belegs erreicht hat. Dabei wird oft auf Regelungen wie Revisionssicherheit Bezug genommen.
- »Der Begriff *Revisionssicherheit*[1] bezieht sich auf die revisionssichere Archivierung für elektronische Archivsysteme. Der Begriff orientiert sich am Ver-

1. Der Begriff »revisionssichere Archivierung« wurde 1992 von Ulrich Kampffmeyer geprägt und vom Fachverband der Dokumenten-Management-Branche, dem *Verband Organisations- und Informationssysteme* (VOI) in einem »Code of Practice« im Jahr 1996 allgemeingültig veröffentlicht.

ständnis der Revision aus wirtschaftlicher Sicht und betrifft aufbewahrungspflichtige oder aufbewahrungswürdige Informationen und Dokumente. [...]

- Revisionssicherheit bezieht sich rückblickend auf die Prüfbarkeit des eingesetzten Verfahrens der Aufbewahrung und somit nicht nur auf technische Komponenten, sondern auf die gesamte Lösung. Revisionssicherheit schließt sichere Abläufe, die Organisation des Anwenderunternehmens, die ordnungsgemäße Nutzung, den sicheren Betrieb und den Nachweis in einer Verfahrensdokumentation ein. Wesentliches Merkmal revisionssicherer Archivsysteme ist, dass die Informationen wieder auffindbar, nachvollziehbar, unveränderbar und verfälschungssicher archiviert sind. Revisionssichere Archivierung ist ein wesentlicher Bestandteil für die Compliance von Informationssystemen.«[2]
- **Das Dokument dient als Träger von Informationen:** Dies können z.B. sein: Fachaufsätze, Produktblätter, Preislisten, Pflichtenhefte usw. Die Information im Dokument muss hier möglichst einfach – maschinell – zugänglich sein. Das heißt, man will die Inhalte finden, verändern, kopieren und anderweitig weiterverwenden. Damit es weiter bearbeitbar ist, muss es als CI-Dokument[3] gespeichert werden. Hier steht also die inhaltliche Nutzung und Weiterverarbeitung im Vordergrund.

Viele Dokumente erfüllen beides: Ein Angebot z.B. ist einmal ein verbindlicher Beleg, der nicht mehr verändert werden soll. Zum anderen kann ein Angebot auch als Vorlage für ein anderes Angebot (z.B. für einen Kunden mit ähnlichen Anforderungen) dienen. Dann möchte man es kopieren und die Kopie inhaltlich anpassen können. Dies kann natürlich auch zur Folge haben, dass das Dokument zweimal in unterschiedlicher Form (z.B. veränderbar mit Word und nicht veränderbar als PDF-Datei) gespeichert wird.

4.1.2 Erscheinungsformen von elektronischen Dokumenten

Bezogen auf das Speicherformat müssen zwei grundsätzliche Typen elektronischer Dokumente unterschieden werden: Dokumente, die keine kodierten Informationen enthalten (**NCI-Dokumente**[4]) und Dokumente, die kodierte, d.h. durch IT-Systeme auswertbare Informationen enthalten (**CI-Dokumente**).

Die Erscheinungsform ist zunächst in der Regel von der ursächlichen Entstehung der Dokumente abhängig. So ist ein gescanntes Papierdokument als NCI-Dokument einzustufen, denn die erzeugten elektronischen Daten repräsentieren lediglich ein fotografisches Abbild des Dokumenteninhalts. Eine Auswertung, z.B. der Textinhalte, ist so erst mal nicht möglich. Wird hingegen ein vorhande-

2. *https://de.wikipedia.org/wiki/Revisionssicherheit* (zuletzt abgerufen am 21.09.2022)
3. Coded Information: Ein CI-Dokument wird bearbeitbar gespeichert z.B. als Word-Datei.
4. *Non-Coded Information*: Ein NCI-Dokument wird als Bild gespeichert, z.B. im JPEG-Format.

nes NCI-Dokument mit einer Schrifterkennungssoftware (OCR-Software) oder einer Vektorisierungssoftware zur Nachdigitalisierung von Grafiken bearbeitet, so können CI-Dokumente erzeugt werden, die parallel zum ursprünglichen NCI-Dokument existieren. Ebenso sind abgespeicherte Fotografien oder mit einem »Pixelmalprogramm« (wie z.B. MS-Paint) erzeugte Bilder NCI-Dokumente.

Hingegen handelt es sich beispielsweise bei einem XML-Dokument um ein CI-Dokument, denn die Daten des Dokuments sind ohne weitere Bearbeitung durch IT-Systeme auswertbar, beispielsweise mit einer Volltextsuche. Reine ASCII-Dateien oder Dokumente im MS-Office-Format zählen ebenso zu den CI-Dokumenten. Es ist nun der Trend erkennbar, dass immer mehr Dokumente als digitale Dokumente anfallen und der Anteil der Dokumente, die gescannt werden müssen, stark zurückgeht.

An dieser Stelle müssen auch die Begriffe **analoges Dokument** und **originär digitales Dokument** angeführt werden. Hierbei handelt es sich um rechtliche Kategorien, mit denen die juristische Relevanz elektronischer Dokumente und die Verwendung elektronischer Signaturen beschrieben werden. Der Begriff des analogen Dokuments ist gleichbedeutend mit dem NCI-Dokument, und der Begriff des originär digitalen Dokuments umfasst CI-Dokumente, die vor ihrer Einstellung in ein elektronisches Archivsystem bzw. vor der elektronischen Signierung bereits als CI-Dokumente vorlagen (siehe Abbildung 4–1).

In diesem Zusammenhang soll kurz auf Folgendes eingegangen werden:

- Wenn ein Dokument von extern als Papierdokument in das Unternehmen kommt und es als Beleg dienen soll, dann kann es als **analoges Dokument** abgespeichert werden. Es gibt auch die Möglichkeit des ersetzenden Scannens.[5] Eine spätere Reproduktion (z.B. auf dem Bildschirm oder als Ausdruck) muss eine unveränderte bildliche Wiedergabe gewährleisten.
- Wenn man selbst Dokumente verschickt und man die eigene Kopie nur elektronisch vorhält, dann muss bei einer Reproduktion nur die unveränderte inhaltliche Wiedergabe sichergestellt sein. Eine exakte bildliche Wiedergabe ist nicht nötig.
- Es gibt auch die Möglichkeit, elektronische Dokumente mit einer elektronischen Unterschrift zu versehen und zu verschicken, die juristisch mit eigenhändig unterschriebenen Papierdokumenten gleichgesetzt sind. Dies sind **originär digitale Dokumente**, die als Datei[6] unverändert gespeichert werden

5. Externe Dokumente dürfen auch ersetzend gescannt werden. Bei gescannten öffentlichen Urkunden gilt § 371b ZPO. Es ist empfehlenswert, dabei die Vorschriften der TR 3138 Resiscan des BSI einzuhalten, da diese den Stand der Technik abbildet; eine Garantie für die Akzeptanz gescannter Dokumente durch das Finanzamt schafft mit 100% Sicherheit eine verbindliche Auskunft nach § 38 AO.
6. Eine Datei ohne Signatur ist auch ein originär digitales Dokument, das aber eine andere juristische Relevanz hat.

müssen. Eine bildliche Wiedergabe – wie ein Ausdruck – ist in Bezug auf eine »Belegeigenschaft« irrelevant; wichtig ist allein, dass die Datei mit dem Dokument nicht verändert wird. Die Datei zusammen mit der elektronischen Signatur ist nun das Original!

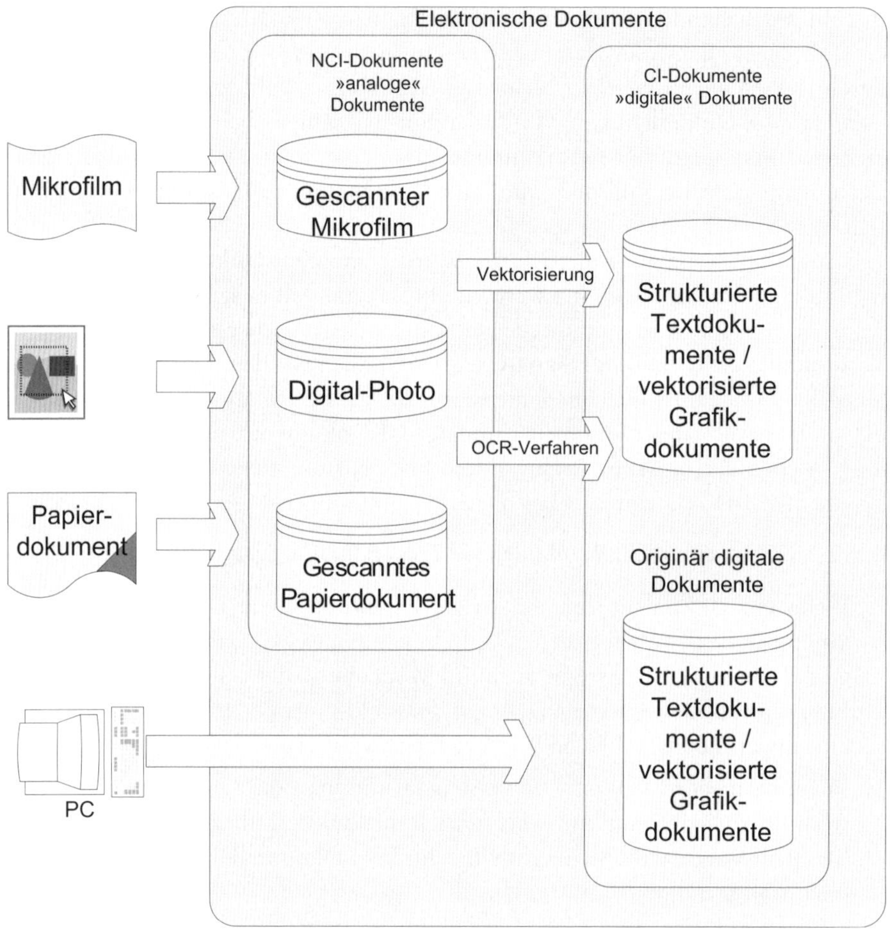

Abb. 4–1 *Erscheinungsformen von elektronischen Dokumenten*

Im Detail werden diese Aspekte in Kapitel 3 behandelt.

4.1.3 Der Dokumentenlebenszyklus

Dokumente sind auch nicht statisch, sondern haben einen Lebenszyklus – sie entstehen, verändern sich, werden »eingefroren« und irgendwann vernichtet. In einer Organisation sieht man oft nur einen Ausschnitt aus dem Gesamtleben eines Dokuments. Gerade wenn ein Dokument von einer Organisation zu einer anderen wechselt, ist es oft für beide Beteiligten wichtig, den Zustand des Dokuments beim Eintreffen oder beim Versand im Sinne eines Belegs festzuhalten. Die Vernichtung von Dokumenten ist nicht immer trivial; teilweise werden aus Gründen des Datenschutzes hohe rechtliche Anforderungen an die Art und Weise der Dokumentenvernichtung gestellt. Der Lebenszyklus der Dokumente ist in der Regel eng mit den Geschäftsprozessen verknüpft:

- Geschäftsprozesse kreieren, verändern und vernichten Dokumente.
- Dokumente begleiten und steuern Geschäftsprozesse.
- Dokumente lösen Geschäftsprozesse aus.

Daher gibt es bei den meisten Dokumenten-Management-Systemen auch Workflow-Komponenten. Ein wichtiger Aspekt der Geschäftsprozesse ist das Dokument. Die oft auch sehr unterschiedlichen Formen von Dokumenten sind das eigentliche Objekt der Bearbeitung. Dokumente treten als Auslöser, Zwischenprodukte und Ergebnisse von Geschäftsprozessen auf. Ohne Dokumente ist in vielen Fällen der Prozess nicht zu verstehen. Die Erstellung des Dokuments ist oft selbst ein ganzer Workflow – gerade im publizistischen Bereich. Dokumente verkörpern oft das Ziel des Prozesses. Im Prozessablauf sind Dokumente (egal ob elektronisch oder auf Papier) Träger der fachlichen und oft auch der prozesssteuernden Informationen! Das Papierformular mit den auszufüllenden Feldern und den Anweisungen darauf ist das klassische Beispiel dafür. Heute wird es oft ersetzt durch eine auszufüllende Bildschirmmaske. Die Daten, die daraus entstehen, sind letztendlich ein logisches Dokument.

Im »Leben« eines Dokuments gibt es verschiedene wichtige Aspekte, die durch ein entsprechendes DMS bzw. dessen Workflow-Komponente unterstützt werden sollten:

- Wer hat das Dokument erstmalig erstellt? Davon leiten sich oft wichtige Regeln, wie Zugriffsrechte, ab.
- Wenn Änderungen am Dokument vorgenommen werden, ist die Historie oft festzuhalten (»Wer hat wann geändert?«), und es müssen die alten Versionen auch noch aufbewahrt werden (Versionenverwaltung).
- Oft haben Dokumente Statusübergänge, wie z.B. »Entwurf«, »freigegeben« und »veraltet«. Mit diesen Statusübergängen sind häufig weitere Regeln verbunden, z.B., wer das Dokument sehen kann.
- Die Lebensdauer eines Dokuments kann im Idealfall bei der Dokumentenentstehung schon exakt vorgegeben sein (z.B. Buchhaltungsbelege) oder aber von Ereignissen abhängen. Dies kann z.B. der Tod des Geschäftspartners (z.B. bei einer Rentenversicherung) sein. Meist kann aber das Dokument nicht sofort vernichtet werden, sondern muss nach dem Ereignis noch eine gewisse Zeit aufbewahrt werden (siehe Abbildung 4–2).

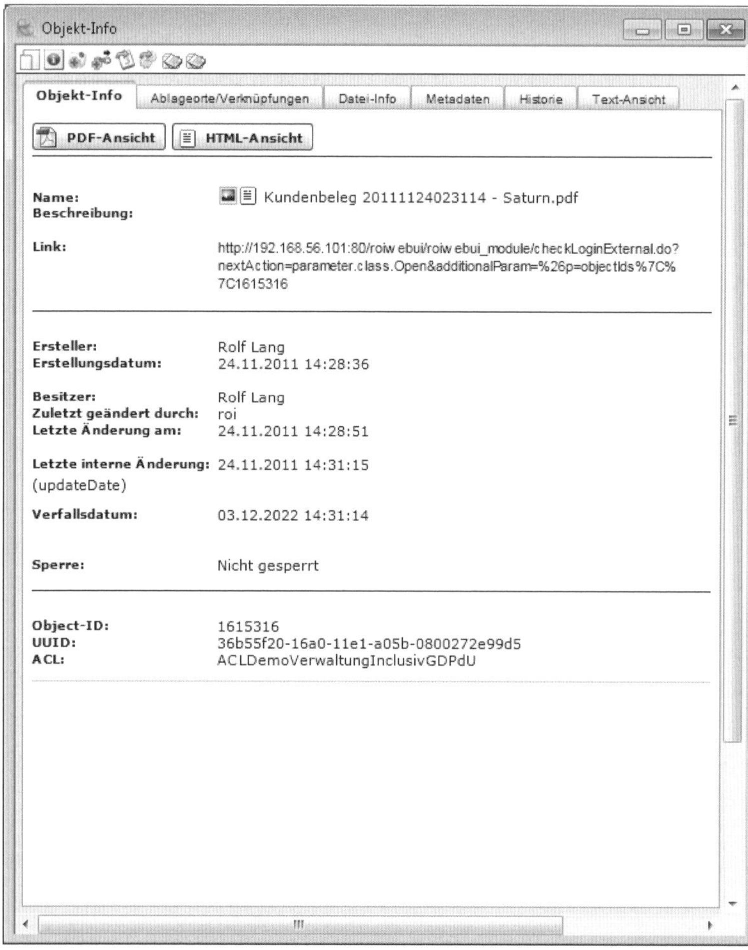

Abb. 4–2 *Dokument mit Verfallsdatum (Quelle: Agorum)*

4.1.4 Daten und Dokumente

Ein weiteres Thema ist die Abgrenzung der Dokumente von den Daten. Was unterscheidet nun Dokumente von Daten? Unter **Daten** versteht man stark strukturierte Informationen, während **Dokumente** eher als unstrukturierte oder schwach strukturierte Informationen angesehen werden. Dies stimmt zwar tendenziell, aber eine klare Trennungslinie lässt sich damit nicht formulieren.

Unstrukturierte Informationen lassen sich in herkömmlichen Datenbanken als sogenannte *BLOBs* (Binary Large Objects) abspeichern. Umgekehrt können Dokumente sehr gut strukturiert sein. Angefangen von reinen Images (NCI-Dokumente) über Textdokumente bis hin zu EDIFACT-Dokumenten, die vollautomatisch auswertbar sind, wächst der Grad der Strukturierung (siehe Abbildung 4–3). Es lassen sich daher nur die Extreme klar bestimmen, der Übergang ist fließend. Im Einzelfall ist oft aus der Praxis heraus zu entscheiden, welcher Kategorie die einzelnen Informationen zuzuordnen sind. Oft sind Mischformen vorzufinden.

Häufig ergibt sich erst aus einer juristischen Betrachtung, dass ein ganz bestimmtes »Informationsobjekt« als Dokument zu behandeln ist, da es z. B. revisionssicher aufbewahrt werden muss.

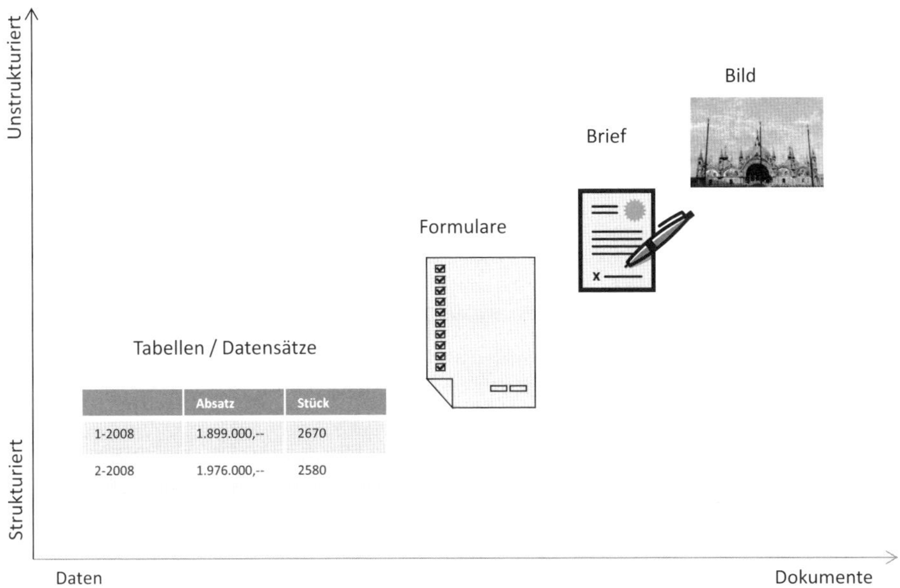

Abb. 4-3 *Strukturierte Daten – unstrukturierte Dokumente*

4.1.5 Die Beschreibung des Dokuments

Ein Dokument im DMS kann ein sehr komplexes Objekt aus unterschiedlichen Bestandteilen sein. Wenn ein DMS ein Dokument verwalten soll, dann werden unterschiedliche Elemente und Informationen benötigt:

Element	Beschreibung
Schlüssel (Key)	Für jedes Dokument gibt es einen eindeutigen Schlüssel (wie Rechnungsnummer oder künstlicher Schlüssel), mit dem es gefunden werden kann. Den künstlichen Schlüssel generiert in der Regel das DMS.
Das Dokument im Originalformat (z. B. .doc, .xls, .txt, ...)	Das Originalformat wird vor allem dann benötigt, wenn man beabsichtigt, das Dokument weiterzubearbeiten oder neue Versionen dieses Dokuments zu erzeugen. Bei gescannten Dokumenten ist dies aber in der Regel eine .jpeg-Datei oder PDF/A-Datei. Faxe liegen in der Regel als .tiff-Dokumente vor. [a]

a. Früher hat man in der Regel Dokumente, die man länger aufbewahren wollte, in ein .tiff-Format konvertiert. Heute findet man diese vor allem dann noch, wenn man Altbestände migriert. →

Element	Beschreibung
Verschiedene Renditions (.pdf, .tiff, .xml, ...)	Insbesondere für langfristige Archivierungszwecke erzeugt man Dokumentenvarianten als PDF-Dateien, da diese Formate langfristig stabiler sind. Aber auch, z. B. um Dokumente weiteren Nutzern zur Verfügung zu stellen, die nicht unbedingt den Originaleditor oder einen speziellen Viewer haben, kann eine .pdf-Variante sinnvoll sein. Umgekehrt erzeugt man aus einer Image-Datei oft eine CI-Datei (ASCII- oder anderes Textformat), wenn man sie weiterbearbeiten will oder mittels einer Volltextsuche recherchieren will.
Preview-Image (Vorschau)	Oft kann man schon an der groben Struktur einer Seite erkennen, um was es sich handelt. Dies kann für einen Betrachter von Nutzen sein, um aus mehreren Dokumenten in einer Trefferliste das richtige zu wählen oder um bei einem langen Dokument die richtige Seite rasch zu erkennen. Dazu besteht oft die Möglichkeit, alle Seiten des Dokuments sich als sogenannte Thumbnails anzeigen zu lassen. Dies sind kleine Image-Dateien.
Strukturinformationen	Für manche Dokumente gibt es Strukturinformationen über den inneren Aufbau des Dokuments. So erzeugen z. B. CAD-Systeme komplexe Dokumente, die aus mehreren Layern bestehen. Publishing-Systeme erzeugen meist Dokumente, die den Inhalt von der Layout-Information trennen.
Regeln	Lebensdauer und -zyklus, Zugriffsrechte und andere Verhaltensweisen können mit Regeln festgelegt werden. Diese Regeln werden aber meist für ganze Gruppen von Dokumenten festgelegt.
Volltext	Als Ergebnis eines OCR-Prozesses steht bei gescannten Dokumenten der Volltext zur Verfügung. Dieser wird häufig separat abgespeichert, um z. B. für eine künftige Volltextsuche oder für Text-Mining-Aufgaben zur Verfügung zu stehen.
Annotationen (Layer für Anmerkungen, Stempel, ...)	Im Rahmen der Bearbeitung eines Dokuments werden häufig Stempel oder Anmerkungen angebracht. Im DMS werden diese in der Regel als separate Layer gespeichert, um jederzeit wieder das Originaldokument darstellen zu können. Derartige Layer werden aber auch oft verwendet, um bestimmte Eigenschaften des Dokuments (wie z. B. »Entwurf«) deutlich sichtbar auf jeder Seite anzuzeigen. Man nennt dies dann auch oft »Wasserzeichen«. Manche Systeme unterscheiden dabei noch zwischen persönlichen Annotationen (nur für den Ersteller der Annotation sichtbar) und allgemein sichtbaren Annotationen.
Hashwert, um elektronische Signaturen zu erzeugen und/oder zu prüfen	Ein Hashwert entsteht mittels eines speziellen mathematischen Algorithmus, der auf das Dokument angewendet wird. Jedes Dokument hat einen charakteristischen Hashwert. Jede – auch noch so minimale – Veränderung des Dokuments ergibt einen veränderten Hashwert. Dadurch eignet sich der Hashwert sehr gut als eine Art »Fingerabdruck« des Dokuments. Kombiniert mit einer elektronischen Signatur, gewährleistet er den Nachweis einer unveränderlichen Übertragung und Speicherung von Dokumenten.
Elektronische Signaturen	Persönliche elektronische Signaturen ersetzen bei elektronischen Dokumenten die persönliche Unterschrift. Dazu gibt es noch Zeitsignaturen, die den Zustand des Dokuments zu einem bestimmten Zeitpunkt dokumentieren.
Metadaten des Dokuments bzw. der Komponenten des Dokuments	Jedes Dokument hat ein mehr oder weniger umfangreiches Set an Attributen, die dieses Dokument identifizieren (Schlüssel), klassifizieren (Dokumentenklasse ...) und beschreiben. Diese Attribute haben zum Teil einen administrativen Charakter (Entstehungsdatum, Autor, ...), zum Teil fachlichen Charakter (Kunde, Produkt, ...).

→

Element	Beschreibung
Versionen des Dokuments	Ein Dokument kann sich im Laufe der Zeit verändern. Oft ist es wichtig, diese Veränderungen jeweils als neue Version zu dokumentieren. Das Gleiche gilt für die Metadaten: Auch hier muss man in bestimmten Fällen die alten Metadaten wieder reproduzieren können. Dabei kann die Versionierung des Dokuments und seiner Metadaten vollkommen unabhängig voneinander sein. Es besteht auch die Möglichkeit, die Version selbst zu beschreiben (z.B. Anlass der neuen Version). Versionen können mit Regeln (Rechte, Status, zu erzeugende Renditions etc.) verbunden sein.

Tab. 4–1 *Elemente eines Dokuments*

Man sieht hier, dass ein Dokument sehr komplex sein kann. Es ist sehr wichtig zu erkennen, welche Elemente aus dieser Liste benötigt werden, um die Anforderungen an ein DMS zu spezifizieren. Es kann durchaus – oft in Abhängigkeit von bestimmten Anforderungen – weitere Komponenten geben, die zum Dokument gehören.

4.2 Funktionsbereiche eines DMS

In diesem Abschnitt werden grundlegende Funktionsbereiche eines DMS dargestellt, die ein derartiges System aufweisen soll. In den einzelnen Produkten können diese Funktionsbereiche unterschiedlich umfassend realisiert sein. Viele Produkte verfügen über weitere Einzelfunktionen, z.B. über die Unterstützung bei der Automatisierung strukturierter Geschäftsprozesse durch Workflows. Grundsätzlich kann man aber heute davon ausgehen, dass die am Markt etablierten Systeme alle wesentlichen Funktionalitäten bieten.

Die meisten der derzeit angebotenen DMS sind aufgrund unterschiedlicher Voraussetzungen auf den Markt gekommen. Sie entsprangen den Bedürfnissen bestimmter Branchen oder wurden als Erstanwendungen bei großen Unternehmen entwickelt. Mit Blick auf die wesentlichen Funktionen sind zwischen den Produkten kaum noch Unterschiede erkennbar. In ihren speziellen Ausrichtungen sind sie jedoch häufig auf bestimmte Anwendungsgebiete und/oder Branchen fokussiert. Daher ist eine Analyse der eigenen Anforderungen und die Bewertung der entsprechenden Lösungsansätze in der technischen Umsetzung angeraten.

Dokumente werden heute in der Regel direkt elektronisch erstellt. Briefe, Protokolle, Dokumentationen usw. werden mit Software für die Textverarbeitung (z.B. Microsoft Word) geschrieben; für die Rechnungsschreibung (Fakturierung) ist ein ERP-System zuständig; Bilder, Charts und Präsentationen werden entweder automatisch aus dem Zahlenmaterial einer Anwendung generiert oder mittels eines Grafikprogramms erstellt. Für eine weitere inhaltliche Bearbeitung sollten Dokumente in ihrer codierten Form vorliegen. Für die Langzeitarchivierung sind Formate wie PDF geeignet, die die Lesbarkeit erhalten und gleichzeitig die Inhalte vor Änderungen schützen. Ein DMS ist allerdings nicht nur unter dem statischen Gesichtspunkt der Ablage von Dokumenten zu betrachten, sondern auch unter den dynamischen Aspekten der Erfassung, Entstehung, Verwaltung und Nutzung der Dokumente. So werden sie z.B. zur Prüfung und Genehmigung von Inhalten, zur nachweisbar rechtssicheren Langzeitaufbewahrung oder zum effizienten Finden von Informationen eingesetzt.

In jedem dieser Punkte stecken Arbeitsgänge, die auch heute noch häufig manuell ausgeführt werden. Genau hier liegt der Ansatz eines DMS. Aufgrund der unterschiedlichen »Lebenszyklen« können Dokumente unterschiedliche Zustände einnehmen. Solche Zustände sind z.B. »im Entwurf«, »in Bearbeitung«, »warten auf«, »fertig«, »wird geändert«. Ein DMS sollte daher – wenn solche Punkte wichtig sind – auch ein Statuskonzept aufweisen. Mit einem derartigen Status können wiederum weitere Aspekte, z.B. Zugriffsrechte, verknüpft sein.

Ein weiterer Punkt ist die Lebensdauer von Dokumenten: Wie lange sind sie zu archivieren und was passiert danach? Es ist daher wichtig, dass man Regeln definieren kann, die z.B. unterschiedliche Archivierungsstrategien je nach »Lebensabschnitt« des Dokuments definieren (siehe Abbildung 4–4). Hier gibt es Berührungspunkte zum Thema *Information Lifecycle Management* (ILM).

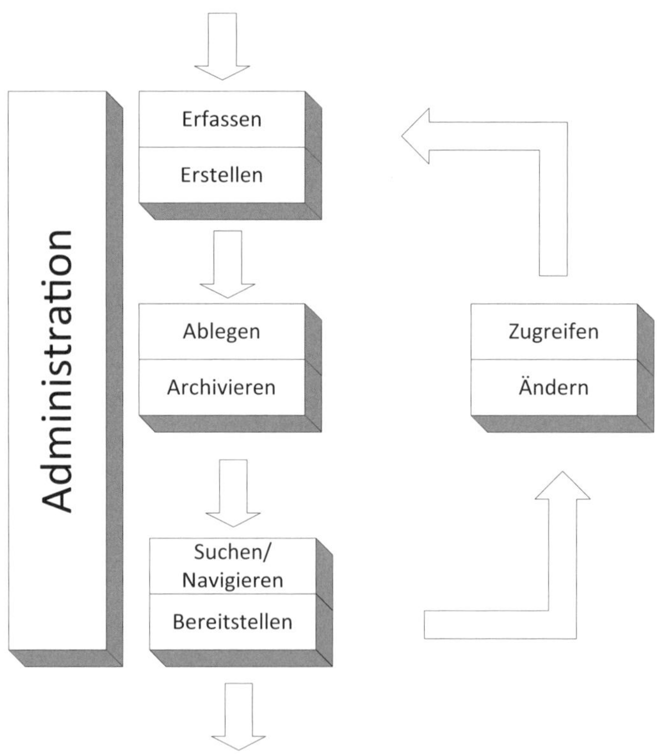

Abb. 4–4 *Funktionsbereiche im Lebenszyklus eines Dokuments*

Die Phasen gemäß des Lebenszyklus eines Dokuments eignen sich für die Strukturierung des DMS in die einzelnen Funktionsbereiche:

1. **Capture:** Import der Dokumente, Erfassung der Dokumentenmerkmale und Indizierung der Dokumenteninhalte für die Suche
2. **Store:** strukturierte Ablage der Inhalte (Dokumente und Daten)
3. **Access:** Zugriff für die Anzeige und das Ändern der Inhalte
4. **Preserve:** langfristige Archivierung
5. **Search:** Suche und Navigation durch Dokumentenbestände
6. **Deliver:** Bereitstellung durch Freigabe oder Versand

Abbildung 4–4 zeigt eine prinzipielle Strukturierung des DMS nach Funktionsbereichen und deren Abbildung auf den Dokumentenlebenszyklus. Details und Besonderheiten für die technische Umsetzung der einzelnen Funktionsbereiche sind in Kapitel 5 nachzulesen. Auf den folgenden Seiten sind die Bereiche abstrakt erklärt.

4.2.1 Erfassung eingehender Dokumente

Sämtliche Dokumente, die im DMS verwaltet werden sollen, müssen über geeignete Schnittstellen in das System importiert werden können. Dabei können die Dokumente unterschiedlichen Ursprungs sein. Schreiben externer Kunden oder Lieferanten gehen per Brief als Papierdokumente oder über elektronische Kommunikationswege ein. Selbst Fax, in Papier- oder elektronischer Form, spielt in Deutschland heute noch eine Rolle. Sowohl E-Mails, oft mit Dokumenten im Anhang, als auch am Arbeitsplatz erstellte Dateien muss das DMS übernehmen können. Dokumente aus zentralen IT-Systemen, wie z.B. Lieferscheine, Rechnungen oder Bestellungen, sind dem DMS ebenfalls zuzuspielen. Dabei kann es sich um beleghafte und beleglose Dokumente handeln.

4.2.1.1 Scannen von Dokumenten

Das Scannen befasst sich mit der physischen Übernahme des Dokuments in das DMS. Hier können unterschiedliche Techniken zum Tragen kommen: Scanner, vor allem die Hochleistungsscanner, gehören mit zu den wichtigsten Komponenten. Beim Scanvorgang wird das Dokument in ein elektronisches Abbild verwandelt. Es ist dann ein NCI-Dokument (Non-Coded Information). Je nach Komplexität und Heterogenität der zu scannenden Papierdokumente muss man entsprechend leistungsfähige Scanner und Scannersoftware einsetzen. Ein Scansystem kann selbst ein komplexes Subsystem innerhalb des DMS sein, da oft vielfältige und komplexe Aufgaben zu bewältigen sind, um die erforderliche Qualität, Geschwindigkeit und Sicherheit zu gewährleisten. Oft integrieren die DMS-Anbieter hier Lösungen von Spezialanbietern (siehe Abbildung 4–5).

Soll der Inhalt eines gescannten Dokuments elektronisch weiterverarbeitet werden, ist es in ein CI-Format umzusetzen. Das kann mithilfe von OCR-Verfahren geschehen. Dokumente, die mittels eines elektronischen Fax-Eingangs in das System gelangen, haben prinzipiell den gleichen Charakter wie gescannte Dokumente und sind technisch entsprechend zu behandeln.

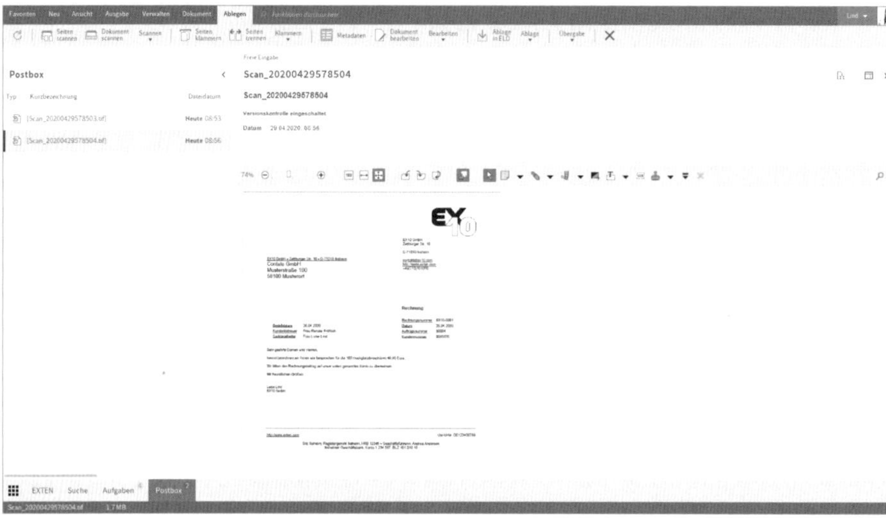

Abb. 4–5 *Dokumente per Scanner übernehmen (Quelle: ELO)*

Wenn das Ursprungsdokument schon in elektronischer Form (also als CI-Dokument) vorliegt, kann es für weitere Be- und Verarbeitungsprozesse im DMS in diesem Format (zunächst) beibehalten werden. Für die Langzeitarchivierung wird es oft in ein anderes langfristig stabiles Format (z.B. TIFF oder PDF/A) umgewandelt. Das DMS sollte in der Lage sein, für ein Dokument unterschiedliche Dateiformate als eigene Fassungen zu verwalten.

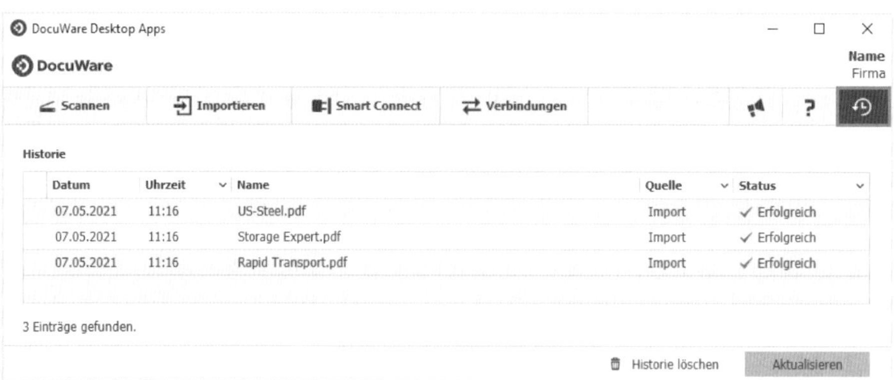

Abb. 4–6 *Import von Dokumenten (Quelle: Docuware)*

4.2.1.2 Erfassen der Dokumentenmerkmale

Nach dem Eingang des Dokuments werden seine Merkmale erfasst. Zu den meist standardmäßig vorhandenen Merkmalen zählen Dokumentenname, Archivdatum, Erstelldatum, Seitenzahl, Speicherformat, Version usw. Sie sagen nichts über den Inhalt des Dokuments aus, sondern beinhalten administrative und technische Informationen. Merkmale lassen sich wie folgt gruppieren:

- **automatisiert auslesbare Dateieigenschaften:** z. B. Änderungsdatum, Autor oder Dateiformate
- **manuell zu erfassende Parameter:** z. B. Betreff, Titel oder Schlagworte
- **Ergebnisse aus der möglichst automatisierten Analyse der Inhalte:** z. B. Sprache, Vertraulichkeit oder Stichwörter
- **automatische Übernahme von Attributen aus anderen Systemen:** z. B. aus ERP-Systemen

Die Qualität der Erfassung variiert je nach dem Dateiformat. Elektronisch erstellte Dokumente z. B. aus einer Textverarbeitung beinhalten in der Regel bereits Eigenschaften, die automatisiert übernommen werden können. NCI-Dokumente, angereichert durch OCR-Daten, müssen häufig manuell nachbearbeitet werden. Der Aufwand für die korrekte Erfassung der Dokumentenmerkmale kann hoch sein, seine Bedeutung für die nachfolgenden Schritte ist jedoch nicht zu unterschätzen. Fehlende oder falsch erfasste Merkmale sind häufig der Grund dafür, dass einmal archivierte Dokumente später nicht mehr gefunden werden können. Eine hohe Qualität bei der Erfassung ist zudem die Grundlage für eine spätere Automatisierung der Geschäftsprozesse.

Bei der Erfassung der Dokumentenmerkmale sollte vorab die Notwendigkeit bestimmter Merkmale gut überlegt sein. Hier gilt: Je weniger manuell zu erfassende Merkmale es gibt, desto höher ist die Wahrscheinlichkeit, dass diese von Anwendern auch korrekt ausgefüllt werden. Wird nur eine Art von Dokumenten (beispielsweise Rechnungsbelege) archiviert, dann ist die Definition der benötigten Merkmale relativ einfach. Bei der Archivierung unterschiedlicher Dokumente besteht jedoch die Problematik, dass zu jedem Dokumententyp unterschiedliche Eigenschaften benötigt werden. Bei der Archivierung von Videosequenzen sind z. B. neben den Grundattributen (Name, Datum, Format usw.) zusätzliche Attribute wie Aufnahmeort und Aufnahmedatum von Bedeutung. Ein leistungsfähiges DMS erfordert die freie Definition von Dokumententypen.

Technische Innovation haben die Automatisierung der Erfassung im Blick. Aufgedruckte Barcodes und QR-Codes ermöglichen während des Scans die eindeutige Zuordnung zu laufenden Geschäftsprozessen. Vordefinierte Regeln erlauben höhere Geschwindigkeiten bei der Erkennung von Absenderadressen oder Rechnungsbeträgen. Neue KI-Verfahren auf Basis maschinellen Lernens zeigen vielversprechende Ergebnisse bei Verschlagwortung und Dokumentenklassifikation.

4.2.1.3 Indizieren der Dokumenteninhalte und -merkmale

Die Indizierung der Dokumenteninhalte und -merkmale ist für die Bewertung eines Dokuments und die spätere Suche über dessen Inhalte notwendig. Die Indizierung erfasst den Volltext des Inhalts und die erfassten Dokumentenmerkmale und übergibt diese als strukturierte Daten dem Index (siehe Abbildung 4–7). Während der Recherche können so durch Eingabe einer Suchphrase sofort die entsprechend relevanten Dokumente im Index als Suchtreffer zurückgegeben werden. Bei der Indizierung gilt die Faustregel: Umfang und Qualität der im Index abgelegten Begriffe beeinflussen, wie präzise die Dokumente später wiedergefunden werden können. Die im Index abgelegten Indizierungsparameter setzen sich dabei aus den im vorigen Schritt manuell oder automatisiert erfassten Dokumentenmerkmalen sowie den aus den Dokumenten extrahierten Texten zusammen.

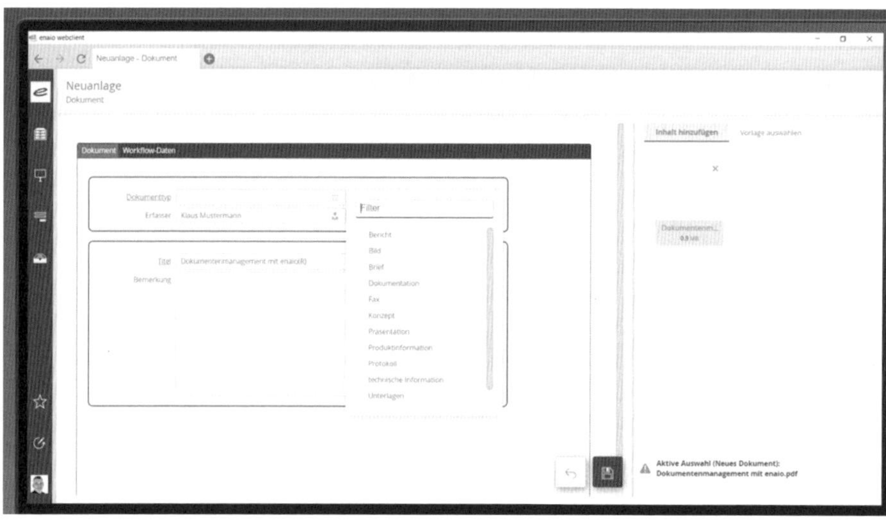

Abb. 4–7 *Neuanlage eines Dokuments (Quelle: Optimal Systems)*

4.2.1.4 Verknüpfung mit existierenden Daten

Die Erfassung der Dokumentenmerkmale kann helfen, das eingehende Dokument korrekt in den existierenden Bestand einzuordnen. Dazu gehören:

- die Klassifizierung, also die Abbildung eines Dokuments auf Begriffe aus zentralen Stammdaten
- die Zuordnung zu den für die Bearbeitung zuständigen Organisationseinheiten oder zu laufenden Verfahren
- die Verknüpfung mit existierenden Datensätzen aus Drittsystemen

Idealerweise wurden bei der Erfassung eindeutige Merkmale wie Geschäftszeichen erkannt, mit deren Hilfe das Dokument zweifelsfrei korrekt zugeordnet werden kann. In allen anderen Fällen kann auf Basis der erfassten Merkmale wie Dokumententyp oder Stichwörter entschieden werden, wie ein Dokument im DMS abgelegt werden muss.

Zunehmend werden Systeme auf der Basis von wissensbasierten Ansätzen oder neuronalen Netzen eingeführt, die eine Klassifizierung der Dokumente automatisch durchführen können. Die Idee bei wissensbasierten Systemen (auch *regelbasierte Systeme* genannt) besteht darin, dass das System mittels umfangreichen Wissens über das Umfeld der Dokumente diese automatisch richtig einordnet und indiziert. Die Eingangspost eines Unternehmens soll z.B. automatisch richtig weitergeleitet werden. Dazu sind die Dokumente korrekt zu klassifizieren (z.B. Rechnungen, Aufträge, Beschwerdebriefe), der passende Vorgang ist zu ermitteln (z.B. Versicherungsnummer, Bestellnummer) und der Empfänger (Abteilung, Sachbearbeiter) muss festgestellt werden. Das System muss daher sehr viel über das Unternehmen und seine Umwelt wissen, um diese Aufgabe erfüllen zu können. Dazu gehören Informationen über Geschäftsprozesse, Kunden, Produkte, Lieferanten, Gesetzgebung etc. Der neuronale Ansatz geht anders vor: Zuerst indiziert ein Mensch verschiedene Dokumente und trainiert dabei das System. Das heißt, das System versucht, anhand der Beispiele selbst Kriterien zu finden, nach denen die Dokumente indiziert werden können. Nach einer gewissen Trainingszeit arbeitet das System dann selbstständig.

4.2.1.5 Automatisierung der Eingangsverarbeitung

Durch eine intelligente Kopplung der verschiedenen Funktionalitäten kann man ganze Prozessketten zur Eingangsverarbeitung der Dokumente aufbauen. Ein typischer Ablauf für diese Verarbeitung sieht meist wie folgt aus (siehe auch Abbildung 4–8):

1. Die Eingangspost wird in der Scanstraße dekuvertiert und in Stapeln gescannt.
2. Über OCR wird der Scan mit dem erkannten Text angereichert.
3. Über eine Analyse werden Dokumentenmerkmale automatisch erfasst.
4. Die Dokumente werden auf Basis der Merkmale klassifiziert.
5. Die klassifizierten Dokumente werden im DMS an der korrekten Stelle abgelegt.
6. Ein automatisch ermittelter verantwortlicher Mitarbeiter wird über den Eingang benachrichtigt.

Diese Verfahren bringen oft schon erstaunlich gute Ergebnisse – sind aber praktisch nie fehlerfrei. Daher sollten in allen Phasen Menschen die Möglichkeit haben, einzugreifen und falsche Ergebnisse manuell zu korrigieren. Die vollständige Automatisierung ist oft eine Kombination aus vorab konfigurierten Regelwerken und selbstlernenden Verfahren. Die Regeln setzen umfangreiches Expertenwissen voraus und müssen häufig mit viel Aufwand kontinuierlich gepflegt werden. Selbstlernende Verfahren liefern erst bei ausreichend vorhanden Trainingsdaten zufriedenstellende Ergebnisse. Die Kosten einer vollständigen und möglichst fehlerfreien Automatisierung sind daher nicht zu unterschätzen.

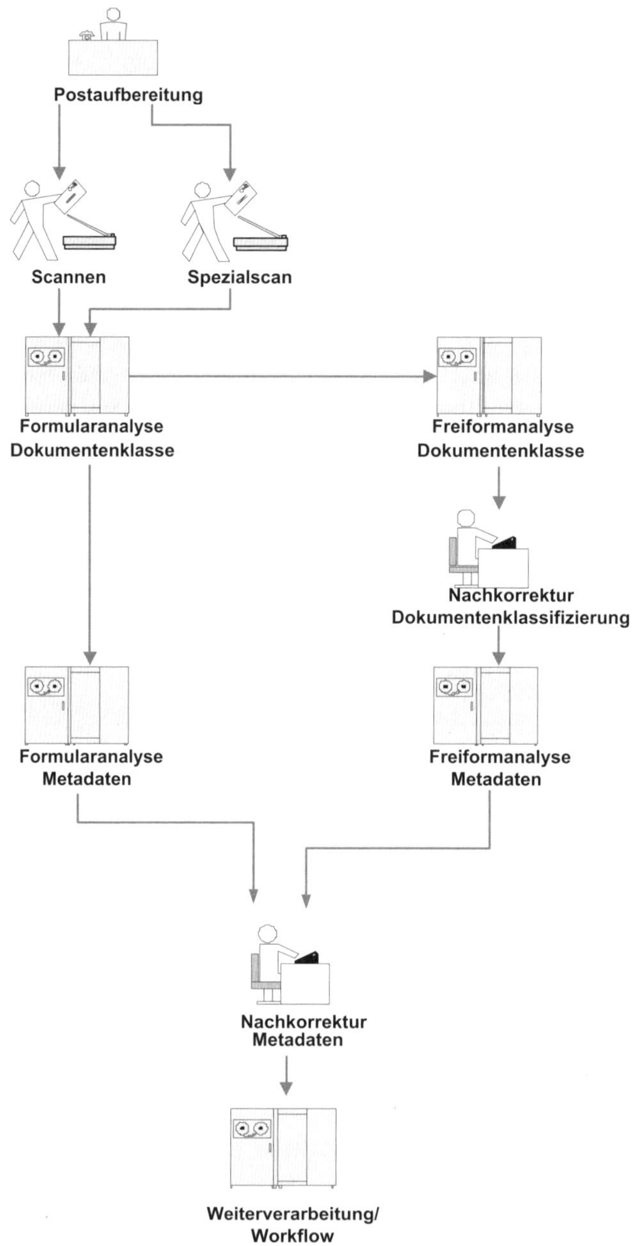

Abb. 4–8 *Beispielhafter Ablauf einer Posteingangsbearbeitung*

4.2.2 Sichere und strukturierte Ablage

Ein DMS muss Dokumente ordnungsgemäß und sicher speichern. Spezifische Anforderungen ergeben sich, falls eine revisionssichere Archivierung notwendig ist.

4.2.2.1 Effiziente und sichere Speicherung

Die Speichersysteme eines DMS müssen unterschiedlichsten Anforderungen gerecht werden können:

- schnelle Antwortzeiten auch bei vielen gleichzeitigen Zugriffen
- Schutz vor unberechtigten Zugriffen
- Zugriff von externen Netzen oder aus dem Internet
- Erhalt der Datenintegrität bei Systemstörungen
- Rekonstruierbarkeit beim Einspielen von Backups

Das Speichern der Dokumente als Dateien auf dem Arbeitsplatz oder auf Netzlaufwerken wird den heutigen Ansprüchen nicht mehr gerecht. Hochverteilte Systeme setzen auf zentrale Storages, die über Standardschnittstellen den Zugriff auf die Binärdaten der Dokumente erlauben. Den einen Standard gibt es jedoch auch heute nicht. Je nach Größe der Organisation werden zentrale Cloud-Anbieter genutzt oder eigene Storage-Lösungen im eigenen Rechenzentrum unterhalten. Ein DMS sollte idealerweise den eigentlichen Storage abstrahieren und damit auf die individuelle Situation beim Kunden eingehen können.

Analog zu den verteilten Datenbanken können auch verteilte Dokumenten-Management-Systeme aufgebaut werden. Hier sind in einem Netzwerk die Dokumente an verschiedenen Orten gelagert, um z.B. Zugriffszeiten zu optimieren. Von jeder Stelle im Netz besteht aber Zugriff auf alle Dokumente im System. Bei Organisationen mit mehreren Standorten stellt sich häufig die Frage, wie die Dokumente und Metadaten lokal verteilt werden. Eine Antwort darauf lässt sich nur anhand einer Bedarfsanalyse geben: Wo fallen die Dokumente an, wo werden sie benötigt? Dabei kann die Antwort für die Dokumente und die Metadaten unterschiedlich ausfallen. Grundsätzlich wird zwischen den drei folgenden Möglichkeiten unterschieden:

- zentrale Speicherung
- dezentrale verteilte Speicherung
- dezentrale Speicherung mit Replikation

Der gewählte Ansatz ergibt Vor- und Nachteile in Bezug auf Zugriffszeiten, Transfervolumina, Speichervolumina und Administration. Diese müssen den Anforderungen und dem Nutzen gegenübergestellt werden. Eine frühzeitige Klärung dieser Architekturfrage ist wichtig, da sich hier die angebotenen Systeme in ihrer Leistungsfähigkeit durchaus unterscheiden.

Unter dem Schlagwort *Information Lifecycle Management* (ILM) findet man Konzepte und Systeme, um gezielt Daten bedarfsgerecht auf geeignete Medien zu speichern. Im Prinzip geht es darum, dass man häufig oder rasch benötigte Daten auf schnellen und damit teuren Speichersystemen hält, und je seltener die Daten benötigt werden, in desto langsamere und billigere Speicher werden sie ausgelagert. Dies sollte automatisch passieren. Der Benutzer merkt dies in der Regel nur an unterschiedlichen Zugriffszeiten. Im Prinzip ist dies eine Fortführung und Erweiterung des schon lange angewendeten HSM-Gedankens (HSM = hierarchisches Speichermanagement). Während ein HSM-System tendenziell einfache Regeln nutzt (z.B. mittels statistischer Auswertung von Zugriffen), ist der Anspruch von ILM-Lösungen, dass man die Daten oder Dokumente inhaltlich bewertet und daraus Regeln zur Speicherung sowie zur späteren Löschung ableitet. Dazu benötigt man sehr viele Informationen über die Dokumente. Dies bedeutet, dass man ein ILM-System logisch eng mit dem DMS verknüpfen muss.

4.2.2.2 Strukturierte Ablage

Oft bilden verschiedene Dokumente unterschiedlicher Art und Herkunft eine logische Einheit und sind in sogenannten *Mappen* oder *Containern* zusammengefasst. Diese Ablagestrukturen (vgl. auch Abbildung 4–9) sind gleichfalls zu verwalten und haben oft eigene Metadaten. Damit erhält das DMS neben der Klassifikationshierarchie eine weitere hierarchische Struktur, die mehr an den Geschäftsvorfällen oder anderen anwendungsorientierten Kriterien ausgerichtet ist. Der Übergang zu einem Workflow-System, das oft mit derartigen Vorgangsmappen arbeitet, ist hier schon vorgezeichnet.

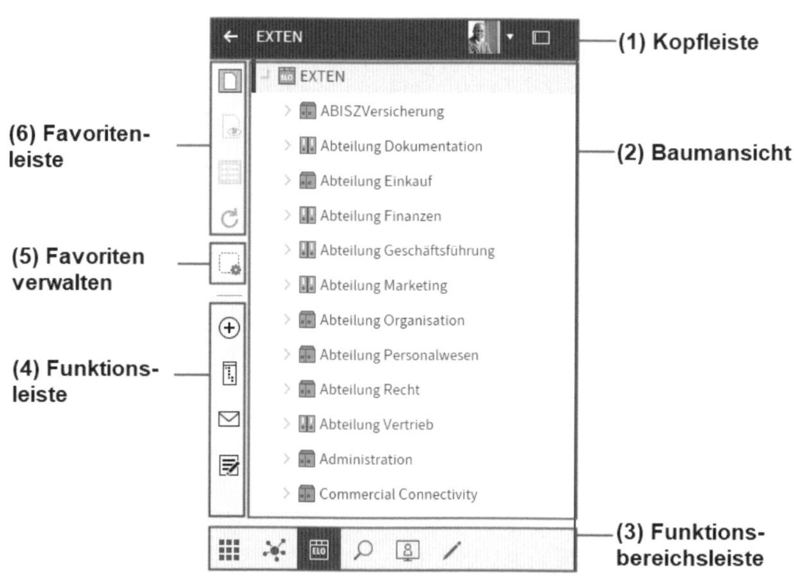

Abb. 4–9 *Ablagestruktur (Quelle: ELO)*

4.2.2.3 Versionierung und Historisierung

Wird das DMS im operativen Betrieb (und nicht nur als Archiv) genutzt, muss das System Funktionen für den performanten und ggf. parallelen Zugriff auf die Inhalte sowie deren Versionierung unterstützen. Inhaltliche Konflikte können vermieden werden, indem Benutzer das Dokument vor der inhaltlichen Bearbeitung »auschecken«. Andere Mitarbeiter haben anschließend nur noch einen lesenden Zugriff, können selbst aber keine Änderungen mehr vornehmen. Nach dem Hochladen einer neuen Version, ggf. mit Angabe eines Versionskommentars (siehe Abbildung 4–10), wird das Dokument wieder eingecheckt. Moderne DMS sollten allerdings die Möglichkeit bieten, dass mehrere Anwender auch gleichzeitig an den Dokumenten arbeiten können.

Für die Nachvollziehbarkeit von Änderungen ist eine Versionsverwaltung innerhalb des DMS erforderlich. Diese bietet die Möglichkeit, alte Versionsstände zu rekonstruieren oder verschiedene Versionen zu vergleichen. Dabei wird häufig unterschieden zwischen der *Versionierung* und der *Historisierung*. Nur eine echte Versionierung erlaubt das Wiederherstellen, während bei der Historisierung nur die Änderungen protokolliert werden. Je nach Dateiformat werden bei der Versionierung entweder nur die Unterschiede zu der Vorgängerversion gespeichert oder jeweils die kompletten Dateien gesichert. Letzteres erfordert erheblich mehr Speicher, ist aber in der Regel insbesondere für binäre Datenformate wie beispielsweise Bilddaten erforderlich.

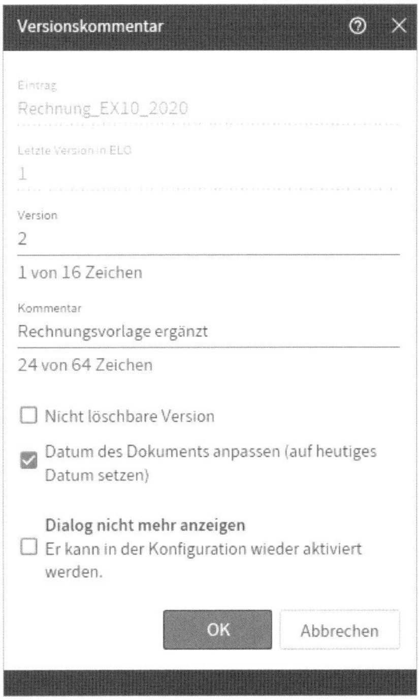

Abb. 4–10 *Versionierung eines Dokuments (Quelle: ELO)*

Während der Bearbeitung ist es in der Regel auch erforderlich, den Status eines Dokuments festzuhalten. Das DMS muss festhalten, in welcher Phase im Lebenszyklus sich das Dokument befindet, und wissen, wie die Statusübergänge erfolgen. Dies ist wichtig, weil z. B. Zugriffsrechte auf Dokumente von deren Status abhängen können. Eine Verwaltung des möglichen Status und der Statusübergänge eines Dokuments ist für komplexere Geschäftsprozesse erforderlich. Dabei kann beispielsweise festgelegt werden, ob ein Dokument je nach Status für die bearbeitende Person entsprechend ihrer Zugriffsrechte gelesen oder bearbeitet werden kann (siehe Tab. 4–2).

Statuskürzel	Bedeutung
V	Vorversion eines Dokuments (PreVersion)
A	Das Dokument ist archiviert (Archived).
W	Das Dokument ist nur über die Funktion »In Bearbeitung nehmen« editierbar.
N	Dem Dokument sind keine Zugriffsrechte zugewiesen; das Dokument ist nur für den Windream-Hauptbenutzer erkennbar.
P	Das Dokument ist ausgecheckt (PermanentLock).
U	Das Dokument wurde in Bearbeitung genommen.
C	Das Dokument ist nur über die »Checkout«-Funktion editierbar.

Tab. 4–2 *Dokumentenstatus (Quelle: Windream)*

4.2.2.4 Rechtssichere Archivierung

Im Zusammenhang mit dem Dokumenten-Management spielt der Begriff *Revisionssicherheit* eine wichtige Rolle. Auf die genauen Anforderungen dazu wird in Kapitel 3 eingegangen. Im Rahmen der Archivierung steht hier die Unveränderbarkeit der gespeicherten Dokumente im Mittelpunkt. Traditionellerweise nutzte man deshalb hier oft optische Datenträger (wie WORM-Medien). Inzwischen gibt es aber software-gestützte Verfahren, die diese Anforderungen ebenfalls sicherstellen. Dadurch kann man auch Festplattensysteme zur revisionssicheren Speicherung von Dokumenten nutzen; optische Speichermedien findet man meist nur noch bei älteren Systemen.

Grundsätzlich sollten die Archivsysteme mindestens die folgenden Eigenschaften auch bei langjähriger Aufbewahrung unterstützen und nachweisen können:

- **Integrität:** Die Informationen wurden während der Aufbewahrung inhaltlich nicht verändert oder gelöscht.
- **Authentizität:** Die Herkunft der Informationen lässt sich zweifelsfrei nachweisen.
- **Lesbarkeit:** Die Informationen können auch nach vielen Jahren noch gelesen werden.

Insbesondere die Nachweisbarkeit von Manipulationen ist eine Herausforderung. Es gibt genügend Beispiele von Manipulationen historischer Aufnahmen, die auch nach Prüfung von Experten als »echt« erscheinen. Je nach Anspruch an die Unveränderlichkeit müssen schon bei der Ablage entsprechende kryptografische Maßnahmen zu Verfügung stehen, die derartige Manipulationen zwar nicht verhindern, aber zumindest deren Nachweis erleichtern.

4.2.3 Zugriff auf die Dokumente

Nach der erfolgreichen Ablage und Einordnung des Dokuments über das DMS wollen die Anwender auch wieder auf das Dokument zugreifen können. Dazu gehören die Anzeige und die Suche.

4.2.3.1 Anzeigen und Bearbeiten

Ein DMS muss die gespeicherten Dokumente unverändert für das Lesen oder Bearbeiten anzeigen können. Für das Verändern der Inhalte wird idealerweise direkt die passende Applikation auf dem Arbeitsplatz mit dem geladenen Dokument gestartet. Für das reine Lesen sollte das DMS eine integrierte Anzeige bieten (siehe Abbildung 4–11), die es den Anwendern schnell ermöglicht, die Relevanz des Dokuments zu beurteilen.

Für die Anzeige ist zu bedenken, dass nicht jedes Dateiformat von der integrierten Anzeige unterstützt wird und dass die Anwender die entsprechenden Applikationen auf ihrem Arbeitsplatz installiert haben. So ist dann bereits schon bei der Ablage dafür Sorge zu tragen, dass lesbare Fassungen der Originaldaten mit abgelegt werden. Für ältere Dokumente mit nicht mehr unterstützten Dateiformaten müssen gegebenenfalls auch alte Versionen der Software vorgehalten werden. Aufgrund der zusätzlichen Aufwände für die Administration (insbesondere aus Sicht der IT-Sicherheit) sollten in diesem Fall möglichst die Originaldaten in standardisierte Formate wie PDF konvertiert werden.

Heutige DMS verfügen in der Regel auch über einen Webclient, der Standardformate im Browser anzeigen kann. Dadurch kann man dann von beliebigen Orten aus über Internet oder Intranet im DMS recherchieren. Die Techniken der Dokumentenanzeige mit Hyperlinks auf eingebettete Objekte (Grafiken, Fotos, Dokumente aller Art) stehen dem Anwender zur Verfügung. Bei einer Anzeige kann man unterscheiden, ob das Dokument in der integrierten Anzeige im DMS, in einem Editor (wie MS-Word) oder in einem Fremdsystem (z.B. eingescannte Belege in einer Finanzbuchhaltung) angezeigt werden soll.

Bei rechercheintensiven Arbeitsplätzen und solchen zur Indizierung sind Monitore mit höchster Qualität sinnvoll. Am Budget sollte hier nicht gespart werden. Wichtig ist, dass der Mitarbeiter das Dokument möglichst in Originalgröße und flimmerfrei in hoher Auflösung sieht. Die einschlägigen Richtlinien für Bildschirmarbeitsplätze sind unbedingt zu beachten.

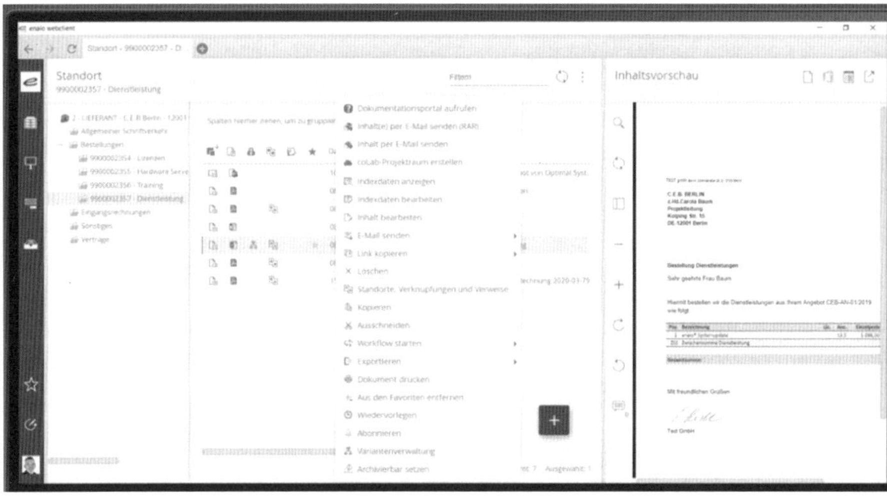

Abb. 4–11 *Dokumentenvorschau (Quelle: Optimal Systems)*

4.2.4 Suche und Navigieren

Bei der Suche kann grundsätzlich unterschieden werden zwischen:

- **der Navigation im Dokumentenbestand über die Ablagestrukturen und Dokumentenmerkmale:**
  Im Gegensatz zu der freien Suche ist die Navigation eher vergleichbar mit dem Browsen (oder »Stöbern«) im Dokumentenbestand des DMS. Hierarchisch aufgebaute Dokumentenmerkmale können beispielsweise als Ordnerbäume angezeigt werden (siehe Abbildung 4–9). Anwender können die verschiedenen Ebenen auswählen und sich so nach und nach dem gewünschten Ziel nähern. Die Art der Navigation ist dabei wesentlich von der jeweiligen Eigenschaft des Dokuments abhängig: Wird nach dem Datum der letzten Änderung gesucht, sind beispielsweise Zeitleisten oder Kalender geeignete Hilfsmittel.
- **dem Einschränken der angezeigten Dokumentenlisten über die strukturierte Suche mit Filtern:**
  Die strukturierte Suche stützt sich auf die vorher fest eingegebenen Suchbegriffe (Klassifikation, Schlagwörter, Attribute). Wenn die Indizierung eine gute Qualität hat, dann kann diese Suche zeitlich sehr effizient und inhaltlich genau sein. Die Kombination der Suchfilter kann dabei beliebig komplex werden: Es sollen z. B. alle Dokumente gesucht werden, die entweder eine Bestellung oder eine Anfrage nach einem bestimmten Produkt beinhalten, die in einem bestimmten Zeitraum erfolgten, aber nicht aus Österreich kamen. Hierfür steht die Logik der booleschen Algebra zur Verfügung, mit deren Hilfe derartige Abfragen formuliert werden können.

- **der Suche in Merkmalen und Volltext über die Eingabe von Suchphrasen:** Bei der Volltextsuche wird der Inhalt des ganzen Dokuments nach den Suchbegriffen abgesucht. Der Vorteil ist, dass keine Abhängigkeit von der Qualität der Indizierung besteht. Das Dokument muss dazu natürlich in maschinenlesbarer Form als CI-Dokument vorliegen. Medien wie Bilddaten oder Videos sind so nicht durchsuchbar. Viele DMS-Hersteller integrieren dabei Suchmaschinen von Spezialanbietern. Idealerweise können diese Suchmaschinen dann gleichzeitig mehrere Quellen (DMS, Filesystem, Mailsystem etc.) durchsuchen und integrierte Trefferlisten erzeugen. Verfeinern lässt sich das System noch, wenn automatisch auch nach gängigen Synonymen gesucht wird und Begriffe in einem logischen Kontext stehen (z.B. nach »Mutter« ist nur zu suchen, wenn sich die »nähere Umgebung« in der Textfundstelle mit Schrauben befasst).
- **dem Direktzugriff auf Dokumente über die Eingabe eindeutiger Kennungen:** Hier ist z.B. der Datensatz einer Buchung im ERP über eine Dokumentenkennung direkt mit dem Dokument verknüpft. Somit kann man »auf Knopfdruck« das Dokument zur Buchung (z.B. eine Rechnung) direkt aufrufen.

Die Auswahl der geeigneten Suchwerkzeuge ist wesentlich von den Vorkenntnissen des Anwenders abhängig. Ist für ein gewünschtes Dokument beispielsweise der übergeordnete Ordner bekannt, wird die suchende Person das Dokument über den Ordnerbaum finden. Soll im gesamten Bestand nach Dokumenten gesucht werde, die bestimmte Informationen enthalten, wird eher die freie Suche genutzt. Das DMS sollte die verschiedenen Anwendungsszenarien unterstützen und diese alle in der Oberfläche integrieren (siehe Abbildung 4–12).

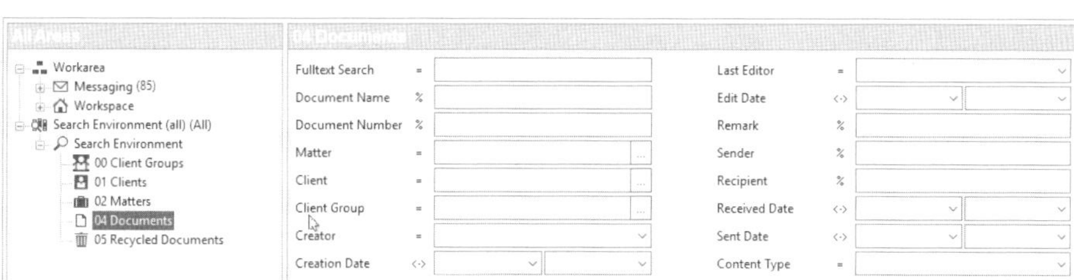

Abb. 4–12 *Dokumentensuche mit verschiedenen Kriterien (Quelle: lobodms)*

4.2.5 Bereitstellung für Externe

Nach der abschließenden Bearbeitung sollen die Dokumente in dieser Phase des Lebenszyklus schließlich bereitgestellt werden. Dazu zählen wir hier den Ausdruck (auch wenn dieser natürlich zu jedem Zeitpunkt im Lebenszyklus möglich sein sollte) und der Versand.

4.2.5.1 Ausdruck der Dokumente

Auch wenn das papierlose Büro aus ökologischer und ökonomischer Sicht heutzutage von vielen Unternehmen propagiert wird, sprechen viele Gründe für den Ausdruck eines elektronischen Dokuments. Rechtliche Vorgaben erfordern häufig die Schriftform (mit persönlicher Unterschrift des Absenders). Auf Dienstreisen oder zu Hause möchten manche lieber mit Stift und Papier arbeiten. Egal ob für den persönlichen Gebrauch oder den geplanten Versand, ein DMS sollte die Möglichkeit für den Druck bieten. Dabei ist zu beachten, dass beim Drucken auch viele Informationen verloren gehen:

- Vorhandene elektronische Signaturen oder kryptografische Hilfsmittel für den Schutz der Datenintegrität können nicht gedruckt (und vor allem später auch nicht wieder eingelesen) werden. Ist z.B. der Nachweis der Vollständigkeit eines Ausdrucks erforderlich, sollte der Ausdruck durchgängig paginiert werden (laufende Seitennummern). Signaturnachweise können über zusätzliche (paginierte) Beiblätter mitgegeben werden.
- Die Dokumentenmerkmale (z.B. Autoren oder der Änderungsverlauf) sollten bei Bedarf mit ausgedruckt werden können.
- Eindeutige Dokumentenkennungen können als Barcode im Aufdruck mit aufgebracht werden. Dies ermöglicht bei einem späteren Rescan die eindeutige Zuordnung zum elektronischen Originaldokument.

Bei der Auswahl der Drucker sind insbesondere die gewünschte Qualität, das Druckvolumen und die Formate (evtl. auch Farbe) zu berücksichtigen. Neben Druckern am Arbeitsplatz werden häufig auch Etagendrucker für mehrere Benutzer genutzt. In diesem Fall muss bedacht werden, dass sensible Dokumente erst nach einer Identifikation des Mitarbeiters ausgedruckt werden, sodass sie nicht aus Versehen in die falschen Hände gelangen.

4.2.5.2 Elektronische Bereitstellung für Externe

Der Versand von Dokumenten an Externe ist kann aus den folgenden Gründen erforderlich sein:

- Die Empfänger erhalten ein Schreiben zur Information. Die Empfänger können das Schreiben vernichten oder in ihren persönlichen Ablagen aufbewahren. Der Absender erwartet aber keine Rückantwort (außer einer Empfangsbestätigung). Beispiele wären Bescheide einer Behörde, Rechnungen an Privatpersonen oder Vertragsinformationen.
- Die Empfänger erhalten ein Dokument für die Weiterverarbeitung. Dazu gehören Formulare jeglicher Art, aber auch Originaldokumente, die inhaltlich bearbeitet oder geprüft werden sollen.

Die Art und Weise der Bereitstellung ist damit je nach Dokumententyp und Geschäftsprozess unterschiedlich zu behandeln. Für die informative Bereitstellung können die Dokumente in einem nur lesbaren Format wie PDF entweder per E-Mail versendet werden. Sind die Inhalte schützenswert, sollten diese in einem durch Login geschützten Bereich auf einer Webseite für den Download angeboten werden.

Ist eine Folgebearbeitung vom Empfänger erwünscht, sind eine Reihe von Rahmenbedingungen zu beachten:

- Werden die Dokumente in laufende Geschäftsprozesse übernommen, sollten eindeutige Dokumentenmerkmale eine eindeutige Zuordnung ermöglichen (ähnlich den Barcodes im ausgedruckten Dokument).
- Je nach Grad der gewünschten Automatisierung sollte ggf. über den Austausch von strukturierten Daten über abgestimmte Schnittstellen nachgedacht werden.
- Werden z.B. inhaltliche Prüfungen verlangt, kann auch ein Zugriff auf eine Webseite für das Bearbeiten eingerichtet werden. In diesem Fall wird das Dokument weiterhin von dem DMS verwaltet, und dem Empfänger wird ein temporärer Zugriff auf das System eingerichtet.

4.2.6 Administration eines DMS

Ein DMS ist ein komplexes IT-System mit Schnittstellen zu unterschiedlichsten IT-Komponenten und Drittsystemen. Dabei müssen nicht immer alle Administrationsfunktionen in der IT-Abteilung angesiedelt sein: Je nach Thema können sie auch in speziellen Rollen der Fachabteilung angesiedelt sein, z.B. die Vergabe von Zugriffsrechten auf Dokumente, Ordner etc. oder die Einrichtung von neuen Ordnern bzw. die Veränderung der Ablagestruktur.

4.2.6.1 Konfiguration und Installation

Der Funktionsbereich *Administration* befasst sich mit der Installation und Pflege des DMS. Zu den wesentlichen Aufgaben zählen:

- **das Einrichten von Zugriffsberechtigungen:**
  Zugriffsberechtigungen in einem DMS haben im Allgemeinen einen mindestens ebenso hohen Stellenwert wie bei herkömmlichen IT-Anwendungen. Die Informationen, die in einem Dokument enthalten sind, können sehr sensibel und personenbezogen sein. Es ist darauf zu achten, dass es bei der Zugriffsberechtigung eine Unterscheidung zwischen dem Zugriff auf Indizes bzw. Daten und Dokumente gibt. In einem Landratsamt z.B. darf ein Sachbearbeiter, der für das Grundschuldwesen zuständig ist, auf alle Dokumente eines Bürgers zugreifen, die sich auf notarielle Beglaubigungen eines Grundschuldeintrags

und auf die Hypothekendarlehen beziehen, nicht aber auf die Einkommenssteuererklärungen bzw. -bescheide. Die Recherche auf den Bürger ist möglich, nicht aber der Zugriff auf alle unter seinem Namen archivierten Dokumente.

- **Benutzereinstellungen am Arbeitsplatz:**
  Mit Benutzereinstellungen sind die Komponenten gemeint, die einem Arbeitsplatz zur Verfügung stehen. Ein Recherche-Arbeitsplatz benötigt beispielsweise keine Scannerkomponente(n). Dem Administrator obliegt auch die Überprüfung der richtigen Installation von Komponentenanschlüssen. Er muss z.B. dafür sorgen, dass der Arbeitsplatz, der mit OCR arbeiten soll, auch das OCR-Programm aktivieren kann. Die Integration des DMS mit einer Host-Anwendung ist entweder standardmäßig vorgegeben, wie z.B. zwischen SAP R/3-Anwendungen und von SAP zertifizierten Dokumenten-Management-Systemen über die SAP-ArchiveLink-Schnittstelle, oder sie muss individuell erstellt werden.

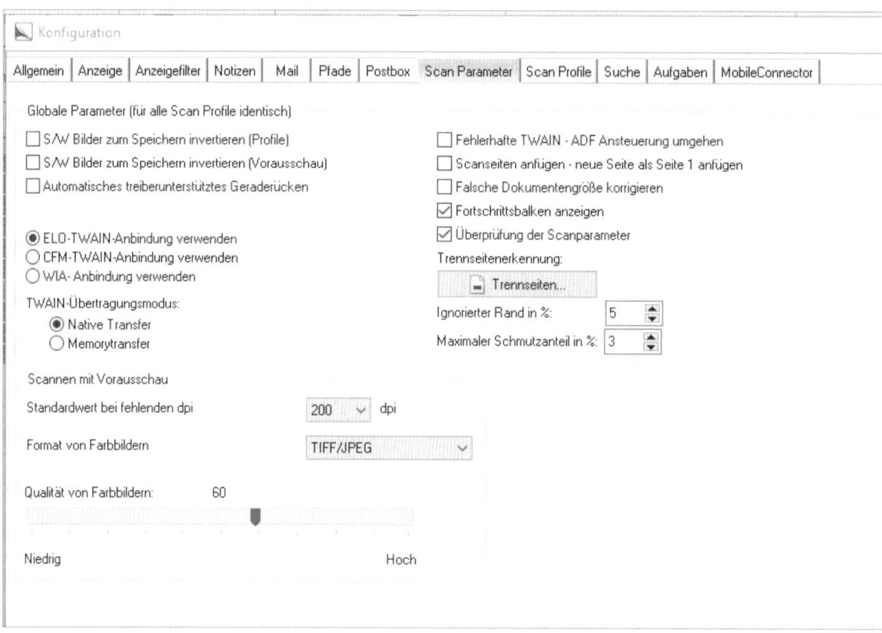

Abb. 4–13 *Einrichtung von Scan-Parametern (Quelle: ELO)*

- **Einrichtung und Pflege der Backups:**
  Die Daten- und Dokumentensicherung ist wie bei jeder Anwendung zwingend erforderlich. Bei der Konzeption ist aber zu bedenken, dass die entsprechenden Backup- und Retrieval-Kapazitäten wahrscheinlich deutlich ausgebaut werden müssen, insbesondere wenn ein hohes Volumen an gescannten Dokumenten zu erwarten ist. Ein Archiv für Dokumente ist aus der Sicht des Betriebssystems oft nur eine einzige große Datei, die mit den herkömmlichen

Datensicherungssystemen nur in ihrer Gesamtheit gesichert werden kann. Dies führt zu sehr großen, oft weitgehend redundanten Sicherungsbeständen. In diesem Fall ist es besser, wenn das Dokumenten-Management-System selbst eine Sicherungsprozedur mit den bekannten Möglichkeiten der Differenzsicherung bietet.

- **Customizing der Benutzeroberflächen:**
  Das Customizing ermöglicht individuelle Anpassungen. Erfassungs- und Recherchemasken müssen z.B. nach den Anforderungen des jeweiligen Arbeitsplatzes gestaltbar sein. Maskengeneratoren oder von den DMS-Herstellern oft eigengefertigte Skriptsprachen erlauben solche Anpassungen. Mit diesen Tools lassen sich Datenfelder z.B.
  - individuell positionieren,
  - mit Defaultwerten belegen (feste Wertvorgabe),
  - als Mussfelder festlegen,
  - mit einer Eingabesperrung definieren,
  - mit Plausibilitätsmerkmalen prüfen,
  - mit Prüfziffernroutinen ausrüsten,
  - auf Bereichszugehörigkeiten kontrollieren (von: __bis:__) und
  - auf Abhängigkeiten zu anderen Datenfeldern prüfen.

  Weitere Aufgaben bei der Konfiguration und Installation sind unter anderem:
  - Anschluss von technischen Komponenten wie Etagendruckern oder Storage-Systemen
  - Schnittstellenintegrationen mit anderen Anwendungen
  - Definition von neuen Dokumententypen und deren Pflichtfeldern
  - Erweiterung der Ablagestrukturen
  - Anpassung der Regeln im Lebenszyklus der Dokumente

4.2.6.2 Regelmäßige Überwachung

Neben der möglichst einmaligen Installation und Konfiguration muss das System von der Administration kontinuierlich überwacht werden. Nur so kann schnell auf Störungen oder mögliche Fehlzustände reagiert und die Qualität des Dokumentenbestands kontinuierlich aufrechterhalten werden.

Anzeige fachlicher Protokolle

Protokolle für Dokumente, die dem HGB bzw. der AO unterworfen sind oder die aus einem anderen Grund revisionssicher archiviert werden, muss das DMS ausgeben können. Die Entstehung, Indizierung und Benutzung der Dokumente ist zu protokollieren, um damit den Nachweis der ordnungsmäßigen Führung derselben erbringen zu können. Dieser Punkt ist beim Anbieter des DMS zu erfragen, da nicht sämtliche Lösungen diese gesetzliche Anforderung vollständig realisiert haben. Umgekehrt ist darauf zu achten, dass die Mitbestimmungsrechte der Mitarbeiter beachtet werden, da man mit Protokollen (und auch Statistiken) eine Verhaltens- und Leistungskontrolle durchführen kann.

Protokolle können die Beweissicherheit der Dokumente verbessern. Wünschenswert ist eine Beweissicherung, die technisch sicher und zweifelsfrei (im Ernstfall auch vor Gericht) nachweisbar ist. Das ist z.B. durch den Einsatz von Hashverfahren und elektronischen Signaturen bei Dokumenten oder Delivery Service Notifications des Servers bei E-Mails möglich (nicht aber durch die Anforderung von Lesebestätigungen bei E-Mails im Textformat, die als völlig wertlos einzustufen sind). Noch besser ist es, wenn rechtlich definierte technische Standards eingehalten werden, die nach deutschem oder EU-Recht sogar einen Anscheinsbeweis der Echtheit und Unverändertheit bieten, wie dies bei der Verwendung von qualifizierten elektronischen Signaturen und Zeitstempeln nach der eIDAS-Verordnung der Fall ist (siehe Kapitel 3).

Monitoring der Ressourcenauslastung der IT-Systeme

Statistiken für die Häufigkeit des Zugriffs auf Datenträger, Dokumentenarten und Attribute können helfen, Engpässe im System zu erkennen, sodass z.B. aufgrund der Größenordnungen des Zugriffs entsprechende Dokumenten-Pools zu bilden sind, die durch geeignete technische Maßnahmen höhere Zugriffsgeschwindigkeiten erlauben. Auch anderweitig kann man das System optimieren, z.B. nicht benutzte Dokumentenarten entfernen oder nicht genutzte Dokumente auslagern.

Konfiguration von Benachrichtigungsregeln (»Alerts«) für das Monitoring

In der Regel sind in der IT-Administration Standardprodukte für die Echtzeitüberwachung der angebundenen IT-Systeme im Einsatz. Diese erlauben, Regeln für die Benachrichtigung bei Ausnahmezuständen einzurichten. Das DMS sollte über geeignete Schnittstellen diese Anbindung ermöglichen.

Fachliche Qualitätskontrollen

Kernaufgabe eines DMS ist der schnelle Zugriff auf die Dokumente, um möglichst effizient eine aktuelle Aufgabe erledigen zu können. Dies setzt eine sorgfältige und regelmäßige Pflege des kompletten Bestands voraus (siehe Abbildung 4–14). Obsolete und veraltete Dokumente müssen gelöscht oder archiviert werden. Duplikate müssen zusammengeführt werden, leere Mappen und nicht abgeschlossene Entwürfe sind zu entfernen. Klassifizierungsmerkmale wie Schlagwörter ändern sich im Laufe der Zeit und müssen kontinuierlich auch in Altdokumenten aktualisiert werden. Der Pflegeaufwand für umfangreiche Archive ist erheblich und übersteigt in seiner Komplexität regelmäßig die Kapazitäten der Mitarbeiter. Das führt zu Defragmentierung, Verlust von Wissen und schließlich zu Frustration und geringer Akzeptanz unter den Mitarbeitern. Die technische

Einführung eines DMS zieht folglich auch immer organisatorische Veränderungen nach sich: Es braucht Mitarbeiter einer Fachadministration, die sich für den Erhalt der Qualität verantwortlich fühlen (ähnlich den Sachbearbeitern der Registratur in größeren Behörden). Ein hoher Grad der Automatisierung, unterstützt von selbstlernenden Verfahren oder regelbasierten Systemen, kann dabei gut helfen.

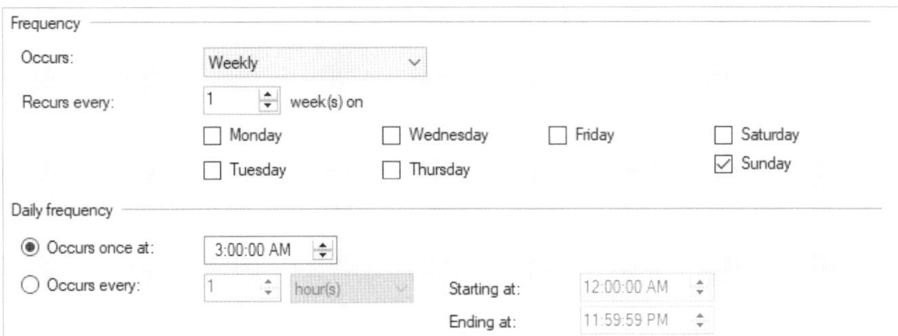

Abb. 4–14 *Zeitplanung für die Datenbankwartung (Quelle: ELO)*

4.2.7 Weitere Funktionen

Über diese Basisfunktionalitäten hinaus sind weitere Funktionen in den verschiedenen Produkten integriert bzw. werden je nach Anforderung benötigt. Die folgende Aufstellung ist nur beispielhaft und erhebt nicht den Anspruch auf Vollständigkeit:

- **Dokumentenverteilung:**
  Die (eingehenden) Dokumente werden nach bestimmten Regeln auf die Bearbeiter automatisch verteilt. Je nach möglicher Komplexität dieser Funktion ist hier ein fließender Übergang zum Workflow gegeben.
- **elektronische Signatur:**
  Die Handhabung von elektronischen Signaturen ist relativ komplex. Viele Systeme verfügen hierzu über eigene Komponenten zur Überprüfung und Speicherung der Signaturen.
- **Führen von Bearbeitungsstatus:**
  z.B. »Neuer Vorgang«, »Auf Wiedervorlage«, »Aktiv«, »Ruht«, »Abgeschlossen«
- **automatische Wiedervorlage zum Arbeitsplatz:**
  Dies ist hilfreich, wenn man z.B. termingebundene Vorgänge hat. Es ist oft auch möglich, diese Nachricht in den Maileingang des Bearbeiters zu senden.
- **Posteingang:**
  Schneller Zugriff auf Eingänge über konfigurierbare Dashboards (siehe Abbildung 4–15) oder die Benachrichtigung beim Eintreffen eines Dokuments im Postkorb

- **Benachrichtigung über neue oder geänderte Dokumente:**
  Wenn in vorher definierten Ordnern im DMS Dokumente neu eingestellt, geändert oder gelöscht wurden, erhält der Bearbeiter eine Nachricht. Diese Funktion wird oft unter dem Begriff *Notifikation* angeboten.
- **Eskalation:**
  Ein Vertreter oder eine Führungskraft wird informiert, wenn nach einem bestimmten Zeitintervall ein Dokument nicht bearbeitet wurde. Dies kann z.B. wichtig sein, wenn ein Bearbeiter wegen Krankheit ausfällt.

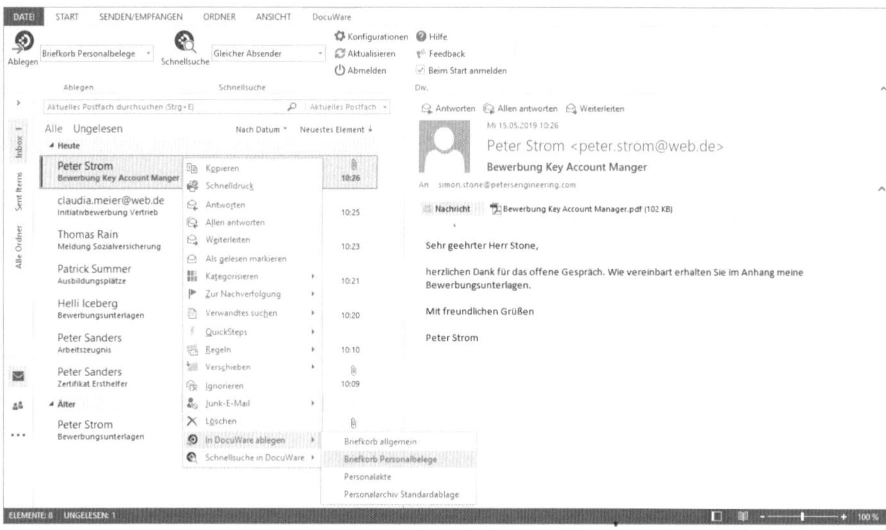

Abb. 4–15 *Dashboard eines DMS (Quelle: Docuware)*

4.3 Anwendungsgebiete

Immer noch werden viele Dokumente in Papierform abgelegt. Interessant ist dabei, dass gleichzeitig fast alle Dokumente mit IT-Systemen erstellt werden. Dieser Medienbruch wird aber meistens als unvermeidbar in Kauf genommen. So wird z.B. die Rechnung erstellt, sie wird gedruckt, an den Kunden verschickt und eine Kopie in die eigene Ablage archiviert. Die Finanzbuchhaltung hat alle Daten in der eigenen Anwendung gespeichert, eine OP-Liste sorgt für den Überblick. Eigentlich wird die Rechnung nicht mehr benötigt. Die Ablage erfolgt nur noch deshalb für bis zu 10 Jahren, weil das Finanzamt es vorschreibt und man im Zweifelsfall vor Gericht ein Papierdokument vorlegen muss. Hin und wieder gibt es eine Prüfung, alte Akten werden herausgesucht, und wenn alles gut geht, wird die Ordnungsmäßigkeit der Buchführung bestätigt. Die letzten Jahre, bis der Reißwolf für ein Ende sorgt, wird nur Raum verbraucht – sonst geschieht nichts mehr.

Abb. 4–16 *Traditioneller Workflow*

Hieraus ist ableitbar, dass es noch sehr viele Anwendungsgebiete für Dokumenten-Management-Systeme gibt, der weitaus größere Teil des Potenzials ist noch nicht erfasst. Aber der erste Schritt ist bereits getan: Die meisten Dokumente liegen zumindest für kurze Zeit in elektronischer Form vor. Die Frage lautet nun: Wie ist das Dokumenten-Management unter Berücksichtigung der Aufgabenstellung im eigenen Haus zu organisieren, damit dauerhaft das Papier als Träger der Information durch Elektronik ersetzt werden kann?

Zwei Ansätze kommen im Prinzip infrage:

- die Entstehung von Papier vermeiden
- die produzierten Papierausdrucke wieder in elektronische Form bringen

Effektiver ist natürlich der erste Weg, der zweite ist aber je nach Situation genauso machbar und sinnvoll! Entsprechend der Branche, der Unternehmensgröße und der Art, wie Geschäfte grundsätzlich abgewickelt werden, sind die Anforderungen nach Sicherheit, Schnelligkeit, Flexibilität, Mengendurchsatz etc. festzulegen. Grundsätzlich können aber Dokumenten-Management-Systeme fast jedes Anwendungsgebiet technisch unterstützen, da sie inzwischen in der Regel als »offene Systeme« konzipiert wurden. Einschränkungen für die Nutzung ergeben sich daher eher aus wirtschaftlicher Sicht.

Dokumente können in einem durchgängigen System produziert, bearbeitet, abgelegt, verwaltet und reproduziert werden, ohne dass dabei Papier zu bedrucken ist. Dies gilt bis zu Kunden- und Lieferantenbeziehungen. Hier wird heute oft noch, wenn auch aus unterschiedlichen Gründen, der Medienbruch (trotz bester Transportverfahren und vereinheitlichender Formatkonvertierungen) in Kauf genommen. Sobald Dokumenten-Management-Systeme aber eine kritische Masse (also Verbreitung) in den Unternehmen erreicht haben, kommt dieses Thema mit größter Wahrscheinlichkeit automatisch zur Sprache.

Im Folgenden werden insbesondere solche Anwendungsgebiete beschrieben, für die sich bereits heute die Einführung eines Dokumenten-Management-Systems rechnet. Dabei werden bestimmte typische Leistungsmerkmale anhand von konkreten Fallbeschreibungen vorgestellt.

4.3.1 Nutzung von bestimmten Funktionen eines Dokumenten-Management-Systems

Nicht jedes Unternehmen muss »just in time« auf alle Informationen und Dokumente zugreifen können. Manche Unternehmen haben so geringe und übersichtliche Dokumentenbestände, dass der Aufwand für ein DMS mit allen genannten Funktionsbereichen nicht zur Diskussion steht. Daher gibt es durchaus die Möglichkeit, nur Teile, z.B. die Recherchefunktion, eines DMS zu installieren. Das Scannen von Dokumenten kann in einem Scanservice-Betrieb als externe Dienstleistung stattfinden. Über Importfunktionen werden die Dokumente und die erfassten Indizes der Rechercheeinheit des DMS zur Verfügung gestellt. Dieser Abschnitt stellt Beispiele vor, die zeigen, wie einzelne Funktionen (vielleicht auch im Sinne einer Einstiegslösung) genutzt werden können.

Investitionen erfolgen nur in Erwartung eines Vorteils. Die möglichen Kosten für ein DMS sind im Prinzip nach oben offen. Wer unternehmerisch tätig ist, muss immer Qualität und Quantität der Ausgaben betrachten und nach dem Nutzen fragen. Für eine große Versicherung, die ein DMS einführt und z.B. die Bearbeitung von Aufnahmeanträgen zum Teil automatisieren kann, sind andere Dimensionen zu erreichen als für einen Rechtsanwalt, der eine überschaubare Klientel betreut. Die Stärke der elektronischen Ablage liegt darin, für jede Unternehmensgröße und Branche eine maßgeschneiderte Lösung bereitzustellen.

Die Lösungsansätze zur Erreichung dieses Zieles hat das Unternehmen mit allen betroffenen Mitarbeitern gemeinsam zu erarbeiten. Der Lieferant der Lösung muss die Abläufe eines Unternehmens verstehen, um den Kunden die geeigneten DMS-Komponenten anbieten können. Dies bedeutet nicht, dass man eine komplette Individualentwicklung braucht, sondern dass das gewählte System entsprechend konfigurierbar sein muss.

4.3.1.1 Der Insolvenzverwalter archiviert Altakten

Wenn eine Firma insolvent wird, dann setzt das zuständige Amtsgericht einen Insolvenzverwalter ein. Dessen Aufgabe ist es, festzustellen, welche Vermögenswerte noch bestehen und welche Forderungen die Gläubiger haben. Daraus ergibt sich dann – nach Abzug der Kosten des Insolvenzverfahrens –, wie viel Geld die einzelnen Gläubiger noch bekommen. Oft versucht man auch den Betrieb oder Teile davon zu retten.

In einem derartigen Verfahren fällt zum einen der Schriftverkehr mit dem Gericht, den Schuldnern und den Gläubigern des insolventen Unternehmens an. Oft ist auch noch ein (reduzierter) Geschäftsbetrieb aufrechtzuhalten. Vermögensgegenstände werden veräußert, Abrechnungen müssen erstellt werden etc.

Wenn dann das Verfahren abgeschlossen ist, muss der Insolvenzverwalter nicht nur die Dokumente aus dem Verfahren, sondern auch noch viele Unterlagen,

Schriftverkehr und Belege des insolventen Unternehmens aufbewahren. In der Regel beträgt die Frist hier 10 Jahre. Diese Unterlagen werden in der Regel niemals mehr benötigt, es sei denn, es kommt im Einzelfall noch mal zu Nachfragen von Beteiligten oder Behörden. Ein papiermäßiges Archivieren würde in einer mittleren Kanzlei dazu führen, dass jedes Jahr die Dokumente von mehreren abgewickelten Firmen aufzubewahren wären.

Hier bietet es sich an, diese Altakten zu scannen und zu archivieren. Eine aufwendige Indizierung ist meist nicht erforderlich, da nur noch selten auf diese Akten zugegriffen werden muss.

4.3.1.2 Die elektronische Bauakte

Für Bauträger beginnt der Prozessvorgang mit der Suche nach Investoren und Grundstücken. Es folgen eine unüberschaubare Menge juristischer, verwaltungstechnischer, kaufmännischer und technischer Informationen. Bei großen Bauvorhaben lassen sich ganze Container mit Unterlagen füllen. Ein Projekt ist eigentlich niemals abgeschlossen, der Verkäufer oder Mieter braucht immer wieder Informationen zu Versorgungs- und Entsorgungsleitungen, Lage- und Bauplänen usw. Energie- und Kommunikationszuleitungen müssen dokumentiert und recherchierbar sein. Auch gibt es zum Teil juristische Vorschriften, die – je nach Fall – oft eine jahrzehntelange Aufbewahrung vorschreiben.

Während der Bauphase werden Änderungen an Plänen vorgenommen: Die ursprüngliche Planung hat z.B. bestimmte Parameter (wie Bodenbeschaffenheit) falsch beurteilt oder die Anforderungen des Bauherrn ändern sich. Daher sind Korrekturen in die Pläne einzuarbeiten. Bei Großprojekten entstehen außerdem im Bauablauf verschiedene Varianten der Pläne: Jedes Gewerk hat seinen eigenen Plansatz, den es unabhängig von den anderen weiterpflegt. Diese sich oft im Detail widersprechenden Planvarianten können später nur noch schwer oder gar nicht mehr zu einem konsolidierten Gesamtplan vereint werden. Oft scheitert dies schon am Zeit- und Kostenaufwand.

In der Regel gibt es von der Idealplanung leichte bis gravierende Abweichungen. Diese müssen viele Jahre später noch nachvollziehbar sein, auch wenn die Mitarbeiter, die für die Erstellung der Unterlagen zuständig waren, nicht mehr verfügbar sind.

Vorsichtige Unternehmen beginnen damit, bei Beendigung eines Bauvorhabens alle Dokumente in einem elektronischen Archiv abzulegen. Dies könnte auch durch externe Dienstleister erfolgen. Ein großes Unternehmen wird aber sicher selbst ein zentrales Archiv mit allen notwendigen Funktionen aufbauen.

Zunehmend beginnen aber die Unternehmen schon mit der Nutzung eines DMS in der Bauphase. Alle Dokumente und Pläne werden sofort im DMS abgelegt. Zwar wird man auf der Baustelle immer noch die relevanten Pläne ausdrucken, aber im DMS existiert immer der vollständige Satz und es ist – bei entsprechender Versionierung der Unterlagen – immer klar, welches der aktuelle Stand ist. In Baucontainern auf der Baustelle stehen PCs, die mit dem Server in der Zentrale verbunden sind. Über den PC haben alle berechtigten Mitarbeiter Zugriff auf sämtliche für den Bau vorhandenen technischen Zeichnungen (Papier und CAD), Leistungsverzeichnisse, Angebote, Arbeitsberichte usw. Direkt vom Bau können Vorgänge gestartet werden, wenn Änderungen notwendig sind. Das elektronische Archiv und die damit verbundenen Anwendungen befinden sich dadurch immer auf dem aktuellsten Stand, der gleichzeitig der verbindliche ist!

4.3.1.3 Das Leergutmanagement einer Brauerei mittels Barcode optimieren

Eine Brauerei liefert mit eigenem Fuhrpark Bier und andere Getränke unmittelbar an Gastwirtschaften, Kioske, Restaurants etc. Hierzu wird aufgrund einer Bestellung die Ware pro Kunde zusammengestellt und auf den LKW verladen. Der Fahrer erhält pro Kunde einen Lieferschein.

Beim Abladen lässt sich der Fahrer auf dem Lieferschein den Empfang der Ware bestätigen. Er nimmt aber auch das beim Kunden inzwischen entstandene Leergut entgegen. Art und Menge des Leerguts wird auf dem gleichen Lieferschein vermerkt und quittiert. Zurück in der Brauerei wird beim Abladen das Leergut nochmals kontrolliert. Der Lieferschein geht an die Buchhaltung, wo unter anderem das Leergut mit dem Kunden verrechnet wird. Der Lieferschein dient dabei als Beleg und wird archiviert. Der Lieferschein hat hier eine doppelte Funktion und wird später möglicherweise für unterschiedliche Nachweise benötigt: einmal zum Nachvollzug der gelieferten Getränke (Vollgut), andererseits zur Überprüfung des Leergut-Rücklaufs. Hier tauchen nun diverse Fragen auf: Zu welchem Vorgang gehört der Lieferschein? Ist der Beleg zu kopieren und doppelt abzulegen?

Eine Lösung besteht nun darin, den Beleg standardmäßig schon bei der Erstellung mit einem Barcode zu versehen. Wenn nun der unterschriebene Lieferschein vom Kunden zurückkommt, wird er gescannt und als Image abgelegt. Über den Barcode kann er nun automatisch dem jeweiligen Gesamtvorgang (Bestellung, Rechnung, Leergut etc.) zugeordnet werden. Im Einzelnen funktioniert dies wie folgt:

1. Der Barcode enthält die Lieferscheinnummer und den Dokumententyp (Lieferschein).
2. Auf diesem Lieferschein wird weiterhin der Empfang des Leergutes vermerkt.
3. Über Stapelscanning werden alle Lieferschein-Rückläufer ins DMS übernommen.
4. Das System erkennt den Dokumententyp, ermittelt mithilfe des Barcodes den Vorgang im kaufmännischen System (ERP) – z. B. den Auftrag und die Kundennummer.

5. Die Auftragsnummer wird im ERP erkannt und die weiteren Daten des Auftrags können als Indizes dem Dokument »Lieferschein« zugeordnet werden. Der Vorteil dieses Vorgangs besteht darin, dass nur die Lieferscheine in den Scanner zu legen und diese nach dem Scannen gleich wieder zu entfernen sind. Ansonsten läuft der Prozess völlig automatisch ab.
6. Das Dokument »Lieferschein« kann elektronisch mit allen relevanten Vorgängen verknüpft werden.

Diese Vorgehensweise bietet mehrere Vorteile:

- keine zeitraubende manuelle Eingabe der Indizes
- Reduzierung der Fehlerquote, weil die Indizes aus dem ERP übernommen werden
- Die elektronische Akte enthält alle relevanten Daten und Dokumente mit den erforderlichen Unterschriften.

4.3.2 Das Zusammenwirken von mehreren Funktionen

Bei komplexeren Problemstellungen tritt sehr schnell eine Erweiterung des Systems ein. Das Arbeiten mit Einzelfunktionen reicht nicht mehr aus, der Umstieg auf umfangreichere Gesamtsysteme ist notwendig. Gerade deshalb ist es auch bei der Anschaffung eines »kleinen« Systems schon wichtig, den Blick auf das Gesamte zu haben.

4.3.2.1 Kaufmännische Prozesse unterstützen

In der Industrie gibt es meistens zwei Arten von Dokumenten: erstens die kaufmännischen Dokumente und zweitens die »technische Dokumentation«, die vor allem in der Geräteindustrie, im Anlagen- und Maschinenbau und in der Pharmaindustrie zu finden sind. Ein hoher Anteil der Dokumente ist meist kaufmännischer Natur. Komplexe Prozesse, die meist mit kaufmännischer Standardsoftware unterstützt werden (ERP-Systeme wie SAP) produzieren und nutzen eine ganze Reihe von Dokumenten.

Ein typisches Beispiel ist ein Bestellvorgang mit vor- und nachgelagerten Aktivitäten und Prozessen:

- Ein Kunde fragt nach einer Ware und wünscht ein Angebot.
- Ein Angebot wird mithilfe einer IT-Anwendung erstellt.
- Der Kunde bezieht sich auf das Angebot und erteilt den Auftrag.
- Eine Auftragsbestätigung wird von einer IT-Anwendung erzeugt.
- Dieselbe IT-Anwendung erstellt Versandpapiere.

- In vielen Fällen kommt der Lieferschein oder eine Empfangsbestätigung unterschrieben zurück.
- Eine IT-Anwendung schreibt die Rechnung.
- Zahlt der Kunde nicht, setzt das Mahnverfahren ein und weitere Papierdokumente entstehen.
- Ist nicht genügend Ware vorhanden, muss sie produziert werden. Hierbei fallen Arbeitspapiere an (Materialbegleitscheine, Lohnscheine).
- Wenn bei der Lieferung Fehler unterlaufen (Falschlieferung, defekte Ware, zu wenig geliefert, falscher Preis etc.), entstehen Reklamationen, die wiederum Zugriffe auf die Dokumente auslösen und weitere Dokumente produzieren.

In jedem der genannten Prozesse fällt Papier an: Es wird entweder per IT-System erzeugt oder gelangt von den Partnern (Kunden, Lieferanten) in das Unternehmen (per Post, per Fax, per EDI, per E-Mail). Verblüffend ist an dieser Situation, dass sehr viele Unternehmen diese Dokumente tatsächlich noch in Papierform in Ordnern ablegen, und das auch noch redundant. Es sind Fälle bekannt, da werden Rechnungen für Kunden in sechsfacher Ausfertigung mit einem IT-System gedruckt:

- 2 Exemplare erhält der Kunde.
- Je 1 Kopie ist intern für folgende Abteilungen vorgesehen:
  - Auftragsabteilung
  - Kundendienst
  - Debitorenabteilung
  - Zentralarchiv

In vielen Fällen laufen die oben genannten Vorgänge (Prozesse) mit einer Standardanwendungssoftware ab. Da jeder Vorgang auf Dokumenten und Belegen basiert, ist es offensichtlich, dass die Integration eines Dokumenten-Management-Systems mit der Anwendungssoftware nicht mehr zu umgehen ist. Die meisten Anwendungssoftware- und DMS-Anbieter haben das erkannt und diese Integration realisiert (siehe Abbildung 4–17).

Die Dokumente sämtlicher IT-Anwendungen könnten sofort automatisch in ein DMS übernommen werden. Das ist der schnellste, preislich günstigste und organisatorisch einfachste Weg, ein DMS einzuführen. Der Versand sollte auch elektronisch erfolgen. Die restlichen, von den Partnern eintreffenden Dokumente sind über Scanner oder (falls diese per E-Mail kommen) direkt in das DMS einzuspielen. Allerdings dürfen dabei die organisatorischen Notwendigkeiten nicht außer Acht gelassen werden. Die Vorteile sind offensichtlich:

- erhebliche Kosteneinsparungen durch Reduzierung von Formularsätzen und Druckkosten
- Reduzierung der Bearbeitungs-, Such- und Durchlaufzeiten

- sofortige und aktuelle Verfügbarkeit aller Dokumente für alle Berechtigten und Beteiligten zu einem gesamten Vorgang
- keine redundante Ablage
- Auffinden der Dokumente nach unterschiedlichen, den Anforderungen entsprechenden Kriterien
- eine wesentlich bessere Auskunftsbereitschaft gegenüber Kunden und Lieferanten

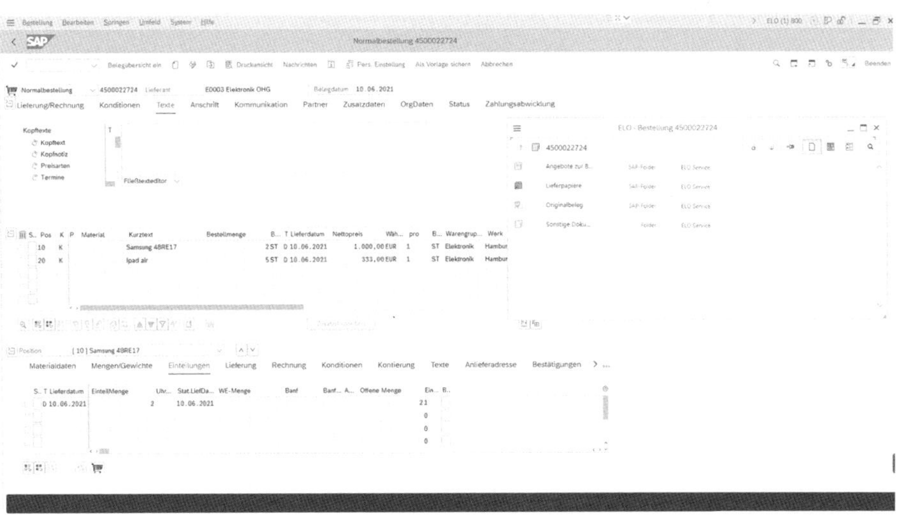

Abb. 4–17 *Integration eines DMS mit SAP (Quelle: ELO)*

4.3.2.2 Postbearbeitung in Behörden

Größere Behörden und Ämter können ein sehr anschauliches Beispiel für die Problematik im Umgang mit Papierakten liefern. Vor allem wegen der besonderen Anforderungen an Genauigkeit, Nachvollziehbarkeit und ordnungsgemäßem Ablauf entstehen sehr komplexe und aufwendige Bearbeitungsprozeduren.

In einer Behörde geht täglich umfangreiche Post ein. Diese muss den zuständigen Sachbearbeitern zugestellt werden (siehe Abbildung 4–18). Der Posteingang wird gesichtet, gestempelt und vorsortiert. Ist auf einem Schriftstück ein Aktenzeichen vorhanden, sucht die Registratur die dazugehörige Akte und legt das neue Schriftstück dazu. Akte und neues Schriftstück gelangen in einer Mappe per Bote, entsprechend des Aktenplans, zum zuständigen Sachbearbeiter. Ein Entnahmehinweis in der Registratur verweist auf den Empfänger. Eine weitere Aktenzustellung erfolgt zu dem auf dem Mappendeckel benannten Sachbearbeiter.

Für Post ohne Aktenzeichen muss der Sachbearbeiter erst prüfen und recherchieren, ob es sich um einen bestehenden Vorgang handelt; dann muss er nach den fehlenden Unterlagen suchen lassen. Für einen neuen Vorgang lässt er eine neue Akte anlegen (durch ein neues Aktenzeichen, das er auf dem eingegangenen Schriftstück vermerkt).

Um diese Aufgaben reibungslos zu erfüllen, stehen der Behörde der Geschäftsverteilungsplan und der Aktenplan zur Verfügung. Der Geschäftsverteilungsplan ist eine detaillierte Gliederung nach Sachgebieten. Daraus ist u.a. zu entnehmen, welcher Sachbearbeiter für welche Aufgaben zuständig ist und wo dieser seinen Arbeitsplatz hat. Damit kann die eingehende Post den richtigen Empfängern zugewiesen werden. Der Aktenplan ist eine schlagwortartige Gliederung für die Ablage der Akten, er beschreibt den Lagerort. Alle Akten müssen in der Registratur entsprechend dieses Aktenplans archiviert werden.

Große Aktenpläne können bis zu 200 Seiten umfassen. Die Ablage der Akten erfolgt in der zentralen Registratur oder in der Registratur des zuständigen Bereichs (z.B. Bauamt). Eine Ausnahme bilden hier die Finanzämter, die ihre Akten für die Steuerpflichtigen im Bereich des jeweiligen zuständigen Sachbearbeiters, also in ihren Büros, archivieren.

Abb. 4–18 *Postkorb (Quelle: Docuware)*

Posteingang

Die Abwicklung des Posteingangs findet im Allgemeinen wie folgt statt:

- Die eingehende Post wird geöffnet, gestempelt und identifiziert, um sie der richtigen Akte zuordnen zu können.
- Die Akten werden an den Sachbearbeiter weitergeleitet und in der Registratur wird der Entnahmehinweis gebucht.
- Ist kein Aktenzeichen vorgegeben, wird eine Paginiernummer auf die erste Seite des Dokuments gestempelt.

- Gemäß dem Geschäftsverteilungsplan wird das Dokument mit dem Kennzeichen des jeweiligen Sachbearbeiters versehen und ihm in einer Mappe zugeleitet.

Umlaufmappen

Umlaufmappen entstehen entweder aus allgemeinen Wiedervorlagen, deren Termine in einem Terminbuch in der Registratur geführt werden, oder im Rahmen der Bearbeitung einer Akte. Die Ämter führen teils maschinelle, teils manuelle Wiedervorlagen. Eine Kenntlichmachung von Wiedervorlagen kann auch durch farbige Reiter auf den Akten erfolgen.

Mappen-/Aktenverteilung und -rücklauf

Die Mappen gelangen von der Registratur (ggf. über mehrere Zwischenstationen wie Verteilerkästen) zu den Sachbearbeitern. Erledigte Vorgänge werden gleichzeitig mitgenommen und in der Registratur entsprechend dem Aktenzeichen in vorgesehene Ablagevorrichtungen abgelegt.

Je nach Größe des Amtes kann dieser Vorgang sehr personal- und zeitintensiv sein!

Bearbeitung der Akten

Den Erfordernissen gemäß bearbeitet der Sachbearbeiter die Akten. Falls notwendig, vermerkt er einen Wiedervorlagetermin. Probleme dabei können sein:

- Es gibt keine logische Verknüpfung zwischen dem Geschäftsverteilungsplan und dem Aktenplan.
- Ca. 30 % der in der Registratur geführten Wiedervorlagen von Akten können zum Zeitpunkt des Wiedervorlagetermins nicht ausgehändigt werden, weil sie sich im Umlauf befinden.
- Grundsätzlich ist die Umlaufzeit der Akten viel zu lang. Die Registratur kann in vielen Fällen den Sachbearbeitern die Akten nicht mit dem neuen Dokument bereitstellen, weil diese im Umlauf sind.
- Wenn eine Akte bereits beim Sachbearbeiter ist und neue Post kommt, muss der Inhalt später nachgereicht werden.
- Da ständig umfangreiches Aktenmaterial in der Behörde im Umlauf ist, sind aus Gründen der Übersichtlichkeit die Abläufe strikt einzuhalten. Flexible Abläufe lassen sich dadurch aber nicht schaffen. Unabhängig vom Thema werden alle Akten gleich »behandelt«.

Lösungsansätze für den Posteingang

Ein Dokumenten-Management-System kann entscheidend zur Verbesserung der Situation beitragen. Folgende Funktionen bzw. Komponenten können dabei zum Tragen kommen (siehe auch Abbildung 4–19):

- Es sind elektronische Akten (Container) zu bilden, die alle Dokumente enthalten.
- Der Aktenplan und der Geschäftsverteilungsplan sind im DMS anzulegen und miteinander zu verknüpfen, da es zwischen dem Aktenplan und dem Geschäftsverteilungsplan immer eine Beziehung gibt.
- Eingehende Dokumente sind zu scannen und zu indizieren oder elektronisch (aus der Mail oder dem Portal) direkt zu übernehmen.
- Mithilfe der Indizes können die eingegangenen Dokumente den Akten im DMS zugeordnet werden.
- Dieser Vorgang wird dem Sachbearbeiter mittels des elektronischen Geschäftsverteilungsplans in seinen elektronischen Postkorb gelegt.
- Der Sachbearbeiter kann aus seinem elektronischen Briefkasten den Vorgang entnehmen und bearbeiten.
- Wenn der Sachbearbeiter weitere Unterlagen benötigt, kann er diese selbst im DMS recherchieren bzw. abrufen.
- Der Sachbearbeiter kann ggf. den Vorgang elektronisch an eine andere Stelle weiterreichen. Das DMS »weiß« immer, wer die Akte in Bearbeitung hat.
- Auch wenn die Akte in Bearbeitung ist, können andere Sachbearbeiter Einsicht in die Akte nehmen und müssen nicht auf den Rücklauf warten.
- Wenn der Sachbearbeiter den Vorgang abschließt, wird der Gesamtvorgang automatisch abgelegt. Hierbei kann der Sachbearbeiter z.B. eine Wiedervorlage veranlassen.
- Wiedervorlagen sind durch das DMS automatisch initiierbar und werden dem Sachbearbeiter in den elektronischen Briefkasten gelegt.

Dieser elektronisch gestützte Ablauf wird zu erheblichen Verkürzungen der Durchlauf- und Bearbeitungszeiten führen. Alle Sachbearbeiter haben »just in time« die notwendigen Informationen zur Verfügung. Das Warten auf Akten geht gegen null. Die händische Verteilung der Akten entfällt. Es ist jederzeit nachvollziehbar, welchen Bearbeitungsstand ein Vorgang hat. Schriftstücke, die nach der Übergabe der Akte an den Sachbearbeiter die Behörde erreichen, können direkt zugeordnet werden.

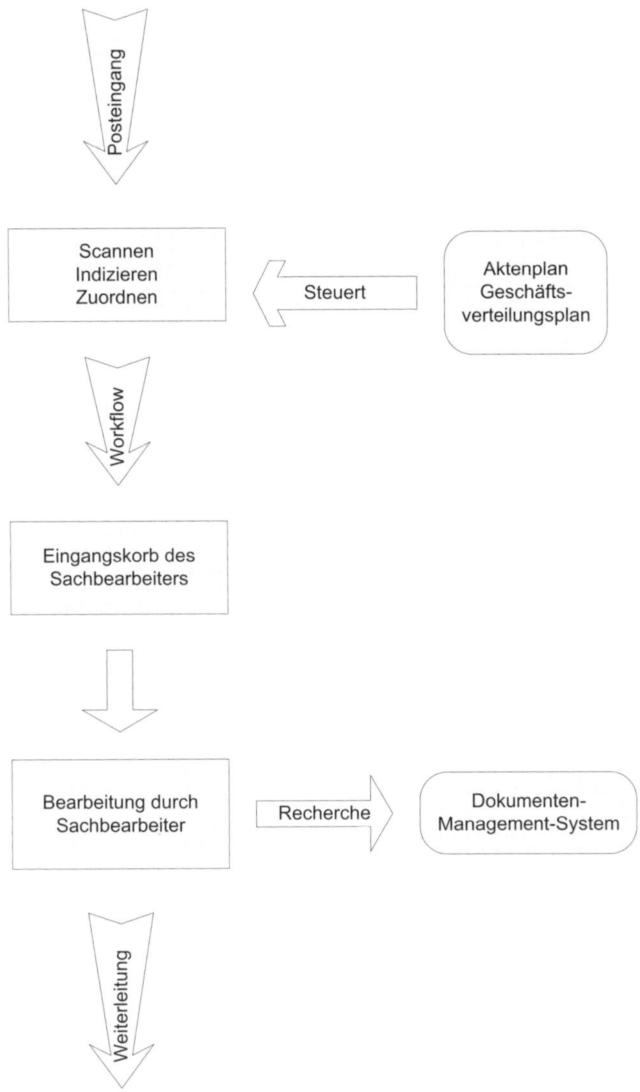

Abb. 4–19 *Lösungsprinzip für Postbearbeitung*

In einem weiteren Schritt kann man das System in Richtung Workflow ausbauen. Hierzu wählt man häufig vorkommende Standardprozesse, die sich gut mit Regeln beschreiben lassen. Mithilfe des Workflowsystems (siehe Abbildung 4–20) kann man viele Tätigkeiten automatisieren, die Weiterleitung von einem Bearbeiter zum nächsten steuern und jederzeit den Bearbeitungsstand feststellen und an Dritte kommunizieren. Falls der Vorgang liegen bleibt (z.B. wegen Krankheit), können automatische Vertretungsregelungen greifen oder es erfolgt eine Eskalation an den Vorgesetzten. Das System protokolliert den Ablauf mit, sodass man später im Zweifelsfall nachvollziehen kann, wann was passiert ist.

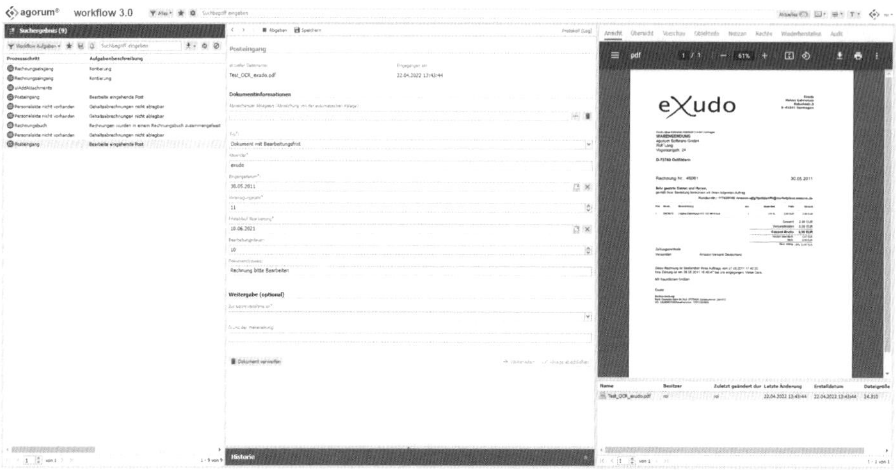

Abb. 4–20 *Bearbeitung mit Workflow (Quelle Agorum)*

4.3.2.3 Abwicklung eines Bausparvertrags bei einer Bausparkasse

Wenn wir von Bausparverträgen sprechen, ist zu beachten, dass es sich nicht nur um diesen einen Dokumententyp handelt, sondern dass wir es aufgrund einer Reihe von Vorgängen mit unterschiedlichen Dokumententypen zu tun haben:

- Darlehensanträge
- Kreditverträge
- Anträge auf Wohnungsbauprämien
- Freistellungsanträge
- Buchhaltungsbelege (Überweisungen, Schecks, Rechnungen, Gutschriften etc.)
- Korrespondenz usw.

Diese Dokumente werden in der Regel in speziellen Bausparkassen-Anwendungen erstellt. Nach der Erfassung der Daten erfolgt der Ausdruck des entsprechenden Dokuments, das dann dem betreffenden Bausparer zugeleitet wird. Der leistet seine Unterschrift und sendet den Antrag bzw. Vertrag an die Bausparkasse zurück. Dies ist formaljuristisch immer noch notwendig! Der zuständige Sachbearbeiter prüft und bearbeitet die eingetroffenen Unterlagen und legt sie in einem Ordner (geordnet nach Vertragsnummern) ab. Bei Darlehensanträgen ist mit Zusatzdokumenten zu rechnen, wie z.B. Fotos, Grundschuldbescheinigungen und Bauzeichnungen (bis zu einer Größe von DIN A0!).

Insgesamt ergibt sich ein jährliches Dokumentenvolumen von mehreren Hunderttausend NCI-Dokumenten und mehreren Millionen Seiten aus IT-Verfahren. Die NCI-Dokumente wurden auf Filmrollen, die IT-Seiten auf Mikrofiche verfilmt. Für die NCI-verfilmten Dokumente kam ein Mikrofilm-Verwaltungssystem zum Einsatz.

Probleme

- Dokumentenmix bis DIN A0
- Die manuelle Erfassung der Daten für ein Mikrofilm-Verwaltungssystem und die nachgelagerten IT-Anwendungen ist sehr zeitaufwendig.
- Bei der Reproduktion der Mikrofiche-Dokumente ist neben dem Zeit- und Kostenaufwand vor allem die nicht sofortige Verfügbarkeit von Unterlagen problematisch.
- aufwendiges Postverteilsystem
- Kopiervorgänge zur eigenen Informationsverfügbarkeit sind notwendig, wenn Unterlagen an andere Stellen weitergeleitet werden müssen.
- Die Durchlaufzeiten für die Weiterleitung interner Unterlagen ist zu lang.

Lösungsweg

Die Formulare der Bausparkasse sind neu zu gestalten. Mittels eines neuen Verfahrens mit OCR/ICR und Barcode wird die Erfassung der Anträge weitgehend automatisiert:

- Daten für Neuanträge werden wie bisher durch Außendienstmitarbeiter beim zukünftigen Bausparer auf einem vorgegebenen Formular handschriftlich erfasst. Das Formular ist so geändert worden, dass die Daten in Blockhandschrift in vorgezeichneten Positionen eintragbar sind.
- Eine Vertragsnummer gibt es zum Zeitpunkt der Aufnahme (aus Neuaufträgen) nicht. Eine Anwendung vergibt diese automatisch erst nach der Erfassung der Daten.
- Die vom Außendienstmitarbeiter eingereichten handschriftlichen Anträge werden gescannt. Ein OCR-Programm entziffert die Zeichen. Eine Nachbearbeitungskraft bessert Fehlinterpretationen des OCR-Programms aus. Die Daten gelangen anschließend mittels einer Importfunktion in die Bausparkassen-Anwendung. Sobald die Daten in der Anwendung gespeichert sind, vergibt die Bausparkassen-Anwendung die Vertragsnummer.
- Alle Folgedokumente (Anträge/Verträge) erhalten einen Barcode-Eintrag von der Bausparkassen-Anwendung. Der Barcode enthält die Vertragsnummer und den Dokumententyp. Diese Merkmale können auch aufgedruckt werden, der Barcode ist aber meistens immer gut lesbar beim Scannen.
- Die ausgedruckten Anträge bzw. Verträge werden dem Bausparer zugesandt, der diese unterschrieben zurücksendet. Per Stapelscanning gelangen die Dokumente und Daten automatisch in das DMS und zur Bausparkassen-Anwendung.
- Für Fotos und Bauzeichnungen, die den Darlehensanträgen beiliegen, sind Spezialscanner erforderlich. Das DMS öffnet bei Darlehensanträgen automatisch

eine Maske, in der die Frage steht, ob Fotos oder Bauzeichnungen vorhanden sind. Die entsprechenden Dokumente (Anlagen wie Fotos, Bauzeichnungen) können so zum noch im DMS geöffneten Vorgang hinzugescannt werden.

- Für die Verteilung der Unterlagen an die zuständigen Sachbearbeiter wurde das DMS mit Postkörben versehen, die eine Zuordnung nach Sachgebieten, Akten, Vorgängen, Gruppen und Einzelpersonen ermöglichen.

Ergebnis dieser DMS-Anwendung

- Außer bei den Neuanträgen sind keine manuellen Erfassungen mehr notwendig.
- Aufgrund des ICR- und Barcode-Einsatzes ist die Erfassung der Daten für die Host-Anwendung schneller, und sie enthält weniger Fehler.
- Die Dokumente sind jederzeit, sofort und für jeden Berechtigten verfügbar.
- Es sind keine Kopien für die Informationsverfügbarkeit an unterschiedlichen Arbeitsplätzen mehr erforderlich.
- Die Durchlaufzeiten für die Vorgangsbearbeitung verkürzen sich wesentlich.

4.3.2.4 Elektronische Probandenakte

Beschäftigte, die eine Tätigkeit ausüben, die zu gesundheitlichen Gefährdungen führen kann, müssen regelmäßig arbeitsmedizinisch untersucht werden. Als Ergebnis derartiger Untersuchungen können einerseits medizinische Anweisungen resultieren (z.B. Wechsel der Tätigkeit oder besondere Schutzvorkehrungen), andererseits dienen die Untersuchungsunterlagen später ggf. als Nachweis für eine Berufsunfähigkeit. Daraus können sich Rentenansprüche ergeben. Vor allem aus Letzterem ergeben sich extrem lange Aufbewahrungsfristen: Erst 30 Jahre nach der letzten Untersuchung können die Akten vernichtet werden! Daraus können sich im Extremfall Aufbewahrungszeiten von 50 Jahren und mehr ergeben!

Im Rahmen von arbeitsmedizinischen Untersuchungen fällt eine Vielzahl unterschiedlicher Dokumente an:

- arbeitsmedizinische Bescheinigung
- Probandenbrief (Arztbrief)
- Word-Briefe oder Mails – eigenerstellte und empfangene
- Reports an die Berufsgenossenschaften
- ärztlicher Befundbogen (Ankreuzfelder, handschriftliche Ergänzungen)
- Fragebogen, Anamnesebogen vom Probanden ausgefüllt
- verschiedene Untersuchungsdokumente (Lärmbogen, Sehtestbogen, Lungenfunktionstest, Röntgenbefund, Laborblatt etc.)
- EKG-Messstreifen

- Asbestose- oder Silikose-Formblatt 3-seitig (OCR-gerecht)
- Probanden-Karteikarte
- Röntgenbilder
- Schriftwechsel aller Art

Probleme

- Durch die langen Aufbewahrungsfristen entstehen im Laufe der Jahre sehr große Dokumentenmengen.
- Zu den Untersuchungen müssen immer wieder die Akten gesucht und durchgesehen werden.
- Nach vielen Jahren müssen manche Akten vorgelegt werden, um entscheiden zu können, ob eine Berufskrankheit vorliegt.

Die Nutzung eines DMS kann hier verschiedene Vorteile bringen. Es ist aber nicht so einfach, alle Dokumente sofort in elektronische Form zu bringen. Es gibt Fragebögen, die der Proband ausfüllt; manche Geräte können nur Papierausdruck liefern – neuere verfügen oft schon über eine Schnittstelle zu einem PC; externe Befunde können auf Papier oder auch elektronisch kommen usw. Man muss hier eine flexible und gemischte Lösung wählen:

- Papierformulare, die man selbst erstellt, kann man sofort mit einem Barcode versehen, aus dem z.B. Probandennummer, Untersuchungsdatum und Formulararart hervorgehen. Wenn dies z.B. ein Fragebogen ist, den der Proband auszufüllen hat, kann man den Fragebogen anschließend scannen und automatisch der richtigen Akte zuordnen und mit den Metadaten versehen (siehe Abbildung 4–21).
- Ähnlich kann man mit Fremddokumenten verfahren: Hierfür druckt man Etiketten mit Barcodes, die aufgeklebt werden. Aufpassen muss man hier auf bereits auf dem Dokument vorhandene (»fremde«) Barcodes, die man am besten unkenntlich macht oder überklebt, um Fehler zu vermeiden.
- Externe Labore bieten oft schon die Übertragung der Laborwerte über DFÜ an. Hier muss man sich auf ein Protokoll einigen, und man benötigt eine kleine Anwendung, die den Datenstrom interpretiert und daraus ein elektronisches Dokument erstellt.
- Eigene Geräte sollten sukzessive die Möglichkeit erhalten, digitale Ergebnisse zu liefern, die man direkt als elektronische Dokumente in das DMS übernehmen kann.

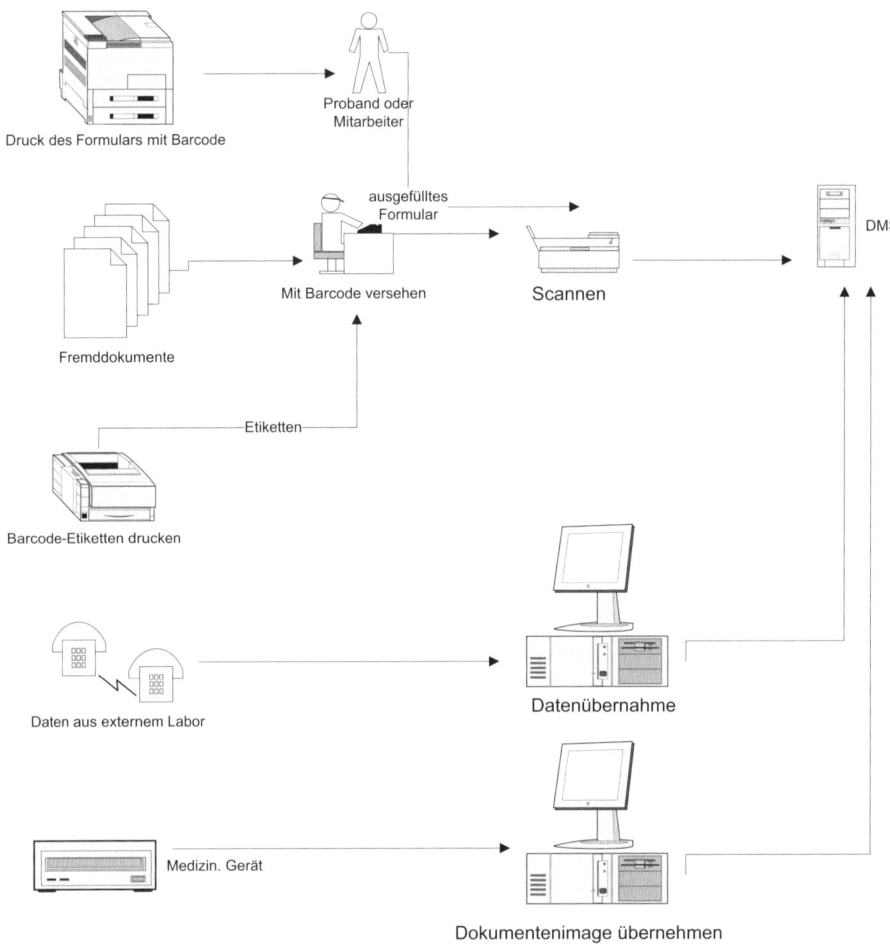

Abb. 4–21 *Dokumente für eine elektronische Probandenakte in das DMS übernehmen*

Auf dieser Basis kann man sehr gut eine Probandenakte aufbauen. Dazu gibt es eine Verwaltungssoftware, mit der die Probanden, Untersuchungstermine und -programme verwaltet werden. Mithilfe einer Verknüpfung über Schlüssel (wie Probandennummer, Untersuchungstermin etc.) kann man beide Systeme miteinander verbinden. Dadurch lassen sich die Probandenakten einfach verwalten und direkt aus dem System heraus nutzen.

Eine besondere Herausforderung ist dabei noch die extrem lange Archivierungsdauer. Hier muss man immer damit rechnen, die Akten in regelmäßigen Abständen auf neue Datenträger umzukopieren. Auch wird man bei jedem Systemwechsel zunehmend mehr Altakten auf das neue System migrieren müssen. Dies muss von Anfang an mit eingeplant werden. Die Einhaltung von etablierten langlebigen Standards ist in diesem Fall besonders wichtig.

4.3.2.5 Callcenter

Dem Kundenservice kommt in modernen Organisationen eine immer zentralere Bedeutung zu. Hier soll nun gezeigt werden, wie man durch eine sinnvolle Integration der verschiedenen Bereiche eine optimale Lösung finden kann.

Der Wandel des Kundenservice wird durch eine Vielzahl von organisatorischen und technischen Maßnahmen bewirkt. Dazu gehören eine optimale Organisation und eine integrierte und flexible IT-Lösung. Damit kann man eine signifikante Verbesserung der wichtigsten Kennzahlen erreichen (Praxisbeispiele):

- Kostenreduktion: 40 %
- Produktivitätssteigerung im Service: 25 %
- Qualitätsverbesserung im Kundenmanagement: 15 %
- Reduktion der Kundenbeschwerden: 10 %

Die gefundene Lösung setzt dabei an einer perfektionierten Gestaltung des Arbeitsplatzes für die Kundenbetreuung an – am Callcenteragenten. Dieser Mitarbeiter wird geführt und bedient! Das bedeutet im Einzelnen:

Die Prozesse zur Bearbeitung seiner Aufgaben werden durch das IT-System abgebildet. Der Agent wird mithilfe eines automatisierten Workflows geführt. Alle notwendigen Daten, Dokumente und sonstigen Informationen werden dem Agenten aufgabenbezogen sofort und vollständig zur Verfügung gestellt.

Über ein Multimedia-Management werden die Callcenteragenten optimal versorgt. Das Zusammenspiel zwischen Telefonanlage, Dokumenten-Management-System und dem statistisch gesteuerten Multimedia-System sorgt für eine automatische Call- und Dokumentendistribution und damit für eine stetige und qualifikationsgerechte Auslastung der Callcenteragenten.

Das Kernstück ist das Business-Process-Management mit einem Workflow, der den Agenten durch die unterschiedlichen Prozesse steuert. Dabei werden zu den Arbeitsschritten die jeweils relevanten Daten (z. B. aus ERP) und Dokumente (aus dem DMS) dem Agenten angeboten. Der Agent bedient nicht mehr die Systeme und Anwendungen, sondern er wird über den Workflow mit den notwendigen Informationen, Daten und Dokumenten arbeitsschrittbezogen versorgt (siehe Abbildung 4–22). Diese Durchführung wird automatisch protokolliert und kann von dem Agenten im Rahmen der Dokumentation weiter ergänzt werden.

In einem abschließenden Modul des Real-Time-Managements werden die Echtzeitdaten ausgewertet. Anlässe, genutzte Kanäle, Fallzahlen, Zeiten, Kosten und Mitarbeiterauslastung sind nur einige der Werte, die sich bezogen auf unterschiedliche organisatorische Ebenen und Zeiträume auswerten lassen – unmittelbar aus den Workflows heraus.

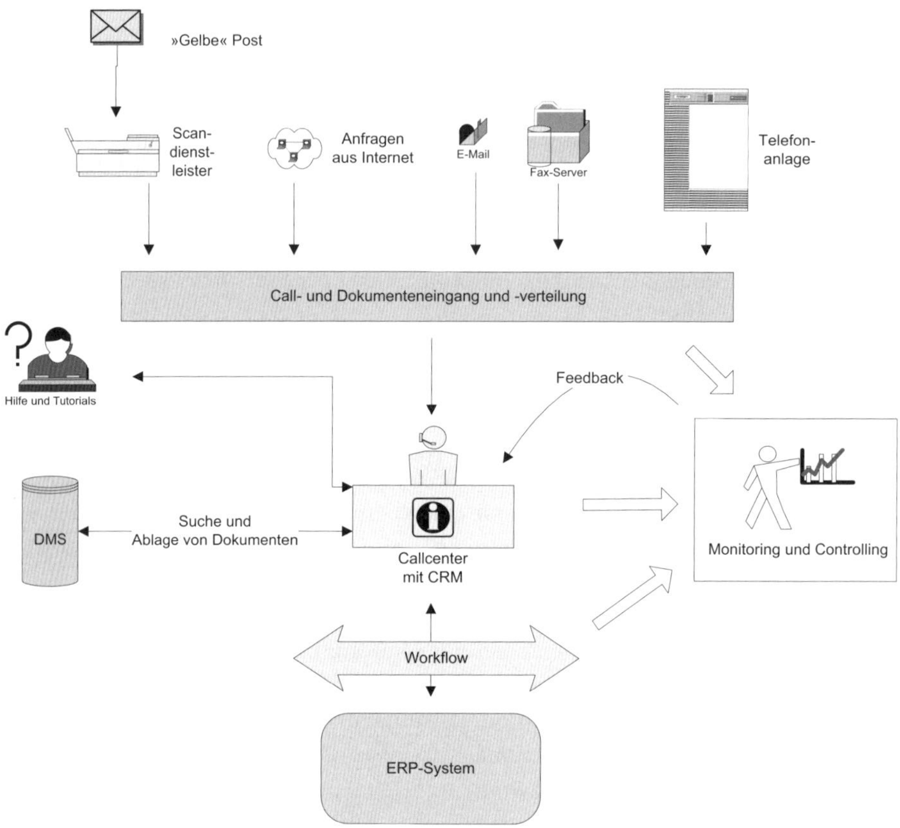

Abb. 4–22 *Integration der Systeme im Callcenter*

Die einzelnen Komponenten des Systems lassen sich wie folgt skizzieren:

Komponente	Beschreibung
Telefonanlage	Diese verteilt die Anrufe nach bestimmten Kriterien (wie gerufene Nummer) an die entsprechenden Agenten.
Multimedia-Management-System	Hier erfolgt die zentrale Steuerung der Aufgaben (Calls, Briefe, Mails ...), die dem Agenten zur Bearbeitung zur Verfügung gestellt werden.
Dokumenten-Management-System	Unterschiedlichste eingehende und ausgehende Dokumente werden gespeichert und dem Agenten situationsgerecht online zur Verfügung gestellt.
Workflow	Der Agent wird gesteuert und automatisch mit den richtigen Informationen versorgt, damit er sich voll auf den Kunden konzentrieren kann.
ERP	Im ERP-System sind die Geschäftsregeln für Daten, Relationen und Funktionen hinterlegt und es werden alle geschäftlich relevanten Daten verwaltet.

→

Komponente	Beschreibung
Datenbanken	Dazu kommen Datenbanken zur Speicherung aller wichtigen Informationen. Das Monitoring und Controlling setzt auf diesen Beständen auf.
Real-Time-Management	Monitoring und Controlling zur Prozesssteuerung und Prozessverbesserung

Tab. 4–3 *Teilsysteme des Callcenters*

Von der Einführung einer derartigen Lösung profitieren alle Beteiligten:

- Die Kunden bekommen kompetente Ansprechpartner, die umgehend anstehende Probleme lösen und Anfragen umfassend, schnell und kompetent bearbeiten.
- Die Mitarbeiter verfügen über einen modernen Arbeitsplatz; sie können sich voll auf ihre fachliche Arbeit konzentrieren, ohne von technischen Unzulänglichkeiten abgelenkt zu werden. Sie werden mit allen notwendigen Informationen versorgt und durch die Prozesse geführt – ihre volle Aufmerksamkeit richtet sich auf die Anliegen der Kunden. Ihre Leistung ist transparent, die Vergütung entsprechend leistungsorientiert und fair.
- Das Management hat minutenaktuellen Zugang zu allen relevanten Prozessdaten und kann bei Problemen und Fehlentwicklungen sofort eingreifen. Durch entsprechende Maßnahmen können die Prozesse permanent verbessert werden. Administrative Routinetätigkeiten werden durch das System erledigt, und das Management kann sich auf seine eigentlichen Aufgaben konzentrieren.
- Das Unternehmen erreicht durch das neue System deutliche Verbesserungen bei Kosten, Produktivität und Durchlaufzeit. Zugleich verbessert sich der Service für die Kunden und das Image steigt entsprechend.

Die hier vorgestellte Lösung baut auf den bestehenden Standards auf, integriert vorhandene Systeme und zeichnet sich durch eine hohe Modularität und Flexibilität aus. Aufgrund dieser flexiblen und modularen Struktur eignet sich diese Lösung genauso für kleinere und größere Unternehmen. Das Konzept lässt sich in unterschiedlichen IT-Umgebungen umsetzen.

4.3.2.6 Elektronischer Rechnungsaustausch

Ein Hersteller von hochwertigen technischen Gütern vertreibt seine Produkte über ein Netz von Vertragshändlern. Diese Händler sind heute schon eng mit der IT des Herstellers gekoppelt und tauschen regelmäßig Daten aus. Trotzdem werden die Rechnungen vom Hersteller noch immer konventionell an die Händler geschickt.

Auch heute ist es noch der weit verbreitete Standardfall, dass Rechnungen in einem IT-System erstellt, ausgedruckt und mit der »Gelben Post« an den Empfänger geschickt werden. Der Empfänger überprüft manuell die Rechnung und tippt diese manuell in sein IT-System ein. Durch diese Medienbrüche entsteht sowohl beim Absender der Rechnung als auch beim Empfänger der Rechnung zusätzlicher Aufwand für die manuelle Bearbeitung. Außerdem entstehen zumindest bei der Erfassung der Rechnung Fehler und der Gesamtvorgang dauert mehrere Tage, bis die Rechnung nach der Erstellung beim Empfänger ist.

Heute behilft man sich oft auf der Empfängerseite, indem man komplexe Systeme zum Scannen und Auslesen der Papierrechnungen einführt. Diese Systeme funktionieren oft recht gut und können so den Medienbruch »heilen«. Der Nachteil ist, dass diese Systeme relativ teuer sind, Fehler machen und einer permanenten Überwachung bedürfen. In der Regel führen nur größere Firmen oder Organisationen, die ein hohes Rechnungsaufkommen haben, derartige Systeme ein.

Schon länger gibt es die Möglichkeit, direkt elektronische Dokumente über *EDI* (Electronic Data Interchange) auszutauschen. Auch dies wird – bei entsprechenden Vorkehrungen – steuerlich anerkannt. Problematisch ist hierbei, dass das EDI-Format sehr komplex ist und es daher in der Regel nur für den Dokumentenaustausch zwischen größeren Unternehmen angewendet wird. Inzwischen gibt es auch weitere, nicht so komplexe Formate, wie UN/CEFACT oder ZUGFerD und der XÖV-Standard XRechnung für Rechnungen im öffentlichen Dienst. (vgl. auch Kapitel 3)

Beide Wege sind aber aus Gründen der Komplexität und Kosten für die Händler nicht sinnvoll. Das Ziel muss es sein, dass die Rechnungen elektronisch in einem Format übertragen werden, das anschließend automatisch weiterverarbeitbar ist. Dazu müssen die gesetzlichen Auflagen eingehalten werden. Der neue Weg sieht nun wie folgt aus:

- Der Hersteller erzeugt seine Rechnung als XML-Datei.
- Für diese XML-Datei wird ein Hashwert (digitaler Fingerabdruck) erzeugt und mit einer elektronischen Signatur des Herstellers versehen.
- In einem »elektronischen Postfach« beim Hersteller werden für jeden Händler extra diese Rechnungen im XML-Format bereitgestellt. Der Händler wird über E-Mail verständigt, dass die Rechnung bereitliegt.
- Der Händler wählt sich über eine abgesicherte Verbindung in sein Postfach ein und identifiziert sich mittels User-ID und Passwort. Von dort ruft er die Rechnungen über die gesicherte Verbindung ab.
- Nach der Übertragung überprüft das System beim Händler den Hashwert und die Signatur. Wenn alles in Ordnung ist, schickt er eine Empfangsbestätigung an den Hersteller.
- Die elektronische Rechnung kann nun automatisch in das System beim Händler eingespielt werden und eine Rechnungsprüfung durchgeführt werden. Auch diese kann nun weitgehend automatisch erfolgen.
- Die elektronische Rechnung mit den Protokollen zur Übertragung und Prüfung werden archiviert.

Damit sind der Aufwand und die Durchlaufzeit für Hersteller und Händler minimiert. Ebenso sind viele Fehlerquellen, die durch eine manuelle Bearbeitung entstehen, ausgeschlossen worden.

4.4 Das Umfeld von Dokumenten-Management-Systemen

Wie schon in den ersten Kapiteln festgestellt wurde, haben Dokumente unterschiedlichste Ausprägungen und Einsatzgebiete. Entsprechend komplex und vielfältig ist das Umfeld des Dokumenten-Managements. Dieses Thema ist daher im Kontext zu verschiedenen anderen Anwendungen und Systemen zu sehen.

Dokumenten-Management-Systeme stellen im Kern Services für die Administration von Dokumenten zur Verfügung. Diese Services können z.B. folgende Systeme nutzen:

- Workflow-Systeme
- Collaboration-Systeme
- Standardsoftware (wie ERP-Systeme oder auch Office-Suiten) oder beliebige Editoren
- Webanwendungen und Portale
- Output-Management
- Individualprogramme
- Wissensmanagement-Systeme
- Content-Management-Systeme
- Suchmaschinen

Diese Systeme nutzen oft ein Dokumenten-Management-System, um Dokumente abzulegen, zu suchen, Versionen und Varianten zu verwalten, Dokumente in Mappen (Containern) zu organisieren usw. Mittels des Dokumenten-Management-Systems wird allen Programmen immer eine konsistente, gleichartige und durchgängige Struktur zur Verwaltung der Dokumente zur Verfügung gestellt – egal welche Herkunft und welche Verwendung das jeweilige Dokument hat. Das bedeutet, dass die Funktionen des Dokumenten-Management-Systems in andere Anwendungen integriert werden. Für den Benutzer verändert sich die Oberfläche nicht oder nur geringfügig. Er hat daher den Eindruck, seine Ursprungsanwendung hätte diese Dokumenten-Management-Funktionen nun zusätzlich.

Die Dokumenten-Management-Systeme selbst nutzen wieder andere Komponenten:

- OCR (Optical Character Recognition) und ICR (Intelligent Character Recognition)
- Datenbanksysteme

- Archivsysteme
- Volltext-Retrieval und Text Mining
- Viewer
- elektronische Signatur

Diese Komponenten sind oft selbst sehr stark in das DMS integriert, sodass man hier auch von einem Dokumenten-Management-System im weiteren Sinne spricht. Für den Benutzer erscheint es als ein vollständiges Gesamtsystem.

Ferner gibt es verschiedene potenzielle Quellen für Dokumente, die in das Dokumenten-Management-System aufzunehmen sind:

- Scannen von Papierdokumenten
- Fax-Input
- E-Mails
- Webportale
- Übernahme von CI-Dokumenten aus anderen Systemen mittels Direktablage

Das Umfeld von Dokumenten-Management-Systemen kann somit in drei Bereiche aufgeteilt werden:

- Nutzung der Services des Dokumenten-Management-Systems (wie Groupware etc.)
- Services für das Dokumenten-Management-System (wie Datenbank etc.)
- Dokumentquellen für Dokumenten-Management-Systeme (z.B. Scanning)

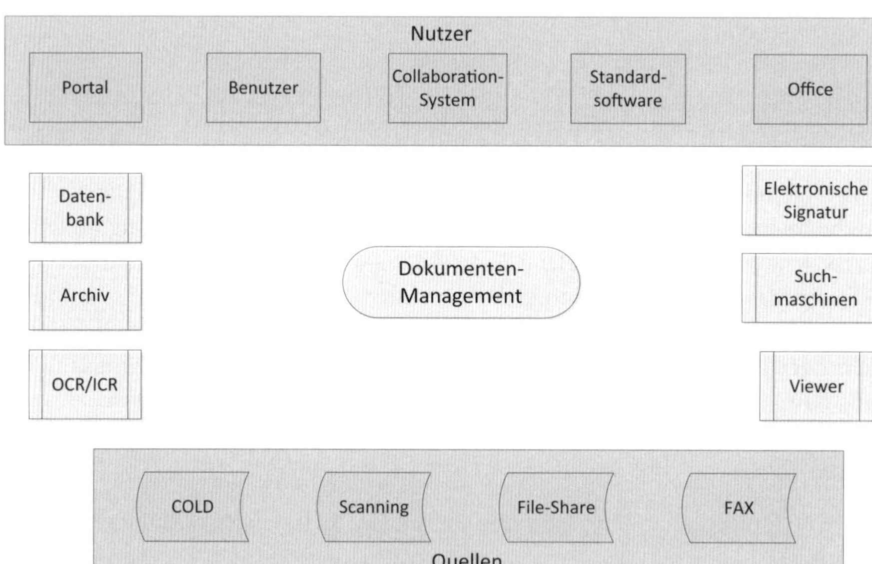

Abb. 4–23 *Das Umfeld von Dokumenten-Management-Systemen*

Dokumenten-Management-Systeme stehen immer in einem komplexen Kontext von Anwendungen und Systemen und werden praktisch nie für sich allein genutzt (siehe Abbildung 4–23). Bei einer sehr eng gefassten Definition von DMS können sie de facto gar nicht für sich allein sinnvoll genutzt werden. Da bestimmte Anwendungen oft sehr eng mit dem DMS verbunden sind, gehen viele Hersteller dazu über, DMS als einen Teil eines Produktverbunds mit dem Namen »Enterprise-Content-Management« zu vermarkten. Hier werden Dokumenten-Management-Systeme mit anderen Systemen wie Content-Management, Workflow, Archiv, Output-Management etc. mehr oder weniger stark integriert angeboten.

4.4.1 Nutzung der Dokumenten-Management-Systeme

4.4.1.1 Direkte Nutzung durch den Anwender

Dokumenten-Management-Systeme können durch den Anwender direkt genutzt werden. Der Anwender nutzt dazu einen vom DMS mitgelieferten Client und kann sich dadurch z.B. zu einem bestimmten Thema eine durchgängige Struktur aller seiner Dokumente aufbauen. Es entsteht sozusagen eine elektronische Form seines vertrauten Aktenschranks, nur mit wesentlich mehr Komfortfunktionen, um z.B. die Suche nach bestimmten Schriftstücken zu unterstützen und zu erleichtern oder um Versionen etc. zu verwalten. Hierbei ist es vollkommen unerheblich, woher diese Dokumente kommen und was weiter mit ihnen geschieht. Dokumente können auch direkt über den Client in das System abgelegt werden. Es werden oft viele weitere Funktionen mit dem Client angeboten. Zum Beispiel kann man Notizen zu den Dokumenten anlegen oder sich benachrichtigen lassen, wenn jemand anders Dokumente in einem bestimmten Bereich ablegt.

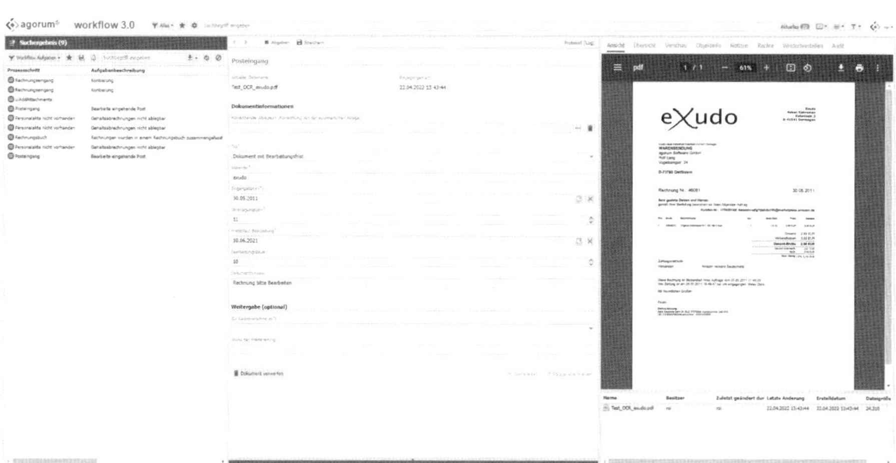

Abb. 4–24 *Workflow-Bearbeitung durch Anwender (Quelle: Agorum)*

4.4.1.2 Kollaborationssysteme

»Rechnergestützte Gruppenarbeit vereint auf sich viele unterschiedliche Techniken zur Definition, Durchführung, Verwaltung und Steuerung komplexer Interaktionen zwischen potenziell verteilten Büroarbeitsgruppen.«[7] Unter dem Begriff *Gruppenarbeit* – oft auch *Groupware* genannt – werden sehr viele – teilweise auch sehr unterschiedliche – Systemtypen subsumiert, die die Zusammenarbeit in einer Gruppe über zeitliche und/oder räumliche Distanz hinweg unterstützen. Dabei werden oft verschiedene Techniken kombiniert, wie gemeinsame Terminkalender, virtuelle Gruppenräume,[8] um gemeinsam an Dokumenten zu arbeiten, E-Mail-Systeme, Notizbereiche, Aufgabenlisten, Kontaktverwaltung, My-Sites etc. Ergänzt oder kombiniert werden sie nun oft durch Meetingsysteme.

Diese Gruppenarbeit produziert meist beträchtliche Mengen an Daten und Dokumenten, die strukturiert, gespeichert, verteilt, abgerufen und modifiziert werden müssen. Oft entstehen unterschiedliche Konfigurationen und Versionen der Dokumente. Einzelne Benutzer haben in Bezug auf die Dokumente unterschiedliche Rollen mit verschiedenen Zugriffsrechten. Dies alles sind klassische Aufgaben von Dokumenten-Management-Systemen.

In den meisten Fällen ist Groupware durch folgende Aspekte gekennzeichnet:

- Es gibt immer mehrere Beteiligte, meist in Form von Arbeitsgruppen.
- Die Arbeit ist zeitlich und/oder räumlich verteilt.
- Es werden Informationen ausgetauscht.
- Die Arbeit ist nicht streng reguliert, sondern Kreativität und Selbstorganisation stehen im Vordergrund.
- Workflows tauchen nur als Ad-hoc-Workflows auf.
- Es wird an gemeinsamen Dokumenten gearbeitet.

Im Rahmen der Corona-Pandemie hat diese Form der Zusammenarbeit eine ganz neue Dimension und Verbreitung erfahren.

Zu beachten ist auch, dass Groupware-Aktivitäten oft sehr kreativ sind und deshalb auch die Struktur der Ergebnisse am Anfang noch nicht feststeht. Für das Dokumenten-Management-System heißt dies, dass sich die Ablagestruktur der Dokumente möglicherweise permanent ändert und dass sehr komfortable und flexible Suchmechanismen zur Verfügung stehen müssen.

---

7. aus SCHILL 1996, S. 18
8. Produktbeispiele sind Systeme wie Microsoft Teams, Sharepoint und Office365.

4.4.1.3 E-Mail-Systeme

Ein wichtiger Aspekt ist gegenwärtig die Archivierung von E-Mails. E-Mails können oft sehr komplexe Objekte sein, die unterschiedliche Komponenten (wie die eigentliche E-Mail, Attachments, Signaturen, Links) beinhalten.

Die zunehmende Flut von gewollten und ungewollten E-Mails erfordert eine bessere und systematischere Verwaltung dieser Kommunikationsmittel. Zum einen werden durch Vorschriften und Gerichtsurteile die juristischen Rahmenbedingungen immer enger, zum anderen erfordert schon das Eigeninteresse, geschäftlich relevante Mails professionell zu handhaben.

Die gesetzlichen Vorgaben in Bezug auf Revisionssicherheit und Aufbewahrung gelten auch für originär elektronische Dokumente. Der Nachweis kann durch fortgeschrittene bzw. qualifizierte elektronische Signaturen nach der eIDAS-Verordnung geführt werden; bei qualifizierten Signaturen und Zeitstempeln gibt es sogar einen Anscheinsbeweis der Echtheit und Unverändertheit. Dokumente, die über kryptografische Mittel zur Verbesserung des Beweiswertes verfügen, müssen diesen Standard nach § 15 des Vertrauensdienstegesetzes aufrechterhalten (vgl. Kapitel 3).

Die Geschäftsprozesse werden zunehmend elektronisch abgewickelt und nicht nur die Daten, sondern auch die Dokumente werden elektronisch vorgehalten. Eine E-Mail ist oft in diesem Zusammenhang auch ein wichtiges elektronisches Dokument, das den jeweiligen Geschäftsvorfällen zuzuordnen ist, revisionssicher aufbewahrt werden muss und jederzeit im Rahmen des betroffenen Vorgangs gefunden und präsentiert werden muss (siehe Abbildung 4–25).

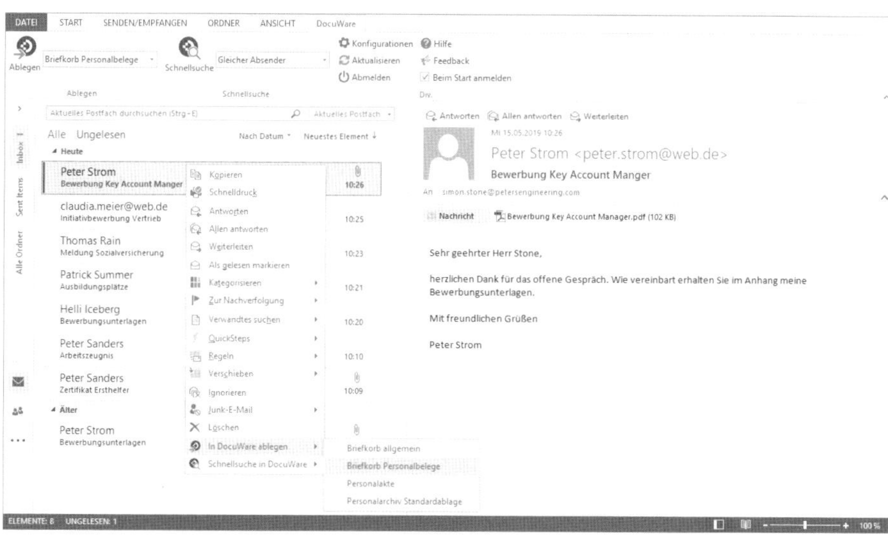

Abb. 4–25 *E-Mail-Archivierung (Quelle: Docuware)*

Ein eher triviales Motiv für eine Archivierung ist in diesem Zusammenhang die Belastung der Mailserver, die inzwischen gigantische Mengen an Mails verwalten müssen. Dies verursacht hohe Kosten und senkt die Performance. Daher bietet es sich an, ab einem bestimmten Zeitpunkt die Mails auszulagern und in einem Archiv zu speichern.

Eine Archivierung von E-Mails erfordert aber auch explizite Strategien. Eingehende Mails müssen daraufhin beurteilt werden, ob sie überhaupt »archivierungswürdig« sind, und, wenn ja, müssen sie zur Archivierung korrekt klassifiziert und indiziert werden. Der zunächst nahe liegende Ansatz ist, dies den jeweiligen fachkundigen Mitarbeitern zu überlassen. Diese verfügen über den notwendigen Sachverstand und können eine inhaltliche Beurteilung am besten vornehmen. Dieser dezentrale Ansatz hat aber auch den Nachteil, dass er nicht hundertprozentig zuverlässig ist. Man läuft Gefahr, dass wichtige Mails aus Versehen oder aufgrund falscher Beurteilung gelöscht oder falsch indiziert werden. Dies kann unter Umständen für die Geschäftsführung gravierende juristische Probleme bringen. Aus diesem Grund wird auch der zentrale Ansatz oft empfohlen: Es werden alle Mails archiviert und automatisch indiziert. Diese Indizierung ist naturgemäß in der Regel beschränkter als eine manuelle – aber es werden alle Mails archiviert. Aber alle Mails will man eigentlich gar nicht: Viele Mails bringen Viren oder sonstige Schadprogramme mit oder sind unerwünschte Werbung (*Spam*). Diesen »Mailmüll« bekämpft man dann mit entsprechenden Filterprogrammen.

Da sowohl der zentrale als auch der dezentrale Ansatz für sich allein gewisse Vor- und Nachteile haben, kann man auch beide Ansätze kombinieren: Zuerst filtert man unerwünschte Mails und archiviert dann zentral. Für die Indizierung nutzt man z.B. Absender, Empfänger, Datum, Betreff und vielleicht noch einen Volltextindex. Anschließend wird die Mail an den Empfänger weitergeleitet, der dann eine weitere Zuordnung und Indizierung vornehmen soll.

Trotzdem bleiben noch eine Reihe weiterer Probleme: Es ist rechtlich gar nicht so trivial, E-Mails an Mitarbeiter zu löschen (Spam löschen!). Seit 1.12.2021 gilt zwar das Fernmeldegeheiminis nicht mehr für IT-Sicherheitsmaßnahmen, sodass z.B. virenbehaftete Inhalte je nach technischer Möglichkeit ganz oder teilweise gelöscht werden dürfen. Reine Spammails dürfen daher mit der Zustimmung der Mitarbeiter oder auf Basis einer Betriebs- oder Dienstvereinbarung gelöscht werden, sonst kann dies einen Eingriff in das verfassungsrechtlich geschützte Recht des Fernmeldegeheimnisses darstellen. Sinnvoll ist z.B. eine Vereinbarung, dass alles kontrolliert werden darf und im Gegenzug private Kommunikation am Arbeitsplatz in einem nicht die Arbeitszeit beeinträchtigenden Umfang erlaubt wird.

Eine E-Mail kann ein komplexes zusammengesetztes Dokument sein: die eigentliche Mail, ein oder mehrere Dateianhänge und eine elektronische Signatur (siehe Abbildung 4–26). Die Dateianhänge können verschiedenen Vorgängen zugeordnet sein – müssen also unabhängig von der E-Mail indiziert werden können. Das heißt, die Gesamtmail muss zerlegt werden. Umgekehrt ist es aber auch wichtig, dass später die Gesamtmail mit allen Komponenten wieder reproduziert werden kann. Der Zusammenhang darf also nicht verloren gehen. Diese Mailanhänge liegen meist in unterschiedlichsten Formaten vor. Insbesondere bei einer langfristigen Archivierung besteht daher die Gefahr, dass man später nicht mehr über geeignete Applikationen verfügt, um die Datei zu lesen. Hier muss man möglicherweise schon sofort eine Kopie in einem zukunftssicheren Format (wie PDF/A) anlegen.

Eine E-Mail kann aber auch noch mehr enthalten: Links, um Informationen aus dem Internet nachzuladen. Diese Links verschwinden oft nach kurzer Zeit wieder. Dies kann bedeuten, dass man diese Informationen aus dem Internet lokal speichern und mit der Mail verbinden muss.

Diese zum Teil sehr E-mail-spezifischen Problemstellungen führen dazu, dass man zahlreiche Speziallösungen zur E-Mail-Archivierung angeboten bekommt. Dies kann im ersten Moment ganz praktisch erscheinen, da diese Lösungen auf die hier angesprochene Problematik optimiert sind. Dabei übersieht man aber, dass die wichtigen E-Mails ein wesentlicher Teil der Geschäftsvorfälle sind. Eine Insellösung für E-Mails schafft neue Medienbrüche und behindert den Blick auf die vollständigen Vorgänge! Nur wenn man die E-Mail mit ihren komplexen Bestandteilen den entsprechenden Geschäftsvorfällen zuordnet, kann man die Vorteile der elektronischen Akte wirklich nutzen! Ein Angebot, das der Lieferant per E-Mail schickt, ist primär ein Angebot. Dass dies per E-Mail kam, ist sekundär, so wie es auch nur von untergeordneter Bedeutung ist, ob ein Brief per Fax oder mit der gelben Post kommt. Eine E-Mail-Archivierung sollte also immer ein – durchhaus wichtiger – Bestandteil einer übergreifenden Gesamtlösung für Archivierung und Dokumenten-Management sein, die alle Aspekte und Dokumentenarten umfasst.

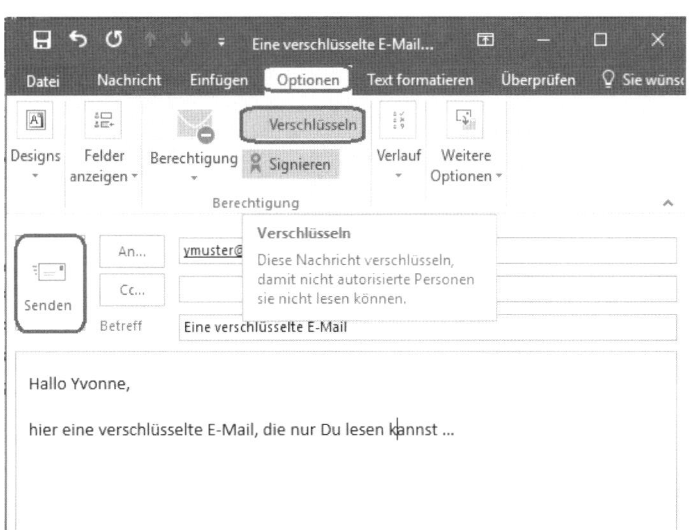

Abb. 4–26 *Verschlüsseln und Signieren in Outlook (Quelle: Microsoft)*

4.4.1.4 Office-Programme

Dokumente können direkt vom Anwender mittels (Text- oder Grafik-)Editoren erstellt und an das Dokumenten-Management-System übergeben werden. Auch Spezialprogramme, wie CAD-Anwendungen oder Content-Management-Systeme fallen darunter. Die Indizierung etc. ist hier im Allgemeinen kein Problem, da beim Autor sowieso alle notwendigen Informationen vorliegen. Die Dokumenten-Management-Systeme kann man dabei in der Regel direkt in die Routinen für die Abspeicherung der Dokumente einbinden, sodass es für den Benutzer keinen zusätzlichen Aufwand bedeutet, das Dokument sofort im DMS abzuspeichern. Dabei wird oft auch eine enge Verknüpfung mit dem Betriebssystem oder mit dem Anwendungsprogramm eingegangen, sodass der Benutzer auf den ersten Blick gar nicht merkt, dass er mit einem Dokumenten-Management-System arbeitet (siehe Abbildung 4–27). Auch hier wird versucht (z.B. mithilfe von Skripts), Informationen aus dem Dokument oder dem Editor zu übernehmen, die für eine automatische Indizierung genutzt werden können.

Abb. 4–27 *Integration von Office-Word und Sharepoint (Quelle: Optimal Systems)*

4.4.1.5 Output-Management

Einordnung des Output-Management

Wenn man den gesamten Prozess der Dokumente in einer Organisation betrachtet, dann steht am Ende der Kette der »Output«. Das heißt, die erzeugten Dokumente sollen anderen Beteiligten verfügbar gemacht werden. Während früher dazu die Dokumente ausgedruckt und per Brief versendet wurden, gibt es heute sehr viele unterschiedliche Möglichkeiten: E-Mail, Fax, Download-Portal, Social Media, ... Eine gesamtheitliche Betrachtung dieses Aufgabenkomplexes wird meist unter dem Begriff »Output-Management« zusammengefasst.

»Output Management ist die Verwaltung und Steuerung aller Prozesse und Geräte, die notwendig sind, um in einem Unternehmen Dokumente jeder Art für einen Empfänger zu erzeugen und so weiter zu verarbeiten, dass sie mit möglichst geringen Kosten in der gewünschten Form (Brief, Fax, E-Mail oder anderes Medium) den Adressaten erreichen oder einem elektronischen Dokumentenspeicher (Archiv oder Portal) übergeben werden.«[9]

Die Rolle des Output-Managements im Unternehmen

Das »klassische« Output-Management befasste sich mit der Erzeugung von standardisierten Massendrucksachen und den Briefversand. Heute sind hier wesentlich komplexere Anforderungen gegeben. Durch die Vielzahl der möglichen Output-Kanäle und die unterschiedlichen Präferenzen der Kommunikationspartner benötigt man sehr flexible und individuell einstellbare Kommunikationswege.

Die Entwicklung vom lokalen PC hin zu mobilen Endgeräten veränderte die Nutzungsgewohnheiten im Web – und damit verbunden die Anforderungen an Webseiten – grundlegend. Unzählige Displaygrößen, Geräte, Browser und individuelle Einstellungen stellen das klassische, statisch geprägte Design vor kaum lösbare Herausforderungen. Auch Outputs müssen entsprechend unterschiedlich dargestellt werden. Es reicht nicht mehr, eine PDF-Seite zu generieren, denn auf einem Handy macht das Lesen dieser Seite keine Freude. Ein Lösungsansatz für diese Problematik ist das *responsive Webdesign*. Hierbei wird lediglich eine Version der Website erstellt. Diese passt sich selbstständig und flexibel der verfügbaren Umgebung an. Besonders sichtbar ist dies beim Layout, das sich je nach Breite des Browserfensters entsprechend verändert. Aber auch die Anordnung und Darstellung einzelner Elemente (wie Navigation, Texte, Tabellen und Diagramme) sowie die Nutzung unterschiedlicher Eingabemethoden (wie Maus oder Touchscreen) passen sich automatisch an.

Kundenkommunikationsmanagement (*Customer Communication Management*, CCM) ist die Strategie zur Verbesserung der Erstellung, Lieferung, Speicherung und des Abrufs ausgehender Kommunikationen, einschließlich der Kommunikation für das Marketing, die Einführung neuer Produkte, für Verlängerungsbenachrichtigungen, für die Forderungskorrespondenz und -dokumentation sowie für Rechnungs- und Zahlungsbenachrichtigungen. Diese Interaktionen können durch ein breites Spektrum an Medien und Ausgaben erfolgen, darunter Dokumente, E-Mail, SMS (*Short Message Service*) und Webseiten. CCM-Lösungen unterstützen diese Ziele und bieten Unternehmen eine Anwendung, um die Kommunikation mit ihren Vertriebshändlern, Partnern, Aufsichtsbehörden und Kunden zu verbessern.

---

9. Quelle: PENTADOC, an der Definition des Arbeitskreises »Output Management« der BITKOM angelehnt.

Damit ist das Output-Management zwangsläufig auch ein Teil des CCM. Während man früher unter Output-Management in der Regel ein automatisiertes System verstand, um Druckoutput effektiv zu erstellen und kostengünstig zu versenden, sind die Ansprüche heute hier wesentlich höher. Wie die Schlagworte »Multichannel« bzw. »Omnichannel« verdeutlichen, gibt es heute eine Vielzahl von Kommunikationskanälen, mit denen man Informationen übermitteln kann: E-Mail, Portale, Downloadseiten, Social Media, Messenger etc. – und immer noch der Druck. Die Idee ist nun, dass jeder Partner selbst bestimmen kann und möchte, auf welchem Weg er welche Information bekommt. Der Kunde kann auch jederzeit seine Präferenzen ändern. Um dies zu erreichen, bietet man ihm z.B. in einem Kundenportal die Möglichkeit an, jederzeit seine Präferenzen einzutragen. Ein Output-Management-System wertet diese Informationen vor jedem Versand aus und steuert die Outputs entsprechend. Dabei muss es noch weitere Regeln beachten, da sich nicht jeder Kanal für jeden Output eignet – eine Notarurkunde z.B. kann man nur per Briefpost versenden. Dazu kommt ein hohes Maß an Personalisierung der Kommunikation. Dies ist wesentlich effektiver als eine reine Massen-Standardpost. Letzteres ist aber in der Regel die Aufgabe der jeweiligen Fachanwendung.

Mit der Einführung des zentralen OMS werden meist folgende Ziele verfolgt:

- Verbesserung der Kommunikation sowie der Kommunikationswege mit dem Kommunikationspartner
- Nachverfolgbarkeit der ausgehenden Schriftstücke in Echtzeit
- Konsistenz in den Informationen (im PDF und im Druckstück)
- verbesserte Kommunikation durch Orientierung an Kundenwünschen
- Auswertungsmöglichkeiten (Statistik)
- schnelle und flexible Reaktionsmöglichkeiten auf sich verändernde Kundenanforderungen
- einheitliches Erscheinungsbild
- einheitliches Layout (Briefrahmen)
- Vereinheitlichter Inhalt von Briefen gleicher Art
- Einhaltung des Corporate Designs
- Einsparung von Produktions- und Portokosten
- Steigerung der Kommunikation über die digitalen Ausgabekanäle
- zentrale Vorlagenverwaltung und -pflege
- Vermeidung von parallelen Ausgaben über unterschiedliche Kanäle
- Zentralisierung und Bündelung der Druckaktivitäten
- Einsparmöglichkeiten durch Portooptimierungsmaßnahmen

- Einsparungen durch Reduzierung des manuellen Aufwands bei Output-Erstellung und -versand
- Abschaffung von Insellösungen
- einheitliche Softwarelösungen (Schriftstückgenerierung, Schriftstückbündelung, aber auch Vereinheitlichung der Portale)
- Nutzung von Standardplattformen und Standardsoftware
- Unabhängigkeit von Druckdienstleistern
- mehr Flexibilität bei zusätzlichen Ausgabekanälen
- Reduzierung des Anpassungsaufwands bei Änderungen
- Schaffung von Zukunftssicherheit
- Etablierung einer zentralen Schnittstelle für die Kommunikation
- einfache Einbindung neuer Kanäle, Technologien und/oder Systeme mittels standardisierter Schnittstellen

Funktionen eines Output-Management-Systems

Auch beim Output-Management steht das Dokument im Mittelpunkt der Betrachtung. Im weitesten Sinne fällt alles unter den Begriff Dokument, was Informationen enthält und diese transportiert. Das kann somit weiterhin ein gedruckter Brief, aber eben genauso eine E-Mail oder eine Datei sein.

Dennoch lassen sich gerade im Output-Management noch zwei Bestandteile eines Dokuments trennen: einer-seits die *Vorlagen* und andererseits die *Rohdaten* bzw. *Variablen*, mit denen die Vorlagen gefüllt werden. Eine Vorlage ist im Prinzip ein Dokumentenmuster, das immer wieder verwendet wird und fallweise mit variablen Anteilen gefüllt wird. So gibt es in der Regel Vorlagen (oder *Templates*) für Standardbriefe: Diese enthalten meist Absender, Logo, Bankverbindung etc., aber auch Platzhalter für Empfängeranschrift, Datum, Anrede usw. Hinzu können Layoutvorschriften kommen, wie Seitenränder, Schrifttypen, Schriftgröße und Ähnliches. Wenn nun ein derartiger Brief erzeugt wird, wird dieses Template mit den konkreten Inhalten befüllt und auf dem gewählten Weg versendet.

Ein prinzipieller Ablauf sieht so wie in Abbildung 4–28 aus.

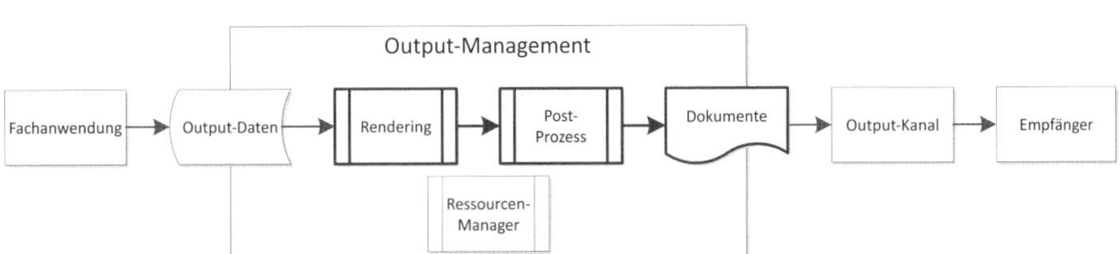

Abb. 4–28 *Funktionen eines OMS*

Aus einer Fachanwendung (wie z.B. einem ERP-System) werden die Inhalte des Dokuments (z.B. Daten für eine Rechnung) erzeugt und an das Output-Management-System übergeben. Im Output-Management-System werden diese Daten mit der richtigen Vorlage (z.B. einem Rechnungs-Template) verknüpft und die spezifische Rechnung gemäß des hinterlegten Regelwerks aufgebaut (Rendering). Im Post-Prozess werden verschiedene Optimierungen durchgeführt, z.B. werden mehrere Schreiben an einen Empfänger zusammengefasst oder bei einem Briefversand die Dokumente in Bezug auf Portooptimierung vorsortiert etc. Zum Schluss werden alle Dokumente an den gewählten Output-Kanal zum Versand übergeben.

Ein OMS (Output-Management-System) hat prinzipiell zwei Funktionen:

- Ressourcen-Manager
- Dokumentenprozess

Ressourcen-Manager

Während der Dokumentenprozess im Prinzip permanent im Einsatz ist, um Dokumente zu generieren, den Versand vorzubereiten und durchzuführen, dient der Ressourcen-Manager dazu, wichtige Grundlagen bereitzustellen:

- Templates für Dokumente
- Textbausteine
- Datenquellen
- Regelwerke
- Standardbeilagen

Die Templates für Dokumente setzen die Vorgaben zur Gestaltung der Dokumente (entsprechend dem Corporate Design) um. Dies können sein:

- Schriften (Schriftart, Schriftgröße)
- Seitenformate
- Briefkopf mit Adressblock
- Variablen
- Absenderblock
- Firmenlogo und andere grafische Elemente
- Farbgebung
- Fußzeile
- Briefkopf für Folgeseiten
- Abweichungen zwischen erster Seite und Folgeseiten
- verwendete Textbausteine (Pflicht, optional)
- beizufügende Standardanlagen (wie AGBs)

Textbausteine sind einzelne Textabschnitte, die wiederum in beliebigen Dokumenten-Templates verwendet werden können. Derartige Textbausteine können auch wieder Variablen enthalten. Die Erstellung und Freigabe für Templates etc. wird oft über einen Workflow gesteuert (inklusive Freigabe).

Versionierung

Alle Elemente im Repository werden in der Regel versioniert und mit einem Gültigkeitszeitraum versehen. Dies bedeutet, dass man jederzeit nachvollziehen kann, welche Fassungen von Templates oder Regelwerken etc. wann galten. Umgekehrt kann man genau steuern, wann welche Textbausteine mit welchen Inhalten wann angedruckt werden sollen. Dies kann z. B. bei zeitlich limitierten Werbeaktionen hilfreich sein.

Erzeugung der Output-Daten

Aus der Fachanwendung werden die jeweiligen Output-Daten für die Dokumente erzeugt. Diese bestehen im Prinzip aus folgenden Bestandteilen:

- dem zu verwendenden Dokumenten-Template
- variablen Inhalten:
  - zu nutzende Textbausteine
  - Variablen
  - individuelle Texte
  - Metadaten

Bei der Erzeugung dieser Output-Daten wird meist zwischen einer Dunkelverarbeitung und einer Hellverarbeitung unterschieden (siehe auch Abbildung 4–29):

- Bei einer **Dunkelverarbeitung** sieht kein Bearbeiter das zu erstellende bzw. erstellte Dokument. Ein Prozess in der Fachanwendung stellt alle Informationen für das Dokument zusammen und übergibt diese in einem Aufruf an das OMS. Dies beinhaltet auch die zu verwendende Vorlage. Im OMS wird das Dokument vollautomatisch erstellt und versendet.
- Bei einer **Hellverarbeitung** nutzt ein Bearbeiter einen Editor, um das Dokument zu erstellen. Auch hier werden Dokumenten-Templates verwendet, aber ein Bearbeiter kann oder muss Textbausteine auswählen, notwendige Variablen ergänzen, individuelle Texte eingeben oder vorgegebene Texte ändern. Man kann hierfür einen Standardeditor aus einem Office-Paket verwenden. Viele OMS bieten aber spezielle Editoren an, die die geforderte Funktionalität besser unterstützen und den Datenaustausch mit dem OMS automatisieren.

Variablen und Metadaten

Im Prinzip kann man drei verschiedene Typen von Variablen bzw. Metadaten unterscheiden:

- **Metadaten, die den Prozess im Output-Management-System steuern:** Dies können Informationen über den Versandkanal sein oder Zustelloptionen (»Einschreiben«) etc.
- **Metadaten bzw. Variablen, die Teil des Dokumenteninhalts sind:** Das sind z.B. Referenzen auf Belege (»Rechnungsnummer«) oder Adressen oder Ansprechpartner.
- **Metadaten, die an Folgesysteme weitergereicht werden:** Hier kann es sich z.B. um Ablagekriterien in einem Dokumenten-Management-System handeln oder um Steuerparameter für einen Druckdienstleister.

Natürlich kann die gleiche Variable mehrere Rollen haben: So ist die Postleitzahl Bestandteil der Adresse, wird aber im Rahmen eines Briefversands auch zur Portooptimierung (im OMS oder beim Druckdienstleister) genutzt.

Erzeugung der Dokumente (Rendering)

Das OMS erstellt auf Basis der Templates und ggf. der individuellen Benutzereingaben die Dokumente. Erforderliche Daten werden hierzu beschafft. Oft muss hier der zu nutzende Output-Kanal ermittelt werden, da die Templates kanalspezifisch sein können (Optimierung des Layouts). Beilagen oder Anlagen können den Schreiben automatisch beigesteuert werden, wobei zu unterscheiden ist zwischen physischen Beilagen, die im Rahmen des Drucks und der Kuvertierung ergänzt werden, und elektronische Beilagen, die ggf. mit ausgedruckt werden oder als PDF mitversendet werden. Idealerweise können die Beilagen auch zielgruppenabhängig gesteuert werden. Weitere Aufgaben können hier sein: Verschlüsselung von E-Mails durchführen, elektronische Signaturen anbringen, Barcodes oder QR-Codes generieren. Ein OMS muss verschiedene Formate beherrschen, um die entsprechenden Output-Kanäle und Dienstleister versorgen zu können (PDF, XML, HTML, AFP, ZUGFeRD und ggf. weitere).

Prozesssteuerung (Regelwerk)

Es können Regelwerke aufgestellt werden, die die Erstellung, Freigabe und den Versand der Dokumente steuern. Damit kann man z.B. einen Genehmigungsworkflow (»Vier-Augen-Prinzip«) abbilden oder komplexere Versandregeln steuern. Diese Workflows beziehen sich meist auf definierte Dokumententemplates.

Postprozess

Anhand eines Regelwerks und der Präferenzen der Empfänger ermittelt das OMS den korrekten Ausgangskanal (Briefpost, E-Mail, Download-Portal etc.) für die jeweilige Sendung. Bei der *Sendungskonsolidierung* erkennt das OMS, wenn mehrere Schreiben an den gleichen Empfänger gehen, und fasst diese zu einem Brief zusammen. *Sendungsoptimierung* ist ein Thema beim physischen Versand, um Porto zu sparen. Anhand von Sortierkriterien wie der Postleitzahl werden die Sendungen vorsortiert an den Postversender (z.B. Deutsche Post) gegeben. Für diese Vorleistung erhält man ein günstigeres Briefporto. Die Dokumente werden dann an die Output-Kanäle übergeben. Gegebenenfalls hat das OMS eigene Output-Kanäle (wie Druckstraße oder E-Mail-Server) integriert. Im Rahmen des Versandes ist es oft die Aufgabe des OMS, die erzeugten und versendeten Dokumente automatisch in einem Archiv bzw. Dokumenten-Management-System abzulegen. Dazu müssen von der Fachanwendung die erforderlichen Metadaten mitgegeben werden.

Monitoring und Protokollierung

Wichtig ist, dass die Systeme über entsprechende Möglichkeiten zur Überwachung des Systems verfügen (Abläufe, Mengen, Fehler, Rückläufer, ...).

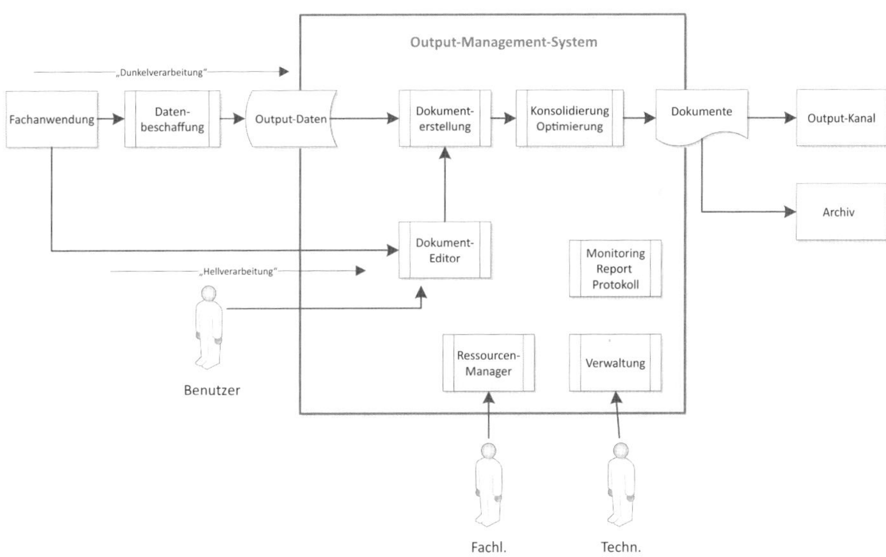

Abb. 4–29 *Gesamtsicht OMS*

Während sich das »klassische« Dokumenten-Management primär mit Input-Management, Dokumentenverwaltung und Retrieval beschäftigt, behandelt das Output-Management die Dokumentenerstellung und Dokumentendistribution. Wenn man beide Bereiche zusammenführt, hat man die vollständige Strecke der

Dokumente in der Organisation im Blick (siehe Abbildung 4–30). Letztendlich kann sich ein vollständiger Kreislauf ergeben, wenn man bedenkt, dass viele Dokumente auf der Input-Seite eine Reaktion auf einen Output sind. Das Ziel sollte es in diesem Fall sein, dass auf dem Input eine eindeutige maschinell auswertbare Referenz auf den zuvor versendeten Output zu finden ist. Am einfachsten ist dies immer dann zu erreichen, wenn der Rückläufer ein zuvor versendetes und vom Partner ergänztes Dokument ist (wie ein ausgefülltes Formular). Hier kann man z.B. einen eindeutigen Barcode oder Ähnliches aufdrucken bzw. mitsenden.

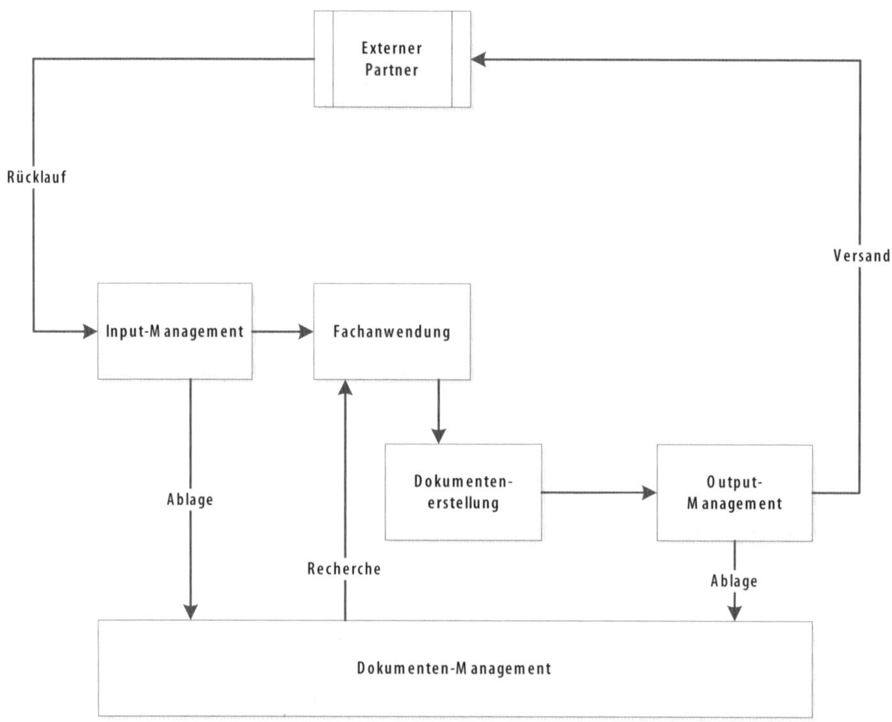

Abb. 4–30 *Der Gesamtzyklus DMS-OMS*

4.4.1.6 Standardsoftware

Praktisch jede Applikation hat einen Bezug zu Dokumenten. Egal ob es sich um ein betriebswirtschaftliches Programm handelt, das auf eingehende Belege Bezug nimmt (wie Rechnungen) oder selbst Belege erstellt (z.B. Bestellungen), oder um ein PPS-System, das auf Produktunterlagen (z.B. CAD-Zeichnungen oder Stücklisten) referenziert, immer spielen Dokumente eine Rolle, die sich in klassischen Datenbanksystemen nicht optimal speichern lassen, sodass auch hier oft Dokumenten-Management-Systeme zum Einsatz kommen.

Bei genauerer Betrachtung ist zu erkennen, dass jeder Vorgang, der sich in irgendeinem IT-System befindet, eine ganze Reihe von unterschiedlich strukturierten, teilstrukturierten oder überhaupt nicht strukturierten Dokumenten umfassen kann. In einer traditionellen Bearbeitung hat dies zur Folge, dass es neben den in einer Datenbank erfassten strukturierten Informationen (wie Aufträgen) noch Papierakten oder Fileshares gibt, die zusätzliche Dokumente (wie Reklamationen, erläuternden Schriftverkehr, Sondervereinbarungen etc.) beinhalten. Bei der Bearbeitung des Vorgangs ist es deshalb häufig notwendig festzustellen, ob es hierzu weitere Dokumente gibt, und, falls dies zutrifft, die passenden Dokumente zu finden und richtig zuzuordnen. Dies ist meist sehr arbeitsaufwendig und fehleranfällig. Dazu kommt, dass bei einem Geschäftsprozess die Papierakte oft den Prozess begleiten muss und daher die Geschwindigkeit des Papiertransports die bestimmende Größe für die Durchlaufzeit wird. Wenn dagegen die Dokumente in elektronischer Form vorliegen (z.B. gescannt) und mittels eines DMS den jeweiligen Vorgängen zugeordnet sind, dann stehen auf »Knopfdruck« alle relevanten Informationen zur Verfügung.

Wichtig ist dabei, dass das DMS mit der anderen Applikation richtig integriert wird (siehe Abbildung 4–31). Dabei müssen folgende Punkte für ein effektives und ergonomisches Arbeiten gegeben sein:

- Die Schlüssel (wie z.B. eine Kundennummer) beider Systeme für relevante Dokumente, Mappen und ggf. Geschäftsvorfälle müssen identisch oder 1:1 verknüpft sein. Am besten ist es, wenn klar festgelegt ist, welches System das führende System für die Vergabe des jeweiligen Schlüssels ist.
- Dokumente, die die Applikation erzeugt (z.B. Rechnungen, Bestellungen etc.) müssen aus der Applikation heraus automatisch im DMS abgelegt werden und mit dem Geschäftsvorfall in der Applikation verknüpft werden.
- Eingehende Papierdokumente sind zu scannen, im DMS abzulegen und mit dem betroffenen Geschäftsvorfall der Applikation zu verknüpfen. Ähnliches gilt für elektronische Dokumente (E-Mails etc.).
- Bei der Bearbeitung des Geschäftsvorfalls oder bei Recherchen mit der Applikation muss der Anwender die Möglichkeit haben, aus der Applikation heraus mittels »Knopfdruck« sofort auf die relevanten Dokumente zugreifen zu können.

Im Extremfall erkennt der Anwender gar nicht mehr, dass er mit einem DMS arbeitet, sondern auf ihn wirkt es, als ob diese DMS-Funktionen Teil seiner Standardapplikation wären. Viele der Systeme bieten inzwischen auch an, dass sich das DMS so stark in den Windows Explorer integriert, dass die DMS-Funktionen im Kontextmenü des Explorers erscheinen und die Metadaten der Dokumente angezeigt werden.

Umgekehrt gibt es natürlich auch die Form, dass man direkt mit dem DMS arbeitet und alle Applikationen aus dem DMS heraus aufruft und nutzt. Die Verknüpfung der Schlüssel und die technische Integration müssen hier genauso gegeben sein. Für den Benutzer stellt es sich nur umgekehrt dar. In diesem Fall ist dann das DMS das führende System.

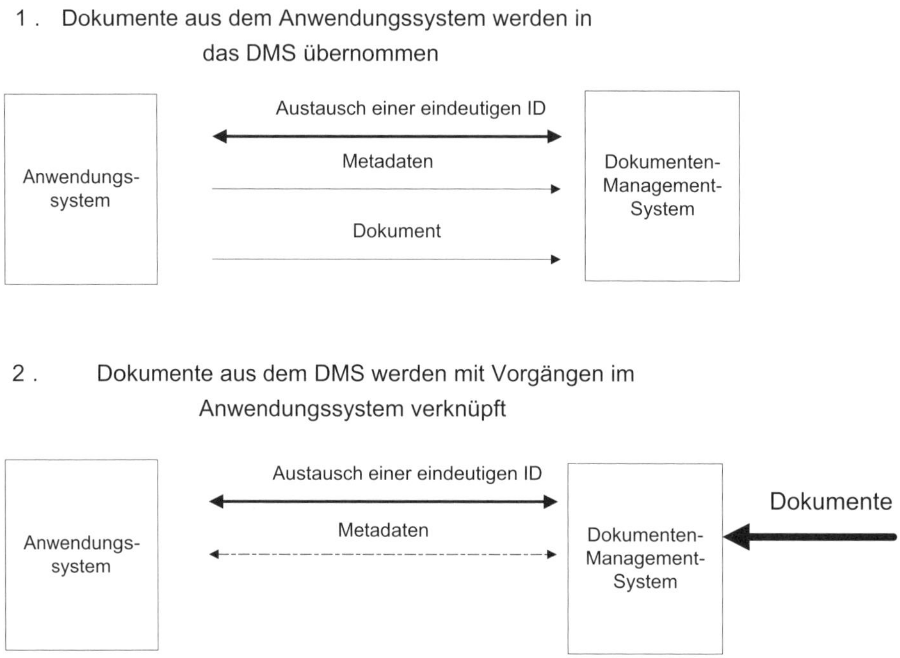

Abb. 4–31 *Integration eines DMS mit einem Anwendungssystem*

4.4.2 Unterstützende Komponenten für Dokumenten-Management-Systeme

4.4.2.1 Archiv

Der Anwender sieht in der Regel das Archiv gar nicht. Für ein Dokumenten-Management-System ist es im Prinzip zunächst unerheblich, wo die Dokumente gelagert werden. Dies kann z.B. auch ein Dateisystem auf einer Festplatte sein. In der Regel wird man aber ein Archiv einsetzen, um folgende Punkte sicherzustellen:

- Ablage großer Mengen von Dokumenten
- revisionssichere Archivierung
- langfristige Archivierung
- Backup und Recovery
- Administration und Optimierung der Bestände

Ein Archiv kann diese verschiedenen Aufgaben unterschiedlich erfüllen: So kann man sich z.B. einmal beschreibbarer optischer Speichermedien bedienen (wie

WORMs oder CDs), um damit eine unveränderliche Speicherung sicherzustellen. Neusysteme wird man nicht mehr so aufbauen. Man nutzt dazu Festplattensysteme, die mittels spezieller Software auch die gleiche Sicherheit vor Verfälschung oder Verlust erreichen. Wichtig ist, dass man an das DMS unterschiedliche Archivierungssysteme anschließen kann, um immer wieder die Komponenten austauschen oder ergänzen zu können.

Oft ist mit dem Archiv auch das Information-Lifecycle-Management verbinden. Unter dem Schlagwort *Information-Lifecycle-Management* (ILM) oder früher *Hierarchisches Speichermanagement* (HSM) entwickelt man Konzepte und Systeme, um gezielt die Daten bedarfsgerecht auf geeigneten Medien zu speichern. Im Prinzip geht es darum, dass man häufig und/oder rasch benötigte Daten auf schnellen und damit teuren Speichersystemen hält. Je seltener die Daten benötigt werden, in desto langsamere und billigere Speicher werden sie ausgelagert. Dies soll automatisch passieren. Der Benutzer merkt dies in der Regel nur an unterschiedlichen Zugriffszeiten. Während ein HSM-System tendenziell einfache Regeln nutzt (z.B. mittels statistischer Auswertung von Zugriffen), ist der Anspruch von ILM-Lösungen, dass man die Daten oder Dokumente inhaltlich bewertet und daraus Regeln zur Speicherung ableitet. Dies kann bis hin zu Regeln führen, wann welche Dokumente oder Daten gelöscht werden können.

4.4.2.2 Datenbanken

Dokumenten-Management-Systeme nutzen meist »klassische« relationale Datenbanken zur Verwaltung der Dokumentenbestände. In der Datenbank werden die Schlüssel, die Metadaten und die Information zum »Lagerort« des Dokuments abgelegt (siehe Abbildung 4–32). Letzteres ist die Information, um das Dokument aus dem Archiv zu holen. Es gibt auch Dokumenten-Management-Systeme, die traditionelle Speicherorte (Papierarchiv) mitverwalten. Eine elektronische Ablage ist daher nicht zwingend erforderlich. Manchmal werden auch die Dokumente direkt – als sogenannte BLOBs – in der Datenbank abgelegt. Bei steigendem Volumen können hier Probleme (Kapazitätsgrenzen der Datenbank, Performance) auftreten.[10]

Da bei den Dokumenten häufig sehr große Speichermengen entstehen – insbesondere wenn es sich um gescannte Images handelt –, werden diese oft auf einem eigenen Speichermedium abgelegt, das besonders abgesichert ist (z.B. um eine Revisionssicherheit zu gewährleisten), während die Datenbank selbst auf einem »normalen« Medium liegt. Früher wurden für die Dokumentenspeicherung

10. Bei einer theoretischen Betrachtung fällt auf, dass Datenbanken normalerweise Metadaten von Objekten der realen Welt speichern. Bei Dokumenten ist es nun (sozusagen zufälligerweise) so, dass auch das Objekt der realen Welt elektronisch gespeichert werden kann. Normalerweise geschieht das separat in einem Dokumentenarchiv, aber man kann es auch direkt in der Datenbank ablegen. Ein ähnliches Phänomen tritt bei Audio- und Videodaten auf. Auch diese können und werden oft in einem DMS verwaltet.

praktisch nur optische Speichermedien verwendet (z.B. WORMs oder CDs), die nicht überschreibbar sind. Das Problem von optischen Speichermedien ist aber, dass sie eine hohe Zugriffszeit aufweisen. Dies ist vor allem dadurch bedingt, dass sie in der Regel in einem Jukebox-System stecken. Hier findet ein mechanischer Transport der Medien von ihrem Lagerplatz in ein Schreib- bzw. Leselaufwerk statt. Ein weiterer Nachteil sind relativ hohe Wartungskosten und Ausfallzeiten, beides wiederum durch die Mechanik bedingt. Um die Performance zu verbessern, verwendete man meistens schnelle festplattengestützte Caches. Wenn man ständig hohe Dokumentenmengen im Zugriff hat, muss man dann aber hohe Kapazitäten vorhalten. Inzwischen stehen im Festplattenbereich aber Systeme zur Verfügung, die ebenso die Unveränderbarkeit der Informationen sicherstellen können. Dazu zählen sogenannte *Content Adressed Storages* (CAS), die dies mittels einer speziellen Software gewährleisten. Dies begünstigt einen Trend »weg von den optischen Speichermedien«, da hier bei gleicher Sicherheit Kosten- und Performancevorteile gegeben sind. Beim Aufbau neuer Systeme werden daher in der Regel keine optischen Medien mehr verwendet.

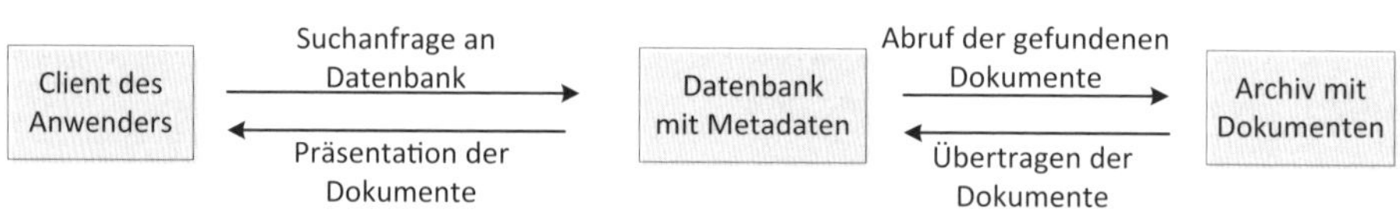

Abb. 4–32 *Zusammenwirken der Metainformationen auf der Datenbank und Dokumentenablage (Archiv)*

Das Dokumenten-Management-System benutzt also ein Datenbanksystem zur Verwaltung seiner Dokumente. Hierzu dienen meistens relationale Datenbanken. In Diskussion sind auch objektorientierte oder NoSQL-Datenbanken, da Dokumente in ihrer logischen Struktur sehr gut als Objekte zu begreifen und zu modellieren sind. Zu meiden sind dagegen Systeme mit proprietären Datenbanken, da diese spätestens bei einem Wechsel auf ein anderes System (Migration) Probleme bereiten.

4.4.2.3 Optical Character Recognition (OCR)

Liegen als Input gescannte Dokumente, Faxe oder andere Image-Formate vor, lassen sich diese Dokumente maschinell nicht direkt interpretieren. Es wird daher oft der Weg beschritten, diese NCI-Dokumente (*Non-Coded Information*) mittels sogenannter OCR-Verfahren bzw. ICR-Verfahren wieder in CI-Dokumente (*Coded Information*) umzuwandeln. (vgl. auch Kapitel 4.1.2). Die Qualität des Ergebnisses hängt dabei stark von der Qualität der Vorlage und der Leistungsfähigkeit der Software ab.

Man kann aber OCR auch einsetzen, um nur Teile des Dokuments auszuwerten, um z.B. eine automatische Indizierung vorzunehmen.

Abb. 4–33 *Metadaten lassen sich durch das Auslesen von Belegen gewinnen. (Quelle: ELO)*

ICR (*Intelligent Character Recognition*) ist eine Erweiterung in dem Sinne, dass man versucht, die Ergebnisse der Umsetzung zu verbessern, indem man Vorwissen über den zu analysierenden Text nutzt. Dies ist im einfachsten Fall Wissen über Formate (z.B. nur Zahlen, Datumsangaben an bestimmten Stellen im Dokument) über den Anschluss von Wörterbüchern (wenn man weiß, welche Sprache verwendet wird) bis hin zum Abgleich mit Datenbankeinträgen (z.B. Kundenadressen, siehe Abbildung 4–33).

4.4.2.4 Elektronische Unterschrift

Wenn ein elektronisches Dokument eine höhere Beweiskraft als den Augenscheinsbeweis nach § 371 ZPO haben soll, dann muss durch spezielle Verfahren sichergestellt werden, dass es nicht nachträglich von Dritten verändert wurde, sondern exakt den Zustand repräsentiert, den der Autor des Dokuments freigegeben hat. In Anlehnung an Papierdokumente wird hier oft von einer »elektronischen Unterschrift« oder »elektronischen Signatur« gesprochen.

Vereinfachend gesagt, ist die elektronische Signatur ein Verfahren, mit dem man eine Datei in ein abgesichertes elektronisches Dokument umsetzt, dessen Autor identifizierbar ist. Dabei kann man folgende Ziele erreichen:

- **Authentizität:** Der Verfasser/Absender ist identifiziert.
- **Integrität:** die Unversehrtheit des Dokuments
- **Vertraulichkeit:** Nur Berechtigte können das Dokument lesen.

Damit kann man also mehr erreichen als nur eine elektronische Unterschrift! Die Verknüpfung von elektronischem Text mit elektronischer Signatur führt zur Rechtsverbindlichkeit. Technisch kommen hier Verschlüsselungsverfahren in Verbindung mit Chipkarten und/oder einem Trustcenter zum Einsatz, die auf das Dokument sozusagen ein »elektronisches Siegel« setzen (vgl. unten).

Im Rechtsverkehr[11] hat die elektronische Unterschrift inzwischen unter bestimmten Voraussetzungen den Status der eigenhändigen Unterschrift. Der Einsatz der elektronischen Unterschrift ist im Signaturgesetz geregelt. Treibende Kraft war hierbei das Thema E-Commerce (z.B. Verträge über das Internet abschlie-

11. vgl. Kapitel 3 zu fortgeschrittenen und qualifizierten Signaturen und Zeitstempeln

ßen, siehe Abbildung 4–34). Das erreichbare Sicherheitspotenzial (Fälschungssicherheit) einer elektronischen Unterschrift ist im Prinzip größer als das einer konventionellen Unterschrift. Es muss sich nun zeigen, ob sich die Verfahren etablieren und auch sinnvoll beim Dokumenten-Management angewendet werden können (z.B. elektronische Unterschrift beim Scanning). Bisher war die Nutzung einer elektronischen Signatur sehr teuer. Durch die Möglichkeit, sich mit dem neuen Personalausweis online zu identifizieren und auch online sich damit eine qualifizierte Signatur zu erstellen, wird sich hier in den nächsten Jahren vieles ändern. Hinzu kommt durch die Änderung der eIDAS-Verordnung, die noch 2022 erfolgt, die Verwendung von sicheren Speichereinheiten z.B. in Smartphones (*Wallets*) zur Speicherung von Dokumenten und Identitätsnachweisen. Drittens wird in Deutschland spätestens zum 1.1.2024 jeder Bürger über ein Bürgerkonto nach dem Onlinezugangsgesetz verfügen, mit dem er sich gegenüber Behörden identifizieren kann. Dieses System wird heute schon für die Identifizierung von Anwälten über das besondere elektronische Anwaltspostfach und für Behörden über das besondere elektronische Behördenpostfach eingesetzt (vgl. Kapitel 3).

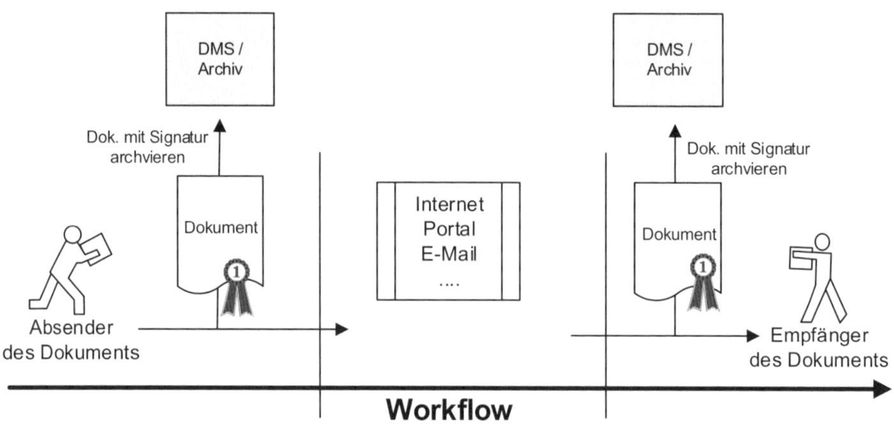

Abb. 4–34 *E-Commerce und elektronische Signatur*

Die Anwendung der digitalen Signatur (siehe Abbildung 4–35) setzt einige technische Komponenten voraus. Benötigt werden:

- ein einmaliges asynchrones Signaturschlüsselpaar (bestehend aus einem privaten und einem dazugehörigen öffentlichen Schlüssel),
- Chipkarten als Träger für die Signaturschlüssel,
- ein elektronisches Zertifikat, das die Zuordnung zu einer Person bestätigt sowie
- eine behördlich genehmigte Zertifizierungsstelle.

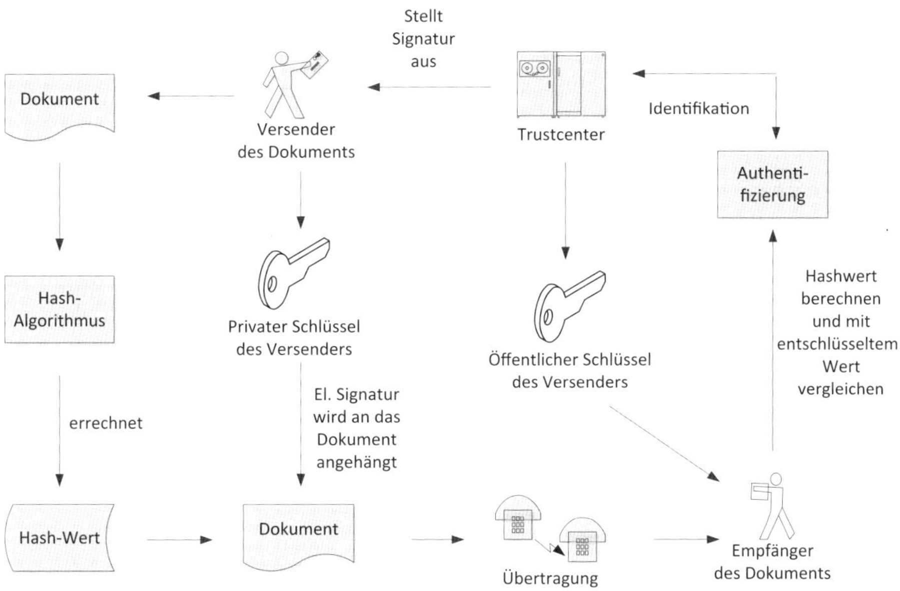

Abb. 4–35 *Das System der elektronischen Signatur*

Das einmalige Signaturschlüsselpaar ist die elektronische Signatur im Sinne des Gesetzes. Durch bestimmte komplexe mathematische Verfahren wird ein Schlüsselpaar erzeugt, das aus einem *privaten Schlüssel* und einem *öffentlichen Schlüssel* besteht. Die beiden Schlüssel ergänzen sich in einer einmaligen Kombination zu einem Schlüsselpaar. Der private Schlüssel bleibt geheim, der zweite ist öffentlich. Der Inhaber des Schlüssels kann nun mit seinem privaten Schlüssel das Dokument signieren, der Empfänger kann den öffentlichen Schlüssel bei der Zertifizierungsstelle abrufen und damit das empfangene Dokument prüfen.

Zusätzlich wird in der Regel noch ein sogenannter *Hashwert* des Dokuments errechnet. Dieser Hashwert ist sozusagen ein »digitaler Fingerabdruck« des Dokuments. Sobald irgendetwas an dem Dokument geändert wird, ändert sich auch dessen Hashwert. Wendet man die Signatur nun auch auf den Hashwert an, dann kann der Empfänger überprüfen, ob das Dokument seit dem Signieren sich irgendwie verändert hat (siehe Abbildung 4–36).

Das Signaturschlüsselpaar wird von einer Zertifizierungsstelle (*Trustcenter, Private Key Infrastructure* (PKI)) generiert und auf die Chipkarte gebracht. Der öffentliche Schlüssel wird in ein öffentliches Schlüsselverzeichnis bei der Zertifizierungsstelle aufgenommen. Der Empfänger einer elektronisch erzeugten Unterschrift kann den Absender mit der Schlüsselnummer (aus dem elektronischen Zertifikat) und dem öffentlichen Schlüsselverzeichnis identifizieren. Das elektronische Zertifikat wird dem Schlüsselinhaber ausgeliefert. Immer wenn er elektronisch signiert, kann er es dem Empfänger bei der Unterschrift mitsenden (sofern der Empfänger es noch nicht besitzt).

Zu erwähnen ist auch noch der *elektronische Zeitstempel*: Wie die elektronische Unterschrift kann man auch einen Zeitstempel am Dokument anbringen. In verschiedenen Situationen kann es wichtig sein, auch den Zeitpunkt z.B. eines Posteingangs festzuhalten.

Der Einsatz der elektronischen Signatur wird gegenwärtig noch durch folgende offene Fragen und Probleme behindert:

- **Kosten des Systems**
  Für den Massenmarkt ist das Ganze zu teuer. Die privaten Nutzer sind nicht bereit, sich Kartenlesegeräte etc. zu kaufen, um im Internet beim Einkaufen mit einer elektronischen Unterschrift einen Einkauf rechtssicher zu machen. Dazu kommen dann noch laufende Gebühren für den Signaturanbieter. Daher ist in absehbarer Zeit nicht mit einer großen Verbreitung zu rechnen, es sei denn, die Voraussetzungen ändern sich. Eine Möglichkeit wäre, dass sich in Verbindung mit dem neuen elektronischen Personalausweis hier weitere Möglichkeiten ergeben.
- **Sicherheit des Systems**
  Aufgrund des technischen Fortschritts muss man damit rechnen, dass heute sichere Signaturen in ein paar Jahren mit jedem PC geknackt werden können. Dies ist bei mittel- bis längerfristig aufzubewahrenden Dokumenten sehr problematisch, da für dieses Problem noch keine befriedigende Lösung in Sicht ist. Ein Vorschlag ist, die Dokumente mit einem jeweils aktuellen Schlüssel noch einmal zu signieren.
- **Langzeitarchivierung**
  Auch hier treten typische Probleme der Langzeitarchivierung auf. Hard- und Software der IT-Systeme ändern sich. Durch das Umkopieren oder Migrieren der Dokumente kann die elektronische Signatur unbrauchbar werden und das Dokument kann möglicherweise nicht mehr anzeigt werden. Auch die Verschlüsselungstechnologien und -verfahren entwickeln sich weiter. Daher kann es notwendig sein, auch diese ggf. zu archivieren.

Im Gegenzug versucht aber die Regierung, die elektronische Unterschrift zu fördern. So kann man z.B. Steuererklärungen online mit elektronischer Signatur abgeben. Auch behördenintern gibt es Bestrebungen, dies vermehrt zu nutzen. Überhaupt kann man gegenwärtig (auch in Firmen) die Tendenz erkennen, das System in geschlossenen Benutzergruppen zu nutzen.

Im Zusammenhang mit DMS gibt es verschiedene Bereiche, in denen man eine elektronische Signatur nutzen kann:

- Dokumente signieren zur revisionssicheren Ablage
- Scanvorgänge von Dokumenten revisionssicher protokollieren

- ein- und ausgehende Dokumente signieren: Man kann Versanddaten in »elektronischen Postausgangsbüchern« und andererseits Empfangs-, Zuleitungs- und Verarbeitungsinformationen in »elektronischen Posteingangsbüchern« revisionssicher protokollieren. Hier werden oft Zeitsignaturen verwendet.

Abb. 4–36 *Elektronische Signatur prüfen (Quelle: Microsoft)*

Schlussfolgerung: Im Augenblick ist die elektronische Signatur für den Breiteneinsatz noch nicht genügend etabliert und standardisiert. Am besten eignet sie sich in eher klar definierten Nutzerkreisen, wo man selbst Standards setzen und auch die technische Integration umsetzen kann. In der eigenen Organisation und mit klar definierten und stabilen externen Partnern kann man dies nutzen, um einen höheren Grad an Revisionssicherheit und Automatisierung zu erreichen.

4.4.2.5 Viewer

Ein Dokumenten-Management-System verwaltet normalerweise viele Dokumente (insbesondere CI-Dokumente) aus unterschiedlichen Quellen mit unterschiedlichen Formaten. Es kann nicht davon ausgegangen werden, dass alle Benutzer immer über alle Programme verfügen, um die unterschiedlichen Dokumente lesen zu können. Hierfür gibt es spezielle Viewer-Programme, mit denen man sich die verschiedenen Dokumente ohne Originalprogramm anzeigen lassen kann (siehe Abbildung 4–37). Diese Programme haben zwar keine Editierfunktion (hierfür ist weiterhin das Ursprungsprogramm erforderlich), aber um die Information zu lesen, reichen sie aus. Auch die Performance der Anzeige verbessert sich, da ein Viewer-Programm meist »schlanker« ist als die Originalapplikation und damit schneller geladen wird.

Häufig speichert man aber die Dokumente zusätzlich in einem »neutralen« Format wie im *Portable Document Format* (PDF/A) von Adobe oder in den TIF-Formaten (ursprünglicher Fax-Standard). Diese dienen dazu, beliebige Dokumente in einheitliche Formate umzuwandeln, die dann mit einem Freeware-Programm (z.B. dem Acrobat Reader) gelesen werden können.

Abb. 4–37 *Ein Dokument wird im Viewer angezeigt. (Quelle: ELO)*

4.4.2.6 Volltext-Retrieval und Text Mining

Das Thema Volltext-Retrieval gibt es schon sehr lange. Diese Technik ermöglicht es dem Benutzer, ohne Rücksicht auf vorher eingegebene Metadaten, Kategorien oder sonstige Informationen nach beliebigen Begriffen in seinen Dokumenten zu suchen (siehe Abbildung 4–38). Voraussetzung dafür ist natürlich, dass diese Texte als CI-Dokumente vorliegen. Wie jeder weiß, der schon im Internet mit Suchmaschinen gesucht hat, ist es aber oft schwierig, die wirklich relevanten Dokumente zu finden.

Um die Suchergebnisse zu verbessern, wurden immer mehr Funktionen eingebaut, die die Suche optimieren:

- **Synonymbildung:** Erkennen gleichwertiger Wörter
- **Abkürzungen:** Die Abkürzung und das eigentliche Wort sollen als gleich erkannt werden.
- **Boolesche Abfragen:** Mithilfe logischer Operatoren (wie AND, OR, NOT etc.) kann man komplexe Abfragen formulieren.
- **Phonetische Suche:** Das Klangbild des Worts wird verwendet, um unterschiedliche Schreibweisen oder Rechtschreibfehler zu ignorieren.
- **Morphologische Analyse:** Dies ermöglicht, Wortstämme und Wortableitungen zu erkennen.

Diese Systeme sind oft regelrechte Suchmaschinen innerhalb des DMS. Dabei gibt es aber noch weitere Optionen: Anstelle einer »internen« Suchmaschine kann man auch eine vom DMS unabhängige Suchmaschine einführen, die in der Lage ist, alle Quellen im System zu durchsuchen: Dies kann die Dateiablage im Fileschare, das DMS und weitere Quellen (wie Mailserver, Intranet) oder auch (ausgewählte Bereiche) des Internets umfassen.

Da auch hier die Ergebnisse noch stark vom Geschick des Fragenden abhängen und die Suche sehr lange dauern kann, versucht man mit noch mehr »Intelligenz« bessere Resultate zu erzielen – diese Bemühungen laufen dann meist unter dem Begriff *Text Mining*. Hierunter werden Methoden und Verfahren verstanden, die es ermöglichen, eine größere Menge natürlichsprachiger Texte (weitgehend) automatisch auszuwerten. Dabei stehen praktisch immer spezifische Aufgaben im Vordergrund und keine umfassende semantische Analyse. Man macht sich bei der Auswertung bestimmte Regeln der Sprache und implizite Strukturen in Texten zunutze. Typische Themen für das Text Mining sind:

- **Textsuche mithilfe »natürlicher« Fragen:** »Wie ...«, »Wo ...«, »Wer ...«
- **Texte clustern:** Das System soll anhand von gleichartigen Wörtern selbstständig Gruppen von Dokumenten erkennen und sortieren, die zusammengehören.
- **Texte kategorisieren:** Auch hier werden Dokumente in Gruppen sortiert, die aber als vordefinierte Kategorien schon vorhanden sind.
- **Textzusammenfassungen erstellen:** Sätze im Dokument werden gewichtet und extrahiert, um Zusammenfassungen zu produzieren.
- **Mustererkennung:** Man versucht in Texten bestimmte Muster zu erkennen, um z.B. Definitionen zu entdecken.

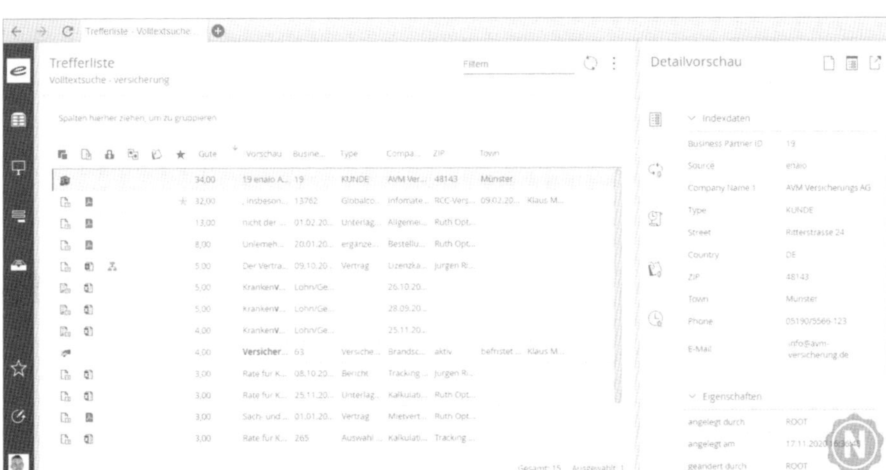

Abb. 4–38 *Trefferliste nach einer Volltextsuche (Quelle: Optimal Systems)*

Anwendungsbeispiele für das Text Mining sind:

- Analyse von Handelsregisterauszügen
- Analyse von Bilanzen (Erläuterungsteil etc.)
- Patentanalyse
- Klassifikation von Zeitschriftenartikeln

In der Regel entstehen für derartige Aufgaben Spezialapplikationen, die sich eines »Werkzeugkastens« bedienen und individuell optimiert werden. Aus der Sicht des Dokumenten-Managements sind hier vor allem zwei Anwendungen interessant:

- das Retrieval von Dokumenten, wenn keine für die Fragestellung passenden Metadaten zur Verfügung stehen
- die automatische Klassifikation von Dokumenten

4.4.2.7 Das Zusammenwirken der Komponenten

Diese verschiedenen Komponenten können im Sinne von Bausteinen je nach Anforderung und Aufgabenstellung unterschiedlich miteinander kombiniert werden und zusammenwirken. Aus den Komponenten können dabei ganze Bearbeitungsketten zusammengestellt werden (siehe Abbildung 4–39). So gibt es z.B. folgende in der Praxis häufig verwendete Struktur:

1. **Scannen**
   Papierdokumente, von denen es keine elektronische Form (mehr) gibt, werden mittels Scanner als Images eingelesen und auf einem optischen Datenträger abgespeichert.
2. **OCR**
   Im nächsten Schritt setzt ein OCR-Programm diese Dokumente in ein CI-Dokument (im einfachsten Fall als ASCII) um.
3. **Volltext-Retrieval**
   Um die nötigen Informationen für ein Retrieval zu gewinnen, wird mittels Volltextsuche ein Index aufgebaut.
4. **Ablage**
   Die so gewonnenen Informationen werden in einer Datenbank abgelegt.

Die Steuerung derartiger Ketten kann durch ein Workflow-System erfolgen. Es entstehen dabei oft Spezialapplikationen, z.B. zur automatischen Verarbeitung von Eingangsrechnungen, beginnend beim Scannen bis zur automatischen Verbuchung und Bezahlung.

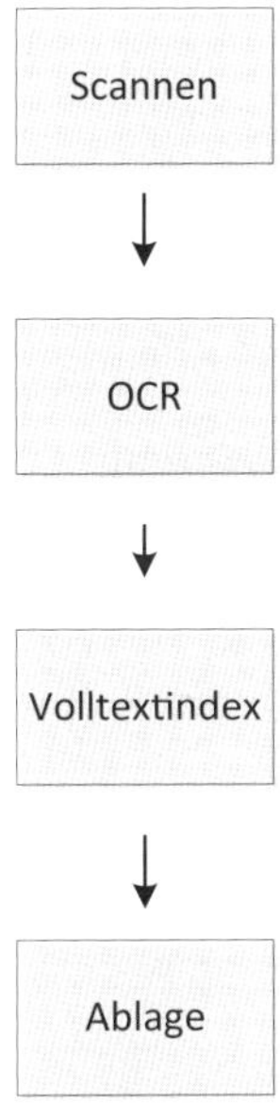

Abb. 4–39 *Prozesskette des Input-Managements*

4.4.3 Steuerung des Dokumentenflusses und der Geschäftsprozesse

Spätestens wenn man das Dokumenten-Management in die täglichen Arbeitsabläufe einbinden will, muss man sich mit dem Thema der Geschäftsprozesse auseinandersetzen. Man kann sich natürlich damit behelfen, dass der einzelne Bearbeiter weiß, wann er welches Dokument abrufen, bearbeiten und speichern muss. In diesem Fall verhält sich ein DMS vollkommen passiv und man hat eine geringere Komplexität bei der Einführung des Systems. Die Produktivität sinkt aber dadurch und es ist auch mit einer höheren Fehlerquote zu rechnen.

4.4.3.1 Business Process Management

Seit einigen Jahren wird der Begriff *Business Process Management* (BPM) in der Diskussion verwendet. Im Kern ist dies eine begriffliche Klammer um alle Aktivitäten, Methoden und Tools, die sich mit der Automatisierung der Abwicklung von Geschäftsprozessen befassen (siehe Abbildung 4–40).

Im organisatorischen Bereich von BPM werden Prozesse als betriebliche Abläufe verstanden, in deren Mittelpunkt der Mensch steht. Dementsprechend sind Ansätze zur Modellierung und Dokumentation darauf ausgerichtet, vor allem leicht verständlich zu sein. Eine zentrale Herausforderung bei der Prozessverbesserung ist aus Sicht der Organisation die Bereitschaft und Fähigkeit der Prozessbeteiligten, die neuen Strukturen zu verstehen, zu akzeptieren und umzusetzen.

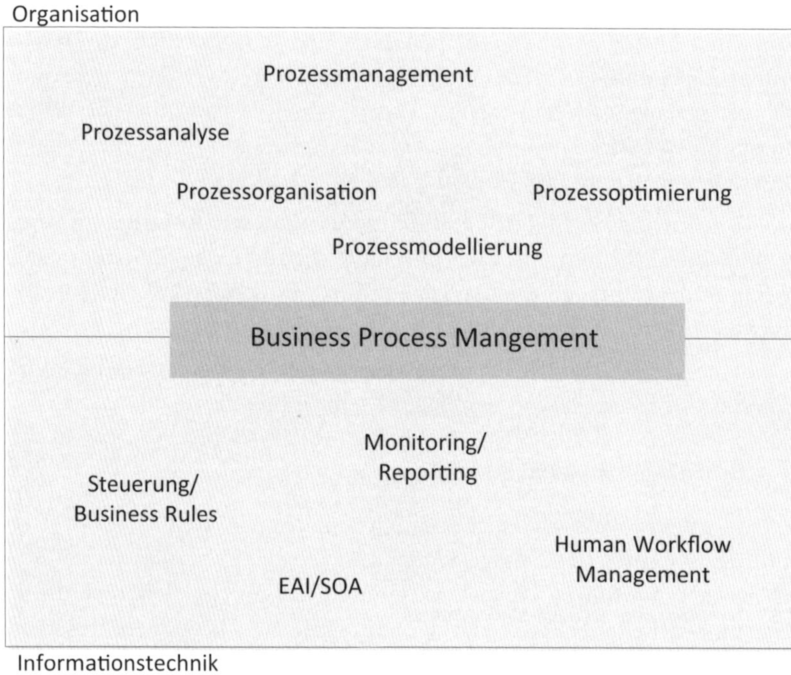

Abb. 4–40 *BPM vereint die organisatorische und die technische Sicht. (Quelle: FREUND 2008)*

Im Gegensatz dazu versteht die Informationstechnologie jedes Prozessproblem als eine analytische Herausforderung, die mithilfe einer logischen Diagnose, systematischen Lösungskonzeption und technischen Implementierung bewältigt werden kann. Aus der IT-Perspektive müssen Prozessmodelle vor allem formal korrekt und durch Softwaresysteme interpretierbar sein. Diese technische Unterstützung und die Systeme hierzu werden in der Regel unter dem Begriff *Workflow* bzw. *Workflow-Systeme* verstanden.

4.4.3.2 Unterstützung mit Workflow-Systemen

Ein Workflow-System bildet den Geschäftsprozess in einem IT-System ab und führt die Mitarbeiter mithilfe eines hinterlegten Regelwerks durch die Geschäftsprozesse. Workflow-Systeme gibt es in unterschiedlichen Ausprägungen:

- als eigenständiges System, das sich im Prinzip mit beliebigen anderen Systemen – also auch einem DMS – koppeln lässt. Hiermit ist man am flexibelsten, was den Einsatz betrifft. Dies ist immer dann wichtig, wenn die zu unterstützenden Prozesse mit unterschiedlichen Systemen arbeiten sollen. Man muss aber im Einzelfall prüfen, wie gut sich das Workflow-System mit den bestehenden oder geplanten Systemen integrieren lässt.

- Das Workflow-System ist Teil des DMS. Hier ist der Vorteil, dass es in der Regel optimal auf das Dokumenten-Management ausgerichtet ist. Der Dokumentenfluss kann hier einfach und rasch eingerichtet werden. Man sollte sich aber hier genauer anschauen, ob und wie dieses System noch bei Prozessen außerhalb des DMS einsetzbar ist. Diese Systeme sind meist gut geeignet für dokumentenzentrierte Prozesse (innerhalb des DMS).
- Das Workflow-System kann auch Teil einer anderen Anwendung sein, wie z.B. Teil eines ERP-Systems. Hier gilt natürlich auch, dass es dann primär die Abläufe in dem übergeordneten System unterstützt. Ob und wie gut der Dokumentenfluss im DMS abgebildet werden kann, ist zu prüfen.
- Für welche Systemkategorie man sich entscheidet, hängt letztendlich von den eigenen Anforderungen und der eigenen Umgebung ab.

4.4.3.3 Grundlagen von Workflow-Systemen

Dokumente werden nach vorgegebenen Merkmalen und Regeln zur Weitergabe in den Informationskreislauf eingesteuert. Der jeweilige Sachbearbeiter gibt den Anstoß für den Workflow. Welche Aktivitäten jedoch einzuleiten sind, um die Vorgänge zu bearbeiten, entscheidet der Mitarbeiter. Es liegt allein in seinem Ermessen, wann er den Vorgang an die nächste Bearbeitungsstufe weitergibt. Es kann also auch passieren, dass bei Abwesenheit eines Mitarbeiters der Vorgang nicht bearbeitet wird. Ein weiteres Problem, das Dokumenten-Management-Systeme nicht abfangen, ist die parallele Bearbeitung. In der Regel werden Vorgänge linear abgearbeitet, weil jeder auf das Originaldokument wartet (z.B. bei der Vertragsprüfung). Genau hier liegt aber die tatsächlich mögliche Reduzierung der Durchlaufzeit in der Vorgangsbearbeitung. Sicher kann eine Organisation auch Regeln aufstellen, die den Sachbearbeitern die Vorgaben zum Durchlauf eines Bearbeitungsvorgangs aufzeigen. An der Vielzahl der Arbeitsschritte, die jedoch notwendig sind, bis ein Vorgang erledigt ist, lässt sich leicht erkennen, dass ein manuell angestoßener Steuermechanismus seine Schwächen hat. Die Verwaltung von umfangreichen Wiedervorlagen und Terminen ist ein weiteres Problem.

So stellt sich also die Frage, auf welche Art und Weise diese Vorgangssteuerung technisch unterstützt werden kann. Dies ist dann der Weg zu einer automatischen, mit Regeln unterlegten Steuerung der Vorgangsbearbeitung. Der nächste Schritt ist konsequenterweise die Einführung eines IT-gestützten Vorgangssteuerungssystems – also eines Workflow-Systems. Im Grunde adaptiert ein Workflow-System die bekannten Prinzipien aus der Produktion für den Verwaltungsbereich. Es wird aber nicht der Materialfluss, sondern der Fluss der Informationen unterstützt. Der Mensch bleibt Entscheidungsträger, er gibt die notwendigen Modellierungsdaten vor, die eine mit Regeln unterlegte automatisierte Steuerung von Informationen, Dokumenten und Vorgängen möglich machen.

Workflow-Systeme ermöglichen die Einrichtung, Steuerung und Verfolgung von Geschäftsprozessen. Ihre zentrale Stärke ist die Integration von Abläufen; sie können aber oft auch eine Datenintegration, zumindest auf globaler Ebene, sicherstellen. Die Beschaffung eines Workflow-Systems bedeutet, dass ein Entwicklungssystem eingeführt wird, mit dem die Geschäftsprozesse auf das IT-System abgebildet werden können. Hierbei werden alle Elemente der Abwicklung von Geschäftsprozessen bestimmt:

- die Reihenfolge der Bearbeitungsschritte
- wer die Arbeiten durchführt
- welche Hilfsmittel, Anwendungsprogramme und Dokumente verwendet werden
- Quellen und Nutzer von Informationen
- Kommunikationspartner
- der zeitliche Rahmen des Prozesses und/oder einzelner Vorgänge

Workflow-Anwendungen stellen den Anwendern zur richtigen Zeit am richtigen Platz automatisch alle vorgangsrelevanten Daten, Dokumente und die zur Bearbeitung notwendigen IT-Applikationen sowie Kommunikations- und Bürowerkzeuge zur Verfügung. Workflow-Systeme werden auch *Vorgangssteuerungssysteme* genannt. Dies bedeutet, dass strukturierte Geschäftsprozesse durch ein derartiges System gesteuert werden. Das generelle Regelwerk zur Abwicklung wird als *Prozess*, der Einzelfall wird meist als *Vorgang* bezeichnet. Ein derartiger Vorgang, wie z.B. die »Kreditbearbeitung für Herrn Müller«, wird oft durch eine *Vorgangsmappe* dargestellt. Diese Vorgangsmappe enthält im Allgemeinen eine Sammlung von Dokumenten, die zur Bearbeitung des Vorgangs benötigt werden, hier z.B. »Kreditantrag«, »Schufa-Auskunft«, »Kontoblätter« etc. Diese Dokumente haben unterschiedliche Quellen; zum Teil werden sie auch erst im Rahmen des Vorgangs erstellt oder verändert und repräsentieren zum Schluss auch das Ergebnis des Vorgangs (siehe Abbildung 4–41).

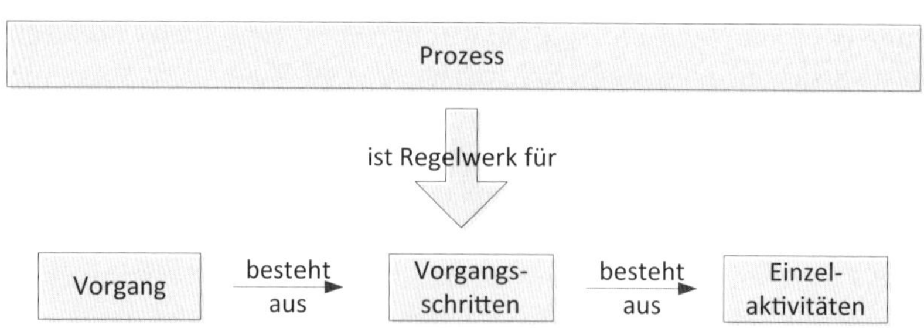

Abb. 4–41 *Grundstruktur von Workflow-Systemen*

Der Vorgang selbst besteht wieder aus *Vorgangsschritten*. Das Zusammenspiel zwischen diesen Schritten (Verzweigungen, Parallelbearbeitung, Legitimationen etc.) wird im Allgemeinen auf dieser Ebene durch das Regelwerk gesteuert. Die

Vorgangsschritte setzen sich aus einer Vielzahl von *Einzelaktivitäten* (wie buchen, Texte erfassen, Drucke anstoßen etc.) zusammen.

Je nach Grad der Strukturiertheit der zu unterstützenden Geschäftsprozesse werden verschiedene Typen von Workflows unterschieden:

- Ad-hoc-Workflows
- semi-strukturierte Workflows
- strukturierte vordefinierte Workflows

Während strukturierte vordefinierte Workflows auf ein stark reglementiertes Massengeschäft ausgerichtet sind, stehen bei Ad-hoc-Workflows singuläre Abläufe im Vordergrund, die der Anwender selbst definieren kann. Dagegen wird bei vordefinierten Workflows der Prozess durch eine Entwicklungsabteilung festgelegt. Der Anwender kann diese Struktur bei seinem Vorgang nur noch innerhalb von vordefinierten Grenzen modifizieren. Hier erfolgt dann der Übergang zu semi-strukturierten Workflows. So werden Systeme mit Elementen aus beiden Welten (z.B. Ad-hoc-Workflows oder offene Teambearbeitung innerhalb strukturierter Workflows) bezeichnet.

Workflow-Systeme eignen sich besonders zur Beschleunigung von Bearbeitungs- und Genehmigungsprozessen und zur Überwachung zeitkritischer Aktivitäten. Spätestens bei der Einführung eines Workflow-Systems zeigt sich, wie präzise bei der Konzeption und Einführung des Dokumenten-Management-Systems gearbeitet wurde. Schon in der Konzeptphase für das Dokumenten-Management-System ist der Blick auf die gesamte Lösung, nämlich in Richtung Workflow-System, sehr wichtig. Bei der automatisierten Dokumentenverwaltung und -verarbeitung werden mit jedem Teilschritt komplexere Strukturen integriert, die aufeinander aufbauen. Wer am Anfang diesen Punkt nicht mit einbezogen hat, geht das Risiko ein, später sein System nicht im erforderlichen Maß ausbauen zu können. Dies führt dann entweder zu sehr aufwendigen Individualentwicklungen, oder im schlimmsten Fall muss das alte System abgelöst und eine Migration der Daten auf ein neues Dokumenten-Management-System durchgeführt werden.

4.4.3.4 Komponenten von Workflow-Systemen

Workflow-Systeme bestehen aus mehreren Komponenten, die je nach Benutzer und Zeitpunkt unterschiedlich zum Tragen kommen.

Zunächst gibt es Entwicklungswerkzeuge: In einem Engineering-Prozess wird die logische Struktur des Prozesses im Workflow-System abgebildet. Hierbei muss zuerst der Ist-Zustand aufgenommen bzw. ein optimierter Soll-Prozess entwickelt werden. Dies ist die Basis, aus der dann die Workflow-Applikation entwickelt bzw. generiert wird. Wichtig ist dabei, dass dieses Werkzeug auch über einen grafischen Editor zur Visualisierung der Prozesse verfügt, denn nur so kann eine gute Kommunikation mit dem Anwender des Systems stattfinden (siehe Abbildung 4–42).

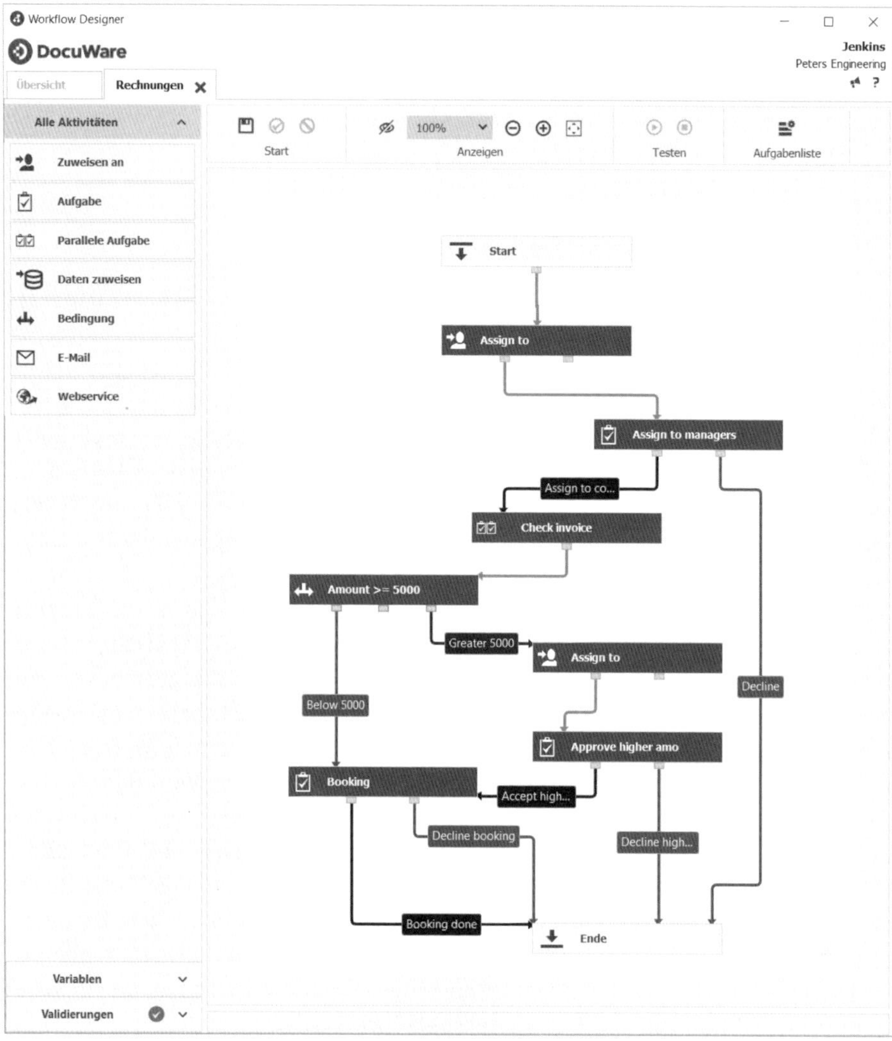

Abb. 4–42 *Grafischer Editor für Workflows (Quelle: Docuware)*

Der Benutzer arbeitet mit dem sogenannten Runtime-System, um seine Geschäftsvorfälle mit dem System abzuwickeln (siehe Abbildung 4–44). Dieses System stellt sozusagen als »Schablonen« die definierten Prozesse als Kopiervorlage für konkrete Vorgänge zur Verfügung und verwaltet laufende Vorgänge (Status, Dokumente, aktueller Bearbeiter etc.).

Parallel hierzu gibt es für den Systemadministrator Überwachungs- und Steuerungswerkzeuge, mit deren Hilfe das laufende System im Produktivbetrieb kontrolliert und gesteuert wird.

Die *Workflow Management Coalition*[12] (WfMC) hat ein Modell mit Schnittstellen von Workflow-Systemen aufgestellt, das die Systeme wie folgt beschreibt (siehe auch Abbildung 4–43):

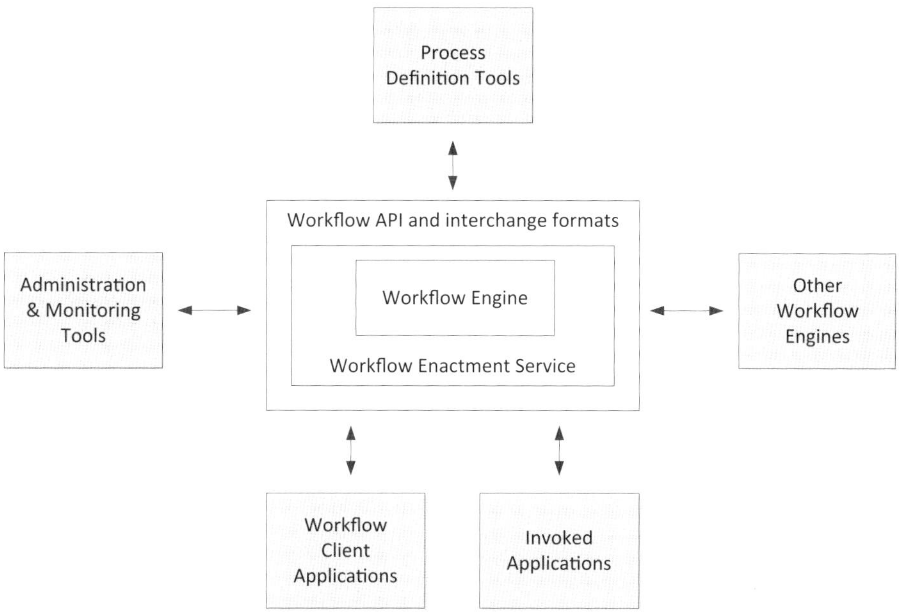

Abb. 4–43 *Komponenten eines Workflow-Systems (nach dem WfMC-Referenzmodell)*

1. **Process Definition Tools**
   Es gibt eine Reihe von Systemen, um Prozesse zu beschreiben, zu analysieren, zu optimieren etc. Daher kann es sinnvoll sein, diese Beschreibungen in ein Workflow-System zu übernehmen. Umgekehrt ist es denkbar, Informationen über tatsächlich gelaufene Vorgänge in ein Analysetool zu übernehmen und die Prozesse ggf. zu verbessern. Hierzu gibt es verschiedene Produkte (z.B. ARIS, Adonis etc.).
2. **Workflow Client Application**
   Eine definierte Schnittstelle zum Client ermöglicht es, dass bei Bedarf auch Client-Applikationen von Third-Party-Anbietern eingesetzt werden können. Beschrieben wird hier der standardisierte Aufruf von Funktionen eines Workflow-Systems, um z.B. die Bearbeitung eines Geschäftsprozesses zu initiieren, zu stoppen oder fortzusetzen.
3. **Invoked Application**
   Da Workflow-Systeme im Allgemeinen eine Reihe von anderen Anwendungen (z.B. Finanzbuchhaltung, Textverarbeitung, E-Mail) aufrufen, ist diese Schnitt-

12. Unter *http://www.wfmc.org* findet man zu diesen Standards weitere Informationen.

stelle besonders wichtig. Als Schnittstelle werden heute in der Regel Webservices verwendet.

4. **Administration & Monitoring Tools**
   Der Administrator soll die Möglichkeit haben, das System zu überwachen, Schwachstellen zu erkennen und die Einstellungen zu optimieren
5. **Workflow Interoperability**
   Dies wird als wichtiges Ziel angesehen: Es sollen Vorgänge von einem Workflow-System in ein anderes (auch von einem anderen Hersteller!) weitergegeben und dort weiterbearbeitet werden können.

In der Praxis kann man aber die genannten Standardisierungsbemühungen nicht so beobachten. Normalerweise werden Systeme eines Herstellers eingesetzt. Man findet jetzt eher neue Ansätze, wie BPEL[13] (*Business Process Execution Language*).

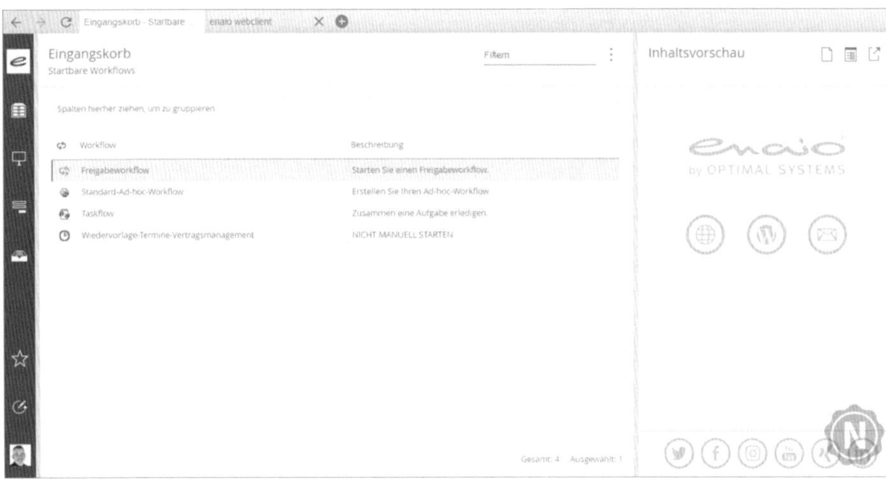

Abb. 4–44 *Startbare Workflows (Quelle: Optimal Systems)*

4.4.3.5 Workflow und Dokumenten-Management

Für die Erstellung, Verwaltung, Ablage und ein späteres Retrieval der Dokumente bedienen sich die Workflow-Systeme oft eines Dokumenten-Managements. Bezüglich der Abgrenzung und Funktionalität ist zu sagen, dass das Dokumenten-Management-System (im engeren Sinne) eher für den statischen Aspekt des Dokumenten-Handlings zuständig ist. Dies umfasst die Frage nach dem »Wo ist das Dokument?« und »Welchen Inhalt hat das Dokument?«. Das Workflow-System

13. BPEL wurde ursprünglich als Standard von verschiedenen Firmen (wie IBM, Microsoft) vorangetrieben und wurde inzwischen an OASIS (*http://www.oasis-open.org*) zur weiteren Pflege übergeben.

dagegen behandelt den dynamischen Aspekt: »Wie entsteht das Dokument?«, »Wie wird es weiterverarbeitet?«, »Wer benutzt das Dokument?« usw. Die Übergänge zwischen den Systemen sind aber durchaus fließend.

Klassische Workflow-Systeme speichern die Prozess- bzw. Vorgangsinformationen als eigene Objekte in einer Datenbank. Da sich Dokumente auch als Objekte (Attribute und Methoden) betrachten lassen, besteht die Möglichkeit, Dokumente als Träger der Vorgangssteuerungsinformation zu behandeln. Dies bedeutet, dass das Dokument »weiß«, welche Bearbeitungsschritte von wem in welcher Reihenfolge usw. durchzuführen sind.

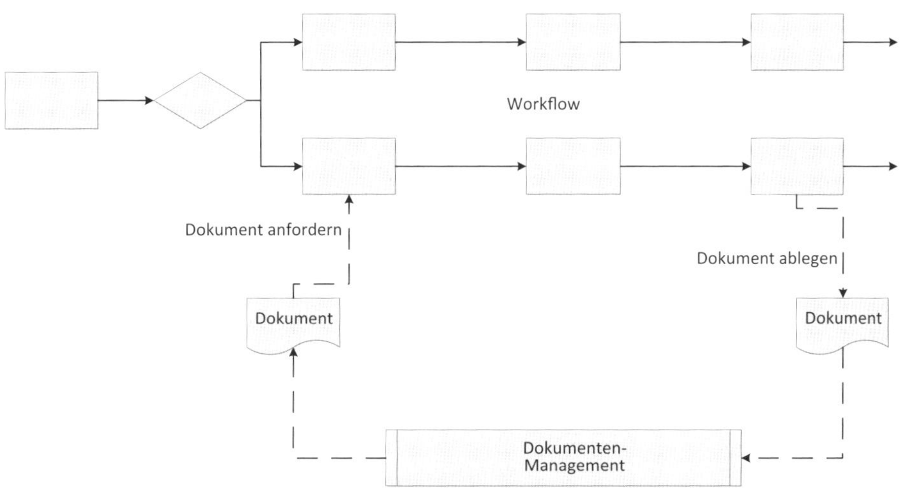

Abb. 4–45 *Zusammenspiel von Dokumenten-Management und Workflow*

In der Arbeitsweise kann man sich das Zusammenspiel von dem Workflow-System mit dem DMS beispielhaft so vorstellen (siehe Abbildung 4–45):

1. Im Posteingang geht ein Dokument ein und wird im DMS entsprechend klassifiziert (z.B. Bestellung) und abgelegt. Dieses klassifizierte Dokument wird auch dem Workflow-System gemeldet.
2. Das Workflow-System »weiß« anhand der Dokumentenklassifikation, welcher Workflow (Auftragsbearbeitung) zu starten ist, und kann anhand der vergebenen Metadaten (Kundennummer) feststellen, welcher Bearbeiter zuständig ist. Diesem Bearbeiter stellt das Workflow-System eine entsprechende Aufgabe in dessen Aufgabenliste ein.
3. Der Bearbeiter startet dann diese Aufgabe. Das Workflow-System weiß, dass als Erstes das CRM-System mit einer bestimmten Funktion zu starten ist. Daher bekommt der Bearbeiter sofort die richtige Maske (Auftragserfassung) angezeigt. Dazu holt das Workflow-System außerdem das eingegangene Schreiben aus dem DMS und zeigt dies gleichfalls an.

4. Der Bearbeiter erfasst den Auftrag und schließt die Bearbeitung ab. Das Workflow-System erstellt automatisch ein Schreiben »Auftragsbestätigung«, bietet dies dem Bearbeiter zur manuellen Änderung an und verschickt anschließend das Schreiben.
5. Das erstellte Schreiben wird automatisch im DMS abgelegt. Das Workflow-System kennt die dazu notwendigen Metadaten auf Basis der bisherigen Bearbeitung.

Dieses Beispiel zeigt, wie stark DMS und Workflow-System ineinandergreifen müssen, um eine effektive Unterstützung für den Bearbeiter bieten zu können.

4.4.4 Wissensmanagement

Da sehr viele Anbieter von Dokumenten-Management-Systemen ihr System auch als »Wissensmanagement« oder »Knowledge-Management« anbieten, soll auf dieses Thema hier etwas ausführlicher eingegangen werden. Als Hauptproblem ist zunächst einmal zu definieren, was überhaupt »Wissen« ist – hier sind nämlich schon sehr schnell die ersten Grenzen dieses Anspruchs erkennbar!

Während Begriffe wie *Zeichen* und *Daten* noch sehr einfach zu fassen sind, ist schon die erste Frage, »Was sind Informationen?«, etwas komplexer. Aber hier kann man sich noch damit behelfen, dass Informationen exakte Aussagen sind, die z.B. auch formal bzw. mathematisch exakt formulierbare Sätze sind. Bestimmte Informationen sind also noch maschinell zu erzeugen und zu verarbeiten (z.B. Expertensysteme: Ableitung von Aussagen aus Regeln, mathematische Beweise). Es ergibt sich im Prinzip die Hierarchie aus Abbildung 4–46:

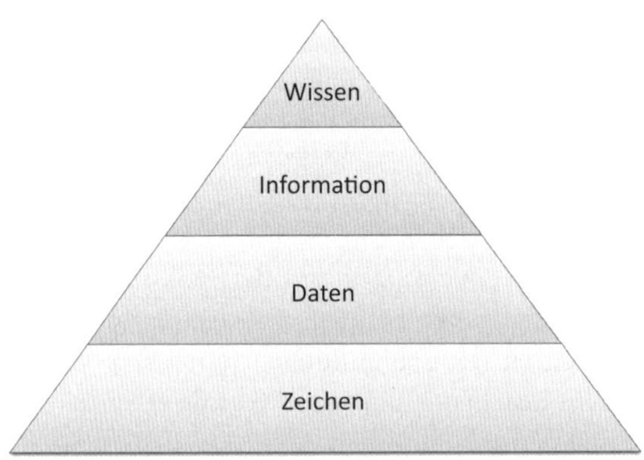

Abb. 4–46 *Die Pyramide der Wissensverarbeitung*

- **Zeichen**
  Bei Zeichen handelt es sich um Bausteine eines Codes ohne jede Aussage. Zeichen (wie *a*, *b*, *1*, *2*, #, §) beinhalten, für sich allein genommen, keinerlei eigenen Wert oder eigene Aussage.

- **Daten**
  »Daten kennzeichnen einzelne objektive Fakten zu Ereignissen oder Vorgängen.«[14] Dies können z.B. strukturierte Aufzeichnungen von Transaktionen sein (wie Rechnungen, Stammdaten von Kunden oder ein Geburtsdatum etc.).
- **Informationen**
  Informationen werden oft auch als *Nachrichten* bezeichnet, weil sie etwas beim Empfänger bewirken (sollen). Sie besitzen Zweck und Bedeutung. Einzelne Daten werden hierbei zu einer komplexeren Struktur »aufgewertet«. Dies geschieht durch verschiedene Methoden[15]:
  - **Kontextualisierung:** Es ist bekannt, zu welchem Zweck die Daten beschafft wurden.
  - **Kategorisierung:** Die Analyseeinheiten oder Hauptkomponenten des Datenmaterials sind bekannt.
  - **Kalkulation:** Das Datenmaterial konnte mathematisch analysiert oder statistisch ausgewertet werden.
  - **Korrektur:** Aus dem Datenmaterial wurden Fehler beseitigt.
  - **Komprimierung:** Die Daten sind in knapperer Form zusammengefasst worden. Moderne IT-Systeme unterstützen den Prozess der Informationsgewinnung, aber ohne menschlichen Eingriff bleiben die Ergebnisse meistens bescheiden.
- **Wissen**
  Im Allgemeinen wird davon ausgegangen, dass das Wissen mehr ist als Informationen, wobei es intuitiv schwierig ist, dieses »Mehr« zu beschreiben. »Wissen, das unabhängig von seinen Besitzern dargestellt und übertragen werden kann, präsentiert sich meistens als Information.«[16] Diese Aussage bedeutet zum einen, dass nicht jedes Wissen als Information darstellbar ist. Andererseits heißt das implizit auch, dass ein Teil des Wissens verloren geht, wenn versucht wird, es als Information darzustellen. »Information ist ein möglicher Träger oder ein möglicher Repräsentant von Wissen [...] In Wirklichkeit geht es darum, welche Information die benötigten Assoziationen im menschlichen Gehirn schneller und präziser hervorruft.«[17] Neues Wissen entsteht im menschlichen Gehirn in der Verknüpfung von vorhandenem Vorwissen und neuen Informationen.

Ein weiteres Thema ist die **Kodifizierung von Wissen**: Um Wissen maschinell speichern und wiedergewinnen zu können, muss es kodifiziert werden. Das Problem dabei ist, dass das Wissen sich nicht verlustfrei in Informationen oder gar in Daten umwandeln lässt bzw. dabei seinen eigentlichen Wert verlieren würde. Latent

14. vgl. DAVENPORT 1999, S. 27 ff.
15. vgl. DAVENPORT 1999, S. 30
16. aus ENDRES 2000, S. 51
17. aus ENDRES 2000, S. 52

vorhandenes komplexes Wissen von menschlichen Wissensträgern im Unternehmen lässt sich überhaupt nicht in Dokumenten oder Datenbanken speichern. Hier spielen so viele Erfahrungen, Assoziationen und implizit vorhandenes Wissen eine Rolle, dass es aussichtslos ist, dies alles in eine strukturierte nachvollziehbare Form zu bringen.

Ein anderer Ansatz ist zu fragen, was die Hersteller zurzeit unter dem Begriff ***Wissensmanagement*** im Zusammenhang mit DMS eigentlich anbieten. Man kann den Eindruck gewinnen, dass alle Verbesserungen bei der automatischen Klassifizierung von Dokumenten und bei intelligenteren Retrievalansätzen unter dem Begriff »Wissens«- oder »Knowledge-Management« verkauft werden. Dies ist aber kein Wissensmanagement, wenn Wissen so zu verstehen ist, wie oben gezeigt!

Eine systematische Betrachtung des Begriffs *Wissen*, wie er z.B. im Ansatz des Wissensmanagement-Prozesses dargestellt wird, kann hier weiterhelfen (siehe Abbildung 4–47).

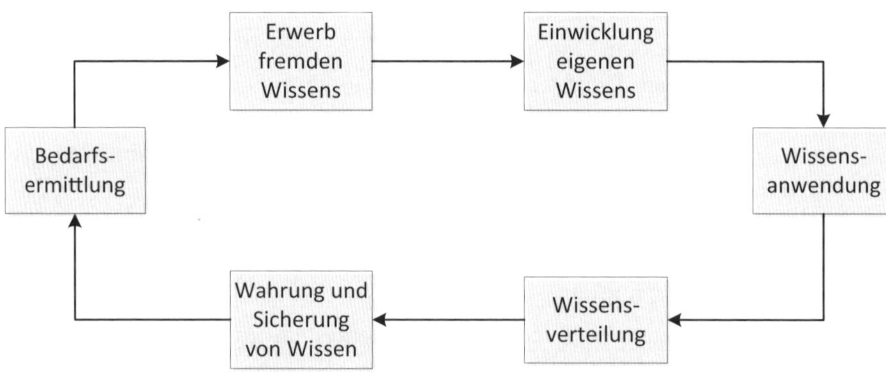

Abb. 4–47 *Der Wissensmanagement-Prozess (nach Probst)*[18]

Bei der Betrachtung des Wissens unter diesem Aspekt muss die Technik eine Umgebung schaffen, die den einzelnen Menschen beim Erwerb, Austausch und bei der Nutzung von Wissen fördert. Daher wird das Thema Wissensmanagement auch oft sehr stark in Bezug auf die Unternehmenskultur diskutiert. Aus diesem Grund können technische Systeme für das »Wissensmanagement« nie das Wissen selbst managen, sondern nur die Menschen unterstützen, ihr Wissen zu managen. Dies bedeutet, dass es sich nur um Hilfsmittel handeln kann, die den Menschen beim Austausch und bei der Gewinnung von Wissen helfen. Wissen selbst können diese Instrumente nie speichern, semantisch verarbeiten oder gar erzeugen. In einer Studie »Evaluation führender Knowledge Management Suites« vom Institut für Medien und Kommunikationsmanagement an der Universität St. Gallen wird die Funktionalität der Systeme in vier Kategorien eingeteilt:

18. aus [ENMDERS 2000] S. 416

- Kollaboration (Zusammenarbeit): Unterstützung der Kommunikation zwischen Menschen
- Content-Management
- Visualisierung und Aggregation
- Information Search and Retrieval (Informationssuche)

Nur die letzte Kategorie lässt sich den Dokumenten-Management-Systemen zuordnen. Im Sinne des Wissensmanagement-Prozesses geht es hier um die Wahrung und Sicherung von Wissen. Hier ist der Anwender sofort wiederum mit dem Dilemma konfrontiert, dass Wissen nicht verlustfrei kodifiziert werden kann (vgl. oben). Daher werden hier noch einmal zwei ganz unterschiedliche Ansätze verfolgt:

- Verwalten von Informationen über Wissensträger (»Wer weiß was in der Organisation?«). Dieser Ansatz geht davon aus, dass es wichtiger ist zu wissen, wer etwas weiß, statt das Wissen selbst zu speichern. Gerade dieser Ansatz wird heute oft mit speziellen Features von Kollaborationsystemen (z.B. mit MySite) unterstützt
- Werkzeuge, mit denen der Mensch aus gespeicherten Informationen Wissen generieren kann

Dokumenten-Management-Systeme – so wie sie hier diskutiert werden – können nur den letzten Punkt erfüllen. Wer die Angebote bei den DMS betrachtet, die unter dem Begriff »Wissensmanagement« angeboten werden, der kann feststellen, dass hierunter insbesondere alle intelligenteren Indizierungs- und Suchwerkzeuge eingeordnet werden. Das Ziel ist es letztendlich, mit »intelligenten« Programmen zu arbeiten, die sehr unstrukturierte Fragen beantworten können, die keiner formalen Sprache (wie SQL) entsprechen müssen, sondern selbst lernen, wie der Anwender eine Frage verstanden haben will. Hier können Techniken wie *Neuronale Netze* und *Fuzzy-Logik* helfen, die zum Teil schon in den Produkten genutzt werden.

Es gibt weitere IT-Werkzeuge, die noch andere Bereiche des Wissensmanagements (im eingeschränkten Sinne) abdecken können. Dazu zählen z.B. Business-Intelligence-Systeme, Suchmaschinen und KI-Systeme (künstliche Intelligenz). Aber für alle diese Systeme gelten die hier geschilderten Einschränkungen, die eine maschinelle Erzeugung und Verarbeitung von »echtem Wissen« ausschließen.

4.4.5 Content-Management

4.4.5.1 Der Begriff Content

Bei der Betrachtung von Content-Management stößt man als Erstes auf den Begriff *Content*, der übersetzt nur »Inhalt« bedeutet. Der Begriff zeigt, dass hier die Schaffung, Verwaltung und Verteilung von Inhalten im Vordergrund steht. Im Gegensatz dazu steht beim Begriff *Dokument* das physische Objekt, der Träger der Information im Mittelpunkt. Content kann man hier als logische »Informationseinheiten«

auf elementarer Ebene verstehen. Derartige Informationseinheiten werden geschaffen, zu größeren »Informationsverbünden« zusammengestellt und in unterschiedlichen Medien veröffentlicht.

4.4.5.2 Der Begriff des Content-Managements

Content-Management bedeutet letztendlich die Verwaltung von Content. Wichtige Funktionen von Content-Management[19] sind daher:

- Erzeugung (Generierung) von Content
- Verwaltung (Organisation und Aufbereitung)
- Zur-Verfügung-Stellung (Distribution)
- Schaffung von Nutzungs- und Verarbeitungsmöglichkeiten (Nutzung)

Das Konzept von Content-Management gibt es im Prinzip unter den Begriffen *Autoren-* oder *Redaktionssystem* schon länger. Jetzt wird es aber fast immer im Zusammenhang mit dem Internet thematisiert. Hier besteht die Notwendigkeit, sehr häufig die Inhalte (den Content) der Seiten zu ändern, insbesondere wenn es sich um Produkt- oder Leistungsangebote, Nachrichten etc. handelt. Neben dem eigentlichen Inhalt gibt es das Layout der Seiten, multimediale Effekte, Farben und Steuerungselemente. Diese sollen dem Leser das Navigieren in den Seiten und das Aufnehmen der Informationen erleichtern. Ebenso ist ein Wiedererkennungseffekt erwünscht.

4.4.5.3 Content-Management-Systeme

Zahlreiche Hersteller verwenden den Begriff Content-Management als Synonym für die Anforderung an ein System zur Datenzusammenstellung und Datenaufbereitung unabhängig von dem Speicherformat und Speicherort. Das angestrebte Ziel ist dabei, aus einem Pool von Daten über Abfrage- und Verbindungsmechanismen ein neues Dokument zu generieren und dem Anwender in einem neuen Format zu präsentieren. Bedingt durch den Internetauftritt und den sich rasch ändernden Informationsgehalt werden ganz neue Anforderungen an Content-Management-Systeme laut. Hersteller von Dokumenten-Management-Systemen setzten dabei vermehrt auf die Integration von Datenbanksystemen und auf XML-basierte Lösungsansätze. Unabhängig vom zugrunde liegenden System sind für einen erfolgreichen Aufbau eines CMS folgende Grundüberlegungen von zentraler Bedeutung:

- **Datenerzeuger:** Wie erfolgt die Datenerfassung oder Datenanbindung?
- **Datenhaltung:** In welcher Form werden Daten gespeichert und strukturiert?
- **Präsentation:** Welche Vorlagen und Aufbereitungsformen werden gewünscht?

---

19. vgl. dazu auch KOOP2001

Datenerzeuger

Die Datenquellen eines Content-Managements können sehr vielfältig sein. Dennoch werden Content-Management-Systeme oft in direkten Zusammenhang mit einem DMS als Datenlieferant gebracht. Betrachtet man den Gesichtspunkt der dynamischen Dokumentengenerierung eines CMS, dann reicht ein klassisches DMS oft nicht aus, um alle dafür notwendigen Funktionen zur Verfügung zu stellen.

Strebt man eine integrale Lösung mit einem DMS an, so sind bei der Dokumentenerfassung neben den für das DMS notwendigen Indizierungsparametern alle Inhaltsinformationen für eine spätere Weiterverarbeitung zu extrahieren. Zur Lösung des Problems haben verschiedene Hersteller entsprechende Funktionen (Parser) entwickelt, die aus den gängigen Formaten (z.B. MS Word, PDF, HTML) den Dateninhalt von der Formatierung trennen. Über Vorlagen können dabei die zu extrahierenden Daten definiert werden.

Bei Content-Management-Systemen, die nach stark dynamischen Aspekten aufgebaut werden, wie z.B. bei Wettervorhersagen, Aktienkursen oder Preislisten, ist eine direkte Anbindung an Legacy-Systeme unverzichtbar.

Datenhaltung

Die gängigste Form der Datenhaltung bezüglich der Content-Verwaltung ist die Ablage der Inhalte in einem separaten Datenbanksystem. In diesem Umfeld haben sich neben relationalen u.a. auch objektorientierte und XML-Datenbanksysteme etabliert. Ein dateibasierter Lösungsansatz ist angesichts der zu erwartenden großen Datenmengen, der Sicherheitsanforderungen und der eingeschränkten Skalierbarkeit nur in kleinem Umfeld empfehlenswert. Zudem können bei Datenbanksystemen die Standardmechanismen zur Extraktion und Verknüpfung von Dateninhalten verwendet werden und müssen somit nicht neu implementiert werden.

Aufbereitung und Präsentationsform

Ein Hauptmerkmal eines Content-Management-Systems ist das Zusammenführen von gespeicherten Informationseinheiten und das Zurückführen in ein präsentierbares und meist nach individuellen Designrichtlinien aufbereitetes Dokumentenformat. Ein weiteres Merkmal ist die Einbettung von sich dynamisch ändernden Daten in das Ausgabeformat. Jedes Content-Management-System bietet dazu verschiedene Mechanismen. Ein oft verwendeter Ansatz ist dabei die Verwendung von Layoutvorlagen. Der Autor entwirft dazu sein gewünschtes Präsentationslayout und verbindet es mit den im System gespeicherten Daten. Die Generierung erfolgt dabei über einen separaten Aufbereitungsprozessor, der aus der Vorlage und den gespeicherten Content-Daten das Zieldokument generiert. Im Webumfeld wird die Generierung des Dokuments meist erst zum Zeitpunkt des Internetaufrufs durchgeführt.

Verstärkt werden inzwischen auch die Aspekte der arbeitsteiligen Erstellung von Dokumenten und deren Lebenszyklus (Modifikationen, Veröffentlichung, Ablage, Vernichtung) betrachtet (siehe Abbildung 4–48). Hier steht oft nicht mehr das physische Dokument im Vordergrund, sondern der Inhalt der Information.

Um die arbeitsteiligen Prozesse beim Erfassen, Ändern, Zusammenstellen und Wiederverwenden von Contents bzw. Dokumenten zu koordinieren und kontrollieren, nutzt man im allgemeinen Workflow-Funktionen. Manche Systeme bieten nur Standardworkflows an, andere ermöglichen es, dass man selbst Abläufe definiert, die auf die speziellen Erfordernisse zugeschnitten sind.

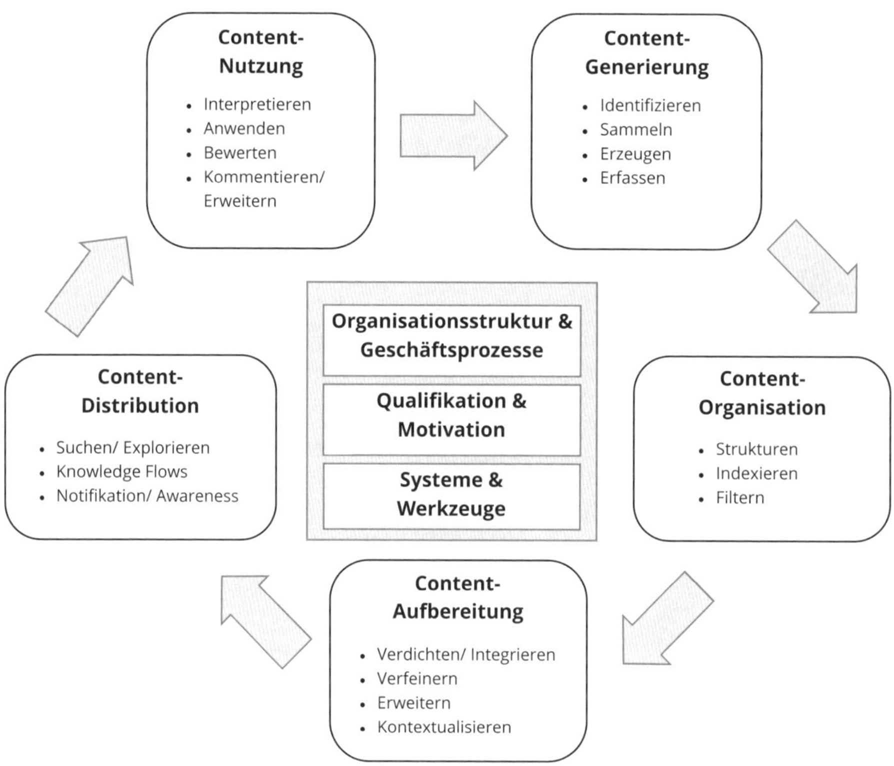

Abb. 4–48 *Aktivitäten des Content-Life-Cycle*[20]

Gerade im Web-Content-Management ist ein gutes Lifecycle-Management sehr wichtig, damit nur aktuelle und qualitätsgesicherte Inhalte veröffentlicht werden. Auch dies kann man durch Prozesse bzw. Workflows abbilden. Dabei durchläuft das Dokument verschiedene Status von der Entstehung bis zur Endablage bzw. Löschung. Zu jedem Status werden die notwenigen Voraussetzungen definiert

20. Abbildung nach KOOP 2001, S. 15

und Regeln, die den Übergang zum nächsten Status bestimmen. Auch hier gibt es definierte Rollen und Aktivitäten, die den Prozess bestimmen und vorantreiben.

4.4.5.4 CMS und DMS

Abgrenzend zum Dokumenten-Management handelt es sich beim Content-Management nicht vordergründig um die Verwaltung von Dokumenten, sondern um die Verwaltung von Informationseinheiten, die miteinander verknüpft sein können. Diesen Informationseinheiten können weitere beschreibende Merkmale zugeordnet werden, sodass eine bedarfsgerechte Publikation der Informationen auf verschiedensten Medien möglich wird.

Je nach Ausprägung kann man nun ein konkretes System als »Dokumenten-Management-System mit Content-Management-Funktionen« definieren oder umgekehrt (siehe Abbildung 4–49). Dokumenten-Management-Systeme können auch als Informationsquelle für Content-Management-Systeme dienen. Zwischen diesen Systemen gibt es daher fließende Übergänge.

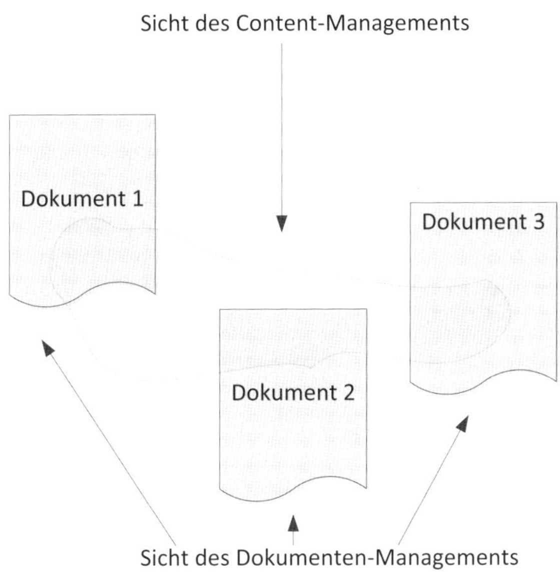

Abb. 4–49 *Content-Management versus Dokumenten-Management*

Der Ansatz des Content-Managements unterscheidet sich vom »klassischen« Dokumenten-Management vor allem in Bezug auf die betrachteten Objekte: Ein DMS hat als kleinstes Objekt der Betrachtung ein einzelnes Dokument. Dieses ist letztendlich ein formales Kriterium. Content-Management ist auf logische Informationseinheiten ausgerichtet. Es ist z.B. das Ziel von Content-Management, Inhalte, die auf mehrere Quellen verteilt sind, neu zusammenzustellen und daraus z.B. ein neues Dokument zu generieren. Dieses so entstehende Dokument kann dann wieder von einem DMS verwaltet werden. Insofern kann es für manche Anwendungen Sinn machen, ein IT-System einzusetzen, das beide Funktionsbereiche abdeckt.

4.4.6 Records-Management

In den letzten Jahren wird in diesem Kontext häufig der Begriff *Records-Management* genutzt . Dabei ist dieser Begriff gar nicht so einfach einzuordnen. Kurz gesagt, geht es um »Aktenführung« oder »Schriftgutverwaltung« von aufbewahrungspflichtigen Unterlagen. Der Begriff *Records-Management* ist in der Norm ISO 15489 definiert als »*Führungsaufgabe; wahrzunehmende, effiziente und systematische Kontrolle und Durchführung der Erstellung, Entgegennahme, Aufbewahrung, Nutzung und Aussonderung von Schriftgut einschließlich der Vorgänge zur Erfassung und Aufbewahrung von Nachweisen und* Informationen über Geschäftsabläufe und Transaktionen in Form von Akten«. Hier geht es daher logischerweise um ERM (*Electronic-Records-Management*) als Bestandteil von ECM (*Enterprise-Content-Management*). Records-Management beinhaltet die Erfüllung von verschiedenen Regeln im Zusammenhang mit Akten, um Gesetze und Vorschriften einzuhalten. Anders als bei den traditionellen elektronischen Archivsystemen bezeichnet *Records-Management* (RM) die reine Verwaltung von Records, wichtigen aufbewahrungspflichtigen oder aufbewahrungswürdigen Informationen. Records-Management ist durch die ISO 15489 normiert und in Europa durch den MoReq-Standard spezifiziert. Records-Management ist speichermedienunabhängig und kann z.B. auch die nicht in elektronischen Systemen gespeicherten Informationen mitverwalten. Zu einem elektronischen Records-Management (ERM) gehören aber unter vor allem folgende Funktionen:

- Abbildung von Aktenplänen und anderen strukturierten Verzeichnissen zur geordneten Ablage von Informationen (z.B. in einer Registratur- bzw. Aktenanwendung)
- auf einen Thesaurus oder einen kontrollierten Wortschatz gestützte eindeutige Indizierung und Klassifizierung von Informationen
- Verwaltung von Aufbewahrungsfristen (*Retention Schedules*) und Vernichtungsfristen (*Deletion Schedules*)
- Schutz von Informationen entsprechend ihren Eigenschaften, z. T. bis auf einzelne Inhaltskomponenten in Dokumenten
- Nutzung international, branchenspezifisch oder zumindest unternehmensweit standardisierter Metadaten zur eindeutigen Identifizierung und Beschreibung der gespeicherten Informationen

Ein wichtiger Aspekt ist hierbei die Zusammenfassung der Unterlagen und Informationen in Bezug auf einen sachlichen Kontext oder Geschäftsvorfall. Dies beinhaltet neben den Daten und Dokumenten auch Informationen, mit denen alle Veränderungen an den Daten und Dokumenten nachvollzogen werden können (*Audit Trails*): Journale und (Workflow-)Protokolle dokumentieren den Lebenszyklus der Dokumente; die Versionsverwaltung gibt Auskunft wer, warum und wann was an dem Dokument geändert hat, usw. Neben digitalen Daten wird auch der Speicherort der Papierdokumente erfasst.

Die Funktionen des Records-Managements bedingen den Einsatz von Archiven, Dokument-Management-und Workflow-Systemen (vgl. z.B. BECKER 2005, S. 36 ff.). Dies zeigt, dass es eigentlich keine isolierte Records-Management-Lösung geben kann, sondern dass Records-Management eine Anforderung an verschiedene Systeme darstellt, die analysiert werden müssen und die dann in ein Gesamtkonzept eingehen. Eine Records-Management-Lösung »out of the box« kann es nicht geben bzw. ist erst aufwendig in die eigene Organisation und IT-Landschaft zu integrieren, auch wenn derartige Angebote oft sehr umfangreich und in sich ausgereift sind.

4.4.7 Enterprise-Content-Management

Als begriffliche und systemtechnische Klammer über alle bisher hier diskutierten Ansätze und Systeme wird heute das *Enterprise-Content-Management* (ECM) verstanden. Laut *AIIM International* umfasst dieser Begriff weitgehend alle Technologien, die sich mit schwach strukturierten oder unstrukturierten Informationen befassen, wie Dokumenten oder »Content« im Unternehmen. Dazu werden Systeme wie Dokumenten-Management, Kollaborationsplattformen, Workflow, Input- und Output-Management, (Web-)Content-Management, Archivierung und andere gerechnet (siehe Abbildung 4–50).

Oft sind mehrere dieser Systeme in einem Unternehmen schon vorhanden. Es ist durchaus sinnvoll, diese verschiedenen Systeme in ihrer Gesamtheit zu betrachten, da sie sich in ihrer Funktionalität teilweise überlappen, aber auch ergänzen. Eine Verknüpfung oder gar Integration kann daher Nutzen stiften. Aus dieser Sicht ist ECM eine strategische Aufgabe, die in Abhängigkeit von den Anforderungen, organisatorischen Prozessen, bestehender IT-Infrastruktur und Zielen jeweils individuell zu bewältigen ist. Hier muss man einen konzeptionellen Gesamtrahmen entwickeln, der sukzessive durch verschiedene IT-Systeme zu füllen ist. Dies kann durch unterschiedliche Systeme von verschiedenen Herstellern, durch Individualentwicklungen oder durch Kombination verschiedener Möglichkeiten erreicht werden. Dabei ist nicht vorausgesetzt, dass man alle Elemente eines theoretisch umfassenden ECM benötigt.

Ein anderer Ansatz ergibt sich aus der Sicht der Hersteller. Diese versuchen, vollständige Systeme für ECM anzubieten. Dadurch, dass alle Komponenten aus »einer Hand« kommen, soll eine bessere Integration erreicht werden. Hier muss man in der Regel die Angebote sehr gut prüfen, da Anspruch und Wirklichkeit zum Teil noch auseinandergehen. Dies kann daran liegen,

- dass der jeweilige Anbieter einzelne Systeme dazugekauft hat und noch mit der Konsolidierung beschäftigt ist oder
- dass es zwar eigene Systeme sind, diese aber bisher getrennt entwickelt und vermarktet wurden und daher auch nur unzureichend integriert sind, oder
- dass der Anspruch viel zu hoch ist: Die ECM-Lösung besteht im Kern aus einem dominanten System (wie DMS oder Content-Management), das um ein paar Features erweitert wurde und nun unter dem neuen Label ECM verkauft wird.

Zum Teil findet man auch ECM-Angebote, die nur aus einigen wenigen Komponenten bestehen, wie z.B. ein Content-Management-System mit einer individuell gestaltbaren speziellen Workflow-Lösung für die Prozesse zur Erstellung, Freigabe, Publikation und anschließender Archivierung bis zur Löschung des Contents. Auch derartige Systeme können bei den passenden Anforderungen sinnvoll sein. Ob man das dann noch als ECM bezeichnet, ist letztendlich zweitrangig.

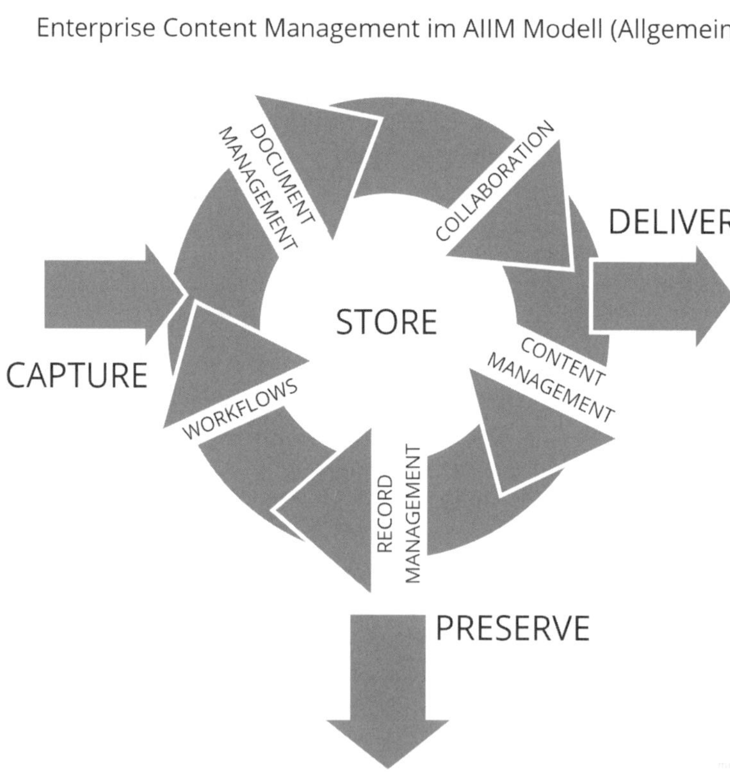

Abb. 4–50 *Die Elemente des ECM nach AIIM*

4.5 Produkte für das Dokumenten-Management

Wenn man sich mit Produkten für das Dokumenten-Management befasst, trifft man auf eine ziemlich verwirrende Systemlandschaft. Einerseits gibt es Produkte, die sich ziemlich eindeutig als Dokumenten-Management-Systeme definieren. Andererseits findet man Produkte, die einen viel größeren Leistungsumfang haben, aber auch Dokumenten-Management beinhalten. Dokumenten-Management-Systeme selbst beinhalten aber auch wieder Funktionen, für die es ebenfalls eigenständige Produkte gibt. Daher ist es wichtig, einerseits die eigenen Anforderungen zu bestimmen und andererseits die angebotenen Produkte richtig einordnen zu können. Dieses Kapitel soll hierzu einen Orientierungsrahmen bieten.

4.5.1 Kriterien zur Einordnung der Produkte

In einem ersten Ansatz kann man die Systeme in Bezug auf folgende Kriterien beschreiben (siehe Abbildung 4–51):

- Funktionsbreite
- Funktionstiefe
- Skalierung

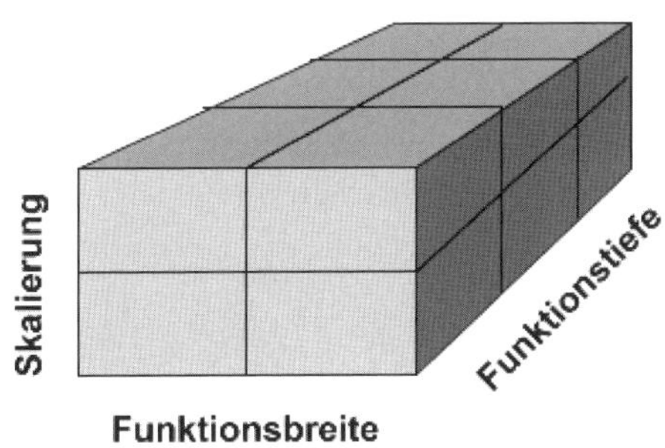

Abb. 4–51 *Kriterien zur Einordnung der Produkte*

4.5.1.1 Funktionsbreite

Die Funktionsbreite bezieht sich auf die Vollständigkeit des Funktionsumfangs (vgl. Kapitel 4.2). Nur wenn alle Funktionen vorhanden sind, kann man von einem »echten Dokumenten-Management-System« sprechen. Manche DMS haben auch noch weitergehende Funktionen, wie Records-Management oder Text Mining. Andererseits gibt es auch Spezialsysteme, die nur ganz bestimmte Funktionen anbieten und damit nur einen Teilaspekt abdecken. Ebenso findet man Systeme, die einen anderen funktionalen Schwerpunkt (wie ERP) haben, aber auch einige Dokumenten-Management-Funktionen anbieten.

4.5.1.2 Funktionstiefe

Die einzelnen Dokumenten-Management-Systeme unterscheiden sich in der Regel in der Funktionstiefe. Dies kann z.B. die Anzahl der mitgelieferten Dokumenten-Viewer betreffen oder wie viele verschiedene Barcode-Typen erkannt werden oder wie differenziert das Berechtigungssystem aufgebaut ist. Insbesondere findet man häufig Spezialsysteme mit einer geringen Funktionsbreite, aber einer sehr hohen Funktionstiefe. Dazu zählen z.B. Input-Management-Systeme, aber auch Workflow-Systeme kann man so betrachten.

4.5.1.3 Skalierung

Im Hochpreissegment zeichnen sich die Systeme vor allem durch ihre Skalierbarkeit aus. In den Funktionen gibt es nur noch minimale Unterschiede. Dagegen können diese Systeme in diesem Bereich mit der Anzahl der gleichzeitigen User oder den verarbeitbaren Dokumentenmengen oder Zugriffen punkten. Eng verbunden sind dabei Fragen nach der Möglichkeit, die Systeme in Bezug auf die Dokumentenbestände oder Funktionen räumlich zu verteilen.

4.5.1.4 Weitere Kriterien

Dazu kommen noch weitere Kriterien, die nicht unbedingt DMS-spezifisch sein müssen, aber hier doch wichtig sind.

Da ein DMS in der Regel eine unternehmensweite Infrastruktur zur Dokumentenverwaltung bildet, ist es bei international aufgestellten Unternehmen wichtig, dass gleichzeitig mehrere Sprachen unterstützt werden.

Da Dokumente oft bestimmten rechtlichen Regularien unterliegen, müssen die Anforderungen an die Compliance erfüllt werden. Man kann zwar davon ausgehen, dass alle etablierten Systeme, die in Deutschland angeboten werden, diese erfüllen können, aber gerade bei »Newcomern« oder einfacheren Systemen sollte man hier auf alle Fälle einen Blick darauf werfen. Wenn man das System international einsetzen will, dann muss man auch die Compliance-Anforderungen der jeweiligen Staaten beachten.

Sicherung und Backup ist auch hier unabdingbar. Gut ist es, wenn man auch auf der Ebene von Einzeldokumenten oder Dokumentengruppen eine Wiederherstellungsmöglichkeit hat und nicht gezwungen ist, ein vollständiges Recovery durchzuführen, nur weil ein Dokument z.B. versehentlich gelöscht wurde.

Wichtig ist es auch, den Anbieter des Systems zu beurteilen. Da ein DMS fast immer eine langfristige Infrastrukturentscheidung darstellt, ist ein langfristiges Überleben des Herstellers wichtig. Auch wenn das gewählte System eine hohe Verbreitung im Markt hat, kann man damit rechnen, dass es auch beim Verschwinden des Herstellers von anderen übernommen und weiter unterstützt wird oder dass zumindest ein guter Migrationspfad angeboten wird.

4.5.2 »Klassische« Dokumenten-Management-Systeme

Im Hochpreissegment gibt es etablierte Systeme, die sich durch einen voll ausgebauten Funktionsumfang auszeichnen und sehr große Dokumentenmengen verarbeiten können. Diese Systeme sind praktisch beliebig skalierbar und haben als typische Zielgruppe große (internationale) Konzerne. Diese Produkte werden meist als ECM-Systeme (Enterprise-Content-Management) verkauft und haben einen Funktionsumfang, der deutlich über klassische DMS-Funktionalitäten hinausgeht. Dazu zählen z. B. Content-Management und Records-Management.

Es gibt eine breite »Mittelschicht« von Systemen, die man als »typische« DMS bezeichnen kann. Sie weisen eine weitgehend vollständige DMS-Funktionalität auf, können große Mengen verarbeiten und sind gut skalierbar. Diese Systeme sind in der Regel ausgereift und unterscheiden sich untereinander eher in Details. Wichtige Aspekte, wie Compliance-Anforderungen oder Schnittstellen zu Standardsystemen (wie z. B. SAP und MS-Office) sind praktisch immer erfüllt.

Im unteren Preissegment gibt es viele oft relativ unbekannte Systeme, die aber häufig nur Teilaspekte der DMS-Funktionalität abdecken. Hier muss man oft schon deutliche Kompromisse in Funktionalität, Skalierbarkeit und Flexibilität eingehen. Auch die Compliance-Anforderungen sind nicht immer ausreichend abgedeckt.

4.5.3 Enterprise-Content-Management

Dieser Begriff wird meist verwendet, wenn man eine umfangreiche Produktsuite anbietet, die viele Funktionen für schlecht strukturierte Informationen anbietet, wie Content-Management, Dokumenten-Management, Records-Management, Workflow. Wenn man derartig umfangreiche Funktionalitäten benötigt, kann ein solches System durchaus interessant sein. Diese Systeme sind in der Regel im Hochpreissegment anzutreffen. Ein paar Fragen muss man vorher klären: Was war das System ursprünglich? So haben viele Hersteller ihr ursprüngliches System (z. B. ein Content-Management-System) weiter ausgebaut. Die Stärke des Systems dürfte daher oft immer noch im ursprünglichen Bereich liegen. Wenn ursprünglich getrennte Systeme zu einem ECM »verheiratet« wurden (z. B. durch Zukauf), dann sollte man die Integration der Systeme unter dem gemeinsamen ECM-Dach überprüfen.

4.5.4 Spezialsysteme

Auch im DMS-Umfeld gibt es Anbieter von Spezialsystemen, die sich auf eine ganz spezielle Funktionalität fokussieren. Hier ist natürlich die Funktionsbreite sehr eingeengt, dafür aber die spezielle Funktionstiefe so groß, dass diese von einem DMS nur im Hochpreissegment (wenn überhaupt) erreicht wird. Man kann überlegen, ob man statt eines derartig teuren Systems ein preiswerteres »normales« DMS einführt, das die Anforderungen weitgehend erfüllt, und dann versucht, die eine spezielle Anforderung durch ein Spezialsystem zu schließen.

Am ausgeprägtesten ist dies beim **Input-Management**. Die Verarbeitung von eingehenden Dokumenten ist ohne weitere Unterstützung aufwendig, fehleranfällig und kaum automatisierbar. Hier werden nun spezielle Systeme angeboten, die mithilfe von OCR/ICR, Belegauslesung, Formularerkennung, Barcodeverarbeitung, Text Mining, automatischen Klassifikationsalgorithmen etc. diese Verarbeitung optimieren. Zum Teil ist dies auch verbunden mit Scansystemen, bei denen das Scanergebnis automatisch optimiert wird. Die Systeme bieten dann Schnittstellen zu unterschiedlichen Dokumenten-Management-Systemen an.

Sehr verbreitet sind auch **Mail-Archivierungssysteme**. Diese werden aber oft als rasch umsetzbare Standalone-Lösungen angeboten. Letzteres ist aber im Sinne einer ganzheitlichen Dokumentenlösung eher problematisch. Daher sollte man darauf achten, dass sich diese gut in eine DMS-Lösung integrieren lassen. Ein Vorteil dieser Systeme ist aber oft, dass sie weitere Funktionen anbieten, die über das reine Archivieren hinausgehen. Dazu gehört z.B. die Aussortierung von Spam oder das Erkennen von Viren.

Weitere typische Produkte von Drittanbietern sind **Suchmaschinen** und **Workflow**-Systeme. Diese Systeme sind in der Regel vollständig eigenständig und können unabhängig von einem DMS eingesetzt werden. Da aber fast jedes DMS diese auch innerhalb ihres Systems anbietet, steht die Entscheidung an, ob man mit dem mitgelieferten System zufrieden ist oder spezielle Anforderungen hat.

Klassische DMS bieten oft wenig auf der Seite des **Output-Managements** an. Auch hier kommen wieder Spezialsysteme zum Zuge, die im Rahmen einer automatischen oder auch (teil-)manuellen Dokumentenerstellung den Output steuern, optimieren und versandfertig machen.

4.5.5 Andere Systeme mit Dokumenten-Management-Funktionen

Da die überwiegende Anzahl der Geschäftsvorfälle einen Dokumentenbezug hat, findet man eine Reihe von Systemen mit anderen funktionalen Schwerpunkten, die oft auch bestimmte Dokumenten-Management-Funktionalitäten beinhalten.

4.5.5.1 Standardsoftware-Systeme

ERP-Systeme erzeugen Dokumente, und die Daten (wie Buchungen) beziehen sich auf Dokumente. Daher bieten viele ERP-Systeme auch Funktionen zur Verwaltung von Dokumenten an. Diese beziehen sich meistens primär auf Dokumente mit einem Bezug zu den Geschäftsvorfällen im ERP. Man kann hier kein vollständiges DMS erwarten. Zum Teil fahren diese Systeme auch »zweigleisig«: Das bekannteste Beispiel in diesem Bereich ist SAP: Dieses System bietet zum einen eine spezielle Schnittstelle für DMS und hat andererseits selbst viele DMS-Funktionen integriert. So gibt es bei SAP ein Records-Management, aber auch einen *Document Finder* zur Suche von Dokumenten innerhalb und außerhalb von SAP.

So wie die ERP-Systeme bieten auch viele CRM-Systeme und PLM-Systeme fachspezifische DMS-Funktionen an. Mit einem derartigen integrierten DMS kann man gut zurechtkommen, wenn diese Applikation eine zentrale Rolle im Unternehmen einnimmt und die DMS-Funktionen ausreichen. Der Vorteil ist die ausgesprochen starke Integration der Fachanwendung mit dem DMS, und alle Mitarbeiter sind mit der Anwendung vertraut. Problematisch kann es werden, wenn andere Dokumente damit verwaltet werden sollen oder wenn man die Fachanwendung wechseln will.

4.5.5.2 Kollaborationssysteme

DMS-Funktionen findet man aber auch oft bei Kollaborationssystemen. Da diese Systeme sich auch mit der gemeinschaftlichen Bearbeitung und dem Austausch von Dokumenten befassen, Wissen verteilen, Web-Content verwalten etc., besteht auch ein Bezug zu Dokumenten.

So bietet z.B. SharePoint von Microsoft die Möglichkeit zum Aufbau von Dokumentenbibliotheken. Hinzu kommen Funktionen zur Verwaltung, Versionierung, Indizierung und Kategorisierung von Dokumenten. Es fehlen aber alle komplexeren Funktionen zum Input-Management. Ebenso ist eine revisionssichere Archivierung nicht möglich. Hier bieten dann oft Dritthersteller ergänzende Produkte an, um diese Lücken zu schließen.

Mit dem SharePoint-System kann man möglicherweise gut arbeiten, wenn man eine ausgeprägte Microsoft-Umgebung im Unternehmen hat und mögliche Lücken anderweitig schließt. Die Integration in die übrigen Microsoft-Produkte ist hervorragend, zu anderen Systemen eher dürftig; hier muss man selbst aktiv werden oder anderweitig zukaufen.

5 Technische Umsetzung

In den vorangegangenen Kapiteln wurden für den logischen Aufbau eines DMS die folgenden Funktionsbereiche definiert:

- Erfassung eingehender Dokumente
- Sichere und strukturierte Ablage
- Zugriff auf Dokumente
- Suchen und Navigieren
- Bereitstellung für Externe
- Administration eines DMS

Diese Bereiche sind dabei grob nach den Anforderungen an die Funktionalitäten gruppiert. Im Systementwurf werden diese Funktionsbereiche idealerweise als in sich geschlossene und möglichst unabhängige Module geplant. So kann das DMS entweder als geschlossenes System verstanden werden, das alle möglichen Funktionen in sich vereint. Oder aber es wird als Sammlung von unabhängigen Modulen konzipiert, die beliebig ausgetauscht werden können. Nur bei einem offenen Ansatz ist es möglich, bereits vorhandene technische Komponenten, beispielsweise für die Recherche, in das DMS zu integrieren. Die daraus gewonnenen Vorteile der vereinfachten Integration in eine bestehende IT-Landschaft sowie der Anpassungsfähigkeit sprengen die Komplexität und Inflexibilität älterer monolithisch aufgebauter Dokumenten-Management-Systeme.

Realisiert werden Module durch verschiedene Hard- und Softwarekomponenten, die die komplette Funktionalität des Moduls in sich kapseln. Zusammengesetzt wird ein solches System durch das Zufügen oder Entfernen einzelner Komponenten, bis die gewünschte Ausbaustufe erreicht ist. Die Komplexität der Software eines DMS wird dabei nicht mehr durch den Entwickler, sondern vom Anwender selbst festgelegt. Man baut sein System durch Selektion und Komposition der Softwarekomponenten sozusagen selbst auf.

5.1 Technischer Aufbau eines DMS

Dieses Kapitel gibt Einblick in die technische Umsetzung der genannten Module. Es nennt die wesentlichen Anforderungen aus Sicht der Endanwender, der Leitungsebene (inklusive Compliance) sowie der Mitarbeiter aus dem IT- und Anwendungsbetrieb. Die Inhalte spielen dabei insbesondere im Rahmen einer *Make-or-Buy*-Entscheidung die folgende Rolle:

- **Make:** Innerhalb Ihrer Organistion soll ein DMS von Grund auf neu entwickelt werden. Dabei folgen Sie einem »*Best of Breed*«-Ansatz: Für jeden Teilbereich eines DMS soll die für ihre Organisation beste Lösung gefunden werden. Für die Integration werden eigene Softwarekomponenten entwickelt, die für ihre Kernprozesse maßgeschneidert werden.
- **Buy:** Aus der Vielzahl von Lösungen auf dem Markt soll ein Standardprodukt ausgewählt werden, das sich an die individuellen Bedürfnisse Ihrer Organisation anpassen lässt. Aufgrund der nicht unerheblichen Aufwände für Migration und Schulungen ist die Zukunftssicherheit wichtig: Das neue Produkt soll Ihre Organisation über viele Jahre hinweg begleiten und dabei stets den aktuellen Trends und Innovationen in der IT-Branche folgen.

Dieses Kapitel kann und soll diese Entscheidung nicht vorwegnehmen. Im Folgenden wird versucht, gängige Standards und heutige Trends und damit gegebenenfalls auch zukünftige Best Practices aufzugreifen und dadurch eine Basis für die Entscheidung zu liefern. Dabei liegt der Fokus sowohl auf dem notwendigen Funktionsumfang, vor allem aber auch auf der Softwarequalität. Letztere entscheidet darüber, wie leicht sich die Software anpassen und modernisieren lässt, wie sich das DMS in irregulären Betriebsszenarien verhält und wie schnell auf Fehler oder sich ändernde Anforderungen reagiert werden kann.

5.1.1 Entwurfsentscheidungen einer Lösungsarchitektur

Die Architektur eines Softwaresystems beeinflusst maßgeblich dessen Softwarequalität. Die folgenden möglichen Ziele können durch eine konsequent geplante und durchgesetzte Architektur erreicht werden:

- Wartbarkeit des DMS im täglichen Betrieb durch die Austauschbarkeit einzelner Module
- Resilienz gegenüber Störungen durch redundanten Betrieb der Module
- Vermeidung von Kapazitätsengpässen durch individuelle Skalierbarkeit
- Verständlichkeit des Systemaufbaus für Fehleranalyse und Erweiterungen
- Vermeidung von Fehlern bei Konfiguration und Anpassungen

Ohne eine durchgängige Architektur entsteht über die Zeit fast zwangsweise der Monolith: Das gesamte System ist ein undurchschaubares Chaos von Algorithmen und Datenmodellen, die eng miteinander verwoben sind. Es wird unmöglich, herauszufinden, welche Effekte eine Änderung an einer Stelle verursacht. Schnell verursacht eine kleine Korrektur eines Softwareentwicklers, der vielleicht nicht mit dem Quellcode vertraut ist, einen Fehler an einer ganz anderen, eigentlich davon unabhängigen Stelle. Die fehlende Übersicht durch eine verständliche Architektur verursacht erhebliche Kosten, da selbst bei kleinsten Änderungen umfangreiche Tests die vollständige Funktionsfähigkeit validieren müssen. Der erhebliche Aufwand ist häufig die Ursache dafür, dass Altsysteme nicht mehr auf dem aktuellen Stand gehalten werden und man nur noch versucht, das System irgendwie am Leben zu halten.

Die Architektur einer Software folgt in der Regel einer Reihe von Leitlinien. Ein gängiges Prinzip ist *Separations of Concern* (SoC): Das System wird in Komponenten strukturiert, die zusammengehörige Logik gemäß dem Paradigma *Low Coupling, High Cohesion* gruppieren. Das bedeutet, innerhalb einer Komponente existieren starke Abhängigkeiten der Algorithmen untereinander. Zwischen den Komponenten werden die Abhängigkeit möglichst minimiert. Die internen Abhängkeiten werden für den externen Zugriff gemäß des *Information Hidings* über wohldefinierte Programmierschnittstellen (engl. *Application Programming Interfaces* oder APIs) gekapselt und damit versteckt. Die so definierten Komponenten folgen dem *Single-Responsibility-Prinzip* (SRP): Eine Komponente sollte nur für genau eine Aufgabe verantwortlich sein.

Dieses Kapitel beschreibt weitere Muster und Best Practices, die sich in den letzten Jahrzehnten etabliert haben.

5.1.1.1 Schichtenmodelle

Ein etablierter Ansatz für den Entwurf einer Softwarearchitektur ist die Auftrennung in Schichten (siehe Abbildung 5–1). Üblich sind drei Schichten, getrennt nach Zugriff für die Clients, die Geschäftslogik und die persistente Speicherung der Geschäftsdaten. Für die Kommunikation zwischen den Schichten gelten folgende Bedingungen:

- Gemäß des Prinzips *Information Hiding* wird der innere Aufbau der Schichten über definierte Schnittstellen (APIs) abstrahiert. Die Kommunikation erfolgt ausschließlich über diese APIs.
- Eine Schicht kann nur mit der direkt darunterliegenden Schicht kommunizieren. Schichten können nicht übersprungen werden, eine Kommunikation nach oben ist verboten.

Nur wenn diese Bedingungen eingehalten werden, erlaubt dieser Ansatz Folgendes:

- Jede darunterliegende Schicht kann einfach ausgetauscht werden, insofern die API kompatibel bleibt. So kann beispielsweise eine weitere Persistenzschicht mit anderer Datenbanktechnologie eingesetzt werden.

- Darüberliegende Schichten können beliebig erweitert werden, ohne dass die aufgerufene Schicht davon etwas mitbekommt. Beispiel: Neben einem Standardclient wird ein mobiler Client eingeführt.
- Die Komponenten der Schicht können individiuell skaliert werden. So kann es eine gemeinsame Speicherschicht geben, während beliebig viele Clients existieren.

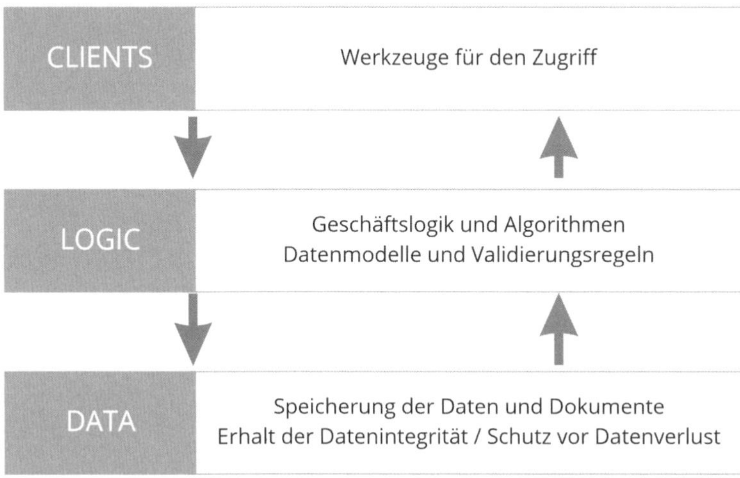

Abb. 5–1 *Schichtenmodell einer Softwarearchitektur*

Das Schichtenmodell in der Form ist ein Standardansatz, der sich durch alle folgenden Muster hindurchzieht. Altsysteme haben häufig nur ein 2-Schichten-Modell: Hier sind in der Regel nur zentrale Datenspeicher vorgehalten.

5.1.1.2 Verteilte Architekturen

Der Strukturierung eines Systems in Dienste (engl. *Services*) führt die Umsetzung der Architekturprinzipien konsequent weiter. Nicht mehr nur die Schichten, sondern jede Komponente in der Schicht wird über eine Service-API abstrahiert. Der Aufruf einer Funktion ist damit immer der Aufruf eines Service über seine Schnittstelle. Bei dieser Variante werden alle Basiskomponenten des DMS in losgelösten, eigenständig betreibbaren Bausteinen implementiert. Die APIs definieren dabei:

- die Signatur mit den unterstützten Methoden für das Auslösen einer Funktion
- die Parameter jeder Methode mit den notwendigen Eingabewerten und möglichen Ausgaben
- die unterstützten Protokolle für die Kommunikation mit der Schnittstelle
- die unterstützten Standards für Syntax und Struktur der Parameter

Auch für die Art von Architekturen gelten Bedingungen ähnlich wie bei der Schichtenarchitektur. Die Kommunikation erfolgt ausschließlich über die Schnittstellen (siehe Abbildung 5–2). Jedem Service ist klar eine Aufgabe zugeordnet. Services lassen sich, unabhängig von anderen Services der gleichen Schicht, eigenständig betreiben.

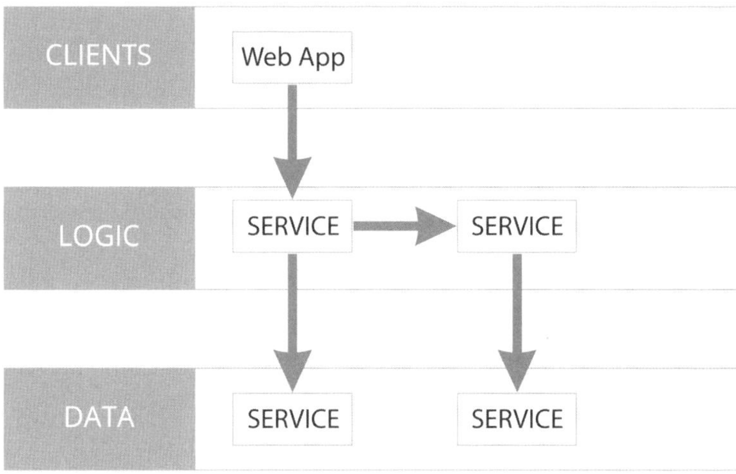

Abb. 5–2 *Service-orientiere Architektur*

Heute werden die Dienste meist als Webservices implementiert. Als Standards für die Zugriffsprotokolle werden die üblichen Mechanismen für den Zugriff auf Webseiten genutzt: TCP/IP als Protokoll für die Netzwerkkommunikation und HTTP für die Datenübertragung. Darauf aufbauend wurde eine Reihe von Standards wie SOAP und WSDL für *Service-oriented Architectures* (SOA) definiert, die aufgrund ihrer Komplexität heute für Neuanwendungen aber eine untergeordnete Rolle spielen. Über *RESTful Services* und *Microservices* bis hin zu Serverless-Architekturen haben sich über die Jahre verschiedene Ansätze etabliert, die in den folgenden Unterkapiteln näher beschrieben werden. Allen ist gemeinsam, dass sie die bereits etablierten Prinzipien eher schärfen und konsequenter umsetzen, ohne dabei komplett das Rad neu zu erfinden.

Ein Vorteil des Entwurfs einzelner Systemkomponenten als **Webservices** liegt vor allem in ihrer großen Flexibiliät im Betrieb. Die Vernetzung folgt gängigen Standards für das Internet. Komplexe Änderungen an der Netzinfrastruktur sind nicht notwendig. Die Implementierung eines Webservice spielt für die Einbindung in ein System keine Rolle mehr, da die gesamte Kommunikation standardisiert über die API erfolgt. So kann die jeweils beste Technologie für die Umsetzung genutzt werden. Python hat sich heute als De-facto-Standard (neben *R*) für statistische Datenanalysen und Verfahren der künstlichen Intelligenz etabliert. Rechenintensive Funktionalitäten, bei denen vor allem Geschwindigkeit und damit auch

Effizienz im Fokus stehen, werden eher in den Programmiersprachen *C*, *Rust* oder auch *Go* entwickelt. Sind Aspekte wie Wartbarkeit, Fehlertoleranz und Zuverlässigkeit wichtig, sind heute die Programmiersprachen *Java* und *C#* die erste Wahl. Der Administrationsaufwand für den IT-Betrieb ist bei dem Einsatz von unterschiedlichen Technologien immens und nur durch den Einsatz von Containern realistisch zu bewältigen (siehe dazu die Einführung in die Virtualisierung mit Containern in Kapitel 5.1.2.3)

Aus Sicht der Architektur(-bewertung) sollte der mögliche Betrieb der einzelnen Systemkomponenten als Webservices in Containern heute als hartes Entscheidungskriterium gelten. Nur dann lassen sich die Potenziale einer dienste-orientierten Architektur vollständig erschließen:

- individuelle Skalierbarkeit, damit zeitintensive Funktionen nicht die Gesamtleistung beeinträchtigen
- Technologieunabhängigkeit für größtmögliche Flexibilität bei der Einbindung von Standardlösungen
- hohe Ausfallsicherheit durch redundanten Betrieb in Kombination mit Load Balancern

Die Nachteile verteilter Architekturen sind im Kontext der Dokumentenverwaltung eher weniger kritisch. Höhere Antwortzeiten durch die immer gegebene Latenz in der Netzwerkkommunikation sind im normalen Alltag zwar spürbar, aber bei korrekter Umsetzung beherrschbar. Eher als Schwäche zu nennen ist die erhöhte Komplexität bei der Koordination komplexer Geschäftsprozesse über viele Webservices hinweg.

5.1.1.3 Asynchrone Kommunikation

Die Kommunikation zwischen den einzelnen Komponenten in verteilten Architekturen bleibt eine Herausforderung. Der Monolith als geschlossenes System verantwortet auch die interne Kommunikation. Bei einer serviceorientierten Architektur werden die einzelnen Komponenten auf viele verschiedene Knoten verteilt, und die Kommunikation erfolgt über die Netzwerkinfrastruktur. Wenn die Hardware eines Monolithen ausfällt, ist das Gesamtsystem gestört. Bei verteilten Systemen stehen dann, abhängig von der Fehlertoleranz der Anwendung, nur einzelne Funktionen nicht zu Verfügung. Die Resilienz einer Architektur beschreibt den Grad, wie gut ein System mit einzelnen Störungen im System umgehen kann. Eine wichtige Maßnahme für die Vermeidung eines Informationsverlusts und damit inkonsistenter Zustände ist der Einsatz asynchroner Kommunikation (siehe Abbildung 5–3).

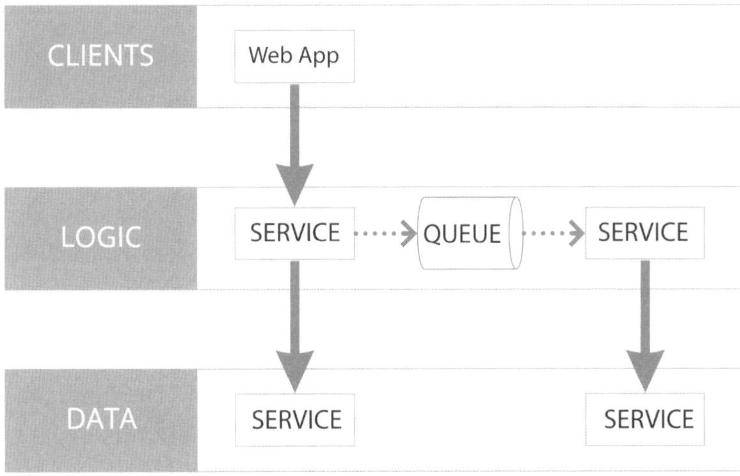

Abb. 5–3 *Asynchrone Kommunikation über Message-Queues*

Ein direkter Aufruf zwischen zwei Komponenten wird als synchron bezeichnet, wenn auf die Antwort gewartet wird. Der aufrufende *Sender* löst eine Funktion bei der abhängigen Komponente, dem *Empfänger*, aus. Vergleichbar ist dieses Szenario mit dem Telefonanruf. Das Gespräch wird angenommen, der Sender schildert seine Frage, der Empfänger beantwortet diese, und anschließend kann der Sender seine Arbeit fortsetzen. Muss der Empfänger selbst recherchieren, ist der Sender gezwungen zu warten. Geht der Empfänger nicht ans Telefon, muss der Empfänger nach einer bestimmten Zeit abbrechen und sich merken, später erneut anzurufen. Die Kommunikation wird asynchron, wenn der Empfänger die Frage aufnimmt und sich später über einen Rückruf beim Sender mit der Antwort meldet. Der Sender kann dann direkt die nächste Aufgabe starten, muss sich aber nicht mehr um den erneuten Anfruf kümmern. Wenn der Empfänger allerdings keine Zeit hat, schafft es der Sender weiterhin nicht, seine Frage loszuwerden. Dann ist es einfacher, ihm eine E-Mail als *Message* mit der Frage zu schicken. Der Empfänger kann dann selbst entscheiden, wann er die freie Zeit hat, um seine eingehenden Nachrichten zu prüfen und die Recherche für die Antwort einzuplanen. Als Antwort kann er selbst wieder eine Nachricht schicken oder über einen *Callback* wie eine Telefonnummer in der E-Mail anrufen. Was aber, wenn dem Sender gar nicht klar ist, welcher Mitarbeiter seine Frage beantworten kann? In diesem Fall schreibt er die Frage als *Event* in einem Chat, auf den alle Mitarbeiter seines Teams Zugriff haben.

Anhand dieses Szenarios wurden eine ganze Reihe wichtiger Konzepte für sogenannte *event-* oder *message-driven* Architekturen illustriert:

- Synchrone Aufrufe erzwingen Wartezeiten beim Sender und verbrauchen wertvolle Ressourcen. Bei vielen gleichzeitigen Transaktionen ist das System so schnell überlastet.
- Ist der Empfänger nicht erreichbar, muss der Sender sich selbst um die sichere Speicherung und Wiederholung nicht erfolgreicher Aufrufe kümmern. Die Logik dafür ist komplex und fehleranfällig.
- Messages werden über sogenannte Queues (wie dem E-Mail-Server) verteilt. Die Zustellung erfolgt, sobald der Empfänger online ist. Die Queues sorgen dafür, dass die Nachrichten nie verloren gehen können. Der Einsatz der Message-Queues ermöglicht das Puffern von Lastspitzen, und die Empfänger können ihre Aufgaben in der gewohnten Geschwindigkeit abarbeiten, ohne dass die Sender sich dem anpassen müssten.
- Der Einsatz von Queues erlaubt die individuelle Skalierbarkeit der Empfänger. Kommen viele Anfragen in ein Postfach, kann schnell ein weiterer Mitarbeiter aushelfen, ohne dass die Sender davon etwas mitbekommen.
- Über Callbacks kann ein Sender entscheiden, wer bei Erledigung einer Aufgabe in einer Message benachrichtigt werden soll. Er delegiert damit die Verantwortung an den Empfänger, der hinter dem Callback steht.
- Bei Messages muss der Empfänger bekannt sein. Es besteht also weiterhin eine direkte Abhängigkeit zwischen Empfänger und Sender. Ändert sich die Funktionalität beim Empfänger, muss häufig auch der Sender angepasst werden.
- Events sind ungerichtete Messages; die Verantwortung für die Verarbeitung wird vom Sender an den Empfänger delegiert. Der Sender berichtet in diesem Fall nur noch, dass eine Aufgabe erledigt wurde. Events als echte Ereignisse berichten also immer nur darüber, was in der Vergangenheit geschehen ist. Messages sind in der Regel Requests, also die Aufforderung, eine Aufgabe zu erledigen.

Die Herausforderungen bei event-getriebenen Architekturen sind nicht zu unterschätzen. Insbesondere der Umgang mit Transaktionen in komplexen Geschäftsprozessen und der Umgang mit asynchronen Benachrichtigungen in den Benutzeroberflächen der Clients bedarf in der Regel ein komplettes Umdenken vorhandener Systeme. Der wesentliche Vorteil bei einer konsequenten Umsetzung ist jedoch die vollständige Entkopplung der einzelnen Bausteine eines DMS. Werden die einzelnen Funktionalitäten in Webservices gekapselt und nur über Events ausgelöst, lassen sich diese jederzeit austauschen, modernisieren oder skalieren, ohne dass davon das DMS als Gesamtsystem gestört wird.

5.1.1.4 Zuschnitt der Dienste

Diensteorientierte Architekturen haben über die Zeit eine Tendenz, zu verteilten Monolithen zu werden. Diese vereinen die Nachteile traditioneller Monolithen (wie geringe Wartbarkeit und die Gefahr ganzer Systemausfälle) mit den Nachteilen verteilter Systeme (wie erhöhte Antwortzeiten und Störungsanfälligkeit einzelner Bausteine). Die Minimierung der Abhängigkeiten durch den Einsatz von event-getriebener asynchroner Kommunikation reduziert diese Wahrscheinlichkeit erheblich. Ein weiterer Faktor ist ein sauberer Schnitt des DMS in einzelne Komponenten.

Das Schichten-Modell trennt bereits zwischen Clients, Geschäftslogik und der Speicherschicht. Services zerlegen die Schicht der Geschäftslogik in autarke Komponenten, haben aber gegebenenfalls noch Abhängigkeiten untereinander. Die genannten Architekturprinzipien *Separation of Concerns* und *Single Responsibility* helfen, hier eine saubere Trennung in Komponenten mit minimalen Abhängigkeiten zu finden. Ein weiteres Prinzip ist die *Command and Query Responsibility Segregation* (CQRS): die Trennung der Services nach lesenden und schreibenden Operationen. Während bei Letzteren die Transaktionssicherheit und der Schutz vor Dateninkonsistenzen wichtig sind, spielt bei lesendem Zugriff vor allem die Geschwindigkeit eine große Rolle. Das Prinzip findet häufig bei *RESTful Services* seine Anwendung. Der Zuschnitt erfolgt hier gemäß der verwalteten Geschäftsdaten als Ressourcen: Die einzelnen (inzwischen Micro-)Services verantworten deren sichere Speicherung und Konsistenz über den gesamten Lebenszyklus hinweg. Jeder Service hat exklusiven Zugriff auf eigene Speicher, und implizite Abhängigkeiten durch Zugriff auf gemeinsame Datenbanken sind untersagt. Durch CQRS können die häufig zeitintensiven schreibenden Operationen auf die verwalteten Objekte von den gecachten Lesezugriffen getrennt werden. Je nach Last können diese wiederum individuell skaliert werden.

Die Identifizierung der Geschäftsobjekte (und vor allem ihrer Verknüpfungen) erfolgt häufig durch die Analyse der fachlichen Domänen entlang der Prinzipien des Domain-driven Designs. Der ressourcenfokussierte Ansatz lässt aber eine Lücke: Wie soll man mit objektübergreifenden Transaktionen und Methoden umgehen, die über das simple Lesen oder Schreiben eines Objekts hinausgehen? Workflow-Engines mit eigenen Standards für die Beschreibung und die Ausführung haben sich etabliert, lassen aber häufig die Flexibilität und Leichtgewichtigkeit verteilter Microservice-Architekturen vermissen. Die Workflow-Engines, häufig proprietäre Insellösungen, können heute fast alle Szenarien abbilden und sind in vielen Organisationen zentrale Komponenten der IT-Infrastruktur. Damit sind sie für sich wieder Monolithen, die zu viel Verantwortung übernehmen und die Stabilität und Wartbarkeit des Gesamtsystems gefährden. Die Umsetzung der Geschäftsprozesse in Workflows für die Orchestrierung der Webservices benötigt zusätzlich teures Expertenwissen.

Im Rahmen der Einführung von Container-Orchestrierungslösungen haben sich Serverless-Lösungen als Alternative etabliert. Neben den RESTful Services für die Verwaltung der Geschäftsdaten werden alle Transaktionen als Funktionen implementiert, die über asynchrone Nachrichten oder Events ausgelöst werden. Eingeführt als Lambdas für Amazons Cloud-Plattform AWS, existieren heute eine Vielzahl von Standards und Frameworks für die verschiedensten Zielumgebungen. Die Frameworks verantworten in Zusammenarbeit mit der Cloud-Plattform technische Aspekte wie Skalierung oder Schnittstellen. Sie ermöglichen so IT-Betrieb und Software Entwicklung, sich auf die fachlichen Kernfunktionen der Software zu konzentrieren. Die Funktionen sind am Ende nur noch Code-Fragmente, die spezifisch auf die Geschäftslogik ausgerichtet sind.

5.1.1.5 Authentifizierung bei verteilten Systemen

In einer serviceorientierten Architektur werden neue Geschäftsprozesse von Fachexperten und nicht allein von IT-Experten durch Orchestrierung der vorhandenen Dienste zusammengestellt – natürlich unter Einhaltung der zentralen Vorgaben der IT-Sicherheit. Konsequenterweise müssen die Prozesse neben den Daten auch den Benutzerkontext inklusive der Anmeldeinformationen mitführen, was technisch meist eine Herausforderung darstellt.

Technisch gesprochen, muss der Benutzerkontext über die gesamte Prozessdauer hinweg gehalten und den orchestrierten Diensten im Hintergrund zur Berechtigungsprüfung bereitgestellt werden. Jede im Prozess involvierte Komponente muss in der Lage sein, individuell den Benutzerkontext

- zu authentifizieren, also die Anmeldeinformationen zu verifizieren und damit die Identität des Anwenders zu bestätigen, und
- zu autorisieren, also die Berechtigung des Anwenders für die gewünschte Aktion zu prüfen und gegebenenfalls die Ausführung zu verweigern.

Dies erfordert eine übergreifend wirkende **Rechte- und Benutzerverwaltung**. Der Aufbau und die Interaktion eines zentralen Access-Management-(AM-) und Identity-Management-Systems (IdM) ist in einer Umgebung mit hohen Sicherheitsanforderungen ein Muss. Das Übermitteln der Identität des Anwenders lässt sich in einer SOA einfach mit dem SAML-Standard (*Security Assertion Markup Language*), OAuth (*Open Authentication*) oder OIDC (*OpenID Connect*) realisieren, weshalb keine zusätzliche Anmeldung oder individuell programmierte Authentifizierung in dem DMS-System erforderlich ist. In der Praxis werden derzeit jedoch noch viele DMS mit Webservice-Schnittstellen vorgefunden, die eine explizite Anmeldung mit Benutzername und Passwort verlangen. Neben dem zusätzlichen Aufwand für die eigene Benutzerverwaltung ist die fehlende Unterstützung gängiger Standards nur bedingt sicher. Werden die DMS-Komponenten in übergreifende Geschäftsprozesse eingebunden, müssen separate Anmeldeverfahren im Prozess unterstützt werden. Fest hinterlegte Anmeldedaten in den Workflows können bei einem erfolgreichen Angriff den Zugriff auf sensible Daten im DMS ermöglichen.

Die Verwaltung der Berechtigungen für die Autorisierung kann in heterogenen Umgebungen schnell komplex werden. Initial erscheint es in der Regel einfach: Der lesende und schreibende Zugriff auf die Dokumente wird auf die Mitarbeiter einer Organisationseinheit beschränkt. Doch bestimmte Funktionen wie das Löschen sollen nur speziell geschulte Mitarbeiter nutzen können. Einige Dokumente sollen alle innerhalb der Organisation lesen können. Ein paar Dokumente soll sogar der Praktikant ändern dürfen, obwohl dieser eigentlich auf die anderen Dokumente nicht einmal lesend zugreifen darf. Und dann gibt es Dokumente mit sensiblen Information, die als vertraulich markiert wurden und von deren Existenz eigentlich nur noch ganz spezielle Mitarbeiter wissen dürfen. Traditionell werden die verschiedenen Szenarien über *Rollen* (oder auch *Gruppen*) abgebildet. Für jedes noch so abwegige Szenario werden eigene Rollen definiert und die Benutzeraccounts den Rollen zugewiesen. In neueren Systemen wurde die rollenbasierte Berechtigung (engl. role-based access control oder RBAC) durch die attributierte Berechtigung (engl. *attribute-based access control* oder *ABAC*) abgelöst. Hier werden die einzelnen Szenarien nicht mehr über Rollenzuweisungen, sondern über die Definition von Sicherheitsregeln (engl. *policies*) gelöst. Die Regeln definieren dabei, welche Attribute ein Dokument, der Benutzerkontext oder die Aktion haben muss, damit die Ausführung gestattet wird.

5.1.2 Betriebsmodelle

Die Softwarearchitektur entscheidet über die möglichen Betriebsmodelle für ein DMS. Lässt sich die Software in individuell installierbare Komponenten zerlegen, kann für den Betrieb das Gesamtsystem horizontal auf verschiedene Server der IT-Infrastruktur verteilt und damit das Risiko eines Komplettausfalls minimiert werden. Entscheidende Faktoren für die Wahl eines Betriebsmodells sind die Anforderungen an die Verfügbarkeit, die akzeptierten Kosten und die Anzahl möglicher Zugriffe.

5.1.2.1 Dezentrales P2P-Modell für die Speicherung

Im Regelfall liegen die Dokumente eines DMS in zentralen Speichern gemäß des vorgestellten Schichtenmodells. Insbesondere in größeren Organisationen mit einheitlicher IT-Infrastruktur und internen Netzwerken bietet dieser Ansatz den besten Schutz vor Datenverlust. Doch es gibt eine Reihe von Szenarien, in denen zentrale IT-Systeme nicht die beste Wahl sind:

- Die Mitarbeiter arbeiten nicht am gleichen Standort und müssen auch unterwegs zugreifen können.
- Public Clouds können aufgrund des Datenschutzes oder der Kosten nicht genutzt werden.

Für das erste Szenario haben sich selbstsynchronisierende Ordner im Dateisystem etabliert. Änderungen an Dokumenten werden mit zentralen Systemen (in der Regel von Public-Cloud-Anbietern) bei Netzanbindung automatisch überspielt. Sind Public Clouds keine Option, gibt es alternativ auch Open-Source-Anbieter mit eigenen Synchronisierungswerkzeugen und eigener Serversoftware.

Echte dezentrale Modelle über Peer-to-Peer-(P2P-)Protokolle verzichten auf zentrale IT-Systeme für die Speicherung. Hier liegen die Dokumente und Metadaten verteilt auf den Anwender-PCs der Mitarbeiter. Wird ein Dokument angefordert, wird dieses direkt – ohne einen zentralen Knoten – von anderen Client-PCs auf den eigenen PC übertragen. P2P hat sich zur Jahrtausendwende vor allem durch die Verteilung von Raubkopien einen Namen gemacht. Durch die zuletzt zunehmende Konsolidierung und Zentralisierung auf wenige große Anbieter wurden aber verschiedene Initiativen für eine Dezentralisierung gestartet. So bietet beispielsweise das *InterPlanetary File System* (IPFS) einen Ansatz, um auch sehr umfangreiche Datenmengen dezentral auf verschiedenen Knoten zu speichern.

Das dezentrale Modell setzt allerdings voraus, dass die Clients und die Geschäftslogik komplett auf den Arbeitsplätzen der Anwender installiert sind. Ein gegensätzlicher Trend ist die Bereitstellung kompletter Applikationen als *Single Page Applications* (SPAs), die als Webseite im Browser laufen. Selbst das Lesen und Bearbeiten findet dann auf den zentralen Servern statt; lokal auf dem PC muss nichts mehr installiert werden. Das hat den großen Vorteil der kompletten Unabhängigkeit von den Betriebssystemen der Clients: Der Zugriff kann sowohl von normalen Laptops oder PCs aus als auch mit mobilen Endgeräten mit Android oder iOS erfolgen.

5.1.2.2 Virtualisierung der Betriebsumgebungen

Serverkomponenten eines DMS in einem 2- oder 3-Schichten-Modell werden meist auf zentralen Knoten innerhalb des Unternehmensnetzwerks betrieben. Dies erlaubt die Zentralisierung (und Konsolidierung) der Funktionalitäten, hilft Dateninkonsistenzen zu vermeiden und ist zwingende Voraussetzung für manche Funktionen wie die übergreifende Recherche. In den meisten größeren Unternehmen ist das eigene Rechenzentrum noch heute das Standardmodell und Anforderung für den Betrieb gängiger DMS-Standardprodukte.

Der direkte Betrieb dieser Standardprodukte auf der Serverhardware ist heute allerdings eher unüblich. Einige Produkte erzwingen aber weiterhin dieses Modell durch eine direkte Abhängigkeit von bestimmten Hardwarekomponenten (beispielsweise Hardware-Dongles für die Verifikation der Lizenzierung). Doch der direkte Betrieb ist teuer, störungsanfällig und aufwendig. Kleine Probleme bei der Hardware (wie vollgelaufene Festplatten) erzeugen so schnell langwierige Ausfälle, weil der Betrieb nicht auf Redundanz ausgelegt ist. Um die Kosten der Administration zu optimieren, wurden oft auf einzelnen Servern mehrere Anwendungen installiert. Diese teilen sich den Zugriff auf die physischen Ressourcen wie CPU oder Arbeitsspeicher. Eine hohe Auslastung einzelner Anwendungen beeinträchtigt dann auch die Funktionalität der anderen Anwendungen auf demselben Server.

Durch den Einsatz *virtueller Maschinen* (VMs) werden die Eigenheiten der Hardware abstrahiert. Die einzelnen Bausteine des DMS werden, egal ob monolithisch oder verteilt auf Webservices, in eigenen VMs installiert und provisioniert (also auf den physischen Servern im Rechenzentrum verteilt). Auf den Servern ist jeweils nur noch die Steuersoftware des eingesetzten Produkts für die VMs installiert. Sie überwacht den Betrieb der einzelnen *Images*, die aus der vollständigen Umgebung inklusive Betriebssystem und Applikation bestehen, und startet sie gegebenenfalls neu. Bei technischen Problemen können VMs einfach auf andere physische Hardware migriert werden. Allerdings werden VMs auch schnell sehr groß, da sie in der Regel alle Aspekte eines Betriebssystems inklusive der Benutzeroberflächen zusammen mit der Applikation bündeln.

Die Virtualisierung über virtuelle Maschinen für den Betrieb verteilter serviceorientierter Systeme wurde durch *Container*-Technologien abgelöst. Egal welche Technologie für die Implementierung eines Webservice genutzt wird: Der Betrieb bedarf in der Regel immer spezieller Software und Dritt-Bibliotheken in fest definierten Versionen. Der Betrieb mehrerer Services in einer Umgebung führt schnell zu Versionskonflikten in den Abhängigkeiten, die entweder den Start der Services komplett verhinden oder – noch schlimmer – unvorhersehbare Seiteneffekte und Dateninkonsistenzen verursachen. Container virtualisieren die Betriebsumgebungen. Jeder Webservice wird zusammen mit all seinen Abhängigkeiten als Container geliefert. Auf der Zielumgebung, entweder einer virtuellen Maschine oder einem eigenen physischen Server, werden dann nicht mehr die Webservices selbst betrieben, sondern nur noch die Container. Die Container sind spezifisch auf die Anforderungen der Webservices zugeschnitten. Alle nicht notwendigen Bestandteile eines Betriebssystems werden entfernt, und am Ende bleibt nur eine Minimalumgebung.

5.1.2.3 Container-Orchestrierung in der Cloud

Das Konzept einer Cloud beschreibt allgemein einen Ansatz, bei dem Ressourcen (wie Rechenleistung, Speicher und Aufgaben der Administration) von unterschiedlichsten Anbietern als virtuelles Rechenzentrum bezogen werden. Das auch für DMS anwendbare Modell unterscheidet sich von bisherigen IT-Betriebsmodellen durch die bedarfsgerechte Bereitstellung und Abrechnung der notwendigen Ressourcen. Neben diesen Attributen zeichnet sich eine Cloud u.a. durch folgende Elemente aus:

- **Self-Service:** einfaches Anfordern und einfache Administration der geforderten Ressourcen
- **Elastizität:** Die geforderte Leistung wächst und sinkt bedarfsorientiert.
- **nutzungsabhängige Bezahlung:** Nur tatsächlich genutzte Ressourcen müssen bezahlt werden.

Das *National Institute of Standards and Technology* (NIST) hat die Kriterien 2009 zusammengefasst und eine Cloud-Computing-Definition veröffentlicht, die eine breite Akzeptanz in der Industrie gefunden hat und auch innerhalb der EU und vom *Bundesamt für Informationssicherheit* (BSI) mit der folgenden Übersetzung[1] genutzt wird:

> *»Cloud Computing ist ein Modell, das es erlaubt bei Bedarf, jederzeit und überall bequem über ein Netz auf einen geteilten Pool von konfigurierbaren Rechnerressourcen (z.B. Netze, Server, Speichersysteme, Anwendungen und Dienste) zuzugreifen, die schnell und mit minimalem Managementaufwand oder geringer Serviceprovider-Interaktion zur Verfügung gestellt werden können.«*

Als *Public Clouds* werden Plattformen bezeichnet, die ihre Dienste über das Internet bereitstellen. Während die IT-Sicherheit bei diesen Lösungen heute im Durchschnitt als sehr gut einzustufen ist, sind die offenen Fragen bezüglich des Datenschutzes noch immer nicht vollständig geklärt. Zwar bieten alle größeren Anbieter inzwischen eigene Rechenzentren innerhalb der Grenzen der EU und sichern Konformität bezüglich der EU-Datenschutz-Richtlinien zu. Damit in Konflikt stehende Gesetze aus den Heimatländern der Anbieter (in der Regel die USA und vermehrt auch aus dem asiatischen Raum) sorgen jedoch für Rechtsunsicherheit. Vor allem in der Zeit zwischen dem Urteil des Europäischen Gerichtshofs vom 16.07.2020 zur Unwirksamkeit des *EU-US Privacy Shields* bis zum Inkrafttreten der Nachfolgevereinbarung *Transatlantic Data Privacy Framework* frühestens am 1.1.2023 ist eine rechtskonforme Übertragung personenbezogener Daten zwischen der EU und den USA mit Schwierigkeiten verbunden. Es gibt einige Urteile, z.B. zum Verbot, Google Analytics in der EU einzusetzen.

Für den Betrieb ihrer global verfügbaren Produkte für die Websuchmaschine oder die Streamingplattform YouTube hat die Firma Google geografisch verteilt große Rechenzentren aufgebaut. Die Firma hat früh festgelegt, keine einheitliche Serverhardware zu erzwingen, um so die Flexibilität bei Einkauf und Aufbau der Rechenzentren zu erhalten. Neben der Container-Technologie war zusätzlich aber Infrastruktursoftware notwendig, die den Betrieb der Container überwacht, bei hoher oder niedriger Last diese dynamisch skaliert und bei Ausfällen die gestörten Container neu startet. Die dafür intern entwickelte Software wurde unter dem Namen *Kubernetes* veröffentlicht und über die *Cloud Native Computing Foundation* (CNCF) weiterentwickelt. Kubernetes erzwingt allerdings ein vollständiges Umdenken bezüglich der Architektur. Webservices allein reichen heute nicht mehr: Zusätzlich sind im Architekturentwurf nun auch *Serverless Functions*, *Cron-Jobs*, *Operators*, *Sidecars* im *Service Mesh* und vieles mehr zu beachten.

1. aus der Studie »Cloud Computing« der EU

Kubernetes hat sich heute als Standard für *Private Clouds* etabliert. Diese werden nicht extern über das Internet, sondern im hausinternen Rechenzentrum betrieben und ermöglichen die vollständige Kontrolle über potenziell datenschutzrelevante Geschäftsdaten. Die Container folgen in Aufbau und Ausführbarkeit heute öffentlichen Standards, die von vielen Anbietern für Public- und Private-Cloud-Plattformen unterstützt werden. Damit werden die Container portierbar: Eine Anwendung kann zwischen verschiedenen Plattformen ohne viel Aufwand migriert werden. Die zunehmende Standardisierung ermöglicht so ein hybrides Modell, das die Vorteile der Public Cloud hinsichtlich Skalierbarkeit und Verfügbarkeit mit den erhöhten Anforderungen an den Datenschutz der Private Clouds vereint.

5.1.3 Architekturbewertung als Entscheidungsgrundlage

Die oben genannten Aspekte einer modernen Softwarearchitektur für große IT-Systeme innerhalb einer Organisation helfen nur bedingt, die Softwarequalität einer existierenden DMS-Lösung zu bewerten. Viele Standardprodukte auf dem Markt sind über viele Jahre gewachsen und sind nicht ohne Weiteres in einer modernen Cloud-Umgebung zu betreiben. Erster Anhaltspunkt sind die *Systemanforderungen*: Wird als Voraussetzung für die Serverbestandteile bereits ein bestimmtes Betriebssystem genannt, ist die Wahrscheinlichkeit sehr hoch, dass eine Paketierung als Container nicht möglich ist (und auf unbestimmte Zeit auch nicht möglich sein wird). Falls der Anbieter die Systemarchitektur offenlegt, kann idealerweise der Zuschnitt der Services daraus abgeleitet werden. Hier kann individuell in Zusammenarbeit mit erfahrenen Softwarearchitekten geprüft werden, inwiefern die gängigen Entwurfsmuster für dienstorientierte Architekturen umgesetzt wurden oder ob sich hinter dem Produkt ein verteilter Monolith versteckt. Idealerweise unterliegt das Produkt einer Open-Source-Lizenz oder bietet zumindest eine Community-Version an. Die Transparenz auch in der Dokumentation erlaubt es hier, die Qualität umfassend zu bewerten und insbesondere die möglichen Aufwände für individuelle Erweiterungen abzuschätzen.

Ein weiterer Anhaltspunkt hinsichtlich des Reifegrades für den Betrieb in einer Cloud (das sog. *Cloud Maturity Level*) ist das Angebot, das Produkt auch *zusätzlich* in einer Public Cloud zu betreiben. Der reine Betrieb in einer bestimmten Public Cloud ist für kleine Unternehmen gegebenenfalls eine Option, weist aber auf einen klassischen *Vendor Lock-in* hin (d.h. man begibt sich in Abhängigkeit von einem bestimmten Anbieter). Das Produkt wurde hier speziell für eine bestimmte Public Cloud entwickelt, wie AWS von Amazon, Azure von Microsoft oder für die Google-Cloud. Die Portabilität der Anwendung ist gering, ein Wechsel des Cloud-Anbieters damit nicht mehr möglich.

Zukunftsweisende DMS mit einer hohen Cloud-Maturity nutzen nicht allein die Infrastruktur und somit die physischen Hardwareressourcen aus der Cloud.

Jede Einzelkomponente wird hier als unabhängiger DMS-Baustein angeboten, und die Bausteine kommunizieren über die Mittel der Cloudinfrastruktur miteinander und werden über diese betrieben. Die Unterstützung verschiedener Cloud-Plattformen kann einen hohen Standardisierungsgrad eines Produkts aufzeigen, was wiederum auf eine hohe Qualität bezüglich Portabilität, Wartbarkeit und auch Sicherheit hinweist.

5.2 Der Funktionsbereich »Erfassung eingehender Dokumente«

Der Bereich »Erfassung eingehender Dokumente« umfasst alle Funktionalitäten, um eingehende Dokumente zu digitalisieren, die Metadaten zu erfassen und im existierenden Dokumentenbestand wiederauffindbar einzuordnen (siehe Abbildung 5–4).

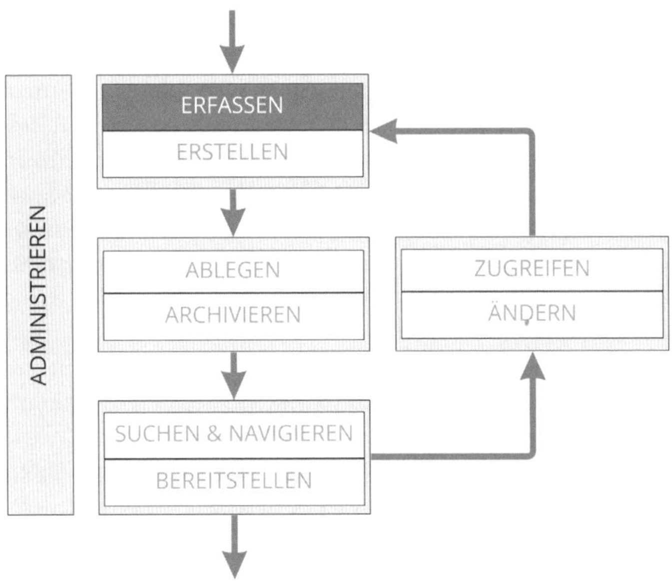

Abb. 5–4 *Der Funktionsbereich »Erfassen« im Lebenszyklus*

Für die Beschreibung der technischen Umsetzung des Imports ist das Verständnis der folgenden Konzepte hilfreich. Als *Digitalisierung* wird allgemein die Übersetzung analog vorliegender Informationen in eine elektronische Repräsentation beschrieben. Der Scan eines Papierdokuments schafft beispielsweise ein Bild oder elektronisches Dokument. Die Umwandlung vorhandener analoger Arbeitsabläufe in IT-gestützte Geschäftsprozesse und die damit einhergehende Automatisierung einzelner Arbeitsschritte ist in diesem Sinne auch Digitalisierung. Die *digitale Transformation* geht darüber hinaus. Bei ihr sind die Geschäftsprozesse und -objekte nicht mehr das Ergebnis einer Digitalisierung, sondern werden von Grund auf neu aufgesetzt. Die digitale Transformation setzt auch ein Umdenken im Umgang mit Prozessen und Informationen voraus.

Elektronische *Dokumente* sind originär elektronische Abbilder von Papierdokumenten oder in der Textverarbeitung erstellte Sammlungen von Texten. Im Kontext der digitalen Transformation ist das Spannungsverhältnis zwischen Dokumenten und Daten entscheidend. *Daten* sind strukturiert und folgen in der Regel einem vorgegebenen Schema. Sie sind damit machinenlesbar und notwendige Voraussetzung für die Automatisierung. *Dokumente* sind unstrukturiert und damit besser geeignet, um konzeptionelle und abstrakte Ideen zu vermitteln. Beide, Daten und Dokumente, enthalten Informationen. Diese sind das Ergebnis der subjektiven Interpretation des Betrachters. Die Information ist somit abhängig vom Kontext. Im Text ergibt sich die Information aus dem Sinnzusammenhang, bei Daten sind textuelle Beschreibungen oder semantische Annotierungen erforderlich.

Kontext ist häufig in den *Metadaten* kodiert. Die informationstragenden Inhalte eines Dokuments oder Datensatzes sind die Primärdaten. Metadaten beschreiben als »Daten über Daten« bestimmte Merkmale der Primärdaten; eine genaue Abgrenzung ist jedoch häufig nicht möglich. Sobald die Metadaten eines Dokuments selbst die relevanten Informationen enthalten, werden sie selbst zu Primärdaten. Die Metadaten können sich auf die Inhalte selbst, aber auch auf deren Repräsentation oder Kodierung beziehen. Damit sind sie ein wichtiges Instrument, um eingehende Dokumente korrekt in ein DMS zu übertragen und diese zu einem späteren Zeitpunkt wiederzufinden.

5.2.1 Scan der Dokumenteninhalte

Papierdokumente liegen in verschiedenen Größen, Farben und unterschiedlicher Beschaffenheit vor. Weitere Beispiele für Medien sind in diesem Kontext:

- Dokumentation von realen Vorgängen über Video-, Bild- und Tonaufnahmen
- Objekte jeglicher Art, z.B. auch Aservate (Beweismittel) aus einer kriminaltechnologischen Untersuchung
- Urkunden oder andere gesiegelte Dokumente
- Bücher, Magazine oder Broschüren
- Bau- und Konstruktionspläne oder Kartenmaterialien

Nicht jedes Original lässt sich scannen. Die Aufgabe der Digitalisierung ist die Übersetzung des vorliegenden physischen Objekts in eine digitale Repräsentation, die den Anforderungen an die Archivsysteme genügt. Abhängig vom Typ der Quelle sind neben den elektronischen Archiven auch die Originale für die festgelegten Aufbewahrungsfristen in physischen Archiven aufzubewahren.

Je nach Beschaffenheit der Quellmedien sind diese Herausforderungen unterschiedlich zu lösen. Im Folgenden wird die technische Umsetzung für das Scannen von Papierdokumenten sowie für die Erfassung von Video-, Bild und Tonaufnahmen näher beleuchtet.

5.2.1.1 Scansysteme für Papierdokumente

Scanner tasten anhand optoelektronischer Sensoren die Helligkeitsunterschiede analoger Dokumente bei der Belichtung ab und wandeln sie in digitale Signale um. Die Einordnung der Scanner richtet sich nach mehreren Kriterien, wie:

- Geschwindigkeit bei Einzug und Ablichtung in Anzahl der Blätter pro Zeiteinheit
- Genauigkeit (Auflösung) bei der Ablichtung
- automatischer Einzug mit oder ohne Duplex-Funktionalität (Erfassung von Vorder- und Rückseite)
- maximale Maße der Eingangsdokumente (relevant inbesondere bei Großformatscannern zum Beispiel bei geografischen Karten)

Abhängig von der Menge eingehender Papierdokumente erfolgt das Scannen zentral in einer spezialisierten Scanstelle oder dezentral bei der Sachbearbeitung. Direkt bei der Sachbearbeitung eingehende Originale werden mit lokalen Einzelplatzscannern oder Etagenscannern digitalisiert. Eingehende Briefsendungen werden bei größeren Organisationen in der Regel von der zentralen Poststelle gescannt. Bei großen Mengen kommen Scanstraßen zum Einsatz, die neben der Ablichtung des Dokuments auch Arbeitsschritte wie Dekuvertierung von Postsendungen, Glättung und Stapeltrennung automatisieren.

Bei Hochleistungsscannern, die eine Einlesegeschwindigkeit über 350 Blatt (Duplex) DIN A4 pro Minute erreichen, fallen große Datenmengen an. Daran muss sich auch die Hardwarekommunikation zwischen Scanner und Erfassungsrechner orientieren. Der Speicherbedarf eines Dokuments richtet sich dabei nach der Auflösungsqualität. Je mehr Bildpunkte pro Längeneinheit ermittelt werden, desto höher sind die Qualität und der Speicherverbrauch. Die Messung findet in *dots per inch* (dpi) statt. Der Richtwert für die Auflösung von Schwarzweißdokumenten liegt zwischen 200 und 600 dpi, wobei OCR durchlaufende Dokumente bei ca. 400 dpi die besten Ergebnisse liefern. Die Empfehlung der meisten Hersteller liegt bei mindestens 300 dpi. Bei Farbdokumenten erhöht sich der Richtwert auf bis zu 1200 dpi.

Auch lokale Scannermodelle für den Arbeitsplatz, meist Single-Page-Flachbett-Scanner oder Einzugsscanner, werden heute mit leitungsfähigen Schnittstellen angeboten. Scannermodelle mit höheren Anforderungen an die Verarbeitungskapazität, z.B. für eine zentrale Scanstelle, können um nützliches Zubehör ergänzt werden. Als ergonomisch praktisch bietet sich hier der Fußtaster an: So kann der Scanner mit den auf den Boden liegenden Fußtastern gesteuert werden.

Relevante zusätzliche Funktionalitäten für Scanner können je nach Anforderung sein:

- Unterstützung der anschließenden Metadatenerfassung durch *Endorser* und *Imprinter*
- automatische Gruppierung zusammengehöriger Dokumente durch ein Patch-Blatt, einen Barcode oder ein leeres weißes Blatt
- Verbesserung der Qualität der gescannten Bilddaten durch den Einsatz von Farbfiltern, Rauschentfernung und Lochpunktentfernung
- Erkennung und automatisches Entfernen von Leerseiten und leeren Rückseiten
- Erkennung von möglichen Problemen durch Justierung (»Geraderücken«), Doppelseiteneinzug (beispielsweise mittels Ultraschall) oder Heft- oder Büroklammern
- Authentifizierung bei Etagenscannern für die direkte Zuordnung zu persönlichen Eingangskörben
- Weiterleitung des gescannten Bildmaterials per E-Mail, Netzlaufwerken oder Cloud-Dienstleistern
- Scanclient für die direkte Weiterverarbeitung und Qualitätskontrolle

Ein *Endorser* kann Papierdokumente für die Folgeverarbeitung kennzeichnen. Ein Endorser bestempelt das gescannte Blatt mit einem fest eingestellten Text oder Logo, bevor oder nachdem der Scanvorgang für das Blatt beendet wurde. Bei einem *Imprinter*, der wie ein Tintenstrahldrucker funktioniert, kann der Text dagegen variabel vom Scanner eingestellt werden. So ist es beispielsweise möglich, als Text das Tagesdatum, die Uhrzeit und eine laufende Nummer zu verwenden. Jedes Blatt im Stapel wird dann mit einer eindeutigen Nummer und eventuell der Zeit versehen. Diese Information wird als Metadaten an das angeschlossene Dokumenten-Management-System weitergegeben. Sollte ein Dokument für den Anwender nicht lesbar sein, kann anhand der Nummer das Dokument aus dem Stapel schnell gefunden und neu gescannt werden.

Das Erkennen von Beginn und Ende eines Dokuments in einem Dokumentenstapel reduziert den Aufwand in der Folgeverarbeitung erheblich. Scanner können mit Patch- oder Trennblättern (z.B. einem Blatt mit einem großen dicken Kreuz) konfiguriert werden. Alternativ können Barcodes dem Scanner signalisieren, dass mit der vorliegenden Seite ein neues Dokument beginnt. Farbfilter (Blindfarben) sind hilfreich, um die Qualität von farbigem Beleggut bei S/W-Verarbeitung zu verbessern. Störende Hintergründe oder Kästen bei Formularen können durch die Beleuchtung »unsichtbar« gemacht werden. Die Ergebnisse einer nachfolgenden OCR/ICR-Verarbeitung sind qualitativ wesentlich besser. Farbfilter wurden früher in den Scanner eingebaut, heute gibt es entsprechende Software, die die Farben »herausrechnet«. Der Vorteil ist hierbei, dass kein Eingriff am Scanner erfolgen muss, wenn wechselndes Beleggut gescannt wird.

Scanner können sehr empfindlich für Störungen sein. Wenn Dokumente geheftet oder geklammert sind, kann das den Scanvorgang stören oder das Gerät beschädigen. Die meisten Geräte verfügen daher über Sensoren, die diese Fremdkörper rechtzeitig erkennen und den Scanner stoppen. Eine weitere Fehlerquelle ist der sogenannte Doppeleinzug. Wenn zwei Blätter aneinanderkleben, besteht die Gefahr, dass sie gleichzeitig eingezogen werden und das zweite Blatt nicht gescannt wird. Hier bieten die meisten Hersteller die Erkennung von Doppelseiteneinzug an, beispielsweise mittels Ultraschall. Diese technische Komponente sollte in Hinblick auf den Nachweis der Vollständigkeit des in einem Stapel befindlichen Beleggguts immer Bestandteil bei der Auswahl des Scanners sein.

Scanner am Arbeitsplatz oder an einer zentralen Scanstelle werden in der Regel um Scanclients ergänzt. Diese Software optimiert das physikalische Scanergebnis, indem sie z.B. schräg eingezogene Seiten gerade richtet, die Belichtung optimiert, Blindfarben herausrechnet, Dokumente zuschneidet, Stanzlöcher eliminiert etc. Weitere Funktionen sind z.B. die Einrichtung von Scanprofilen. *Scanprofile* dienen dazu, für bestimmte Dokumententypen optimale Einstellungen festzulegen. Weitere Funktionen sind das Erkennen und (wenn gewünscht) Unterdrücken von leeren Seiten. Daneben kann die Scannersoftware auch Dokumente und Seiten zählen und Imprinteraufdrucke generieren. Das vom Scanner erzeugte unkomprimierte Pixelformat wird in der Regel in ein gängiges Bildformat (wie JPEG, TIFF) oder auch direkt in PDF umgewandelt und an den Scanclient übergeben.

Die Scanclients dienen auch zur Qualitätskontrolle der gescannten Bildmaterialien. Die Qualitätskontrolle gleicht das Quelldokument mit seiner digitalen Repräsentation ab und verifiziert damit, dass es beim Scanvorgang keinen Informationsverlust gab. Dieser Vorgang ist unerlässlich, wenn die physischen Originale nach Abschluss vernichtet werden sollen, sie aber gleichzeitig Anlass für spätere Revisionen oder gerichtliche Auseinandersetzungen sein können (beispielsweise zahlungsrelevante Unterlagen, die gesetzlichen Aufbewahrungsfristen unterliegen). Je nach Branche können Richtlinien oder Gesetze zusätzlich vorgeben, dass eine Qualitätskontrolle durch eine qualifizierte elektronische Signatur der Mitarbeitenden der Scanstelle bestätigt wird. Enthält der Scan Mängel wie fehlende oder schräge Seiten, kann über den Scanclient ein erneuter Scan veranlasst werden.

Die mit dem Scansystem mitgelieferte Software enthält in der Regel die wesentlichen Basisfunktionen. Oft benötigt man aber mehr. Hier bieten Hersteller oder Spezialanbieter erweiterte Lösungen an. Das Ergebnis des Scanvorgangs sind Bilddaten, die mit Metadaten angereichert sind, die Auskunft über das Originaldokument geben. Im nächsten Verarbeitungsschritt im Eingangsmodul werden diese Metadaten in der Erfassung ergänzt.

5.2.1.2 Digitale Erfassung von Bilddaten

Das Ergebnis des Scanvorgangs eines Papierdokuments ist eine Bilddatei, die idealerweise bereits durch die Scansysteme um erste Metadaten ergänzt wurde. In diesem Abschnitt wird auf die Besonderheiten bei der technischen Umsetzung für die Archivierung von Bilddaten, aber auch von Ton- und Videoaufnahmen eingegangen. Nicht berücksichtigt werden an dieser Stelle die Digitalisierung analog vorliegender Aufnahmen. Diese werden analog zu Papierdokumenten mit spezialisierten Scansystemen digitalisiert.

Scansysteme sind heute insbesondere bei hohen Eingangsvolumen erforderlich. Für den gelegentlichen Scan (insbesondere im privaten Umfeld) werden Scanner immer häufiger durch Bildaufnahmen der Handy-Kameras ersetzt. Die Aufnahmequalität in Hinblick auf Lesbarkeit und Vermeidung des Informationsverlusts ist bei korrekter Belichtung aufgrund der sensiblen Sensoren für viele Anforderungen vollkommen ausreichend. Spezielle Apps ergänzen die Handy-Kameras mit Funktionalitäten für den automatischen Zuschnitt, für die Bildverbesserung, die Texterkennung und die automatische Sicherung in den Archiven von Cloud-Dienstleistern. Werden Papierdokumente mit Kameras abgelichtet, gelten für die folgende Erfassung der Metadaten die gleichen Anforderungen wie bei den Scansystemen.

Die zu archivierenden Bilder sind aber nicht immer digitale Repräsentanten von Textdokumenten. Werden beispielsweise im Rahmen der Beweisaufnahme eines Verkehrsunfalls Aufnahmen gemacht, sind diese Bilddaten archivwürdiges Material für die Archive der Polizei, der Anwälte, Gerichte und Versicherungen. Die Herausforderungen von Bilddaten aller Art sind im Wesentlichen in den Folgeschritten zu berücksichtigen. Technisch funktioniert die digitale Kamera so, dass die eingebauten Sensoren bei einer Aufnahme über ladungsabhängige Elemente die Helligkeitsunterschiede wahrnehmen. Die daraus gewonnenen Informationen werden in einem Speicherchip auf der Kamera bis zum Entladen auf einem Erfassungsrechner zwischengespeichert. Müssen die Bilddaten allerdings in Zielformate konvertiert werden oder muss aufgrund von Speicherbeschränkungen die Auflösung reduziert werden, können – analog zum Scanvorgang – bereits wesentliche Metadaten übernommen werden, z.B. der geografische Standort, die Uhrzeit, das Kameramodell und bei vorhandenem Kompass sogar der Blickwinkel.

Auch bei Videoaufnahmen kann der Speicherverbrauch eine Herausforderung sein. Analoge Videodaten werden vor der Archivierung über spezielle Interface-Karten in digitale Form gewandelt und in einem als Standard definierten Speicherformat (MPEG oder DVI) abgelegt. Aufgrund des hohen Speicherbedarfs von Videodaten werden verschiedene Verfahren für die Datenkompression mit zugleich möglichst wenigen Datenverlusten angewendet.

5.2.2 Erfassung der Dokumentenmerkmale als Metadaten

In den folgenden Abschnitten werden die Herausforderungen und Lösungsansätze der technischen Umsetzung bei der Erfassung der Metadaten zu elektronischen Quelldaten beschrieben. Ganz gleich, ob die Daten aus der Digitalisierung physischer Papierunterlagen, Szenenaufnahmen oder Abbildungen von Objekten resultieren oder bereits im Original in einem digitalen Format vorliegen: Im nächsten Schritt muss aus einem binären Datenstrom durch Anreicherung archivrelevanter Metadaten das Dokument entstehen, das den Anforderungen hinsichtlich Nachweisbarkeit und Wiederauffindbarkeit genügt.

5.2.2.1 Verarbeitung von E-Mails und anderer elektronischer Korrespondenz

In vielen Geschäftsbereichen sind auch heute noch E-Mails der Kommunikationsstandard. E-Mails sind originär digitale Dokumente, die – falls sie geschäftlich, rechtlich oder steuerlich relevant sind – auch elektronisch aufbewahrt werden müssen. Ein eher triviales Motiv für eine Archivierung ist in diesem Zusammenhang die zunehmende Belastung der Mailserver, die inzwischen gigantische Mengen an Mails verwalten müssen. Dies verursacht hohe Kosten und beeinflusst die Suchgeschwindigkeit. Daher bietet es sich an, ab einem bestimmten Zeitpunkt die Mails auszulagern und in einem Archiv zu speichern.

Neben den in der Regel ungesicherten E-Mails sind heute eine ganze Reihe von weiteren Kommunikationskanälen üblich, über die Unternehmen und Organisationen mit Bürgern, Kunden oder Partnern in Kontakt treten:

- Banken, Versicherungen und Behörden nutzen zunehmend Web-Gateways oder eigene Bereiche ihrer Webanwendungen für Kunden für die Bereitstellung von Dokumenten. Kunden können sich über eine gesicherte Kommunikation authentifizieren und die dort bereitgestellten Dokumente einsehen oder mittels Download in ihre eigenen Archive übertragen. In Kombination mit Mehr-Faktor-Verfahren (z.B. Bestätigung des Logins mithilfe des Fingerabdruckscanners im eigenen Mobiltelefon) sind diese Ansätze heute inzwischen sehr sicher.
- Standardisierte gesicherte Übertragungswege für elektronische Schreiben haben sich zwischen bestimmten Kommunikationspartnern etabliert. So tauschen Gerichte und Behörden sich heute über das *Elektronische Gerichts- und Verwaltungspostfach* (EGVP) aus. Rechtsanwälte nutzen das *besondere elektronische Anwaltspostfach* (beA) für ihre digitale Korrespondenz.
- Viele Unternehmen nutzen heute Chats (häufig automatisiert durch Chatbots) auf Webseiten oder in üblichen Chat-Applikationen für die direkte Kommunikation mit Kunden. Neben dem direkten Austausch von Dokumenten in diesen Gesprächen sind auch die Chatprotokolle für sich je nach Kontext archivwürdige Dokumente.

Unabhängig von den gewählten Kommunikationskanälen sind bei der Erfassung der Metadaten von Korrespondenzen die folgenden Herausforderungen zu berücksichtigen:

- Feststellung der Relevanz von elektronischen Eingängen für die Archivierung
- Identifzierung von Merkmalen für die Zuordnung zu korrekten Ansprechpartnern (bei Adressierung an Funktionspostfächer) oder Vorgängen (z.B. über Geschäftszeichen)
- Umgang mit tief verschachtelten Antwortschreiben und Anhängen
- Berücksichtigung elektronischer Signaturen oder verschlüsselter Nachrichten
- Sicherstellung der Authentizität, also der Identität des Absenders
- Konvertierung der E-Mailformate in langfristig lesbare Formate wie PDF
- Umgang mit Verweisen auf externe Dokumente oder Links auf Webseiten

Eingehende Korrespondenz muss daraufhin beurteilt werden, ob sie überhaupt »archivierungswürdig« ist. Ein dezentraler Ansatz mit Beurteilung durch fachkundige Empfänger ist allerdings fehlerbehaftet. Fehlgeleitete Schreiben können versehentlich gelöscht werden oder Werbung kann in den geschäftsrelevanten Dokumentenordnern landen. Eine Löschung oder falsche Einsortierung kann im schlimmsten Fall juristische Konsequenzen für die Geschäftsleitung nach sich ziehen. Bei einem zentralen Ansatz werden im Gegensatz dazu pauschal alle eingehenden Nachrichten archiviert. Viele Mails bringen Viren oder sonstige Schadprogramme mit oder sind unerwünschte Werbung (Spam). Diesen »Mailmüll« bekämpft man dann mit entsprechenden Filterprogrammen. Eine Kombination der zentralen und dezentralen Beurteilung kann die jeweiligen Vor- und Nachteile ausgleichen. Zuerst werden zentral unerwünschte Nachrichten gefiltert, gängige Metadaten wie Absender, Empfänger, Eingangszeitpunkt und Betreff erfasst und das Schreiben archiviert. Anschließend wird die Mail an den Empfänger weitergeleitet, der dann eine weitere Zuordnung und Indizierung vornehmen soll. Zu beachten ist dabei: Bei der zentralen Filterung und Löschung von E-Mails an Mitarbeiter sollte man sich rechtlich absichern, und private Nachrichten dürfen aufgrund des Fernmeldegeheimnisses nicht pauschal archiviert werden. Klare Regelungen bezüglich der privaten Nutzung für geschäftliche E-Mails und andere Kommunikationsformen können hier helfen.

Eine E-Mail kann ein komplexes zusammengesetztes Dokument sein: So kann es neben der eigentlichen Mail einen oder mehrere Dateianhänge und eine elektronische Signatur geben. Die Dateianhänge können zudem verschiedenen Vorgängen zugeordnet sein – müssen also unabhängig von der E-Mail indiziert werden können. Das heißt, die Gesamtmail muss zerlegt werden. Umgekehrt ist es aber auch wichtig, dass später die Gesamtmail mit allen Komponenten wieder reproduziert werden kann. Der Zusammenhang darf also nicht verloren gehen. Mailanhänge liegen meist in unterschiedlichsten Formaten vor. Insbesondere bei einer langfristigen Archivierung besteht daher die Gefahr, dass man später nicht mehr über geeignete Applikationen verfügt, um die Datei zu lesen.

Bei einer elektronischen Nachricht mit elektronischer Signatur kann die Authentizität der Absenders geprüft werden. Mit der Verifizierung der elektronischen Signatur wird nachgewiesen, dass der Absender mit einem nur ihm bekannten privaten Schlüssel die Nachricht unterschrieben hat. Diese Schlüssel haben jedoch nur eine begrenzte zeitliche Gültigkeit; der entsprechende Nachweis der Authentizität ist je nach Aufbewahrungsfrist nach einigen Jahren nicht mehr möglich. Mithilfe sogenannter Übersignaturen kann auch über längere Zeiträume hinweg die Nachweisbarkeit der Authentiztät (und auch Integrität) sichergestellt werden. Elektronische Nachrichten können Verweise enthalten, um Informationen aus dem Internet nachzuladen. Diese Links verschwinden meist nach kurzer Zeit wieder. Im Sinne der Nachvollziehbarkeit ist es sinnvoll, Verweise aufzulösen und Kopien der referenzierten Quellen mit der Nachricht zusammen lokal zu speichern.

Diese zum Teil sehr E-Mail-spezifischen Problemstellungen führen dazu, dass man zahlreiche Speziallösungen zur E-Mail-Archivierung angeboten bekommt. Dies kann im ersten Moment praktisch erscheinen, da diese Lösungen für die hier angesprochene Problematik optimiert sind. So gibt es E-Mail-Archivierungssysteme, die sogar den Mailserver ersetzen. Dabei übersieht man aber, dass die wichtigen E-Mails ein wesentlicher Teil der Geschäftsvorfälle sind: Eine Insellösung für E-Mails schafft neue Medienbrüche und behindert den Blick auf die vollständigen Vorgänge. Nur wenn man die E-Mail mit ihren komplexen Bestandteilen den entsprechenden Geschäftsvorfällen zuordnet, kann man die Vorteile der elektronischen Akte wirklich nutzen. Eine E-Mail-Archivierung sollte also immer ein Bestandteil einer übergreifenden Gesamtlösung für Archivierung und Dokumenten-Management sein, die alle Aspekte und Dokumentenarten umfasst.

5.2.2.2 Erfassung der Metadaten in Drittanwendungen

Bei Übernahme von Dokumenten aus Drittanwendungen (wie Standardanwendungen im Unternehmensumfeld, Office-Anwendungen der Bürokommunikation sowie branchenspezifischen Fachanwendungen) sind, je nach Auswahl der Archivschnittstelle, unterschiedliche Möglichkeiten für die Erfassung der Metadaten gegeben. Können bei der Archivierung die Indizierungsdaten nicht automatisch zur Verfügung gestellt werden, dann fordert das Modul *Archivierung und Verwaltung* – abhängig vom Dokumententyp – eine manuelle Erfassungsmaske vom Eingabemodul. Ist die Anforderung der freien Definition des Dokumententyps vorhanden, muss die Gestaltung der Erfassungsmaske dynamischen Charakter aufweisen. Viele Systeme unterstützen hier keine komfortablen Lösungen. Es wird eine automatisch erstellbare Erfassungsmaske pro Dokumententyp gefordert, die nur Attribute des jeweiligen Dokumententyps aufnimmt.

Bei der Übernahme aus Drittanwendungen sollten Metadaten aus Quellanwendungen übernommen werden. In der einfachsten Form wird bei Übergabe der Nutzdaten an das Archivierungsmodul eine Parameterdatei angehängt. Manche Anwendungen bieten auch explizit spezielle Schnittstellen zur Übergabe der Metadaten an. Die *Archive Link*-Schnittstelle von SAP ermöglicht es beispielsweise, Dokumente aus dem SAP-System samt Indexdaten in ein Dokumentenarchiv zu übertragen. In der Summe kommt so eine tiefe Integration des Dokumentenarchivs mit dem SAP-System zustande.[2]

Scansysteme bieten auch die Möglichkeit, Metadaten in den elektronischen Bilddaten eingebettet zu speichern. Die Indizierungsattribute können sowohl individuell bei der Erstellung der Datei per Skriptsprache erzeugt werden (z.B. eindeutiger Dateiname bestehend aus Präfix, Datum, Uhrzeit, lfd. Nummer) als auch aus dem Dokumenteninhalt gewonnen werden (z.B. Barcodewerte oder Texte mittels OCR). Die eingebetteten Metadaten können während der Indizierung und Ablage wiederverwendet werden.

Andere Beispiele für Metadaten aus Quellanwendungen, die direkt in das Archiv übernommen werden können, sind:

- CAD-Programme (wie z.B. Auto-CAD) speichern Metadaten zur Zeichnung im Zeichnungskopf.
- Office-Dokumente oder PDF-Dokumente haben »eingebettete« Metadaten, z.B. zum Autor oder Änderungsdatum.
- Kameraaufnahmen liefern die Umgebungsparameter zu einer Aufnahme, z.B. die Bezeichnung des Kameramodells.

5.2.3 Bewertung eingehender Dokumente

Das Dokument wurde in ein für das DMS verarbeitbares Format übersetzt, und wesentliche Metadaten wurden erfasst. Im nächsten Schritt muss die Sachbearbeitung entscheiden, ob das Dokument unter anderem:

- wichtige Informationen enthält oder wegen Irrelevanz direkt wieder gelöscht werden kann
- bei dem richtigen Empfänger gelandet ist oder als Irrläufer zurückgehen muss
- einem laufenden Vorgang zuzuordnen ist oder einen neuen Vorgang eröffnet
- aufgrund seines Inhalts als vertraulich einzustufen ist

2. vgl. BECKER 2005, S. 46f.

5.2.3.1 Bewertung über regelbasierte Systeme

Regelbasierte Systeme erlauben es, auf Basis der bis zu diesem Zeitpunkt erfassten Dokumentenmerkmale Kriterien für die Ableitung neuer Eigenschaften zu formulieren. Wurden bei der Erfassung bereits eindeutige Dokumentenkennzeichen (wie ein Geschäftszeichen, beispielsweise durch Scan eines Barcodes) erkannt, ist eine Bewertung des Inhalts hinfällig. In diesem Fall kann das Dokument direkt in den laufenden Vorgang und damit einer verantwortlichen Person der Sachbearbeitung zugeordnet werden.

Regeln finden heute vor allem in der Formularerkennung im Rahmen von Massenverfahren Anwendung. Fortgeschrittene Systeme erlauben neben der Definition von Regeln auf Basis der Zeichenketten (z. B. das Erkennen eines Geldbetrags wegen Nutzung des €-Zeichens) auch komplexe geometrische Regeln (z. B. das Erkennen einer Rechnungssumme, da sie in der Regel am unteren Ende des Dokuments unter einer Querlinie steht). Die Regeln sind leider nicht global gültig, sondern müssen aufwendig für jede Organisation – und dort auch für jeden Dokumententyp – manuell erstellt und gepflegt werden. Beispiele für Regeln, die bei der Bewertung eingehender Dokumente unterstützen, sind:

- **die Erkennung des Empfängers:** Wenn »z.Hd.von« enthalten ist, wird das Dokument an die adressierte Person weitergeleitet.
- **die Erkennung von Stichworten:** Wenn ein Begriff vorhanden ist, wird ein entsprechendes Metadatum gesetzt.

Regelbasierte Systeme für die Formularerkennung finden heute in vielen Branchen Anwendung. Buchhaltungssysteme können eingehende Rechnungen auslesen und mit dem ERP-Daten automatisiert abgleichen. Krankenkassen nutzen die Systeme, um eingehende Abrechnungen und Rezepte zu bewerten.

5.2.3.2 Bewertung über selbstlernende Systeme

Die Pflege der Regeln ist sehr zeit- und kostenintensiv. Die Regeln sind darüber hinaus anfällig für Fehler durch kleinere Änderungen: Tippfehler oder schlecht gescannte Papierseiten führen so schnell zu Bewertungsfehlern und gegebenenfalls falsch wegsortierten Dokumenten. Regelbasierte Systeme analysieren den erfassten Text und greifen, wenn bestimmte Stichworte vorhanden sind (*Selektoren*). Selbstlernende Verfahren betrachten (üblicherweise) den gesamten Text. Dieser wird intern in ein statistisches (und für Menschen nicht nachvollziehbares) Modell übersetzt. Aufgrund der statistischen Verteilung können Schlüsse gezogen werden.

Selbstlernende Verfahren werden heute durchgängig für die Spam-Bewertung von eingehendenen E-Mails genutzt. Dabei können sie auf globale Modelle zurückgreifen, da ungewollte Werbemails in der Regel nicht organisationsspezifisch sind. Ansonsten müssen die selbstlernenden Verfahren trainiert werden. Die Qualität des Modells ist dabei wesentlich von der Verfügbarkeit ausreichend dimensionierter (und möglichst charakteristischer) Trainingsdaten abhängig. Selbstlernende Verfahren spielen ihre Stärke heute vor allem als Ergänzungen von regelbasierten Systemen aus.

5.2.4 Indizierung für Suche und Klassifizierung

Die Erfassung der Metadaten ist aufwendig und anfällig für Ungenauigkeiten und Fehler. Unzureichende oder falsche Metadaten können im schlimmsten Fall zu einem Verlust eines Dokuments führen. Falls durch eine Fehlkategorisierung Dokumente nicht mehr auffindbar sind, sind diese insbesondere in großen Archiven faktisch verloren. Diesen Problemen ist allerdings nicht in jedem Fall durch organisatorische Regelungen, Anweisung besonderer Sorgfalt oder Einführung stringenter Prozesse für das Qualitätsmanagement beizukommen. Was einer Person als schlüssiger Betreff oder sinnvolle Kategorie erscheint, ist für ihren Nachfolger oder Stellvertreter nicht unbedingt nachvollziehbar. Und so sind schnell Zahlungsfristen überschritten, weil die Urlaubsvertretung das Rechnungsdokument an der falschen Stelle gesucht hat. Zur Fehlerminimierung können hier nur unterstützende Methoden angewandt werden. Die Erfassungsmasken werden dazu mit plausibilisierten Eingabefeldern und feldspezifischen Auswahllisten ausgestattet. Dies bietet zwar einen syntaktischen Schutz, jedoch keinen semantischen. Das bedeutet, die Attributierung ist vom Eingabetext her fehlerfrei (Syntax ist korrekt); im Zusammenhang gesehen (Semantik), können die angegebenen Indizierungsattribute jedoch völlig unsinnig sein. Eine Abhilfe kann hier nur durch organisatorische Festlegungen erfolgen.

Die automatische Indizierung versucht mittels automatisierter Verfahren, die manuellen Erfassungsaufwände zu reduzieren und sicherzustellen, dass archivierte Dokumente immer zu finden sind. Für die Indizierung könnten unter anderem die folgenden Aktionen durchzuführen sein:

- Konvertierung der Binärdaten in maschinenlesbare und indizierbare Formate
- Erkennung der Dokumentensprache und gegebenenfalls automatische Übersetzung
- Erkennung von Merkmalen für die Klassifizierung und Einordnung
- Ableitung interner Dokumentenmodelle für die Suche und Dokumentenanalyse
- Regelbasierte Verfahren für die automatische Zuordnung
- Formularerkennung für die automatisierte Verarbeitung in Geschäftsprozessen

Eine Auswahl sollte dabei im Einzelfall je nach erforderlichem Automatisierungsgrad, Komplexität der Dokumententypen und Homogenität der zu archivierenden Dokumente getroffen werden. Der gewünschte Automatisierungsgrad hängt von Eingangsvolumen und der gewünschten Verarbeitungsgeschwindigkeit ab.

Die Komplexität reicht von einfachen Formularen mit Barcodes bis hin zu umfangreichen und frei formulierten Texten. Bei der Homogenität ist die Differenzierung der fachlichen Prozesse in der Folgeverarbeitung zu berücksichtigen: Größere Behörden mit unterschiedlichen Aufgabenbereichen oder eine Anwaltskanzlei haben zum Beispiel ein größeres Spektrum an Dokumentenarten als beispielsweise ein Steuerbüro oder eine Arztpraxis.

5.2.4.1 Erkennung von Barcodes und QR-Codes

Die Barcode-Erkennung ist eine Methode zur Gewinnung von Dokumentenattributen aus der Entschlüsselung von Strichcodes, die mit fest definierten Informationen hinterlegt sind, z.B. Aktenzeichen, Auftragsnummer und Belegart. Der Barcode wird beim Scannen (Komponente des Eingabemoduls) von Papierdokumenten identifiziert, und die abgeleiteten Informationen werden als Metadaten an das Archivierungsmodul weitergeleitet. Auch über andere Kanäle eingehende Bilddaten müssen auf Barcodes geprüft werden können. Ein Beispiel wäre hier das abfotografierte Formular, das über ein Kundenportal eingereicht wurde. Um nicht alle notwendigen Metadaten im Barcode zu hinterlegen, werden meist nur Schlüsselattribute und der Dokumententyp codiert. Die notwendigen Zusatzattribute zur Indizierung werden meist im Direktzugriff aus einer Datenbank ermittelt – auch aus bestehenden Legacy-Systemen.

Ein typisches Beispiel für die Barcode-Indizierung sind vorgangsbezogene Buchhaltungssysteme: Hier werden beim Scannen aus dem aufgedruckten Barcode die Vorgangsnummer und der Dokumententyp gelesen. Über die Vorgangsnummer werden daraufhin alle notwendigen Attribute aus dem Buchhaltungssystem recherchiert, der Indizierungskomponente übergeben und in der Metadatenbank zum Dokument gespeichert. Zusätzlich können auch Systemvariablen wie Datum, Rechnername usw. automatisch ermittelt und der Indizierung zugeführt werden.

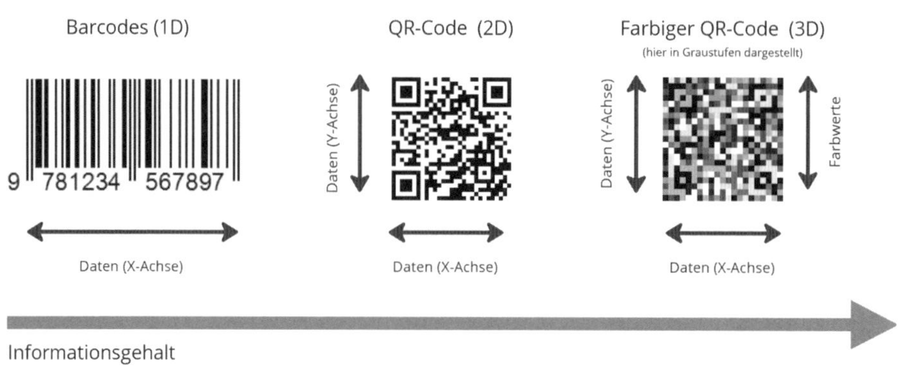

Abb. 5–5 *Die Entwicklung des Barcodes (aus UITZ 2012)*

Inzwischen ist die Entwicklung noch weitergegangen. Mit zweidimensionalen Barcodes (meistens werden QR-Codes genutzt) kann man wesentlich mehr Informationen codieren. Das Muster ist viel detaillierter und damit prinzipiell fehleranfälliger als die einfachen Strichcodes (siehe Abbildung 5–5). Durch eingebaute Fehlerkorrekturmechanismen können diese Codes aber auch noch bis zu 30 % beschädigte Daten korrigieren (vgl. UITZ 2012).

5.2.4.2 OCR und Transkription für die Fomularerkennung und Übersetzung in maschinenlesbare Formate

Als OCR-Verfahren (*Optical Character Recognition*) und ICR-Verfahren (*Intelligent Character Recognition*) werden Softwarealgorithmen bezeichnet, die Textdaten aus Image-Dokumenten, wie sie beim Scannen entstehen, extrahieren und sie in maschinenlesbare Zeichen umwandeln. Die Erkennung von Handschriften durch das HCR-Verfahren (*Handprint Character Recognition*) stellt hierbei eine spezielle Weiterentwicklung des OCR-Verfahrens dar. ICR ist die erweiterte Form von OCR und HCR, hinter der sich zum Teil sehr komplexe Ermittlungsverfahren verbergen, deren Ziel es ist, die Qualität der Leseergebnisse zu verbessern. So versucht man z. B., Vorwissen über den Text zu nutzen (beispielsweise in welcher Sprache er geschrieben ist), indem man die gefundenen Begriffe mit Wörterbüchern abgleicht. Briefzusteller nutzen den Umstand, dass auf dem Kuvert eine gültige Adresse stehen muss. Wenn man den Inhalt bekannter Formulare ausliest, weiß man oft sehr genau, was in den einzelnen Feldern stehen kann (z. B. ein Geldbetrag oder eine Versicherungsnummer oder ein Name), und kann somit das mögliche Leseergebnis einschränken.

Der Übergang von OCR und HCR zu intelligenten Texterkennungsverfahren (ICR) ist fließend, und sie werden im Sprachgebrauch oft vereinheitlicht als OCR-Verfahren bezeichnet. OMR (*Optical Mark Recognition*) hingegen ist eine Technik zur Erkennung von Markierungen auf dem Dokument. Hierbei werden von der OMR-Software zuvor festgelegte Bereiche auf dem Image dahingehend untersucht, ob hier eine Schwärzung vorliegt. Dadurch ist dieses Verfahren gegenüber OCR/ICR weniger fehleranfällig, da keine inhaltliche Erfassung von Informationen erfolgt. Häufige Anwendungsgebiete für OMR sind daher Dokumente mit Ankreuzfeldern, beispielsweise Fragebögen, Wahlzettel oder Multiple-Choice-Tests. Mit diesem Verfahren kann beispielsweise auch geprüft werden, ob ein Vertrag unterschrieben wurde, ob ein leerer Bereich des Dokuments vom Kunden mit einer Mitteilung versehen wurde oder ob ein Kunde unterhalb der Frage »Möchten Sie weitere Informationen über unser Unternehmen?« das Feld »Ja« oder das Feld »Nein« angekreuzt hat. Mithilfe des OMR-Verfahrens können Informationen für die weitere Verarbeitung ermittelt und nachfolgende Prozesse gezielt angesteuert werden (auch vollautomatisiert).

Für die Übersetzung von *Tonaufnahmen* in maschinenlesbare Formate gibt es technische Verfahren der Transkription. Die sogenannten »Speech-to-Text«-Technologien finden heute meist in der *Human Computer Interaction* (HCI) ihre Anwendung. Gängige Beispiele sind digitale Assistenten in Smartphones oder die

Bordcomputer moderner Autos. Die Indizierung von Videoaufnahmen vereint die Anforderungen an das Erkennen von Schriften in Bildern und an die Transkription von Dialogen.

Archivwürdige Bilddaten sind nicht nur auf Ablichtungen von Papierdokumenten beschränkt. Bei freien Bildaufnahmen können automatisierte Verfahren aus der künstlichen Intelligenz – mit je nach Anwendungsfall vernachlässigbaren Fehlerquoten – Objekte und Personen erkennen und die gewonnenen Informationen als Metadaten für die Indizierung ergänzen.

5.2.4.3 Parser für die Indizierung von Daten aus Standardanwendungen

Eine weitere Art der Indizierung ist für die Archivierung von Textdokumenten (CI-Dokumenten) mit Formatierungsanweisungen notwendig. Solche Dokumente werden meist von Textverarbeitungsprogrammen generiert und enthalten neben den Textdaten die für die Indizierung unnötigen Formatierungsanweisungen. Auch hier ist ein vom Dokumententyp abhängiger Mechanismus notwendig. Die Attributgewinnung erfolgt hierbei im Idealfall über Formularfelder. Unter Formularfeldern versteht man beispielsweise die in Textverarbeitungsprogrammen hinterlegbaren Feldwerte, die bei der Darstellung auch ausgeblendet werden können. Bei der Dokumentenerzeugung werden daraufhin pro Dokumententyp vordefinierte Dokumentvorlagen (Formulare) mit hinterlegten Formularfeldern eingesetzt. Unterstützt durch Makros werden die Formularfelder entweder automatisch (z.B. Anlegedatum, Dokumentenname) gefüllt oder vom Anwender erfragt. Bei der Archivierung wird das Dokument nach den definierten Formularfeldern gescannt und auf Vollständigkeit hin überprüft. Nicht zu ermittelnde Pflichtattribute werden erkannt und durch die manuelle Indizierungsmaske zur Eingabe aufgefordert.

In diesem Zusammenhang ist immer häufiger von einer *Dunkelverarbeitung* die Rede, d.h., es erfolgt keine manuelle Bearbeitung und kein manueller Eingriff in den Prozess, da dieser vollautomatisch abläuft. Das Dokument wird hierbei gescannt, die Inhalte werden elektronisch ermittelt, gegebenenfalls durch Zugriff auf Drittsysteme geprüft. Dann werden die Informationen im System gespeichert und das Dokument im Archiv abgelegt. Die Bearbeitung der Dokumente erfolgt nur im Fehlerfall oder bei einer Reklamation durch den Kunden. Dieses Verfahren eignet sich für Dokumente, die wenige Informationen einfach strukturiert enthalten und daher mit hoher Sicherheit fehlerfrei verarbeitet werden können. Bei anderen Dokumenten ist durch entsprechende Prüfungen sicherzustellen, dass alle relevanten Informationen vollständig erfasst und verarbeitet werden. Dies ist im Bereich des automatisierten Rechnungseingangs mittlerweile sehr gut möglich, da alle auf der Rechnung enthaltenen Informationen (beispielsweise der Bestellbezug, die Lieferanteninformation usw.) abgeglichen und die aufgeführten Mengen und Preise rechnerisch auf Vollständigkeit und Korrektheit geprüft werden können.

Die OCR/ICR/HCR- und OMR-Komponenten werden dem Eingabemodul zugeordnet, das wiederum die Informationen an das Modul *Archivierung und Verwaltung* weitergibt. Da diese Methoden nicht frei von Fehlern sind, wird mit verschiedenen Verfahren versucht, die Fehlerquote so gering wie möglich zu halten.

5.2.5 Übergabe an das DMS

Nach der Erfassung aller wesentlichen Merkmale wird das eingehende Dokument für die sichere Speicherung an die Dokumentenverwaltung übergeben.

5.2.5.1 Archivierung aus Standardsoftware über Mittel des Betriebssystems

Als *Standardsoftware* werden hier die branchenüblichen Anwendungen bezeichnet, in denen archivwürdige Informationen verarbeitet oder produziert werden. Explizit ausgeschlossen sind Office-Anwendungen für die Bürokommunikation – diese werden in Kapitel 5.2.5.2 behandelt. Für weitverbreitete Anwendungssysteme, insbesondere ERP-Systeme der Buchhaltung, bieten gängige DMS-Produkte eigene Schnittstellen an. Für branchenspezifische Produkte (wie CAD-Software für Konstruktionspläne, GIS-Systeme für die Erstellung und Verarbeitung von Geodaten und Ähnliches) existieren in der Regel allerdings keine direkten Schnittstellen. In diesem Fall kann auf die Bordmittel der Betriebssysteme (z.B. Microsoft Windows, Apple macOS oder verschiedene Linux-Varianten) zurückgegriffen werden. Manche DMS stellen »Pseudo-Druckerschnittstellen« zur Verfügung, die aber in Wirklichkeit eine Schnittstelle zum DMS darstellen. Eine Auswahl dieses »Druckers« löst einen Aufruf des DMS aus, um das Dokument dort abzulegen.

Neben den Ansatz über die Einrichtung von Softwaredruckern können auch Dateiordner eingerichtet werden, die eine Übertragung an zentrale Archivsysteme ermöglichen. Die Einrichtung von Netzlaufwerken ermöglicht das direkte Abspeichern auf entfernten Systemen innerhalb des Unternehmensnetzwerks. Da ein direkter Zugriff auf diese Netze während Dienstreisen oder Arbeit von zu Hause nicht immer möglich ist, haben sich selbstsynchronisierende Ordner etabliert. Hier gespeicherte Dateien werden automatisch mit zentralen Systemen abgeglichen, sobald sich der Rechner im Unternehmensnetz anmeldet.

Unabhängig von der eingesetzten Technologie sind für Standardsoftware die folgenden Herausforderungen zu beachten:

- **Korrekte Indizierung und Zuordnung der Dateien, die über Druckerdatenströme oder zentrale Verzeichnisse eintreffen:** Für die Erfassung korrekter Metadaten ist in der Regel ein Wechsel in die DMS-Clientsoftware notwendig.
- **Erhalt der langfristigen Lesbarkeit der Dateiformate:** Bei vielen Dateiformaten ist eine Konvertierung in gängige »archivfeste« Formate wie das *Portable Document Format* (PDF) oder Bilddaten nicht möglich.

Insbesondere bei exotischen Dateiformaten muss eine Organisation Regelungen treffen, um einen je nach Aufbewahrungsfrist sehr langfristigen Zugriff auf die Originaldaten zu ermöglichen. Im Extremfall muss dafür ein gesonderter Arbeitsplatz eingerichtet werden, auf dem die Standardsoftware in der zum Archivierungszeitpunkt gültigen Version installiert wird (und danach darf sie nicht mehr aktualisiert werden).

5.2.5.2 Archivierung aus Office-Systemen über DMS-spezifische Erweiterungen

Zu der Gruppe der Office-Anwendungen zählen Werkzeuge für die Text- und Tabellenverarbeitung, die Erstellung von Präsentationen oder einfache Bildbearbeitungen. Die Office-Produkte von Microsoft mit Word, Excel und PowerPoint sind auf vielen Arbeitsplätzen in Büros gängiger Standard. Eine direkte Anbindung dieser Software an die Archive der Dokumentenverwaltung muss ohne große Umwege möglich sein. Aber auch hier sind wesentliche Herausforderungen zu beachten:

- Vermeidung des Kontextwechsels durch tiefe Integration in Office-Anwendungen
- Nutzung des Archivs für den operativen Dokumentenbestand oder als echtes Archiv
- Erfassung der Metadaten bei der Ablage im DMS
- Anbindung des Archivs bei der Nutzung von Office-Anwendungen im Web

Die Notwendigkeit eines Kontextwechsels ist häufig die Ursache der geringen Nutzerakzeptanz vieler DMS-Produkte. Es ist den Anwendern schwer zu vermitteln, wenn zwar eine direkte Speicherung eines Textdokuments in das Archivsystem möglich ist, für das Öffnen des gleichen Dokuments aber der DMS-eigene Client zu nutzen ist. Das Ziel einer tiefen Integration in Office-Anwendungen sollte darin bestehen, dass möglichst alle Arbeitsschritte im Rahmen der Bearbeitung eines Vorgangs in der gleichen Anwendung erfolgen können.

Eine der wichtigsten Fragen bei der Auswahl eines DMS-Produkts ist, ob das DMS als echtes Archiv nur für die langfristige Aufbewahrung genutzt wird oder ob auch änderbare Dokumente dort abgelegt werden. Soll das DMS auch operative Dokumente, d.h. Dokumente in aktiver Bearbeitung, verwalten, so ist eine ganze Reihe von weiteren Anforderungen zu klären:

- Versionierung von Dokumenten inklusive des Umgangs mit Versionskonflikten und des Wiederherstellens alter Versionen
- Unterstützung von unterschiedlichen Fassungen (oder Repräsentationen), z.B. als bearbeitbare Originaldatei und langfristig lesbare PDF-Datei. Durch die verschiedenen Repräsentationen ist beispielsweise sichergestellt, dass ein Word-Dokument (im *.docx*-Format) auch ohne Nutzung der Applikation MS-Word angezeigt und gelesen werden kann.

- gemeinsame Bearbeitung von Dokumenten in Echtzeit
- Umgang mit Kommentaren und Annotierungen innerhalb des Dokuments

Bei Speicherung einer Office-Datei in das Archivsystem sollte die bearbeitende Person wesentliche Metadaten direkt erfassen. Die Indizierung der Dokumente erfolgt hierbei meist manuell über eine Indiziermaske mit Unterstützung von Auswahllisten. Aber auch eine automatische Indizierung wäre möglich, sofern die Schnittstelle zum Archiv diese vorsieht. Des Weiteren ist sie davon abhängig, in welcher Form und Qualität die Metadaten in den zu archivierenden Objekten zur Verfügung stehen.

Office-Anwendungen folgen dem allgemeinen Trend, dass Software als Webanwendung zu Verfügung gestellt wird. Viel genutzte Funktionen lokaler Office-Anwendungen werden dabei über Webanwendungen im Browser nutzbar gemacht. Der Ansatz hat aus Unternehmenssicht viele Vorteile: Die Anforderungen an die Hardware der Arbeitsplatz-PCs sind deutlich geringer, und Mitarbeiter können von zu Hause auf Dokumente zugreifen (ohne diese auf ihren privaten PCs oder Laptops speichern zu müssen). Bei der Auswahl von Anbietern dieser Webanwendungen muss grundsätzlich zwischen den echten Cloud-Dienstleistern und Lösungen innerhalb der Unternehmensnetzwerke (*on-premise*) unterschieden werden. Während bei Letzteren die Anbindung an zentrale DMS-Systeme vor allem eine Frage der Schnittstelle ist, ergeben sich für Cloudlösungen eine ganze Reihe von rechtlichen Fragen und Herausforderungen für die Anbindung eines DMS.

5.2.5.3 Archivierung aus Fachanwendungen

Unter dem Begriff *Fachanwendungen* werden die häufig selbst entwickelten oder angepassten Programme gesammelt, die die branchenspezifischen Anforderungen und Geschäftsprozesse umsetzen. Neben den Standardwerkzeugen des Betriebssystems ergibt sich zusätzlich die Möglichkeit, über die Programmierschnittstellen des DMS (das *Application Programming Interface* oder API) eine direkte Archivierung aus den Fachanwendungen zu implementieren. Ein wesentliches Auswahlkriterium ist dabei der Einsatz von offenen Standards für die Programmierschnittstellen. Eine Beschreibung der heute üblichen Standards und deren Vor- und Nachteile sind in Kapitel 5.4.2.2 zu finden.

5.2.5.4 Integration in Workflow-Management-Systeme

Standardprodukte für DMS haben in der Regel eigene Workflow-Management-Systeme (WFMS) integriert. Diese erlauben es im Zusammenspiel mit dem Lebenszyklus des Dokuments, die verschiedenen Phasen in einem Geschäftsprozess semiautomatisiert zu durchlaufen. Anwendung finden sie häufig in Freigabeprozessen, bei denen unterschiedliche Organisationseinheiten in die Bearbeitung eines Dokuments involviert werden müssen. Für die Integration anderer IT-Systeme einer Organisation entlang der Geschäftsprozesse sind die DMS-eigenen Lösungen nur bedingt geeignet. Sobald die Workflows in ihrer Komplexität zunehmen[3], muss die Standardfunktionalität spezifisch erweitert werden. Das kann aufwendig sein und erhöht das Risiko eines *Vendor Lock-In* erheblich.

Ist geplant, dass in Ihrer Organisation Workflow-Management-Systeme für die Automatisierung Ihrer Geschäftsprozesse eingesetzt werden, sollte die Wahl eher auf eigenständige Lösungen fallen. Nur dann ist eine übergreifende und automatisierte Prozessausführung aus fachlicher und technologischer Sicht möglich. Viele Produkte unterstützen die Spezifikationssprache *Business Process Model and Notation* (BPMN). Dieser Standard erlaubt die grafische Dokumentation der Geschäftsprozesse in Zusammenarbeit mit den Fachbereichen und gleichzeitig deren automatisierte Ausführung durch die Workflow-Management-Systeme. Diese sind in diesem Fall ähnlich wie Fachanwendungen zu betrachten (siehe Kapitel 5.2.5.3).

5.3 Der Funktionsbereich »Sichere und strukturierte Ablage«

Als eigentlicher Kern eines DMS gilt das Modul *Aufbewahrung* (siehe Abbildung 5–6). Die Anwender kommen mit diesem Modul nicht direkt in Berührung. Ein Zugriff erfolgt nur über die Komponenten der Eingabe- und Ausgabemodule.

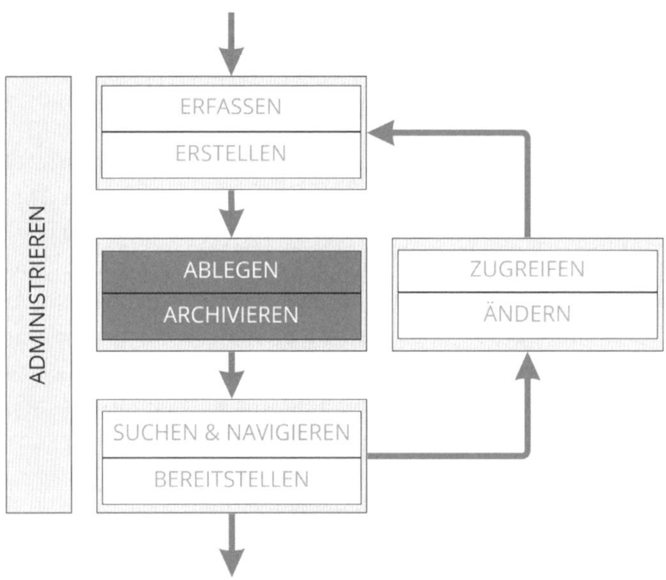

Abb. 5–6 *Der Funktionsbereich »Sichere und strukturierte Ablage« im Lebenszyklus*

3. Das trifft regelmäßig zu. Der erste Workflow ist noch einfach umgesetzt. Nach und nach werden Workflows ergänzt, und irgendwann wird der Wunsch groß, auch andere Anwendungen zu integrieren. Die Kosten laufen dann schnell aus dem Ruder, aber es gibt keinen Weg mehr zurück.

Für Anwender spielt es dabei keine Rolle, wohin oder woher die Dokumente kommen. Aus Sicht des Anwenders zählen:

- **Verfügbarkeit:** Ist das Dokument jederzeit auffindbar und zugriffsbereit?
- **Performance:** Wie schnell kann man es betrachten?
- **Sicherheit:** Ist ein Datenverlust durch Fremdzugriff oder Störungen ausgeschlossen?

Im Umgang mit Geschäftsdaten hilft der Vergleich zwischen *operativen* und *dispositiven Informationen.* Die operativen Daten werden im Rahmen der Geschäftsprozess verändert und nach Abschluss häufig gelöscht. Dispositive Informationen dienen der Entscheidungsfindung und dokumentieren, wie und warum bestimmte Maßnahmen in der Vergangenheit ergriffen wurden. Ein DMS kann analog entweder als Unterstützung der operativen Prozesse eingesetzt werden oder als reines *Archiv* der Dokumentation der Ergebnisse dienen. Das Archiv umfasst nur abgeschlossene Dokumente. Komplexe Lösungen für die Versionierung und effektive Zusammenarbeit sind nicht Teil des DMS und können mit anderen Werkzeugen umgesetzt werden. Wird das DMS im operativen Geschäft genutzt, begleitet das System das Dokument über den gesamten Lebenszyklus von seiner Erstellung bis zu seiner finalen Löschung nach Ablauf der Aufbewahrungsfristen.

Dokumente bestehen aus Primär- und Sekundärdaten. Die *Primärdaten* sind die eigentlichen Dokumenteninhalte und je nach Dateiformat binär kodiert. Spezielle Bearbeitungsprogramme werden dann für das Lesen und Bearbeiten benötigt. Die *Sekundärdaten* sind zum einen die Metadaten, also Informationen über die Primärdaten. Dazu gehören beschreibende Merkmale (wie ein Titel), technische Informationen (wie das Dateiformat) oder Strukturdaten des Dokuments (wie die Anzahl der Seiten). Zu den Sekundärdaten gehören aber auch kontextuelle Informationen, die keinen Bezug den Primärdaten haben und damit streng genommen keine Metadaten sind. Verknüpfungen zu Dokumentengruppen wie Akten oder zu Organisationseinheiten sind hier als Beispiele zu nennen.

Insbesondere bei operativer Nutzung sollte eine hohe bis sehr hohe *Verfügbarkeit* des DMS angestrebt werden. Eine hohe Verfügbarkeit sichert zu, dass zugriffsberechtigte Anwender möglichst immer auf die Dokumente zuverlässig zugreifen können, d.h., dass das System tolerant gegenüber Fehlerzuständen ist, sehr schnell wiederhergestellt werden kann und dass die benötigte Zeit für Konfigurations- und Installationsprozesse im Rahmen einer Wartung sehr gering ist. Verfügbarkeit meint aber aus Sicht der Anwender auch, dass der Zugriff auch außerhalb des Büros leicht möglich ist und Aspekte wie schlechte Verbindungen z.B. auf Reisen vom System berücksichtigt wurden.

Eine hohe *Effizienz* im Zugriff auf die Primärdaten der Dokumente ist bei der Planung der Systeminfrastruktur und Architektur früh zu berücksichtigen. Hohe Antwortzeiten aufgrund einer ungenügenden Netzwerkinfrastruktur, einer falsch geplanten Verteilung oder einer Nutzung von Datenspeichern, die nicht für das

Lastverhalten ausgelegt sind, führen schnell zu Frustration und geringer Benutzerakzeptanz. Für reine Archivsysteme spielen die Antwortzeiten eine untergeordnete Rolle. Das wiederum gibt mehr Spielraum für ausgeklügelte, aber auch zeitintensive Maßnahmen zum Erhalt der Integrität auch über lange Zeiträume hinweg.

Mengengerüste sind bezüglich Lastverhalten und Speicherbedarf frühzeitig bei der Planung der Speicher und Netzwerkinfrastruktur zu berücksichtigen. Einflussfaktoren für notwendige Kapazitäten sind dabei neben der Zahl der Anwender und der zu speichernden Dokumente auch die gewählten Dateiformate und die geforderte Qualität an die Nachvollziehbarkeit. Der Speicherverbrauch ist wesentlich höher, wenn rekonstruierbare Versionen erhalten bleiben müssen. Bei einer Historisierung wird nur der Umfang der Änderungen beschrieben, alte Versionsstände aber gelöscht. Speicherbedarf und Umfang zu übertragender Daten ist ein wichtiger Kostentreiber. Werden für die Archive spezielle WORM-Systeme angeschafft, die ein Überschreiben bereits gespeicherter Dokumente unterbinden, kann jedes zusätzliche Terabyte schnell sehr teuer werden.

Das Konzept der *Langzeitaufbewahrung* umfasst Lösungen, die die wesentlichen Merkmale bezüglich Lesbarkeit, Integrität und Authentizität auch über sehr lange Zeiträume erhalten können. Die Langzeitarchive schützen Informationen vor Überalterung, indem sie offengelegte internationale Standards nutzen und kryptografische Verfahren anwenden, die auch nach Jahrzehnten noch die Verifikation der Urheberschaft eines Dokuments erlauben.

5.3.1 Technologien für die Speicherung der Primärdaten

Für die Aufbewahrung der Quelldokumente sollte zwischen der erwarteten Verfügbarkeit und der geforderten Aufbewahrungszeit (und davon abhängig dem Speichermedium) abgewogen werden. Speichermedien sind unterschiedlich haltbar. Für die verschiedenen Medien gibt es unterschiedliche Richtwerte, wobei es keinerlei Garantie gibt, wie lange ein Medium mindestens hält. Von den Herstellern gibt es bestenfalls unverbindliche Durchschnittswerte (siehe Tab. 5–1). Dies gilt insbesondere auch für elektronische Speichermedien. Die Konsequenz daraus ist, dass man immer Sicherungskopien anlegen muss und zusätzlich die Medien alle paar Jahre in neue Systeme transferieren muss.

Ungefähre Haltbarkeit	Medium
10–30 Jahre	Informationen auf Magnetbändern, Magnetplatten, Disketten, Optical Discs (EOM, WORM, CD-ROM, DVD)
30 Jahre	Recycling-Papier
100 Jahre	Chromogene Farbfilme, Diazo- und Vesicular-Mikrofilme
100–200 Jahre	Holzschliffartiges, säurehaltiges Papier
250 Jahre	Chromogene Farbfilme, gekühlt

→

Ungefähre Haltbarkeit	Medium
300 Jahre	Silberhalogenid-Mikrofilme auf Acetat-Basis
400 Jahre	Farbfilme im Farbbleichverfahren (*Ilfochrome Micrographic*)
mehrere Hundert Jahre	Säure- und ligninfreies, gepuffertes, »alterungsbeständiges« Papier
1000 Jahre	Pergament, Silberhalogenid-Mikrofilme auf Polyester-Basis

Tab. 5–1 *Gängige Speichermedien und deren Haltbarkeit*

Die Tabelle möglicher Speichermedien illustriert, dass in einer digitalen Umgebung (in der die Primärdaten nicht oder nur schwer als druckbare Dokumente reproduziert werden können), andere Verfahren für eine langfristige Aufbewahrung existieren müssen. Ein strukturierter (d.h. maschinenlesbarer) Datensatz lässt sich nur schwer auf Papier drucken oder auf Mikrofilme ablichten.

5.3.1.1 Analoge Aufbewahrung in hybriden Systemen

Das Wort »hybrid« wird im Zusammenhang mit DMS-Systemen verwendet, wenn die Speicherung der Daten sowohl auf digitalen als auch auf analogen Speichermedien stattfindet und deren Nutzung parallel möglich sein soll. Der Einsatz beschränkt sich in der Regel auf Speichermedien der Mikroformen wie Filmlochkarten, Rollfilm oder Mikroplanfilm. Bei einem Zugriff wird das belichtete Material wieder gescannt und im Bildformat zum Lesen bereitgestellt. Dieses Verfahren wird auch als CAR-System (*Computer-Aided-Retrieval-System*) bezeichnet. Die Aufzeichnung findet auch in umgekehrter Form statt: Bei der Archivierung werden die Images verfilmt und auf die analogen Speicherformen übertragen. Eine Speicherung auf Mikrofilmen wird meist nur aus Sicherheitsgründen oder zur Auslagerung selten gebrauchter Dokumente verwendet. Der Mikrofilm gilt nach wie vor als kostengünstiger Dauerspeicher von Dokumenten und hat den entscheidenden Vorteil der nachweislich gesicherten Langzeitarchivierungsfähigkeit gegenüber der elektronischen Archivierung. Hersteller von Mikrofilmarchivierung sprechen von mehr als 100 Jahren gesicherter Datenhaltung.

Die früher gebräuchlichste Form der Archivierung war die Speicherung der Dokumente auf optischen Speichermedien, wie sie z.B. bei der unter dem Namen *Jukebox* bekannten Technik eingesetzt wird. Die Jukebox setzt sich dabei aus einer Vielzahl von einzelnen optischen Datenträgern (*Cartridges*) zusammen. Die Cartridge, auf der sich das gewünschte Dokument befindet, wird beim Lesen automatisch über eine eigene Indexverwaltung ermittelt und in das Lesegerät eingelegt. Meist handelt es sich dabei um die Verwaltung und Archivierung auf optischen Speichermedien, die aus sogenannten WORM-Datenträgern bestehen. *Write Once Read Many* (WORM) bedeutet, dass der Datenträger nur einmal beschrieben werden kann und ein Überschreiben der gespeicherten Informationen nicht mehr möglich ist.

In der Praxis haben optische WORM-Systeme durch die immer geringeren Kosten moderner Speichertechnologien an Bedeutung verloren. Heute werden in der Regel keine optischen Datenträger mit Jukeboxen mehr eingesetzt, da diese relativ teuer sind und aufgrund der Vielzahl der mechanischen Elemente oft ausfallen, reparaturanfällig und wartungsintensiv sind. Ebenso haben sie eine schlechtere Performance als Festplattensysteme, sodass man oft große Cachebereiche aufbaute, um die Zugriffsgeschwindigkeit zu erhöhen. Stattdessen verwendet man heute Festplattensysteme mit WORM-Eigenschaften.

5.3.1.2 Laufwerke für Dateien

Magnetische Festplattenlaufwerke (HDD) haben die optischen Archivierungstechnologien abgelöst und werden auch heute noch als kostengünstige Speichermedien eingesetzt. Anfang des Jahrtausends wurden diese Speichertechnologie durch Solid-State-Drives (SSD) ergänzt. Diese sind weniger anfällig für technische Störungen und erlauben vergleichsweise deutlich höhere Durchsatzraten. Gleichzeitig sinken die Anschaffungskosten, sodass heute der Speicherverbrauch in vielen Anwendungen nur noch eine untergeordnete Rolle spielt.

Der Erhalt der Unversehrtheit durch Schutz vor Änderungen einmal gespeicherter Daten wird bei Festplatten durch softwaretechnische Maßnahmen sichergestellt. Storage-Firmen kombinieren Speichertechnologie aus der Festplatten- und WORM-Organisation, die konkurrierend zur Jukeboxverwaltung mit Cache-Verwaltung (vorgeschaltetes RAID-System) eingesetzt werden kann. Mit der sogenannten CAS-Technologie (engl. *Content Addressed Storage*) können Dokumente mit den Vorteilen der Magnetplattentechnologie unveränderbar abgelegt und verwaltet werden. Veränderungen an Dokumenten werden automatisch erkannt und parallel an einer anderen Stelle abgelegt. Die Quelle der Information wird hier nicht über ihren Speicherort auf dem physikalischen Medium, sondern über einen aus dem Inhalt generierten Schlüssel bestimmt. Genutzt wird die CAS-Technologie üblicherweise für Highspeed-Speicherungen und Abfragen von statischem Inhalt.

5.3.1.3 Zentrale Speicherungen im Netzwerk

Direkt an lokal installierte Clients angeschlossene Speichersysteme finden insbesondere in größeren Organisationen immer seltener Anwendung. Die Ablagen im Dateisystem werden durch Speichernetzwerke wie ein SAN (engl. *Storage Area Network*) ersetzt, die auch bei einem verteilten Zugriff von vielen Anwendern geringe Zugriffszeiten sicherstellen können. Die physischen Speicher werden dabei durch standardisierte Schnittstellen für Netzlaufwerke gekapselt. Für die Anwender verhalten sich die zentralen Speicher wie lokale Laufwerke. Ein SAN ist für größere Unternehmensnetzwerke eine sinnvolle Anschaffung, wenn die Mitarbeiter regelmäßig Zugriff auf die Infrastruktur haben.

Die Anforderungen an die Revisionssicherheit der hochverfügbaren Speicher in lokalen Netzwerken sind hoch. Zwar sind die Speichersysteme in großen und modernen Rechenzentren durch unabhängige Stromversorgung, Brandschutz, automatische Spiegelung und ausgeklügelte Backup-Szenarien vor Datenverlusten durch technische Störungen weitestgehend geschützt. Durch die Verteilung der Dateien auf mehrere Knoten in den Speichernetzwerken führen auch technische Störungen bis hin zu physischen Schäden der Hardware nicht mehr zu Datenverlusten. Allerdings sind die damit verbundenen Kosten und die notwendige Expertise zur korrekten Einrichtung für kleine Organisationen eine große Herausforderung. Im Vergleich zu der dezentralen Speicherung auf den Arbeitsplatzrechnern der Belegschaft sind aber die Vorteile zentraler Backup- und Recovery-Prozesse zu berücksichtigen. Die Wahrscheinlichkeit, dass auf den individuellen Rechnern Festplatten ausfallen, Dateien versehentlich gelöscht werden oder Daten durch Angreifer verschlüsselt werden, ist ungleich höher. Die Durchsetzung der internen Richtlinien der IT-Governance und IT-Sicherheit ist in zentralen Systemen vergleichbar einfach, und die Daten sind leichter zu schützen.

Werkzeuge für die Synchronisierung kombinieren die schnelle und offline verfügbaren lokalen Speicher mit den Vorteilen zentraler Systeme im Unternehmensnetzwerk oder im Internet. Auf den Arbeitsplatzrechnern überwachen Dienstprogramme kontinuierlich vorkonfigurierte Ordner auf Änderungen. Bei Netzwerkkonnektivität werden die Änderungen automatisch in zentrale Systeme übertragen.

5.3.1.4 Datenbanken und Object Stores in der Cloud

Für kleinere Installationen ist die Speicherung der Primärdaten direkt in den DMS-eigenen Datenbanksystemen denkbar. Die Daten werden dann als BLOBs (engl. *Binary Large OBjects*) direkt zusammen mit den Sekundärdaten gespeichert. Durch die fehlenden Indizierungsmöglichkeiten können aber die Vorteile der Datenbanken nicht genutzt werden. Die zum Teil sehr großen Binärströme belasten die Datenbanken und verursachen bei hohen Zugriffszahlen schnell Verzögerungen im Gesamtsystem.

Für kleinere Organisationen oder geografisch verteilte Zugriffe sind externe Speicher in der *Public Cloud* eine sinnvolle Alternative. Zusätzliche sichern Cloud-Dienstleister durch Multi-Faktor-Verfahren die Zugriffe auf die Daten weitestgehend ab. Um aber die Anforderungen an die Unveränderlichkeit zu erfüllen, haben auch hier Anbieter eigene WORM-Ansätze in ihrem Portfolio.

Für größere Unternehmen spielen insbesondere im Kontext der EU-Datenschutzverordnungen *Private Clouds* eine zunehmend wichtige Rolle. Eine On-premise-Cloud-Infrastruktur stellt die vollständige Datenhoheit sicher, während die Vorteile einer hochverfügbaren und flexiblen Skalierbarkeit weiterhin genutzt werden können. Durch zunehmende Standardisierung von Cloud-Lösungen sind heute diverse Unternehmen mit Angeboten auf dem Markt, die die komplette IT-Infrastruktur einer Organisation an einer Stelle konsolidieren und betreiben können.

Als Standard für die Speicherung der binären Primärdaten der Dokumente eines DMS haben Cloud-Dienstleister *Object Stores* etabliert. Der Unterschied zu der Speicherung in Dateien oder Datenblöcken besteht in der höheren Flexibilität im Umgang mit Metadaten, die über Standardschnittstellen bearbeitet werden können. Global eindeutige IDs unterstützen die Replikation unabhängig von der Größe der Organisationen. Die Firma Amazon hat für ihre Public Cloud *AWS* früh die S3-API veröffentlicht, die sich inzwischen auch durch Open-Source-Implementierungen als De-facto-Standard etabliert.

5.3.1.5 Zugriff in P2P-Netzwerken

Die Synchronisierung lokal gespeicherter Dateien mit einem DMS erfordert zentrale Speichersysteme. Peer-to-Peer-(P2P-)Netzwerke verfolgen dabei einen anderen Ansatz: Die Clients sind untereinander verbunden und tauschen die Daten direkt aus. Die Notwendigkeit eines zentralen Speichers entfällt; die Datensicherheit wird durch Redundanz sichergestellt. Bekannt geworden ist diese Art von Datenaustausch vor allem durch das *BitTorrent*-Netzwerk, das aufgrund der Vielzahl illegaler Aktivitäten heute leider eher berüchtigt ist. Aber auch heute noch wird es aktiv für die Verteilung von Software und legalen Medien genutzt. Das Konzept der P2P-Netzwerke ist weiterhin populär und ein wichtiger Baustein für dezentrale Lösungen. Das *InterPlanetary File System* (IPFS) verfolgt einen ähnlichen Ansatz und spielt seine Stärken vor allem im Kontext von Blockchains aus.

Ein entscheidender Aspekt dieser Ansätze ist, dass die Daten nicht mehr an einer bekannten Stelle liegen. Sie sind aufgesplittet auf viele verschiedene Systeme, verteilt auf der ganzen Erde. Bei Abruf werden die Daten vom nächstgelegenen System mit der besten Verbindung geliefert. Je nach Infrastruktur kann so neben der hohen Verfügbarkeit eine hohe Effizienz zugesichert werden. Und fällt dieses System aus, werden die Daten vom nächstbesten Knoten etwas langsamer geliefert. Dieses Konzept funktioniert allerdings nur, weil Dokumente nicht mehr über ihren Speicherort, sondern über eigene Identifier gefunden werden. Diese Adressen geben keinen Hinweis darauf, wo eine Datei liegt (also z.B. in welchem Ordner auf dem Dateisystem). Diese *Content-Based Identifiers* (CID) können durch den Einsatz von Prüfsummen in der Referenz automatisch die Integrität der Informationen zusichern (siehe dazu auch Kapitel 5.4.6.3). Nicht zu verwechseln ist der hier genannte Ansatz mit dem in Kapitel 5.3.1.2 beschriebenen Content Adressed Storage (CAS). CAS ist ein Lösungansatz für die Speicherung auf lokalen Festplatten. Content Identifiers ermöglichen den Zugriff auf Inhalte in hoch-verteilten Systemen. Beide Ansätze verfolgen aber das gleiche Ziel: für den Zugriff werden keine Kenntnisse über den Speicherort der Daten vorausgesetzt.

5.3.2 Aufbewahrung der Meta- und Strukturdaten

Neben den Primärdaten der Dokumente müssen auch die Sekundärdaten, also die Meta- und Strukturdaten, regelmäßig und effizient gesichert werden. Metadaten werden getrennt von den Primärdaten gespeichert. Die Speicher der Primärdaten sind für die Verwaltung von umfangreichen Binärdaten optimiert. Die Ablage der Dokumente zusammen mit den Metadaten in einer gemeinsamen Datenbank ist möglich. Es hat sich jedoch in der Praxis gezeigt, dass durch den enormen Speicherbedarf (vor allem bei verteilten Archivsystemen, wie sie von großen Organisationen meist gefordert werden) ein solches System an seine Grenzen in Bezug auf Kapazität und Verhalten unter hoher Last stößt.

Neben den statischen Merkmalen (z.B. Dokumenten-ID) werden in den Datenbanken die dynamischen Parameter eines Dokuments verwaltet. Dazu zählen beispielsweise die Zugriffsrechte, der Speicherort oder auch statistische Werte wie Zugriffszeit oder Zugriffshäufigkeit. Zusammengefasst lässt sich sagen: Der Speicher für die Metadaten stellt die Zentrale eines Dokumentenverwaltung dar, in der alle Informationen über und um das Dokument gesammelt und verwaltet werden. Im Folgenden werden heute gängige Technologien für die persistente Speicherung der Metadaten vorgestellt. Mögliche Kriterien für die Auswahl sind unter anderem:

- Antwortzeiten mit möglicher Unterscheidung zwischen lesenden und schreibenden Zugriffen. Bei der Bewertung der Antwortzeiten muss zusätzlich das Verhalten bei Abfragen auf umfangreiche Listen oder das Folgen von Verknüpfungen berücksichtigt werden.
- Flexibilität bei Änderungen an Datenstrukturen, wie beispielsweise das Ergänzen von neuen Metadatenparametern für neue oder existierende Dokumente

Dabei muss nicht zwingend ein einziges Datenbanksystem für die verschiedenen Typen von Metadaten eingesetzt werden. Traditionelle Metadaten als tabellarische Eigenschaften können für andere Datenbanksysteme optimiert werden als beispielsweise die Ergebnisse der Volltextindizierung oder die Modelle aus statistischen oder selbst-lernenden Verfahren.

5.3.2.1 Relationale Datenbanksysteme

Relationale Datenbanken als spezielle und weitverbreitete Datenbanktechnologie legen die Informationen strukturiert und streng typisiert in Tabellen ab. Abhängig von den Dokumentattributen lassen sich die Indizierungsparameter, aufgeteilt in Einzelattribute, in Tabellen speichern. Die zusammengeführten Attribute bilden einen Datensatz und beschreiben ein Dokument in vollem Umfang. Die Speicherung der Indizierungsparameter als einzelne Informationseinheiten bieten:

- Eindeutigkeit durch Erzeugung von Schlüsselattributen
- eine Möglichkeit der indexoptimierten Ablage für einen schnelleren Zugriff
- strukturierte Ablage und Suche
- das Plausibilisieren und Vermeiden von Falscheingaben
- gezieltes Extrahieren von Einzelinformationen
- einfache statistische Auswertungen
- die Ablage von Zusatzattributen

Die Abfrage und damit die strukturierte Suche einer relationalen Datenbank erfolgt durch die standardisierte Abfragesprache SQL (engl. *Structured Query Language*). Diese Highlevel-Schnittstelle ist für den DMS-Anwender transparent, da das Eingabe-Interface (z.B. der Eingabedialog) eines Dokumenten-Management-Systems die relevanten Daten erfragt und sie – in SQL-Anweisungen eingebettet – der Datenbank übergibt. Die folgende Query zeigt ein Beispiel:

```
Select Name, BelegNr from Dokumente where Bearbeiter = 'Müller'
```

Wird im Falle einer Recherche mehr als ein Dokument gefunden, dann werden die vom SQL-Statement recherchierten Dokumentenattribute aufbereitet als Zwischenergebnis in einer Trefferliste angezeigt.

Ein wesentlicher Vorteil relationaler Datenbanksysteme im Vergleich zu anderen Ansätzen ist die Vermeidungen von Redundanzen und damit auch von Datenkonflikten mithilfe der Normalisierung. Durch die internen Verknüpfungen zwischen Tabellen kann bei korrekter Umsetzung sichergestellt werden, dass es zu jeder Information genau einen Eintrag (identifiziert über seinen Primärschlüssel) in der Datenbank gibt. Jede Änderung muss nur an genau einer Stelle passieren. Zusätzlich bieten die meisten Lösungen Transaktionssicherheit gemäß der ACID-Vorgaben:

- **Atomicity:** Eine Transaktion wird entweder ganz oder gar nicht abgeschlossen.
- **Consistency:** Integritätsbedingungen sichern konsistente Daten nach jeder Transaktion.
- **Isolation:** Transaktionen können sich nicht gegenseitig beeinflussen.
- **Durability:** Nach einer erfolgreichen Transaktion sind die Daten sicher gespeichert.

Die genannten Vorteile erfordern ein stabiles Datenschema. Spätere Anpassungen im Datenmodell erfordern häufig aufwendige Migrationsläufe, die bei sehr umfangreichen Datenmengen mehrere Tage dauern können. Eine hohe Normalisierung verteilt zusammenhängende Daten auf verschiedene Tabellen. Das spätere Zusammenfügen der Daten geschieht zur Laufzeit und kann sich negativ auf die Antwortzeiten auswirken.

Tab. 5–2 stellt Vor- und Nachteile von relationalen Datenbanksystemen für die Speicherung der Sekundärdaten gegenüber.

Vorteile	Nachteile
■ Über Jahrzehnte verbesserte Technologien mit stetiger Fortentwicklung ■ Sehr schnelle Zugriffsmöglichkeit und sehr schnelles Filtern im gesamten Bestand (bei korrekter Indizierung) ■ Breite Unterstützung auf dem Markt durch proprietäre und Open-Source-Lösungen ■ Erhalt konsistenter Datenmodelle und Transaktionssicherheit durch ACID	■ Geringe Flexibilität bei Anpassungen der Strukturdaten durch feste Schemas ■ Änderungen an Datenmodellen erfordern komplexe Migrationsläufe ■ Die Kombination von Daten aus verknüpften Tabellen ist komplex und kann länger dauern.

Tab. 5–2 *Vor- und Nachteile von relationalen Datenbanksystemen*

5.3.2.2 Key/Value Stores für Caches

Hinter dem Begriff *Key/Value Stores* verbirgt sich die verteilte und hocheffiziente Speicherung von Schlüssel-Werte-Paaren. Jedem Wert wird ein Schlüssel zugeordnet. Durch Übergabe des Schlüssels wird der Speicherknoten ermittelt und der passende Wert zurückgegeben. Im Gegensatz zu relationalen Datenbanksystemen wird Struktur und Schema für die Werte nicht vorgegeben. Dies erlaubt eine größere Flexibilität bei der Speicherung von Metadaten zu unterschiedlichen Dokumententypen. Gleichzeitig fehlt damit die Möglichkeit einer geeigneten Indizierung der Werte, um beispielsweise nach bestimmten Kriterien filtern zu können. Heutige Lösungen für Key/Value Stores sind in der Lage, sehr kurze Antwortzeiten zu ermöglichen. Aus diesem Grund wird diese Art von Datenbanken häufig für das Zwischenspeichern (*Caching*) häufig genutzter Informationen eingesetzt. Aber die Flexibilität dieses Ansatzes ist auch für Anwendungsszenarien geeignet, in denen die Flexibilität in den Datenmodellen eine größere Rolle spielt als der Schutz der Datenintegrität.

Ein **Cache** bildet einen zusätzlichen Speicherbereich, in dem Kopien der Metadaten (und auch der Primärdaten selbst) redundant gehalten werden. Er wird den eigentlichen (eher langsameren) Speichern vorgeschaltet: Bei einem Zugriff wird immer zuerst im Cache gesucht. Falls das angefragte Objekte dort nicht vorhanden ist, werden die Daten vom Quellsystem geladen. Bei der Auswahl des Speichermediums für einen Cache zählt hauptsächlich der Faktor Geschwindigkeit und nicht – wie bei der Archivierung – die Faktoren Sicherheit, Kosten und maximale Speichergröße. Die Daten liegen heute in der Regel im Arbeitsspeicher und sind deshalb im Umfang beschränkt. Umso wichtiger sind ausgeklügelte Algorithmen, die auf Basis von Zugriffszahlen und Kontextparametern entscheiden, welche Informationen im Cache vorgehalten werden. Im einfachsten Fall werden nur diejenigen Dokumente im Cache zur Verfügung gestellt, die jemand zuvor angefordert hat. Hier wird dann davon ausgegangen, dass ein einmal angefordertes Dokument in nächster Zeit noch öfter benötigt wird. Intelligentere Caching-Strategien laden dann sofort weitere »benachbarte« Dokumente, die z.B. in der gleichen Vorgangsmappe wie das angeforderte Dokument liegen, ebenfalls in den Cache.

In stark verteilten Systemen gilt für Key/Value Stores (aber auch für die folgenden dokumentenorientierten Datenbanken) in der Regel keine ACID-Konformität für die Daten auf verschiedenen Instanzen. Es wird allenfalls zugesichert, dass nach einer unbestimmten Zeit alle verteilten Datensätze wieder auf einen gleichen Stand kommen (engl. *eventual consistency*). Tab. 5–3 zeigt die Vor- und Nachteile einer Lösung mit Key/Value Stores.

Vorteile	Nachteile
▪ Sehr schnelle Zugriffszeiten ▪ Sehr hohe Flexibiltät in Datenstrukturen: Fehlende Schema-Vorgaben erlauben die Speicherung beliebiger Werte. ▪ Keine Vorgaben für Datenformate	▪ Üblicherweise keine Transaktionssicherheit ▪ Datenverlust bei Systemausfall für Caches im Arbeitsspeicher

Tab. 5–3 *Vor- und Nachteile von Key/Value Stores*

5.3.2.3 Dokumentenorientierte Datenbanken

Für die Speicherung strukturierter und damit maschinenlesbare Daten haben sich dokumentenorientierte Datenbanken etabliert. Solange die zu speichernden Daten einem offenen Standard für Syntax und Struktur folgen, können diese von den Datenbanken analysiert, in ihre Bestandteile zerlegt und individuell indiziert oder verteilt werden. Übliche Standards für strukturierte Daten sind dabei:

- die *Extensible Markup Language* (XML) des World Wide Web Consortiums (W3C)
- die *JavaScript Object Notation* (JSON) der Internet Engineering Task Force (IETF)
- YAML (*YAML ain't markup Language*) als De-facto-Standard

Dokumentenorientierte Datenbanken sind eine spezielle Ausprägung von Key/Value Stores, die neben eindeutigen Identifikatoren als Schlüssel im Wert ein Dokument erwarten. Sie erweitern die einfache Abbildung um erweiterte Suchfunktionalitäten, um z.B. individuelle Datensätze über ihre Attribute zu filtern. Die Abfragesprachen sind allerdings im Gegensatz zu SQL für relationale Datenbanksysteme nicht standardisiert und unterscheiden sich von Produkt zu Produkt.

Die vorgestellten Lösungen erlauben eine viel größere Flexibilität beim Umgang mit Informationen, die keinem gemeinsamen Standard folgen. In größeren Organisationen gibt es zahlreiche unterschiedliche Vorstellungen davon, welche Meta- und Fachdaten zu einem Dokument gespeichert werden sollten. Über die Konfiguration von Dokumententypen lässt sich die Heterogenität zum Teil abfangen. Jeder Dokumententyp legt dabei fest, welche Metadaten für die verknüpften Primärdaten erfasst werden müssen oder sollten. Aber auch die Typdefinitionen müssen zentral konfiguriert, gepflegt und versioniert werden. Bei relationalen

Modellen bedeutet jede Anpassung, dass sich das Schema der Tabellen ändert und aufwendige Migrationsläufe gestartet werden müssen. Dokumentenorientierte Datenbanken sind hingegen flexibel: Änderungen können direkt vollzogen werden, ohne dass bereits existierende Dokumente zwingend angepasst werden müssen. Demgegenüber steht der Verlust der automatischen Auflösung von Redundanzen und Inkonsistenzen durch eine Normalisierung. Tab. 5–4 stellt die Vor- und Nachteile gegenüber.

Vorteile	Nachteile
■ Hohe Flexibilität in Datenstrukturen ■ Versionierung ist als Feature häufig vorhanden. ■ Die Abfrage in sich abgeschlossener Dokumente ist hocheffizient.	■ Gefahr von inkonsistenten Daten ■ Die redundante Speicherung erfordert mehr Speicherkapazitäten. ■ Verknüpfungen von Informationen sind fehleranfällig, das dynamische Zusammenstellen von Dokumenten ist zeitaufwendig. ■ Zu speichernde Daten sind in der Regel auf eine Syntax beschränkt.

Tab. 5–4 *Vor- und Nachteile dokumentenorientierter Datenbanken*

5.3.2.4 Graphdatenbanken

Über Graphen wird manchmal gesagt, dass diese Datenstrukturen den Denkmodellen des Menschen noch am nächsten sind. Ein Graph ist konzeptionell einfach: Es gibt Knoten, die über Kanten miteinander verbunden werden. Knoten und Kanten sind attributierbar, d.h., sie können mit Eigenschaften versehen werden. Die Stärken von Graphdatenbanken lagen zu Beginn vor allem in den Möglichkeiten der Traversierung, d.h. dem Folgen der Verknüpfungen. In der Dokumentenverwaltung gibt es eine Vielzahl von Relationen und Verweisen, wie die folgenden Beispiele zeigen:

- Für das Verständnis eines Dokuments ist ein anderes Dokument relevant.
- Für das Dokument ist eine Organisationseinheit verantwortlich.
- Mehrere Dokumente sind einem Vorgang zugeordnet.
- Ein Vorgang ist als Nachfolger eines anderen Vorgangs konfiguriert.
- Ausgewählte Dokumente verweisen auf den Datensatz eines Unternehmens.
- Versionen eines Dokuments verweisen auf Nachfolger oder Vorgänger

Die Flexibilität durch Verknüpfungen zeigt vor allem bei der Reorganisation der Strukturen seine Stärke. Durch das Ändern des Zielknotens einer Verknüpfung können so in einer Transaktion schnell große Teil des Dokumentenstands aktualisiert werden. Wird zum Beispiel eine Organisationseinheit einer anderen Abteilung zugeordnet, wandern automatisch alle Akten und Dokumente mit. Als Standards für die technologische Umsetzung haben sich zwei verschiedene Ansätze etabliert:

- *Triple Stores* nutzen den Standard *Resource Description Framework* (RDF) des World Wide Web Consortiums (W3C) als Basis. RDF definiert die Beziehungen in Graphen durch Ausdrücke in der Form »Subjekt« – »Prädikat« – »Objekt«. Triple Stores wurden im Rahmen der *Semantic Web*-Initiative populär und werden vor allem in der Forschung für Wissensdatenbanken genutzt. Als Standard für die Traversierung und Abfrage wird SPARQL eingesetzt.
- *Label Propery Graphs* (LPG) erlauben, im Gegensatz zu RDF, Kanten mit Attributen. Die technische Basis ist eher einfach und damit hocheffizient. Als De-facto-Standard für die Abfrage hat sich heute die Query Language *Cypher* etabliert, die im Rahmen der ersten kommerziell erfolgreichen Graphdatenbank *Neo4J* eingeführt wurde. Vorschläge für eine Erweiterung der SQL-Standards für die Graph-Traversierung sind derzeit noch in Abstimmung.

In Graphen sind die Grenzen zwischen den Informationen fließend. Der Knoten mit seinen Attributen ist die kleinste Einheit. Das Dokument als Zusammenstellung von Informationen umfasst eine Menge von Knoten und Kanten. Obwohl das konzeptionell einfach ist, ergeben sich hier echte Probleme bei der Frage von Versionierung oder Löschung: Welche Knoten gehören noch zu einem Dokument, welche liegen außerhalb oder gehören vielleicht sogar zu einem anderen Dokument? Die klaren Objektgrenzen relationaler Datenbanken oder JSON-Dokumente sind in Graphen nicht vorhanden. Tab. 5–5 zeigt ihre Vor- und Nachteile auf.

Vorteile	Nachteile
- Hohe Flexibilität in Datenstrukturen - Sehr effizient bei der Verknüpfung von Informationen und Traversierung über die Kanten - Die Unterstützung von Schema-Vorgaben ermöglicht den Erhalt der Datenkonsistenz.	- Im Gegensatz zu relationalen Datenbanksystemen geringere Verbreitung und geringerer Reifegrad - Die schlechte Isolation durch hohe Interkonnektivität führt zum Beispiel bei der Versionierung zu Problemen.

Tab. 5–5 *Vor- und Nachteile von Graphdatenbanken*

5.3.2.5 Fazit

Die Vor- und Nachteile der vorgestellten Ansätze für die Speicherung strukturierter Daten zeigt: Es gibt nicht die eine beste Lösung. Die Auswahl hängt im Wesentlichen davon ab, wie häufig sich das Schema der Daten ändert, wie stark die Daten miteinander verknüpft sind und welche Anforderungen an Konsistenz und Verfügbarkeit bestehen. Aufgrund der Vielzahl von bewährten Lösungen auch aus dem Open-Source-Umfeld ist man aber nicht mehr auf eine Technologie beschränkt.

Moderne hochverteilte Systeme setzen häufig nicht mehr nur auf eine Datenbanktechnologie. In einer diensteorientierten Architektur sind die einzelnen Services autonome Einheiten mit eigenen Datenspeichern. So kann je nach Anwendungsgebiet und Technologie für jeden Service individuell festgelegt werden, welche Vor- und Nachteile über die angebundenen Datenbanksysteme entscheiden. Legacy-Systeme sind auf der anderen Seite häufig an eine bestimmte Technologie gebunden. Vorsicht ist angeraten, wenn dabei sogar ein konkretes Produkt vorgegeben wird. Hier ist es naheliegend, dass ein Teil der Geschäftslogik des DMS (Transaktionsregeln, Trigger etc.) in die Datenbank ausgelagert wurden. Ein Wechsel der Technologie (und häufig auch schon ein Upgrade auf eine neuere Version) ist dann schnell nicht mehr möglich.

5.4 Der Funktionsbereich »Zugriff auf die Dokumente«

Auf die gespeicherten Dokumente soll auch zugegriffen werden können (siehe Abbildung 5–7). Der Zugriff kann aus verschiedensten Anwendungsszenarien heraus erfolgen. Heutige Trends wie das Arbeiten im Homeoffice mit Zugriffen außerhalb von Kernarbeitszeiten erfordern neue Lösungsansätze, um den Mitarbeiterinnen und Mitarbeitern auch mit eigenen Geräten den Zugriff auf die Informationen per Internet zu ermöglichen. Der Zugriff kann im Rahmen des operativen Geschäfts erfolgen, um beispielsweise Texte zu bearbeiten. Im Rahmen einer Revision oder Recherche ist eher der Zugriff auf archivierte Dokumente gefragt.

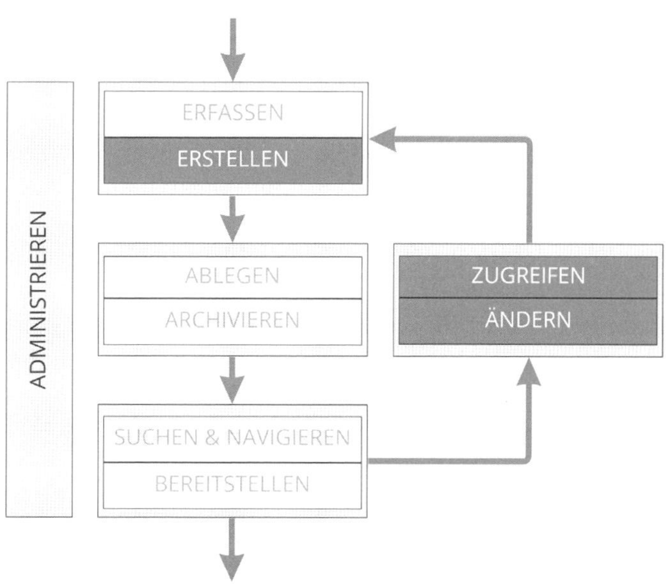

Abb. 5–7 *Der Funktionsbereich »Zugreifen und Ändern« im Lebenszyklus*

5.4.1 Allgemeine Konzepte des Zugriffs

Die *Effizienz im Zugriff* auf Dokumente betrifft sowohl Ladezeiten als auch die Benutzerfreundlichkeit und Funktionalität der Software. Anwender erwarten, dass Dokumente unmittelbar für das Lesen oder Bearbeiten zur Verfügung stehen. Das kann bei sehr großen Datenmengen oder unzureichender Netzanbindung eine Herausforderung sein. Sobald das Dokument geladen ist, sollen Informationen möglichst schnell gefunden werden können. Funktionalitäten wie Sprungmarken in Inhaltsverzeichnissen, schnelles Blättern oder die direkte Suche innerhalb eines Dokuments sollten heute Standard sein.

Im Rahmen der Zusammenarbeit an Dokumenten gibt es diverse Möglichkeiten der Beteiligung. Der Begriff *Annotieren* wird im Folgenden genutzt, um den Prozess für das Anbringen von Hinweisen an oder in Dokumenten zu beschreiben. Die Annotation lässt sich mit dem Heftzettel vergleichen, der auf gedrucktes Papier aufgeklebt wird und ohne Spuren wieder entfernt werden kann. Sie verändert den Inhalt eines Dokuments nicht. *Kommentare* werden innerhalb des Dokuments ergänzt. Sie sind Teil des Dokuments, werden aber vor seiner Finalisierung entfernt. Jedes Dokument mit Kommentaren ist dann ein *Entwurf*, die finale Fassung mit entfernten Kommentaren eine *Reinschrift*. Der Dokumentenlebenszyklus ist im Detail auch in Kapitel 4.1.3 beschrieben. Kommentiert werden können nicht nur Textstellen, sondern auch ganze Dokumente oder Dokumentgruppen (also Ordner). *Vermerke* sind vor allem im Behördenkontext rechtlich relevante Kommentare, die zusammen mit dem Dokument revisionssicher aufbewahrt werden müssen. Vermerke enthalten oft Arbeitsanweisungen, die den Verlauf einer Entscheidung dokumentieren.

Für viele Funktionalitäten beim Zugriff ist die Unterscheidung zwischen *internen und externen Dokumenten* relevant. Für die organisationsinterne Zusammenarbeit mit anderen Anwendern im gleichen System wird der Zugriff an einer Stelle kontrolliert. Bei der Zusammenarbeit mit organisationsfremden Mitarbeitern müssen die Informationen in der Regel als Reinschrift exportiert werden. Viele Hilfsmittel für die Nachvollziehbarkeit und Überwachung stehen dann nicht mehr zur Verfügung.

Das *Vertrauen* in die Glaubwürdigkeit der angezeigten Informationen ist entscheidend für die Folgeverarbeitung, insbesondere wenn Entscheidungen auf ihnen beruhen. Anwendern sollte glaubhaft und zweifelsfrei vermittelt werden können, dass ein Dokument:

- nicht manipuliert wurde und die *Datenintegrität* erhalten ist
- zweifelsfrei von der angegebenen Person oder Organisation kommt, d.h., dass die *Authentizität* nachweisbar ist

Die *Nachvollziehbarkeit* ermöglicht es, den Weg zu einer Entscheidung oder Sachinformationen nachlesen und verstehen zu können. Kriterien sind dabei:

- die Historie, also die verschiedenen Zwischenergebnisse und Änderungen inklusive gelöschter Textpassagen. Dabei sollten sowohl inhaltliche Anpassungen im Dokument selbst als auch externe Änderungen an Metadaten, Verknüpfungen oder dem Ablageort berücksichtigt werden können.
- die Urheberschaft von Textstellen durch eindeutige Zuordnung von Text zu echten Personen. Die Authentizität einer Information beeinflusst ihre Glaubwürdigkeit und Verlässlichkeit.

Die *Versionierung* erfolgt bei inhaltlicher Veränderung von Informationen in den Dokumenten. Eine komplette Historie mit vorherigen Versionsständen ist Voraussetzung für die *Rekonstruierbarkeit* einer Information. Nur dann kann eine versehentliche und mutwillige Änderung einer Information in einem Dokument rückgängig gemacht werden. Die Wiederherstellung ganzer Dokumente durch Datenverlust nach einer Störung ist hier auch inbegriffen.

Dokumente können in unterschiedlichen *Fassungen* (engl. *Renditions*) vorliegen. Fassungen sind unterschiedliche Repräsentationen eines Dokuments der gleichen Version und enthalten damit den gleichen Stand der Informationen. Beispiele für Fassungen sind:

- **das Original** als Quelle von anderen Fassungen: Änderungen werden immer hier gepflegt.
- **finale Fassungen und Reinschriften,** bei denen interne Bearbeitungsmerkmale wie Kommentare entfernt wurden
- **bereinigte Exemplare,** bei denen vertrauliche Informationen oder Personendaten geschwärzt oder komplett entfernt wurden

Die Originalfassung liegt üblicherweise in einem inhaltlich änderbaren Dateiformat vor. Je nach Einsatzzweck sind andere Dateiformate wie das PDF-Format für den ausschließlich lesenden Zugriff denkbar. Idealerweise können aus der Quellfassung beliebige andere Repräsentationen wie Webseiten für die Anzeige im Intranet oder Bildformate für schnelle Voransichten erzeugt werden.

5.4.2 Auf Dokumente zugreifen

Eine der wesentlichen Funktionen einer Dokumentenverwaltung ist der Zugriff auf die Dokumente, entweder um deren Inhalte zu lesen und zu verstehen oder um diese inhaltlich zu bearbeiten. Grundsätzlich gilt: Die Benutzeroberflächen dürfen der Sachbearbeitung nicht im Wege stehen und sollten diese in ihrer Funktionsweise möglichst effizient unterstützen. Die schnellste und auch wichtigste Ausgabekomponente ist der Monitor. Das Ziel sollte sein, für alle Arbeitsplätze die Richtlinien, Normen und Gesetzesvorschriften zu beachten. Als Richtlinie für Scan- oder Archivarbeitsplätze sollte auf jeden Fall eine Bildschirmfläche gewählt werden, die es erlaubt, Standarddokumente in ihrer Originalgröße auch hochkant darzustellen.

Für das Lesen (und auch für das Annotieren) umfangreicher Dokumente ist das Display aber nur bedingt geeignet. Tablets oder Endgeräte mit E-Ink-Displays sind hier sinnvolle Alternativen. Aber es wird wohl auch zukünftig noch Anwendungsfälle geben, bei denen der Ausdruck auf Papier die sinnvollste Alternative ist.

5.4.2.1 Viewer für das Lesen eines Dokuments

Der Viewer im Client eines DMS kann in der Regel viele Dokumententypen selbst darstellen. Dies gilt für gängige Office-Formate, für korrekt kodierte Textdateien, für PDF-Dokumente und für die meisten Bildformate (JPG, PNG etc.). Durch die Unterstützung von HTML, dem Standard für das Layout von Texten und Bildern in Webseiten, können beliebige Quellformate unterstützt werden. Viele freie Softwarebibliotheken unterstützen die Konvertierung von Formaten wie Markdown-, AsciiDoc- oder LaTeX-Dateien (Textdateien mit Formatierungsanweisungen) und auch von proprietären Formaten in das HTML-Format.

Bei unbekannten Dateiformaten für ein Dokument wird die Verknüpfungstechnik des Betriebssystems eingesetzt. Als Standard in Windows bekannt, wird dieser Ansatz auch in mobilen Android- oder Apple-Geräten unterstützt. Dabei enthält die Verknüpfung entweder einen Hinweis auf das Dateiformat oder sogar direkt das zu nutzende Programm. Öffnet die bearbeitende Person die Verknüpfung, wird das entsprechende Programm gestartet.

Dem Dokument hinzugefügte Annotierungen werden beim Betrachten überlagert dargestellt; die Fassung des Dokuments wird dadurch nicht verändert. Die meisten Viewer verfügen über Funktion, um das angezeigte Dokument zu drucken, zu exportieren oder freizugeben. Barrierefreie Hilfsmittel wie die Anbindung an Vorlesefunktionen und Bildschirmlupen sollten mindestens unterstützt werden. Zusätzlich sollten Hilfsmittel wie die automatisierte Generierung von Inhaltsverzeichnissen, schnelle Blätterfunktionen und Suchfunktionen innerhalb des Dokuments die effiziente Arbeit unterstützen.

5.4.2.2 Offene Standards für die Anbindung

Moderne Systeme liefern in der Regel die Dokumente nicht mehr als Dateien an die Clients aus. Das Betrachten und auch das Bearbeiten der Inhalte erfolgen direkt im Webbrowser. Diese Clients sind auf Standardformate beschränkt; komplexe und proprietäre Dateiformate setzen auch weiterhin eigene Software voraus. Für unterstützte Formate werden die Binärdaten der Dokumente über Standardschnittstellen geliefert.

Für den Zugriff auf zentral verwaltete Dokumente existiert eine Reihe von Standards, Normen, Industrie- und De-facto-Standards für Protokolle, Datenaustauschformate und Programmierschnittstellen. Deren Zielsetzung ist es,

- die Investitionssicherheit durch Offenheit und Interoperabilität,
- den Erhalt der qualitativen und quantitativen Ausbaufähigkeit,

- die Integrationsfähigkeit in eine bestehende Computerlandschaft und
- die Langlebigkeit durch Unabhängigkeit von Neuentwicklungen und Formaten

zu gewährleisten. Je nach gesetzlichen und wirtschaftlichen Anforderungen sind Normen, Industrie- und De-facto-Standards unterschiedlich stark zu gewichten. Die Auseinandersetzung mit der Bedeutung der einzelnen Standards ist deshalb eine Grundvoraussetzung für deren Bewertung. Das Verwenden und Einhalten vorhandener Standards bildet die Grundlage für relativ zukunftssichere Systeme. Trotz aller Standardisierungsbemühungen ist jedoch bei keinem Standard sichergestellt, dass er langfristig vom Markt akzeptiert oder nicht doch etwa durch einen neuen Standard abgelöst wird.

Heute gängige Standards für den Zugriff auf Dokumente sind im DMS-Umfeld beispielsweise:

- **WebDav** (RFC 4918) der Internet Engineering Task Force (IETF) als Erweiterung des HTTP-Protokolls für die Zusammenarbeit und Versionierung verteilter Inhalte (inklusive Erweiterungen, wie sie beispielsweise in Microsoft SharePoint und Microsoft Teams eingesetzt werden)
- **Content Management Interoperability Services** (CMIS) von OASIS mit Festlegungen von Methoden und Datenmodellen für den Zugriff auf ein DMS
- **S3** als Beispiel für einen De-facto-Standard, der von Amazon für seine AWS Cloud eingeführt wurde. S3 wird heute von vielen Herstellern auch im Open-Source-Umfeld unterstützt.

Dokumenteninhalte werden über diese Standards direkt in die Bearbeitungssoftware geladen, und Änderungen fließen direkt zurück in das zentrale System. Eine lokale Speicherung ist nicht mehr notwendig.

Je nach Geschäftsfeld sind die Dokumente aber nicht mehr Ergebnisse von Standardwerkzeugen der Bürokommunikation, also z.B. aus der Textverarbeitung oder Tabellenkalkulation. Eigene Fachanwendungen werden für die Verwaltung von Stammdaten wie Kundendaten oder für das Rechnungswesen eingesetzt. Für das Lesen und Bearbeiten dieser Dokumente können direkt die Oberflächen der dafür vorgesehenen Fachanwendungen genutzt werden.

5.4.2.3 Automatisierte Verifikation der Integrität und Authentizität

Beim Öffnen sollten Integrität und Authentizität eines Dokuments möglichst direkt geprüft werden, um der bearbeitenden Person Hinweise auf mögliche Manipulationen zu geben. Verknüpfungen mit Prüfsummen (vgl. das Content-based Addressing in Kapitel 5.4.6.3) erlauben die direkte Validierung des geöffneten Dokuments. Entscheidend ist aber: Die Prüfung sollte automatisiert im Hintergrund passieren.

Die Authentizität eines Dokuments wird über individualisierte Signaturen am Dokument sichergestellt. *Qualifizierte elektronische Signaturen* (QES) haben sich in der Breite bis heute als Werkzeug nicht durchgesetzt. Zu komplex und aufwendig ist der Umgang für die meisten Anwender, da hier in der Regel jede Änderung den Einsatz einer physischen Signaturkarte erfordert. Als Alternative werden derzeit im Rahmen verschiedener Initiativen des W3C neue Verfahren[4] standardisiert, die auf Basis der technischen Verfahren im Kontext von Blockchains die Authentizität und Integrität von Informationen sicherstellen.

Die vorgestellten Lösungen können allerdings nur den Verlust der Integrität oder mangelnde Authentizität aufzeigen, und es bleibt in der Verantwortung des Anwenders, darauf einzugehen. Der Schutz vor Manipulationen muss über ein geeignetes Berechtigungssystem und die Umsetzung gängiger Standards der IT-Sicherheit sichergestellt werden.

5.4.2.4 Nutzung moderner Authentifizierungsverfahren

Die Einstellung zur Arbeit hat sich in den letzten Jahren entscheidend verändert. Getrieben durch gesellschaftliche Veränderungen verliert der klassische Werktag im Büro zunehmend an Bedeutung; Arbeitsort und -zeit werden selbst bestimmt. Die Arbeitsumgebungen müssen sich entsprechend verändern. Mitarbeiter zeigen heute nur noch wenig Verständnis für Bürosoftware, die nur vom Rechner am Arbeitsplatz vor Ort nutzbar ist. Der Zugriff auf die Dokumente muss auch von zu Hause aus möglich sein.

In geschützten Unternehmensnetzwerken erfolgt die Authentifizierung der Mitarbeiter traditionell über den Login am Rechner. Über *Single Sign-On-*(SSO-)Dienste kann die Information über den erfolgreichen Login in Form eines Tokens an Drittanwendungen übertragen werden. SSO sollte heute als Mindeststandard vorausgesetzt werden können: Einen separaten Account für das DMS zu verwalten und sich immer wieder neu authentifizieren zu müssen, ist nicht mehr zeitgemäß. *Virtual Private Networks* (VPN) ermöglichen es den Mitarbeitern, sich von außen in ein Unternehmensnetzwerk einzuwählen. Ist die verschlüsselte Verbindung erstellt, wird der PC vollwertiges Mitglied der Netzinfrastruktur und profitiert von den dort umgesetzten Sicherheitsmaßnahmen.

Zur *Authentisierung* können neben der Benutzerkennung mehrere Merkmale übermittelt werden, die die Person hinter der Kennung zweifelsfrei und unabstreitbar identifizieren. In einer sogenannten Multi-Faktor-Authentisierung sind Merkmale üblich wie:

---

4. Die hier entwickelten Standards sind noch in der Bearbeitung. Zu beachten sind die Vorschläge zu *Verifiable Credentials* und *Verifiable Presentations*, die auf Basis von herkömmlichen Authentifizierungsverfahren (»signierte JWT-Tokens«) einzelne Informationen vor Manipulationen schützen können.

- etwas, das die Person weiß (z.B. Passwort oder PIN)
- etwas, das die Person besitzt (z.B. Smartphone mit App, Signaturkarte oder ein Hardware-Token)
- etwas, das die Person ist (z.B. biometrische Merkmale durch Fingerabdruck- oder Gesichtserkennung)

Zusammen ergeben die Faktoren eine starke *Authentifizierung* (d.h. die Prüfung der Authentisierung im Zielsystem), die selbst bei schwachen Passwörtern eine hohe Sicherheit ermöglicht. Die an anderen Stellen genannten Lösungen für Signaturen an Dokumenten zur Verifikation der Authentizität oder zur Einschätzung der Glaubwürdigkeit durch Nachvollziehbarkeit können durch eine Multi-Faktor-Authentisierung profitieren.

5.4.2.5 Nicht digitalisierbare Objekte finden und anzeigen

Unter dem Begriff »Dokumente« werden meist Texte verstanden. Je nach gesetzlicher Vorgabe müssen aber alle Informationen und Daten zu einem Fall, Sachverhalt oder Objekt rechtssicher archiviert und wiedergefunden werden können. Doch nicht jede Information lässt sich digitalisieren. Im Rahmen der Strafverfolgung können Beweismittel nicht einfach über einen 3D-Scanner gescannt und danach vernichtet werden. Tief in Museumsarchiven »vergrabene« Exponate müssen zentral in Katalogen gepflegt und verwaltet werden können. Video- und Tonaufnahmen werden aufgrund ihrer Größe eher auf Magnetbändern oder DVDs archiviert.

Für diese physischen Objekte werden im DMS in der Regel Stellvertreterdokumente angelegt. Diese Dokumente enthalten ausschließlich weiterführende Informationen, also die Metadaten und Bearbeitungsverläufe. Entscheidend ist hier die Signatur in den Metadaten, also der Hinweis, wo genau das Objekt in der Asservatenkammer oder in den Archiven zu finden ist. Platzhalterdokumente sind ähnlich: Sie verweisen auf ein Dokument, das zum aktuellen Zeitpunkt nicht im DMS existiert. Sie werden häufig vorab angelegt, wenn innerhalb eines Vorgangs z.B. Dokumentennummern vorbelegt werden sollen. In der öffentlichen Verwaltung dienen sie auch als Hinweis auf Dokumente, die an andere Behörden abgegeben wurden.

5.4.3 Neue Dokumente erstellen

Das Erstellen von neuen Dokumenten ist eine wichtige Funktion, falls die zentrale Dokumentenverwaltung für den kompletten Lebenszyklus von der Entstehung über die Archivierung bis hin zur Löschung genutzt werden soll.

5.4.3.1 Einsatz und Verwaltung von Dokumentenvorlagen

Ein neues Dokument zu erstellen erscheint auf den ersten Blick trivial. In einer Textverarbeitung wie Microsoft Word wird einfach ein leeres Dokument angelegt, der Inhalt wird geschrieben und das Ergebnis über den Client des DMS an geeigneter Stelle abgelegt. Dieser Ansatz erfüllt aber nicht die folgenden Anforderungen:

- Das Dokument sollte aus dem zentralen System heraus erstellt werden und damit von Anfang an dort abgelegt sein. Nur dann liegen die Dateien nicht auf den potenziell ungeschützten Arbeitsplatzrechnern und sind von Anfang an durch Backups gesichert. Die automatische Speicherfunktion der Textverarbeitung sichert regelmäßig Zwischenstände und schützt vor dem Verlust von Arbeitsergebnissen.
- Dokumentvorlagen (Templates) sind oft zentral von der Organisation vorgegeben, um eine gemeinsame Corporate Identity und Compliance-Richtlinien durchzusetzen. Das Template muss bereits bei der Erstellung mitgegeben werden, denn eine spätere Überführung der Inhalte ist aufwendig.

Die Dokumentenvorlagen werden in vielen Unternehmen auch heute noch über Netzlaufwerke in wenig nachvollziehbaren Ordnerstrukturen den Mitarbeitern zu Verfügung gestellt. Im Gegensatz zu einer vollwertigen Dokumentenverwaltung bieten Ordner im Dateisystem keine Möglichkeiten einer geeigneten Versionierung oder der Kommunikation, welche der vielen Dateien denn jetzt die aktuelle ist und welche Abteilung welches Template für welchen Zweck oder Dokumententyp zu nutzen hat. Der Aufwand der Verwaltung ist dabei nicht zu unterschätzen: Bei zentralen Änderungen, z.B. des Firmenlogos, der Rechtsform oder des Copyright-Statements, müssen auch alle Templates aktualisiert werden.

Die Anforderungen an die Templateverwaltung sind vergleichbar mit den Anforderungen an das DMS selbst. Die Versionierung, individuelle Berechtigungskonzepte und die Durchsuchbarkeit müssen sichergestellt werden. Die Einbindung zentraler Repositories für die Stamm- und Metadaten der Organisation kann den Wartungsaufwand verringern. Beim Anlegen eines neuen Dokuments sollten Anwender die Möglichkeit haben, diese Templates zu finden und daraus neue Dokumente zu erzeugen. Bei der Suche sollte idealerweise der Anwendungskontext berücksichtigt werden, um nur die aktuell relevanten Templates vorzuschlagen.

5.4.3.2 Einmischen von Metadaten

Beim Erzeugen eines Dokuments sollten Dokumenteneigenschaften und Dokumenteninhalte wie Titel, Autor oder das Erstellungsdatum automatisch generiert werden. Die technologische Umsetzung hängt dabei von den Dateiformaten ab.

Der Standard *Office Open XML*, das Standardformat für Microsoft Office, sieht ein Feld für Metadaten vor, das über entsprechende Werkzeuge automatisch gefüllt werden kann. Schnellbausteine in den Word-Templates können diese Metadaten auslesen und direkt an geeigneter Stelle im Dokument einfügen. Das Gleiche gilt für den *OpenDocument*-Standard, der von einer Vielzahl von freien Anwendungen genutzt wird.

Eher kritisch gesehen werden heute *Makros*, die beim Neuanlegen von Dokumenten komplexe Verarbeitungslogik für das Einmischen von Inhalten ausführen. Neben der Anfälligkeit für Viren ist hier vor allem auch die Abhängigkeit von der Software (*Vendor Lock-In*) und auch von Softwareversionen zu berücksichtigen. Das Generieren und Herleiten der einzumischenden Informationen sollte vorab passieren und dann bei Erzeugung des neuen Dokuments direkt mitgegeben werden. Nicht zu unterschätzen ist dabei die geringe Benutzerakzeptanz von hohen Antwortzeiten. Werden für das Einmischen von Metadaten Fremdsysteme abgerufen, sollte die technische Umsetzung die Störungsanfälligkeit von Unternehmensnetzwerken berücksichtigen. Ein bestimmtes Feld sollte immer auch noch später nachgezogen werden können. Scheitert jedoch die Dokumentenerstellung, weil eine bestimmte Eigenschaft wegen eines Systemausfalls nicht gelesen werden kann, führt das nur zu Frustration.

5.4.4 Inhalte von Dokumenten bearbeiten

Ein Dokument wird in der Regel von mehreren Autoren innerhalb einer Organisation bearbeitet. Typische Herausforderungen sind dabei der Umgang mit inhaltlichen Änderungen (siehe Kapitel 5.4.5) sowie die Nutzung von Standardsoftware für die Textverarbeitung.

5.4.4.1 Bearbeitung in Standardsoftware für die Bürokommunikation

Die technische Umsetzung für die Bearbeitung von Dokumenten ist schnell erklärt: Ist die Software auf dem Arbeitsplatz installiert, startet diese mit dem ausgewählten Dokument und die bearbeitende Person kann ihre Änderung einpflegen. Für die Anwender sollte es dabei keinen Unterschied machen, ob die Datei direkt vom Desktop oder von einem DMS geöffnet wurde.

Je nach Aufgabe kann ein Dokument verschiedene kreative Phasen der inhaltlichen Bearbeitung durchlaufen. In einer ersten Phase, insbesondere in Zusammenarbeit mit Kollegen, ist vielleicht erst mal die Ideenfindung und Abgrenzung der Inhalte im Fokus. Mindmaps, digitale Whiteboards oder kollaborative Texteditoren sind hier zielführend, um sehr schnell relevante Inhalte zu sammeln. In der darauffolgenden Entwurfsphase bieten sich Editoren an, die es ermöglichen, Texte zu schreiben und zu strukturieren. Gerade bei umfangreichen Dokumenten gibt es eine Vielzahl von Editoren, die einen kreativen Schreibprozess unterstützen. Das Ziel sollte in dieser Phase sein, Inhalte sauber zu strukturieren, Dopplungen zu vermeiden und einen roten Faden im Text zu erhalten. In der letzten Phase schließlich spielt die Formatierung die größere Rolle. Das Layout wird gemäß der Corporate Identity angepasst; Inhalts- und Abbildungsverzeichnisse werden erstellt, und das Textlayout wird angepasst, um für eine gute Lesbarkeit zu sorgen. Am Ende der Bearbeitungsphase ist das Dokument »fertig«: Je nach Inhalt wird es in einen Freigabe- oder Zeichnungsprozess gegeben, die Reinschrift kann erstellt werden und das Ergebnis wird archiviert. Je nach Vorschrift werden die änderbaren Fassungen vielleicht sogar gelöscht und im DMS verbleibt nur noch die Reinschrift im PDF-Format.

Es kann also sein, dass ein »Dokument« während seines Lebenszyklus in unterschiedlichen Dateiformaten vorliegt. Häufig sind die verschiedenen Dateiformate relevant für die Nachvollziehbarkeit auch über mehrere Jahre hinweg. Dann muss organisatorisch sichergestellt werden, dass entsprechende Software für die Anzeige auch langfristig zu Verfügung steht. Das DMS bietet in der Regel Werkzeuge für Standardformate: Alternativ müssen dann für die einzelnen Versionen möglichst automatisiert lesbare Fassungen erstellt werden, die z.B. durch Standardformate wie PDF oder HTML auch noch in vielen Jahrzehnten lesbar sein werden. Die Konvertierung in archivfeste Formate wird von vielen Systemen automatisiert unterstützt: Sobald das Dokument archiviert wird (d.h., sobald keine inhaltlichen Veränderungen mehr vorgenommen werden), wird dann im Hintergrund die Konvertierung angestoßen.

Der oben beschriebene Prozess gilt für Dokumente, die in einem kreativen Prozess erstellt werden. Die große Mehrheit der Dokumente in größeren Organisationen sind allerdings Standarddokumente wie Rechnungen, die auf konfigurierbaren Textbausteinen beruhen.

5.4.4.2 Einfügen von Textbausteinen

Standarddokumente im Unternehmensumfeld sind in der Regel eine Aneinanderreihung von Textbausteinen und eingemischten Metadaten. Ein kreativer Prozess mit freien Gestaltungsmöglichkeiten für die Autoren ist nicht notwendig oder erwünscht. Die Dokumente werden meist komplett automatisch erzeugt, die Sachbearbeitung kann maximal über eine Auswahl in Dialogen die generierten Inhalte steuern. Häufig werden Mitarbeiter noch in die Qualitätskontrolle einbezogen: Das generierte Dokument wird noch einmal quergelesen und bei Bedarf korrigiert, bevor es als Schreiben extern versendet wird.

Eine komplette Automatisierung ist aber nicht für jeden Geschäftsbereich sinnvoll oder wirtschaftlich. Einige DMS bieten hier Werkzeuge ähnlich der Verwaltung von Templates, um innerhalb der Bearbeitungssoftware eine Suche nach vorkonfigurierten Textbausteinen zu ermöglichen. Die Suche sollte möglichst kontextsensitiv sein, d.h., für den aktuellen Dokumententyp relevant sein. Die generierten Texte sollten die Metadaten des aktuellen Dokuments berücksichtigen, um beispielsweise den Namen des Empfängers in den Text einzumischen.

Die Integration von Textbausteinen in Standardsoftware sollte möglichst nicht als Ausschlusskriterium für die Auswahl eines DMS-Systems dienen. Ein DMS aus einem Guss mit allen denkbaren Funktionen läuft schnell Gefahr, aufgrund seiner Komplexität technisch zu veralten und damit moderne Vorgaben an die IT-Sicherheit, Wartbarkeit und Skalierbarkeit nicht mehr zu erfüllen. Bei Textbausteinen kommt man mit den Standardwerkzeugen (z.B. von Microsoft Word) schon sehr weit. Gehen die eigenen Anforderungen darüber hinaus, ist es eventuell sinnvoller, nach spezialisierter Software zu suchen und diese in die bestehende IT-Landschaft zu integrieren.

5.4.4.3 Inline-Annotierungen und -Kommentare

Je nach Dateiformat gibt es unterschiedliche Möglichkeiten, im Rahmen einer Zusammenarbeit oder Qualitätskontrolle Bemerkungen über den vorliegenden Text anzubringen. Inline-Annotierungen werden beispielsweise in Microsoft Word im Änderungsmodus unterstützt. Hier können Kolleginnen und Kollegen Kommentare oder Fragen ergänzen und Änderungen am Text vorschlagen. Die ursprünglichen Autoren können auf die Kommentare reagieren und die Änderungsvorschläge annehmen oder ablehnen. Dabei zu berücksichtigen ist, dass die Kommentare und Annotationen Teil des Dokuments sind und vor der Erstellung der Reinfassung manuell gelöscht und entfernt werden sollten.[5]

Einige Online-Editoren wie Wikis haben vergleichbare Lösungen. Für die Pflege insbesondere von technischer Dokumentation in Form von Markdown- oder AsciiDoc-Dateien werden heute häufig auch Versionskontrollsysteme wie Git eingesetzt. Der Editierprozess folgt hier dem sogenannten Git-Flow: Änderungen werden über eigene *Branches* (ähnlich der Fassungen) gepflegt und im Rahmen eines Pull-Requests auf den Main-Branch (die Originalfassung) gemergt. Der Pull-Request wird von Mitarbeitern geprüft. Gibt es Anmerkungen, erlauben viele Lösungen heute Inline-Kommentare und Änderungswünsche, die vom Autor vor dem Merge bearbeitet werden müssen.

5.4.5 Änderungen nachvollziehen

Ein wesentlicher Unterschied zwischen einem vollwertigen DMS und der Ablage von Dateien im Dateisystem ist die Historisierung und Versionierung der Änderungen. Der Standard ISO/IEC 25010 für Softwarequalität nennt hier die folgenden Kriterien:

---

5. Das sorgfältige Löschen von Annotierungen mit internen Bearbeitungsvermerken ist insbesondere aus Sicht des Datenschutzes (und der Wahrung von anderen Geheimnissen) ernst zu nehmen.

- den **Erhalt der Integrität** (engl. *integrity*), also dass Information vollständig und unversehrt sind (nicht manipuliert wurden)
- die **Zurechenbarkeit** (engl. *accountability*) einer Änderung zu der verantwortlichen Person oder einem technischen System
- die **Nicht-Abstreitbarkeit oder Verbindlichkeit** (engl. *non-repudation*), also dass eine Änderung einer Information nicht von der verantwortlichen Person geleugnet werden kann

Die ISO-Kriterien sind als Gradmesser zu verstehen. Die Accountability einer Software kann durch eine technische Umsetzung stetig verbessert werden. Wird in den genannten Merkmalen ein hoher Grad erreicht, erfüllt ein DMS in der Regel die Anforderungen an eine rechtssichere Speicherung von Information. Nur dann genügt das System zum Beispiel den Vorgaben für eine externe Revision oder Auditings oder den Anforderungen eines Gerichts an die Bewertung der Beweiskraft des vorliegenden Dokuments.

Das Nachvollziehen und Rückverfolgen von Entscheidungswegen ist ein zentrales Instrument eines Audits. Das DMS sollte die in den folgenden Abschnitten beschriebenen Werkzeuge bereitstellen, um Änderungen lückenlos und authentifiziert zu dokumentieren und in geeigneter Repräsentation bereitzustellen.

5.4.5.1 Nachvollziehbarkeit über Bearbeitungsprotokolle

Die Rechtsfragen bezüglich einer ordnungsgemäßen Aktenführung wurden in Kapitel 3 ausführlich beschrieben. Eine Anforderung ist dabei die Überprüfbarkeit der Integrität und Authentizität. So ist sichergestellt, dass das vorliegende Dokument von der ausgebenden Stelle herausgegeben wurde und die Daten nicht unerlaubt manipuliert wurden. Für die *Glaubwürdigkeit* ist aber auch der Schaffensprozess entscheidend:

- Wurde eine Bestellung wirklich von der Beschaffung qualitätsgeprüft und freigegeben?
- Wurde vor dem Versand der Datenschutzbeauftrage angemessen beteiligt?
- Hat die Teamleitung einen Antrag für die Bewilligung eines Trainings bewilligt?

Entscheidend hier ist: Die Authentizität muss durchgehend gewahrt werden. Eine Beteiligung sollte insbesondere bei Freigaben durch höhere Stellen rechtssicher und damit unbestreitbar sein (die sog. *non-repudiation* nach ISO/IEC 25010). Die Bearbeitungsprotokolle sollten einem externen Audit standhalten können. Die Unbestreitbarkeit setzt voraus, dass die Organisation die Integrität der vorliegenden Informationen nachweisen kann, d.h., dass die Daten technisch vor jeglicher Art von Manipulationen geschützt wurden.

Im Rahmen von dezentralen Anwendungen mit nicht vertrauenswürdigen Akteuren wird hier oft die Blockchain ins Spiel gebracht. Blockchains basieren auf dem Konzept, dass jede Transaktion, also Änderung an einer Information, über eine Prüfsumme eindeutig verifizierbar wird. Nimmt man in die aktuelle Transaktion auch die Prüfsumme der vorherigen Änderung mit auf, kann der Eintrag der vorherigen Änderung nie mehr geändert werden. Jegliche Manipulation würde automatisch eine neue Prüfsumme bewirken, und damit auch alle nachfolgenden Einträge in der Kette ungültig machen.[6] Der Vorteil von Blockchain-Technologien greift allerdings erst in dezentralen Anwendungen mit verschiedenen und zum Teil auch nicht vertrauenswürdigen Akteuren. Beispiele hierfür sind neben den finanziellen Transaktionen beispielsweise die Nachverfolgbarkeit von Gütern in globalen Lieferketten. In geschlossenen Systemen (was die Regel für DMS-Systeme ist) ist der Mehraufwand für die häufig komplexen Konsens-Algorithmen typischerweise nicht notwendig.

5.4.5.2 Kontrolle von Änderungen über Versionskontrollsysteme

Für die Zusammenarbeit von Softwareentwicklern haben sich eigene Systeme etabliert, die unter anderem Folgendes erlauben:

- die zentrale Speicherung aktueller Versionsstände, um immer auf dem gleichen Stand zu arbeiten
- die Unterscheidung zwischen Branches (separaten Entwicklungszweigen), damit sich die Entwicklung einzelner neuer Funktionen nicht nachteilig auf andere Entwicklungen auswirkt
- Merging als Werkzeug, um entweder abgeschlossene Entwicklungen auf den Hauptzweig zurückzuführen oder einen älteren Versionsstand wiederherzustellen

Versionskontrollsysteme (VCS) speichern immer den Unterschied zwischen den verschiedenen Versionen (das *Diff*). Die existierenden Algorithmen sind allerdings auf Textdateien wie z. B. Quellcode- oder Markdown-Dateien ausgelegt. Für binäre Dateien können die Versionsunterschiede nicht automatisiert berechnet werden. Hier wird immer der komplette Stand abgelegt. Es ist aber z. B. möglich, die unterschiedlichen Versionsstände über ein VCS zu verwalten und die internen Funktionalitäten für Versionsvergleiche für das Zusammenführen von Änderungen zu nutzen. Programme für die Textverarbeitung unterstützen das beispielsweise. Für Dateien aus Tabellenkalkulationen oder für Präsentationen ist ein werkzeuggestützter Vergleich leider nur mit viel Aufwand oder Plug-ins möglich.

6. Die Umsetzung dieses Konzepts erfolgt in sogenannten *Merkle Trees*. Jeder Knoten im Merkle Tree hat dabei die Prüfsumme seines Inhalts als Identifikator.

5.4.6 Direktzugriff

Global eindeutige Dokumentenmerkmale wie eine Dokumentennummer oder ein Geschäftszeichen erlauben einen direkten Zugriff auf die Dokumente z.B. über eine Schnelleingabe. Gleichzeitig erleichtert die Verwendung dieser Schlüssel das Referenzieren bei Veröffentlichungen oder bei der Weitergabe an externe Systeme. Derartige Schlüssel werden oft aus Fremdsystemen übernommen, z.B. Belegnummern aus der Buchhaltung.

Bei der Bildung der Schlüssel werden organisationsweite Bildungsregeln festgelegt, die oftmals in kryptischen Zeichenketten enden. Durch diese nur begrenzt verständlichen Schlüssel ist der tägliche Gebrauch für Anwender eher schwierig. Es wird deshalb meist eine parallel geführte Indizierung vorgenommen, ähnlich eines Katalogs. Die Recherche gestaltet sich somit universell. Abhängig von den vorhandenen Attributen werden entweder die Indizierungsnummer oder die Indizierungsattribute zur Recherche verwendet.

Konzeptionell ist im Umgang mit Schlüsseln zwischen technischen *Identifikatoren* und organisatorischen *Zeichen* zu unterscheiden. Die technischen Kennungen werden automatisch generiert und haben keinen Anspruch an Lesbarkeit. Auf der anderen Seite ist deren Generierung einfacher. Zeichen sollen Anwendern eine erste thematische oder organisatorische Einordnung erlauben. Bekannt sind Letztere vor allem im Umgang mit Behörden oder Gerichten, die bei schriftlicher Korrespondenz die Nennung eines Geschäftszeichens verlangen.

5.4.6.1 Standards für technische Identifikatoren

Die technischen Identifikatoren sind auf den ersten Blick ein internes technisches Detail. Wichtig werden sie, sobald auf die Dokumente von externen Standardanwendungen referenziert werden muss, d.h., wenn das DMS in die existierende Systemlandschaft über Schnittstellen integriert werden soll. Technische Identifikatoren sind schnell und einfach zu generieren, global eindeutig und nicht mehr änderbar. Als gängiger Standard haben sich *Universally Unique IDentifiers* (UUID) etabliert, die auf Basis der aktuellen Zeit (in Nanosekunden), physischer Parameter der Systemhardware oder von Zufallsparametern eine eindeutige Zeichenkette generieren. Dieser Identifikator ist ein Beispiel einer zufällig generierten UUID in der Version 4:

3b0e6584-e89c-4715-a1d0-ea5fd9fefb04

Aufgrund der möglichen Anzahl von generierten UUIDs sind Kollisionen (Nutzung gleicher UUIDs für unterschiedliche Ressourcen) selbst bei globaler Nutzung unwahrscheinlich. Im täglichen Gebrauch innerhalb von Anwendungen sind auch deutlich kürzere zufällig generierte Zeichenketten ausreichend.

Zusammen mit *Uniform Resource Identifiers* (URI) und *Uniform Resource Locators* (URL) erlauben die Identifikatoren das eindeutige Referenzieren von Informationsobjekten. URLs müssen auflösbar sein, d.h., das Anwählen der URL z.B. über einen Browser öffnet das referenzierte Objekt. Das folgende Beispiel zeigt die eindeutige und unveränderliche URL auf den Eintrag in der deutschen Nationalbibliothek für die 5. Auflage dieses Buches:

https://d-nb.info/1032966327

Technische Identifikatoren sollten in global eindeutig sein, d.h., Folgendes muss sichergestellt sein:

- **Unveränderlichkeit:** Ein einmal vergebener Identifier kann nicht mehr geändert werden.
- **Eindeutigkeit:** Es darf keine weiteren Objekte mit dem gleichen Identifikator geben.

Wird das verknüpfte Objekt entfernt (z.B. aus datenschutztechnischen Gründen), bleiben gegebenenfalls die Identifikatoren in Fremdanwendungen erhalten. Die Identifikatoren sollten somit keinen Rückschluss auf die Inhalte des entfernten Objekts ermöglichen.

5.4.6.2 Zentrale Register für unveränderliche Identifikatoren

Technische Identifikatoren sind global eindeutig und unveränderlich. Dieser Aspekt spielt vor allem dann eine entscheidende Rolle, wenn die vom DMS verwalteten Dokumente die internen Systeme verlassen und der Zugriff von außen möglich gemacht werden soll.

Im Gegensatz zu organisatorischen Zeichen lässt sich aus den Identifikatoren nicht der Ablageort des verknüpften Informationsobjekts ableiten. Zentrale Katalogdienste, sogenannte *Resolver*, liefern für die übergebenen Identifikatoren deren Adressen. URLs enthalten beispielsweise den Namen einer Internetdomäne, die über das *Domain Name System* (DNS) in die physische Adresse des Servers übersetzt wird. Bei DOIs oder ISBNs im Bibliothekswesen werden hier beispielsweise die Bibliotheken zurückgeben, die ein bestimmtes Buch führen.

Um einen technischen Identifikator korrekt auflösen zu können, benötigen die Kennungen somit eindeutige Typbezeichner. Diese legen neben Syntax und Struktur fest, welche Methode für das Auffinden des verknüpften Objekts genutzt werden muss. URLs werden über DNS aufgelöst, bei URNs sind individuelle Katalogsysteme abhängig von der Typbezeichnung im Identifikator zu nutzen.

5.4.6.3 Content-Based Addressing

Die bisher genannten Systeme für technische Identifikatoren erfordern zentrale Katalogdienste, um auf das verknüpfte Informationsobjekt zugreifen zu können. Innerhalb eines geschlossenen Systems ist die Auflösung der Identifikatoren fest hinterlegt. Systemübergreifend werden URLs eingesetzt, die mithilfe eines DNS-Resolvers sogar weltumspannende Verknüpfungen erlauben. Die URL bezeichnet den Ablageort der Information und hat damit Nachteile:

- Der Ablageort (also die URL) muss im aufrufenden System bekannt sein.
- Falls sich der Ablageort ändert, sind existierende URLs nicht mehr gültig.
- Bei einem Ausfall des Quellsystems sind die Informationen zu einer URL nicht erreichbar.

Persistente URLs in Kombination mit Load Balancern und Content Delivery Networks helfen, die Erreichbarkeit der Informationen auch bei Änderungen und Systemausfällen zu erhalten. Der Ablageort muss aber noch immer bekannt sein. Im Gegensatz zum *Location-Based Addressing* muss beim *Content-Based Addressing* nur noch der Inhalt bekannt sein. Der Identifikator im Web ist nicht mehr dessen Adresse, sondern eine aus der Information generierte Prüfsumme. Der physische Ablageort ist für die Verknüpfung nicht relevant, solange es im Internet ein System gibt, das anhand der global eindeutigen Prüfsumme den entsprechenden Datensatz zu der Information liefern kann.

Die Prüfsumme als Teil des Identifikators hat zudem einen weiteren Vorteil: Es wird immer genau die Information in dem Versionsstand geliefert, für die die Prüfsumme generiert wird. Der Empfänger kann für die abgefragten Daten jederzeit die Prüfsumme neu berechnen und damit sicherstellen, dass eine Information beispielsweise nicht manipuliert wurde.

5.4.6.4 QR-Codes und Barcodes

Identifikatoren und Zeichen sind in der Regel Zeichenketten, die vom Anwender eingegeben werden oder kopiert werden können. QR-Codes und Barcodes sind bildliche Darstellungen der Identifikatoren, die insbesondere beim Scannen die automatische Verarbeitung und Zuordnung unterstützen.

QR-Codes haben heute vor allem eine praktische Bedeutung im Zusammenspiel mit Apps auf Smartphones. Anwender können beispielsweise Verknüpfungen in Form von QR-Codes, die auf Papier gedruckt sind, scannen und sich die Information direkt in der App anzeigen lassen oder als Dokument dort speichern. Mögliche Beispiele sind:

- die Darstellung des QR-Codes für einen elektronischen Beleg an der Supermarktkasse, der nach dem Scan in die App übertragen wird
- die Herausgabe von Befunden in der Praxis, die vom Patienten in die eigene elektronische Gesundheitsakte in seinem Wallet übertragen werden kann

Der zweite Fall zeigt ein Beispiel für die Kombination von digitalen Wallets im Kontext von *Self-Sovereign Identities* (SSI) mit existierenden Systemen für die Dokumentenverwaltung. In Kombination mit geeigneten kryptografischen Maßnahmen verbleiben hier die Originale der Information in dem vom Anwender kontrollierten Wallet. Die Person kann dann selbstständig entscheiden, ob sie den Befund beispielsweise bei einem anderen Arztbesuch vorzeigen möchte.

5.4.7 Zugriff für die interne Zusammenarbeit freigeben

Bei der internen Freigabe verlässt das Dokument nicht das System und bleibt damit in der Kontrolle des Systems. Das bedeutet:

- Die Authentifizierung und Autorisierung wird zentral durchgeführt. »Einen Zugriff einrichten« bedeutet, dem Empfänger die entsprechenden Rechte einzuräumen.
- Die Überwachung der Zugriffe kann sichergestellt werden.
- Für das Dokument bleibt ein gemeinsames Bearbeitungsprotokoll erhalten.
- Die Versionierung bleibt erhalten, somit sind die Änderungen des Empfängers vollständig nachvollziehbar.
- In der Regel existiert innerhalb der Organisation die gleiche Konfiguration des Arbeitsplatzes, d.h., alle sind an die gleiche Softwareverteilung angebunden. Konflikte wegen unterschiedlicher Versionsstände sind kein Problem.

Diese Vorteile gehen bei externen Empfängern in der Regel verloren:

- keine Kenntnisse über die eingesetzte Software beim Empfänger
- keine Zugriffskontrolle; das Dokument kann theoretisch vom Empfänger beliebig weiterverteilt werden.

Manche Systeme bieten die Möglichkeit, Externen temporären Zugriff auf das System selbst zu gewähren. Das ist insbesondere der Fall, wenn Lösungen aus der Cloud genutzt werden.

5.4.7.1 Versand von Freigabelinks

Für die interne Freigabe unbedingt zu vermeiden ist der Versand der Dokumente als Dateien im Anhang von E-Mails. Damit gehen die oben genannten Vorteile verloren: Änderungen werden nicht protokolliert und der Zugriff kann nicht mehr kontrolliert werden.

In E-Mail-Programme wie Outlook integrierte Clients für DMS-Systeme sollten eine Funktion bieten, um ein ausgewähltes Dokument aus dem DMS nicht als Anhang, sondern als Verknüpfung zu senden. Empfänger öffnen die Verknüpfung, und das entsprechende Dokument wird dann direkt im Client geöffnet. Die Freigabelinks können personalisiert und an bestimmte Funktionsrechte gebunden sein. Ein Weiterleiten des Freigabelinks an nicht autorisierte Personen würde dann ins Leere führen. Die Freigabelinks haben den Vorteil, dass sie auch über andere Kommunikationskanäle geteilt werden können. Innerhalb von Organisationen haben sich längst verschiedenste Plattformen für Chats etabliert; Freigabelinks können dort einfach direkt an die Empfänger geschickt werden. Ähnliches gilt für das Öffnen der Verknüpfungen in mobilen Endgeräten.

Für die Freigabelinks können auch mehrere Empfänger hinterlegt werden. Eine Herausforderung stellt sich allerdings, wenn einer der Empfänger als Externer keinen Zugriff auf das System hat. Hier sollten die Werkzeuge zumindest in der Lage sein, vor dem Versand zu warnen. Manche sind aber auch in der Lage, zwischen internen und externen Empfängern zu unterscheiden und für Letztere das Dokument als Datei im Anhang zu versenden.

5.4.7.2 Externer Zugriff auf Dokumente für die Bearbeitung

In der Regel werden für Externe die bereinigten Fassungen der finalen Dokumente bereitgestellt. Details dazu sind in Kapitel 5.6 erläutert. Falls für die Externen eine Bearbeitung möglich sein soll, muss das Originaldokument gesendet werden. Hier sollte es die Möglichkeit einer möglichst automatisierten Bereinigung geben (oder es sollten entsprechend organisatorische Regelungen etabliert werden), um z.B. interne Arbeitshinweise in Kommentaren zu älteren Versionen oder interne Personendaten nicht unbeabsichtigt zu verschicken. Auf der anderen Seite sollten strukturelle Eigenschaften wie der eindeutige technische Identifikator oder ein Geschäftszeichen erhalten bleiben, um einen späteren Re-import zu vereinfachen.

Für die Freigabe haben sich verschiedene technische Ansätze etabliert:

- der traditionelle Versand als Anhang von Dokumenten über E-Mails
- der Versand über geschützte Postfächer, d.h., das Dokument ist immer noch ein Anhang, aber der Zugriff auf das Postfach ist nur über strikte Authentifizierung möglich. Die E-Mail wird nicht über das ungesicherte Netz geschickt.
- die Bereitstellung der Dokumente über Web-Gateways in einem persönlichen Account des Empfängers. Der Empfänger kann sich über eine gesicherte Verbindung an seinem Account anmelden und die Dateien dort entweder nur einsehen oder für das eigene Archiv oder die Bearbeitung herunterladen.

Da die Dokumente für die Bearbeitung versendet wurden, muss auch die Antwort wieder in das System eingespielt werden können. Dazu benötigt das DMS die Möglichkeit, zu einem existierenden Dokument eine neue Version zu erstellen und dabei die zu importierende Datei mitzugeben.

5.4.7.3 Virtuelle Teamräume im Digital Workplace

Die Zusammenarbeit beschränkt sich heute nicht mehr nur auf das Hin- und Herschicken von Dokumenten. Für ein effizientes Miteinander stehen heute viele digitale Werkzeuge zu Verfügung, um je nach Arbeitsauftrag effektiv Ergebnisse zu erzielen. Für den schnellen Austausch werden Video- und Telefonkonferenzen sowie Chatrooms genutzt. Die gemeinsame Ideenfindung funktioniert am besten an digitalen Whiteboards oder mit Mindmaps. Organisiert wird die Zusammenarbeit in Kanban-Boards oder Backlogs im Scrum-Prozess. Virtuelle Teamräume fassen all die verschiedenen Werkzeuge zusammen, um alle Informationen im Rahmen der Bearbeitung eines Geschäftsvorfalls an einer Stelle zusammenzuhalten.

5.5 Der Funktionsbereich »Suchen und Navigieren«

Jeglichem Zugriff auf die Dokumente geht die Recherche voraus. Die während des Imports (siehe Kapitel 5.2) erfolgte Indizierung stellt die notwendigen Suchindexe bereit. Eine Suche ist immer dann erforderlich, wenn ein direkter Aufruf im aktuellen Kontext z.B. einer Drittanwendung nicht möglich ist. In diesem Fall müssen die Anwender auch ohne Kenntnisse über den konkreten Speicherort in der Lage sein, die Dokumente in akzeptabler Zeit zu finden.

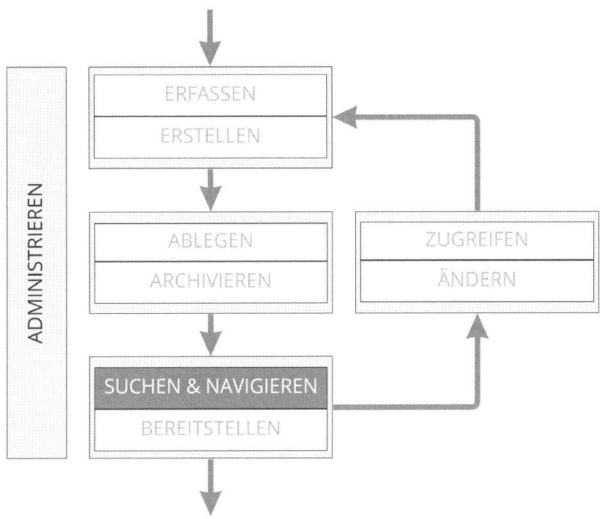

Abb. 5–8 *Der Funktionsbereich »Suchen und Navigieren« im Lebenszyklus eines Dokuments*

Zu den Aktivitäten der Recherche werden an dieser Stelle beschrieben:

- die freie Suche nach Informationen über Suchphrasen
- das Filtern (oder die strukturierte Suche) von Dokumenten über die Dokumentenmerkmale
- das Navigieren zu Dokumenten über geeignete visuelle Hilfsmittel
- der direkte Zugriff auf Dokumente über flexible Verknüpfungen

Für das Verständnis der technischen Umsetzungshinweise sollte man die folgenden Konzepte kennen: Die *Wiederauffindbarkeit* von archivierten Informationen zeigt an, wie leicht eine Information von anderen Anwendern wiedergefunden werden kann. Dieses Qualitätsmerkmal hängt wesentlich von der Qualität der Indizierung und Erfassung der Metadaten ab.

Die Unterscheidung zwischen der *freien Suche* (oder der Suche über Dokumenteninhalte) und einem *strukturierten Filtern* (oder der Suche über Metadaten) dient dem Verständnis der unterschiedlichen Herangehensweisen bei der Recherche. Bei der Suche haben Anwender keine Kenntnisse über Umfang und Relevanz der möglichen Ergebnismenge – die Herausforderung besteht im Formulieren einer geeigneten Suchphrase. »Keine Suchergebnisse« bedeutet in diesem Fall nicht, dass das gewünschte Dokument nicht existiert. Beim Filtern möchten Anwender alle Dokumente finden, die eine bestimmte Eigenschaft haben. Das Filtern setzt zwingend voraus, dass für alle Dokumente im Suchindex diese Eigenschaften gesetzt wurden. »Keine Treffer« bedeutet hier tatsächlich, dass es keine Dokumente mit der gewünschten Eigenschaft gibt.

Das Formulieren einer möglichst präzisen Suchphrase setzt Expertenwissen voraus. Eine suchende Person hat ein Informationsbedürfnis (engl: *Information Need*), das sich in der Regel nur schwer mit einem oder mehreren Stichwörtern formulieren lässt. So tastet sie sich an die geeignete Suchphrase heran, indem sie schrittweise den Query umformuliert (engl. *Query Refinement*) und anpasst. Sobald die Trefferliste zum größten Teil relevante Suchergebnisse anzeigt, werden diese im Detail geprüft. Das Zusammenstellen der Trefferliste übernimmt die Suchmaschine. Diese versucht über das *Scoring* die Relevanz jedes Elements im Suchindex im Verhältnis zu der Suchphrase zu berechnen. Über das *Ranking* werden die Suchergebnisse in der Regel nach dem Score (also der Relevanz) sortiert. Die Qualität der Suchmaschine (oder – genauer gesagt – der konfigurierten Suchverfahren in der Suchmaschine) wird in der Regel anhand der beiden folgenden Parameter gemessen:

- anhand der **Genauigkeit** (oder *Präzision*) als Anteil der relevanten Suchtreffer in der Ergebnismenge. Ein Ergebnis ist relevant, wenn es zu der Suche passt und damit dem Informationsbedarf der suchenden Person entspricht.
- anhand der **Trefferquote** (engl. *Recall*) als Anteil der Suchtreffer im Verhältnis zu allen relevanten Einträgen im Index

Idealerweise sollte die Suche möglichst alle relevanten Ergebnisse finden (hohe Trefferquote) und möglichst wenige irrelevante Ergebnisse anzeigen (hohe Präzision).

5.5.1 Freie Suche in Dokumenten

Sicherlich eine der größten Herausforderungen bei der freien Suche ist heute die Erwartungshaltung der Anwender. Seit der Einführung moderner Algorithmen wie Googles PageRank[7] wurden die Fähigkeiten der Suchmaschine über die Jahre

7. Der Siegeszug von Google begann 1998 mit der Einführung des PageRank-Algorithmus, der für das Ranking in den Suchergebnissen nicht nur die Relevanz, sondern auch die Verlinkungen berücksichtigt. Webseiten, auf die häufig verlinkt wurde, wurden in den Suchergebnissen besser bewertet.

stetig ausgebaut. Moderne Verfahren aus der künstlichen Intelligenz unterstützen bei der Indizierung und Klassifizierung der Webseiten. Beim Scoring und Ranking werden Hunderte von Faktoren zeitgleich ausgewertet. Neben den tatsächlichen Inhalten werden hier Merkmale wie der Standort des Anwenders, verwendete Endgeräte oder die Nutzerhistorie mit einbezogen. Das Training der selbstlernenden KI-Modelle, die Indizierung von vielen Millionen Webseiten und auch die Bereitstellung der Suchmaschine erfordern eine Infrastruktur, von der viele Hersteller von DMS-Systemen nur träumen können. Viele Daten helfen viel: Die ausgereiften Indizierungsmodelle und die über lange Zeit angereicherten persönlichen Profile erlauben sehr präzise Treffer schon bei eher ungenauen Suchphrasen. In den Trefferlisten werden Fakten aus Knowledge-Graphen mit Webseiten, Videos und vielem mehr zusammengezogen und erlauben den Nutzern so, auf vielen Wegen ihr Informationsbedürfnis zu stillen.

Sobald die Nutzung der Suchlösungen großer Cloud-Anbieter z.B. aufgrund des Datenschutzes keine Option mehr ist, tun sich Hersteller von Standardsoftware schwer damit, eine zu großen Suchmaschinen vergleichbare Lösung zu bieten. Eine vollständige Einführung in gängige Technologien für die freie Suche lässt sich nicht auf ein Kapitel zusammenfassen. Im Folgenden wird das Thema daher nur kurz umrissen. Es sollte aber deutlich werden, dass eine Suchmaschine in ihrer Komplexität nicht unterschätzt werden sollte. Bei der Auswahl einer Technologie, egal ob selbst entwickelt oder als Standardsoftware gekauft, sollte beim Thema Suche besonderes Augenmerk darauf gelegt werden, dass ihre Entwickler auf über lange Zeit etablierte und quellcode-offene Lösungen von beispielsweise der Apache Foundation (*Apache Lucene* und *Apache SOLR*) oder *Elasticsearch* (oder dessen Fork *OpenSearch*) zurückgegriffen haben.

5.5.1.1 Information Retrieval Systems

Das *Information Retrieval* kann grob in drei Phasen gegliedert werden. Im ersten Schritt müssen die relevanten Quelldokumente gesammelt werden. Im Web werden Crawler eingesetzt, die kontinuierlich Webseiten aufsuchen und diese sowie alle verlinkten anderen Webseiten für die nachfolgende Indizierung bereitstellen. In internen Systemen können, insbesondere im Kontext von *Enterprise Search* (siehe Kapitel 5.5.1.3) Crawler auch eine Rolle spielen. Häufiger werden neu eingehende Dokumente hier direkt an den Indizierungsdienst weitergereicht.

Im zweiten Schritt werden die eingehenden Dokumente indiziert, d.h., die Informationen aus den vorliegenden Datenformaten werden extrahiert und aufbereitet. Der Index erlaubt das Retrieval, d.h. die Abfrage von allen Einträgen im Index, die eine Ähnlichkeit zu der Suchphrase haben. Bei der Indizierung (sowie bei der Aufbereitung der Suchphrase) werden Standardverfahren angewendet, um die Vergleichbarkeit und *Rate of Recall* zu erhöhen. Beispiele hierfür sind das *Stemming* (die Reduzierung einzelner Wörter auf ihren Wortstamm) oder die *Expansion* (die Ergänzung von ähnlichen oder gleichbedeutenden Synonymen).

Und zuletzt liegt auch die Aufbereitung der Suchergebnisse in der Verantwortung der Suchmaschine. Über geeignete Scoring-Verfahren muss die Relevanz einzelner Treffer zu einer Suchphrase berechnet und im Ranking mit anderen Suchtreffern verglichen werden.

Außer der Suche sollen innerhalb größerer Organisation eingesetzte Suchmaschinen die häufig strengen Vorgaben an die IT-Sicherheit erfüllen. Dabei ist zu berücksichtigen, dass der Index der Suchmaschine eine Menge sensible Informationen enthalten kann, die Zugriffskontrollen der Quellsysteme hier aber nicht mehr greifen. *Pruning*-Algorithmen bereinigen Trefferlisten und stellen sicher, dass nicht aus Versehen Dokumente gefunden werden, von deren Existenz der Suchende eigentlich nichts wissen sollte.

5.5.1.2 Recommender Systems

Werkzeuge für das Generieren von Vorschlägen (engl. *Recommender Systems*) unterstützen Anwenderinnen und Anwender bei der Suche nach geeigneten Informationen. Bereits zu Beginn einer Suche helfen Suchmaschinen bei der Formulierung von Suchanfragen, beispielsweise durch:

- Hinweise auf Rechtschreibfehler und Anzeige möglicher Korrekturvorschläge
- Vorschläge für mögliche Suchwörter, die bei zu generischen Suchen für eine bessere Unterscheidbarkeit im Index und damit bei der Relevanzbewertung führen
- Ergänzungen von weiteren Suchwörtern auf Basis vorheriger Suchen anderer Nutzer

Letzteres basiert auf dem Konzept des *Collaborative Filtering*, d.h. der Auswertung von historischen Daten anderer Anwender. Der Grundgedanke hier ist, dass Systeme durch das Monitoring der Nutzer typische Verhaltensmuster lernen und darauf aufbauend neue Anwender durch dieses Wissen unterstützen können. Der Ansatz ist nicht ohne Risiko: Folgen die Nutzer blind den Vorschlägen, verlieren die Systeme die Möglichkeit zu lernen und neue Vorschläge zu generieren.

Die Vorschläge unterstützen auch im späteren Verlauf der Suche. Beim Stöbern in den Suchergebnissen können inhaltlich ähnliche Dokumente oder Informationen angezeigt werden. Hier greifen ähnliche Mechanismen, die aus den üblichen Shopping-Portalen im Web bekannt sind.

5.5.1.3 Enterprise Search

In größeren Organisationen sind die Daten häufig auf viele Anwendungen verteilt. Neben den Informationen in Dokumenten existieren Standardwerkzeuge aus dem ERP- oder CRM-Bereich. Eigene Fachanwendungen unterstützen die Kerngeschäftsbereiche. Über eigene Schnittstellen können diese an zentrale Suchmaschinen angebunden werden.

Aus Sicht der Unternehmensarchitektur sind zwei verschiedene Ansätze mit jeweils eigenen Vor- und Nachteilen üblich:

Bei einer **föderierten Suche** ist jede angebundene Anwendung selbst in der Lage, für eine Suchanfrage eine Liste möglicher Suchergebnisse zu liefern. Der Vorteil ist die größere Kontrolle über die Daten, insbesondere aus Sicht des Datenschutzes und der IT-Sicherheit. Nicht zu unterschätzen ist allerdings die Komplexität bei der Aggregation der Suchtreffer aus unterschiedlichen Systemen in ein gemeinsames und logisch sortiertes Suchergebnis. Die Bedienbarkeit der Suchmaschinen wird zusätzlich erschwert, wenn dabei Systeme mit großer Verzögerung antworten: Entweder müssen Anwender im schlimmsten Fall sehr lange auf alles warten oder die Trefferliste wird jedes Mal neu aufgebaut, wenn neue Ergebnisse eintreffen.

Als zweiter Ansatz wird ein **zentraler Index** gebildet. Die bereits genannten Crawler prüfen regelmäßig die angebundenen Systeme auf neue Informationen. Zusätzliche Schnittstellen können neue oder geänderte Informationen z.B. über event-getriebene Architekturen an die zentralen Suchmaschinen liefern. Der Nachteil ist hier vor allem der mögliche zeitliche Abstand zwischen der Erstellung einer Information und deren Wiederauffindbarkeit über die Suchmaschine, da Änderungen nicht sofort im Index zu Verfügung stehen. Zusätzlich müssen hier Lösungen gefunden werden, um die individuellen Zugriffsberechtigungen der angebundenen Systeme auch in den zentralen Index zu übertragen.

5.5.2 Strukturiertes Filtern

Beim Filtern besteht das Ziel darin, die Suchergebnisse auf diejenigen Dokumente im Speicher einzuschränken, die vorab definierten Filterkriterien entsprechen. Bei der freien Suche kann durch Unschärfen bei der Indizierung, unpräzise formulierte Suchphrasen und durch das Scoring keine Vollständigkeit der Trefferliste sichergestellt werden. Beim Filtern wird diese Vollständigkeit, d.h. die *Rate of Recall=1*, jedoch erwartet. Die Filterkriterien werden für jedes Dokument geprüft. Jedes Dokument, das den Kriterien entspricht, wird zurückgegeben. Typische Filterkriterien sind Dokumenteigenschaften wie das Erstellungsdatum, der Name der Erstellerin oder des Erstellers oder der Status.

5.5.2.1 Festlegung von Wertebereichen für Metadaten

Die Filterkriterien sind abhängig von den definierten Wertebereichen der Metadaten. Falls für das Feld »Versendet am« eines Dokuments der Datentyp »Datum« festgelegt wurde, kann mit dem Operator »kleiner« oder »<« (vor dem genannten Datum) gefiltert werden. So können beispielsweise alle Dokumente im Archiv abgefragt werden, die nach einem bestimmten Zeitpunkt versendet wurden.

Grundsätzlich legen Dimension des Wertebereichs und folgende Skalentypen die möglichen Operatoren fest:

- **Nominal skalierte Werte** sind flache Wertelisten ohne Rangfolge, die ausschließlich einen direkten Vergleich (d.h. das Prüfen der Identität) erlauben. Beispiele für Dokumente sind Schlagworte oder Namen der beteiligten Autoren.
- Werte in einer **Ordinalskala** können in eine Reihenfolge gebracht werden und es kann nach allen Werten größer oder kleiner als der Zielwert gesucht werden. Bei Dokumenten sind hier als Beispiele Einstufungen für die Priorisierung oder Vertraulichkeit zu nennen.
- **Intervallskalen** haben eine Rangfolge mit einem festen Abstand zwischen den Werten und erlauben damit metrische Operatoren. Neben Größenvergleichen können hier beispielsweise auch Summen gebildet werden. Datumsfelder fallen in diese Kategorie.
- **Rationalskalen** sind schließlich die klassischen Zahlenbereiche, für die ein Nullpunkt definiert werden kann. Alle metrischen Operatoren werden unterstützt.

Jede Eigenschaft ist nominalskaliert; die Suche nach allen Einträgen mit übereinstimmenden Werten ist grundsätzlich möglich. Spezifische Wertebereiche müssen fest konfiguriert werden, damit die entsprechenden Indizierungsverfahren bei der Speicherung in der Datenbank angewendet werden können.

5.5.2.2 Filterkriterien und reguläre Ausdrücke

Es gibt keinen globalen Standard für die Syntax der Operatoren: Jede Software legt diese für sich selbst fest. Die folgenden Beispiele können also nicht auf jedes DMS übertragen werden. Nominal skalierte Metadaten können nur auf ihre Identität geprüft werden. Der Wert des Feldes muss der Suche genau entsprechen. Bei Zeichenketten werden in der Regel auch unscharfe Suchen über Wildcards oder reguläre Ausdrücke unterstützt. Das Kriterium *»zeichen«* = *»lg-a2.*«* liefert alle Dokumente, deren Zeichen mit den Buchstaben *»lg-a2«* beginnt. Der Größenvergleich wird für ordinal und folgende skalierte Wertebereiche unterstützt. Nur dann ist auch eine Sortierung z.B. in den Trefferlisten nach der Eigenschaft möglich.

Neben den Standardoperatoren sind folgende Filterkriterien denkbar und wesentlich abhängig von den Fähigkeiten der eingesetzten Technologie:

- **Proximity-Operatoren** für die Suche ähnlicher Treffer in intervall-skalierten Werten wie geografischen Koordinaten. Auch über den Abstand von Worten innerhalb des Textes kann häufig gefiltert werden.
- **Bounding-Box-Operatoren**, wenn die Treffer alle innerhalb eines bestimmten mehrdimensionalen Wertebereichs liegen sollen. Ein Beispiel wäre die Suche nach Einträgen in einer spezifischen Region.
- **Listen-Operatoren**, falls dasselbe Merkmal mehrere Werte haben kann. So können z.B. gleichzeitig mehrere Stichwörter abgefragt werden.

Allgemein gilt für jedes Filterkriterium, dass eine Negation des Operators möglich sein sollte. Entweder sind diese fest definiert (*»größer«* und *»kleiner«*, *»innerhalb«* und *»außerhalb«*), oder das Kriterium kann über den booleschen Operator *»not«* negiert werden.

5.5.2.3 Logische Verknüpfungen mehrerer Operatoren

Häufig müssen mehrere Filterkriterien kombiniert werden können, um die Trefferlisten nach fachlichem Bedarf präzisieren zu können. Es hilft in großen Systemen wenig, alle Dokumente zu finden, die nach einem bestimmten Zeitpunkt erstellt wurden. Zusätzlich muss beispielsweise die Organisationseinheit festgelegt werden. Die Filterkriterien werden in diesem Fall mit dem booleschen Operator *»and«* (Konjunktion) verknüpft. Alle Treffer müssen in diesem Fall beide Kriterien erfüllen. Sämtliche Kombination aus Suchwörtern oder Filterkriterien sind in den üblichen Suchmaschinen automatisch »Und«-verknüpft und dienen damit der Präzisierung der Trefferlisten.

Häufig gewünscht wird auch die *»Oder«*-Verknüpfung (Disjunktion). Aus technischer Sicht ist die Umsetzung trivial: Es sollen alle Dokumente angezeigt werden, die das eine oder das andere Kriterium erfüllen. Aus fachlicher Sicht ist unklar, was damit erreicht werden soll. Ein Ranking, also eine Sortierung nach Relevanz, ist unmöglich. Nur in Kombination mit anderen booleschen-Operatoren (inklusive der Negation) ist diese Verknüpfung sinnvoll. So werden komplexe Abfragen möglich, die den meisten fachlichen Anforderungen genügen. Klammern helfen, die verschiedenen Kriterien zu gruppieren. Die Syntax wird hier allerdings schnell unübersichtlich und setzt entsprechendes Expertenwissen voraus.

Das folgende Beispiel zeigt eine Abfrage[8] nach allen Dokumenten, die vor dem 5. Dezember erstellt von den Abteilungen »A1« und »A2« erstellt wurden und nicht abgeschlossen oder archiviert wurden:

eingangsdatum < 2021-12-05
AND (abteilung = »A1« OR abteilung =»A2«)
AND status NOT IN (»final«, »archived«)

5.5.2.4 Suchordner in den Favoriten

Das Erstellen komplexer Filterkriterien ist aufwendig und fehlerbehaftet. Anwender sollten die Möglichkeit haben, die Filterkriterien in ihrem persönlichen Bereich für den späteren Gebrauch zu speichern. Ein erneuter Zugriff auf die Suchordner löst damit den Filter erneut aus. Dafür muss es auch möglich sein, die Filter mit einem sinnvollen Namen und einer Beschreibung zu versehen.

Sinnvoll ist es auch, gängige Suchfilter zentral vorzudefinieren. Diese stehen damit automatisch allen Anwendern zu Verfügung. Typische Beispiele sind »Mir

8. Das Beispiel nutzt die *Jira Query Language* (JQL), da sie eine gute Lesbarkeit bietet.

zugewiesene Aufgaben«, »Von meiner Abteilung erstellte Dokumente« oder »In dieser Woche zuletzt bearbeitet«.

5.5.2.5 Masken für die Definition der Filter

Eine einheitliche Abfragemaske ist bei der Nutzung von Filtern nicht immer zweckmäßig. Bei unterschiedlichen Dokumententypen sind allgemein auch abweichende Attribute konfiguriert. Als logische Konsequenz ist für jeden Dokumententyp eine separate Recherchemaske einzuführen. Im Idealfall sollte die Recherchemaske je Dokumententyp und je Anwender bzw. Anwendergruppe frei definierbar sein. Dokumententypabhängig und somit benutzerfreundlich gestaltete Recherchemasken erhöhen die Akzeptanz der Dokumentenrecherche.

5.5.3 Navigation im Dokumentenbestand

Als weitere Methode der Recherche neben der freien Suche und dem Filtern dient die Navigation im Dokumentenbestand. Ausgehend von einem Startpunkt folgen Anwender einem vorgegebenen Pfad, um die gesuchte Information zu finden. Der Ansatz ist dabei analog zum Navigieren im Straßenverkehr. Während man sich früher seine Routen vorab zusammengestellt und ausgedruckt hat, werden beim Navigieren die Anwender schrittweise zum Ziel geleitet.

Der Pfad wird entlang der Ordnungsstrukturen (vergleichbar mit den Dateiordnern der Betriebssysteme) gebildet, die sich aus den Dokumenteneigenschaften implizit oder explizit ergeben. Eine der interessantesten Herausforderungen ist die Wahl des geeigneten Werkzeugs für die Navigation. Für die freie Navigation im geografischen Raum orientieren wir uns anhand von Richtungen und Landmarken. Taxonomien werden üblicherweise in Baumstrukturen und Breadcrumbs (siehe unten) dargestellt. Aber je nach Merkmal und Wertebereich sind eigene Ansätze denkbar – und auch heute noch Forschungsschwerpunkt der *Human Computer Interaction* (HCI).

5.5.3.1 Navigation in hierarchischen Baumstrukturen (Taxonomien)

Typische Ordnungsstrukturen sind:

- sachsystematische Gliederung z. B. entlang von Aktenplänen oder Themen
- Strukturierung nach Abteilungen, Organisationseinheiten, Standorten oder Regionen
- prozessorientierte Ablagestrukturen, d. h. Unterteilung nach Phasen in den Geschäftsprozessen
- chronologische Einordnung der Informationen

Darüber hinaus kann jedes Merkmal genutzt werden, das als hierarchisch in eine Taxonomie strukturiert werden kann. Dabei zu beachten ist, dass über die Navigation alle Dokumente und Strukturelemente im Bestand erreichbar sein müssen. Ist beispielsweise ein Dokument nicht einer Organisationseinheit zugeordnet, sollte es in den Navigationsbäumen immer auch einen »Nicht eingeordnet«-Zweig geben.

Neben hierarchischen Bäumen mit Wurzelknoten und eingerückten und aufklappbaren Kindelementen werden für hierarchische Ordnungsstrukturen häufig auch Breadcrumbs-Leisten genutzt. Hier werden die einzelnen Ebenen in eine Linie gebracht, und auf jeder Ebene stehen Auswahllisten zur Verfügung, die einen Wechsel zu einem anderen Knoten erlauben.

5.5.3.2 Karten, Kalender und Zeitleisten

Haben die Merkmale der Dokumente oder Ordnungsstrukturen einen Bezugspunkt in Raum oder Zeit, können entsprechend bekannte Navigationswerkzeuge genutzt werden. Übliche Beispiele für einen Raumbezug sind Dokumente für die Verwaltung von Liegenschaften, Planungsunterlagen oder jede andere Information, die Ortsnamen oder geografische Koordinaten enthält. Bei der Navigation über Karten bieten sich zwei Ansätze an:

- die hierarchische Auswahl über Regionen, Kreise und Kommunen in einer Karte
- die Suche über die räumliche Nähe mit Suchparametern wie der Postleitzahl oder Ortsnamen

Die Navigation über die Zeit ist aus logischer Sicht sehr ähnlich, es wird nur eine Dimension weniger betrachtet. Grundsätzlich lassen sich die hier vorgestellten Navigationsansätze somit für alle ein- oder mehrdimensionalen Merkmale mit metrischen Wertebereichen anwenden. Auch bei einer Dimension wie der Zeit sind die oben genannten Ansätze anwendbar:

- hierarchische Auswahl über Jahre und Monate in einem Kalender oder in Zeitleisten
- Suche über die Eingabe eines Kalenderjahrs, Monats oder Tags

Die Komplexität ergibt sich unter anderem aus der unterschiedlichen Genauigkeit der Merkmale. Einige Dokumente haben als Lagebezug vielleicht nur das Bundesland. Andere nennen geografische Koordinaten mit sieben Nachkommastellen mit einer vermeintlichen Präzision, die einzelne Buchstaben einer Zeitungsseite identifizieren lässt. Die Navigationswerkzeuge müssen auf den unterschiedlichen Ebenen von Regionen bis Punktkoordinaten in der Lage sein, die für den angezeigten geografischen Raum (oder Zeitraum) relevanten Dokumente anzuzeigen.

5.5.3.3 Freie Verknüpfungen in Graphenstrukturen

Wenn die Dokumente über Relationen verknüpft werden, bildet der Dokumentenbestand einen Graph. In diesem Graph können sich Anwender frei bewegen. Vergleichbar ist dieser Ansatz der Navigation mit dem Folgen von Verweisen im Web, z.B. in Einträgen von Wikipedia. Die von der Benutzeroberfläche vorgeschlagenen Verweise müssen dabei die Art der Verknüpfung berücksichtigen. Beispiele dafür sind unter anderem:

- **inhaltliche Ähnlichkeit**, d.h., das verknüpfte Dokument hat hohes Maß an Übereinstimmung.
- **Relevanz**, d.h., die Verknüpfung zeigt auf Dokumente, die im aktuellen Kontext hilfreich für die bearbeitende Person sein könnten.
- **Gruppiert**, d.h., die Verknüpfungen wurden z.B. im gleichen Vorgang zusammengefasst.
- **Gemeinsamkeiten**, wenn beispielsweise das gleiche Unternehmen im verknüpften Dokument als Rechnungsempfänger genannt ist.

In der Regel werden die Verknüpfungen manuell gepflegt. Die Kombination von Wissensgraphen mit selbstlernenden Verfahren der künstlichen Intelligenz bietet aber das Potenzial, diesen Schritt zukünftig automatisieren zu können. Eine Herausforderung bei der freien Navigation in Graphen ist die Unterstützung von Anwendern, damit diese sich nicht verirren. Breadcrumbs in Wikis zeigen beispielsweise den vorhergehenden Pfad, also den historischen Verlauf besuchter Einträge.

Moderne hochintegrierte Systeme sind bei der Navigation nicht mehr auf einzelne Quellen beschränkt. Das oben genannte Beispiel mit dem Unternehmensnamen als Rechnungssteller zeigt, dass eine Verknüpfung von einem Dokument auch auf einen von einem CRM verwalteten Datensatz zeigen kann. Folgt die Person dem Verweis, wird der Datensatz aus dem angebundenen Drittsystem eingeblendet.

5.5.3.4 Dialoge mit Conversational User Interfaces

Die vielen Möglichkeiten der Navigation können Anwender insbesondere bei seltener Nutzung schnell überfordern. Die vorgeschlagenen Verweise und komplexen Navigationswerkzeuge erfordern Expertenwissen. Dialoggeführte Systeme können hier besser auf die unterschiedlichen Bedürfnisse eingehen. Die Grundidee der *Conversational User Interface*s ist es, mit den Anwendern ein Gespräch zu führen und so schrittweise die Person zu ihrem Ziel zu leiten. Dabei stellen digitale Assistenten (die *Chatbots*) kontext-sensitive Fragen und geben den Anwendern entsprechende Auswahlmöglichkeiten.

Die Qualität der Dialoge ist dabei jedoch stark beeinflusst von den technischen Möglichkeiten, um die natürlichsprachlichen Aussagen der Anwender zu verstehen (*Semantik*) und um das zugrunde liegende Bedürfnis korrekt zu interpretieren (*Pragmatik*). Bei Chatbots werden die Aussagen der Nutzer auf *Intents* abgebildet, und aus diesen werden Aktionen und Antworten abgeleitet. In regelbasierten Systemen erfolgt diese Abbildung über die Suche von Stichwörtern in der Nutzerfrage. In diesem Fall müssen Anwender die korrekten Begriffe so lange raten, bis der Bot eine zufriedenstellende Antwort liefert. Neuere KI-Modelle, die auf Deep-Learning-Verfahren basieren, führen zu erheblichen Verbesserungen. Die Anwendung von Chatbots ist aber weiterhin auf sehr spezifische Anwendungsfälle begrenzt.

5.5.3.5 Zugriff auf Informationen in einer Augmented Reality

Ein Blick auf aktuelle Initiativen größerer Unternehmen zeigt, dass sich zukünftig die Interaktion von Menschen mit Computern dramatisch verändern könnte. Digitale Assistenten erlauben schon heute die Kommunikation über Sprache, um einfache Informationen abzufragen, beispielsweise das Wetter. Sprache allein scheint für die Recherche nicht geeignet. Zu langsam ist diese Art der Kommunikation, um schnell Informationen zu erfassen und Treffer in langen Listen zu identifizieren.

Die virtuelle Realität bricht die flache Darstellung von Informationen auf zweidimensionalen Monitoren auf. Entsprechende Hardware (also Virtual- oder Augmented-Reality-Brillen) vorausgesetzt, können die Informationen in einem dreidimensionalen Raum visualisiert werden. Neben dem 365°-Blickwinkel ist hier vor allem auch die Tiefe ein interessantes Werkzeug, um beispielsweise die Navigation in Wissens- und Datennetzwerken zu unterstützen und Zusammenhänge zwischen Dokumenten und Informationen besser greifbar zu machen.[9]

5.6 Der Funktionsbereich »Bereitstellung für Externe«

In diesem Funktionsbereich werden alle Aktivitäten zusammengefasst, mit denen das verwaltete Dokument individuell oder in Gruppen aus dem System exportiert wird (siehe Abbildung 5–9). Während beim Zugriff der Schwerpunkt auf dem Lesen und Bearbeiten der Dokumente innerhalb des Systems lag, liegt hier der Fokus auf den Prozessen, mit denen die Dokumente für den Versand an externe Empfänger vorbereitet werden. Zu berücksichtigen ist dabei,

- dass die Dokumente in einer definierten Qualität vorliegen,
- dass sie von den Empfängern geöffnet und gelesen werden können,
- dass keine sensiblen Informationen über interne Prozesse oder Mitarbeiter oder Geschäftsgeheimnisse nach außen gelangen und
- dass die Integrität, Vollständigkeit und Authentizität auch für Externe nachweisbar bleibt.

9. Konkrete Beispiele (außer Szenen aus Kinofilmen) lassen sich zu diesem Zeitpunkt leider noch nicht nennen.

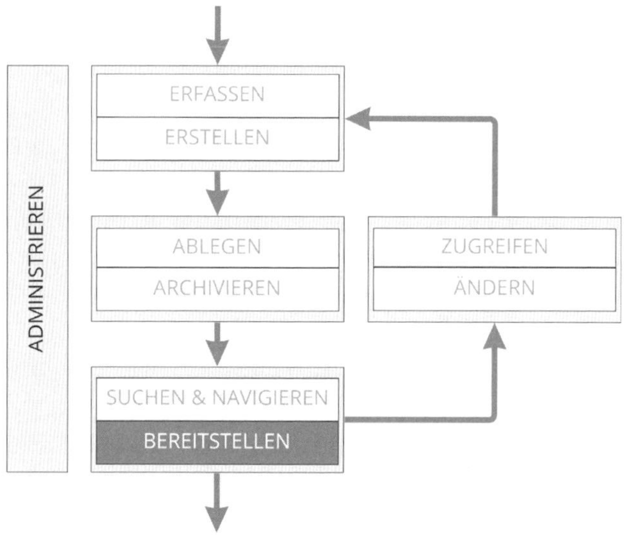

Abb. 5-9 *Der Funktionsbereich »Bereitstellen« im Lebenszyklus eines Dokuments*

Die folgenden Anwendungsfälle sind in diesem Kapitel näher beschrieben:

- Dokumente als Dateien exportieren
- Dokumente und Sammlungen von Dokumenten drucken
- Dokumente an Externe versenden
- Dokumente veröffentlichen
- Dokumente auslagern oder aussondern

Um die technische Unterstützung für diese Aktivitäten zu verstehen, sollen zunächst die folgenden Konzepte erläutert werden. Für die Bereitstellung einer für Externe bestimmten Fassung ist häufig eine *Bereinigung* erforderlich. Bei der Bereinigung werden organisationsinterne Informationen aus dem Dokument entfernt (z.B. interne Anmerkungen oder datenschutzrelevante Daten zu Autoren). Je nach Vertraulichkeit der enthaltenen Informationen ist gegebenenfalls auch eine *Schwärzung* erforderlich: Sensible Informationen wie Geheimnisse zu Unternehmenskennzahlen oder Personendaten werden unkenntlich gemacht. Im Gegensatz zu der Bereinigung ist es aber bei der Schwärzung offensichtlich (und in der Regel gesetzlich gefordert) zu wissen, dass es an der geschwärzten Stelle noch zusätzliche Informationen gibt.

Vor allem im behördlichen Umfeld werden Akten an andere Organisationen abgegeben. Das *Abgeben* geht über den Bereitstellung von Informationen hinaus, da hier die Verantwortung für ein Dokument (und die darin enthaltenen Informationen) zukünftig beim Empfänger liegt. Lokal werden allenfalls (gegebenenfalls veraltete) Kopien behalten. Eine besondere Form ist das Aussondern: Hier werden Akten und Dokumente, an deren Inhalten es kein berechtigtes Interesse mehr gibt, entweder an staatliche Archive abgegeben oder vernichtet. Ausgesondert werden Dokumente, die nicht mehr Aufbewahrungsfristen unterliegen oder die im Sinne des Datenschutzes gelöscht werden müssen (z.B. Personalakten).

5.6.1 Dokumente für den Export vorbereiten

Diese Aufgabe besteht aus zwei Schritten, die im Folgenden erläutert werden.

5.6.1.1 Bereinigung von internen Bearbeitungsinformationen

Entfernt werden müssen vor der Bereitstellung in der Regel:

- Geheimnisse aller Art
- datenschutzrelevante Personendaten wie Autoren oder andere an der Bearbeitung beteiligte Personen
- Informationen über interne Prozessabläufe des DMS
- Zwischenstände von Dokumenten mit gegebenenfalls ungeprüften Informationen

In Behörden unterliegen interne und damit vertraulich zu behandelnde Dokumente in der Regel einem Geheimhaltungsgrad. Je nach Einstufung werden die Dokumente besonders behandelt. Geheime oder streng geheime Dokumente werden in der Regel in eigenen Systemen verwaltet (oder gar nicht elektronisch geführt, sondern im Tresor gelagert).

Durch die Konvertierung in PDF-Dateien wird in der Regel bereits eine Vielzahl von internen Merkmalen und Bearbeitungsständen der Originalprogramme entfernt. Sensible Textstellen können natürlich einfach manuell entfernt werden, falls Revisionssicherheit und Sachzusammenhang im Kontext keine Rolle spielen. Ansonsten bleibt nur die Schwärzung: Die sensiblen Textstellen werden schwarz überlegt. Dabei ist unbedingt eine genau dafür vorgesehene Funktion der Software zu nutzen. Wenn man in der Textverarbeitung eine schwarze Box über den laufenden Text zeichnet, kann diese auch nach der PDF-Konvertierung mit wenig Aufwand wieder entfernt werden. Im Umgang mit Behörden ist die Schwärzung vor allem in Rechtsangelegenheiten üblich. Sie signalisiert, dass es eine Information gibt, die dem Leser vorenthalten wird. Die Entscheidung über die Schwärzung einer Information liegt im Ermessen der bereitstellenden Behörde. Im Zweifel kann die Herausgabe der geschwärzten Information gerichtlich erzwungen werden.

5.6.1.2 Konvertierung in lesbare Formate wie PDF/A

Um sicherzustellen, dass das Dokument vom Empfänger auch betrachtet werden kann, ist es hilfreich, ein Format zu versenden, das weit verbreitet ist. Mittlerweile hat sich eindeutig das PDF-Format durchgesetzt. Konvertierungsprogramme leisten gute Dienste, um die im DMS vorhandenen Formate nach PDF, JPEG oder BMP umzuwandeln.

5.6.2 Dokumente auf Papier drucken

Der Druck auf Papier spielt auch in einer digitalisierten Welt noch eine große Rolle. Wichtig ist hier jedoch nicht der physische Prozess des Druckens. Ob am Ende ein Laserdrucker oder Tintenstrahldrucker zum Einsatz kommt, hat für den Export zunächst keine Bedeutung. Das Ziel des Drucks ist die Erstellung einer lesbaren Fassung, die entweder auf Papier gedruckt werden kann oder mit Endgeräten wie E-Book-Readern oder mit Standardapplikationen für PDF-Reader auf Tablets oder Laptops angezeigt werden kann.

Das Fax ist auch heute noch in eher konservativ geprägten Branchen gelebte Praxis in Deutschland und entspricht in seiner Logik dem Versand eines Dokuments mit Ausdruck beim Empfänger. Aus Sicht der technischen Umsetzung entspricht es dem Druck auf Papier.

5.6.2.1 Informationsverlust beim Druck vermeiden

Für den Export entscheidend ist, einem Informationsverlust bei der Konvertierung in druckbare Formate entgegenzuwirken. Zu beachten sind folgende Punkte:

- Ist die Auflösung des Druckers hoch genug, um bildhafte Informationen präzise und lesbar darstellen zu können?
- Wurde bei farbigen Darstellungen darauf geachtet, dass ein Druck in Graustufen notwendige Kontraste noch darstellt?
- Enthalten die Randbereiche der Dokumente relevante Informationen, die beim Druck abgeschnitten werden könnten?
- Wurden Animationen oder wurde Filmmaterial in die Dokumente (hier insbesondere Präsentationen) eingebettet?

Die Fragen müssen individuell je nach Branche und Empfänger beantwortet werden. Idealerweise bietet das DMS über eigene Konfigurationsfunktionen die Möglichkeit, die Parameter individuell zu steuern und auf mögliche Probleme hinzuweisen.

5.6.2.2 Die Vollständigkeit und Authentizität eines Ausdrucks nachweisen

Eine elektronische Unterstützung für die Verifikation der Vollständigkeit und Authentizität geht beim Druck verloren. Die Vollständigkeit eines Dokuments sollte über den Druck von Seitenzahlen nachgewiesen werden können. Wichtige Metadaten, wie das Geschäftszeichen, die Version oder das Erstellungsdatum, können über ein automatisiert erstelltes Deckblatt mit ausgegeben werden.

Akten fassen mehrere Dokumente zu einem Sachverhalt oder Geschäftsvorfall zusammen. Der Druck von Akten ist vor allem im Rechtsverkehr von großer Bedeutung. Außer den Seitenzahlen für die einzelnen Dokumente sorgt hier zusätzlich eine dokumentenübergreifende Paginierung für den Nachweis der Vollständigkeit. Nur dann können Einzelblätter aller Dokumente in der Akte in die korrekte Reihenfolge gebracht werden. Neben den Deckblättern der Einzeldokumente sollte vorab ein Inhaltsverzeichnis auf alle enthaltenen Dokumente mit Titel und Seitenzahl verweisen.

Die Authentizität ist im Druck deutlich komplexer zu bewerkstelligen. Urkunden wurden traditionell gesiegelt, der Siegelstempel identifizierte eindeutig den Urheber einer Nachricht. Elektronische Signaturen können in PDF-Dateien eingebettet werden, um zumindest in elektronischen Exporten eine Validierung durchführen zu können. Bei auf Papier gedruckten Exemplaren bleibt nur das Vertrauen in das Postwesen und die Verifikation durch Rückversicherung beim angeblichen Versender. Die Kombination aus QR-Codes scanbarer Zertifikate mit zentralen Verifikationsdiensten wäre denkbar, ist aber aufgrund der sinkenden Bedeutung des analogen Versands nicht auf dem Markt verfügbar.

5.6.2.3 Zugriffsbeschränkungen für den Ausdruck

In größeren Organisationen erfolgt der Druck in der Regel vor dem Versand über zentrale Druckdienste. Etagendrucker ermöglichen den Druck auch umfangreicher Dokumente für die Mitarbeiter. Hier sollte auf eine geeignete Authentifizierung durch Tokens oder RFID-Karten geachtet werden. Der Druck kann dann zwar vom lokalen PC gestartet werden, der tatsächliche Vorgang startet jedoch erst, wenn der Mitarbeiter sich am Drucker authentifiziert hat und damit neben dem Drucker wartet. Ansonsten könnten potenziell sensible Daten (wie Bewerbungsunterlagen) für andere Mitarbeiter sichtbar werden, weil der Druck im Stress vergessen wurde.

Wird der Druck im Rahmen des Versands von Briefsendungen durchgeführt, können Barcodes und QR-Codes die Aufgabe des Deckblatts übernehmen. Identifizierende Merkmale werden im QR-Code kodiert und können beim Empfang der Antwort automatisch wieder gescannt werden, um die Metadaten des eingescannten Dokuments zu übertragen.

5.6.3 Ein elektronisches Dokument an Externe versenden

Der Normalfall für den Versand an externe Empfänger ist heute die Übermittlung der bereinigten Exporte auf elektronischem Wege. Vorteile ergeben sich für die Umwelt und den Geldbeutel, denn die Kosten für den Unterhalt großer Drucker mit Serienbriefkapazitäten sind nicht zu unterschätzen. Authentizität und Integrität werden auf elektronischem Wege über kryptografische Werkzeuge zugesichert. Und nicht zuletzt erfolgen Versand und Empfang unmittelbar.

Trotzdem bleibt das Problem, dass beim Versand das Dokument über einen möglicherweise unsicheren Kanal das System verlässt. Das Senden entspricht weiterhin dem Transport eines Briefes, der die potenziell schützenswerten Informationen enthält. Im Postwesen schützt das Briefgeheimnis gesetzlich vor unbefugtem Öffnen der Sendungen. Beim Versand über elektronische Kanäle bleibt nur das Vertrauen in die Infrastrukturanbieter, falls man keine eigenen technischen Lösungen für beispielsweise eine Verschlüsselung nutzen möchte.

5.6.3.1 Kopplung an E-Mail-Standardsoftware

Eine nahtlose Integration des DMS-Clients in die existierende E-Mail-Software ermöglicht den einfachen Versand der Dokumente als Anhang. Die Integration erfolgt in der Regel über Plug-ins, die die Funktionalität der E-Mail-Standardsoftware erweitern. Die Fähigkeiten der Plug-ins sind dabei durch die möglichen Erweiterungspunkte der Standardsoftware beschränkt. In der Regel bieten Hersteller wie Microsoft eigene Programmierbibliotheken (engl. *Software Development Kits* oder *SDKs*) dazu an. Bietet das DMS eigene Plug-ins an, könnten unter anderem die folgenden Funktionalitäten unterstützt werden:

- Übernahme eingehender E-Mails und E-Mail-Anhänge in das DMS (siehe Kapitel 5.2)
- Möglichkeiten der Recherche für die Auswahl von Dokumenten für den Versand
- Einfügen von Textbausteinen in die E-Mail mit Verweis auf die Anhänge, um beispielsweise auf eine korrekte Reihenfolge hinzuweisen
- Möglichkeit, die Anhänge mit nur für Interne verständlichen Namen umzubenennen
- Versand aller Dokumente einer Akte oder Dokumentengruppe
- Warnung beim Versand von Dokumenten mit internen Bearbeitungsinformationen oder von Dokumenten, die als »Vertraulich« markiert sind, für Durchsetzung der Compliance-Richtlinien

Das Hinzufügen der Dokumente über das Dateisystem ist häufig auch möglich, sofern sich das DMS z.B. als Netzlaufwerk in den Arbeitsplatz integriert. Damit gehen die oben genannten erweiterten Funktionalitäten eines Plug-ins verloren. Es liegt dann in der Verantwortung der bearbeitenden Person, Vorgaben des Unternehmens zu prüfen und einzuhalten.

Zur Übertragung von großen Datenmengen ist die E-Mail jedoch nicht ausgelegt. Viele Systeme blockieren beispielsweise die Übertragung ab einer konfigurierten Größe (oft > 10 MB).

5.6.3.2 Versand über andere gesicherte Nachrichtenkanäle

Verschiedene Initiativen und Standards wurden geschaffen, um das Problem der fehlenden gesicherten Urheberschaft einer E-Mail zu lösen. In der Regel bieten diese Initiativen auch Lösungen für die Verschlüsselung der Kommunikation.

Asymmetrische kryptografische Verfahren setzen auf die Verschlüsselung durch öffentliche Schlüssel (engl. *Public Keys*) und die Entschlüsselung durch *Private Keys*, die nur dem Empfänger bekannt sind (siehe auch Abbildung 4.35). Die öffentlichen Schlüssel werden in einem eigenen Verzeichnis verwaltet, der *Public Key Infrastructure* (PKI). Der Absender ermittelt für den Empfänger den Public Key und verschlüsselt damit die Nachricht inklusive Anhänge. Die Nachricht ist ab diesem Augenblick wertlos für Angreifer, sofern das gewählte Verfahren für die Erstellung der Schlüssel ausreichend sicher ist. Nur der Besitzer des Private Keys, der zu dem Public Key gehört, kann dann die Nachricht wieder entschlüsseln. Um Public Keys in einer PKI zweifelsfrei einer echten Person oder Organisation zuordnen zu können, werden diese von öffentlichen Stellen zertifiziert. So kann beispielsweise eine Person über einen glaubwürdigen Identitätsnachweis wie dem Personalausweis belegen, dass ein Public Key ihr gehört. Die Zertifizierungsstelle signiert dann den Public Key mit einem eigenen Public Key. Asymmetrische Verfahren sind heute vor allem durch das *SSL*-Protokoll in Webbrowsern bekannt. Für E-Mails haben sich die Standards *S/MIME* und *GPG* etabliert, die sich aufgrund der Komplexität des Verfahrens jedoch nicht im Geschäftsverkehr durchsetzen können.

Die öffentliche Verwaltung hat verschiedene Initiativen für die gesicherte Kommunikation gestartet. Aus Sicht von Behörden ist die Sicherstellung der Urheberschaft und der Glaubwürdigkeit einer elektronischen Nachricht eine zentrale Anforderung, um die Anforderungen an die Schriftformerfordernis zu erfüllen. Schreiben aus Behörden sind häufig mit Fristen versehen (z.B. für einen Einspruch bei einem Bescheid). Wird der Fall vor dem Verwaltungsgericht behandelt, muss eine Behörde zweifelsfrei nachweisen können, dass der Bescheid gesendet und vor allem auch empfangen wurde. 2008 wurde *De-Mail* erstmals als Lösung für rechtssichere Korrespondenz mit Behörden vorgestellt. Die komplizierte Anwendung, fehlender Wettbewerb durch teure Akkreditierungsverfahren für De-Mail-Anbieter und die ungenügende Sicherheit durch fehlende Ende-zu-Ende-Verschlüsselung sorgen dafür, dass für dieses Verfahren noch die Akzeptanz in der Bevölkerung fehlt. Im Rechtsverkehr zwischen Behörden, Gerichten und Rechtsanwälten gibt es mit EGVP oder dem *besonderen elektronischen Anwaltspostfach* (beA) ähnliche Initiativen, die von den beteiligten Stellen nach und nach umgesetzt werden.

5.6.4 Ein Dokument für Externe freigeben oder veröffentlichen

Die ungelösten Probleme beim Versand vertraulicher Informationen zeigen ein grundsätzliches Problem der Digitalisierung auf: Für die alten Verfahren der analogen Welt wird ein elektronisches Äquivalent entwickelt, ohne dass die alten Handlungsweisen grundsätzlich infrage gestellt werden. Warum sollte eine schützenswerte Information überhaupt über einen unsicheren Kanal verschickt werden, wenn der Empfänger sich diese doch einfach direkt und sicher selbst bei der ausgebenden Stelle abholen kann? Moderne DMS-Systeme sollten heute, auch im Zusammenspiel mit anderen Produkten, Verfahren anbieten, um Dokumente für Externe zum Abrufen bereitzustellen.

5.6.4.1 Webportale für Zugriff und Download

Die bereits beschriebenen asymmetrischen Verfahren auf Basis von Zertifikaten und Schlüsseln haben sich im Web in Form von SSL etabliert. In Kombination mit Multi-Faktor-Verfahren werden so sehr sichere Lösungen angeboten, die den Anforderungen an eine starke Authentifizierung genügen. Unter Nutzung des *Post-Ident*-Verfahrens oder der *e-ID*-Funktion des Personalausweises in Kombination mit Smartphones, die über NFC die RFID-Chips auslesen können, bieten viele Banken und Versicherungen bereits heute eigene Apps, die den Zugriff auf die bereitgestellten Dokumente sehr gut absichern.

So kann der Absender zweifelsfrei sicherstellen, dass nur der gewollte Empfänger Zugriff auf das Dokument erhält. Der Empfänger weiß, in der Regel über die Angaben auf der Webseite, dass der Absender der ist, der er behauptet zu sein. Für die Bereitstellung eines Dokuments in einem Webportal spielt die Größe des Empfängerkreises keine Rolle. Allerdings benötigen alle Empfänger einen gültigen Account.

Der Prozess für die Erstellung eines Accounts ist generell eine Schwäche dieses Ansatzes und kann ein Grund dafür sein, warum Anwender bei der Einrichtung zögern. Beim Versand werden die Nachrichten in das Postfach des Empfängers geliefert. Dieser benötigt nur genau ein Postfach unabhängig vom Absender. Für den Zugriff über Webportale ist aber ein Account für jede ausgebende Stelle notwendig. Der Einsatz einer Software für die Passwortverwaltung adressiert zum Teil den Aufwand, sich die Zugangsdaten zu den vielen verschiedenen Accounts zu merken. Für eine Multi-Faktor-Authentifizierung sind zusätzlich für jeden Account eigene Apps auf dem Smartphone erforderlich. Um die Identität zweifelsfrei zu einem Account zuzuordnen, müssen Anwender diese bei Einrichtung auf einem anderen sicheren Weg nachweisen. Häufig werden dafür Briefe mit Zugangs-PINs in Kombination mit dem Post-Ident-Verfahren, also dem Nachweis über die Vorlage des Personalausweises in der Postfiliale, verschickt. Der Prozess ist jedoch aufwendig und problematisch, wenn die Empfänger keine deutsche Staatsbürgerschaft haben und/oder im Ausland leben.

Ein weiterer Nachteil im Vergleich zu dem direkten Versand der Informationen über E-Mail oder Brief ist die Anfälligkeit für Phishing-Angriffe. Die Naivität vieler Anwender wird ausgenutzt, indem Angreifer Nachrichten über neue Dokumente senden und die Empfänger auf gefälschte Webseiten weiterleiten, wo sie sich mit ihren Login-Daten authentifizieren und dort persönliche Informationen wie ihre Adressen hinterlegen. Umso wichtiger ist die Kombination mit einer Multi-Faktor-Authentifizierung, die beim Bekanntwerden des Passworts die Webportale zusätzlich absichert.

5.6.4.2 Veröffentlichung von Dokumenten aus dem DMS

Die Veröffentlichung eines Dokuments entspricht der Bereitstellung ohne einen beschränkten Empfängerkreis. Jeder kann – in der Regel ohne Authentifizierung – auf das Dokument lesend zugreifen. Daraus ergeben sich ganz neue Anforderungen an die Qualität der Dokumente, die im Wesentlichen abhängig von der Zielgruppe sind:

- Falls das Dokument für jeden lesbar und verständlich sein soll, ist gegebenenfalls der Einsatz von leichter Sprache zu prüfen.
- Die generierten PDF/A-Dateien sollten zusätzlich den PDF/UA-Standard erfüllen. Dieser enthält Kriterien für den barrierefreien Zugang und ermöglicht so zum Beispiel den Zugang für Menschen mit Sehbehinderungen durch den Einsatz von Vorleseprogrammen.
- Die Texte sollten gegebenenfalls auch als Übersetzungen in andere Sprachen vorliegen.

Zumindest bei der PDF/A-Erstellung sollte das DMS Möglichkeiten bieten, die Anforderungen an die Barrierefreiheit zu erfüllen. Das Übersetzen in eine andere Sprache (inklusive der Leichten Sprache) lässt sich in der Regel aber nur schwer automatisieren. Selbstlernende Verfahren aus dem KI-Umfeld sind gerade bei Übersetzungen zwar schon sehr fortgeschritten, genügen aber in der Regel nicht den Ansprüchen an veröffentlichte Texte.

6 Einführung von Dokumenten-Management-Lösungen

In diesem Kapitel wird das Vorgehen zur Einführung des Dokumenten-Managements erläutert. Hierbei wird kein vollständiger Projektplan vorgestellt und auch kein bestimmtes Vorgehensmodell favorisiert. Es werden vielmehr spezifische Aufgaben und Fragestellungen zur Einführung von DMS behandelt, um hier auf Besonderheiten und spezielle Themen einzugehen.

6.1 Generelle Überlegungen

Die Einführung eines Dokumenten-Management-Systems ist eine komplexe organisatorische und technische Aufgabe. Die Anforderungen und Ziele der eigenen Organisation bestimmen das Ergebnis des Projektes. Daher steht nicht der Kauf und die Implementierung einer Software im Vordergrund, sondern der Aufbau einer spezifischen Dokumenten-Management-Lösung für das eigene Haus.

Das dann implementierte Dokumenten-Management-System ist nicht unbedingt die Lösung eines Herstellers. Möglicherweise muss man die Produkte mehrerer Anbieter und/oder Individualentwicklungen zu einem Gesamtsystem zusammenführen, das dann in seiner Gesamtheit die Anforderungen eines Unternehmens erfüllt. »System« steht immer für eine Gesamtlösung. Insbesondere bei besonderen Anforderungen für Suchmaschinen, Input-Management, Workflow, OCR, Text Mining, elektronische Signatur und Output-Management greift man oft auf die Produkte von Spezialanbietern zurück. Individualentwicklungen findet man häufig bei der Integration des Systems in die vorhandene IT-Infrastruktur, insbesondere wenn schon Individualentwicklungen im Einsatz sind.

Ebenso sind die organisatorischen Anpassungen und Optimierungen zu leisten. Nur wenn die Geschäftsprozesse mit den neuen technischen Systemen gut zusammenwirken, ist gewährleistet, dass die sich daraus ergebende Gesamtlösung eine deutliche Verbesserung für das Unternehmen bringt.

Die sich daraus ergebende Lösung für das Dokumenten-Management beinhaltet daher folgende Elemente:

- Dokumenten-Management-Organisation
- Hard- und Software für das Dokumenten-Management
- Integration in die IT-Infrastruktur

Die gefundene Lösung muss sich fachlich und technisch in das Informations-Management integrieren und die Dokumenten-Management-Organisation abbilden. Die Geschäftsprozesse müssen optimal unterstützt werden und die Aufbauorganisation mit ihren Anforderungen (wie Berechtigungen) muss abgebildet werden (siehe Abbildung 6–1).

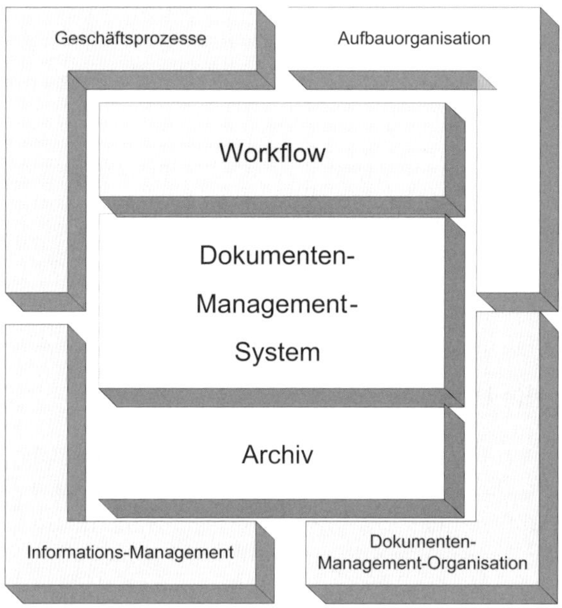

Abb. 6–1 *Dokumenten-Management in der Organisation*

Das Ergebnis eines derartigen Projekts ist nicht unbedingt die flächendeckende Einführung eines bestimmten Systems, sondern kann auch bedeuten, dass man – je nach Anforderung – noch in bestimmten Bereichen konventionell weiterarbeitet.

Es gibt mehrere Aspekte, die bei einem DMS besonders zu beachten sind:

- langfristige Bindung an eine Lösung
- juristische Relevanz (Compliance)
- starke Integration in die bestehende IT-Landschaft
- Durchdringung aller Geschäftsprozesse

Eine wesentliche Aufgabe eines Dokumenten-Management-Systems ist die oft sehr langfristige Aufbewahrung von Dokumenten. Dies bedeutet zum einen eine entsprechend lange Bindung an die gefundene Lösung (und den Lieferanten) und/oder zum anderen die Notwendigkeit, früher oder später mit großen Dokumentenmengen auf eine andere technische Plattform zu wechseln. Dafür gibt es zwei wesentliche Ursachen:

- Die Aufbewahrungsfristen der Dokumente betragen – je nach Art der Dokumente – oft mehrere Jahrzehnte (siehe Tab. 6–1).
- Das Dokumenten-Management ist ein Teil der IT-Infrastruktur und dadurch nur entsprechend aufwendig austauschbar.

Dokumententyp	Aufbewahrungsfrist	Quelle
Handelsbücher	10 Jahre	HGB § 257 Abs. 1 und Abs. 4
Inventare	10 Jahre	HGB § 257 Abs. 1 und Abs. 4
Eröffnungsbilanzen	10 Jahre	HGB § 257 Abs. 1 und Abs. 4
Jahresabschlüsse	10 Jahre	HGB § 257 Abs. 1 und Abs. 4
Lageberichte	10 Jahre	HGB § 257 Abs. 1 und Abs. 4
Konzernabschlüsse	10 Jahre	HGB § 257 Abs. 1 und Abs. 4
Konzernlageberichte	10 Jahre	HGB § 257 Abs. 1 und Abs. 4
Organisationsunterlagen (im Zusammenhang mit Handelsbüchern, Bilanzen etc.)	10 Jahre	HGB § 257 Abs. 1 und Abs. 4
empfangene Handelsbriefe	6 Jahre	HGB § 257 Abs. 1 und Abs. 4
abgesandte Handelsbriefe (in Kopie)	6 Jahre	HGB § 257 Abs. 1 und Abs. 4
Buchungsbelege gemäß HGB § 238 Abs. 1	10 Jahre	HGB § 257 Abs. 1 und Abs. 4
Sozialversicherungsdokumente: Beitragsbuch	10 Jahre	SRVwV § 35
Sozialversicherungsdokumente: sonstige Belege	6 Jahre	SRVwV § 35

Tab. 6–1 *Beispiele für Aufbewahrungsfristen*

In der obigen Tabelle werden beispielhaft verschiedene Fristen[1] dargestellt. Diese sind aber noch eher kurz im Vergleich zu anderen Fristen, die sich z. B. aus folgenden Anwendungsbereichen ergeben: Im produzierenden Gewerbe ist die Produkthaftung durch Gesetze und Verordnungen vorgegeben. Das bedeutet für den Produzenten, dass teilweise auf Dokumente noch nach sehr langen Zeiträumen zurückgegriffen werden muss, um Informationen über die Entstehung von Komponenten und kompletten Produkten in ihrer Gesamtheit zu rekonstruieren. Beginnend mit der Idee, über Entwurfsstadien, die Produktion, die Nutzung bis zur Entsorgung entstehen Informationen zu einem Produkt. Die Leistung von Dokumenten-Management-Systemen besteht darin, über diesen gesamten Zyklus – einen Zeitraum, der Jahrzehnte betragen kann – mit gleichmäßiger Transparenz und Qualität die benötigten Informationen bereitzustellen.

Aber auch im Bereich der medizinischen Dokumentation, im Versicherungswesen (insbesondere Renten- und Lebensversicherungen), im Anlagenbau und bei vielen weiteren Anwendungen treten Aufbewahrungsfristen von mehreren Jahrzehnten auf.

1. Bitte beachten, dass diese Fristen nur beispielhaft sind und sich ggf. immer wieder ändern können.

6.1.1 Durchdringung des Unternehmens

Ein DMS-Projekt kann einen ganz unterschiedlichen Charakter haben, je nachdem, ob es sich z.B. um eine erstmalige Einführung eines DMS handelt oder um den Ausbau eines bestehenden DMS oder um eine Migration.

Oft ist es sinnvoll, ein komplexes Gesamtprojekt in mehrere »Etappen« zu zerlegen. Dies hilft die Komplexität in jeder Etappe gering zu halten, man kann Erfahrungen sammeln und überfordert weder das Projekt noch den Fachbereich.

So wie in allen Bereichen des Unternehmens Dokumente verwendet werden, wird ein DMS letztendlich alle Bereiche im Unternehmen durchdringen (siehe Abbildung 6–2). Historisch betrachtet, starten die meisten Unternehmen das Dokumenten-Management mit Szenarien wie dem späten Archivieren von Buchhaltungsbelegen, da diese Anwendung wenig komplex und überschaubar ist. Im weiteren Verlauf kommen dann als Nächstes oft stark strukturierte Prozesse mit einem hohen, aber variantenarmen Dokumentenvolumen dazu. Hier ist rasch eine gute Wirtschaftlichkeit erreicht.

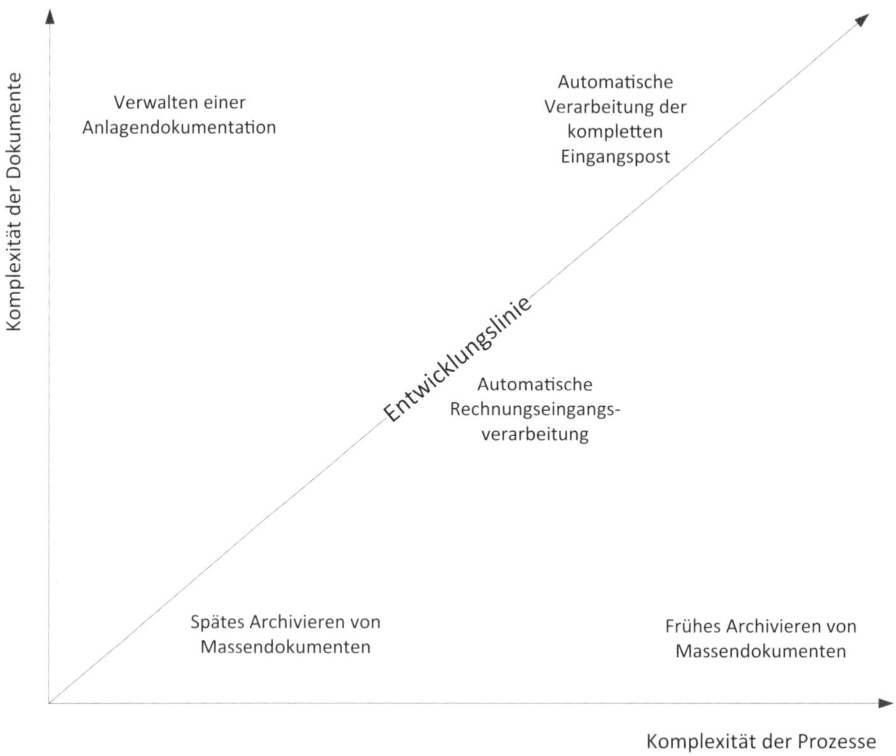

Abb. 6–2 *Beispiele für Entwicklungslinien des Dokumenten-Managements*

Wenn man nun einerseits die erforderliche Infrastruktur für Dokumente geschaffen hat und andererseits genügend Erfahrung gesammelt hat, kann man immer mehr Dokumente und weitere Einsatzgebiete integrieren. Dies wird oft zum

»Selbstläufer«, da die Mitarbeiter inzwischen gewohnt sind, mit den Systemen zu arbeiten und ein »Mischbetrieb« in einem Prozess (teils elektronische Dokumente, teils papiergebundene Dokumente) sehr viele Probleme mit sich bringt.

Ein weiterer Faktor ist das vermehrte Vorliegen original digitaler Dokumente. Dies manifestiert sich am auffälligsten im Bereich der E-Mail-Kommunikation. E-Mails haben sich in der Geschäftswelt als anerkanntes Kommunikationsmittel etabliert. Das »Archivieren« mithilfe der »Bordmittel« der E-Mail-Systeme ist aber technologisch, rechtlich und organisatorisch völlig unzureichend. Insbesondere hier steigen aber auch die juristischen Anforderungen stark an. Diese lassen sich in der Regel meist nur mit einer elektronischen Signatur oder einem elektronischen Zeitstempel in Verbindung mit einem Dokumenten-Management-System oder elektronischen Archiv erfüllen.

6.1.2 Dokumenten-Management als Service

Da die Funktionen des Dokumenten-Managements in sehr vielen Applikationen des Unternehmens benötigt werden, kann man ein DMS auch als ein serviceorientiertes System betrachten, das diese Funktionen beliebigen anderen Applikationen zur Verfügung stellt. Typische Services[2] sind z.B.:

- Create document
- Move document
- Copy document
- Delete document
- Search document
- Search full text
- Retrieve full document info
- Create folder
- Move folder
- Copy folder
- Delete folder
- Search folder

Das DMS ist für den Benutzer als solches gar nicht sichtbar, sondern alle Anwendungen nutzen die entsprechenden Funktionen bzw. Services. Ähnlich wie Datenbanken auch nicht für den Anwender sichtbar sind, sondern im Hintergrund die strukturierten Daten verwalten, kann ein DMS die Dokumente für alle verwalten.

Die dadurch notwendige technische Integration erfordert standardisierte Schnittstellen und bewirkt ein logisches und technisches Zusammenwachsen der Systeme (siehe Abbildung 6–3). Dies ist der Grund für eine schnelle Entwicklung, bei der aber Dokumenten-Management-Systeme als Standalone-Lösung tendenziell aussterben werden. Aber die Dokumenten-Management-Systeme werden deshalb nicht verschwinden – im Gegenteil! Sie werden so präsent sein wie heute schon Datenbanksysteme: Man hat sie, man nutzt sie, sie sind unverzichtbar, aber man sieht sie selten direkt und man braucht nicht mehr so viel über sie zu reden. So wie heute Datenbanksysteme ein festes und unverzichtbares Standbein der Unternehmens-IT sind, da in ihnen die strukturierten Daten aller Anwendungen ge-

2. In den technischen Systemen werden in der Regel englische Bezeichnungen verwendet.

speichert sind, so werden Dokumenten-Management-Systeme die gleiche Rolle für die Dokumente übernehmen.

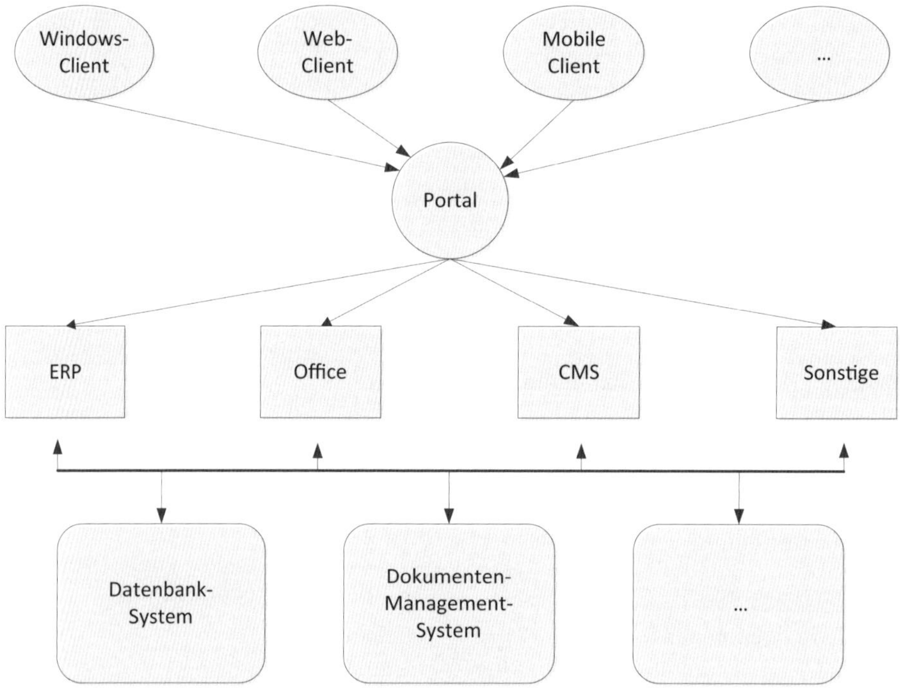

Abb. 6–3 *Dokumenten-Management als Teil der IT-Infrastruktur*

Ein weiterer Trend geht in Richtung Cloud-Lösung. Man »mietet« sozusagen den Dokumentenservice und nutzt entsprechende (Web-)Services zur Verwaltung der Dokumente.

6.2 Dokumentenaufbereitung

Bevor man sich Gedanken über eine andere Art der Speicherung und Verwaltung der Dokumente macht, sollte man zunächst die Qualität der Dokumente selbst betrachten.

Die Dokumentenaufbereitung als eine Säule des Dokumenten-Managements spielt dann eine wichtige Rolle, wenn die Aktualität oder die formale Qualität eines Dokuments oder die Dokumentations- bzw. Ablagestruktur eines Dokumentenbestands nicht den Anforderungen entspricht. Trifft eines dieser Merkmale zu, so sind Maßnahmen zur Dokumentenaufbereitung erforderlich.

Insbesondere bei der Übernahme von Altbeständen in neue Dokumenten-Management-Lösungen muss der Dokumentenaufbereitung besondere Aufmerksamkeit geschenkt werden.

6.2.1 Wichtige Aspekte der Dokumentenqualität

Die **Aktualität** beschreibt im zeitlichen Kontext den Wahrheitsgehalt eines Dokuments. Somit spielt die Aktualität dann eine Rolle, wenn ein Dokument gegenwärtig oder auch in Zukunft einen Sachverhalt wahrheitsgetreu abbilden soll.

So sollen beispielsweise die in der Instandhaltungsdokumentation eines Kraftwerks enthaltenen Rohrleitungs- und Instrumentierungsfließbilder (R&I-Fließbilder) die real vor Ort existierende Abfolge von Komponenten und Rohrleitungen sowie wichtige technische Kenndaten wahrheitsgetreu wiedergeben. Die Dokumente dürfen keine falschen Angaben enthalten, da diese im Havariefall oder bei einer Umplanung zu schwerwiegendsten Fehlern führen können. So müssen bei dieser Gruppe von Dokumenten Aufbereitungsarten angewendet werden, die auf der einen Seite die Aktualität des Dokuments herstellen und auf der anderen Seite auch zukünftig eine effiziente Aktualisierung und dauerhafte Sicherstellung der Aktualität ermöglichen.

Natürlich gibt es auch eine Vielzahl von Dokumentengruppen, bei denen der Aktualitätsaspekt eine untergeordnete oder überhaupt keine Rolle spielt. Beispielsweise werden Kreditorenrechnungen gegenüber einem abgeschlossenen Sachverhalt geprüft (Rechnungsprüfung), und anschließend folgt die Aufbewahrungsphase der Dokumente. Während dieser Phase sind keine weiteren Aktualisierungen erforderlich, da der Sachverhalt, auf den sich die Rechnung bezieht, keine Veränderung erfährt.

Für jede innerhalb einer Dokumenten-Management-Lösung behandelte Dokumentengruppe muss die Bedeutung des Aktualitätsaspekts separat geprüft werden. Drei Aktualitätskategorien können unterschieden werden:

- Die Aktualität hat keine Bedeutung.
- Die Aktualität muss zu einem bestimmten Zeitpunkt gewahrt sein.
- Die Aktualität muss während eines Zeitraums gewahrt werden.

Für alle Dokumente, bei denen die Aktualität keine Bedeutung hat, spielt die Dokumentenaufbereitung dann keine Rolle, wenn kein anderer Aspekt die Dokumentenaufbereitung erfordert. Dies ist z. B. bei der Archivierung von historischen Materialien der Fall, z. B. von alten Fotografien.

Dokumente, bei denen die Aktualität zu einem bestimmten Zeitpunkt gewährleistet sein soll, müssen in der Regel einmalig und mit einem konkreten Zeit- oder Ereignisbezug geprüft werden. Wird bei dieser Prüfung eine Abweichung zur Realität festgestellt, so muss das Dokument aktualisiert werden. Bei dieser Art von Dokumenten spielt die Dokumentenaufbereitung nur eine geringe Rolle.

Für Dokumente, bei denen die Aktualität während eines Zeitraums gewahrt werden soll, müssen Prozesse installiert werden, die eine kontinuierliche Aktualisierung der Dokumente in Abhängigkeit von Änderungen des grundlegenden Sachverhalts unterstützen. Die Dokumente müssen in einer Form aufbereitet werden, in der eine bedarfsgerechte Aktualisierung effizient und regelgerecht möglich wird. Die Dokumentenaufbereitung ist bei dieser Dokumentengruppe von außerordentlicher Bedeutung.

An dieser Stelle soll noch einmal das Augenmerk auf die bereits oben erwähnten R&I-Fließbilder gelenkt werden: Angenommen, dem Betreiber einer Altanlage liegen die R&I-Fließbilder ausschließlich in Papierform vor. Diese sollen im Rahmen der Einführung einer neuen Dokumenten-Management-Lösung gescannt und in einem DMS verfügbar gemacht werden.

Bei der Analyse der zukünftigen Verwertung der in den R&I-Fließbildern enthaltenen Informationen stellt sich heraus, dass diese für anstehende Umplanungsmaßnahmen genutzt werden sollen. Darüber hinaus sollen zusätzlich Instandhaltungsdaten verwaltet werden, die direkt mit Objekten zu verknüpfen sind, die in den R&I-Fließbildern dargestellt sind.

Aus diesem kurzen Bedürfnisprofil können folgende Schlüsse gezogen werden:

- Die R&I-Fließbilder unterliegen regelmäßig inhaltlichen Veränderungen und
- inhaltliche Daten aus den R&I-Fließbildern sollen mit anderen Daten (in diesem Fall Instandhaltungsdaten) verknüpft werden.

Bei einem derartigen Bedürfnisprofil muss kritisch hinterfragt werden, ob eine Verwaltung derartiger Informationen in einem Dokumenten-Management-System richtig angesiedelt ist.

Als eine Alternative wäre unter Umständen eine Digitalisierung und Überführung der auf Papier vorliegenden Informationen in eine CAD-Lösung angebracht. Innerhalb dieser Lösung wäre eine umfängliche und effiziente Pflege der Daten sowie eine Verknüpfung mit Datenbanken professionell möglich. Im Gegenzug würde die Verwaltung der Informationen in einem Dokumenten-Management-System entfallen.

Die Beurteilung der **formalen Qualität** eines Dokuments sollte vordergründig unter Rücksicht auf Verarbeitung und Verwendung des Dokuments erfolgen.

Die Lesbarkeit eines Dokuments spielt bei der Beurteilung seiner formalen Qualität eine wesentliche Rolle. Wenn Dokumente nicht ausreichend lesbar sind, aber zur lesenden Nutzung dem Anwender zur Verfügung gestellt werden sollen, so müssen sie vor der Veröffentlichung entsprechend aufbereitet werden.

Für unleserliche Zeichnungen bedeutet dies, dass diese unter Umständen über manuelle oder automatische bildbearbeitende Verfahren qualitativ verbessert werden. Darüber hinaus müssen die Dokumente auch für den Erfassungsvorgang selbst ausreichend ausgestattet sein. Im Fall des Scannens von Dokumenten bedeutet das im einfachsten Fall, dass z.B. Klammerungen entfernt werden und die Dokumente geglättet werden.

Ein weiterer Gesichtspunkt der formalen Qualität konzentriert sich auf die Qualität der Identifizierungs- und Klassifizierungsmerkmale. Vor allem die Merkmale, die im Rahmen der elektronischen Dokumentenverwaltung in das Metadatenportfolio aufgenommen werden sollen, müssen den für die elektronische Verwaltung definierten formalen und qualitativen Anforderungen entsprechen.

Nicht selten fehlen bei Altdokumenten identifizierende Merkmale, wie eindeutige Dokumentennummern und Angaben zum Bearbeitungsstand, gegebenenfalls müssen diese im Rahmen der Aufbereitung ergänzt werden.

Außerdem muss untersucht werden, ob die gegebenenfalls vorhandenen Merkmale für den späteren Bedarf ausreichend sind oder ob weitere Merkmale, wie z.B. Schlagworte, aus dem Dokumenteninhalt abgeleitet werden müssen. Infolgedessen stellt sich dann auch die Frage, wie man bei der Erschließung der fehlenden Werte vorgeht. So ist es von jedem einzelnen beschreibenden Merkmal und seinen möglichen Werten abhängig, ob automatische oder halbautomatische Verfahren (z.B. Texterkennung mit OCR) oder ausschließlich die intellektuelle Diskretisierung angewendet werden können.

Wichtige Dokumente, die gegenwärtig nicht auf den erforderlichen qualitativen Stand gebracht werden können, sollten der körperlichen Archivierung zugeführt werden. Vielleicht ermöglicht ja der technologische Fortschritt eine Aufbereitung der Dokumente zu einem späteren Zeitpunkt.

Die **Dokumentations- und Ablagestrukturen** spielen ebenfalls eine nicht zu unterschätzende Rolle. Eine Dokumentations- bzw. Ablagestruktur, die sich in der körperlichen Praxis an Ordnern, Registern, Zwischenlaschen und Dokumentenpaketen orientiert, wurde aufgrund eines bestimmten Bedarfs angelegt und gibt eine konkrete Sicht auf den Dokumentationsumfang wieder. Es muss jedoch die Frage gestellt werden, ob die ursprünglich angewendete Sicht noch dem aktuellen und zukünftigen Bedarf entspricht. Ist das der Fall, so steht einer Übernahme der vorhandenen Strukturen und einer adäquaten Abbildung in einem elektronischen System nichts im Wege. Ist das nicht der Fall – und dies ist meistens die Regel –, dann müssen vor der elektronischen Erfassung der Dokumente die Rahmenbedingungen für die neue Struktur festgelegt werden.

Diese Situation tritt z.B. bei der Archivierung von Projektunterlagen auf, die nach Abschluss der Projekttätigkeit als Betriebsunterlagen genutzt werden sollen.

Am Beispiel der Planung und des Betriebs einer Fernwärmeleitung sei der Sachverhalt verdeutlicht: Während der Planung der Fernwärmeleitung werden mehrere Projektphasen durchlaufen, die sich an Genehmigungs-, Bau- und Prüfaspekten orientieren, z.B. Planfeststellung, Sicherung der Dienstbarkeiten, Bau der Trassen, Kanäle und Übergabe-/Übertragerstationen, Verlegung der Rohre, Druckprüfung, Verfüllung etc. Entsprechend dieser Projektphasen wird auch die Projektdokumentation strukturiert. Nach Inbetriebnahme der Fernwärmeleitungen stehen jedoch nicht mehr die Projektphasen im Vordergrund, vielmehr muss die Dokumentation den Anforderungen der Wartung und Instandhaltung genügen. Dies jedoch erfordert eine komplett abweichende Dokumentationsstruktur.

Insbesondere bei älteren Bauvorhaben stehen ausschließlich Projektdokumentationen zur Verfügung, die (wie oben beschrieben) strukturell nicht den Anforderungen des Betriebs genügen. Um eine bedarfsgerechte Nutzung dieser Dokumentenbestände zu ermöglichen, müssen diese umorganisiert werden. In der Praxis bedeutet dies, dass z. B. nicht mehr benötigte Dokumente entfernt werden, weiterhin benötigte Dokumente gegebenenfalls neu gruppiert und neu sortiert bzw. neue Ablagestrukturen gebildet werden.

Bei neuen Vorhaben bietet es sich natürlich an, schon von Beginn an verschiedene »Sichten« auf den Dokumentenbestand vorzusehen, um den jeweiligen Nutzern eine optimale Unterstützung anzubieten. Wie oben schon erwähnt wurde, ist man ja nicht mehr an eine materielle Struktur gebunden, sondern kann beliebig viele Dimensionen aufbauen. Voraussetzung dafür ist, dass man dies von Anfang berücksichtigt und alle Dokumente entsprechend klassifiziert. Um das obige Beispiel aufzugreifen: Von Anfang an sind dann alle Dokumente nicht nur für das Projekt entsprechend einzuordnen, sondern auch in Bezug auf die spätere Wartung und Instandhaltung. Versäumt man dies, entsteht später eine entsprechend aufwendige Nachbearbeitung, da man in der Regel hierzu fachkundige (und teure) Mitarbeiter benötigt.

6.2.2 Maßnahmen zur Verbesserung der Dokumentenqualität

Die Durchführung der Dokumentenaufbereitung kann in folgende Maßnahmenkategorien unterteilt werden:

- Maßnahmen zur Erhebung der aktuellen Informationen
- Maßnahmen zur Dokumentation der aktuellen Informationen
- Maßnahmen zur formalen Aufbereitung von Dokumenten
- Maßnahmen zur Aufbereitung der Dokumentationsstruktur
- Maßnahmen zur Aufbereitung der Ablagestruktur

Als Maßnahmen zur Erhebung der aktuellen Informationen können, je nach Informationsbasis und Zielstellung der Aufbereitung, in Betracht gezogen werden:

- Interviews mit Wissensträgern
- Abgleich mit gesicherten Informationsquellen (z. B. Datenbanken)
- Vor-Ort-Begehungen und Aufnahme der aktuellen Informationen am realen Objekt

Maßnahmen zur Dokumentation der aktuellen Informationen sind:

- die Prüfung, ob die Verwaltung der Informationen in Form von Dokumenten sinnvoll ist
- die Dokumentation aktualitätsrelevanter Informationen in den Metadaten des Dokuments
- die Ergänzung oder Korrektur aktualitätsrelevanter Informationen im Dokumenteninhalt: Somit wird das Dokument überarbeitet und ein neuer Bearbeitungsstand erzeugt.

Maßnahmen zur formalen Aufbereitung von Dokumenten sind:

- Erhaltungsmaßnahmen
- der Einsatz von Bildbearbeitungssoftware zur Verbesserung der Lesbarkeit
- die Digitalisierung von Dokumenten
- Maßnahmen zur Aufbereitung der Dokumentationsstruktur
- die Vernichtung von Dokumenten, die nicht mehr benötigt werden
- die Umgruppierung und Umsortierung der Dokumente anhand der neuen Dokumentationsstruktur
- die Ergänzung oder Korrektur fehlender identifizierender und beschreibender Merkmale

Maßnahmen zur Aufbereitung der Ablagestruktur sind:

- die Einrichtung der neuen Ablagestruktur für die körperliche oder elektronische Ablage bzw. das Archiv
- die Zuordnung der Dokumente/Dokumentenpakete zu den neuen Ablageorten

Im Rahmen der Migration von Dokumentenbeständen können hier nicht unerhebliche Aufwände entstehen, die im Projekt eingeplant werden müssen. Daher ist es wichtig, sich schon am Anfang ein Bild vom Zustand der Dokumente zu machen und die notwendigen Maßnahmen einzuplanen.

6.3 Wirtschaftliche Aspekte

Wo stecken die Potenziale von Dokumenten-Management- und Archivlösungen und welche Bedeutung haben dabei die zum Einsatz kommenden Werkzeuge, wie Dokumenten-Management- und elektronische Archivsysteme? Dieser Frage wird im Folgenden nachgegangen. Es werden Risiken und Veränderungen in der Prozesskostenstruktur aufgezeigt sowie Wege beschrieben, die realistische Potenzial- und Nutzenbetrachtungen für ganzheitliche Dokumenten-Management- und Archivlösungen ermöglichen.

Wie bei jeder Investition stellt sich auch bei der Einführung einer neuen Dokumenten-Management-Lösung die Frage nach der Wirtschaftlichkeit. Der Begriff »Lösung« wurde hier bewusst gewählt, da eine auf ein technisches System verengte Betrachtung in der Regel zu kurz greift. Man muss die gesamte organisatorisch-technische Lösung betrachten! Dazu gehören die Dokumentenaufbereitung, die Dokumenten- und Prozessorganisation, das DMS und dessen Einbindung in die IT-Infrastruktur, die Migration auf das neue System und die langfristigen Auswirkungen.

6.3.1 Nutzenpotenziale

Für die Erschließung der wirtschaftlichen Potenziale einer Dokumenten-Management- und Archivlösung sind diese drei Bereiche zu unterscheiden:

- Dokumentenaufbereitung
- Dokumenten-Management-Organisation
- Werkzeuge (DMS und/oder Archiv)

Die Inhalte und die Beschreibung der Dokumente müssen den Anforderungen der Nutzer sowie den Anforderungen an eine ordnungsgemäße Dokumentenverwaltung und Archivierung entsprechen. Ist das nicht der Fall, so müssen die Dokumente gegebenenfalls aufbereitet werden (**Dokumentenaufbereitung**), denn falsche inhaltliche Informationen und unzureichende beschreibende Merkmale können durch die beste Dokumenten-Management-Organisation und das komfortabelste Dokumenten-Management-System nicht ausgeglichen werden.

In vielen Fällen birgt die Verbesserung der **Dokumenten-Management-Organisation** wesentliche wirtschaftliche Potenziale in sich und ist Voraussetzung für die Erschließung weiterer Potenziale durch den bedarfsgerechten Einsatz von Werkzeugen. Nur wenn die richtigen Kriterien für die Klassifizierung verwendet werden, der Lebenslauf der Dokumente klar geregelt ist, die Zugriffsrechte bedarfsgerecht definiert sind etc., kann man wirtschaftlich mit den Dokumenten arbeiten. Das beste DMS nützt nichts, wenn man die Dokumente nicht findet oder die falschen Mitarbeiter die Zugriffsrechte haben.

Der strategische, bedarfsgerechte und sinnvolle Einsatz von **Werkzeugen** kann sich sowohl auf die inhaltliche Qualität, auf die Verwaltung als auch auf die Nutzung von Dokumenten geradezu revolutionierend auswirken. Beispielsweise werden Dokumente häufiger genutzt, da sie schneller gefunden werden. Dadurch verbessert sich unter Umständen die Qualität des gesamten Arbeitsprozesses. Dokumenteninhalte werden sorgfältiger gepflegt und Bearbeitungsstände verwaltet, da der Nutzen erkannt wurde und die innerbetrieblichen Erwartungen gestiegen sind. Die Potenziale von Dokumenten-Management- und elektronischen Archivsystemen erschließen sich mit dem Anteil an konkret und zielgerichtet aufgefundenen Informationen (siehe Tab. 6–2).

	Dokumenten-aufbereitung	Dokumenten-Management-Organisation	Werkzeuge
Anteil erschließbarer Potenziale	10 %–80 %	10 %–80 %	10 %–70 %
Anteil an den Gesamtkosten	0 %–80 %	25 %–70 %	10 %–50 %

Tab. 6–2 *Nutzenpotenzial und Kostenanteil je Bereich*

Eine Kosten-Nutzen-Betrachtung muss immer alle Bereiche einbeziehen, da erst das Zusammenspiel aller Aspekte eine Gesamtlösung darstellt, die zu bewerten ist.

6.3.2 Nutzenkategorien

Man muss sich am Anfang zunächst mit den verschiedenen Nutzenkategorien auseinandersetzen. Eine einfache Betrachtung von Kosteneinsparungen (wie Reduzierung der benötigten Archivflächen) greift meist zu kurz.

Der wirkliche Nutzen einer guten Dokumenten-Management-Lösung ergibt sich oft aus geänderten organisatorischen Strukturen, die vollkommen neue Möglichkeiten erschließen:

- Unabhängigkeit des Zugriffs von Ort und Zeit
- schnelle Verfügbarkeit der Dokumente
- gleichzeitiger Zugriff auf die Dokumente durch mehrere Nutzer
- Transparenz der Prozesse
- Sicherheit der Dokumente vor Verfälschung und Verlust
- redundanzfreie Archivierung
- Vermeidung von Medienbrüchen in den Prozessen

Schon eine einfache Gegenüberstellung einer konventionellen papiergebundenen Archivierung mit einer elektronischen Archivierung verdeutlicht erste Nutzenpotenziale, wie Tab. 6–3 zeigt:

	Konventionell	**DMS**
Ablagestruktur	hierarchisch, meist nach Dokumententypen getrennt	datenbankgestützt, Suchbeginn nach jedem Suchkriterium möglich, Suche wahlweise z. B. je Kunde, Vorgang oder Beleg
Auskunftsbereitschaft	zeitverzögert, nach Sichtung/Entnahme aller Dokumente	unmittelbar durch vorgangsbezogene bzw. dokumentenübergreifende Suche
Auskunftsaufwand	für Beleg Suche, Entnahme und wieder einordnen, evtl. kopieren und Versand	nur für Recherche am Bildschirm; gegebenenfalls direkter Versand per Fax oder E-Mail
Redundanz	Abteilungsablagen = mehrfacher Aufwand	Einmalablage
Vollständigkeit	leidet unter jeder Entnahme.	bleibt immer gewahrt.
Sicherheit	Ordner und Dokumente lassen sich leicht entfernen/kopieren.	klare Regelung der Zugriffsrechte, keine ungewollte Entnahme möglich

Tab. 6–3 *Vergleich zwischen einem konventionellen und einem elektronischen Archiv*

In dieser Darstellung sind noch keine weiterführenden Dokumenten-Management-Funktionen berücksichtigt. In der Realität ist es meistens so, dass die schwer quantifizierbaren Nutzenpotenziale meist den höheren Nutzen erbringen (vgl. die Beispiele in Abbildung 6–4). Daher ist es wichtig, sich zuerst über die eigenen Ziele klar zu werden, die man mit der Einführung einer Dokumenten-Management-Lösung verfolgt (siehe Tab. 6–4).

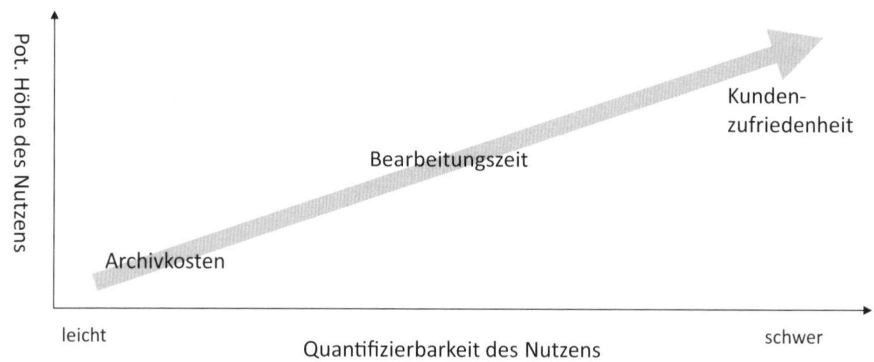

Abb. 6–4 *Quantifizierbarkeit des Nutzens*

Zielkategorie	Beispiele für Ziele
Strategisch	kontinuierliche Verbesserung der Effizienz Schutz von Wissen Erfüllung der rechtlichen Pflichten Sicherung und Aufbau der Marktposition Abwendung von Schäden für Mensch und Material
Fachlich-Organisatorisch	Wahrheitsgehalt der Dokumente Recherchezeiten Verfügbarkeit der Dokumente Schutz vor Verlust der Dokumente historische Nachvollziehbarkeit geregelter Änderungsdienst Schutz vor Manipulation Vermeidung redundanter Dokumentenbestände
Wirtschaftliche Kenngröße	Zugriffskosten Erfassungskosten Archivierungkosten Prozesskosten Migrationskosten Risiken für nicht erfüllte rechtliche Pflichten Qualität der Kundenbeziehung

Tab. 6–4 *Typische Ziele und Kenngrößen für das Dokumenten-Management*

6.3.3 Beispiele für Nutzenbetrachtungen

Das strategische Ziel, die **Marktposition** zu sichern und auszubauen, lässt sich über eine Dokumenten-Management-Lösung erreichen, wenn man dem Kunden damit einen zusätzlichen Nutzen bieten kann. Dies kann z.B. der elektronische Zugriff auf interessante Dokumente sein. Man findet es heute schon häufig, dass Firmen Bedienungsanleitungen, Ersatzteilkataloge oder Ähnliches per Internet zugänglich machen. Kunden können sofort jederzeit darauf zugreifen, und die Firmen werden entlastet, da sie ihren Kunden z.B. keine verloren gegangen Anleitungen heraussuchen und zusenden müssen.

Das Problem ist oft, dass zwar ein derartiger Nutzen erkannt wird, es aber meist nur schwer möglich ist, diesen zu quantifizieren. Die Folge ist oft, dass eine willkürliche Bewertung des Nutzens erfolgt oder er vollständig unberücksichtigt bleibt. Zur Bewertung gibt es hier keine allgemeingültigen Regeln, sondern man muss sich fallspezifisch etwas einfallen lassen. In diesem Beispiel könnte man vorab durch Kundenbefragungen versuchen, das künftige Verhalten abzuschätzen und daraus die Kosequenzen »hochzurechnen«. Es lohnt sich auch, nach vergleichbaren Beispielen aus der Praxis zu suchen und Analogschlüsse aus ihnen zu ziehen. Vielleicht kann man auch einen Prototyp erstellen und diesen auf einem Testmarkt erproben.

Oft ist auch die Reduzierung der **Durchlaufzeit** ein wichtiges Ziel. Die Durchlaufzeit zu ermitteln, kann aber relativ komplex sein. Auf den ersten Blick setzt sie sich zusammen aus Bearbeitungszeit, Transportzeit und Wartezeit (siehe Abbildung 6–5).

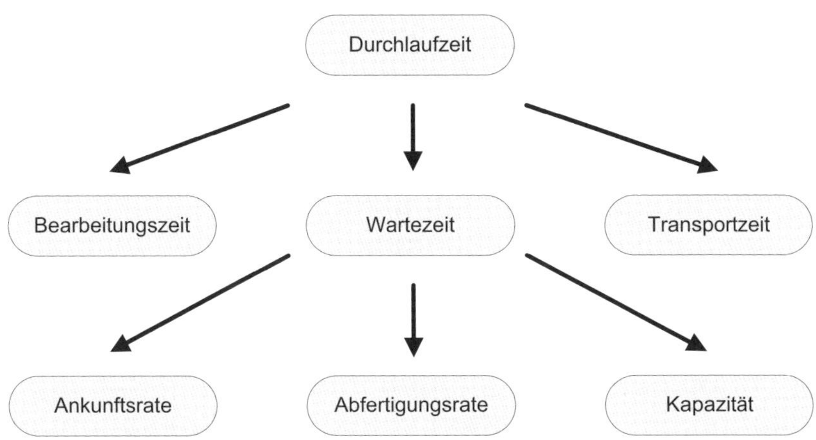

Abb. 6–5 *Ermittlung der Durchlaufzeit (Quelle: FREUND 2008)*

Man kann hier mehrere Ebenen betrachten: Bei den Nutzern von Dokumenten wird sich die **Bearbeitungszeit** verringern, da die Recherche und der Zugriff auf die Dokumente schneller erfolgen können. Allerdings muss man bedenken, dass sich bei der Dokumentenerfassung – insbesondere bei einer manuellen Indizierung – die Bearbeitungszeit verlängert. Im Einzelfall kann es recht schwierig sein, realistische Werte für die jeweiligen Bearbeitungszeiten zu ermitteln.

Die **Transportzeit** wird sich bei einer elektronischen Übermittlung gegenüber einem physischen Versand sehr verkürzen. Dies ist insbesondere bei einem stark arbeitsteiligen Workflow spürbar. Die langen Zeiten, um ein Dokument physisch von einer Station zur nächsten zu transportieren, entfallen komplett. Der oft wichtigste Punkt ist aber die organisatorische Umgestaltung der Prozesse: Bei einer papiergebundenen Bearbeitung kann nur immer ein Bearbeiter das Dokument besitzen. Dadurch ergibt sich zwangsweise eine serielle Bearbeitung. Wenn ein Dokument elektronisch zur Verfügung steht, können mehrere Nutzer gleichzeitig auf es zugreifen. Dies erlaubt eine Parallelisierung im Prozess, wodurch die Durchlaufzeit stark reduziert werden kann.

Die **Wartezeit** dagegen ist am komplexesten zu ermitteln. Man hat möglicherweise mehrere Arbeitsplätze mit einer bestimmten Kapazität. Die Abfertigungsrate ergibt sich aus der Bearbeitungszeit. Der steht die Ankunftsrate neuer Arbeitspakete gegenüber. Dazu kommt, dass alle diese Werte in einer Büroumgebung einer gewissen Schwankungsbreite (statistische Verteilung!) unterliegen und sich damit jeglicher einfacher Berechnungsversuche entziehen. Erschwerend kommt hinzu, dass in der Regel jeder Arbeitsplatz in mehrere unterschiedliche Prozesse involviert ist, was eine Berechnung zusätzlich erschwert. Wirklich gute Vorhersagen kann man daher nur mit aufwendigen Simulationen erreichen, wobei diese oft schon daran scheitern, dass man keine verlässlichen Grundannahmen über die Einzelzeiten und deren statistische Streuung machen kann. In der Konsequenz werden diese Verfahren in stabileren Umgebungen (wie der Fertigung) eingesetzt. Im Büroumfeld versucht man sich mit Schätzungen und schrittweisen Verbesserungen sukzessive an ein Optimum heranzutasten.

Rechtliche Aspekte werden zunehmend wichtiger. Wenn es um die Archivierung aufbewahrungspflichtiger Dokumente geht, bieten elektronische Systeme viele Vorteile (vgl. Tab. 6–3). Die Gefahr des Verlustes von Dokumenten ist wesentlich geringer. Auch kann man diese Dokumente besser klassifizieren und damit flexibler suchen. Bei Papierakten ist oft die Vernichtung von Dokumenten am Ende der Aufbewahrungsfrist schwierig. Meist bestimmt der Dokumententyp, der am längsten aufzubewahren ist, die Aufbewahrungsdauer der gesamten Akte, da es viel zu aufwendig ist, alle Akten manuell zu durchsuchen und die entsprechenden Dokumente zur Vernichtung herauszusuchen. Dies ist ärgerlich, da Platz verschwendet wird. Möglicherweise verstößt man dabei auch noch gegen Bestimmungen des Datenschutzes, wenn personenbezogene Daten zu lange aufbewahrt werden. Wenn man nun in einem DMS regelgestützt die Lebensdauer mit bestimmten Dokumentenmerkmalen verknüpft, kann man sehr einfach die Bestände immer wieder automatisch von »Altlasten« befreien.

6.3.4 Kostenfaktoren

Die Kostenfaktoren lassen sich grob einteilen in Projektkosten und laufende Kosten. Die Projektkosten stellen letztendlich die Investition dar, die sich über den Betrachtungszeitraum amortisieren sollte.

6.3.4.1 Projektkosten

Typische Projektkosten sind:

- Analyse- und Konzeptarbeit
- Aufbereitung der Dokumente
- Anschaffung neuer IT-Systeme (DMS, Workflow-System, Infrastruktur etc.) und gegebenenfalls deren Anpassung und Integration
- Migration der bestehenden Dokumente
- Einführung der neuen Lösungen in der Organisation (Test, Organisation, Kommunikation, Schulung)

Oft werden bestimmte Kostenfaktoren stark unterschätzt. Dazu gehören die Dokumentenaufbereitung und die Migration der Dokumente. Wurden die Dokumentenbestände bisher manuell verwaltet, dann ist eine werkzeuggestütze Aufbereitung und Migration dieser Dokumente oft nur schwer oder gar nicht möglich bzw. erfordert eine umfangreiche manuelle Vorarbeit.

Ein weiteres Problemfeld, das häufig übersehen wird, ist die IT-Infrastruktur. Mit der Einführung eines elektronischen Dokumenten-Managements sind in der Regel ganz neue Dimensionen an Datenmengen verbunden. So werden z.B. die Netzwerke stärker belastet und die Backup-Systeme müssen oft die mehrfache Menge als bisher verarbeiten. Dies sollte man rechtzeitig kalkulieren und einplanen, sonst drohen böse Überraschungen, wenn das neue System in Betrieb geht.

6.3.4.2 Laufende Kosten der Lösung

Die laufenden Kosten beinhalten nicht nur den Betrieb eines Systems, sondern oft ergeben sich auch in der Organisation Verschiebungen in der Aufgabenstellung, sodass an bestimmten Stellen Mehrarbeit auftritt, die zu berücksichtigen ist. Ein typisches Beispiel hierfür ist die Eingangspostbearbeitung. Bei einer konventionellen Organisation wird die Post manuell verteilt. Bei einer Workflow-Lösung mit DMS muss jeder eingehende Brief gescannt, indiziert und dem korrekten Workflow zugeordnet werden. Dies erfordert nicht nur mehr Zeitaufwand in der Poststelle, sondern auch andere Qualifikationen der Mitarbeiter. Daher ist es wichtig, sich zeitig Gedanken über die Konsequenzen für die Organisation und Arbeitsverteilung zu machen.

Für das DMS selbst fallen die üblichen Kosten eines IT-Systems an, wie Lizenzen, Wartung, Weiterentwicklung, Betrieb, Schulung usw. In diesem Punkt unterscheidet es sich in der Regel nicht von anderen IT-Systemen.

6.3.5 Gesamtbetrachtung

Kosten und Nutzen der vorgesehenen Lösung sind einander gegenüberzustellen. Auch wenn man bestimmte Faktoren nicht quantitativ bewerten kann, sollten sie aufgeführt und in die Gesamtbetrachtung einbezogen werden.

Für eine rein monitäre Betrachtung kann man sich etablierter Verfahren der Investitionsrechnung bedienen, wie der Kapitalwertrechnung. Man kann versuchen, andere Werte in Geld umzurechen. So kann man z. B. bei einer beschleunigten Rechnungsstellung die Reduzierung der Durchlaufzeit in eine Reduzierung der Kapitalbindung und damit in eine Zinsersparnis umrechnen. Bei einer Beschleunigung der Prüfung von Eingangsrechnungen kann man vielleicht öfter das Skonto ausnutzen.

Lassen sich nicht alle Faktoren in monitäre Werte überführen, kann man sie trotzdem in einer Gesamtsicht aufführen und z. B. mittels einer Multifaktorenanalyse gegenüberstellen.

6.4 Aufgaben bei der Einführung von Dokumenten-Management-Lösungen

In diesem Kapitel werden Fragen zur Einführung von Dokumenten-Management in ein Unternehmen diskutiert. Es werden aber hier nur DMS-spezifische Themen im Rahmen des Projekts näher behandelt.

6.4.1 Wichtige Aspekte bei der Einführung von Dokumenten-Management-Lösungen

Dokumenten-Management-Systeme sind IT-Systeme zur Verwaltung von Dokumenten. Was zunächst sehr trivial klingt, hat aber einige wichtige Implikationen:

- Dokumente gibt es überall im Unternehmen oder in der Organisation, daher hat ein DMS tendenziell eine flächendeckende Wirkung.
- Dokumente können unternehmenskritisch sein. Ihre rasche Verfügbarkeit, Unverfälschtheit und oft auch die vertrauliche Behandlung sind für die Nutzung unverzichtbar.
- Dokumente haben oft sehr lange Lebenszyklen. Diese sind meist deutlich länger als Technologiezyklen. Auch dies muss durch entsprechende organisatorisch-technische Vorkehrungen gewährleistet sein.

In einem Projekt muss all dies sichergestellt werden, und den Projektbeteiligten müssen diese Aspekte ständig bewusst sein, damit sie bei der Planung und Umsetzung jederzeit beachtet werden.

6.4.2 Das Projekt planen

6.4.2.1 Aufgaben im Projekt

Ein DMS-Projekt ist im Prinzip ein Organisations- und IT-Projekt. Welches Vorgehensmodell man bei der Projektdurchführung wählt – ein eher »klassisches« Wasserfallmodell oder eine agile Vorgehensweise (wie Scrum) –, wird sich in der Regel an den Gepflogenheiten der jeweiligen Organisation orientieren. Hier werden nun die verschiedenen Themenbereiche vorgestellt, die im Rahmen eines derartigen Projekts zu betrachten sind:

- Voruntersuchung
- Analyse der Ist-Situation
- Anforderungsdefinition
- Entwicklung des Soll-Konzepts
- Ausschreibung und Auswahl der Systeme
- Implementierung der Lösung
- Einführung der Lösung
- Betrieb der Lösung

Dieses Schema kann natürlich jeder an die spezifischen Gegebenheiten und Standards im eigenen Hause anpassen. Im Folgenden werden insbesondere die DMS-spezifischen Aspekte eines Projekts vorgestellt. Für allgemeine Projektmanagementthemen wird auf die einschlägige Literatur verwiesen.

6.4.2.2 Beteiligte im Projekt

Wichtig ist, dass im Projekt alle relevanten Kompetenzträger und Stakeholder vertreten sind:

- Mitarbeiter der betroffenen Bereiche
- Informationstechnik
- Organisation
- Datenschutzbeauftragter
- Rechtsberater (intern/extern)
- Betriebsrat/Personalrat
- DMS-Experte (intern/extern)
- DMS-Lieferant (zeitweise)

Wer genau welche Rollen im Projekt einnimmt (Business Analyst, Product Owner, Projektleiter, ...) und ob man Spezialrollen benötigt (wie einen Scrum-Master), hängt dann wiederum vom gewählten Vorgehensmodell ab.

Eine kompetente Vertretung der betroffenen Fachbereiche ist unabdingbar. Wichtig ist hier die Wahrnehmung der rechtlichen Belange, da ein DMS-Projekt oft sehr starke juristische Auswirkungen hat bzw. man viele rechtliche Rahmenbedingungen beachten muss. Außerdem sollte mindestens ein DMS-Fachmann, der kein Herstellervertreter ist, von Anfang an im Projekt mitwirken. Eine entsprechende Verankerung im Top-Management ist in der Regel auch unabdingbar und kann z.B. über einen Lenkungsausschuss abgebildet werden.

6.4.3 Voruntersuchung

Wenn sich die Überzeugung durchgesetzt hat, dass der Einsatz eines Dokumenten-Management-Systems grundsätzlich zu einer Verbesserung der Vorgangsbearbeitung beitragen kann, müssen erste Informationen erarbeitet werden, die eine Entscheidung für oder gegen ein DMS-Projekt möglich machen.

Aufgrund der großen Bedeutung und der nicht unerheblichen Kosten, die durch Dokumenten-Management-System-Projekte entstehen, ist es sinnvoll, in mehreren Teilschritten, die alle aufeinander aufbauen, die Ergebnisse zu erarbeiten und die Entscheidungen »step by step« voranzutreiben. Es soll mit dem jeweils notwendigen Aufwand bei geringsten Kosten die grundsätzliche Frage nach dem Einsatz eines Dokumenten-Management-Systems gestellt und beantwortet werden, bevor der nächste Schritt erfolgt.

6.4.3.1 Abgrenzung des Projekts

Am Anfang sind oft der Umfang und das Einsatzgebiet des neuen DMS noch nicht klar. Verschiedene Fragen müssen im ersten Schritt geklärt werden, um das Projekt sinnvoll aufsetzen zu können:

- In welchen Bereichen soll das DMS zum Einsatz kommen (Prozesse, Organisation, Dokumente)?
- Welche bestehenden Systeme für das Dokumenten-Management sollen abgelöst werden? Dies kann bestehende Papierarchive, elektronische Archive bzw. Altsysteme, Mikrofilmarchive etc. betreffen.
- Welches sind die primären Ziele, die man verfolgt?

In einer Organisation gibt es dabei verschiedene Sichtweisen auf diese Problemstellung (siehe Abbildung 6–6). Der **Fachbereich** will in der Regel seine Prozesse optimieren, deren Wirtschaftlichkeit erhöhen, Medienbrüche abbauen und die Durchlaufzeit verbessern. Die Standardisierung der Aufgabenlösung und der optimale Zugriff auf Informationen sind wichtig. Eine nahtlose Integration der Dokumente in die (dann elektronischen!) Geschäftsprozesse steht daher meist im Vordergrund.

Der **IT-Bereich** ist verantwortlich für Betrieb und Sicherheit der Informationssysteme im Unternehmen. Er muss eine wirtschaftliche Infrastruktur zur Verfügung stellen und einen optimalen Service für seine Kunden bieten. Mit elektronischen Dokumenten kommen große Volumina an Daten hinzu, die entsprechende Investitionen in die Kommunikations- und Archivierungsinfrastruktur erfordern. Es müssen Schnittstellen zu bestehenden Applikationen bereitgestellt und gewartet werden. Daher ist es für den IT-Bereich wichtig, dass das neue System sich möglichst einfach und nahtlos in die bestehende Infrastruktur einfügt und unter weitgehender Nutzung bestehender Ressourcen betrieben werden kann.

Die Sichtweise der **Unternehmensleitung** ist zum einen strategisch ausgerichtet: Welchen zusätzlichen Nutzen kann ich meinen Kunden bieten? Welche Wettbewerbsvorteile kann man erzielen? Durch die rasche Verfügbarkeit von Dokumenten (gegebenenfalls auch im Intranet für Kunden!) bieten sich oft ganz neue Geschäftsmodelle an. Andererseits muss spätestens die Unternehmensleitung die juristischen Anforderungen einbringen. Die Nichteinhaltung von Gesetzen und Regeln bei dem Umgang mit Dokumenten kann z.B. oft gravierende zivilrechtliche (z.B. Haftung) oder steuerrechtliche Konsequenzen haben (Strafen, Schätzung), die im Extremfall zu einer Gefährdung des Unternehmens führen können. In manchen Fällen besteht außerdem eine persönliche Haftung der Geschäftsführer für gesetzliche Regelungen. Es ist daher wichtig, bei der Einführung eines DMS von Anfang an juristische Anforderungen einzubeziehen. Da hier auch in Zukunft mit einer gewissen Dynamik der Anforderungen zu rechnen ist, ist es wichtig, die Architektur des Systems so zu gestalten, dass die elementaren juristischen Anforderungen für alle Dokumente jederzeit verwirklichbar sind.

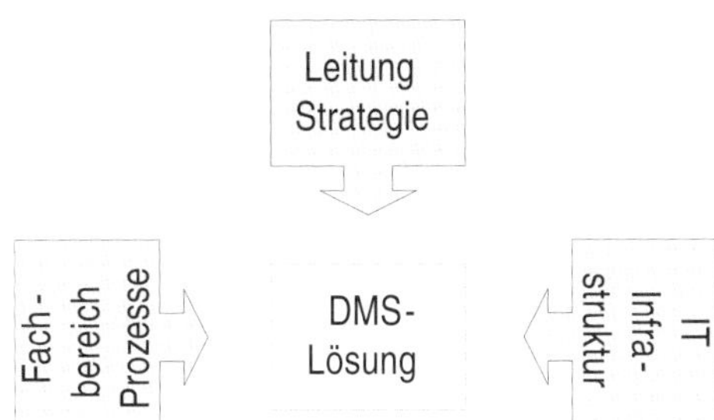

Abb. 6–6 *Einfluss auf ein DMS-Projekt*

Die Aufgabe der Voruntersuchung ist es nun, diese Gesichtspunkte zusammenzuführen und daraus ein konsistentes Profil des künftigen Systems abzuleiten. Insbesondere muss eine Klarheit über die Zielsetzung des Systems erreicht werden, wie:

- Verbesserung der Wirtschaftlichkeit der Aufgabenerfüllung (Kosten, Durchlaufzeit, ...)
- Erfüllung von gesetzlichen Anforderungen
- Erhöhung der Qualität der Dokumentenorganisation
- Verbesserung des Kundennutzens

Es muss hier erkennbar werden, ob und für welche Aufgabenbereiche die Einführung eines DMS ein gutes Kosten-Nutzen-Verhältnis erbringt.

Der Nutzen eines DMS sollte nicht nur auf die Einsparung von Arbeitszeiten und Verringerung der Raumkosten reduziert werden. Durch die Beschleunigung der Prozesse, bessere Informationsversorgung der Mitarbeiter, Reduzierung von Fehlern etc. können weitere Nutzenpotenziale des DMS aufgezeigt werden. Auch qualitative Merkmale müssen jetzt schon betrachtet werden – vor allem dann, wenn sich aus der Betrachtung des monetären Ansatzes der Einsatz eines Dokumenten-Management-Systems noch nicht rechnet. Nicht unwichtig in diesem Zusammenhang und bereits zu diesem frühen Zeitpunkt erforderlich sind Kenntnisse von vorhandenen Restriktionen (hier gemeint als »K.-o.-Kriterien«), die aus technischer, personeller oder organisatorischer Sicht die Einführung einer bestimmten Lösung von Anfang an völlig ausschließen. Außerdem muss sich das Management Kenntnis darüber verschaffen, welche weiteren wesentlichen Faktoren später den Betrieb eines Dokumenten-Management-Systems behindern könnten.

6.4.3.2 Die Entscheidungsvorlage

Wenn das Ergebnis aus der Voruntersuchung für den Einsatz eines Dokumenten-Management-Systems spricht, erfolgt die Erstellung der Entscheidungsvorlage. Die Entscheidungsvorlage bildet die Basis für die endgültige Initiierung des Gesamtprojekts. Die Entscheidungsvorlage bezieht nun bereits die gesamte Technik und die Organisation des Unternehmens mit ein und stellt das Ganze in einer vernetzten Betrachtungsweise dar.

Im Folgenden werden nun die einzelnen Aufgaben im Projekt dargestellt. Je nach Umfang und Komplexität des Projekts bietet es sich an, ein großes Gesamtprojekt in Teilprojekte zu zerteilen. Wichtig ist dabei aber immer, dass zuerst eine (zumindest grobe) Gesamtkonzeption entwickelt wird. Diese bildet dann den Rahmen für die einzelnen Teilprojekte oder Ausbaustufen.

6.4.4 Analyse der Ist-Situation

Am Anfang steht primär die Beschaffung der notwendigen Informationen. Diese können durch das Studium von Unterlagen, durch Workshops per Fragebogen oder per Interview ermittelt werden. Interviews bieten sich immer dann an, wenn sehr viele Details und Hintergrundinformationen abgefragt werden müssen. Sie geben in der Regel einen besseren Einblick als die Ergebnisse, die durch Fragebogenaktionen zu erreichen sind. In direkt geführten Befragungen werden häufig auch »unausgesprochene Fragen« beantwortet. Bei dieser Gelegenheit sollte man auch gleich Muster der Dokumente sammeln. Wichtig ist, dass man hier keine idealisierten Beispiele nimmt, sondern echt gelaufene (gegebenenfalls anonymisierte) Dokumente. Nur diese zeigen das heutige Vorgehen in der Bearbeitung richtig. Komplexere Themen behandelt man am besten in Workshops mit ausgewählten Know-how-Trägern.

Im organisatorischen Teil sind systematisch alle betroffenen Prozesse und die in ihnen enthaltenen Einzelaufgaben bzw. Funktionen mit den Anforderungen an das Dokumenten-Management-System zu untersuchen. Bestimmende Vorschriften und Gesetze, interne Gepflogenheiten, zu erhaltende Gestaltungsspielräume sind genauso zu berücksichtigen wie Zugriffsrechte, Kompetenzen oder Datenschutzbelange. Beim Mengengerüst vermischen sich die Konturen hin zur technischen Analyse. Die Dokumentenmenge wirkt sowohl auf die organisatorischen Rahmenbedingungen als auch auf die technischen Komponenten in erheblichem Maße ein. Die Definition der Schnittstellen der vor- und nachgelagerten Verfahren mit ihren technischen Ausprägungen ergänzen die Informationen, die zur Entscheidungsfindung unbedingt notwendig sind.

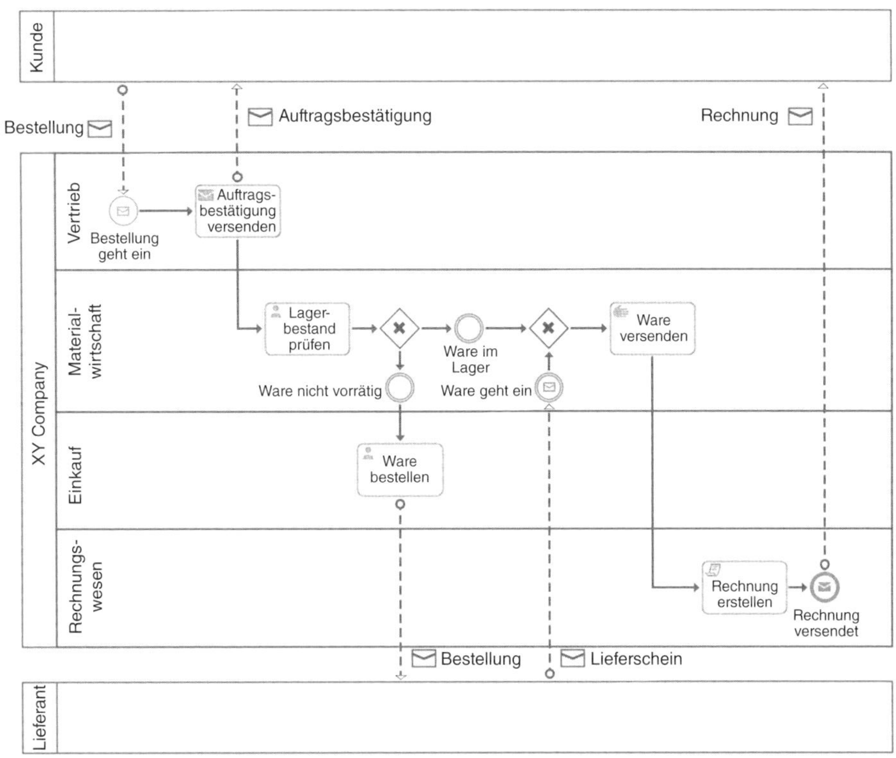

Abb. 6–7 *Ablaufdarstellung mit Dokumenten (Beispiel in BPMN-Darstellung)*

Es ergibt sich daraus eine Vielzahl von Themen, die im Rahmen einer DMS-Einführung zu analysieren sind:

- Dokumente
- Prozesse
- Schnittstellen

- IT-Struktur
- Übernahme von Altbeständen
- Aufbauorganisation
- Benutzer, Rollen und Rechte
- organisatorische Schnittstellen
- Langzeitarchivierung
- revisionssichere Archivierung
- Rechtsfragen
- Datenschutz

Schon mit relativ einfachen Mitteln kann man Prozesse und Abläufe darstellen. Dies hilft sehr gut, um Abläufe und Zusammenhänge zu veranschaulichen (siehe Abbildung 6–7).

6.4.4.1 Dokumentenanalyse

Ein Dokument kann man unter verschiedenen Gesichtspunkten beschreiben, je nachdem, ob der Inhalt, die Technik oder anderes im Vordergrund steht. Dazu gibt es weitere Begriffe: Dokumentenklasse, Dokumententypen, Dokumentenarten, Dokumentenformate (siehe Abbildung 6–8). Hier werden die Begriffe wie folgt verwendet:

- **Dokumentenklasse:** Man kann Dokumente inhaltlich klassifizieren, z.B. in Korrespondenz, Berichte, Rechnungswesenbelege usw. Diese Klassifizierung kann immer weiter verfeinert werden, bis man auf einen konkreten **Dokumententyp** stößt, wie z.B. die Kundenrechnung. Eine Dokumentenklasse bzw. ein Dokumententyp stellt praktisch eine konkrete Vorlage für ein Dokument dar, die nur noch mit Inhalt zu füllen ist. In der Regel wird für einen Dokumententyp ein spezifischer Satz von beschreibenden Attributen (*Metadaten*) definiert.
- **Dokumentenart:** Die Information kann in unterschiedlicher Form beschrieben werden: als Text, als Zeichnung, als Video etc. Die gleiche logische Information (z.B. Beschreibung eines Autos) ist unterschiedlich darstellbar (z.B. als CAD-Zeichnung des Autos, Fotos vom Auto, verbale Beschreibung usw.). Die unterschiedlichen »Codierungen« einer Informationen sollen hier als Dokumentenart bezeichnet werden.
- **Dokumentenformat:** Ein Dokument kann unterschiedlich technisch aufbereitet sein. Eine Rechnung kann als Datensatz vorliegen, als Textfile oder auch als gescanntes Image (Pixelmuster). Diese Formate können weiter differenziert werden, z.B. beim Textformat in ASCII, Word-Format, EBCDIC usw. Das Dokumentenformat bestimmt sehr stark die Möglichkeiten der maschinellen Weiterverarbeitung und welche Dokumentenviewer das DMS zur Verfügung stellen muss.

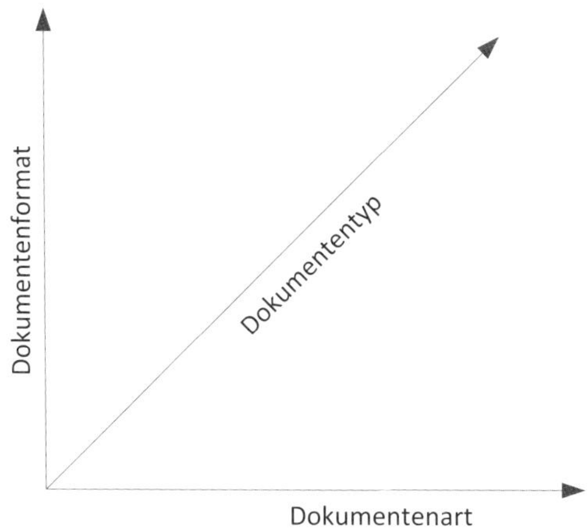

Abb. 6–8 *Dokumente klassifizieren*

Hierzu ein Beispiel: Es wird eine bestellte Ware geliefert. Mit der Ware kommt ein gedruckter Lieferschein. Als Dokumententyp liegt hier ein Lieferantenlieferschein vor. Die Information im Lieferschein ist eindeutig strukturiert, daher ist die Dokumentenart »Daten«. Da es sich um ein Papierdokument handelt, ist das Dokumentenformat »Image«.

Im Allgemeinen ist bei jedem Dokumententyp eine gewisse formale Struktur zu finden. Hierzu eignen sich dann insbesondere auch Seitenbeschreibungssprachen wie SGML und XML: Durch die Vorgabe des inneren Aufbaus des Dokuments aus bestimmten Bestandteilen in Form eines Dokumententyps kann auch sichergestellt werden, dass wesentliche Informationen für die Administration (im formalen Teil des Dokuments) bzw. für die Anwendung des Dokuments (im Sachinhalt) vollständig und in der richtigen Anordnung vorliegen.

Wir unterscheiden hier z.B. auch zwischen **Sachinhalt** und dem **formalen Inhalt**, der sich aus Meta- bzw. Stammdaten (z.B. Autorennamen, Dokumentennummer) und Freigabedaten (Informationen über Dokumentenverwendung, -zweck, -gültigkeit und -entwicklung) zusammensetzt.

Oft wird auch der Begriff des **Compound Documents** verwendet. Hierbei handelt es sich in der Regel um ein komplexes Objekt aus mehreren Dokumenten, die in einem logischen Zusammenhang stehen (wie die Dokumentation für ein komplexes technisches System). Ein Compound Document hat eine eigene Verwaltungsstruktur mit Metadaten, Versionen, Rechtestrukturen etc.

Die Dokumente selbst müssen generell nach verschiedenen Kriterien beschrieben werden:

1. Verwendung im Prozess
    a) Prozesse benennen
    b) Dokumente in Prozessdarstellung aufnehmen
    c) kurze Beschreibung: Was passiert damit?

2. Rechte am Dokument
   a) Wer hat wann welche Rechte am Dokument?
   b) Rollendarstellung im Prozess
3. Dokument für sich beschreiben
   a) Einordnen gemäß Dokumentenart, -typ und -format
   b) Beispiel des Dokuments aufnehmen
   c) Von welchen IT-Anwendungen wird das Dokument genutzt oder erzeugt?
   d) Metadaten des Dokuments bestimmen
   e) Verwendung der Metadaten des Dokuments in anderen IT-Anwendungen
   f) Herkunft der Metadaten klären
   g) juristische Relevanz (wie Beweischarakter) der Dokumente prüfen
   h) Lebensdauer und Aufbewahrungspflichten ermitteln
   i) Ist der Inhalt des Dokuments datenschutzrechtlich relevant?
   j) Dokumentenechtheit – was muss reproduzierbar sein: der genaue Inhalt oder auch das ursprüngliche Erscheinungsbild (Image)?
4. Dokumentenstrukturen
   a) Welche Dokumente bilden eine logische Einheit (»Mappen«, »Ordner«, »Compound Documents«)?
   b) Metadaten zu diesen Mappen definieren
   c) Ein Dokument kann in mehreren Mappen sein.
5. Technische Eigenschaften der Dokumente
   a) falls Papier vorliegt: Papierformat (DIN A4, A3, ...)
   b) bei elektronischen Dokumenten: elektronisches Format (Word, Mail, Fax, ...)
   c) bei elektronischen Dokumenten: Sind elektronische Signaturen vorhanden?
   d) Farben bei Papier und/oder Schrift
   e) Papierstärke in Gramm (falls Papier vorliegt)
   f) doppelseitig bedruckt? (falls Papier vorliegt)
   g) Zusatzinformationen auf dem Dokument (Stempel, handschriftliche Notizen, Markierungen ...)
   h) Mengengerüste ermitteln (Anzahl der Dokumente, Anzahl der Vorgänge, Anzahl der Seiten, Speichervolumen, zeitliche Entwicklung)

Tab. 6–5 zeigt, wie ein erster Bericht für Dokumente aus IT-Anwendungen aussehen kann.

Bericht für Dokumente aus IT-Anwendungen				
Bezeichnung	**Art der Nutzung**	**Häufigkeit der Nutzung**	**Lebensdauer**	**zugehörige Funktion im Prozess**
Auftragsbestätigung	erstellen	fallweise	6 Jahre	Auftragsbestätigung verschicken / Einkauf_2
Gutschrift	versenden	fallweise	10 Jahre	Gutschrift an FiBu senden / Ware_prüfen_1
Gutschrift	erstellen	fallweise	10 Jahre	Gutschrift erstellen / Ware_prüfen_1
Info-Schreiben	erstellen	mind. 1-mal	6 Jahre	Genehmigung verschicken / Bedarf_ermitteln
Lieferantenangebot	einholen	fallweise	6 Jahre	Angebote einholen / BANF_erstellen
Lieferschein	erstellen	mind. 2-mal	10 Jahre	Ware versenden / Einkauf_2
Lieferschein	abzeichnen	mind. 2-mal	10 Jahre	Prüfergebnisse dokumentieren/ Ware_prüfen
Lieferschein	erstellen	mind. 2-mal	10 Jahre	Ware versenden / Ware_prüfen
Lieferschein	lesen	mind. 2-mal	10 Jahre	Ware prüfen / Ware_prüfen

Tab. 6–5 *Report zu den Dokumenten (Beispiel)*

Es ist ratsam, eine Mustermappe mit allen Dokumenten anzulegen. Diese Informationen sollten für die Dauer der Aufbewahrungsfrist revisionssicher gespeichert werden (zum Begriff *Revisionssicherheit* siehe Kapitel 3).

6.4.4.2 Analyse der Vorgangs- und Ablagestruktur

Zu ermitteln ist, nach welchen Kriterien Vorgänge gebildet werden und wie und wo dann im Endeffekt die Ablage der bearbeiteten Dokumente erfolgt.

Von großem Nutzen ist in der Regel immer die Zusammenführung aller Dokumente, die zu einem Vorgang gehören (z.B. Hausbau: vom Vertrag über die Rechnungen, Abnahmeprotokolle, Bankunterlagen etc.). Die Problematik liegt darin, dass aufgabenbezogen das Interesse auf unterschiedlichen Dokumenten liegt (z.B. Rechnungen für die Finanzbuchhaltung, Lieferscheine für das Lager). Selbst wenn eine zentrale Papierablage für die kompletten Vorgänge existiert, wird es weitere Ablagen für die Bearbeitung geben müssen. Deshalb ist eine kritiklose Übernahme der alten Ablagestrukturen nach der Einführung eines Dokumenten-Management-Systems zu vermeiden. Moderne Dokumenten-Management-Systeme bieten die Möglichkeit, dass ein Dokument in beliebig vielen Vorgangsmappen, Ordnern etc. liegt. Da es keine »dummen Kopien« sind, hat das natürlich den Effekt, dass jede Änderung am Dokument sofort an allen Ablageorten wirksam ist. Zur Verbesserung der Akzeptanz kann man die alte Ablagesystematik (gegebenenfalls als eine von mehreren) beibehalten. Dabei werden unterschiedliche »Sichten« auf den Dokumentenbestand gebildet. Gut ist dies z.B. auch dann, wenn unterschiedliche Benutzergruppen verschiedene Anforderungen an die Darstellung der Dokumente haben.

Migration[3] von Dokumenten-Altbeständen

Die Übernahme von Altbeständen – egal ob von Papier oder aus einem elektronischen Altsystem – ist meistens mit hohem Aufwand verbunden. Es ist zu klären, ob und welche Dokumente übernommen werden sollen. Die Übernahme der Altbestände ist oft teurer als die von aktuellen Dokumenten. Der erforderliche Aufwand (Kosten und Zeit) darf nicht unterschätzt werden, wenn diese Bestände ins Dokumenten-Management-System zu übernehmen sind. Hier gibt es mehrere Punkte, die bei einer Entscheidung zu prüfen sind:

- Werden die Informationen/Dokumente zur Erledigung der Aufgaben weiter benötigt? Wie oft wird gegebenenfalls darauf zugegriffen?
- Bei Papierbeständen: Übersteigen die Raumkosten für das Papierarchiv die Übernahmekosten ins Dokumenten-Management-System? Wird der Raum dringend anderweitig benötigt? Kann man alternativ das Archiv auslagern?
- Wie lange müssen die Dokumente noch aufbewahrt werden?
- Wie lange dürfen die Dokumente aufbewahrt werden? (Datenschutz!)
- Ist eventuell nur ein Teil der Bestände in das neue Dokumenten-Management-System zu übernehmen?
- Bei der Migration von einem Altsystem: Kann man die Dokumente und Metadaten automatisch übernehmen? Können alle Informationen übernommen werden oder muss manuell nachgepflegt werden? Wie hoch ist gegebenenfalls der Entwicklungsaufwand für das Übernahmeprogramm?
- Wenn man beschließt das Altsystem weiterzubetreiben, um es als »Auskunftssystem« zu nutzen, muss man bedenken, dass technische Komponenten und alte Datenträger eine begrenzte Lebensdauer haben und gegebenenfalls nicht mehr ersetzt bzw. repariert werden können.

Diese Fragen sind äußerst wichtig. Die präzise Beschreibung der Dokumenten-Altbestände und ihre Behandlung müssen im Projekt im Rahmen der Dokumentenanalyse erfolgen.

6.4.4.3 Geschäftsprozesse analysieren

Wenn die Aufgaben einer Organisation im Unternehmen auf die Geschäftsprozesse ausgerichtet werden, lassen sich Dokumenten-Management-Systeme sehr

3. Das Thema Migration wird in Kapitel 6.5 noch ausführlicher behandelt.

effektiv einsetzen. Signifikante Produktivitätssteigerungen sind schnell erreicht. Die funktional strukturierten Unternehmen jedoch können nicht damit rechnen, dass sich durch die Einführung eines Dokumenten-Management-Systems die tatsächlich erreichbaren Verbesserungen einstellen werden. Dies gilt gleichermaßen für Großunternehmen, für den Mittelstand und selbstverständlich auch für die öffentlichen Verwaltungen und andere Organisationen.

Ein Dokumenten-Management-System einzuführen, ohne eine Geschäftsprozessoptimierung durchzuführen, ist, wirtschaftlich betrachtet, in der Regel nicht effektiv. Nur wenn man den Lebenslauf und die Nutzung der Dokumente betrachtet, kann man eine optimale Unterstützung durch ein DMS sicherstellen.

Dokumente spielen sehr vielfältige Rollen in den Prozessen:

- Dokumente (eingehende!) sind oft Auslöser eines Prozesses – z.B. einer Bestellung.
- Die Erstellung eines (ausgehenden!) Dokuments ist oft das Ziel eines Prozesses – z.B. bei einem Angebot.
- Dokumente (Formulare!) steuern oft den Ablauf eines Prozesses – z.B. ein Urlaubsantrag.
- Praktisch alle Prozesse werden von Dokumenten begleitet.

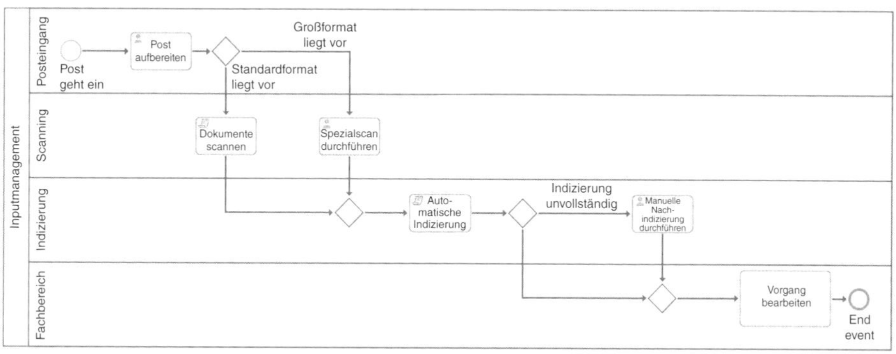

Abb. 6–9 *Prozessbeispiel Posteingang (BPMN-Darstellung)*

Oft werden dabei Vorgangsmappen gebildet, die alle Dokumente eines Prozesses beinhalten und diesen begleiten. Manche Workflow-Systeme benutzen diese Vorgangsmappen sogar als zentrales Gestaltungsparadigma. Oft sind Dokumente im Prozessablauf einem ständigen Wandel unterworfen. Hier muss man sich dann ein Statuskonzept überlegen, um dies adäquat abbilden zu können. Die Berechtigungen der Bearbeiter sind ihrerseits wiederum oft vom Status des Dokuments abhängig.

Die Geschäftsprozesse beschreiben die Arbeitsschritte, die zur Erreichung eines definierten Ergebnisses bzw. einer Zielvorgabe zu durchlaufen sind. Hierzu gehören die Regeln, nach denen dies geschieht, sowie die Kommunikation und die Interaktion mit den Kollegen und externen Partnern. Ergänzt wird diese Beschreibung meist durch die verwendeten Arbeitsmittel, die benötigten Informationen, zu beachtende Vorschriften etc. Eine bekannte Beschreibungsmethodik dazu sind z.B. die *ereignisgesteuerten Prozessketten* (EPK, siehe Abbildung 6–10) oder *Business Process Model and Notation* (BPMN, siehe Abbildung 6–9).

Bezogen auf die Einführung eines Dokumenten-Management-Systems müssen aber bei einer Geschäftsprozessanalyse weitere Informationen ermittelt werden:

- Aus welchen internen und externen Quellen stammen die Dokumente?
- Mit welcher Technologie werden die Dokumente erstellt?
- Wie durchlaufen die Dokumente/Informationen das Unternehmen?
- Was verändert sie?
- Wer muss wie auf die Dokumente zugreifen?
- Welchen Einfluss haben sie auf die nachfolgenden Tätigkeiten?
- Welche Stellen sind bis zur endgültigen Ablage mit der Bearbeitung beschäftigt?
- Wie lange müssen die Dokumente/Informationen aufbewahrt werden?
- Wie schaut der Lebenszyklus der Dokumente aus?

Schon mit relativ einfachen Werkzeugen (Flowcharts) können anschauliche Diagramme zu den Prozessen und den damit verbundenen Dokumenten erstellt werden (vgl. z.B. Abbildung 6–7 und folgende). Aus Prozessdarstellungen lassen sich oft auch automatisch tabellarische Übersichten generieren.

Achtung: Es ist auch möglich, dass für einen Dokumententyp unterschiedliche Abläufe gültig sind. Eventuell sind dann mehrere Dokumententypen (z.B. verschiedene Lieferschein-Typen) zu definieren.

6.4.4.4 Analyse der Aufbauorganisation

Hier müssen die hierarchischen Strukturen, die zugewiesenen Aufgaben und die Kompetenzen dargestellt werden. Daraus ergeben sich Rechte und Rollen der verschiedenen Mitarbeiter in Bezug auf die Dokumente. Es empfiehlt sich, hierzu die Definitionen und Festlegungen in den anderen Anwendungssystemen zu betrachten, damit möglichst widerspruchsfreie Rechtestrukturen über die verschiedenen Anwendungen und Systeme hinweg entstehen.

Ebenso ist die Frage des Zugriffs von »außen« zu klären. Ist ein Zugriff von beliebigen Clients notwendig? Bekommen Externe (Kunden, Geschäftspartner, Dienstleister etc.) Zugriff auf Dokumente? In diesen Fällen entstehen sehr viel weitergehende Sicherheitsanforderungen!

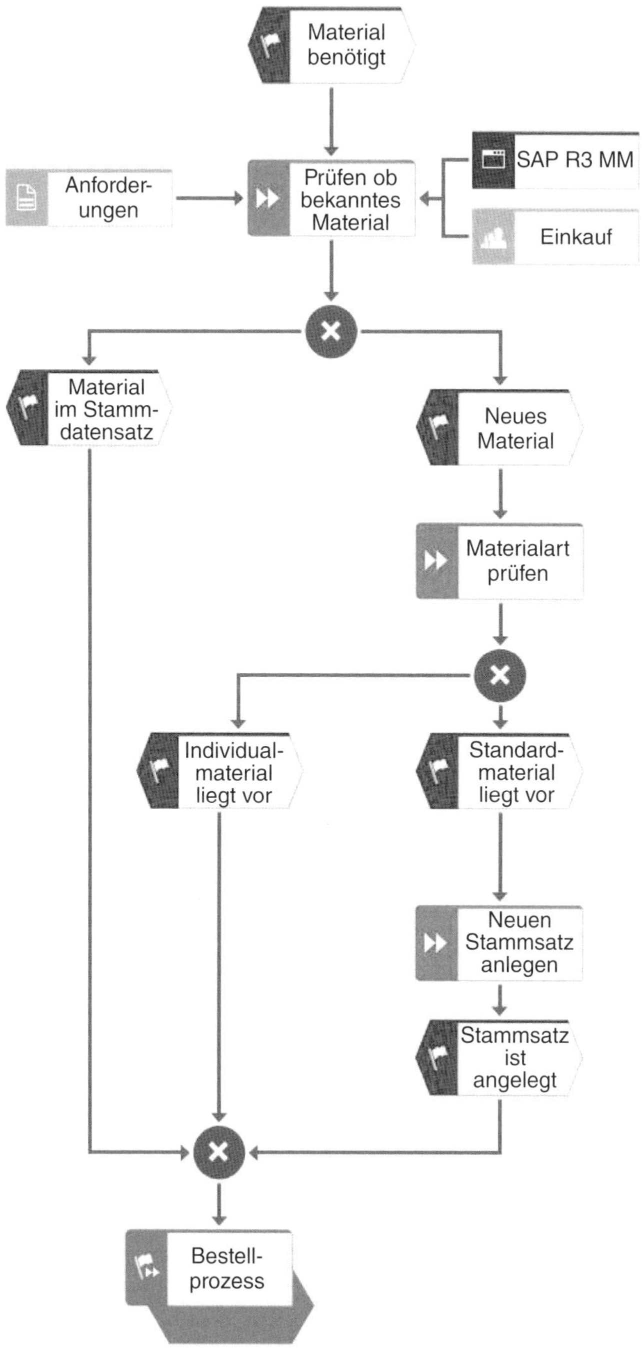

Abb. 6–10 *Beispiel einer Prozessdarstellung mittels EPK*

6.4.4.5 Analyse der Schnittstellen

Zentrales Element eines DMS ist der Austausch von Dokumenten. Damit sind Schnittstellen ein wesentliches Element eines DMS. Die Analyse der Schnittstellen betrifft technische und organisatorische Übergänge:

- **Organisatorische Schnittstellen** treten bei einem Wechsel des Verantwortungsbereichs auf, insbesondere wenn Dokumente von externen Stellen kommen oder an solche versandt werden. Hier ist z. B. wichtig festzustellen, ob das Dokument an dieser Stelle exakt revisionssicher archiviert werden muss.
- **Technische Schnittstellen** behandeln meist den Austausch der Dokumente mit anderen Anwendungen. Neben den eigentlichen Dokumenten werden in der Regel Schlüsselinformationen und Metadaten ausgetauscht. Dokumenten-Management-Systeme stellen in der Regel (Web-)Services zur Verfügung, mit deren Hilfe man Funktionen des DMS aufrufen und nutzen kann.

Jede Schnittstelle ist zu analysieren, zu beschreiben und fachlich und technisch zu spezifizieren. Wichtig ist dabei auch zu klären, wer für die Bewältigung der Schnittstelle verantwortlich ist.

6.4.5 Anforderungsdefinition

Während die Analyse noch sehr stark im Ist verwurzelt ist, beschäftigt sich die Anforderungsdefinition mit der künftigen Soll-Struktur.

Die Technik muss der Organisation folgen bzw. folgen können, wenn die Akzeptanz und die Wirtschaftlichkeit für eine solche Lösung gewährleistet sein sollen. Umgekehrt eröffnet die Technik neue organisatorische Möglichkeiten, die die Organisation zielgerichtet nutzen muss, um im Wettbewerb bestehen zu können.

Durch die Einführung eines Dokumenten-Management-Systems kann eine völlig neue Form der Vorgangsbearbeitung entstehen, die von den Mitarbeitern neue Arbeitsweisen und den Abschied von vielen Gewohnheiten erfordert. Wichtig ist, dass jeder Mitarbeiter die Vorteile erkennen kann, und deshalb sollen auch folgende Grundregeln bzw. Leitsätze während des gesamten Projektverlaufs beachtet werden. Diese stellen eine »Ideallinie« dar:

- Dokumenten-Management-Systeme müssen Dokumente und Informationen so verwalten können, dass für jeden Berechtigten, unabhängig von Zeit und Arbeitsplatz, der gesamte für ihn relevante Informationsinhalt eines Vorgangs abrufbar ist.
- Die Fähigkeit zur Bearbeitung, Ablage und Recherche darf weder durch Formate, Zeiträume, Verantwortungen, Organisationsstrukturen oder neue IT-Techniken eingeschränkt sein.
- Hierarchien und Abläufe, die zum Zeitpunkt der Entstehung auf die Information eingewirkt haben, dürfen nicht zu einer erschwerten Recherche führen.

- Maßstab für die Bedienbarkeit und den Komfort ist die gegenwärtige (papiermäßige) Bearbeitung der Vorgänge. Durch das neue System dürfen keine signifikanten Nachteile entstehen bzw. diese müssen durch Vorteile ausgeglichen werden, die für den Anwender deutlich erkennbar sind.

In der Regel unterscheidet man funktionale Anforderungen und nichtfunktionale Anforderungen. **Funktionale Anforderungen** resultieren stark aus der Fachlichkeit und beziehen sich auf DMS-spezifische Funktionen (wie Scanning, Metadatenstrukturen, den Lebenszyklus von Dokumenten etc.). **Nichtfunktionale Anforderungen** ergeben sich z.B. aus der bestehenden IT-Infrastruktur (Schnittstellen, Datenbanken, Backup und Recovery).

Ein Kriterienkatalog beschreibt natürlich zunächst die üblichen Anforderungen, die sich aus der im Hause installierten IT-Infrastrukur ergeben (wie HW-Plattform, Betriebssystem, Datenbank, Netzwerke) und IT-Anwendungen, zu denen Schnittstellen notwendig sind (ERP-System, Portale, Office-Systeme usw.). Ergänzend kommen Anforderungen hinzu, die sich aus Datensicherheit, Datenschutz (Vertraulichkeit), Verfügbarkeit, Integrität, Revisionssicherheit, Aufbewahrungsfristen, Skalierbarkeit, Architektur etc. ergeben.

Hinzu kommen dann die ganz originären DMS-Anforderungen bezüglich Indizierung, Retrieval, benötigten Modulen (wie Workflow, Barcode), Dokumentenformaten etc. Hier bietet es sich oft an, Anwendungsszenarien, die abgebildet werden sollen, zu beschreiben. Daneben kann es noch Besonderheiten geben, die sich aus dem speziellen Umfeld ergeben (z.B. Speicherung von Röntgenbildern, Schnittstellen zu Individualsoftware, ...).

Es gibt auch verschiedene Standards, die man als Vorlage für die eigene Anforderungsdefinition nutzen kann, z.B. MoReq, DOMEA und OKeVA.

MoReq (*Model Requirements for the Management of Electronic Records*) ist eine Spezifikation für elektronisches Dokumenten- und Records-Management. Der ursprüngliche Zweck war es, einen Standard für den Austausch von Dokumenten zwischen der Europäischen Kommission und den Mitgliedsstaaten zu entwickeln. Inzwischen ist die Entwicklung wesentlich weiter gediehen: MoReq beinhaltet umfangreiche Kriterienkataloge für Records-Management, Dokumenten-Management und Archivierung. Die neueste Fassung (MoReq2010) interpretiert nun das Acronym als »**Mo**dular **Req**uirements for Records Systems« und bricht mit einigen »Traditionen«. So ist die neue Version XML-orientiert.

In Deutschland weit verbreitet ist **DOMEA** (*Dokumenten-Management und elektronische Archivierung im IT-gestützten Geschäftsgang*). Dies ist ein Konzept für Dokumenten-Management und elektronische Archivierung in der öffentlichen Verwaltung. DOMEA beinhaltet verschiedene »Themen«, primär ein Organisationskonzept, eine Anforderungsdefinition und ein Zertifizierungsverfahren. Letzteres bedeutet, dass Hersteller ihr Produkt auf Einhaltung der Anforderungen von DOMEA überprüfen lassen und zertifizieren können. DOMEA liegt inzwischen in einer Version 2.1 vor. Inzwischen wird das Konzept von der Bundesregierung nicht mehr weiter verfolgt. Es gibt aber seit 2012 einen Nachfolger: das *Organisationskonzept elektronische Verwaltungsarbeit* (**OKeVA**).

Ob man derartige Vorgaben nutzt, muss man sich gut überlegen. Sie sind sehr umfangreich und auf das behördliche Anforderungsprofil zugeschnitten. Man kann sie natürlich als Anregung benutzen und gegebenenfalls Teile daraus an die eigene Situation adaptieren.

6.4.6 Entwicklung des Soll-Konzepts

Die Konzeption für ein Dokumenten-Management-System beschreibt das zukünftige Zusammenspiel zwischen Mensch, Organisation und Technik unter Berücksichtigung der gesetzlichen Vorschriften und der wirtschaftlichen Aspekte. Das Konzept findet seinen Ausdruck im Pflichtenheft. In ihm sind alle Anforderungen an das Dokumenten-Management-System enthalten. Organisatorische, personelle und technische Ausprägungen und Forderungen müssen zusammengefasst und beschrieben werden.

Bei umfangreichen und komplexen Projekten ist es oft sinnvoll, in mehreren Stufen vorzugehen. Auf alle Fälle sollte aber ein grobes Gesamtkonzept entwickelt werden, das anschließend in verschiedene Stufen aufgeteilt wird, die dann schrittweise verfeinert werden.

Typische Fragestellungen des Konzepts sollen hier wieder anhand der in Kapitel 5 vorgestellten Funktionsbereiche dargestellt werden.

Eine weitere Möglichkeit ist die Entwicklung von Szenarien zur Nutzung des DMS. Hier werden typische Prozessabläufe mit der Nutzung des DMS dargestellt. Dies veranschaulicht sehr gut die künftige Arbeitsweise und hilft der Fachabteilung, das geplante System besser zu verstehen. Zugleich kann man durch die Szenarien besser Lücken in der Konzeption erkennen und kann den Anbieter verpflichten, sein System so einzurichten, dass diese Szenarien wie beschrieben ablaufen können.

6.4.6.1 Der Funktionsbereich »Erfassung eingehender Dokumente«

Eingangsszenarien

Für diesen Bereich sind wichtige Entscheidungen zu treffen, die wesentlich die Kostenstruktur beeinflussen. Ein kritischer Punkt ist immer das Scannen. Hier gibt es eine Reihe typischer Anwendungsszenarien, die auch eng mit der Frage verknüpft sind, wann ein Dokument in das DMS übernommen wird:

Anwendungsszenario: Frühes Archivieren

Dieses Szenario wird oft im Rahmen der Eingangspostbearbeitung angewendet. Beim frühen Erfassen von Schriftgut ergibt sich die Möglichkeit, durch ein Workflow-System die Dokumente sofort an den richtigen Arbeitsplatz zu senden. Hier ist es wichtig, dass die Dokumente durch entsprechende Verteilerlisten etc. an die richtigen Empfänger gesendet werden. Die Bearbeitung erfolgt ohne Papier am Bildschirm. Mittels Barcode und/oder OCR lässt sich dieser Prozess der Posterfassung und -verteilung bei entsprechender organisatorischer Vorbereitung weitgehend automatisieren. Man kann hier sogar mit einer gewissen Fehlerquote leben, da alle Dokumente zunächst an einen Mitarbeiter zur Bearbeitung geleitet werden, der diese dann im Fehlerfall an den richtigen Arbeitsplatz weiterleiten kann (siehe Abbildung 6–11).

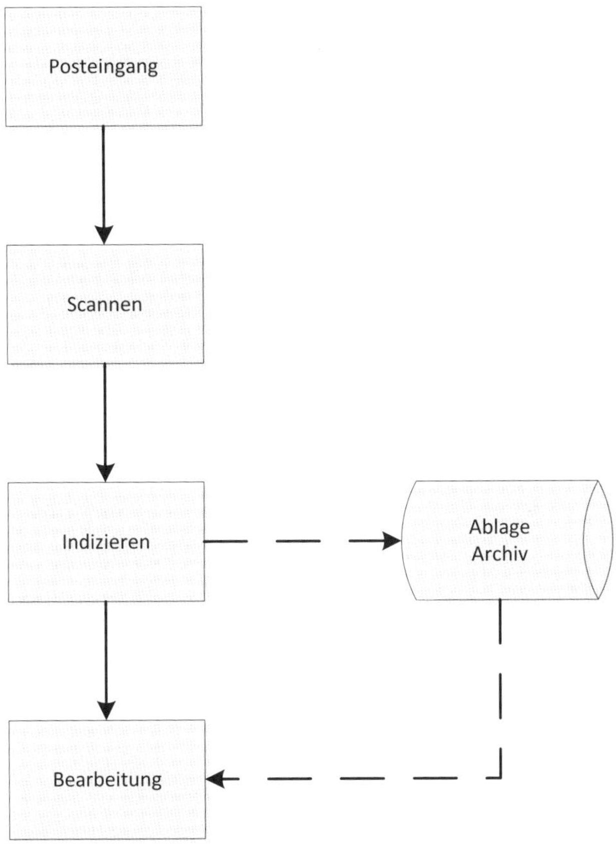

Abb. 6–11 *Szenario »Frühes Archivieren«*

Anwendungsszenario: Spätes Archivieren

In diesem Szenario wird das Schriftgut erst am Ende der Bearbeitung gescannt bzw. werden die elektronischen Dokumente in das DMS übernommen und mit dem operativen System verknüpft (siehe Abbildung 6–12). Der Vorteil ist hier, dass die Mitarbeiter zunächst ihre gewohnte Arbeitsweise beibehalten können.

Der Nutzen dieser Variante, die die wenigsten Anpassungen der bestehenden Arbeitsweise und Prozesse erfordert, ist jedoch häufig gering. Die Nutzung des DMS beschränkt sich hier weitgehend auf Anfragen zu bereits abgeschlossenen Vorgängen. Man kann dies auch als einen ersten evolutionären Schritt betrachten, damit man eine gewisse Vertrautheit und Erfahrung mit dem neuen System gewinnt, um in einem zweiten Schritt auf eines der anderen Szenarien umzusteigen.

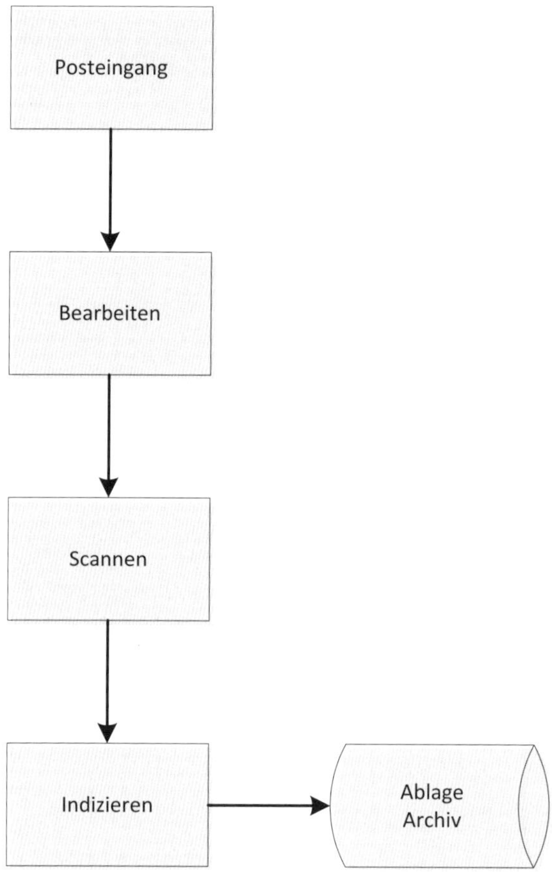

Abb. 6–12 *Szenario »Spätes Archivieren«*

Anwendungsszenario: Gleichzeitiges Archivieren

Die Erfassung der Dokumente erfolgt parallel zur Bearbeitung des Vorgangs im operativen System. Der Mitarbeiter scannt z.B. den Beleg ein und führt sofort die Buchung durch. Hierdurch wird eine direkte Zuordnung der Daten zum Beleg und auch eine sichere Indizierung gewährleistet. Das Papier steht während der ersten Bearbeitung noch zur Verfügung und kann anschließend vernichtet werden. Alle folgenden Bearbeitungsschritte können voll elektronisch durchgeführt werden. Ein Nachteil ist hier möglicherweise, dass sich viele Mitarbeiter mit dem Thema Scanning auseinandersetzen müssen. Dies kann in den anderen Szenarien zentral erfolgen.

Diese verschiedenen Anwendungsszenarien sind derartig stark etabliert, dass sie z. B. in SAP R/3 als Standardszenarien von Haus aus im System enthalten sind.

Hinweis: Scannen nach dem Stand der Technik

Papierdokumente können in elektronische Dokumente ohne Beweiskraftverlust übertragen werden, wenn dabei ein Verfahren nach dem Stand der Technik eingesetzt wird. Nach dem E-Government-Gesetz des Bundes stellt die Richtlinie TR-3138 RESISCAN den Stand der Technik dar (vgl. Kapitel 3).

Indizieren der Dokumente

Bei der Indizierung der Dokumente sollte man so weit, wie es technisch möglich und wirtschaftlich sinnvoll ist, auf Automatismen setzen. Eine manuelle Indizierung ist fehleranfällig, vom einzelnen Bearbeiter abhängig und in der Regel zeitintensiv und damit teuer.

Es stehen folgende Methoden für die automatische Indizierung zur Verfügung:

- Barcode-Erkennung
- gespeicherte Werteliste für Indexfelder
- OCR-Erkennung
- Schnittstellen, um die Indizes von Dokumenten bei der Erfassung automatisiert auszulesen und dem DMS als Metadaten zur Verfügung zu stellen

Durch eine Automatisierung wird die Fehlerquote im Vergleich zur manuellen Eingabe in der Regel drastisch gesenkt. Bei der Indizierung sollte genauestens geprüft werden, welche Methode für die Klassifizierung die sicherste ist, auch wenn sich wegen hoher Anfangsinvestitionen zunächst eine kostengünstigere Variante anbietet. An der falschen Stelle zu sparen, kann hier fatale Folgen haben.

Es kann auch sinnvoll sein, verschiedene Techniken miteinander zu koppeln. Als Beispiel sei hier der Barcode in Verbindung mit der Übernahme von Indizes bei späteren Erfassungsvorgängen erwähnt. Beim Eingang des Dokuments wird ein Barcode aufgebracht, der von einer laufenden Nummer bis zu einer konkreten Projektnummer usw. alle relevanten Daten beinhalten kann, die zur ersten Identifikation notwendig sind. Danach wird der Beleg gescannt und z. B. an die Buchhaltung weitergeleitet. Während der Erfassung in die Finanzbuchhaltung werden bestimmte Felder als weitere Indizes definiert und SW-gesteuert dem Dokument hinzugefügt (siehe Abbildung 6–13).

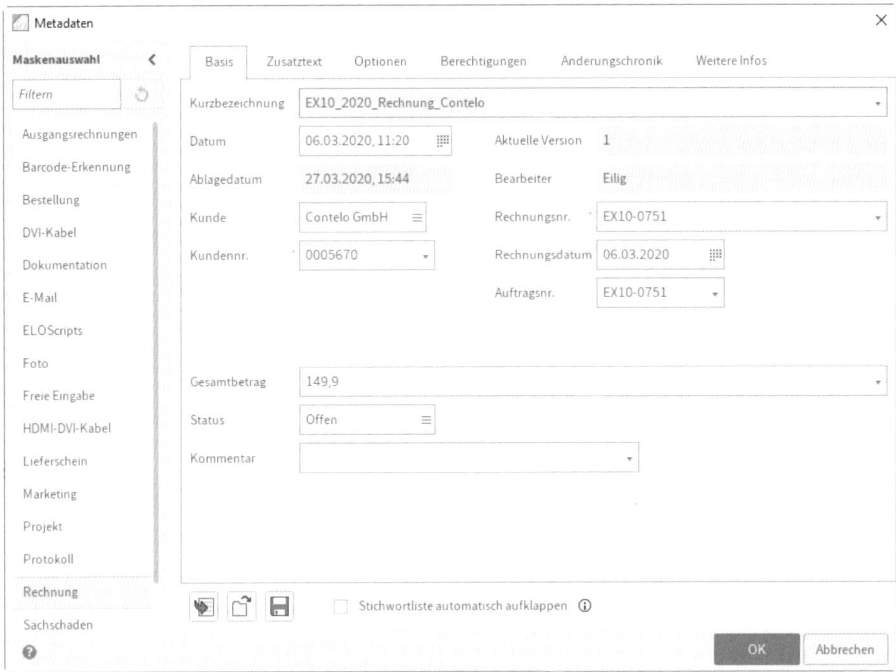

Abb. 6–13 *Erfassung von Metadaten (Quelle: ELO)*

Ein weiteres Beispiel betrifft ausgehende Formulare, die vom Geschäftspartner auszufüllen und zurückzuschicken sind (vgl. hierzu das Thema *Output-Management* in Kapitel 4.4.1.5). Das Formular wird bereits mit einem individuellen Barcode gedruckt. Beim Rücklauf der ausgefüllten Formulare ist es nur noch erforderlich, diese im Stapel einzuscannen und den Barcode auszulesen. Der Barcode ist der Schlüssel zu einer Tabelle in einer Anwendung, wo alle anderen Daten zum Geschäftspartner abgelegt sind (Werteliste). Hieraus werden die Indizes definiert. Alle weiteren Suchbegriffe werden automatisch übernommen. Damit ist das ausgefüllte Formular im Dokumenten-Management-System verfügbar und sofort richtig indiziert.

SAP stellt mit der Funktion *ArchiveLink* eine Möglichkeit zur Verfügung, die Dokumente mit den Vorgängen logisch über eine Tabelle zu verknüpfen. Hierbei wird die Vorgangsnummer (z.B. Buchungsnummer) mit der eindeutigen Dokumenten-ID des DMS in der Tabelle verknüpft. Wählt der Anwender in SAP zu dem Vorgang die Anzeige des Dokuments aus, wird über den Tabelleneintrag das Dokument vom DMS-System angefordert und in der SAP-Anwendung angezeigt.

Auch die Übernahme des gesamten Textes als Volltextindex und die Volltextrecherche müssen bei der Entscheidung berücksichtigt werden. Hierbei besteht die Möglichkeit, nach beliebigen Inhalten eines Dokuments zu suchen. Dem Anwender steht zur Recherche nach einem Dokument mit Ausnahme von sogenannten Stoppwörtern (*der, die, das, und, oder* etc.), die ausgeklammert werden, der gesamte Text zu Verfügung. Hier muss aber mit entsprechender Erfahrung nach Möglichkeit mit booleschen Operatoren (Und, Oder, Nicht, Joker) recherchiert werden, um zu verhindern, dass die Trefferliste zu umfangreich wird.

Durch verbesserte Funktionen des *Text Minings* kann man heute oft schon Eingangspost in bestimmte Kategorien automatisch klassifizieren, wie Bestellungen, Reklamationen, Adressänderungen etc. Je nach System werden selbstlernende und/oder regelbasierte Algorithmen angeboten, die diese Klassifizierung durchführen.

Ferner gibt es Spezialanwendungen, um aus bestimmten Dokumenten, die eine sehr starke Struktur aufweisen (wie z.B. Rechnungen), Inhalte auszulesen und automatisch weiterzuverarbeiten. Dies funktioniert umso besser, je einheitlicher diese Formulare sind, aber gerade bei Rechnungen funktionieren auch Freiformerkennungen sehr gut. Man hat natürlich auch hier die üblichen Probleme, die bei OCR-Verfahren auftauchen. Gut funktioniert dies, wenn man z.B. eine Verknüpfung mit dem Buchhaltungssystem schafft und sofort alle erkannten Felder abgleicht, um festzustellen, ob es z.B. zu der Rechnung eine passende Bestellung (Bestellnummer, Betrag, ...) gibt. Je nach Grad der Übereinstimmung kann man dann die weitere Verarbeitung steuern (im besten Fall »automatische Verbuchung und Bezahlung, sonst Vorlage an Bearbeiter«).

Klassifikation der Dokumente

Nachdem die Ergebnisse der Dokumentenanalyse vorliegen, müssen die Dokumente, die ans Dokumenten-Management-System übergeben werden, klassifiziert werden. Die Klassifizierung muss als unternehmensweites Regelwerk verstanden werden, das einer bestimmten Logik folgt und durch das für alle Benutzer nachvollziehbar virtuelle Ordnerstrukturen angelegt werden können, die erst die Möglichkeit schaffen, Informationen »richtig« abzulegen und wiederzufinden.

In der Regel sind die Hierarchien so aufgebaut, dass der Dokumententyp (Rechnung, Lieferschein etc.) und eindeutige Suchbegriffe (Indizes) für den jeweiligen Dokumententyp (z.B. Rechnung: Rechnungsnummer, Lieferantenschlüssel etc.) in Kombination in eine Erfassungsmaske übertragen werden. Das Wesentliche an der zu erstellenden Struktur der Klassifizierung ist, dass jeder Mitarbeiter, dem die Logik erklärt wurde, in der Lage ist, ein bestimmtes Dokument zu verschlagworten und ins Dokumenten-Management-System abzulegen. Die Recherche bestimmt die Logik und ermöglicht das Wiederauffinden nach demselben Prinzip.

Dazu gibt es noch dokumententypübergreifende Indizes. Dies kann sich z.B. auf bestimmte Vorgänge beziehen: Alle Dokumente zu einer Bestellung (vom Angebot bis zur Rechnung oder gegebenenfalls Mahnung) werden mit einer Bestellnummer versehen. Mithilfe dieser Bestellnummer kann man dann mit einer einzigen Suche alle relevanten Dokumente finden.

Eine Alternative oder eine Ergänzung zur strukturellen Klassifizierung ist das Arbeiten mit Volltextdatenbanken.

1. Ebene	2. Ebene	3. Ebene
Vertrieb	Aufträge	Anfragen Angebote Bestellungen Kundenrechnung ...
	Kundenbetreuung	Rahmenverträge ...
Personal	Verträge	Angestelltenverträge Verträge für Aushilfen Aufhebungsverträge ...

Tab. 6–6 *Klassifizierungstabelle für Dokumente (nach Inhalt)*

Der Aufbau eines Klassifizierungsschemas erfordert sehr viel Sorgfalt, denn ein einmal angewendetes Schema (wie das aus Tab. 6–6) kann man später kaum mehr ändern. Zwar kann man im System diese Änderung leicht durchführen, aber eine Umklassifizierung der archivierten Dokumente ist in der Regel äußerst aufwendig. Wenn neue Dokumente auftauchen, kann man leicht weitere Dokumentenklassen einführen, problematisch ist es aber, wenn man bestehende Klassen weiter differenzieren will oder weitere Metadaten benötigt. Hier kann man nur selten Automatismen nutzen, sondern wird meist eine manuelle Umklassifizierung bzw. Nachindizierung vornehmen müssen.

Bei der Übernahme von Dokumenten aus IT-Systemen ist die Klassifizierung in der Regel voll automatisierbar. Für gescannte Daten gibt es verschiedene Indizierungshilfen, auch um die Fehlerquote so gering wie möglich zu halten. Denn trotz verschiedener Typ- und Plausibilitätsprüfungen kann jede fehlerhafte manuelle Eingabe dazu führen, dass ein Dokument nicht mehr oder nur erschwert wiedergefunden wird.

6.4.6.2 Der Funktionsbereich Ablage

Speicherung der Dokumente

Auch hier entstehen die klassischen Fragen, ob die Bestände zentral oder dezentral gespeichert werden sollen. Ebenso entsteht die Frage, ob man selbst speichert oder Cloud-Services nutzt. Insbesondere wenn in verteilten Organisationen bei einer zentralen Speicherung weite Strecken in öffentlichen Netzen zurückzulegen sind, kann aus Gründen der Übertragungskosten und Performance eine dezentrale Speicherung für Dokumente, die nur lokal benötigt werden, sinnvoll sein. Dies verbindet man oft mit einer Replikation der Bestände zwischen den Servern. Zu bedenken ist aber, dass sowohl die Replikation als auch eine dezentrale Speicherung den Administrationsaufwand erhöhen.

Wenn es sich bei Dokumentenbeständen um sehr große Mengen handelt, ist die Art der Speicherung oft ein stark diskutiertes Thema. Man unterscheidet klassischerweise zwischen:

- **online:** Der Bestand ist im direkten Zugriff. Dies ist in der Regel eine Festplatte. Der Speicherplatz ist hier am teuersten.
- **nearline:** Auf den Bestand kann automatisch zugegriffen werden, es dauert aber etwas länger, da z.B. ein Bandroboter eingesetzt wird.
- **offline:** Der Datenträger ist in keinem automatischen Zugriff, sondern muss erst (in der Regel durch einen menschlichen Operator) in ein Lesegerät eingelegt werden.

Eine Festplatte wird man immer dann einsetzen, wenn eine sehr hohe Performance gefragt ist. Eine revisionssichere Archivierung ist damit in der Regel nicht automatisch gegeben. Hier gibt es aber inzwischen spezielle Konzepte der Hersteller, um durch softwaretechnische Maßnahmen einen Schutz vor Verfälschung und Verlust sicherzustellen. Daher werden heute fast immer reine Festplattenlösungen umgesetzt, da die Kosten für Festplatten stark gesunken sind und diese im Gegensatz zu früher oft verwendeten Jukeboxen für optische Datenträger weniger fehleranfällig sind.

Die Nearline-Version auf optischen Datenträgern mit Jukeboxen war früher die am häufigsten anzutreffende Installation bei der Dokumentenarchivierung. Sie erschien als annehmbarer Kompromiss zwischen Kosten und Performance. Durch ein »intelligentes« Caching von aktuell benutzten Dokumenten auf einer Festplatte lässt sich die Performance im Allgemeinen deutlich verbessern. Heute setzt man mehr auf Festplattensysteme, die durch spezielle software- oder hardwaretechnische Vorrichtungen WORM-Eigenschaften haben (wie z.B. Systeme auf Basis von *Content Addressed Storage*).

Eine Offline-Lösung sollte man nur für Bestände nutzen auf die praktisch nie mehr zugegriffen wird (z.B. abgeschlossene Geschäftsvorfälle, die höchstens noch bei einer Steuerprüfung benötigt werden).

Für die Zukunft erhofft man sich viel von Flash-Speichern – insbesondere bei langfristiger Archivierung. Diese sollen haltbarer sein, insbesondere da sie keine beweglichen mechanischen Komponenten aufweisen. Aktuell werden sie aber meist nicht in Betracht gezogen, da die Preise im Vergleich zu herkömmlichen Festplatten noch recht hoch sind.

Langzeitarchivierung

Ein Sonderthema ist die Langzeitarchivierung. Im Zusammenhang mit bestimmten Dokumenten entsteht unweigerlich die Frage, wie lange diese Dokumente archiviert werden müssen. Gerade bei Dokumenten, die z.B. langlebige technische Anlagen (Kraftwerke, Fabrikationseinrichtungen), rentenrelevante Unterlagen oder bestimmte medizinische Daten betreffen, entsteht die Notwendigkeit, diese Dokumente mehrere Jahrzehnte aufzubewahren.

Hier stößt man auf mehrere Probleme:

- Die Datenträger altern und man kann nicht davon ausgehen, dass diese so lange wie jeweils erforderlich fehlerfrei die Daten speichern.
- Speicherformate und die Codierung von Dokumenten ändern sich.
- Die Hardware der IT-Systeme veraltet und wird in der Regel spätestens nach 3 bis 5 Jahren getauscht.
- Die Software existiert zwar oft länger, wird aber immer wieder modifiziert und wandelt sich daher auch.
- Die logische Struktur der Dokumentenablage ändert sich.

Daraus ergeben sich unterschiedliche Bereiche, die davon betroffen sind: Gerade im CI-Bereich ändern sich die Dokumentenformate sehr schnell: Wer kann heute noch ein PC-TEXT4-Dokument oder ein Word-für-DOS-Vers.2 lesen? Aber auch bei den Datenträgern kommt man schnell an Altersgrenzen. Diskettenlaufwerke sind z.B. inzwischen ausgestorben; CD- bzw. DVD-Laufwerke ereilt derzeit das gleiche Schicksal.

Man sieht, dass in diesem Sinne »langfristig« bereits Zeiträume von 5 bis 10 Jahren betrifft. Die meisten betriebswirtschaftlichen Dokumente, die im Allgemeinen zehn Jahre aufzubewahren sind, sind hiervon schon betroffen! Der Großteil der Dokumente überlebt also den gegenwärtigen Technikzyklus und ist daher in diesem Sinne langfristig aufzubewahren.

Wenn man über langfristige Speicherung nachdenkt, muss man sich zunächst darüber klar werden, zu welchem Zweck das Dokument aufzubewahren ist:

- Kommt es auf die genaue Darstellungsform an? Muss es exakt in der optischen Erscheinung wiedergegeben werden, wie es ursprünglich aussah?
- Ist der Inhalt das eigentlich Wichtige? Will man mit Automatismen den Inhalt recherchieren und gegebenenfalls weiterbearbeiten?

Es ist natürlich möglich, dass beides notwendig ist. Man muss auch berücksichtigen, dass man sowohl die Dokumente als auch die Metadaten über die Zeit retten muss. Daher betreffen die hier geschilderten Probleme nicht nur das Archiv- und Dokumenten-Management-System, sondern genauso auch das Datenbanksystem, das für die Speicherung der Metadaten verwendet wird.

Welche Maßnahmen kann man ergreifen, damit man später die Dokumente noch nutzen kann?

Das relativ einfachste Problem stellt die Haltbarkeit der Datenträger dar. Hier muss man immer wieder auf neue Datenträger kopieren und Sicherungskopien anlegen. Dies verursacht zwar Aufwand, ist aber technisch unproblematisch und planbar. Alles andere ist komplexer und man muss verschiedene Szenarien durchdenken.

Theoretisch könnte man alle alten Systeme betriebsbereit halten und immer wieder nutzen, um alte Dokumente zu recherchieren etc. Es dürfte rasch einsichtig sein, dass dies praktisch nie gangbar ist: Für alte Systeme gibt es keine Wartung und Ersatzteile mehr, und das Know-how für ihre Bedienung verschwindet mit den pensionierten Mitarbeitern. Wenn man alte Dokumente weiter nutzen will, dann taucht sehr schnell das Problem auf, diese mit neuen Informationen zu verknüpfen.

Damit bleibt praktisch nur die Migration der Dokumente auf die neue Umgebung. Damit umgeht man alle oben genannten Probleme. Dies ist aber zunächst sehr aufwendig und auch fehleranfällig. Ein derartiger Umstieg muss dann in engem zeitlichem Zusammenhang mit der Einführung des neuen Systems erfolgen Dabei ist darauf zu achten, dass die Revisionssicherheit erhalten bleibt (siehe Kapitel 3). Es besteht dabei immer die Gefahr, dass gewisse Informationsverluste auftreten:

- Metadaten gehen verloren.
- Strukturelle Zusammenhänge zwischen den Dokumenten lassen sich nicht mehr so darstellen.
- Das Layout der Dokumente verändert sich.

Dies wird umso schwieriger, je »individueller« das Altsystem aufgebaut ist und je weniger Dokumentation und/oder Know-how-Träger zur Verfügung stehen.

Obige Punkte zeigen auch deutlich, dass die oft geführte Diskussion, wie lange die Datenträger halten, nur einen kleinen und relativ gut beherrschbaren Teil des Problems ausmacht!

Wie kann man sich also effektiv auf eine Migration vorbereiten?

- **Speicherformate der Dokumente:** auf gängige Standards achten
- **Datenbank:** auf gängige Standards achten
- **Dokumentation der Systeme:** Sie muss fachlich und technisch vollständig sein und muss bei Änderungen im System immer wieder zuverlässig aktualisiert werden.
- **Keine Kopfmonopole bei den Mitarbeitern entstehen lassen:** Insbesondere auch darauf achten, dass beim Ausscheiden von wichtigen Mitarbeitern schon vorher ein möglichst umfassender Know-how-Transfer stattgefunden hat.
- **Bei der Einführung schon richtig vorausplanen**, damit man nicht zu schnell wechseln muss: Stickworte sind hier die Ausbaufähigkeit des DMS, die Einhaltung von Standards, die Überlebensfähigkeit des Herstellers und die Produktpolitik des Herstellers.

Diese Probleme sind sehr eng verwandt mit den Aufgaben, die entstehen, wenn man das technische System wechseln muss, weil z.B. der Hersteller des alten Systems vom Markt verschwindet und es daher keine Betreuung und Weiterentwicklung mehr gibt oder weil das bestehende System neue Anforderungen nicht mehr erfüllen kann. Auch aus diesen Gründen muss man auf eine Migration der Dokumente auf ein neues System vorbereitet sein.

Ein besonderes Problem entsteht, wenn man Dokumente mit einer elektronischen Signatur migrieren muss und dabei das Dokumentenformat ändern will. Die Signatur passt nämlich nur zum Dokument mit dem alten Format – bei dem neuen Format kann man die Signatur nicht mehr prüfen. Deswegen muss man besonders dokumentierte Verfahren verwenden, um später den Nachweis zu haben, dass die Dokumente weiterhin unverändert sind. Hierbei wird man oft neu signieren. Letzteres ist oft auch erforderlich, wenn man befürchten muss, dass die alten Zertifikate unsicher[4] werden.

Revisionssichere Archivierung

Wenn man mit einem elektronischen System bestimmte Papierarchive und -belege ersetzen will, dann muss das Archiv oft revisionssicher sein. Nur dann wird es z.B. vom Finanzamt anerkannt. Der VOI hat als Fachverband der Anbieter von Dokumenten-Management- und elektronischen Archivierungssystemen zehn Merksätze für eine sichere, ordnungsgemäße Archivierung herausgegeben (siehe Tab. 6–7):

1. Merksatz	Jedes Dokument muss unveränderbar archiviert werden.
2. Merksatz	Es darf kein Dokument auf dem Weg ins Archiv oder im Archiv selbst verloren gehen.
3. Merksatz	Jedes Dokument muss mit geeigneten Retrievaltechniken wiederauffindbar sein.
4. Merksatz	Es muss genau das Dokument wiedergefunden werden, das gesucht worden ist.
5. Merksatz	Kein Dokument darf während seiner vorgesehenen Lebenszeit zerstört werden können.
6. Merksatz	Jedes Dokument muss in genau der gleichen Form, wie es erfasst wurde, wieder angezeigt und gedruckt werden können.
7. Merksatz	Jedes Dokument muss zeitnah wiedergefunden werden können.
8. Merksatz	Alle Aktionen im Archiv, die Veränderungen in der Organisation und Struktur bewirken, sind derart zu protokollieren, dass die Wiederherstellung des ursprünglichen Zustandes möglich ist.
9. Merksatz	Elektronische Archive sind so auszulegen, dass eine Migration auf neue Plattformen, Medien, Softwareversionen und Komponenten ohne Informationsverlust möglich ist.
10. Merksatz	Das System muss dem Anwender die Möglichkeit bieten, die gesetzlichen Bestimmungen (BDSG, HGB/AO etc.) sowie die betrieblichen Bestimmungen des Anwenders hinsichtlich Datensicherheit und Datenschutz über die Lebensdauer des Archivs sicherzustellen.

Tab. 6–7 *Merksätze für die revisionssichere Archivierung*

4. Das Bundesamt für Sicherheit in der Informationstechnik (BSI) gibt hierzu Empfehlungen, wie Schlüssellänge.

Diese Merksätze können als Richtschnur für die Systemgestaltung dienen. Wichtig ist hier zu erkennen, dass es keine revisionssicheren DMS-Systeme gibt, sondern nur Systeme, mit deren Hilfe man eine revisionssichere Gesamtlösung aufbauen kann. Eine revisionssichere Archivierung ist mehr als nur ein bestimmtes Produkt: Sie umfasst auch die Organisation und Implementierung in der konkreten Unternehmung. In Hinblick auf die »revisionssichere Archivierung« gilt, dass für jede individuelle Anwendung eine Verfahrensdokumentation benötigt wird, die den gesamten Prozess, die Organisation und die technische Lösung beinhaltet. Diese Lösung muss Folgendes gewährleisten:

- Ordnungsmäßigkeit
- Schutz vor Veränderung und Verfälschung
- Sicherung vor Verlust
- Nutzung nur durch Berechtigte
- Einhaltung der Aufbewahrungsfristen
- Dokumentation des Verfahrens
- Nachvollziehbarkeit
- Prüfbarkeit

Auch dies muss von Anfang an geplant und konzipiert werden. Entsprechende Spezifikationen des Systems müssen vom Hersteller angefordert und bereitgestellt werden. Ein Gesamtkonzept aus Technik und Organisation ist zu beschreiben. Diese Lösung muss dann noch (z.B. durch einen Wirtschaftsprüfer) abgenommen werden. Daher sollte man den Wirtschaftsprüfer frühzeitig einbinden. Die Anforderung und das System werden sich wandeln – dies ist als Prozess zu begreifen, und entsprechend muss künftig die Verfahrensdokumentation immer gepflegt werden. (Zu den damit verbundenen Rechtsfragen siehe Kapitel 3.)

Wahl des Speicherformats

Eine weitere wichtige Frage ist, in welchem Format die Dokumente zu speichern sind. Folgende Kriterien spielen dabei eine wichtige Rolle:

1. Wie lange muss das Dokument archiviert werden?
2. Muss das Dokument später noch mal bearbeitet werden?
3. Muss das Dokument unverändert angezeigt werden?

Wenn man Dokumente langfristig archivieren muss, dann benötigt man langfristig stabile Formate. Über lange Zeit nutzte man dazu das TIFF-Format, das ursprünglich eigentlich für die Übermittlung von Telefaxen entwickelt wurde. Dieses Format hat einige systembedingte Nachteile, wie einen hohen Speicherbedarf. Ursprünglich war es mit diesem Format nur möglich, nur eine Seite pro Datei zu speichern und man konnte nur Schwarzweiß-Dokumente anlegen. Im Laufe der

Jahre hat sich das zwar gebessert, aber trotzdem bleiben Nachteile. Da es ein reines Bildformat ist, kann man hier nicht ohne Weiteres eine Volltextsuche nutzen, sondern muss erst eine fehleranfällige Konvertierung mittels OCR durchführen.

Seit einigen Jahren setzt man stattdessen das PDF-Format ein. Dieses ist in der Variante PDF/A inzwischen standardisiert und für die Langzeitarchivierung optimiert. Dieses Format kann CI-Dokumente ablegen, ist also für eine Volltextsuche geeignet. Es hat auch weitere Vorteile: So können elektronische Signaturen eingebettet werden, und Viewer sind kostenfrei und überall verfügbar.

Aber beide Formate haben den Nachteil, dass Dokumente im jeweiligen Format nicht weiter bearbeitet werden können. Für diesen Zweck muss man andere Formate nutzen, wie die Originalformate der Applikationen (wie *.doc*, *.docx*, *.xlsx*, *.xml* oder andere). Das Problem hier ist, dass diese nicht langfristig stabil sind und nach einigen Jahren möglicherweise nicht mehr verarbeitbar sind und konvertiert werden müssen. Wenn es nicht notwendig ist, dass das ursprüngliche Layout erhalten bleibt, kann man auch ganz einfache Formate wie ASCII für Texte nutzen. Dieses Format gibt es schon sehr lange und es wird auch noch länger verarbeitbar sein. Bei ihm treten aber oft Probleme mit den sprachspezifischen Sonderzeichen auf.

Ein weiteres Thema ist die unveränderte Anzeige des Dokuments. Ein Problem der meisten Formate ist, dass die Darstellung der Dokumente vom jeweiligen Programm oder der jeweiligen Programmversion abhängig ist, dass Schriften oder andere Elemente dynamisch aus der jeweiligen Systemumgebung geladen werden und dass es daher keine Gewähr für die unveränderte Anzeige gibt. Besser geeignet sind hier wieder die Formate TIFF und PDF/A.

Es gibt oft die Situation, dass es verschiedene widersprüchliche Anforderungen gibt. Dann kann man die Dokumente in mehreren unterschiedlichen Formaten (sogenannte *Renditions*) speichern. Zur Sicherstellung der Bearbeitbarkeit kann man das Dokument im ursprünglichen Dokumentenformat, z. B. *.docx* speichern, gleichzeitig aber das Dokument in PDF/A konvertieren und zusätzlich in diesem Format speichern, um die langfristige Archivierung im ursprünglichen Layout sicherzustellen.

6.4.6.3 Der Funktionsbereich Ausgabe

Hier ist festzulegen, wo und in welcher Form die Dokumente angeschaut, auf Papier reproduziert oder versandt werden können. Auch dies muss entsprechend analysiert und geplant werden. Dazu müssen die Nutzer und deren Arbeitsweise untersucht werden. Ähnlich wie bei der Eingabe gibt es unterschiedliche Möglichkeiten:

- **Präsentation auf dem Bildschirm:** Die Bildschirmgröße und die Auflösung sind wichtig, und die Darstellung auf mobilen Devices (wie Handys) wird immer wichtiger.
- **Ausdruck:** Auflösung des Druckers, Papierformate, Farbe oder S/W

- **Versand per E-Mail oder Fax:** meist über eine Standardschnittstelle
- **Übernahme in eine andere Applikation:** wie Content-Management; Schnittstellen spezifizieren

Dazu ist es wichtig, festzulegen, wie ein Dokument gesucht werden kann, ob dies mit dem DMS-Client erfolgt oder mithilfe einer anderen Anwendung. Eng verbunden damit ist die Frage, wer das Recht hat, ein bestimmtes Dokument zu suchen und anzuzeigen (vgl. dazu Abschnitt *Berechtigungskonzept*).

6.4.6.4 Der Funktionsbereich »Administration«

Wie jedes System verfügt auch ein DMS über administrative Funktionalitäten. Diese unterscheiden sich prinzipiell nicht von denen anderer IT-Systeme, da es aber einige Besonderheiten gibt, werden diese hier noch explizit angesprochen.

Berechtigungskonzept

Wie für jede IT-Anwendung wird auch für ein DMS ein Berechtigungskonzept benötigt. Aufgrund der Art der zu verwaltenden Objekte (Dokumente) ergeben sich einige Besonderheiten. Dargestellt wird dies hier anhand einer komplexen Rechtevergabe in einem DMS. (Das Beispiel in Tab. 6–8 ist an das Produkt *Documentum* angelehnt.)

Recht	Beschreibung
Keines	Der Benutzer hat keine Rechte an dem Dokument.
Suchen	Der Benutzer kann die Metadaten des Dokuments sehen und lesen, kann aber den Inhalt des Dokuments nicht lesen.
Lesen	Der Benutzer kann den Inhalt des Dokuments lesen.
Relation	Der Benutzer kann Relationen zum Dokument (Anmerkungen, Notizen) zum Dokument erstellen.
Version	Der Benutzer kann das Dokument nach Veränderungen nur als neue Version erstellen.
Schreiben	Der Benutzer kann das Dokument nach Veränderungen auch als gleiche Version zurückschreiben.
Löschen	Der Benutzer kann das Dokument löschen.
Status	Der Benutzer kann den Dokument-Lifecycle-Status des Dokuments ändern.
Rechte	Der Benutzer kann die Basisrechte des Dokuments ändern.
Besitzer	Der Benutzer kann den Besitzer des Dokuments ändern.
Prozedur	Der Benutzer kann die mit dem Dokument verbundene externe Prozedur aufrufen.
Ablageort	Der Benutzer kann den Ablageort des Dokuments verändern.

Tab. 6–8 *Berechtigungen in einem DMS*

Natürlich bieten nicht alle Systeme derart umfangreiche Berechtigungskonzepte an. Daher muss bei der Produktauswahl auf das Nötige geachtet werden.

Wichtig ist die **Integration des Berechtigungssystems** des DMS in die anderen Berichtigungssysteme (siehe Abbildung 6–14). Dabei müssen folgende Punkte beachtet werden:

- Ein automatischer Abgleich mit dem übergeordneten Rechtesystem (wie LDAP, Active Directory) muss erfolgen.
  - Egal ob man direkt über das DMS auf Dokumente zugreift oder über ein anderes System, die Rechte dürfen nicht auseinanderlaufen.
  - Es soll versucht werden, für den Benutzer ein Single Sign-On zu erreichen.
  - Es ist zu prüfen, ob man das Ganze mit einer Lösung für elektronische Signatur verbinden sollte.[5]

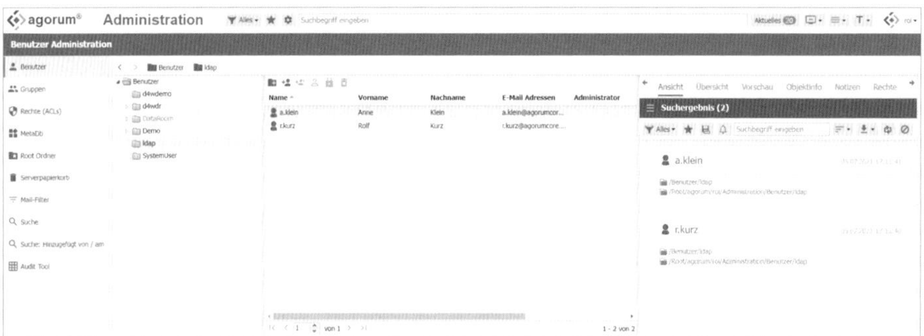

Abb. 6–14 *Synchronisierung mit LDAP (Quelle: Agorum)*

Integrationskonzept

Die Integration des DMS in andere IT-Anwendungen ist ein wichtiges Thema, um die Wirtschaftlichkeit und Akzeptanz des Systems sicherzustellen. Ein wesentlicher Aspekt ist dabei die Entscheidung, welches System jeweils das führende ist:

- **DMS als führendes System**
  Dies ist ein stark dokumentenzentrierter Ansatz. Der Anwender arbeitet primär mit dem DMS und kann aus ihm heraus alle anderen dokumentenverarbeitenden Anwendungen starten. Dies bietet sich vor allem dann an, wenn der Anwender sehr stark dokumentenorientiert arbeitet (z.B. Erstellung von Dokumentationen, Fachartikeln etc.)

5. Dies kann z.B. davon abhängen, ob man für die Nutzer auch eine elektronische Signatur für das Signieren von Dokumenten benötigt.

- **Andere Anwendung als führendes System**
  In diesem Fall ist das DMS ein Service, der anderen Anwendungen seine Funktionalitäten zur Verfügung stellt. Dies ist dann sinnvoll, wenn die Arbeit mit Dokumenten nur ein Teilaspekt der Arbeit ist und andere Aktivitäten im Vordergrund stehen (z.B. Buchhaltung). Diese Form ist im Rahmen von SOA und Webservices heute am weitesten verbreitet.

Eng verbunden ist damit ein weiterer Aspekt: Prinzipiell gibt es zwei Möglichkeiten, die archivierten Dokumente zu verwalten:

- **Das DMS verwaltet die Metadaten**
  Alle Dokumente, die im DMS abgelegt werden, erhalten im DMS die Metadaten. Zugriffe vonseiten der Anwendungen oder direkt erfolgen mithilfe dieser Metadaten. In einer derartigen Architektur »kennt« das DMS alle Dokumente fachlich, und man kann anwendungsübergreifende Dokumentenstrukturen aufbauen, die einen sehr guten Rundumblick auf die Geschäftsobjekte (wie Kunden, Produkte, Anlagen etc.) bieten, unabhängig davon, in welchem Kontext diese Dokumente entstanden sind.
- **Fachanwendung verwaltet die Metadaten**
  Hier wird das DMS auf die Rolle eines »dummen« Archivs reduziert. Die jeweilige Fachanwendung legt im DMS ihre Dokumente ab und erhält vom DMS/Archiv eine (technische) Dokumentennummer. Der spätere Zugriff erfolgt hier nur über die Fachanwendung, da man nur in dieser Fachanwendung die Dokumente suchen kann. Die Fachanwendung holt dann das Dokument mithilfe der Dokumentennummer aus dem Archiv. Zu finden ist eine derartige Lösung z.B. öfter im SAP-Umfeld (siehe Abbildung 6–15). Eine solche Lösung ist meist einfacher zu implementieren und ermöglicht rasche Dokumentenzugriffe. Dabei entstehen aber folgende Nachteile:
  - Man kann das Dokument nur mithilfe der Fachanwendung finden.
  - Es können keine anwendungsübergreifenden Dokumentenstrukturen aufgebaut werden, da jede Anwendung nur »ihre« Dokumente kennt.
  - Möglicherweise kann es beim Austausch der Anwendung zu größeren Problemen bei der Migration der Metadaten kommen.

Des Weiteren gibt es hier natürlich noch eine Vielzahl weiterer Integrationsthemen, wie Datenbank, Netzwerk, Konvertierungen, Schnittstellen zu anderen Systemen etc.

Wichtig ist dabei immer, dass die organisatorischen Prozesse und die IT-Verknüpfung möglichst durchgängig und automatisiert sind. Dadurch lässt sich einerseits bei den Mitarbeitern eine gute Akzeptanz und andererseits eine hohe technische Sicherheit erreichen.

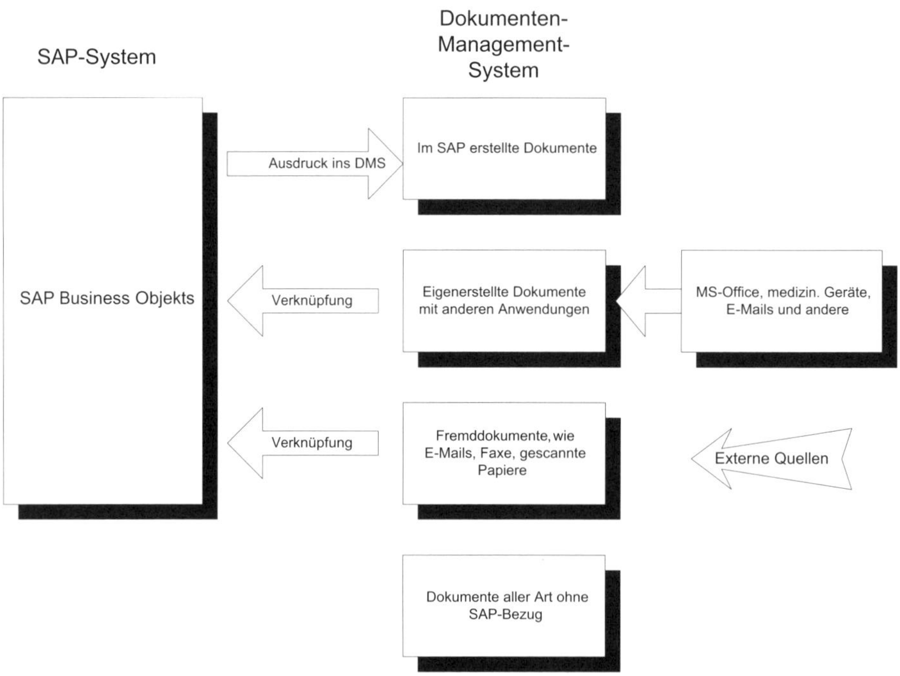

Abb. 6–15 *Integration des DMS mit SAP R/3*[6]

Das Betriebskonzept

Außerdem muss entschieden werden, wie das DMS betrieben werden soll. Die verschiedenen Varianten lassen sich wie in einer vereinfachten Übersicht darstellen (siehe Tab. 6–9):

	Eigenbetrieb	Outsourcing	Cloud
Wer definiert das System?	Nutzer	Nutzer	Dienstleister
Wer betreibt das System?	Nutzer	Dienstleister	Dienstleister
Welche Leistungen zahlt der Nutzer?	Investitionen und Betriebskosten	Bereitstellung des Dienstes	Entsprechend der Nutzung

Tab. 6–9 *Alternativen für ein Betriebskonzept*

6. Oft wird mit SAP auch die sogenannte SAP-Datenarchivierung im Zusammenhang mit einem DMS erwähnt. Die Datenarchivierung nutzt aber nur ein Archivsystem, um nicht mehr benötigte SAP-Daten auszulagern. Dies kann das gleiche Archivsystem sein, das auch das DMS nutzt. Mit dem DMS direkt hat das aber nichts zu tun!

Während sich jedoch beim »normalen Outsourcing« die Hardware und die Softwareanwendungen im Besitz des Kunden befinden, ist der Anbieter von Cloud-Leistungen Eigentümer der Hardware und der Softwarelizenzen.

Unter dem Begriff **Cloud** werden verschiedene Varianten eines Betriebskonzeptes zusammengefasst, das die bekannten Konzepte des Outsourcings und des Application-Service-Providings weiterentwickelt. Hierbei kann man prinzipiell drei Grundformen unterscheiden:

- Software as a Service (SaaS)
- Infrastructure as a Service (IaaS)
- Platform as a Service (PaaS)

Bei **SaaS** werden einzelne Anwendungen bereitgestellt. Das kann z.B. ein Dokumenten-Management-System sein. Der Anwender kann in der Regel nur bestimmte Konfigurationseinstellungen ändern. Er hat keinen Einfluss auf Betriebssysteme oder andere Infrastukturkomponenten. Bei **PaaS** wird eine Laufzeit- oder Entwicklungsumgebung bereitgestellt. Der Nutzer kann hier selbst Software installieren, testen oder entwickeln. Er kann in begrenztem Umfang die Parameter dieser Plattform anpassen. Bei **IaaS** wird im Prinzip nur die Hardware bereitgestellt. Der Nutzer kann hier selbst Betriebssysteme und weitere Software installieren.

Ein DMS als Ganzes in die Cloud zu stellen und es als *Software as a Service* (SaaS) zu nutzen, stellt das einfachste und unflexibelste Modell dar und wird von vielen DMS-Herstellern als Sprungbrett in den Cloud-Markt genutzt. Bei diesem Modell stellen einzelne Anbieter ihre monolithischen Systeme in einem Rechenzentrum bereit und vermarkten die nur im geschlossenen Verbund funktionierenden DMS-Funktionen als Cloud-Dienst. Obwohl auch hier meist die Option besteht, dynamisch Ressourcen hinzuzubuchen, wird ein späterer Wechsel zu einem alternativen Anbieter oder das Auslagern von Einzeldiensten (z.B. Scanning, Backup oder Dokumentenumwandlung) nur mit großer Anstrengung möglich sein.

Ein DMS soll oft sehr stark in die IT-Landschaft integriert werden, um verschiedenste Anwendungen zu unterstützen. Dies kann bei SaaS oft schwierig werden, da dort die Möglichkeiten begrenzt sind, das DMS auf die eigenen Bedürfnisse »zuzuschneiden«. Hier muss man seine eigenen Anforderungen und die Möglichkeiten, die der Anbieter der Cloud-Lösung zulässt, genau prüfen. Die größten Freiheitsgrade hat man bei IaaS; dies ist aber dann keine DMS-Cloud mehr. Auch die Abwicklung der Dokumentenprozesse folgt engen Bahnen, und man muss gegebenenfalls die eigenen Prozesse an das System anpassen.

Der komponentenorientierte Ansatz, bei dem nur Einzelfunktionen aus der Cloud genutzt werden, stellt die flexibelste Lösung im Hinblick auf Funktion und Kosten dar. Man spricht hier von der *Platform as a Service* (PaaS). Zu den DMS-Auslagerungskandidaten in die Cloud, zu denen auch heute schon etliche Implementierungen verfügbar sind, zählen folgende Komponenten:

- **Document-Repository:** zur Dokumentenablage in gesicherter und optimierter Form
- **Archive:** zur Langzeitarchivierung mit Retention Management und abgesicherter Online-Bereitstellung der Dokumente
- **Backup:** zur verschlüsselten Ablage einer Sicherungskopie. Viele Backup- und Datenbankanbieter bieten bereits Konnektoren, um die großen Datenmengen bei Cloud-Anbietern abzulegen.
- **Document Imaging and Capture:** zur Dokumentenerfassung und für den notwendigen Formatwandel
- **Document Viewer:** OnDemand-Aufbereitung des Contents in das gewünschte Enduserformat (PDF, HTML5, PIC, ...)
- **Scan und Indizierung:** Erfassung und Ablage der Dokumente
- **Dokumentensignatur:** Identitätssicherstellung
- **Workflowsysteme:** Prozessautomatisierung und Verwalten des Dokumentenlebenszyklus
- **Analytic:** sematische Analyse des unstrukturierten Contents u.a. für Business Intelligence und semantische Verlinkung

Mit diesen PaaS-Einzeldiensten ergeben sich nun neue Möglichkeiten, ein Dokumenten-Management-System aufzubauen. Monolithisch ausgeprägte Systeme der Einzelanbieter, bei denen viele gekaufte Funktionen nicht genutzt werden oder fehlende Funktionen nachimplementiert werden müssen, sind damit hinfällig. In der Cloud sind heute 80 % der benötigten Standardroutinen verfügbar, wie die sichere Dokumentablage mit erweiterten Metadaten um auf diese dauerhaft und sicher auch in ferner Zukunft effizient zugreifen zu können. Wenn die Anbindung per Webservice oder RESTful Service erfolgt, sind keine zusätzlichen APIs notwendig, und die Integration in beliebige lokale Systeme ist leicht möglich.

Cloud-Lösungen werden sich daher zuerst für das Web-Content-Management oder klar definierte Aufgaben im Bereich des Input-Managements, der Dokumentenkonvertierung und der Archivierung durchsetzen. Im Gegensatz dazu eignet sich *Business Process Management* (BPM) meistens sehr schlecht für einen Betrieb in der Cloud, da es eine sehr hohe Integration in die eigene IT-Landschaft erfordert und optimal auf die eigenen Geschäftsprozesse abgestimmt sein muss.

Ein weiterer wichtiger Punkt ist die Beachtung von deutschen Gesetzen und Regeln. Cloud-Lösungen, die im Ausland betrieben werden und von Anbietern betreut werden, die ihren Sitz im Ausland haben, gewährleisten dies nicht immer. Ein Nutzer muss sich versichern, dass die relevanten Gesetze eingehalten werden. Das gilt auch für die Themen Datensicherheit und Datenschutz. Manche Staaten beanspruchen Zugriffsrechte auf alle gespeicherten Daten. Wenn man nicht genau weiß, wo die eigenen Daten gehostet werden, geht man hier unkalkulierbare Risiken ein.

Das Sicherungskonzept

Die Sicherung der Dokumente ist nicht unbedingt als Teil des Dokumenten-Management-Systems zu betrachten. Es muss aber allen Beteiligten klar sein, dass es sich hier um eine IT-Anwendung handelt, die wie alle anderen auch administriert und gesichert werden muss. Daher muss auch für ein DMS ein Sicherungskonzept erstellt werden. Ein Problem ist meistens, dass es sich um derart große Mengen handelt, dass sie nicht ohne Weiteres nebenbei mitgesichert werden können. Im Rechenzentrum müssen daher oft weitere Sicherungskapazitäten aufgebaut werden.

Ein weiteres Problem ist häufig, dass das DMS die Dokumente oft in einer eigenen Datenstruktur verwaltet, sodass alle Dokumente aus Sicht des Betriebssystems und der Sicherungssoftware als eine große Datei erscheinen. Dies hat zwar bestimmte Vorteile in Bezug auf die Performance und Revisionssicherheit, bewirkt aber, dass mit den normalen Sicherungsmechanismen sich nur komplette Backups erstellen lassen und ein Recovery die komplette Dokumentenbasis erstellt.

In diesem Zusammenhang ist das Thema Verfahrensdokumentation wichtig, das in Kapitel 3 ausführlich behandelt wird.

6.4.7 Ausschreibung und Auswahl der Systeme

Eine Ausschreibung (nach unserer Erfahrung reicht in der Regel die Einbeziehung von 3 bis 5 Anbietern) enthält jetzt alle Forderungen und Informationen, die per Definition zur technischen Unterstützung der Geschäftsprozesse durch das Dokumenten-Management-System notwendig sind.

Alle Details sind in verschiedenen Projektphasen erarbeitet worden und im Pflichtenheft dokumentiert. Äußerst wichtig sind auch Fragen an die Anbieter zu:

- Qualitätssicherung
- Versions-/Konfigurationsmanagement
- Migrationsmanagement
- Datenschutz- und Datensicherheitsaspekten

Bei der Auswahl eines Systems ist es generell wichtiger, dass es in die bestehende Infrastruktur passt, die geforderte Rechteverwaltung leistet und wichtige Schnittstellen bedienen kann, als dass einzelne Detailfunktionen, wie z.B. bestimmte Viewer, mit angeboten werden. Letztere können meist leicht »nachgerüstet« werden.

Oft wird auch angeführt, dass die Systeme zertifiziert sind. Dieses Thema wird in Kapitel 3 behandelt.

6.4.7.1 Systeme evaluieren

Es gibt unterschiedliche Möglichkeiten, um die angebotenen Systeme zu bewerten (siehe Tab. 6–10):

Alternativen der praktischen Begutachtung	Tests von Einzelfunktionen beim Anbieter	Probeinstallation im eigenen Haus[a]	Referenzinstallationen besichtigen
Zweck	Gezielte Erprobung bestimmter Funktionen	Umfassender Überblick über das Gesamtsystem	Erfahrungen einholen; Anwendungsfälle begutachten
Aufwand	Mittel (je nach nötiger Vorbereitung)	Sehr hoch	Gering
Anmerkung	Die Vergleichbarkeit mit der späteren eigenen Installation ist schwierig.	Wegen des hohen Aufwands läuft man Gefahr, die Entscheidung schon verwegzunehmen.	Der Anbieter wird sicher nur gut funktionierende Systeme vorstellen.
Empfehlung	Gut geeignet, wenn man gezielt kritische Funktionen prüfen will.	Nur in Ausnahmefällen, wenn das Funktionieren des Systems für das Unternehmen äußertst kritisch ist.	Da das Besichtigen von Referenzinstallationen einen geringeren Aufwand bedeutet, sollte man das immer machen. Versuchen Sie, bei den Anwendern »zwischen den Zeilen zu lesen«.

a. Dies ist im Prinzip ein *Proof of Concept* durch eine Testinstallation, der sehr sorgfältig vorbereitet und durchgeführt werden muss. Nur so lässt sich der Aufwand rechtfertigen.

Tab. 6–10 *Alternativen der Systemevaluation*

Man wird immer im Einzelfall entscheiden, welche Möglichkeiten man wie nutzt. Eine vollständige Absicherung der Entscheidung kann man nie erreichen.

Wenn verfügbar, sollte man auf jeden Fall Demoversionen testen – wenn möglich mit eigenen Dokumenten und Dateien. Einige Hersteller haben hier oft spezielle Versionen mit reduziertem Leistungsumfang, die bereits einen ersten Eindruck von der Leistungsfähigkeit des gesamten Systems oder zumindest einzelner Module vermitteln können.

Die Tests sind sehr genau durchzuführen. Sie finden in der Regel beim Hersteller statt. Selbst wenn der Anbieter für diesen Test seine Leistung verrechnet, sollte bei der Größenordnung eines DMS-Projekts hierfür ein Budget geplant werden. Die Praxis zeigt übrigens, dass der Lieferant die Kosten hierfür häufig bei der Auftragserteilung zumindest teilweise verrechnet.

Nochmals sei darauf hingewiesen, dass Referenzadressen unverzichtbar sind. Die Rücksprache mit den Betreibern, die bereits ihre Erfahrungen gemacht haben, erspart häufig Ärger und Kosten und führt zu weiteren Erkenntnissen, die die Einführung eines Dokumenten-Management-Systems erleichtern können. Möglicherweise sind solche Kontakte auch der Ansatz für firmenübergreifende Nutzergruppen. Der entstehende Informationsaustausch nutzt in der Regel allen Beteiligten.

Wenn der Anbieter ausgewählt wurde, müssen alle weiteren Kriterien für die Softwareüberlassung und alle sonstigen Leistungen vertraglich geregelt werden.

6.4.7.2 Budgetplanung

Die Budgetplanung erfolgt analog zu anderen komplexen IT-Projekten. Eine typische Kostenstruktur kann wie folgt aussehen:

- Hardware (zentrale Einrichtungen): 10 %
- Software (Lizenzen): 30 %
- Consulting (Organisation, Individual-SW): 60 %

Je nach Struktur und Komplexität kann diese Kostenverteilung natürlich variieren. Nicht vergessen sollte man, dass oft die Arbeitsplatzausstattung der Mitarbeiter angepasst werden muss. Wichtig ist auch, die Übernahme der Altbestände in das neue System frühzeitig grob zu kalkulieren. Es gibt durchaus Fälle, in denen allein dieser Posten 50 % der Projektkosten ausmacht! Es wird hier auf weitere Details zur Budgetplanung verzichtet. Dieser Planungsprozess ist weitgehender Standard in allen Unternehmen und nicht Gegenstand dieses Buches.

6.4.8 Implementierung der Lösung

Die Implementierung einer Lösung ist selbst wiederum ein Teilprojekt mit verschiedenen Aufgaben:

1. **Feinkonzept**
   Das Feinkonzept ist die produktspezifische Verfeinerung und Detaillierung des Grobkonzeptes. Hier ist wichtig festzuhalten, auf welche Art und Weise die Anforderungen an das DMS umgesetzt werden.
2. **Implementierung**
   Das System wird installiert und die Datenübernahme durchgeführt. Standardmäßige Schnittstellen zu den anderen Systemen sind einzurichten (z.B. SAP ArchiveLink, COLD etc.).
3. **Softwareentwicklung**
   Falls es spezifische Anpassungen und Erweiterungen gibt, müssen diese jetzt umgesetzt werden. Hierzu zählen auch individuelle Schnittstellen zu anderen Systemen.

4. **Customizing**
   Dokument- und Ablagestrukturen sind einzurichten; Masken müssen erstellt werden. Benutzer werden eingerichtet und eine Verbindung mit dem Zugangs- und Berechtigungssystem muss aufgebaut werden.
5. **Test**
   Der Test sollte zumindest in Teilbereichen durch die künftigen Nutzer durchgeführt werden. Neben der Praxisnähe hat dies den Vorteil, dass die künftigen Nutzer das neue System auch automatisch kennenlernen.
6. **Schulung**
   Die Schulung der meisten Anwender wird sich in der Regel auf das »reine Bedienen« der Anwendung beschränken. Darüber hinaus muss aber klar sein, welche organisatorischen und technischen Einblicke notwendig sind, um einen reibungslosen Ablauf zu gewährleisten. Dies betrifft insbesondere Mitarbeiter in Fachabteilungen, die mit gewissen Administrationsaufgaben fachlicher Art betraut sind, z.B. mit dem Anlegen neuer Ablagestrukturen (Mappen, Ordner), der Vergabe von Rechten oder der Definition von Dokumententypen. Nicht alles kann und soll man hier auf die zentrale IT abwälzen. Wenn man vor Einführung des DMS oder im Rahmen der Einführung des DMS eine Geschäftsprozessoptimierung durchgeführt hat, dann muss natürlich hierfür ebenso ein Schulungsplan aufgestellt und durchgeführt werden, da erfahrungsgemäß viele Mitarbeiter neue Aufgaben, Rollen und Funktionen zugewiesen bekommen.

Die Installation des Systems, das Customizing und eventuelle individuelle Entwicklungen erfolgen in der Regel durch den Hersteller des Systems oder durch ein Systemhaus.

Moderne DMS werden in der Regel mit einem ganzen Set von Werkzeugen und Hilfsmitteln ausgeliefert. Dazu gehören eine Skriptsprache, ein Editor für die Maskengestaltung (siehe Abbildung 6–16), aufrufbare Funktionen (APIs, Webservices), Management-, Monitoring- und sonstige Hilfsprogramme.

In der Regel wird die Komplexität einer DMS-Lösung bei der Installation dadurch gemildert, dass Stufenkonzepte die Einführungsproblematik abfedern. Das Projekt wird darauf ausgerichtet, eine schrittweise Einführung inklusive der begleitenden Maßnahmen wie Schulung, Einweisung, Zugangsberechtigungen etc. zu ermöglichen.

Welche Schulung man benötigt, hängt natürlich davon ab, ob man das System selbst weiterentwickelt und betreibt oder ob man es outsourct und Weiterentwicklungen von Dienstleistern durchführen lässt.

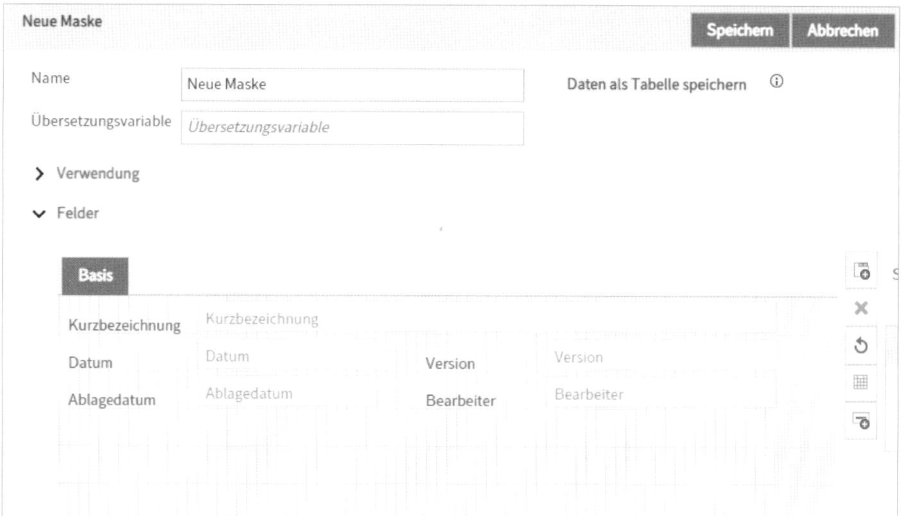

Abb. 6–16 *Layout-Editor für Masken (Quelle: ELO)*

Die Einführung eines DMS ist oft mit gravierenden Veränderungen in den Prozessen verbunden. Daher ist es oft wichtiger, diese Veränderungen zu schulen, als eine reine Tool-Schulung durchzuführen. Ist das DMS in die anderen Applikationen integriert, dann ist es oft gar nicht selbst sichtbar und erfordert daher gar keine explizite Schulung (siehe Abbildung 6–17). Ausnahmen bilden hier Spezialarbeitsplätze (z.B. für das Scannen).

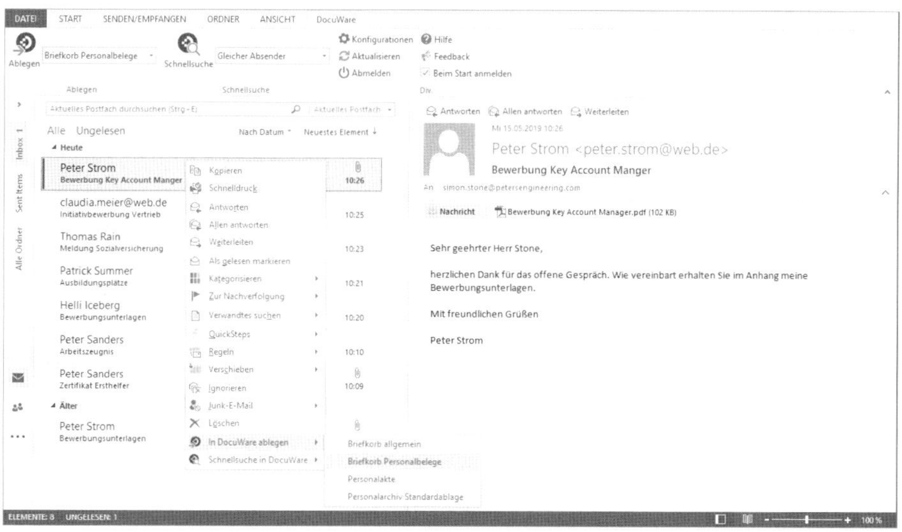

Abb. 6–17 *Das DMS wurde in Outlook integriert. (Quelle: Docuware)*

6.4.9 Einführung der Lösung

In diesem Abschnitt werden die einzelnen Schritte bei der Einführung einer DMS-Lösung detaillierter beschrieben.

6.4.9.1 Planung der Einführung

Die Einführung eines DMS muss sorgfältig geplant werden. Dabei sind verschiedene Aspekte zu beachten:

- Vorbereitung, wie Beschaffung der notwendigen Hardware und Software
- Installation und Test der Systeme
- Schnittstellen implementieren

Neben diesen typischen Aktivitäten sind spezifische Themenkreise zu beachten:

- Migration der bestehenden Dokumente
- Umstellung der Prozesse

Die Migration der bestehenden Dokumente kann ein eigenes komplexes Thema werden, da man in der Regel nicht große Dokumentenmengen innerhalb kurzer Zeit auf das System bringen kann. Oft wird auch nur ein kleiner Teil der vorhandenen Dokumente in der Zukunft benötigt, wobei hier das Problem darin bestehen kann, zu ermitteln, welche Dokumente das sind. Ebenso ist es meist nicht möglich, alle Metadaten, die für neue Dokumente gelten, für die Altbestände zu erfassen. Das Gleiche gilt für die Klassifizierung/Typisierung. Hier wird man sich meist mit weniger Metadaten und keinen so feinen Unterscheidungen begnügen. Dies führt dazu, dass es für die Altbestände und Neubestände oft unterschiedliche Dokumentenstrukturen gibt.

Wichtig ist bei einer schrittweisen Migration, dass immer allen Mitarbeitern anhand klarer Regelungen bekannt ist, welche Dokumente (schon) im DMS sind und welche (noch) nicht. Ansonsten wird die tägliche Arbeit stark behindert und die Nutzer des DMS sind am Anfang schon stark verunsichert, da sie möglicherweise Dokumente im DMS vermuten und vergeblich suchen, die dort gar nicht sein können.

Die Umstellung der Geschäftsprozesse kann ebenso komplex sein. Man wird oft einen Stichtag wählen, ab dem alle neuen Prozesse im neuen System abgewickelt werden. Wenn es im Unternehmen aber sehr lange dauernde (möglicherweise über mehrere Jahre laufende) Prozesse gibt, dann besteht gegebenenfalls die Notwendigkeit, diese umzustellen. Dies ist aber immer eine individuelle Lösung. Probleme bereitet ein Parallelbetrieb auch dann, wenn z.B. aus unterschiedlichen Prozessen heraus auf die gleichen Dokumente zugegriffen werden soll und dies einmal elektronisch und einmal papiergebunden erfolgen soll. Hier muss man für eine Übergangszeit oft Übergangslösungen schaffen, die diese Medienbrüche mildern.

6.4.9.2 Stufenkonzepte zur Einführung

Bei größeren Vorhaben ist es immer sinnvoll, ein Stufenkonzept vorzusehen. Dabei muss man sich mit mehreren – zum Teil widersprechenden – Anforderungen auseinandersetzen.

- **Einfach starten:** Man will einfach und überschaubar starten, um langsam Erfahrung zu sammeln und die Anwender nicht zu überfordern.
- **Sofortiger Nutzen:** Schon in der ersten Implementierungsstufe muss eine Verbesserung der Wirtschaftlichkeit und der Qualität der Vorgangsbearbeitung erkennbar sein.
- **Gesamtlösung sicherstellen:** Die ersten Implementierungsschritte dürfen nicht den Weg zu einer umfassenden Gesamtlösung verbauen.

Die Anforderung »Einfach starten« impliziert, dass man zunächst nur mit einer einfachen Funktionalität (z.B. mit der Ablage der Dokumente aus einer Standardapplikation wie ERP) oder mit einem einfachen Szenario (z.B. spätes Archivieren) startet. Schrittweise nimmt man weitere Funktionen dazu. Bei diesem Vorgehen leidet oft die vollständige Unterstützung von Prozessen, da man z.B. nur unvollständige Vorgangsmappen bekommt und weiterhin teilweise mit Papier arbeiten muss, bis z.B. das Scanmodul eingeführt wird.

Um einen »sofortigen Nutzen« zu erreichen, muss man auf der wirtschaftlichen Seite bei der Anschaffung des Basissystems möglicherweise »eine Nummer kleiner« starten, als man für den Endausbau benötigt. Glücklich ist, wer sich hier für ein System entschieden hat (bzw. entscheiden konnte), das technisch gut skalierbar ist und in der Kostenentwicklung beim Ausbau nicht übermäßig teuer wird. In der Durchgängigkeit der Vorgangsbearbeitung kann man schnell mit der Anforderung »Einfach starten« kollidieren.

Um das Ziel »Gesamtlösung sicherstellen« zu erreichen, muss man das Projekt bis zum Grobkonzept und der Systemauswahl in ganzer Breite durchführen. Dadurch steigen natürlich die Projektkosten und man muss bei der Systemauswahl möglicherweise eine »Nummer größer« einkaufen, als es für die erste Stufe allein nötig wäre. Beides belastet die Wirtschaftlichkeit der ersten Projektstufe.

Wie man sieht, ist das Ganze ein schwieriger Balanceakt. Da aber Dokumenten-Management-Systeme für sich komplex sind und sehr stark in die übrige IT-Welt integriert werden, ist das Ziel »Gesamtlösung sicherstellen« sehr wichtig. Das bedeutet, dass man zwar »klein starten« kann, aber unbedingt immer das Gesamte »im Auge haben« muss!

6.4.9.3 Betrieb der Lösung

Betrieb und Betreuung eines DMS unterliegen in der Regel den gleichen Kriterien wie bei anderen IT-Anwendungen auch. Nach der Pilotphase erfolgt der Rollout und damit die Übergabe in den Regelbetrieb. Gewöhnlich geschieht die technische Betreuung durch die IT-Abteilung bzw. den Outsourcing-Partner.

Anwendungsnahe Themen, wie Dokumententypen und Dokumentenstrukturen, Benutzerrechteverwaltung etc., können auch durch andere Bereiche (wie Betriebsorganisation) verwaltet werden. Auch kann es in den einzelnen Fachabteilungen Betreuer vor Ort geben, die hier gewisse Funktionen wahrnehmen. Wichtig ist in einer derartigen Struktur, dass die Aufgaben und Kompetenzen klar geregelt sind und dass durch übergreifende Richtlinien »Wildwuchs« vermieden wird.

Auch bei einem DMS ist (wie bei allen anderen IT-Systemen) ein vernünftiges Management für

- Fehlerbeseitigung,
- Releasewechsel und Updates und für die
- Weiterentwicklung

zu implementieren.

Auch hier gilt es zu entscheiden, was man selbst macht und welche Aufgaben man extern vergibt. Einfache Anpassungen und Änderungen des DMS können in der Regel durch die eigene IT durchgeführt werden. Komplexere Entwicklungen sollten aber tendenziell durch ein spezialisiertes Softwarehaus durchgeführt werden.

Der Betrieb des Systems muss hohe Verfügbarkeit garantieren, insbesondere wenn nach der Einführung bestimmte Informationen nur noch im Dokumenten-Management-System zur Verfügung stehen. Wichtig ist auch, dass die technischen DMS-Strukturen in einem Regelwerk (Systemhandbuch) beschrieben und immer wieder aktualisiert werden. Für eine revisionssichere Archivierung ist dies eine unabdingbare Voraussetzung!

6.5 Einführung eines DMS als Migration

Die Zeiten, in denen man ein DMS-Projekt auf der »grünen Wiese« beginnen konnte, sind meist vorbei. In der Regel findet man im Unternehmen zumindest schon in Teilbereichen Archivierungs- und DMS-Lösungen. Diese muss man in die Überlegungen auf alle Fälle einbeziehen. Oft geht es auch darum, ein bestehendes System auszubauen. Spezielle Aspekte einer Migration sollen daher in diesem Kapitel betrachtet werden.

Unter *Migration* versteht man den Einsatz eines neuen IT-Systems und die dadurch erforderliche Überführung des Altbestandes in die neue Systemumgebung. Auch bei eingeführten Dokumenten-Management-Systemen kann eine Migration des Datenbestandes notwendig werden. Dies steht entweder bei Hardwareveränderungen oder bei der Integration weiterer Softwarekomponenten an. Nachdem der Beschluss gefasst ist, ein Dokumenten-Management-System einzusetzen oder ein bestehendes System abzulösen, müssen folgende Fragen geklärt werden:

- Wann ist der richtige Zeitpunkt für den Einsatz oder einen Systemwechsel?
- Ist die Nutzung oder die Überführung des Altdatenbestandes möglich?
- Beeinflusst ein Systemwechsel die sonstige Systemlandschaft nachhaltig?
- Wie steht es um den Einsatz der proprietär angefertigten Lösungen?
- Stehen die anfallenden Kosten im Verhältnis zum Nutzen (Wirtschaftlichkeit)?

Es ist zu beachten, dass Dokumente meist ein sehr wichtiges Firmengut sind und dementsprechend behandelt werden müssen. Wird ein Dokumenten-Management-System nicht »up to date« gehalten oder wird der erforderliche Systemwechsel hinausgezögert, dann wird der Migrationsaufwand mit der Zeit eher größer als kleiner.

6.5.1 Wahl des Zeitpunktes für einen Systemwechsel

Die Entscheidungsfaktoren für einen Systemwechsel sind sowohl politischer als auch technischer Natur. Eine generelle Vorgabe kann nicht erfolgen. Man kann jedoch richtungsweisend anmerken, dass beim Vorliegen eines der folgenden Faktoren ein Systemwechsel und die dadurch verbundene Migration näher diskutiert werden sollten:

- Performanceprobleme existieren: Die anfallenden Datenmengen können nicht mehr verarbeitet werden.
- Die Unterstützung der Datenformate und Techniken ist durch die Existenz neuer Standards nicht mehr gegeben.
- Erhebliche Kostenreduzierungen sind durch den Einsatz einer »modernen« Architektur zu erwarten.
- Bestehende Sicherheitslücken können nicht geschlossen werden.
- Rechtliche Aspekte können nicht eingehalten werden.
- Der Support bzw. die Weiterentwicklung für das eingesetzte System wurde eingestellt.

Ein völliger Umstieg von einem existierenden Archivsystem auf ein Archivsystem eines neuen Anbieters ist in der Regel nur dann sinnvoll und notwendig, wenn die gestellten Anforderungen vom alten System nicht erfüllt werden. Der Anforderungskatalog sollte auf jeden Fall folgende Punkte enthalten:

- weitgehende Hardwareunabhängigkeit der Softwarekomponenten
- Abwärtskompatibilität der Speichermedien. Medien vorheriger Generationen sollten weiterhin lesbar sein (mindestens zwei Generationen).
- Gespeicherte Formate müssen mindestens 5 Folgejahre vom System verarbeitbar sein.

- Performancenachweis: Als Berechnungsgrundlage ist zum Beispiel ein Nachweis zu verlangen, der zu den Punkten Archivierungs-, Recherche- und Bearbeitungsgeschwindigkeit eine Aussage macht, wenn man die Hypothese aufstellt, dass sich der Datenbestand alle zwei Jahre verdoppelt.
- Unterstützung der gängigen Standards, Betriebssysteme, Formate und Netzprotokolle
- Möglichkeit der Anbindung bestehender Schnittstellen an Legacy-Systeme
- Zusammenarbeit mit bestehenden Soft- und Hardwarekomponenten des Archivsystems

6.5.2 Migration des Altbestandes

Wodurch wird überhaupt eine Migration – also ein Anpassen oder Umwandeln der vorhandenen Daten durch einen Systemwechsel – notwendig? Können die Daten nicht einfach vom Altsystem 1:1 in das neue System übernommen werden? All diese Fragen können weder mit »Ja« noch mit »Nein« beantwortet werden. Schon angesichts der Menge unterschiedlicher Dokumentenformate und existierender Archivierungsformen ist hier keine Aussage möglich. Erst nach der Analyse des Datenbestandes und des gewählten Archivierungssystems kann man die Frage beantworten, ob eine Migration vom Informationsgehalt her überhaupt notwendig ist und welche Datenformate, Methoden und Systeme dafür am besten geeignet sind. Generell kann man von zwei grundlegenden Unterschieden bei der Migration sprechen (siehe auch Abbildung 6–18):

1. Übernahme von Dokumenten, die in elektronisch gespeicherter Form vorliegen
2. Übernahme von konventionellen Archivdatenträgern wie Papier, Filmlochkarten, CAD-Pausen usw.

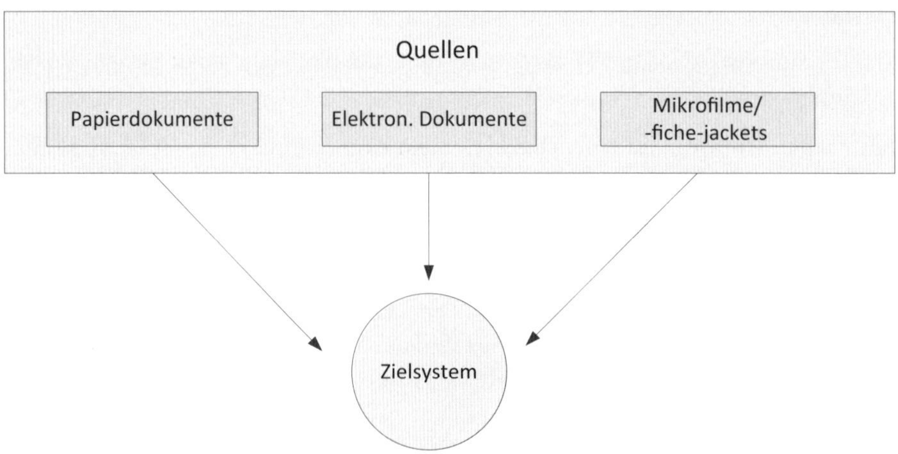

Abb. 6–18 *Wege der Migration*

6.5.2.1 Migration elektronischer Archivdaten

Im Vergleich mit konventionellen Dokumenten sind bei elektronisch gespeicherten Dokumenten folgende Kriterien zur Übernahme relevant:

- Wiederverwendung der gespeicherten Metadaten und Indizierungsparameter
- das vorliegende Datenformat der Dokumente

Indizierungsparameter

Bei der Übernahme der Dokumente aus Altverfahren sind im Wesentlichen die Übereinstimmungen der Indizierungsparameter zu prüfen. Bietet das Altverfahren die notwendigen Indexparameter nicht oder nur unvollständig, so steht man vor der Alternative, sie entweder durch Defaultparameter zu belegen oder sie manuell nachzutragen. Programme zur Übernahme aus einem Altbestand existieren in der Regel nur dann, wenn das Altverfahren vom gleichen Hersteller stammt. Dies ist eher selten der Fall. Trotz dieser Einschränkung bietet beinahe jeder Hersteller eine konfigurierbare Schnittstelle zur Datenübernahme an. Werden die Metadaten aus dem Altverfahren separat zum Dokument bereitgestellt, gestaltet sich die Übernahme in der Regel relativ einfach. Die Existenz von reinen Imagedokumenten (NCI – Non-Coded Information) erfordert jedoch die Gewinnung der Attribute direkt aus dem Dokumenteninhalt. Leistungsstarke Parser (Softwarescanner) analysieren dazu das Dokument und extrahieren die notwendigen Parameter. Ansonsten ist auch bei elektronischen Archivdaten die manuelle Erfassung der Indizierungsparameter notwendig.

Trotz aller angebotenen Mechanismen hat die Realität gezeigt, dass die Migrationsprogramme oft nicht ausreichen und deshalb viele Programme oder Prozeduren in Eigenentwicklung erstellt werden müssen.

Datenformat

Viele »alte« Dokumente existieren zwar in elektronischer Form, doch welchen Nutzen bringt dies, wenn die notwendigen Verarbeitungsprogramme nicht mehr existieren? Angenommen, es steht ein MS-Word-Dokument der Version 1.0 zur Übernahme an. Soll nun das Dokument in demselben Format gespeichert werden, unter der Annahme, dass der entsprechende Konverter in ein paar Jahren noch verfügbar ist, oder soll eine Formatumwandlung durchgeführt werden?

Ein Lösungsansatz ist die Umwandlung des Dokuments in eine Imagedatei. Dadurch erhält man das Dokument als elektronisches Bild und garantiert damit die Dokumentenechtheit. Das im DMS-Bereich als Standardformat etablierte PDF- oder PDF/A-Format eignet sich wegen seines hohen Verbreitungsgrades als effizientes Langzeitspeicherformat.

Für alle Dokumente, die weiterverarbeitet werden müssen oder deren Text nicht verloren gehen darf, besteht die Möglichkeit der gleichzeitigen Speicherung der Textinhalte in einem zukunftssicheren, maschinenlesbaren Format. Hier wird bei formatierungsloser Speicherung oft das plattformunabhängige ASCII-Format und bei formatierten Dokumenten das Format XML (*eXtensible Markup Language*) oder SGML (*Standard Generalized Markup Language*, ISO 8879) verwendet. XML und auch SGML trennt die Layoutinformation vom Dokumenteninhalt. Der sich daraus ergebende Vorteil liegt in der generischen Dokumentationserstellung. Es können Publikationen oder Onlinesysteme aus unterschiedlichen Teilinformationen einzelner Dokumente bedient werden, ohne dabei die Datenintegrität zu verlieren.

Bewegte Bilder werden oft im Format MPEG (*Motion Pictures Expert Group*) verarbeitet. Dabei handelt es sich um einen vom ISO-Komitee verabschiedeten Standard zur komprimierten Speicherung von Videosequenzen. MPEG arbeitet jedoch nicht verlustfrei und sollte deshalb nur dann zur Archivierung verwendet werden, wenn keine Originalqualität erforderlich ist.

Altdokumente aus Host-Archivierung mit COLD

Das Akronym COLD steht für *Computer Output to Laser Disc*. Der Begriff wurde Mitte der 1980er-Jahre geprägt und hat sich bis heute in der DMS-Branche gehalten. Die Kernaufgabe einer »klassischen« COLD-Anwendung ist die Überführung von Druckdatenströmen in Form von Spool-Daten (CI-Daten) in ein Archivsystem. Entstanden ist dies im Umfeld von Host-Systemen. Hierbei muss man aber unterscheiden, ob es sich bei den Druckdaten um reine Spool-Daten in Listenform (Journale, Kundenlisten) handelt, die zeilenorientiert sind und auf Endlosblätter gedruckt wurden, oder um formularbezogene Dokumente, beispielsweise Rechnungen oder Kundenverträge. Letztere liegen dann meist in Form von AFP-, PCL- oder PostScript-Datenströmen vor.

Eine weitere oft verwendete Methode zur Archivierung elektronischer Dokumente bestand in der getrennten Speicherung der Textinhalte und des Formulars. Bei der Recherche werden die Daten mit dem entsprechenden Formular überlagert und dem Anwender genauso wie das Originaldokument dargestellt. Der Nutzen lag in der Einsparung von Speicherplatz und dem Erhalt der maschinenlesbaren Daten. In »klassischen« COLD-Anwendungen hat man einfach den Druckerdatenstrom auf den Datenträger geschrieben und zusätzlich eine Imagedatei mit dem jeweiligen Formular abgelegt. Oft kann man aus den Druckerdaten auch Metadaten für die Indizierung gewinnen. Zur Reproduktion benötigte man einen speziellen Client, der zur Anzeige die Druckerdaten mit dem Formularimage kombinierte (siehe Abbildung 6–19).

Hierbei stellt sich dann bei einer Migration oft die Problematik, die Dokumentendaten in ein Format zu konvertieren, das auf einem Windows-Client oder Webclient angezeigt und einfach gedruckt werden kann. Hier muss man Lösungen finden, die z.B. die alte Host-Anwendung zur Reproduktion nutzt, um ein aktuelles Format (wie PDF) zu produzieren, das man in das neue System übernehmen kann.

Neben dem eigentlichen Dokument wurden in der Regel die Indexdaten aus dem Druckerdatenstrom ermittelt. Dazu kommt das Erkennen eines Dokumentenendes und das notwendige Konvertieren von Zeichensätzen von EBCDIC (Host) nach ASCII (PC), da die Daten auf dem Host in der Regel als EBCDIC gespeichert wurden.

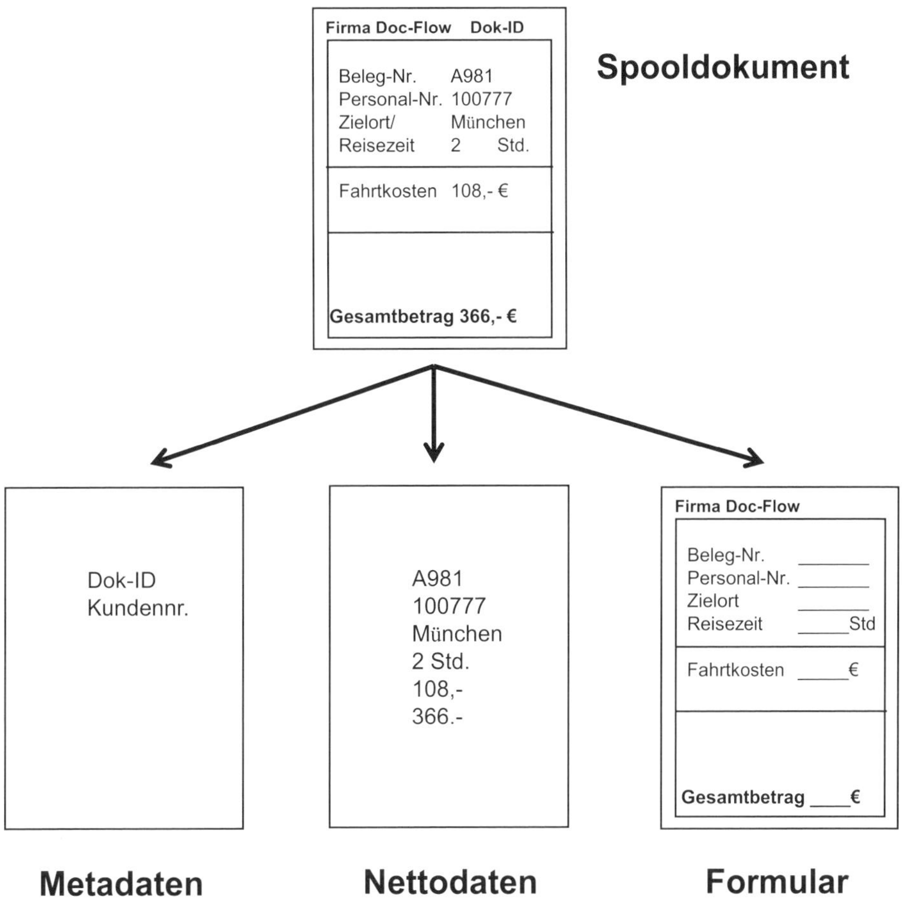

Abb. 6–19 *»Klassische« COLD-Archivierung*

6.5.2.2 Migration von konventionellen Archivdaten

Auch heute noch schlägt sich jedes Büro mit einem Papierarchiv herum, egal ob es sich um ein oder zwei Aktenschränke handelt oder ein eigens angelegtes Papierlager. Der Einsatz eines Dokumenten-Management-Systems macht es notwendig, viele dieser Daten in das neue System zu übertragen. Der Aufwand sollte hier aufgrund des hohen Arbeitseinsatzes so gering wie möglich gehalten werden.

Die Entscheidung für eine manuelle, teilautomatisierte oder vollautomatisierte Datenmigration ist von mehreren Punkten abhängig:

- von den notwendigen Indizierungsparametern (Vorgangsnummer, Anschrift, Datum etc.) zur eindeutigen Indizierung
- vom Format des Datenträgers eines Dokuments (Papier, Filmlochkarten etc.)
- von der Möglichkeit, die Dokumente in Dokumenttypen zu kategorisieren (Rechnung, Brief, Schaltplan etc.)
- von der Datenmenge

Datenmenge

Auch bei kleinen Datenmengen sollten alle Methoden der automatischen Datenübernahme ausgeschöpft werden. Die Erfahrung hat gezeigt, dass bei der Erstübernahme von Kleinarchiven der ersparte Aufwand durch einen Automatismus relativ gering ist. Doch in Anbetracht der Weiterverwendbarkeit der Archivierungsmethoden und der Fehleranfälligkeit bei manueller Übernahme ist der Aufwand einer automatischen Datenübernahme in jedem Fall zu empfehlen.

Für umfangreiche Datenbestände fällt der Zeitfaktor ziemlich stark ins Gewicht. Eine relativ hohe Zeitersparnis kann schon allein durch den Einsatz von entsprechender Hardware erzielt werden. Der Markt bietet heute z.B. Hochleistungsscanner mit weit über 100 Seiten pro Minute Scanvolumen an. Neben der Hardware muss deshalb auch die Software in der Lage sein, diese umfangreichen Datenmengen in derselben Zeit zu verarbeiten. Bei OCR-Indizierung oder anderen aufwendigen Indizierungsverfahren verringert sich deshalb die Archivierungszeit entsprechend der Komplexität der eingesetzten Methode. Das Wissen über die Effektivität der Indizierungsmethoden und deren Einsatzmöglichkeit ist ein entscheidender Faktor für deren Auswahl und das Einsatzgebiet. Oft bietet es sich auch an, diese Aufgabe durch einen spezialisierten Dienstleister ausführen zu lassen.

Der anfallende Zeitaufwand zur manuellen Archivierung von konventionellen Dokumenten läuft trotz aller Automatismen nicht gegen null. Auftretende Fehler bzw. nicht automatisch indizierbare Dokumente müssen an separaten Indizierungsplätzen nachbearbeitet werden. Dies ist oft – auch bei kleinen Fehlerzahlen – der aufwendigste Teil der Übernahme.

Indizierungsparameter

Vor der Migration sind vor allem Fragen der Wiederauffindbarkeit und der dazu notwendigen Indizierungsparameter zu klären. In den meisten Fällen steht man hier vor dem Problem, dass nicht nur eine Dokumentenart (z.B. eine Rechnung) auf einem Archivdatenträger (Papierdokumente oder Mikrofiches) migriert werden soll, sondern eine Mischung von beiden. Unter einen Dokumententyp fallen alle Dokumente eines Formulars. Das können Rechnungen, Lieferscheine, Schaltpläne usw. sein. Der Archivdatenträger ist das dem Dokument zugrunde liegende Medium.

Die angestrebte automatische Archivierung konventioneller Datenträger stellt besonders hohe Anforderungen an die Ermittlung der Indizierungsparameter. Der allgemein gebräuchlichste Weg zur vollautomatischen Indizierung ist die Ermittlung der Indizierungsparameter durch Umwandlung der gescannten Daten in maschinenlesbare Form. Dazu werden Softwarealgorithmen verwendet, die unter dem Namen OCR/ICR bekannt sind. Der Softwarekomponente werden je Dokumententyp die Bereiche bekannt gegeben, an welcher Stelle die Indizierungsparameter zu finden sind. Auf diese Weise werden nur die notwendigen Indizierungsparameter gelesen, umgewandelt und zum Dokument abgelegt. Nun sind die Parameter je Dokumententyp an unterschiedlichen Stellen zu finden. Deshalb ist die Erkennung des Dokumententyps eine Grundbedingung für die automatisierte Migration. Technisch lässt sich die automatische Dokumentenerkennung durch ein Mustererkennungsverfahren realisieren. Dazu werden alle verwendeten Dokumententypen im System als Vorlagen hinterlegt und einem eindeutigen Dokumententyp zugeordnet. Bei der Indizierung werden entsprechend dem erkannten Dokumententyp die Indizierungsparameter extrahiert und zum Dokument in die Datenbank abgelegt. Alternativ dazu ist die manuelle Vorsortierung je Dokumententyp und die stapelweise Zuführung möglich. Dabei wird vor Erfassung eines Dokumentenstapels die notwendige Indizierungsmethode festgelegt und für den gesamten Stapel verwendet.

Oft lässt sich jedoch der Einsatz einer manuellen Indizierung nicht vermeiden. Schon bei einem formlosen Brief ist nur noch menschliche Intelligenz fähig, die Indizierungsparameter aus dem Inhalt zuverlässig zu extrahieren und über Erfassungsmasken dem Dokumenten-Management-System zu übergeben. Auch bei unvollständiger Anzahl der Indizierungsparameter oder bei Fehlern in der Parameterermittlung ist eine manuelle Indizierung erforderlich.

Der Einsatz einer Volltextdatenbank bietet dagegen die Möglichkeit, alle Dokumente vollautomatisiert zu übernehmen (die Fehlerquote von 1 % bei der OCR-Umwandlung wird ignoriert). Dies hat jedoch den Nachteil, dass die Eindeutigkeit – also ein Direktzugriff – und die vorgangsbezogene Zuordnung der Dokumente verloren gehen.

6.5.2.3 Teilmigration

Das Einführen eines Dokumenten-Management-Systems soll die in der Regel oft schon gigantische Ausmaße annehmenden Archive nicht nur entlasten, sondern sie auch so weit wie möglich ersetzen. Geht man davon aus, dass ein Dokumenten-Management-System in der Regel nur elektronische Dokumente verwaltet, wird eine vollständige elektronische Erfassung und Übernahme aller Dokumente notwendig. Dies ist weder immer gewollt noch immer möglich. Viele Dokumente werden nur noch aus gesetzlichen Gründen im Archiv aufbewahrt, und mit einem Zugriff ist nur mit geringer Wahrscheinlichkeit zu rechnen. Der Aufwand einer Übernahme steht deshalb nicht in angemessener Relation zum Nutzen. Dagegen steht die Aussage, dass viele Unternehmen den Paralleleinsatz von zwei Verwaltungssystemen (konventionelle und elektronische Archivverwaltung) als untragbaren Zustand ansehen. Ist der Fall gegeben, dass ein bestimmtes Dokument benötigt wird, dann müsste sowohl im konventionellen als auch im elektronischen Archiv nach dem Dokument recherchiert werden, um sicherzustellen, dass das Dokument noch verfügbar ist.

Daraus resultiert in vielen Unternehmen die Anforderung der Hybridfähigkeit, was bedeutet, dass das Dokumenten-Management-System sowohl elektronisch gespeicherte Dokumente als auch konventionell aufbewahrte Dokumente verwalten kann.

Beinhaltet das eingesetzte Dokumenten-Management-System diese Funktionalität, dann ist auch hier eine Erfassung oder Übernahme aller Dokumentenattribute notwendig. In größeren konventionellen Dokumentenarchiven werden Dokumentenattribute ohnehin in elektronischer Form – ähnlich eines Lagerverwaltungsprogramms – verwaltet. Eine Übernahme der Metadaten (Dokumentennummer, Lagerort, Menge usw.) ist daher auch hier denkbar. Eine weitere Lösung bietet zudem die Kopplung des Dokumenten-Management-Systems mit der »alten« Archivverwaltung. Die technische Umsetzung erfolgt dabei individuell.

6.5.2.4 Migrationsdurchführung

Nachdem feststeht, welches Dokumenten-Management-System zum Einsatz kommt oder welche konventionellen Dokumente (z.B. Papierdokumente) übernommen werden sollen, ist der nächste Schritt die Erstellung eines Migrationskonzepts. Es sind alle ablauforganisatorischen (Beschreibung der Prozesse und des Vorgehens) und aufbauorganisatorischen (Beschreibung der Aufgaben und Verantwortlichkeiten) Vorgehensweisen in dem Migrationskonzept zu beschreiben. Einzelne Mitarbeiter, die auch an der Evaluierung des Dokumenten-Management-Systems beteiligt waren, sollten auch das Projektteam für die Migration begleiten. Das Projektteam wird zuerst die Ziele abstecken, aus denen die einzelnen Aufgabengebiete und die Vorgehensweise abgeleitet werden. Im Wesentlichen werden dabei folgende Faktoren analysiert und in das Migrationskonzept aufgenommen:

- In welchem Zeitrahmen sind die Daten zu migrieren (Terminplan)?
- Soll die Migration schrittweise durchgeführt werden (harte oder weiche Migration)? Ist ein Parallelbetrieb von Altsystem und Neusystem überhaupt möglich?
- Welche Daten/Dokumente sind zu archivieren oder zu migrieren (Mengengerüst)?

- Ist die notwendige Infrastruktur vorhanden?
- Welche Abhängigkeiten und Schnittstellen existieren zu weiteren Systemen?
- Hat dies Einfluss auf den Produktivbetrieb?
- Welche Mitarbeiter können die Migration unterstützen?
- Existiert ein Konzept zur Qualitätssicherung?
- Welche Sicherheitsmaßnahmen sind zu beachten?
- Existiert ein Organisationskonzept?
- Wurde ein Schulungskonzept ausgearbeitet?
- Sind Anwenderhandbücher vorhanden oder in Vorbereitung?
- Welche Dokumentationsart soll für die Methoden und Aktionen angewandt werden?

Abbildung 6–20 zeigt die Dimensionen, die zu berücksichtigen sind.

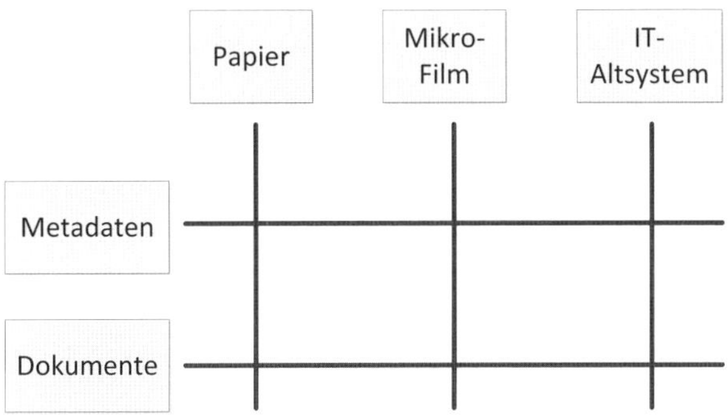

Abb. 6–20 *Dimensionen einer Migration*

Der Einsatz eines Prototyps im Pilotversuch kann dem Endanwender das neue System verdeutlichen. Nach Beendigung der Pilotphase werden die gewonnenen Informationen zusammengefasst und die bisher gesteckten Ziele überarbeitet. Die Zielsetzung sollte auf jeden Fall folgende Punkte berücksichtigen:

- Integrationsmöglichkeit und Durchführbarkeit
- Wirtschaftlichkeit
- Akzeptanz
- Migrationsmethode (weiche oder harte Migration)

Sind alle Punkte zufriedenstellend gelöst oder beantwortet, muss der Durchführungsplan (Migrationsplan) ebenfalls überprüft und eventuell angepasst werden. Bevor die Migration durchgeführt werden kann, ist eine entsprechende Infrastruktur zu schaffen. Die technischen Aufgaben gliedern sich in folgende Bereiche:

- Installation der Hardware für die Speichermedien und Integration in das bestehende Netz
- Installation und Konfiguration der serverseitigen Hard- und Softwarekomponenten. Dazu zählen sowohl die Speichermedien als auch die Archivierungssoftware.
- Aufbau von Archivierungsarbeitsplätzen sowohl für die konventionelle Dokumentation als auch für Recherche-Clients. Dazu gehören z.B. ein Scannerarbeitsplatz und Indizierungsarbeitsplätze zur manuellen Erfassung.
- Erstellen oder Konfigurieren der Attributierungsmasken je Dokumententyp
- Entwicklung von Prozeduren zur Bereitstellung der elektronischen Dokumente aus Fremdsystemen
- Entwicklung und Anpassung von Schnittstellen zu Drittsystemen
- Sammeln und Erfassen aller Konfigurationsdaten (z.B. Formularvorlagen scannen oder Dokumententypen festlegen)
- Konfiguration der Migrationsprogramme (z.B. Einstellungsparameter der COLD-Anwendung setzen)

Der zeitliche Aufwand für die Einführung und die damit gebundene Personalkapazität ist ein wesentlicher Kostenfaktor. In der Regel wird man deshalb versuchen, alle notwendigen Aufgaben, die bis zum eigentlichen Start der Migration anfallen, parallel zu bearbeiten.

Mit der Migration der Daten kann erst begonnen werden, wenn die Hard- und Softwarekomponenten des Dokumenten-Management-Systems erfolgreich in Betrieb genommen wurden und ein abschließender Testbetrieb zusammen mit den Migrationsprogrammen fehlerfrei verlief.

Qualitätssicherung

Als Voraussetzung zur Durchführung der Migration müssen alle Verfahren, Prozesse und die eingesetzte Software zur Migrationsdurchführung den geforderten Qualitätsansprüchen genügen. Als Standard sollten die entsprechenden ISO-Richtlinien herangezogen werden.

Dabei prüfen kompetente Fachkräfte während des ganzen Migrationszeitraumes an speziellen Recherche-Arbeitsplätzen die Konsistenz der Daten und spielen vorbereitete Testszenarien durch. Weitere Aufgaben des Fachpersonals und des Administrators sind die Fehlerkontrolle und die Auswertung von Protokolldateien, die während der automatischen Archivierung anfallen. Eingeschlichene Fehler lassen sich dadurch frühzeitig erkennen und beheben. Die von ISO geforderte Darlegung erfolgt unter anderem durch die schriftliche Berichterstattung aller Aktionen. Zum späteren Nachvollziehen sollten dazu individuell angefertigte Formulare bevorzugt verwendet werden.

Insbesondere wenn man Dokumente revisionssicher migrieren will, ist es wichtig, dass nachgewiesen werden kann, dass alle Dokumente vollständig und unverfälscht vom Quellsysten in das Zielsystem übernommen wurden. Das dazu verwendete Verfahren sollte dokumentiert werden.

Outsourcing

Für die Erfassung der täglich anfallenden Daten und zur Bestandskonvertierung bei einer Migration bieten sich externe Dienstleistungsunternehmen an. Neben den berechenbaren Kosten und der Migrationszeit besteht auch der Vorteil der Systemunabhängigkeit. Hardwarekosten und Personalkosten zur Erfassung entfallen bei dieser Lösung fast ganz.

Bei Inanspruchnahme eines Dienstleisters sind aus Gründen der Sicherheit und Haftung folgende Punkte festzuhalten:

- Festlegung der Übergabewege und Austauschformate
- Sicherheitsmechanismen, um Datenverlust auszuschließen
- Definition des Vorgehens und der Dokumentenformate bei der Erfassung
- Qualitätsansprüche und Qualitätssicherungsmaßnahmen
- Geheimhaltungsverpflichtung gemäß Datenschutzrichtlinien und -gesetzen[7]
- Mengenaufkommen und Durchführungsdauer

Durch die meist unterschiedlichen Standorte der Anbieter ist zu prüfen, ob dies nicht negativen Einfluss auf den Arbeitsprozess hat und dadurch Akzeptanzprobleme durch Performanceverlust entstehen.

Ferner ist für den Datenaustausch zwischen Dienstanbietern ein Archiv mit entsprechender Infrastruktur und den notwendigen Sicherungsmaßnahmen aufzubauen.

Migrationsumfang

Es besteht auch kein Zwang, den gesamten Altbestand sofort und vollständig zu migrieren. So kann eine **Teilmigration** sinnvoll sein, wenn man feststellt, dass bestimmte Dokumente nicht mehr oder nur noch sehr selten benötigt werden und es daher unwirtschaftlich ist, diese zu migrieren. Oft ist aber nicht gut vorhersehbar, welche Dokumente noch benötigt werden: Dann kann eine **Migration on Demand** eine Möglichkeit sein. Dies bedeutet, dass nur dann Dokumente migriert werden, wenn sie aktuell benötigt werden. In all diesen Fällen muss aber gewährleistet sein, dass den Nutzern immer klar ist, welche Dokumente migriert sind und welche nicht.

---

7. Es gibt auch verschärfte Situationen: Zum Beispiel dürfen Dokumente, die der ärztlichen Schweigepflicht unterliegen, nur von einem Arzt oder seinen Gehilfen bearbeitet werden. Ein Outsourcing ist hier fast unmöglich.

7 Zur Zukunft des Dokumenten-Managements

In diesem Kapitel sollen aktuelle Entwicklungen und erkennbare Tendenzen vorgestellt werden.

7.1 Identitätsmanagement

Die Zuordnung von Dokumenten zu Personen bzw. deren elektronischen Identitäten wird einfacher, da in der Revision der eIDAS-Verordnung (eIDAS 2.0) Wallets zur Verwaltung elektronischer Identitäten und Ausweisdokumente für alle EU-Bürger und deren gegenseitige Anerkennung vorgesehen sind. In einem Wallet lassen sich elektronische Urkunden, Fahrerlaubnisse, Personalausweise und vieles andere speichern. Je nach Einsatzzweck ist dazu nicht mehr die Preisgabe aller personenbezogenen Daten erforderlich, sondern nur noch der Daten, die für die Speicherung oder eine Transaktion erforderlich sind (sogenannte *Self Sovereign Identity*). Damit wird endlich das Ziel erreicht, dass alle Bürger über variabel einsetzbare Identitätsnachweise verfügen, die nicht für jeden die komplette Identität offenlegen müssen.

7.2 Verwendung von Blockchains

Blockchains selbst sind aus datenschutzrechtlicher Sicht nicht geeignet, Inhalte zu speichern, da diese in der Regel offengelegt werden oder zumindest teilweise Empfängern zugänglich sind, die nicht an die Daten gelangen dürfen. Daher ist es nur möglich, die anderweitig gespeicherten Daten über die Blockchain vor Veränderung zu schützen und die Veränderung wegen der öffentlichen Prüfbarkeit der Blockchain auch sofort offensichtlich zu machen. Es ist jedoch zu beachten, dass Blockchains keine immerwährende Sicherheit bieten: Falls jemand die Hoheit über mehr als 50 % der Blockchain erhält, sind auch Manipulationen möglich.

7.3 Content Services

Schon seit einigen Jahren beschreiben IBM und die Marktforschungsfirma Gartner das Informationsmanagement der Zukunft nicht mehr als zentral für eine Firma gehostetes Dokumenten-Management, sondern als verteilt gespeicherte Inhalte auf verschiedenen Plattformen (sogenannte *Content Services Platforms*)[1].

Damit werden in Zukunft verteilte Systeme genutzt, die heute noch entweder redundant erfasst werden oder häufig ohne jegliche Querverknüpfung gespeichert werden. Dafür ist jedoch auch Vertrauen gegenüber dem jeweiligen Anbieter oder eine Synchronisierung der verteilten Inhalte über mehrere Instanzen erforderlich.

7.4 Kryptografische Sicherheit

Die Anbieter von Dokumenten-Management-Systemen müssen sich darauf einstellen, die Dokumentensicherheitsmaßnahmen zu überarbeiten, wenn Quantenkryptografie öffentlich in besserer Qualität verfügbar wird. Es gibt bereits heute mehrere Verschlüsselungs- und Signaturverfahren, die sich als resistent gegen schnelle Quantencomputer herausgestellt haben, sogenannte Post-Quantum-Kryptografieverfahren.

7.5 Weitere Harmonisierung des EU-Rechts und darüber hinaus (z.B. UN-CEFACT)

Es ist zu wünschen, dass die technischen und rechtlichen Rahmenbedingungen in den verschiedenen Ländern der EU und weltweit noch weiter harmonisiert werden. In der EU ist z.B. in der Rechnungsrichtlinie auch der UN/CEFACT-Standard in der Basisversion als Standard für den Rechnungsaustausch im öffentlichen Dienst zur Wahl gestellt – als einer von zwei möglichen Standards. Es ist zu hoffen, dass sich auch über die EU hinaus sowohl die technischen Formate als auch die rechtlichen Vorschriften und Anforderungen weiter annähern oder sogar komplett angleichen.

7.6 Dominanz der originär digitalen Dokumente

Ein bestehender Trend dürfte sich vermehrt fortsetzen: Der Anteil der originär digitalen Dokumente in den Systemen wird wachsen, auch im buchhalterischen kaufmännischen Bereich. Dies wird auch begünstigt durch eine Liberalisierung der Gesetzgebung (z.B. elektronischer Rechnungsversand) und die zunehmende Integration von unternehmensübergreifenden Prozessen.

1. vgl. *https://www.gartner.com/reviews/market/content-services-platforms*

Was bedeutet das langfristig? Es wird im geschäftlichen Umfeld praktisch keine papiergestützte Bearbeitung von Dokumenten mehr geben. Alle Dokumente, die in Unternehmen, Behörden und sonstigen Organisationen entstehen, werden elektronisch erzeugt und archiviert. Der Austausch der Dokumente zwischen derartigen Organisation (*B2B*) erfolgt heute schon weitgehend elektronisch. Aus formalen und juristischen Gründen sind derzeit noch ein paar »Papiernischen« verblieben, die aber immer mehr und mehr zurückgedrängt werden. Der geschäftliche Briefverkehr mit den Konsumenten oder sonstigen Privatpersonen (*B2C*) wird auch heute schon mehr und mehr auf elektronische Medien verlagert. Hier überwiegt derzeit noch oft das Papier, aber praktisch jeder Bürger hat heute einen E-Mail-Account, den er schon für viele Zwecke nutzt.

Dies bedeutet, dass in der Regel Dokumente nur noch elektronisch vorliegen werden. So wie heute schon überall (selbst im kleinsten Handwerksbetrieb) z.B. die Buchhaltung elektronisch erfolgt, so werden überall Systeme zur elektronischen Verwaltung der Dokumente vorliegen. Es wird selbstverständlich sein – und nicht nur wie heute in größeren Organisationen.

7.7 Mobile Computing

Nicht nur Notebooks und Tablet-PCs spielen bei der mobilen Nutzung eine Rolle, sondern zunehmend auch Smartphones. Die Grenzen zwischen den Gerätekategorien verschwinden zunehmend und alternative Plattformen für die Clients (wie Android als Betriebssystem) müssen unterstützt werden. Dabei dienen die Smartphones nicht nur zur Suche und Anzeige, sondern übernehmen mehr und mehr weitere Funktionen, z.B. Workflow-Aktivitäten (siehe Abbildung 7–1).

Abb. 7–1 *DMS-Client auf einem Smartphone (Quelle: ELO)*

Aber man kann noch weiter denken: So kann eine gute Kamera im Gerät auch als Barcodeleser oder Scanner dienen. Wichtig ist es hier, diese Geräte auch als Teil der Unternehmens-IT zu begreifen und sie entsprechend einzubinden und abzusichern.

8 Anwenderberichte

8.1 Die Mineralölbranche digitalisiert den Rechnungsprozess

Autoren: Bernd Winkler (Winkler GmbH & Co. KG) und Petra Kayser (agorum Software GmbH)

Die Winkler GmbH & Co. KG ist ein mittelständisches Unternehmen mit Sitz im hessischen Viernheim und seit dritter Generation in Familienhand. Gegründet 1948, begann sie mit Kohlenhandel und ist bis heute im Energiesektor und im Verkauf von Schmierstoffen, Kraftstoffen, Erdgas, Heizöl und Holzpellets sowie dazugehörigen Serviceleistungen tätig. Der Referenzbericht beschreibt, wie das Unternehmen den Umstieg von der analogen hin zur digitalen Rechnungsverarbeitung mit dem Dokumenten-Management *agorum core* umgesetzt hat.

8.1.1 Ziel: Reduzierung des administrativen Aufwands durch ein DMS

Das Tagesgeschäft war geprägt von hohem Papieraufkommen an Rechnungen, Lieferscheinen und Verträgen. Die damit verbundene Administration bis hin zur Archivierung war zeitintensiv und entsprach dem Grunde nach den Prozessen seit Unternehmensgründung. Die eingesetzten Systeme ließen kein abteilungsübergreifendes Arbeiten zu. Rechnungsläufe (insbesondere von Sammelrechnungen mit über 200 Rechnungspositionen) nahmen so viel Zeit in Anspruch, dass Skontofristen häufig verpasst wurden. All das in Summe, aber auch die gesetzlichen Vorgaben zur revisionssicheren Archivierung gaben den Ausschlag dafür, langfristig auf digitalisierte Geschäftsprozesse umzusteigen.

Die Einführung des DMS sollte folgende Ziele erreichen:

- Das DMS soll das führende System in der Belegeverwaltung zwischen der Finanzbuchhaltung (Fibu) und dem ERP sein.
- Die Rechnungsverarbeitung soll komplett digital erfolgen und die physischen Papierordner sowie das Archiv ablösen.
- Mitarbeiter haben direkten Zugriff auf Rechnungen, Lieferscheine, Auftragsbestätigungen und Mahnungen.

- revisionssicheres Archivieren von Belegen nach den gesetzlichen Vorgaben der GoBD
- Der Wirtschaftsprüfer kann mit eingeschränkten Zugriffsrechten Belege direkt im Fibu-System einsehen.

8.1.2 Bestandsaufnahme der dokumentenzentrischen Prozesse

Innerhalb eines Workshops wurden zunächst die Anforderungen und Prozesse ausgearbeitet. Technisch herausfordernd waren vor allem das Anbinden und teilweise Ablösen mehrerer Systeme – sozusagen das Implementieren von *agorum core* als Universalschnittstelle und weiterhin auch als Eskalationsoberfläche für Fremdsysteme.

Neben den eigentlichen Oberflächenprozessen, die für den Endanwender sichtbar sind, sind es bei der Firma Winkler vor allem die im Hintergrund automatisierten Prozesse, die den größten Mehrwert bieten. Hierzu gehören allen voran:

- Erfassung und Zuordnung von Lieferscheinen inklusive Abgleich gegen eine Datenbank
- Auslesen von Eingangsrechnungen und Übergabe in die Warenwirtschaft und Finanzbuchhaltung
- digitales und physisches Versenden und Drucken von Ausgangsrechnungen
- Archivieren von E-Mails und unternehmensrelevanten Dokumenten

8.1.3 Agile Projektumsetzung

Grundsätzlich werden Kundenprojekte bei der *agorum Software GmbH* nach der agilen Methode umgesetzt. Die Vorgehensweise ist stark an Scrum angelehnt und erfolgt in zwei- bis dreiwöchigen Abschnitten, sogenannten Sprints. Vor jedem dieser Sprints wird der Workload genau definiert. Dabei fließt auch die Evaluation des vorangegangenen Sprints mit ein, um eventuelle Korrekturen und gewünschte Verbesserungen direkt implementieren zu können.

Im Fall der Firma Winkler war das besonders wichtig, da einige Anforderungen zu Beginn noch nicht eindeutig klar waren. Viele Problemstellungen und Änderungen wurden erst im laufenden Projekt offensichtlich, weshalb die agile Umsetzung dem Kunden entgegenkam. Die Basis für dieses Vorgehen ist eine sehr enge Zusammenarbeit und ein regelmäßiger Austausch zwischen Kunde und Anbieter.

Die agile Projektumsetzung setzt die aktive Mitarbeit des Kunden voraus. Nach jedem Sprint werden die Ergebnisse kundenseitig von den Anwendern getestet, die später mit dem System arbeiten werden. Die Firma Winkler setzte das mit einem Team aus Key-Usern um, das aus jeweils zwei bis drei Mitarbeitern bestand. Der gebündelte Austausch der gewonnenen Informationen erfolgte durch die Projektleiter auf Kunden- und Herstellerseite.

8.1.4 Virtuelle Testumgebung auf Kundenseite

Um die Mitarbeiter im Tagesgeschäft softwareseitig nicht zu behindern, wurde eine virtuelle Testumgebung implementiert. Diese hat mit 16 GB Arbeitsspeicher und 1,5 TB Speicher ausreichend Ressourcen, um aussagekräftige Tests durchzuführen. Die Aufgabenstellung der Key-User aus der Buchhaltung war es nun, zu prüfen, ob die Workflows, die in der Theorie ausgearbeitet wurden, mit den tatsächlichen Praxisfällen übereinstimmten. Das war insofern sehr hilfreich, als es durchaus Prozessschritte gab, die in der Ausarbeitung nicht bedacht worden waren und erst im laufenden Projekt auffielen. Diese Ergebnisse wurden direkt mit dem Hersteller abgestimmt und flossen umgehend in die Weiterentwicklung ein. Ziel war es, dass die Software am Ende exakt die Abläufe des Unternehmens abbildet und die Arbeitsweise effizient macht. Nach einer erfolgreichen Testphase durch die Key-User wurde die Konfiguration in die Produktivumgebung eingespielt. Teile der Konfiguration wurden so schnell wie möglich live geschaltet und aktiv genutzt.

8.1.5 Priorisierung der Umsetzung

Für die Planung der Sprints mussten die umzusetzenden Softwarefunktionen priorisiert werden. Das geschah anhand verschiedener Faktoren: der innerbetrieblichen Dringlichkeit, der Dringlichkeit aufgrund gesetzlicher Rahmenbedingungen und der möglichen Zeitersparnis durch den implementierten Prozess. Im Fall Winkler führte die Evaluation dazu, dass die revisionssichere Ablage von Eingangsrechnungen und Lieferscheinen sowie der Rechnungsfreigabeprozess als Erstes angegangen wurden.

Beim Umsetzungsstart wurde dem Projekt Winkler ein Hauptumsetzer aus der Entwicklung zugeteilt, der gleichzeitig die Rolle des Verantwortlichen auf der Entwicklungsseite übernahm. Dieser Entwickler erhielt bei jedem Sprint den Workload vom Projektleiter, der auch die Kommunikation mit dem Kunden übernahm.

Außerdem wurde ein Entwicklungssystem in einer Docker-Umgebung aufgesetzt. Um einzelne Software-Builds jederzeit erzeugen zu können, erfolgte die Entwicklung in einer CI-Umgebung (*Continuous Integration*). Das ermöglichte Tests in kurzen Abschnitten ohne hohen zeitlichen Aufwand. Nach jedem abgeschlossenen Sprint wurden alle umgesetzten Funktionen sowohl vom verantwortlichen Entwickler als auch vom Projektleiter getestet, bevor die Übergabe an den Kunden erfolgte.

Die tatsächliche Umsetzungsphase begann mit dem Aufbau der Grundstruktur. Dazu gehörte die Anbindung des Active Directory (AD) sowie die Anlage der Berechtigungs- und Ordnerstruktur. Zusätzlich wurde bei der Firma Winkler die automatisierte Erstellung von Kunden- und Lieferantenakten umgesetzt.

Die Besprechung des abgeschlossenen Sprints, die Ergebnisse der kundenseitigen Tests und die Konkretisierung der kommenden Arbeitsabschnitte erfolgten in enger Zusammenarbeit mit dem Kunden in einzelnen Sprintmeetings. Besonders bei Winkler waren es Eingangsrechnungen, die automatisch ausgelesen und abgelegt werden sollten. Dabei war nicht die Menge der Rechnungen die Herausforderung, sondern der Umfang der Dokumente: Bis zu 250 Einzelpositionen auf Sammelrechnungen sollten schnell und zuverlässig von der OCR-Engine erfasst werden. Darüber hinaus sollte *agorum core* an verschiedene Systeme wie beispielsweise das ERP angeschlossen werden.

8.1.6 Automatisierte Prozesse: 3 Tage Rechnungslauf pro Rechnung

Die Geschäftsprozesse »Ablage von Eingangsrechnungen und Lieferscheinen« sowie der »Rechnungsfreigabeprozess« von Mineralölrechnungen sind heute automatisiert und erfüllen die Vorgaben der revisionssicheren Archivierung nach GoBD. Ziel war es, den Prozess so weit wie möglich ohne weitere Zuarbeit eines Mitarbeiters zu automatisieren und eine hohe Quote an dunkel verarbeiteten Dokumenten zu erzielen (siehe Abbildung 8–1).

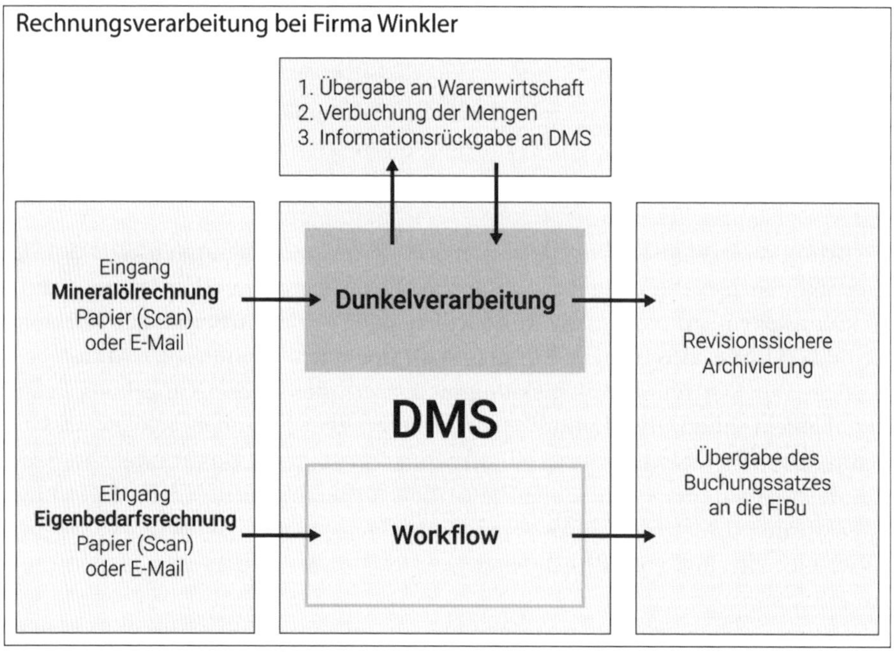

Abb. 8–1 *Rechnungsverarbeitung bei der Firma Winkler*

Für den Rechnungseingang ist ein eigenes Postfach eingerichtet worden. Die Zugriffsrechte darauf hat das gesamte Team »Buchhaltung«. Eingehende Rechnungen und Lieferscheine können von dieser Benutzergruppe eingesehen und bearbeitet werden. Der Fall, dass eine Rechnung oder ein Lieferschein übersehen wird oder auf einem Schreibtisch liegen bleibt, ist nahezu ausgeschlossen. Der automatisierte Rechnungslauf vom Eingang bis zur Buchung beträgt drei Tage. Die Gefahr, dass Skontofristen nicht eingehalten werden können, besteht heute nicht mehr.

Die Sicherheit ist in der digitalen Rechnungsverarbeitung deutlich höher als beim manuellen Erfassen. Besonderes bei großen Sammelrechnungen mit über 250 Positionen konnte es bei der manuellen Erfassung durchaus zu Übertragungsfehlern kommen. Diese sind in der digitalen Verarbeitung nahezu ausgeschlossen. Dokumente, die nicht zugeordnet werden können oder fehlerhaft sind, werden im Auditordner zur manuellen Prüfung gespeichert.

Was sich durch die Digitalisierung dieser Prozesse signifikant verbessert hat, ist die Zeiteinsparung – sowohl für das Bearbeiten von Rechnungen und Lieferscheinen als auch für das Suchen und Finden von Dokumenten.

Eingangsrechnungen werden bei der Firma Winkler auf zwei verschiedene Arten behandelt:

- Mineralölrechnungen werden automatisch erfasst, in der Warenwirtschaft mit zusätzlichen Informationen versehen und anschließend archiviert. Dieser Prozess läuft vollständig automatisch ab.
- Eigenbedarfsrechnungen werden über einen Workflow an den zuständigen Mitarbeiter übergeben.

8.1.7 Kosten und Nutzen

Nach den Berechnungen werden sich die Investitionen nach ca. 5 Jahren amortisieren. Der Hauptfaktor hierfür ist die Zeit, die durch die automatisierten Prozesse gewonnen wurde. Die Administration wurde so weit vereinfacht, dass die freigewordenen Ressourcen jetzt für den Kundenservice zum Einsatz kommen.

Der wertvollste Nutzen ist die Zufriedenheit der Mitarbeiter. Die Arbeit in der Buchhaltung hat sich deutlich entspannt, ist professioneller und effizienter geworden. Der Wirtschaftsprüfer bekommt zur jährlichen Prüfung einen Zugang mit eingeschränkten Rechten zum DMS. Damit hat er Zugriff auf alle Belege und benötigt wenig Unterstützung durch die Mitarbeiter. Beim Backup wird höchster Wert auf redundante Sicherheit gelegt, sodass die Archivierung der geschäftsrelevanten Daten jederzeit gewährleistet ist.

8.1.8 Fazit

Die Entscheidung, mit den Rechnungsprozessen zu beginnen, war richtig. Die Abläufe in der Buchhaltung sind heute standardisiert, vereinfacht und transparent. Durch die agile Vorgehensweise waren die Mitarbeiter Teil des Entwicklungsteams und von Beginn an involviert. Die Einführung des DMS in die Produktivumgebung erfolgte schrittweise. Holprige Starts, wie sie von Softwareeinführungen bekannt sind, gab es nicht. Langfristig wird angestrebt, auch die Ausgangsrechnungen sowie das Mahnwesen komplett über *agorum core* abzubilden.

8.2 Cloud-DMS für ein Autohaus – Prozessoptimierung bei Schmitz + Zinke in Erftstadt

Autoren: Andreas Watermann (Geschäftsführer des Autohauses Schmitz + Zinke GmbH in Erftstadt);
Susanne Neumann (freie Fachjournalistin)

Für Andreas Watermann bedeutet die Einführung der Cloud-basierten DMS-Lösung maximale Effizienz, Transparenz und Modernität. Der Geschäftsführer des Autohauses Schmitz + Zinke GmbH in Erftstadt hat die Geschäftsprozesse in seinem Unternehmen mit DocuWare Cloud modernisiert. Seit Jahresbeginn 2020 sorgt die integrative Dokumenten-Management-Lösung bei dem Mazda-Händler für effiziente Verwaltungsabläufe und digitale Ordnung.

8.2.1 Ausgangssituation

Das Unternehmen Mazda stellt seinen Vertragshändlern ein hauseigenes Dealer-Management-System namens *Mazda Administration Communication System* (MACS) zur Verfügung. Dieses ERP-System unterstützt eine Vielzahl von Geschäftsprozessen im Autohaus und bietet Schnittstellen zur Unternehmenszentrale in Leverkusen, die wiederum mit den Systemen zur Fahrzeug-, Teile- und Garantieabwicklung verbunden ist. Auch im Autohaus Schmitz + Zinke wird MACS eingesetzt. Das System generiert bei den verschiedenen Geschäftsvorgängen wie An- und Verkauf von Gebraucht- und Neuwagen aus den Prozess- und Kundendaten Dokumente wie Angebote, Rechnungen oder die Datenschutzerklärung, die Kunden digital signieren können. Die Kunden schätzen die digitale Signatur, weil sie zum Beispiel keine mehrseitige Datenschutzerklärung mehr in Papierform erhalten. In Form von PDF-Dateien werden die Dokumente automatisch in einem Arbeitsverzeichnis auf dem zentralen Laufwerk abgelegt – jedoch nicht revisionssicher elektronisch archiviert.

Sowohl die Dokumente, die MACS erzeugt, als auch andere digitale Belege, wie Eingangsrechnungen als E-Mail-Anhänge, wurden bei Schmitz + Zinke früher auf Papier ausgedruckt, gestempelt, von Hand signiert, kopiert, als Belege in verschiedenen Kladden gesammelt und mehr oder weniger unübersichtlich in Leitz-Ordnern archiviert. Im Jahr kamen beim Autohaus locker 150 Ordner zusammen.

8.2.2 Anforderungen und Rahmenbedingungen

Auch eine Systemintegration zwischen MACS und der DATEV wurde bis dato nicht vollständig realisiert. Bestellt das Autohaus beispielsweise Teile bei Mazda, kommen Lieferscheine und Rechnungen als PDF-Dateien per Mail. Zusätzlich stellt MACS einen elektronischen Buchungsdatensatz zur Verfügung (nach dem Kontorahmen SKR 51 für die Kfz-Branche). Dieser kann dank einer Schnittstelle direkt in DATEV verbucht werden. Doch stattdessen wurden bei Schmitz + Zinke die eingegangenen PDF-Dateien auf Papier ausgedruckt, die Daten von Hand in DATEV eingegeben und die ausgedruckten Belege in Leitz-Ordnern abgeheftet. Rückblickend betrachtet, war die Organisation weder effektiv noch prozesssicher noch entsprach sie den üblichen Compliance-Richtlinien. Das sollte sich grundlegend ändern.

Chancen und Potenzial eines Dokumenten-Management-Systems (DMS) waren dem Geschäftsführer bereits grundsätzlich bekannt. Und ein Gesellschafter der Schmitz+ Zinke GmbH, Reinhard Oborski, hatte als Mitinhaber eines IT-Beratungsunternehmens bereits gute Kontakte zum ortsansässigen DocuWare-Partner, der *DocuScan GmbH*. Reinhard Oborski kannte die Geschäftsführer persönlich und wusste um ihre Professionalität und langjährige Erfahrung. So lag es nahe, die passgenaue Integration einer DMS-Lösung in die Systemumgebung bei Schmitz + Zinke mit der DocuScan zu realisieren.

Die Entscheidung fiel auf die Cloud-basierte Lösung, weil sie sich sofort vollumfänglich nutzen ließ und weil sie die Möglichkeit bot, kleine, schlanke Prozesse zu integrieren. Neue Hardware wurde nicht gebraucht, ein Hochleistungsscanner zur Digitalisierung von Papierbelegen war bereits vorhanden. Am 1. Februar 2020 ging das DMS an den Start, rückwirkend zum 1. Januar wurden alle Belege elektronisch archiviert und Papierbelege abgeschafft.

Voraussetzung für eine optimale Systemintegration und die Einrichtung von transparenten, digitalen Prozessen war eine gründliche Analyse der alltäglichen Verwaltungs- und Prüfungsvorgänge im Autohaus sowie die systematische Erfassung aller Belegarten. Diese Vorarbeiten wusste man im Autohaus besonders zu schätzen. Durch die komplette Verfahrensanalyse konnte man die Prozesse wesentlich effektiver gestalten. Es ging ja nicht nur darum, ein paar Dokumente zu digitalisieren und Papier abzuschaffen, sondern um viel mehr. Nämlich darum, die täglichen Routinen zu hinterfragen und Prozesse zu begreifen – auch für die Mitarbeiter. So führte die Bestandsanalyse auch dazu, dass in MACS Prozesse neu gestaltet, geschult und optimiert wurden.

8.2.3 Lösung

Nach Erfassung und Analyse aller Dokumente und Geschäftsprozesse entschied man sich für die Definition und Einrichtung von vier elektronischen Archiven mit unterschiedlichen Zugriffsberechtigungen. Im Archiv »Geschäftsprozesse«, auf das alle Verwaltungsmitarbeiter*innen Zugriff haben, werden alle Dokumente des Tagesgeschäfts verwaltet, geprüft und aufbewahrt. Dokumente, die zu einem Vorgang gehören, werden durch einen gemeinsamen Indexwert miteinander verknüpft. (Bei Verkaufsvorgängen ist das zum Beispiel die gemeinsame Vorgangsnummer. Garantiefälle bekommen eine gemeinsame Garantienummer, Schadensfälle eine gemeinsame Schadensnummer.)

Allein die Unternehmensleitung hat Zugriff auf das »Personal«-Archiv für die Personalakten und auf ein Extra-Archiv namens »Leitung«. Im Personal-Archiv werden Bewerbungen, Arbeitsverträge, Krankmeldungen, Fortbildungsmaßnahmen und alles, was sonst noch in eine Personalakte gehört, passwortgeschützt abgelegt. Die Personalakten, die sich bis zur Einführung von DocuWare bei Schmitz + Zinke in zehn Leitz-Ordnern angesammelt hatten, wurden sämtlich eingescannt und die Papierbelege danach vernichtet. Ein ERP-System, das auch die Human Resources verwaltet, hat man nicht. Die Gehaltsabrechnungen werden elektronisch mit DATEV erstellt und auch elektronisch verschickt. Das Personal-Archiv ist eine optimale Ergänzung zum Human Resources Management.

Zur Aufbewahrung der bereits vorhandenen Verkaufsakten wurde ein eigenes Archiv angelegt. Man hatte bislang im Autohandel immer einen Hängeordner pro Verkauf, der etwa 20 bis 30 Blätter Papier enthält: Der Kunde bekommt ein Angebot. Dann macht er eine Probefahrt, für die es eine Probefahrt-Vereinbarung gibt. Dann will er sein altes Auto in Zahlung geben, finanzieren oder leasen. Wenn es zum Kaufabschluss kommt, gibt es eine verbindliche Bestellung und einen Ankaufsschein für das Gebrauchtfahrzeug. Dann gibt es den KFZ-Brief und, und, und. Wenn im Jahr 250 Autos verkauft werden, dann hat man 250 Hängeordner – macht in 10 Jahren Aufbewahrungsfrist 2500 Hängeordner. So ein Hängeordner ist durchschnittlich 3 Zentimeter dick – macht 75 Meter nur Verkaufsakten.

Zur Einführung von DocuWare wurden bei Schmitz + Zinke alle Verkaufsakten in Hängeordnern eingescannt. Aus jedem Verkaufsvorgang wurde eine PDF-Datei erzeugt, die nach mehreren Kriterien verschlagwortet ist, sodass die Vorgänge mit den zugehörigen Dokumenten bei Bedarf blitzschnell auffindbar sind. Für die eingescannten Verkaufsakten wurde ein eigenes Archiv angelegt, weil es spätestens in zehn Jahren, also nach dem Ende der Aufbewahrungspflicht, nicht mehr gebraucht wird. Seit dem Start von DocuWare gibt es keine Hängeordner mehr für Verkaufsvorgänge. Die Belege kommen jetzt alle in das Archiv »Geschäftsprozesse«.

Neben den Archiven wurden verschiedene elektronische Briefkörbe eingerichtet, die den Mitarbeitern als Ablagefächer dienen und aus denen sie regelmäßig Dokumente archivieren können. So gibt es zum Beispiel die Briefkörbe »Verkauf«, »Kasse« oder »Personal«. Für Briefkörbe, bei denen es sich anbietet, wurde das Werkzeug *Intelligent Indexing* aktiviert, das die abgelegten Dokumente automatisch ausliest und verschlagwortet bzw. die ausgelesenen Werte in einem Ablagedialog vorschlägt.

In *DocuWare Cloud* sind auch die beiden Werkzeuge enthalten, die für die Dokumentenverarbeitung zuständig sind:

- Der *DocuWare Printer* ist ein virtueller Drucker, der von jeder Anwendung aus nutzbar und in der Mazda-Software als Standarddrucker eingestellt ist. Mit ihm werden etwa 30 verschiedene Dokumentenarten als PDF-Dateien direkt im richtigen Archiv oder Briefkorb ablegt – und zwar als unveränderbare Originale, wie sie der Gesetzgeber definiert. Wird ein Original auf Papier benötigt, leitet der DocuWare Printer den Druckauftrag an einen für dieses Dokument bestimmten Drucker weiter.
- Als zweites Werkzeug importiert und archiviert *DocuWare Import* digitale Dokumente aus bestimmten Verzeichnissen, zum Beispiel aus dem Verzeichnis, in das vom Multifunktionsgerät Scans ablegt werden. Wie beim Printer wurden das Ziel (Archiv oder Briefkorb), die Identifizierung sowie die Indexierung eingerichtet. »Wenn wir zum Beispiel Rechnungen per E-Mail bekommen, schieben wir die einfach in ein Verzeichnis, und dort werden sie abgeholt und automatisch verschlagwortet«, nennt Watermann ein Beispiel.

8.2.4 Die Vorteile

DocuWare mit seinen simplen Workflows ist beim Autohaus der Dreh- und Angelpunkt für alle Geschäftsprozesse. Mithilfe von Listenverwaltung, digitalen Stempeln, einem Autoindex, der bei Schmitz + Zinke den Bearbeitungsstatus von Dokumenten zu einem Vorgang synchronisiert, und weiteren Werkzeugen, die in der *DocuWare Cloud* enthalten sind, wurden bei Schmitz + Zinke schlanke und transparente Verwaltungs- und Prüfungsprozesse eingerichtet, wie zum Beispiel eine Vollständigkeitsprüfung bei Unfallschäden.

Jede Änderung und Version eines Dokuments in einem Vorgang wird dokumentiert; die digitalen Originalbelege bleiben – wie gesetzlich gefordert – unangetastet. Die Archive bilden einen Dokumenten-Pool, in dem man dank des Moduls *SmartConnect* auch von jeder anderen beliebigen Anwendung aus nach Dokumenten suchen kann: Sowohl in der Mazda-Software als auch in DATEV wurde zu diesem Zweck die Suchfunktion *SmartSearch* über einen DocuWare-Button eingebunden. Auch der externe Wirtschaftsprüfer, der für Schmitz + Zinke die Buchhaltung erledigt, hat auf diese Weise Zugriff auf den Dokumenten-Pool in der Cloud und kann sich zu jedem Vorgang die Originalbelege aufrufen. Das hat sich gerade auch in der Corona-Krise bewährt.

Letzteres trifft auch auf den Einsatz von *DocuWare Mobile* zu. Damit hat die Geschäftsleitung auch von unterwegs oder vom Homeoffice aus jederzeit Einsicht in Briefkörbe, Archive und Aufgabenlisten. Über wichtige Post wird die Geschäftsleitung dank der Mobile App umgehend informiert, egal wo sie sich befindet. Und mit der DocuWare-App *PaperScan* können Dokumente qualitativ hochwertig abfotografiert und dann mittels der DocuWare-Mobile App in Briefkörbe oder Archive abgelegt werden.

8.2.5 Fazit

Sämtliche Dokumente, die im Geschäftsalltag anfallen, werden digitalisiert und revisionssicher archiviert. Dank der smarten Anbindung an das hauseigene ERP-System MACS und die Buchhaltungssoftware DATEV stehen alle Belege jederzeit schnell und in jeder Anwendung zur Verfügung. Die Digitalisierung zahlt sich in praktisch allen Bereichen des Unternehmens aus – bis hin zum Endkunden. Zudem haben die Mitarbeiter mehr Freude an der Arbeit, weil sie einfach effizienter arbeiten und sich mehr auf die kundenrelevanten Aufgaben konzentrieren können.

8.3 Verfahrensdokumentation am Beispiel InnoSenT GmbH

Autoren: Wilhelm F. Flintrop, 1st.-consultung UG, und Georg Geier, InnoSenT GmbH

Gerüstet für Betriebsprüfungen durch eine Verfahrensdokumentation, die den gesetzlichen Vorgaben und finanzrelevanten Prüfungsanforderungen entspricht

8.3.1 Grundsätzliches zur Verfahrensdokumentation

Seit Januar 2020 wird in den GoBD (»Grundsätze zur ordnungsmäßigen Führung und Aufbewahrung von Büchern, Aufzeichnungen und Unterlagen in elektronischer Form sowie zum Datenzugriff«) explizit das Vorhandensein einer Verfahrensdokumentation gefordert, die dem Betriebsprüfer bei der Betriebsprüfung vorgelegt werden soll. Nach aktuellem Sachstand haben derzeit ca. 65 % der Unternehmen ein solches Dokument noch nicht erstellt. Da es zwischenzeitlich hier auch bereits Urteile zur Verwerfung der Betriebsprüfung (FG Münster) gegeben hat, in denen insbesondere auch auf das Fehlen einer Verfahrensdokumentation hingewiesen wurde, sind bei zukünftigen Betriebsprüfungen die Probleme bereits vorauszusehen.

Um eine professionelle Verfahrensdokumentation zu erstellen, reicht es auch nicht aus, z. B. einfach eine der massenweise im Internet zu findenden Musterverfahrensdokumentationen oder -anleitungen herunterzuladen und loszulegen. Als nicht tief im Thema befindlicher Anwender erreicht man schnell seine Grenzen.

8.3.2 Ausgangssituation bei der InnoSenT GmbH

Das Unternehmen

Die InnoSenT GmbH wurde im Jahr 1999 gegründet. Der Firmensitz befindet sich in Donnersdorf. Dort entwickelt und fertigt das Unternehmen Radarsensoren und -systeme für die Industrie und den Automotive-Bereich. Die Radarlösungen sind in diversen Anwendungen wie Fahrzeugassistenten, Türöffnern, Verkehrsradar- oder Sicherheitssystemen im Einsatz. Neben Standardprodukten werden auch kundenspezifische Entwicklungsprojekte realisiert. Als EMS-Dienstleister bietet die InnoSenT GmbH ihre fachliche Kompetenz und Produktionsstätte für die Auftragsfertigung von Elektronikprodukten an.

Die Ausgangssituation

Nachdem die zuständige Wirtschaftsprüfungsgesellschaft nach einer Verfahrensdokumentation fragte, suchte man einen neutralen und kostengünstigen Anbieter für das Coaching und die Erstellung einer Verfahrensdokumentation zur Unterstützung der Mitarbeiter, die die Inhalte des Dokuments definieren und schreiben sollten. Der Auftrag wurde nach intensiver Recherche an die *1st.-consulting UG* vergeben.

8.3.3 Anforderungen und Rahmenbedingungen

Zwischen der von der InnoSent GmbH eingerichteten Arbeitsgruppe und dem Berater wurde vereinbart, dass die Verfahrensdokumentation nach den Prüfkriterien des CERT-Komitees des VOI-Verbandes, Bonn, erstellt wird. Dabei sollten nicht nur die gesetzlichen Vorgaben (AO, HGB etc.) und die GoBD-Vorgaben, sondern auch grob die Inhalte der Prüfszenarien des Institutes der deutschen Wirtschaftsprüfer (IDW), hier insbesondere die PS 880 und PS 680, so weit möglich berücksichtigt werden. Außerdem wurde überlegt, auf Basis der Verfahrensdokumentation die finanzrelevanten Szenarien im Unternehmen durch das CERT-Komitee des VOI-Verbandes auditieren und danach durch den TÜV IT, Essen, testieren zu lassen.

8.3.4 Vorgehensweise zur Erstellung der Verfahrensdokumentation

Als Erstes informierte der Berater in einem Initialmeeting die eingesetzte Arbeitsgruppe über Grundlagen, Themeninhalte und Vorgehensweise, damit alle Teilnehmer einen einheitlichen Wissenstand haben. Danach wurden die Kernthemen wie Dokumentenbestand, finanzrelevante Prozesse und zugehörige IT-Infrastruktur auf die Teilnehmer aufgeteilt. Die wesentlichen Inhalte dieser Verfahrensdokumentation wurden ebenfalls festgelegt. Dazu wurden folgende Fragen bearbeitet:

- Wie werden die finanzrelevanten Unternehmensdokumente ordnungsgemäß durch das Unternehmen verarbeitet und originalgetreu während der vom Gesetzgeber vorgeschriebenen Verwahrzeit (10 Jahre) aufbewahrt?
- Wie wird die Vollständigkeit der Dokumente gesichert (kein Dokumentenverlust)?
- Wie wird gewährleistet, dass Dokumente zum organisatorisch frühestmöglichen Zeitpunkt abgelegt werden (bei Papierverarbeitung im Papierarchiv, digital im Archivsystem)?

- Wie wird gesichert, dass die Dokumente als Original bei Papierverarbeitung und originalgetreu bei digitaler Verarbeitung unverändert abgelegt werden?
- Wie wird sichergestellt, dass die Dokumente während des Verarbeitungsprozesses bis zur Endablage nur von berechtigten Benutzern eingesehen werden können?
- Wie wird sichergestellt, dass jedes Dokument sowie komplette finanzrelevante Vorgänge zeitnah recherchiert und angezeigt werden können (bei papiergebundenen Prozessen zur Einsichtnahme vorgelegt; bei digitalen Anwendungen recherchiert und angezeigt werden können)?
- Wie wird das Vernichten bzw. Löschen von finanzrelevanten Dokumenten durch unberechtigte Personen verhindert?
- Wie wird gewährleistet, dass bei Änderungen am Papier- oder am digitalen Prozessdurchlauf alle Prozessbeteiligten transparent informiert werden?
- Wie wird sichergestellt, dass bei technischen Prozessänderungen (z.B. einem Austausch des ERP-Systems) alle Prozessbeteiligten transparent informiert werden?

Sukzessive wurden nun, entsprechend der Nummerierung und Strukturierung in der Verfahrensdokumentation (siehe Tab. 8–1) zugehörige Texte durch die Mitarbeiter der Arbeitsgruppe geliefert. Diese wurden vom Berater geprüft und gegebenenfalls nach Telefonat oder Videokonferenz mit den Mitarbeitern in das Originaldokument eingepflegt.

Einleitung	
Allgemeine Beschreibung des Einsatzgebietes	Punkt 1
Fachliche und sachlogische Lösung	Punkt 2
Technische Systemlösung	Punkt 3
Informationssicherheit	Punkt 4
Technischer Betrieb	Punkt 5
Langzeitverfügbarkeit und Migration	Punkt 6
Qualifikation der Beschäftigten	Punkt 7
Tests	Punkt 8

Tab. 8–1 *Standardstruktur einer gesetzes- und revisionskonformen Verfahrensdokumentation*

Zu den in Tab. 8–1 aufgeführten Punkten gibt es natürlich jeweils noch einige Unterpunkte.

Nach vollständiger Befüllung der Inhalte durch die Teilnehmer der Arbeitsgruppe wurde das so fertiggestellte Originaldokument an den Leiter der Finanzbuchhaltung zur abschließenden Überprüfung mittels kleiner Praxischecks im

Unternehmen gesendet. Nach erfolgter Prüfung wurde dann das Originaldokument in Papierform einmal gedruckt und von Berater und Unternehmensleitung gegengezeichnet.

8.3.5 Vorteile für die InnoSenT GmbH

Die Vorgaben hatten zur Folge, dass alle finanzrelevanten Unternehmensprozesse neu aufgenommen und dokumentiert wurden. Zudem wurde dies zum Anlass genommen, Prozesse zu hinterfragen und bei Bedarf anzupassen. In der IT wurden die Hardware und die Netzwerkarchitektur aktualisiert und auf Basis dieser Maßnahme auch optimiert. Dazu wurde auch das eingesetzte revisionssichere und von VOI-Experten testierte Dokumenten-Management-System *lobodms* der *DM Dokumenten Management GmbH* aktualisiert und durch weitere Funktionalitäten ergänzt.

Dies alles hat zur Folge, dass die finanzrelevanten Unternehmensprozesse nun präziser, sicherer und zeitlich optimiert erfolgen. Eine regelmäßige Aktualisierung der Verfahrensdokumentation wird durchgeführt.

InnoSent benutzt die Verfahrensdokumentation auch beim Onboarding neuer Mitarbeiter. Diese können sich je nach Aufgabengebiet in ihre Prozesssituation einlesen.

Anhang

Glossar

Abgabenordnung Steuerrechtliche Vorgaben zur Buchführungspflicht

Ablage Die Ablage dient im Gegensatz zum Archiv der kurz- und mittelfristigen Aufbewahrung und Verwaltung von Informationen bzw. Dokumenten zum Zweck des schnellen und einfachen Zugriffs. Sie ist als dynamischer und veränderlicher Teil eines DMS zu betrachten.

Absolute Adresse Reale Adresse eines Speicherorts im Gegensatz zur symbolischen oder relativen Adresse. Eine absolute Aresse kann z. B. der Platz auf dem Datenträger sein.

Abstract Inhaltliche Zusammenfassung eines Dokuments. Wird oft erstellt, um die Suche zu erleichtern.

Account engl. für »Konto«; Zugangsberechtigung zu einem Netzwerk, einer Mailbox oder auch zu einem Archiv oder DMS

Adaptive Pattern Recognition Processing (APRP) Entsprechend dem Vorbild biologischer Systeme, in denen die Nervensysteme Informationen verarbeiten, funktioniert APRP als ein sich selbst aufbauendes System, das die binären Muster der Daten erlernt und sich an sie erinnert. APRP indexiert automatisch die binären Muster digitaler Informationen jeder beliebigen Form und erstellt einen auf den Mustern basierenden Speicher, der sich auf den ursprünglichen Inhalt der Daten bezieht.

Ad-hoc-Workflow Im Unterschied zum Production-Workflow die elektronische Unterstützung unstrukturierter Vorgänge, die sich aus der laufenden Arbeit ergeben, nur einmal oder sporadisch auftreten oder so variieren, dass sie nicht vorstrukturierbar sind.

American National Standards Institute (ANSI) Ein amerikanisches Gegenstück des Deutschen Instituts für Normung e. V. (DIN). In der IT-Welt gibt es zahlreiche ANSI-Standards, die auch im europäischen DV-Bereich eine wichtige Rolle spielen und oft weltweit akzeptiert werden. ANSI vertritt in den USA die internationalen Gremien wie CCITT (ITU) und ISO.

American Standard Code for Information Interchange (ASCII) Der ASCII-Code umfasst 7 Bit, sodass mit ihm 128 verschiedene Zeichen dargestellt werden können. Er ist ein weltweit verbreitetes Kodierungsverfahren für Texte mit Buchstaben, Ziffern, Sonder- und Steuerzeichen (ISO 8859).

Applet Direkt im Webbrowser ablauffähige Java-Anwendung

Application Programming Interface (API) Programmierschnittstelle zur Kommunikation zwischen einer IT-Anwendung und einem IT-Service bzw. zur direkten Nutzung von Funktionen und Diensten einer Anwendung

Application Server Application-Server stellen im Netzwerk spezielle Anwendungen zur Verfügung, in der Regel basierend auf Datenbanken. Im Zusammenhang mit dem Application-Service-Providing (ASP) gewinnen diese Server eine neue Aktualität.

Application-Service-Providing (ASP) Das Hosten und Vermieten von Anwendungen über Netzwerke. Der Verband ASP-Konsortium e.V. vermittelt Kontakte und beantwortet Fragen zu ASP-Industrie und -Lösungen.

Archiv Das Archiv dient der langfristigen, strukturierten und statischen Aufbewahrung von Dokumenten. Dokumenten-Management-Systeme nutzen oft Archive bzw. Archivierungssysteme.

Archivierungssystem Archivierungssysteme werden im Allgemeinen als Endablage eingesetzt und dienen zur revisionssicheren, unveränderbaren Speicherung von Informationen. Auch hier werden mittels einer Datenbank einzelne Dokumente und Mappen verwaltet. Archivsysteme können sehr große Informationsmengen verwalten, z.B. auf elektronischen Medien.

Association for Information and Image Management (AIIM) Eine ursprünglich US-amerikanische, inzwischen international agierende Vereinigung von Herstellern und Anwendern von Informations- und Dokumenten-Management-Systemen

Attachment engl. für »Anlage«; Bezeichnung für eine Datei, die an eine E-Mail angehängt wird

Attribut Identifizierende oder beschreibende Eigenschaft eines Dokuments. Wird als Meta-Information zum Dokument gespeichert.

Auditing, Audit Trails Protokollierungsverfahren, bei dem z.B. Benutzer, Datum, Uhrzeit und Art der ausgeführten Tätigkeit festgehalten werden. Über den Audit-Trail lassen sich z.B. Änderungen an Dokumenten nachvollziehen.

Automatic Document Feeder (ADF) Automatischer Dokumenteneinzug für Scanner und Kopierer

Backup Sicherung von Daten und Dokumenten mittels einer Kopie auf ein externes Medium (wie Magnetband, Streamer, CD-R, WORM, Kasetten etc.)

Barcode Codierungsverfahren, bei dem nach einem festgelegten Schema grafische Informationen (Striche) in Zahlen und Buchstaben gewandelt werden können und umgekehrt

Betriebsverfassungsgesetz (BetrVG) Das Betriebsverfassungsgesetz regelt insbesondere die Mitwirkungsrechte der Arbeitnehmervertreter im Betrieb.

Big Data Dieser Begriff fasst alle Techniken zur Verarbeitung und Auswertung enorm großer Datenmengen zusammen.

Binary Large Object (BLOB) Große binäre und damit für die Datenbank nicht weiter strukturierte Objekte bzw. Felddaten. Einige Datenbanken gestatten diesen Feldtyp, um darin große Datenmengen (z.B. Rasterbilder, Dokumente) als Feldinhalt abzuspeichern.

Boolesche Operatoren Boolesche oder logische Operatoren wie UND, ODER, NICHT gestatten eine Verknüpfung von Suchkriterien zu komplexen Suchanfragen, z.B. um die Metadaten eines DMS zu durchsuchen.

Brief Schriftgut, bei dem die Nachricht mit ihrem Inhalt Dritten gegenüber (z.B. Boten) unzugänglich gemacht ist, z.B. durch ein Kuvert.

Browser Ein Programm, das für den Internetdienst WWW entwickelt wurde und die Möglichkeit bietet, Daten über eine Internetverbindung zu laden und anzuzeigen. Die ersten Browser konnten nur das Format HTML und TXT darstellen. Moderne Browser können alle gängigen Formate darstellen und auch Programme, sogenannte Applets, laden und lokal ausführen.

Brutto-Image Vollständiges Abbild, wie es z.B. nach dem Scanvorgang zur Verfügung steht. Durch spezielle Verfahren kann der Hintergrund anschließend ausgeblendet werden, es verbleibt das Netto-Image. Das Vollbild kann durch die Kombination mit dem Hintergrundbild wieder erzeugt werden.

Bundesdatenschutzgesetz (BDSG) Das Bundesdatenschutzgesetz regelt vor allem den Schutz personenbezogener Daten.

Bürgerliches Gesetzbuch (BGB) Das zentrale Gesetzbuch für das deutsche allgemeine Privatrecht. Im Zusammenhang mit DMS wichtig für haftungsrelevante Dokumente wie Bedienungsanleitungen, Gebrauchsanweisungen, technische Dokumentation, Gewährleistungsaussagen usw.

Business Process Execution Language for People (BPEL4People) Die Postkorbschnittstelle zu BPEL4WS

Business Process Execution Language for WebService (BPEL4WS) Eine technische XML-Notation zur Prozessorchestrierung von SOA-Webservices

Business Process Management Zusammenfassung aller Methoden und Werkzeuge, die der oprimalen Gestaltung von Geschäftsprozessen dienen

Business Process Modeling Notation (BPMN) Eine grafische Spezifikationssprache, mit der Geschäftsprozesse und Arbeitsabläufe (Workflows) modelliert werden können

Business Process Reengineering (BPR) Reorganisation von Geschäftsprozessen zur Verringerung der Durchlaufzeiten, zur Kosteneinsparung und zu einer besseren Ausrichtung auf die strategischen Ziele

Business to Business (B-to-B) Im E-Commerce: Verkauf von Dienstleistungen und Waren an ein anderes Unternehmen. Diese Geschäftsbeziehung wird als »Business to Business« bezeichnet, abgekürzt »B2B«.

Business to Consumer (B-to-C) Im E-Commerce: Verkauf von Dienstleistungen und Waren an den Endkunden. Diese Geschäftsart wird als »Business to Consumer« oder abgekürzt als »B2C« bezeichnet.

Cache Ein spezieller Zwischenspeicher auf schnellen Speichermedien, in dem häufig verwendete Datenobjekte zwischengespeichert werden, um zeitaufwendige Zugriffe auf Medien mit längeren Zugriffszeiten zu vermeiden.

Cartridge Auswechselbares Speichermedium, beispielsweise ein DAT-Band oder eine CD-ROM

Central Processing Unit (CPU) Zentraleinheit eines Rechners

Client IT-System (Hardware oder Anwendung) in einem Netzwerk, das einen Dienst nicht selbst erbringen kann und daher die Dienstleistungen eines Servers in Anspruch nimmt

Client-Server-Modell Modell in einer DV-Umgebung; Zusammenspiel zwischen Ressourcen eines Clients mit speziellen Ressourcen einer vom Client aus gesehen zentralen Instanz (Server). Ein Server kann wiederum zu einem Client werden, indem er andere Dienste nutzt. Typische Client-Funktionen sind Benutzeroberflächen-Unterstützungen. Typische Server-Funktionen sind z. B. zentrale Datenbankverwaltung oder Kommunikationsmanagement.

Cloud-Modell Dynamisches Anwendungs- und Betriebsmodell einer Daten- oder Anwendungsnutzung über das Internet, bei dem die Bezahlung nutzungsabhängig erfolgt

Code Zeichenzuordnung; Vorschrift für die eindeutige Zuordnung der Zeichen eines Zeichenvorrats (Urmenge) zu denen eines anderen Zeichenvorrats (Bildmenge)

Coded Information (CI) Codierte, das heißt maschinell direkt interpretierbare und weiterverarbeitbare Zeichen im Gegensatz zu Non-Coded Information. Coded Information wird in der Regel durch ASCII, EBCDIC oder verwandte erweiterte Zeichensätze dargestellt.

Common Gateway Interface (CGI) Protokoll zur Entwicklung von interaktiven Bestandteilen in WWW-Seiten

Common Object Request Broker Architecture (CORBA) Objektorientiertes Modell für verteilte Objekte

Compact Disc – Read Only Memory (CD-ROM) Im Pressverfahren erstellter, einmal beschreibbarer und mehrfach lesbarer optischer Datenträger

Compact Disc (CD) Optischer Datenträger. Industriell gefertigter Nur-Lese-Speicher. Ursprünglich als Nachfolger der LP als Audio-CD entwickelt. Wird heute als Datenträger in der IT noch häufig verwendet.

Compact Disc Recordable (CD-R) Optischer Speicher im CD-Format, der beschrieben, aber nicht gelöscht werden kann

Component Object Model (COM) Von Microsoft beschriebenes Modell zur Komponenentenentwicklung

Compound Document Aus beliebigen Objekten wie Text, Bild, Tabelle, Audio, Video etc. zusammengesetztes Dokument

Computer Output to Laser Disc (COLD) Verfahren zur Massendatenarchiverіung auf digitalen optischen Speichern. COLD-Systeme (Teil eines DMS) nehmen Dateien z.B. per Dateitransfer entgegen, extrahieren Indexdaten und speichern Informationen. Die Daten können formatgetreu unter Verwendung von Overlays oder Hintergrundlayouts angezeigt werden.

Computer Output to Microform (COM) Direkte Verfilmung codierter Rechnerinformationen auf Microform-Medien (Mikrofilm, Mikrofiche)

Container Objekt, das aus verschiedenen, inhaltlich zusammenhängenden, strukturierten und unstrukturierten Informationen, elementaren und zusammengesetzten Dokumenten mit internen und externen Referenzen und Zugriffsinformationen besteht. Für Container wird auch der Ausdruck *Mappe* verwendet.

Content (1) Der Inhalt einer Website. Content sind Beiträge, Informationen etc., die über das Web abgerufen werden können.

(2) Der Inhalt eines Dokuments im Gegensatz zu seinen Metadaten

Content-Management-System (CMS) Software zur gemeinschaftlichen Erstellung, Bearbeitung und Organisation von Inhalten (Content) – zumeist in Webseiten, aber auch in anderen Medienformen – mit Unterstützung des Erstellungsprozesses basierend auf der Trennung von Inhalten und Struktur. CMS oder *Redaktionssysteme* gibt es für Websites, E-Shops, CD-ROMs, DVDs und Print-Produkte. Ein wichtiges DMS-Spezialistenforum ist *www.contentmanager.de*.

Customer Relationship Management (CRM) Anwendung, die die Beziehung zwischen Kunden und einer Firma verwaltet und eine starke Ausrichtung auf Sales & Marketing beinhaltet

Customizing Anpassung eines Standardsystems an spezifische Anforderungen

Data Encryption Standard (DES) Eine Verschlüsselungsmethode, die Daten mit einem sehr effizienten und sicheren Verfahren sowohl verschlüsselt als auch komprimiert, um sie in öffentliche Netze zu tragen

Data Mining Datensuche und Recherche. Als Suchtool wird Data Mining zunehmend in großen Daten- und Dokumentenbeständen, z.B. Data Warehouses, zur Recherche von Daten eingesetzt.

Data Warehouse Großes Datenarchiv; auch *Information Warehouse* oder *Document Warehouse* genannt. Die Daten und Dokumente eines Unternehmens werden in einem eigenen System gespeichert, das auf Auswertungen statistischer Art optimiert ist.

Datensicherungssystem Datenspeicherung zur Sicherung; Datensicherungssysteme sind durch die kontinuierliche Speicherung von Daten und Dokumenten und seltenes Retrieval gekennzeichnet. In der Regel erfolgt ein Zugriff auf die gespeicherten Daten nur im Notfall.

Dekomprimierung Wiederherstellung der ursprünglichen Information der durch Kompressionsverfahren reduzierten Datenmenge.

Desktop Publishing (DTP) Das rechnergestützte Setzen von Dokumenten, die aus Texten und Bildern bestehen und später als Publikationen (z.B. Broschüren, Magazine, Bücher oder Kataloge) ihre Verwendung finden.

Digital Audio Tape (DAT) Digitales Audio-Magnetband (Tonband), ursprünglich als Nachfolger der Kassette gedacht mit vergleichbarer Qualität wie eine CD. Wird heute nur noch zum Teil als Sicherungsmedium für Computerdaten eingesetzt.

Digital Optical Recording (DOR) Der Schreibvorgang digitaler optischer Speichermedien

Digital Versatile Disc (DVD) Speichermedium im Format der Compact Disc (CD), jedoch mit höheren Speicherkapazitäten (bis zu mehreren GB)

Direct Access Storage Device (DASD) Gerät mit der Möglichkeit eines direkten Speicherzugriffs, z.B. Festplatte oder Hauptspeicher, ohne wie bei Bändern ein gewünschtes Element nur sequenziell ansprechen zu können

Directory Ein Verzeichnis zur Strukturierung von Informationen, hier meistens von Dateien

Distributed Component Object Model (DCOM) Von Microsoft definiertes Client-Server-Objektmodell für netzweit verteilte Anwendungen

Distributed Hash Table (DHT) In einem Netzwerk verteilte Ablage von Datenstrukturen mit einem eindeutigen Schlüssel

DMA-Modell Das DMA-Modell spezifiziert grundlegende Operationen und gemeinsame Elemente aller DMA-konformen Dokumenten-Management-Systeme. Der Zugriff auf ein DMA-System wird über Zugriffspunkte (wenn Clients mit dem DMA-System kommunizieren) und Servicepunkte (für Dienste, die unter dem DMA-System integriert sind) bereitgestellt. Für den Client bietet die DMA eine einheitliche Sicht auf alle Dokumente, unabhängig von ihrem Ort, ihrer Erstellung usw.

Document Center Architecture (DCA) Auch *Document Content Architecture*; eine von der Firma IBM konzipierte Definition zum Speichern von Dokumenten für den Bürobereich

Document Enabled Networking (DEN) Middleware-orientierter Ansatz für die Standardisierung der Schnittstelle vom DMS-Client zu den Applikationen und vom DMS-Server zum Dokumentenspeicher. Wurde durch das DMA-Modell abgelöst.

Document Filing and Retrieval, DFR (ISO 10166) ISO-Norm zur Definition von Protokollen und zum Aufbau von selbstbeschreibenden elektronischen Dokumenten

Document Image Processing (DIP) Verarbeitung und Verwaltung von gescannten oder per Datenübertragung empfangenen nichtcodierten Informationen (NCI)

Document Imaging Computergestützte Erfassung, Speicherung, Suche, Änderung und Ausgabe von Bilddaten (Images)

Document Interchange Architecture (DIA) Eine von IBM konzipierte Schnittstelle zur Verwaltung und zum Austausch von Dokumenten für den Bürobereich

Document Management Alliance (DMA) Zusammenschluss von Standardisierungsgremien im DMS-Umfeld

Document Type Definition (DTD) Eine formale Beschreibung der erlaubten Syntax eines Dokuments, d.h. seiner Elemente und Struktur. Eine solche Beschreibung wird benutzt, wenn Dokumente einem vorgeschriebenen formalen Aufbau genügen müssen.

Dokument Dokumente sind als Beweis dienende Schriftstücke, die nicht nur in Papierform oder als Mikrofilm, sondern auch auf digitalen Datenträgern vorliegen können. Ein Dokument umfasst eine festgelegte und strukturierte Menge an Informationen, die als Einheit verwaltet und z.B. zwischen Anwendern und Systemen ausgetauscht werden kann.

Dokumentenattribut Attribute dienen der Beschreibung des Dokuments, sie sind Teil der Metadaten.

Dokumenten-Management Oberbegriff für alle Aktivitäten zur Erfassung, Bearbeitung, Verwaltung und Speicherung von Dokumenten

Dokumenten-Management-Organisation Gesamtheit aller administrativen, organisatorischen und technischen Maßnahmen, die die konkrete Verwaltung von Dokumenten innerhalb einer Organisation betreffen

Dokumenten-Management-System (DMS) Unter Dokumenten-Management-Systemen **im engeren Sinne** wird die logische Verwaltung von Dokumenten verstanden. Zugriff, Verwaltung und Darstellung erfolgen auf Basis von Dokumentenmerkmalen. Organisatorische Gesichtspunkte, wie das gemeinsame Arbeiten mit Dokumenten und deren Rolle in den Geschäftsprozessen, werden nicht betrachtet.

»Dokumenten-Management-System« **im weiteren Sinne** ist ein Sammelbegriff für die sich zunehmend mischenden Systemkategorien von Dokumenten-Management-Systemen im eigentlichen Sinne: Document Imaging, OCR und ICR, Workflow, Archivsystem, Groupware, elektronische Formulare usw.

Dots per Inch (dpi, DPI) Maß für die *Auflösung* eines Geräts (z.B. Bildschirms, Druckers, Scanners), d.h. die Anzahl von Bildpunkten pro Zoll (ca. 2,54 cm). Je höher die Auflösung ist, desto besser ist in der Regel die Bildqualität.

Dynamic Data Exchange (DDE) Microsoft-Standard, um Daten und Befehle zwischen Anwendungen auszutauschen

E-Book Elektronische Bücher, die den Eigenschaften von gedruckten Büchern nachempfunden sind, aber als digitale Dateien zur Verfügung stehen

Electronic Data Interchange (EDI) Oberbegriff für Systemkonzepte, die es ermöglichen, in einem EDV-System erstellte Daten zu einem anderen System zu übertragen und dort direkt elektronisch weiterzuverarbeiten

Electronic Data Interchange for Administration, Commerce and Transport (EDIFACT; ISO 9735) Weltweit gültiger EDI-Standard mit Nachrichtentypen für ein branchenübergreifendes Spektrum von Geschäftsvorfällen

Electronic Mail (E-Mail) Elektronische Post; eine auf elektronischem Wege in Computernetzwerken übertragene, brieffähnliche Nachricht

Elektronische Formulare (E-Form) E-Forms werden für die Eingabe, Anzeige, Ausgabe und Verwaltung variabler Informationen eingesetzt.

Enabling Einbindung eines DMS in andere Anwendungen, damit die gleichen Informationen und Dokumente aus verschiedenen Applikationen heraus genutzt werden können. Die DMS-Anwendung hat keinen eigenen Desktop bzw. keine eigene Oberfläche. Für den Benutzer wirkt es so, als ob die Anwendung, mit der er arbeitet, die DMS-Funktion hätte.

Encapsulated PostScript File (EPSF) Eine PostScript-Datei, die gewissen Einschränkungen unterliegt

Engine DMS- oder Workflow-Ausführungskomponente auf Server-Ebene; DMS- oder Workflow-Dienst zur Integration in bestehende Anwendungen

Enterprise Application Integration (EAI) Verfahren und Werkzeuge zur Steuerung des Informationsaustauschs zwischen verschiedenen Anwendungen entlang der Wertschöpfungskette in einem Unternehmen

Enterprise Java Beans (EJB) Eine Spezfikation der Firma *Sun Microsystems*, die eine verteilte Komponentenarchitektur beschreibt, wie sie im Internetumfeld benötigt wird. Anhand der Standardisierung ist es möglich, einzelne Komponenten oder Dienste (z.B. einen Druckdienst, Auskunftsdienst usw.) zu entwickeln und einem Nutzerspektrum zugänglich zu machen. Das Nutzen von EJB und die Integration in bestehende Systeme ist somit ohne großen Entwicklungsaufwand möglich.

Enterprise-Content-Management (ECM) Technologien zur Erfassung, Verwaltung, Speicherung, Bewahrung und Bereitstellung von Content und Dokumenten zur Unterstützung organisatorischer Prozesse

Ereignisgesteuerte Prozesskette (EPK) Ein Modell zur Darstellung von Geschäftsprozessen einer Organisation bei der Geschäftsprozessmodellierung; Element des ARIS-Konzepts

Ethernet Eine Technologie, die Software (Protokolle usw.) und Hardware für kabelgebundene Datennetze spezifiziert. Sie ermöglicht den Datenaustausch in Form von Datenpaketen zwischen den in einem lokalen Netz angeschlossenen Geräten (Computer, Drucker und dergleichen).

European Computer Manufacturers Association (ECMA) Eine Vereinigung europäischer Rechnerhersteller. Die ECMA hat eine Reihe von Standarddefinitionen für den Datenaustausch zwischen Rechnern verschiedener Hersteller erarbeitet.

Exporter Teil eines Systems (z.B. eines DMS), das Daten und/oder Dokumente ausgibt, damit man diese außerhalb des ursprünglichen Systems anderweitig nutzen oder bearbeiten kann.

Extensible Markup Language (XML) Eine vom World Wide Web Consortium (W3C) herausgegebene und standardisierte Meta-Beschreibungssprache zur Darstellung von hierarchisch strukturierten Daten in Form von Textdateien. Mithilfe von XML können Daten zwischen Applikationen plattformübergreifend und implementierungsunabhängig ausgetauscht werden.

Extensible Stylesheet Language Transformation (XSL/T) Programmiersprache zur Bearbeitung und Transformation von XML-Dokumenten

Faksimile Information (z.B. Text, Grafik), die als Rasterbild vorliegt. Bei Faksimiles handelt es sich um nichtkodierte Informationen (NCI), die vom Rechner nicht direkt weiterverarbeitbar sind.

File Allocation Table (FAT) Standarddateisystem unter DOS

File Transfer Protocol (FTP) Ein TCP/IP-Protokoll, das die Übertragung von Dateien zwischen mehreren Systemen ermöglicht

Font Bezeichnung für eine Schrift im Rechner. Zur Angabe eines Fonts gehören Schriftart, Schriftschnitt und unter Umständen auch die Schriftgröße, also z.B.: »Times New Roman, fett, 12 Pt«.

Formular Hilfsmittel zur Umsetzung von organisatorischen Abläufen. Die Gestaltung hat mehrere Ziele: Klarheit und Akzeptanz, Übermittlung des Firmenbilds, Werbung, Ordnung und Funktionalität. Hier auch elektronischer Vordruck, der eine formatierte und einheitliche Informationseingabe und -ausgabe ermöglicht.

Gartner Magic Quadrant Methodik zur Qualifikation der Marktposition einer Technologie oder eines Produkts

Gemeinschaft der Postgesellschaften (CCITT) Älterer Name der *Internationalen Fernmeldeunion* (ITU), eine Sonderorganisation der Vereinten Nationen, die weltweit gültige Standards für die Telekommunikation definiert

General Packet Radio Service (GPRS) Ein Standard für die drahtlose Kommunikation bei Geschwindigkeiten bis zu 150 KBit/s. Im aktuellen Mobilfunkstandard GSM überträgt ein Kanal nur 9,6 KBit/s. GPRS nutzt die beschränkte Bandbreite effektiv aus und wird insbesondere zum Übertragen von Daten genutzt.

Groupware Software für die Zusammenarbeit von Gruppen. Sie besteht meist aus unterschiedlichen Werkzeugen (Gruppenablage, Gruppenterminkalender, Mailing etc.). Bei Groupware-Systemen steht die gemeinsame Nutzung von Programm- und Informationsressourcen im Vordergrund. Bekannteste Produkte sind Microsoft Exchange, Microsoft SharePoint und Lotus Notes.

Grundsätze elektronischer Archivierung Anforderungen an elektronische Archivierungssysteme, damit diese als revisonssicher, konsistent und recoveryfähig akzeptiert werden können (revisionssichere Archivierung). Herausgegeben vom VOI.

Grundsätze ordnungsgemäßer DV-gestützter Buchführungssysteme (GoBS) In den GoBS sind die Grundsätze und Regeln zur Buchführung mittels Datenverarbeitungssystemen aufgeführt. Durch sie wird die Behandlung aufbewahrungspflichtiger Daten und Belege in elektronischen Buchführungssystemen sowie in datensicheren Dokumenten-Management- und revisionssicheren Archivsystemen geregelt. Die GoBS behandeln dabei auch Verfahrenstechniken wie das Scannen und die Datenübernahme. Ein wesentlicher Kernpunkt ist das sogenannte Interne Kontrollsystem (IKS). Die GoBS enthalten die Vorgaben für die Verfahrensdokumentation, die zum Nachweis des ordnungsmäßigen Betriebs des Systems erforderlich ist.

Handelsgesetzbuch (HGB) Handelsrechtliche Vorgaben, z.B. zur Buchführungspflicht und dem Führen von Handelsbüchern

Hashing Fingerabdruckverfahren zum schnelleren Identifizieren und Signieren von Dokumenten

Header Dokumentenkopf; der Header eines Dokumetns enthält alle notwendigen Identifizierungs- und Verwaltungsinformationen.

Hewlett Packard Graphic Language (HPGL) Eine von der Firma HP ursprünglich für Plotter entworfene Sprache zur Beschreibung von Strichgrafiken. HPGL hat inzwischen den Status eines Quasistandards für die Ansteuerung von kleinen Plottern erreicht und wird von vielen CAD-Paketen auch zur Ausgabe von Grafiken benutzt.

Hewlett Packard Page Control Language (HPPCL) Eine Seitenbeschreibungssprache für die Drucker der Firma Hewlett Packard. Sie wird auch von Laserdruckern vieler anderer Firmen emuliert.

Hitliste, Trefferliste Ergebnis einer Rechercheanfrage, aus dem der Benutzer ersehen kann, welche Dokumente die angegebenen Suchkriterien erfüllen

Homepage Leitseite einer Website, die im Allgemeinen ein Inhaltsverzeichnis oder Links zu den wichtigsten Seiten dieses Angebotes enthält

Host Rechner, der im Internet Daten (meist mithilfe von Datenbanken) zur Verfügung stellt

Huffman-Code Kodierungs- bzw. Komprimierungsverfahren für Daten. Ein modifizierter Huffman-Code wird zur Kodierung von Fax-Daten verwendet.

Hybrid Hier im Sinne von »medienübergreifend«: Hybride Systeme sind für unterschiedliche Medienformate ausgelegt.

Hyperlink Querverweis in einem Hypertext (z.B. einer HTML-Seite), der funktional einen Sprung an eine andere Stelle innerhalb desselben Dokuments oder zu einem anderen elektronischen Dokument ausführt. Querverweise erscheinen meist als hervorgehobene Stellen in der angezeigten Seite (Hypertext-Link).

Hypertext Markup Language (HTML) Eine textbasierte Auszeichnungssprache zur Strukturierung von Inhalten wie Texten, Bildern und Hyperlinks in Dokumenten. HTML-Dokumente sind die Grundlage des World Wide Web (WWW) und werden von einem Webbrowser dargestellt.

Hypertext Preprocessor (PHP) Eine Skriptsprache mit einer an C und Perl angelehnten Syntax, die hauptsächlich zur Erstellung dynamischer Webseiten oder Webanwendungen verwendet wird. PHP wird als freie Software unter der PHP-Lizenz verbreitet. PHP wird als serverseitige Programmiersprache genutzt und zeichnet sich durch seine Kompatibilität mit vielen Datenbanken aus.

HyperText Transfer Protocol (HTTP) Protokoll für den Datenaustausch über ein Netzwerk, hauptsächlich zum Laden von Seiten aus dem World Wide Web

Identity-Management-System Eine übergreifende Benutzerverwaltung wird in der IT meist als Identity-Management-System bezeichnet.

Image Aus einzelnen Bildpunkten zusammengesetztes elektronisches Abbild eines Papierdokuments (Faksimile, NCI)

Importer Teil eines DMS zur Übernahme von Daten bzw. Dokumenten

Index Der Index eines Dokuments ist die Menge festgelegter Suchinformationen wie Name, Art, Länge und Position für das Retrieval und den Zugriff.

Indexdatenbank Integrierte Referenzdatenbank eines DMS, die die Indexinformationen der abgelegten oder archivierten Dokumente enthält

Indizierung Verfahren zur Erstellung und Erfassung beschreibender und identifizierender Attribute für das schnelle Wiederauffinden gespeicherter Dokumente

Information Retrieval System (IRS) Referenzsystem für die physikalische Adressierung, Verwaltung und Organisation der Dokumente auf optischen Speichern und Jukeboxen

Initial Graphics Exchange Specification (IGES) Ein neutrales, herstellerunabhängiges Datenformat, das dem digitalen Austausch von Informationen zwischen Computer-Aided-Design-Programmen (CAD) dient. Die Anwendung reicht von traditionellen, zweidimensionalen Zeichnungen bis hin zu dreidimensionalen Modellen für Simulationen oder die Fertigung.

Institute of Electrical and Electronics Engineers (IEEE) Ehemals eine US-amerikanische Vereinigung von Fachleuten aus dem Bereich elektronischer Systeme. Inzwischen ist diese Vereinigung international tätig. Neben zahlreichen Fachzeitschriften, die das IEEE herausgibt, veranstaltet es Seminare, Kongresse und ist im Normungsbereich aktiv.

Integrated Services Digital Network (ISDN) Digitale Direktverbindung als Ersatz herkömmlicher Telefonleitungen

Intelligent Character Recognition (ICR) Methode zur Texterkennung in einem NCI-Dokument (z.B. einem gescannten Dokument). Neben OCR-Methoden werden weitere Methoden bei der Texterkennung genutzt (z.B. Wahrscheinlichkeit von Buchstaben, Kontextanalyse, Rechtschreibung), um die Erkennungsrate im Vergleich zu reinen OCR-Verfahen zu verbessern.

Interface Schnittstelle

International Organization for Standardization (ISO) Internationale Dachorganisation nationaler Normierungsgremien mit dem Ziel, internationale Standards für alle Bereiche der Technik zu erarbeiten. ISO-Normen werden in der Regel als europäische und nationale DIN-Normen übernommen.

International Telecommunication Union (ITU) dt. Internationiale Fernmeldeunion. Normierungsgremium der Postgesellschaften, ehemals CCITT. Für DMS relevante Normen: CCITT/3 und 4 (Bildkompression) einschließlich TIFF für Rasterbilder

Internet Internationales Kommunikationsnetz; kooperativ betriebenes, weltweit verteiltes und unkontrolliertes Netzwerk, das Informationen mithilfe festgelegter Regeln (Protokolle) ausstauscht

Internet-Provider Dienstleister, der eine Anbindung an das Internet herstellt und technische Unterstützung beim Aufbau von Internet-Angeboten (Websites) leistet

Intranet Im Gegensatz zum öffentlichen Internet ist ein Intranet ein geschlossenes Netz und auf ein Unternehmen oder einen Firmenverbund begrenzt. Daten und Informationen wie z.B. Websites werden nur innerhalb dieses geschlossenen Netzes bereitgestellt.

ISO 9000 Eine Familie von Standards, die von der International Organization for Standardization (ISO, *www.iso.ch*) genehmigt wird und ein Qualitätssicherungsprogramm definiert. Unternehmen, die diesen Standards entsprechen, können sich nach ISO 9000 zertifizieren lassen. Dies bedeutet, dass das Unternehmen wohldefinierten Verfahren zum Erstellen von Qualitätsprodukten folgt. Zunehmend verlangen Käufer eine ISO-9000-Bescheinigung von ihren Lieferanten.

Java Weitverbreitete betriebssytem- und plattformunabhängige Programmiersprache von Oracle (bis 2010 von Sun Microsystems)

Java DataBase Connectivity (JDBC) Eine Datenbankschnittstelle der Java-Plattform, die eine einheitliche Schnittstelle zu Datenbanken verschiedener Hersteller bietet

Java Enterprise Edition (J2EE bzw. JEE) Unter dem Oberbegriff Java Enterprise Edition (J2EE oder JEE) werden alle Java-Anwendungen zusammengefasst, die der Java-Spezifikation von Sun Microsystems entsprechen. Diese Spezifikation beschreibt eine Softwarearchitektur für die transaktionsbasierte Ausführung von in Java programmierten Anwendungen und insbesondere von Webanwendungen.

Java Specification Request (JSR) Jede Anforderung einer neuen Java-Spezifikation oder einer wichtigen Änderung an einer existierenden Java-Spezifikation wird über einen Java Specification Request gestellt und darüber in den Java-Softwareentwicklungsprozess eingesteuert.

JBIG (bzw. JBIG1 und JBIG2) Von der Joint Bi-level Image Experts Group (JBIG) standardisierte verlustfreie Komprimierungsverfahren für Schwarzweiß- und Farbbilder

JPEG Abkürzung für die Codierung und Komprimierung von Bilddaten nach der Empfehlung der Joint Photographic Experts Group. Das Verfahren ist auf die Speicherung von Halbtonbildern und Farbbildern ausgelegt und erlaubt die Reduzierung des Datenvolumens um den Faktor 2 bis etwa 50.

Jukebox Plattenwechselautomat für optische Speichermedien mit integrierter Robotik zum Wechseln und zur Verwaltung von optischen Speichermedien

Kaskadierbarkeit Ausbau eines DMS, bei dem weitere Komponenten als selbstständige logische und physikalische Einheiten mit übergreifendem Zugriff hinzugefügt werden

Komponentenarchitektur Architektur für Anwendungssysteme, bei der die einzelnen Module als unabhängige Bausteine implementiert sind und je nach Bedarf integriert werden

Komprimierung Datenreduktion unter Verwendung bestimmter festgelegter Verfahren zur Verminderung des Speicherbedarfs und zur Erhöhung der Übertragungsgeschwindigkeit in Netzwerken

Konverter Modul oder Softwareapplikation zur Umwandlung von Quell- in Zielformate, z.B. für den Datenaustausch zwischen unterschiedlichen Applikationen und Diensten, oder die Umwandlung von Dateien in neutrale Formate wie PDF

Kryptografie Verschlüsselung gesamter Objekte zur sicheren Speicherung oder Übertragung in Netzen

LDAP-Verzeichnisse Eine Art von Datenhaltungs- und Verwaltungsprogrammen, die eine invertierte Baumstruktur aufweisen. Sie haben folgende Merkmale:

- häufiger Lesezugriff (geringe Schreibanforderungen)
- online verfügbar
- automatische Replikationsfähigkeit
- flexible und dynamische Strukturanpassung
- flexibles und dynamisches Speichern von Dateninhalten mit unterschiedlichen Arten von Datentypen

Library Dokumentenbibliothek

Lightweight Directory Access Protocol (LDAP) Ein Satz von Protokollen zum Zugreifen auf Informationsverzeichnisse. LDAP basiert auf den Definitionen, die innerhalb des internationalen X.500-Standards enthalten sind, ist aber bedeutend einfacher. Im Gegensatz zu X.500 unterstützt LDAP das TCP/IP-Protokoll.

Logging Protokollierung

LZW Verlustfreier Komprimierungsstandard für Faksimiles

Magneto-Optical-Disc (MO, MOD) Magneto-optisches Speichermedium, das im Gegensatz zu WORM-Platten mehrfach beschrieben und wieder gelöscht werden kann. Da vor einem erneuten Beschreiben eines Plattensektors dieser zuerst gelöscht werden muss, sind diese Platten in der Regel zumindest beim Schreiben deutlich langsamer als normale Magnetplatten. Sie sind nicht empfindlich gegenüber Magnetfeldern. Die aufgezeichnete Information hat bei sachgemäßer Lagerung eine Haltbarkeit von mehr als 10 Jahren.

Mailbox Elektronischer Briefkasten für das Abholen und Ablegen von Post und Nachrichten

Mappen Ordnungsstrukturen, die mehrere Dokumente zusammenfassen (auch *Container*, *Ordner* oder *Register* genannt).

MapReduce Zweistufige Methode (*Map* und *Reduce*) zur effizienten Analyse großer Datenmengen in einer verteilten Umgebung

Messaging API Workflow Framework (MAPI-WF) API-Set von Microsoft zur Ausstattung von Bürokommunikationsanwendungen mit Workflow-Funktionalitäten. Die *Workflow Management Coalition* hat sich für die Verwendung der MAPI-Spezifikationen als »Interface 4« des *Workflow Reference Models* entschieden.

Messaging Application Programming Interface (MAPI) E-Mail-Schnittstelle von Microsoft, die Programmen den Zugriff auf E-Mail-Funktionen ermöglicht. MAPI dient dazu, aus Anwendungsprogrammen heraus E-Mails zu versenden, ohne das E-Mail-Programm öffnen zu müssen.

Metadaten Informationen zur Beschreibung der Eigenschaften von Informationsobjekten und ihren Repräsentationen – insbesondere Daten zur Beschreibung von Dokumenten und ihrer Verwaltung

Microsoft Active Directory Verzeichnisdienst von Microsoft Windows Server. Das Active Directory (AD) verwendet DNS als Namenssystem und tauscht Informationen mit Anwendungen aus, die LDAP oder HTTP unterstützen. Das Snap-in für Active-Directory-Domänen und -Vertrauensstellungen liefert eine grafische Ansicht aller Domänenstrukturen der Gesamtstruktur. So kann der Administrator jede Domäne der Struktur sowie Vertrauensbeziehungen zwischen Domänen verwalten oder den Betriebsmodus für jede Domäne konfigurieren. Sogenannte *Directory Enabled Networks* (DEN) stellen die Verbindung von Infrastrukturkomponenten und -diensten mit dem Active Directory her. Das integrierte Kerberos-Sicherheitsverfahren nutzt eine Datenbank für Personen und Encryption-Keys, wodurch das Active Directory automatisch Vertrauensstellungen (*Trusts*) zwischen Kerberos-Bereichen erstellt.

Middleware Zwischen den eigentlichen Anwendungen und der Betriebsystemebene angesiedelte System- und Netzwerkdienste (z.B. Kommunikation, Protokollierung, Sicherheit, Konverter)

Migration Übernahme von Daten (z.B. Dokumenten) von einem System in ein anderes, beispielsweise im Rahmen eines Wechsels von Anwendungssystemen

Mikrofiche Planfilm im Postkartenformat. Analoges Medium zur Speicherung nichtkodierter Informationen (NCI).

Mikrofilm Rollfilm. Analoges Medium zur Speicherung nichtkodierter Informationen (NCI).

Motion Picture Expert Group (MPEG) Eine Gruppe innerhalb der ISO, die für die Bearbeitung weltweiter Standards zur Kompression digitalisierter Bewegtbilder (einschließlich Farbe) verantwortlich ist. Das nach ihr benannte MPEG-Format komprimiert nicht verlustfrei.

Multimedia Integrierte und interaktive Eingabe, Verarbeitung, Kommunikation und Ausgabe oder Präsentation verschiedenster Informationsarten wie strukturierter Daten, Text, Bild, Grafik, Audio oder Video

Multisession Das Beschreiben einer CD in mehreren Abschnitten. Eine CD lässt sich, sofern Multisession unterstützt wird, in mehreren Abschnitten (in der Regel bis zu 99) beschreiben.

Nearline-Archiv Daten und Dokumente auf einem Medium, das sich im Zugriff des Laufwerks befindet, aber z.B. erst durch eine Robotik eingelegt werden muss

.NET .NET ist Microsofts Software-Plattform zur Entwicklung und Ausführung von Anwendungsprogrammen. .NET ist das Gegenstück zu der J2EE-Spezifikation von Oracle.

Netto-Image Daten eines Dokuments ohne Hintergrundlayout (Overlay)

Non-Coded Information (NCI) Nichtkodierte Informationen sind Bilder, Sprache, Ton, Video etc., die vom Rechner nicht direkt verarbeitbar sind. Eine typische NCI-Anwendung ist die Erfassung von Dokumenten mit Scannern und deren Behandlung als Faksimiles.

NoSQL »Not only SQL« (dt. »nicht nur SQL«) wird als Sammelbegriff für Datenbanken verwendet, die einen nichtrelationalen Ansatz verfolgen. Diese Datenspeicher benötigen keine festgelegten Tabellenschemata und versuchen, Joins zu vermeiden. Bekannte NoSQL-Datenbanken sind Google BigTable und Amazon Dynamo.

Object Linking and Embedding (OLE) MS-Windows-spezifisches Verfahren für die Verknüpfung von Objekten

Object Request Broker (ORB) In der Informationstechnik ein Vermittler, der die Kommunikation von Objekten innerhalb eines verteilten Systems ermöglicht, z.B. innerhalb des Internets. Der Object Request Broker sendet und empfängt Daten zwischen Quell- und Zielsystemen und sorgt für ein eindeutiges Datenformat im Rahmen der Übertragung.

OCX Standard; OCXs (*OLE Controls*) umfassen den VBX-Standard für Entwicklungswerkzeuge und OLE-Automation für Applikationen. Mithilfe von OCXs können z.B. imagebasierte Applikationen für die Imagemanipulation, Annotationen, Thumbnail-Anzeige, Scannerkontrolle oder Administration entwickelt werden.

Offline-Archiv Ein Offline-Archiv befindet sich nicht im direkten Zugriff. Offline-Medien müssen durch einen Operator manuell eingelegt werden und sind erst dann nearline oder online für das System zugreifbar.

OLE Object Linking and Embedding; von Microsoft entwickeltes Objektsystem und Protokoll, das die Zusammenarbeit unterschiedlicher (OLE-fähiger) Applikationen ermöglicht. Auf diese Weise können heterogene Verbunddokumente angelegt werden.

Online-Archiv Dokumente im Online-Archiv befinden sich auf einem Speichermedium, auf das direkte Lese- und Schreibzugriffe möglich sind.

Open Book Standard (OEB) Format für digitale Bücher (E-Books), die mit einem OEB-fähigen E-Book-Lesegerät angezeigt werden können. Version 1.0 wurde im September 1999 verabschiedet. Im Gegensatz zu PDF passt sich das Layout dem Gerätefenster an wie ein HTML-Dokument.

Open Database Connectivity (ODBC) Von Microsoft definierte zugriffsneutrale SQL-Datenbankschnittstelle

Open Document Architecture (ODA; ISO 8613) ISO-Norm zur Beschreibung von Struktur und Inhalt komplexer elektronischer Dokumente

Open Document Management API (ODMA) Von der DMA standardisierte Schnittstelle zwischen Desktop-Applikationen und einem Dokumenten-Management-System

Optical Character Recognition (OCR) Optische Zeichenerkennung. Methode (Software) zur Umwandlung von Texten im Rasterformat (NCI) in eine kodierte, vom Rechner verarbeitbare Zeichenfolge (CI).

OSGi (Open Service Gateway initiative) Der Komponentenstandard der *OSGi Alliance* spezifiziert eine Softwareplattform, mit der per Komponentenmodell Anwendungen und Dienste modularisiert und verteilt werden können. OSGi findet bei der Steuerung und Vernetzung von Geräten z.B. in der Automobilindustrie oder auch in Hausgeräten Verwendung.

OSGi (Open Service Gateway Interface) Der Komponentenstandard der *Open Group*-Organisation gilt als der zukunftsweisende Standard zur Bereitstellung von unabhängigen Anwendungsbausteinen und wird von einer Vielzahl von Herstellern unterstützt.

Outsourcing Das Auslagern von Aktivitäten und Dienstleistungen, die bisher im Unternehmen erbracht wurden, auf externe Dienstleister

Overlay DMS-spezifischer Begriff für das Hintergrundlayout, das mit den Daten eines Dokuments verbunden werden kann und so das ursprüngliche Dokument wiederherstellt

Parser Programm zur syntaktischen Auswertung, Zerlegung und Umwandlung einer beliebigen Eingabe in ein für die Weiterverarbeitung brauchbares Format

Pixel Rasterpunkt; kleinste Maßeinheit bei Scannern

Portable Document Format (PDF) Plattformunabhängiges Dokumentenformat für das Publizieren von gestalteten Text- und Grafikseiten. Das Format wurde von Adobe Systems entwickelt und ist über die Norm ISO 32000-1:2008 (PDF-Version 1.7) definiert.

Portal Portale sind Integrationsplattformen für Inhalte, für Kommunikationsprozesse und für vielfältige Anwendungen. Sie beliefern den Anwender über einen persönlichen Zugang mit den jeweils benötigten Informations- und Applikationssichten und stellen ihm verschiedene Kommunikationswerkzeuge zur Verfügung. Sie werden meist auf Basis von Webtechnologien realisiert.

Prefetch Caching-Mechanismus, der durch vorausschauende Methoden die Wartezeiten auf Dokumente für den nächsten Arbeitsschritt verkürzt

Production-Workflow Im Unterschied zum Ad-hoc-Workflow die elektronische Unterstützung strukturierter bzw. vorstrukturierbarer Vorgänge, bei denen es nur vordefinierte Regeln und Ausnahmen gibt

Prüfkriterien (PK) Prüfkriterien für Dokumenten-Management-Lösungen (DML) – ein Prüfstandard

Records-Management Die dauerhafte und nachvollziehbare Aufzeichnung der Entstehung, des Ablaufs und des Ergebnisses von Geschäftsprozessen mit den dazugehörigen Dokumenten und Daten. Neben den technischen Einrichtungen müssen vor allem die organisatorischen Voraussetzungen und Verantwortlichkeiten geregelt werden. Zum Records-Management gibt es die Norm ISO 15489. Diese definiert Records-Management als eine »als Führungsaufgabe wahrzunehmende, effiziente und systematische Kontrolle und Durchführung der Erstellung, Entgegennahme, Aufbewahrung, Nutzung und Aussonderung von Schriftgut einschließlich der Vorgänge zur Erfassung und Aufbewahrung von Nachweisen und Informationen über Geschäftsabläufe und Transaktionen in Form von Akten«.

Referenzdatenbank Ein spezieller Typ von Fachinformationsdatenbanken, der außer evtl. Titeln und Abstracts nur bibliografische Verweise auf Fachliteratur enthält. Allgemeiner wird darunter auch eine Datenbank verstanden, die nur Verweise und nicht die Objekte selbst verwaltet.

Replikation Die mehrfache Speicherung derselben Daten an meist mehreren verschiedenen Standorten und die Synchronisation dieser Datenquellen. In einem verteilten System von Datenbanken werden in jeder Datenbank die gleichen Informationen gehalten und aktualisiert. Replikation dient üblicherweise der schnellen Verfügbarkeit von Daten an mehreren Orten oder der Verbesserung der Ausfallsicherheit von Systemen.

Repository Dokumentenbestand in einem elektronischen System

REST (REpresentational State Transfer Architecture) Ein Architekturstil im Webservice-Umfeld, der auf dem Internetprotokoll HTTP aufbaut und die Idee widerspiegelt, dass eine URL genau einen Seiteninhalt als Ergebnis einer serverseitigen Aktion darstellt (etwa das Anzeigen einer Trefferliste nach einer Suche), wie dies der Internetstandard HTTP für statische Inhalte vorsieht.

Retrieval Das Suchen bzw. Wiederauffinden von zumeist elektronisch abgelegten Dokumenten, Dokumentengruppen oder ähnlichen Informationsobjekten

Revisionssichere Archivierung Archivierung entsprechend den GoBS; Langzeitspeicherung unveränderlicher Dokumente entsprechend den Aufbewahungsfristen des HGB

Rewritable Beschreibbare optische Speicherplatte, deren Inhalt beliebig oft gelöscht und dann wieder beschrieben (engl. *rewrite*) werden kann

RSA-Verfahren Ein asymmetrisches kryptografisches Verfahren, das sowohl zur Verschlüsselung als auch zur digitalen Signatur verwendet werden kann. Es verwendet ein Schlüsselpaar. Dieses besteht aus einem privaten, geheimen Schlüssel, der zum Entschlüsseln oder Signieren von Daten verwendet wird, sowie aus einem öffentlichen Schlüssel, mit dem man verschlüsselt oder Signaturen prüft. Das Kürzel RSA steht für die Erfinder des Verfahrens: Rivest, Shamir und Adleman.

Scanner Optoelektronisches Gerät zur Digitalisierung von Papier- oder Mikrofilmdokumenten. Der Scanner liefert ein elektronisches Rasterbild der eingescannten Informationen, d.h. ein in einzelne Pixel aufgelöstes Abbild der Vorlage (NCI-Dokument).

Schlagwörter Stichwörter, die den Inhalt eines Dokuments beschreiben sollen

Schwarzwaldgruppe (Black Forest Group) Zusammenschluss großer Anwender, Hersteller, Systemhäuser und wissenschaftlicher Institutionen zur Definition von DMS-Anwenderforderungen

Secure Electronic Transaction (SET) Gesicherter Zahlungsstandard, der dem Internetkunden die bedenkenlose Zahlung per Kreditkarte erlaubt

Secure Hyper Text Transfer Protocol (SHTTP) Protokoll zum sicheren verschlüsselten Daten- und Dokumentenaustausch innerhalb des Internets

Self-contained Object Selbstbeschreibendes Objekt, das seine Verwaltungsinformationen (z.B. Verweise, Verarbeitungsregeln etc.) mit sich trägt

Server Hardware oder Anwendung, die einen bestimmten Dienst zur Verfügung stellt, der von den angeschlossenen Arbeitsstationen (Clients) genutzt werden kann

Service Dienst, den ein Server verschiedenen Clients zur Verfügung stellt, z.B. einen Druckservice oder einen Datenbankservice

Serviceorientierte Architektur (SOA) Ein dienstorientierter Implementierungsansatz der Informationstechnologie

Simple Object Access Protocol (SOAP) Ein Netzwerkprotokoll, das den Austausch von Nachrichten auf Basis der *Extensible Markup Language* (XML) in Computernetzwerken ermöglicht. Typische Anwendungsfälle sind das Verschicken von Daten oder der Aufruf von Funktionen in Anwendungen.

Single Sign-on (SSO) Ein Verfahren, mit dem die Authentifizierung einmalig erfragt wird und dann für mehrere Anwendungen verwendet werden kann

Skalierbarkeit Möglichkeit zum sukzessiven Ausbau einer Anwendung im Fall steigender Lastanforderungen, z.B. hinsichtlich Nutzern, Datendurchsatz, Datenspeicherung, Standorten oder Ähnlichem.

Speicherhierarchie Eine mehrere Ebenen umfassende Speicherhierarchie erlaubt den von verschiedenen Kriterien (wie Kosten, Zugriffsgeschwindigkeit, Zugriffsrate und Speicherplatz) abhängigen Einsatz verschiedener Speichermedien.

Standard Generalized Markup Language (SGML) Von der ISO als ISO-8879 standardisierte Syntax zur soft- und hardwareunabhängigen Struktur- und Inhaltsbeschreibung von Dokumenteninhalten, Klassen und Strukturen. Die bekanntesten auf SGML basierenden Sprachentwicklungen sind HTML und XML.

Stopwort Stopwörter sind Wörter, die bei einer Volltextindizierung ausgeklammert werden. Es sind Wörter, die keine inhaltliche Relevanz für das Dokument haben bzw. zu häufig vorkommen und deshalb nicht zum Suchergebnis beitragen (Beispiele: »und«, »oder«, »der«, »die«, »das«, »für«, »auch«, »ist«, »sind« etc.)

Structured Query Language (SQL) Standardisierte Abfrage- und Bearbeitungssprache für relationale Datenbanken (ISO 9075)

Tagged Image File Format (TIFF) Standardisiertes Dateiformat für Images, das seinen Ursprung im Fax-Standard hat

Text Mining Methoden und Verfahren, um natürlichsprachige Texte automatisch auszuwerten

Thesaurus Ein Thesaurus verbindet und ordnet verwandte Begriffe und Synonyme und zeigt Beziehungen zwischen den beschriebenen Merkmalen der Dokumente auf.

Thumbnail Kleine Voransicht (*Preview*) eines Bildes

Ultra Density Optical (UDO) Das von der Firma *Plasmon* entwickelte Nachfolgeformat der MO-Disk

Unicode Zeichencode, bei dem jedes Zeichen mit 16 Bits verschlüsselt wird. Dadurch ist es möglich, u.a. alle chinesischen und japanischen Zeichen darzustellen. Aus Kompatibilitätsgründen wurden die Zeichen des ASCII-Codes 1:1 übernommen.

Unified Modeling Language (UML) Zum Standard werdende objektorientierte Modellierungssprache, die meist bei der Softwareentwicklung eingesetzt wird

Unique Identifier Der Unique Identifier dient der eindeutigen Identifizierung eines Dokuments.

Universal Description, Discovery and Integration (UDDI) Ein standardisiertes Verzeichnis, das in einer serviceorientierten Architektur (SOA) zur Veröffentlichung der Serviceschnittstelle verwendet wird. Vielerorts wird UDDI auch als »das Telefonbuch der Services« bezeichnet.

Universal Mobile Telecommunications System (UMTS) Ein Mobilfunkstandard der dritten Generation (3G) mit Bandbreiten bis zu 21 Mbit/s.

Vektorgrafik Im Gegensatz zu Rasterbildern, die eine Zeichnung als einzelne Punkte abspeichern, setzt sich eine Vektorgrafik aus einzelnen Elementen wie Linien, Kreisen oder Kurven zusammen. Diese Elemente werden durch Parameter beschrieben, z.B. ein Kreis durch seinen Mittelpunkt und Radius, Linienstärke, Farbe usw.

Verband Organisations- und Informationssysteme e. V. (VOI) Der VOI (früher: *Verband Optische Informationssysteme*) umfasst ca. 170 Mitglieder: vor allem Hersteller und Dienstleister aus der DMS-Branche.

Verbunddokument Ein Dokument, das Informationen unterschiedlicher Formate (z.B. Texte, Grafiken, bewegte und/oder unbewegte Bilder und/oder Sprachelemente) oder aber eingebundene Verweise auf solche Informationen enthält

Verfahrensdokumentation Systembeschreibung eines revisionssicheren Archivs entsprechend den GoBS und den Vorgaben des VOI

Versicherungsaufsichtsgesetz (VAG) Regelt den Vertragsschutz.

Versicherungsvertragsgesetz (VVG) Regelt die Aufbewahrungsfristen für die unterschiedlichen Versicherungsarten.

Versionsmanagement Verwaltung und konsistente Speicherung der unterschiedlichen Versionen von Dokumenten, Programmen etc.

Viewer Programm zur Anzeige von bestimmten Dokumentformaten. Ein Viewer erlaubt keine Bearbeitung der Dokumente.

Volltextdatenbank Datenbank, bei der der gesamte Textinhalt von Dateien indiziert wird und die dadurch eine inhaltliche Suche ermöglicht

Volltextretrieval Suche mittels Volltextdatenbank. Im Gegensatz zu einem Indexretrieval, bei dem nur in indizierten Metadaten gesucht wird, erfolgt bei einem Volltextretrieval die Suche in den Textinhalten.

Vordruck Formatierte und einheitliche Papiervorlage (Formular), in der festgelegte Bereiche mit Informationen auszufüllen sind

Vorgangsbearbeitung Systemunterstützte oder automatisierte ganzheitliche Bearbeitung eines Vorgangs von einem Arbeitsplatz aus. Neben der Vorgangssteuerung beinhaltet die Vorgangsbearbeitung auch die Interpretation auf den Clients. Wird technich oft durch ein Workflow-System unterstützt.

Vorgangssteuerung Ursprünglich Synonym für Workflow. Die Vorgangssteuerung umfasst die Regeln und Parameter für die Abfolge der Arbeitsschritte innerhalb einer Vorgangsbearbeitung.

Web-based Distributed Authoring and Versioning (WebDAV) Ein offener Standard zur Bereitstellung von Dateien im Internet. Mittels WebDAV können Anwender auf die bereitgestellten Dateien und Ordner wie über eine Festplatte zugreifen.

Webservice Eine öffentliche Schnittstelle zur Ausführung von entfernten Funktionsbausteinen. Die Schnittstelle mit den Parametern und Rückgabewerten wird im portablen XML-Format definiert (WSDL). Der Aufruf dieser Funktionen erfolgt über das XML-Protokoll SOAP (Simple Object Access Protocol).

Wide Area Network (WAN) Rechnernetzwerk zur Kommunikation über einen – im Gegensatz zum LAN – sehr großen geografischen Bereich

Wissensmanagement Ein Konzept, bei dem ein beteiligtes Unternehmen bewusst und umfassend für das Unternehmen relevante Informationen und relevantes Wissen sammelt, organisiert, austauscht und analysiert

Workflow (engl: für »Arbeitsfluss«) Computerunterstützte Automatisierung von Geschäftsprozessen oder Vorgängen (daher auch oft als »Vorgangsbearbeitung« bezeichnet). Ein Workflow setzt sich aus einzelnen, zueinander in Abhängigkeit stehenden Aktivitäten zusammen.

Workflow Application Programming Interface (WAPI) API für Client-Workflow-Applikationen und Tools, um auf den Workflow-Enactment-Service zugreifen zu können

Workflow Management Coalition (WfMC) Internationaler Zusammenschluss von über 100 Workflow-Planungssoftware-Anbietern, -Anwendern und -Beratern. Das Ziel der Koalition ist die Entwicklung von Softwarespezifikationen und Standards, um so die Voraussetzungen für die Interoperabilität und Kommunikation verschiedener Workflow-Produkte und -Komponenten in unterschiedlichen Umgebungen zu schaffen.

Write Once Read Many (WORM) Ein einmal beschreibbarer Datenspeicher, bei dem das Löschen, Verändern oder Überschreiben der Daten nicht möglich ist. WORM-Speichermedien werden z.B. für die revisionssichere Langzeitarchivierung eingesetzt.

X.400 ISO-genormter E-Mail-Service (Basisdienst)

X.500 ISO-genormter Verzeichnisdienst

XHTML HTML-Erweiterung, bei der alle HTML-Elemente in XML-Syntax definiert wurden

Zivilprozessordnung (ZPO) Regelt das gerichtliche Verfahren in Zivilprozessen. Sie umfasst grundsätzlich alle für die Fragen des Zivilprozesses relevanten Vorschriften.

Abkürzungen

ABAC	Attribute-based Access Control
ADF	Automatic Document Feeder (Automatischer Dokumenteneinzug)
AGB	Allgemeine Geschäftsbedingungen
AIIM	Association for Information and Image Management
AO	Abgabenordnung
API	Application Programming Inerface
APRP	Adaptive Pattern Recognition Processing
ASCII	American Standard Code for Information Interchange
ASP	Application Service Providing
AWV	Arbeitsgemeinschaft Wirtschaft und Verwaltung e.V.
BDSG	Bundesdatenschutzgesetz
BetrVG	Betriebsverfassungsgesetz
BGB	Bürgerliches Gesetzbuch
BGES	Bundesgesetz über die elektronische Signatur
BLOB	Binary Large Object
BMF	Bundesministerium für Finanzen
BPEL	Business Process Execution Language
BPEL4People	Business Process Execution Language for People
BPEL4WS	Business Process Execution Language for Webservices
BPM	Business Process Management
BpO	Betriebsprüfungsordnung
BPMN2	Business Process Modeling Notation Version 2
BPR	Business Process Reengineering
B2B	(auch »B-to-B«) Business to Business
B2C	(auch »B-to-C«) Business to Consumer
BVB	Bundesverband für Büro- und Informationssysteme
BVIT	Bundesverband Informationstechnologie
CAD	Computer Aided Design

CAE	Computer Aided Engineering
CAP	Consistency, Availability und Partition Tolerance Theorem
CASE	Computer Aided Software Engineering
CCITT	Comité Consultatif International Télégraphique et Téléphonique (heute: ITU-T)
CD	Compact Disc
CD-R	Compact Disc Recordable
CD-ROM	Compact Disc – Read Only Memory
CGI	Common Gateway Interface
CI	Coded Information
CMIS	Content Management Interoperability Services
CMS	Content Management System
COLD	Computer Output to Laser Disc
COM	Computer Output to Microform
COM	Component Object Model
CORBA	Common Object Request Broker Architecture
CPU	Central Processing Unit
CRM	Customer Relationsip Management
DASD	Direct Access Storage Device
DAT	Digital Audio Tape
DCA	Document Center Architecture
DCOM	Distributed Component Object Model
DDE	Dynamic Data Exchange
DEN	Document Enabled Networking
DES	Data Encryption Standard
DFR	Document Filing and Retrieval (gemäß ISO 10166)
DFÜ	Datenfernübertragung
DHT	Distributed Hash Table
DIA	Document Interchange Architecture
DIF	Document Interchange Format
DIN	Deutsche Industrienorm
DIP	Document Image Processing
DMA	Document Management Alliance
DMO	Dokumenten-Management-Organisation
DMS	Dokumenten-Management-System
DNS	Domain Name System
DOMAIN	Distributed Operating Multi Access Interactive Network

DOR	Digital Optical Recording
DPI	Dot per Inch
DSC	Document Structuring Conventions
DSG	Bundesgesetz für den Datenschutz (in der Schweiz)
DSGVO	Datenschutz-Grundverordnung
DSSSL	Document Style Semantics Specification Language
DTD	Document Type Definition
DTP	Desktop Publishing
DVD	Digital Versatile Disc
EAI	Enterprise Application Integration
ECM	Enterprise-Content-Management
ECMA	European Computer Manufactures Association
EDA	Event-Driven Architecture
EDI	Electronic Data Interchange
EDIFACT	Electronic Data Interchange for Administration, Commerce and Transport (gemäß ISO 9735)
EDMS	Enterprise Document Management System
EFD	Eidgenössisches Finanzdepartement
eIDAS	Verordnung (EU) Nr. 910/2014 des Europäischen Parlaments und des Rates vom 23. Juli 2014 über elektronische Identifizierung und Vertrauensdienste für elektronische Transaktionen im Binnenmarkt und zur Aufhebung der Richtlinie 1999/93/EG
EIDI-V	Verordnung des Eidgenössischen Finanzdepartments über elektronisch übermittelte Daten und Informationen
EJB	Enterprise Java Beans
EOD	Erasable Optical Disc
EOS	Erasable Optical Storage
EPK	Ereignisgesteuerte Prozesskette
EPSF	Encapsulated PostScript File
ERP	Enterprise Resource Planning
ERVG	Elektronisches Rechtsverkehrsgesetz
FAT	File Allocation Table
Fax	Kurzform für Telefax
FormAnpG	Formanpassungsgesetz
FormVorAnpG	Formvorschriftenanpassungsgesetz
FTP	File Transfer Protocol
GDPdU	Grundsätze zum Datenzugriff und zur Prüfbarkeit digitaler Unterlagen
GeBüV	Verordnung über die Führung und Aufbewahrung der Geschäftsbücher

GIF	Graphic Inerchange Format (Format für Grafikdateien)
GOÄ	Gebührenordnung für Ärzte
GoB	Grundsätze ordnungsmäßiger Buchführung
GoBD	Grundsätze zur ordnungsmäßigen Führung und Aufbewahrung von Büchern, Aufzeichnungen und Unterlagen in elektronischer Form sowie zum Datenzugriff
GoBS	Grundsätze ordnungsgemäßer DV-gestützter Buchführungssysteme
GPO	Geschäftsprozessoptimierung
GPRS	General Packet Radio Service
HCR	Handprint Character Recognition
HCI	Human Computer Interaction
HGB	Handelsgesetzbuch
HPGL	Hewlett Packard Graphic Language
HPPCL	Hewlett Packard Page Control Language
HPTS	High Performance Transaction System (Hochgeschwindigkeitsverarbeitungssystem für Belegerfassung)
HSM	Hierarchisches Speichermanagement
HTML	Hypertext Markup Language
HTTP	Hypertext Transfer Protocol
ICR	Intelligent Character Recognition
IDM	Identity Management
IDM	Integrated Document Management System
IDW	Institut für Wirtschaftsprüfer in Deutschland e.V.
IEEE	Institute of Electronical and Electronics Engineers
IETF	Internet Engineering Task Force (Internet-Standardisierungsgremium)
IGES	Initial Graphics Exchange Specification
IO	Input-Output
IPFS	Interplanetary File System
IRS	Information Retrieval System
ISDN	Integrated Services Digital Network
ISO	International Organization for Standardization
ITAA	Information Technology Association of Amercia
ITU	International Telecommunication Union
IuKDG	Informations- und Kommunikationsdienste-Gesetz
JEE	(auch J2EE) Java Enterprise Edition
JBIG	Joint Bi-level Image Experts Group
JDBC	Java DataBase Connectivity
JPEG	Joint Photographic Experts Group (und ihr Format für Grafikdateien)

JSON	JavaScript Object Notation
JSR	Java Specification Request
KB	Kilobyte (1024 Bytes)
KTA	Kerntechnischer Ausschuss
LAN	Local Area Network
LDAP	Lightweight Directory Access Protocol
MAPI	Messaging Application Programming Interface
MAPI-WF	Messaging API Workflow Framework
MB	Megabyte (1024 Kilobytes)
MFT	Managed File Transfer
MIS	Management Information System
MOD	(auch MO) Magneto-Optical Disc
MPEG	Motion Picture Experts Group (und ihre Formate für Videokomprimierung)
MTOM	Message Transmission Optimation Mechanism
MWSTG	Mehrwertsteuergesetz (in der Schweiz)
MWSTGV	Verordnung zum Bundesgesetz über die Mehrwertsteuer
MwStSystRL	Mehrwertsteuer-Systemrichtlinie
NCI	Non-Coded Information
NoSQL	Not Only SQL
OAuth	Open Authentication (Authentifizierungsverfahren)
OCR	Optical Character Recognition
OCX	OLE Control Extension
ODA	Open Document Architecture (gemäß ISO 8613)
ODBC	Open Database Connectivity
ODIF	Office Document Interchange Framework (gemäß ISO/TC 154)
ODISS	Optical Digital Image Storage System
ODMA	Open Document Management API
OEB	Open e-Book (Format für E-Books)
OIDC	OpenID Connect (Authentifizierungsverfahren)
OLE	Object Linking and Embedding
OR	Obligationsrecht
ORB	Object Request Broker
OSGi	Open Software Gateway Interface
O-WORM	Optical Write Once Read Many
P2P	Peer-to-Peer (Netzwerkarchitektur)
PDF	Portable Document Format

PHP	Hypertext Preprocessor
PK	Prüfkriterien
PK-DML	Prüfkriterien für Dokumenten-Management-Lösungen
RAID	Redundant Arrays of Independent Discs
RAM	Random Access Memory
RBAC	Role-based Access Control
REST	REpresentational State Transfer Architecture
RIP	Raster Image Processor
Rndz	Randziffer
ROD	Rewriteable Optical Disc
ROM	Read Only Memory
RTF	Rich Text Format
SAML	Security Assertion Markup Lanuage (Authentifizierungsverfahren)
SET	Secure Electronic Transaction
SGML	Standard Generalized Markup Language
SHTTP	Secure HyperText Transfer Protocol
SigG	Signaturgesetz
SOA	Serviceoriented Architecture
SOAP	Simple Object Access Protocol
SPA	Single Page Application
SQL	Structured Query Language
SSLA	Security Service Level Agreements
SSO	Single Sign-on
STS	Secure Token Service
TCP	Transmission Control Protocol
TIFF	Tagged Image File Format (Format für Rasterdateien)
Tz	Textziffer
UDDI	Universal Description, Discovery and Integration
UDO	Ultra Density Optical
UML	Unified Modeling Language
UMTS	Universal Mobile Telecommunications System (Mobilfunkstandard)
URG	Urheberrechtsgesetz (in der Schweiz)
UrhG	Urheberrechtgesetz (in Deutschland)
URI	Uniform Resource Identifier
URL	Uniform Resource Locator
UStG	Umsatzsteuergesetz

VAG	Versicherungsaufsichtsgesetz
VDG	Vertrauensdienstegesetz
VDSG	Verordnung zum Bundesgesetz über den Datenschutz (in der Schweiz)
VOI	Verband Organisations- und Informationssysteme e. V.
VPN	Virtual Private Network
VM	Virtual Machine, virtuelle Maschine
VVG	Versicherungsvertragsgesetz
VZertES	Verordnung über Zertifizierungsdienste im Bereich der elektronischen Signatur
WAN	Wide Area Network
WAPI	Workflow Application Programming Interface
WebDAV	Web-Distribution, Authoring and Versioning
WSDL	Webservice Description Language
XML	eXtensible Markup Language (Syntax-Standard)
YAML	YAML Ain't Markup Language (Syntax-Standard)
ZertDV	Zertifizierungsdienstverordnung
ZertES	Schweizer Bundesgesetz über Zertifizierungsdienste im Bereich der elektronischen Signatur
ZPO	Zivilprozessordnung

Literatur

BECKER 2005 Becker, Joachim; Schroeder, Norbert; Schulze, Dirk Michael; Spinola, Ulrich: *SAP Records Management*, Bonn 2005

BERGWITZ 2012 Bergwitz, Dr. Christoph: *Prozessuale Verwertungsverbote bei unzulässiger Videoüberwachung*, NZA 2012, S. 353

BIEBL 2012 Biebl, Jürgen: *Wofür steht Cloud Cumputing eigentlich?*, in: Wirtschaftinformatik und Management 01.2012; S. 22–28

BOLTEN 1992 Bolten, Rolf; Pulte, Peter: *Aufbewahrungsnormen und -fristen im Personalbereich*, 3. überarbeitete Ausgabe, 2. Aufl., Köln 1992

BORGHOFF 2003 Borghoff, U.; Rödig, P. u.a.: *Langzeitarchivierung*, Heidelberg 2003

BRAND 2003 Brand, Thorsten: *DMS-Systeme helfen PKI auf die Sprünge*, in: Computerwoche 29 (2003)

BRISCH / LAUE 2009 Brisch, Klaus M.; Laue, Philip: *Unified Communications – Rechtliche Stolpersteine auf dem Weg zur einheitlichen Unternehmenskommunikation*, MMR 2009, 813

BURKHARDT 1997 Burkhardt, R: *UML – Unified Modeling Language*, Bonn 1997

BUXMANN 2019 Buxmann, P.; Schmidt H.: *Künstliche Intelligenz*, Berlin 2019

CYGANIAK 2002 *http://www.inf.fu-berlin.de/inst/ag-nbi/lehre/0203/S_XMLT/ausarbeitungen/publishing.pdf*

DAUER 2002 Dauer, Sabine: *Aufbewahrungspflichten*, 1. Aufl., Freiburg im Breisgau 2002

DAVENPORT 1999 Davenport, T.; Prusak, L.: *Das Praxisbuch zum Wissensmanagement*, Landsberg 1999

ENDRES 2000 Endes, A.; Fellner, D.W.: *Digitale Bibliotheken*, Heidelberg 2000

FREUND 2008 Freund, Jakob; Götzer, Klaus: *Vom Geschäftsprozess zum Workflow*, München 2008

FROMM/ NORDEMANN 2008 Fromm/Nordemann: *Urheberrecht*, 10. überarbeitete und ergänzte Auflage, Stuttgart 2008

GABLER 1997 Gabler Wirtschaftslexikon, Wiesbaden 1997

GEIS1995 Geis, Ivo: *Das digitale Dokument*, AWV-Eigenverlag, Eschborn 1995

GEIS1999 Geis, Ivo u.a.: *Rechtsaspekte des elektronischen Geschäftsverkehrs*, 1. Aufl., Eschborn 1999

GEIS2000 Geis, Ivo: *Digitale Unterschrift bürgt für Integrität und Authentizität*, in: Computerwoche 45/2000, S. 112

HARTMANN2000 Hartmann, Matthias: *Gesetzgeber bessert Vertragsrecht für den E-commerce nach*, in: Computerwoche 45/2000, S. 103

HENSTORF1999 Henstorf; Kampffmeyer; Prochnow: *Grundsätze der Verfahrensdokumentation nach GoBS*, VOI-Schriftenreihe Band 4, Darmstadt 1999

KAMPFFMEYER2000 Kampffmeyer, Ulrich; von Bredow, Felix: *Wissen erschließen*, in: Computerwoche Extra-Ausgabe Nr. 6 vom 25.08.2000, S. 4–7

ISO 15489 Leitfaden zur qualitätssicheren Aktenführung

ISO 23081 ISO 23081 Series; Metadata for records

ISO 8613 SO/IEC 8613-1:1994; Information technology - Open Document Architecture (ODA) and interchange format

ISO 8879 Standard Generalized Markup Language

KOOP 2001 Koop, H.J.; Jäckel, K.K.; van Offern, A.L.: *Erfolgsfaktor Content Management*, Braunschweig/Wiesbaden 2001

KORT 2012 Kort, Michael: *Kündigungsrechtliche Fragen bei Äußerungen des Arbeitnehmers im Internet*, NZA 2012, 1321 – beck-online1, *https://beck-online.bec*

LIEBHART 2008 Liebhart, D. et al.: *Business Communication Architecture Blueprint, Leitfaden zur Konstruktion von Output Management Systemen*, München 2008

LOEWENHEIM *Handbuch des Urheberrechts*, 2. Aufl. 2010

LUI 2003 Lui, Berthold: *Revisionssichere elektronische Archivierung*. Verfügbar über: *http://www.forum-fuer-it.de*, 05.09.2003

MANSYREFF2000 Mansyreff, Alexander: *Trustcenter nehmen Händlern die Angst vor dem Haftungsrisiko*, in: Computerwoche 45/2000, S. 122

MARBACHER 2002 Marbacher, Lukas: *Elektronische Buchführung und Archivierung gesetzlich anerkannt*, in: Der Schweizer Treuhänder 6–7/02

MASCHMANN 2012 Maschmann, Frank: *Compliance versus Datenschutz*, NZA-Beilage 2012, S. 50

MEYER 2012 Meyer, Cord: *Einschränkungen der Mitbestimmung im Arbeitskampf*, BB 2012, S. 2753

OBER2001 Oberniedermaier, Gerhard: *Daten- und Dokumentenmanagement mit SAP R/3*, München 2001

o.V. 1999 o.V.: *Aufbewahrungspflichten und -fristen nach Handels- und Steuerrecht*, AWV-Schriften, Erich Schmidt Verlag GmbH & Co., Berlin 1999

PHILIPP 1999 Philipp, Mathias: *Software-Zertifizierung nach IDW PS 880*, in: Proceedings 3th Conference on Quality Engineering in Software Technology and VDE-ITG Workshop on Testing Non-Functional Software-Requirement (CONQUEST '99), Nürnberg, 27.–28. September 1999

RIGGERT 2019 Riggert, W.: *ECM Enterprise-Content-Management*, Wiesbaden 2019

ROSE / BLANKE 2008 Rose, Edgar; Blanke, Thomas: *Die zeitliche Koordinierung der Informations- und Konsultationsansprüche Europäischer Betriebsräte und nationaler Interessenvertretungen bei grenzübergreifender Umstrukturierungsmaßnahmen*, RdA 2008, 65

SANSONE / KANIA 2012 Sansone, Piero; Kania, Thomas: *Möglichkeiten und Grenzen des Pre-Employment-Screenings*, NZA 2012, 360

SCHILL 1996 Schill, A.: *Rechnergestützte Gruppenarbeit*, München u.a. 1996

SCHMIDT 1999 Schmidt, E.: *Aufbewahrungspflicht und -fristen nach Handels- und Steuerrecht*, 7. Aufl., Berlin 1999

SCHNEIDER 2011 Jochen Schneider: *Die Datensicherheit – eine vergessene Regelungsmaterie?*, in: Zeitschrift für Datenschutz 1/2011, S. 6

SCHRADER / DOHNKE 2012 Schrader, Peter; Dohnke, Nancy: *Abmahnung und Datenschutz*

SCHRICKER 2010 Schricker/Loewenheim: *Urheberrecht*, 6. Auflage, München 2020

SCHWAB 2008 Schwab, Tobias: *Ein Konzept für die Einführung von PDF/A für die Langzeitarchivierung von Dokumenten*, Diplomarbeit im Fach Informatik, 2008

SPLITTGERBER / FÜLBIER 2012 Splittgerber, Andreas; Fülbier, Ulrich: *Keine (Fernmelde-)Geheimnisse vor dem Arbeitgeber?*, NJW 2012,1995

STEINBRECHER 2008 Steinbrecher, Wolf; Müll-Schnurr, Martina: *Prozessorientierte Ablage*, Wiesbaden 2008

TIEDEMANN 2012 Tiedemann, Jens: Liss, *Arbeitnehmerdatenschutz in IT-Entwicklungsprojekten*, Diplomica Verlag, Hamburg 2011

UITZ 2012 Uitz, I.; Harnisch, M.: *Der QR-Code – aktuelle Entwicklungen und Anwendungsbereiche*, in: Informatik Spektrum Band 35, Heft 5, Oktober 2012, S. 339–347

VELA 2002 Vela, Michaele: *Mehrwertsteuer/Digitale Unterschrift*, in: Präsentation vom 23.10.2002

WEBER 2003a Weber, Rolf H.: *Kompatibilität von Handels- und Steuerrecht bei der elektronischen Belegverwahrung?*, in: Jusletter (Online-Journal), 03.03.2003. Verfügbar über: *http://www.weblaw.ch*, 05.09.2003

WEBER 2003b Weber, Rolf H.: *Elektronische Belegverwahrung – gutachterliche Stellungnahme für Syntrade AG vom 17.06.2003*

WEDELSTÄDT 2000 von Wedelstädt, A.: *Neuregelungen der Betriebsprüfungsordnung (BpO 2000) und des AEAO zu §§ 193 ff.*, in: DB Heft 27/28 (2000)

WEICHERT 2010 Weichert, Thilo: *Cloud Computing und Datenschutz bei unabhängiges Landeszentrum für Datenschutz Schleswig-Holstein* (17.06.2010), *https://www.datenschutzzentrum.de/uploads/vortraege/20100618-weichert-cloud-computing.pdf*

WIESE 2009 Wiese, Günther: *Personale Aspekte und Überwachung der häuslichen Telearbeit*, RdA 2009, 344

WPHAND 2006 Geib, Gerd; Geldhausen, Hans Fr.; Geldhausen Wolf D.: *WP Handbuch 2006 (Wirtschaftsprüferhandbuch)*, 13 Aufl. IDW Verlag 2006

WUERMELING 2012 Wuermeling, Ulrich: *Beschäftigtendatenschutz auf der europäischen Achterbahn*, NZA 2012, 368

WYBITUL 2012 Wybitul/Selig, *Arbeitnehmerdatenschutz. Das Datenschutzrecht im Spannungsverhältnis von Mitarbeiterkontrolle und Arbeitnehmerinteressen*, Logos Verlag, Berlin 2011

Online-Quellen

BMI-Minikommentar zu § EGovG, *https://www.bmi.bund.de/SharedDocs/downloads/DE/veroeffentlichungen/themen/moderne-verwaltung/e-government-gesetz-minikommentar.pdf*; *https://www.bmi.bund.de/SharedDocs/downloads/DE/veroeffentlichungen/themen/moderne-verwaltung/e-government-gesetz-minikommentar.pdf;jsessionid=B739F223CC26C7E290555AEF4A4A3780.1_cid373?__blob=publicationFile&v=3*

Bundesamt für Sicherheit in der Informationstechnik (BSI), Liste der techn. Richtlinien *https://www.bsi.bund.de/DE/Themen/Unternehmen-und-Organisationen/Standards-und-Zertifizierung/Technische-Richtlinien/TR-nach-Thema-sortiert/tr03125/TR-03125_node.html*

BSI TR_ESOR, *https://www.bsi.bund.de/SharedDocs/Downloads/DE/BSI/Publikationen/TechnischeRichtlinien/TR03138/TR-03138.pdf?__blob=publicationFile&v=5*

Begriffsdefinition Revisionssicherheit, *https://de.wikipedia.org/wiki/Revisionssicherheit*

Bundesministerium der Finanzen, GoBD, *https://www.bundesfinanzministerium.de/Content/DE/Downloads/BMF_Schreiben/Weitere_Steuerthemen/Abgabenordnung/2019-11-28-GoBD.pdf?__blob=publicationFile&v=13*

Simon Roth, Die Schriftlichkeit im Privatrecht: Ein Hindernis zur Digitalisierung, *https://www.lexfutura.ch/was-uns-gerade-beschaeftigt/artikel/die-schriftlichkeit-im-privatrecht-ein-hindernis-zur-digitalisierung/*

Lensdorf / Mayer-Weglin, CR 2009, 545 und ZD 1/20141 Schneider: Datensicherheit *https://datenschutzkonferenz-online.de/media/kp/dsk_kpnr_11.pdf*, Konferenz der unabhängigen Datenschutzbehörden des Bundes und der Länder (Datenschutzkonferenz). Datenlizenz Deutschland – Namensnennung – Version 2.0 (*www.govdata.de/dl-de/by-2-0*).

Bundesamt für Sicherheit in der Informationstechnik, *https://www.bsi.bund.de/SharedDocs/Downloads/DE/BSI/Grundschutz/Kompendium/IT_Grundschutz_Kompendium_Edition2022.pdf?__blob=publicationFile&v=3*, Seite 243 ff.

Neue Datenschutzgesetze der Schweiz, *https://www.bj.admin.ch/dam/bj/de/data/staat/gesetzgebung/datenschutzstaerkung/vdsg/vn-ber.pdf.download.pdf/vn-ber-d.pdf*

https://www.bj.admin.ch/bj/de/home/staat/gesetzgebung/datenschutzstaerkung.html

Thilo Weichert, ULD Schleswig-Holstein, *https://www.datenschutzzentrum.de/uploads/vortraege/20100618-weichert-cloud-computing.pdf*

IHK Konstanz, *https://www.ihk.de/konstanz/recht-und-steuern/steuer-und-finanzpolitik/finverwal/aufbewahrung-von-geschaeftsunterlagen-1672476*

Distributed Ledger Technology, Technologie der verteilten Schlüsselspeicherung (Blockchain-Technologie), Bundesregierung, Blockchain-Strategie, *https://www.bmwk.de/Redaktion/DE/Publikationen/Digitale-Welt/blockchain-strategie.pdf?__blob=publicationFile&v=22*

ISO-Normen 27017 und 27018, Beuth Verlag, *https://www.beuth.de/de/norm/din-en-iso-iec-27017/333970518* und *https://www.beuth.de/de/norm/iso-iec-27018/301539764*

Autoren

Dr. Klaus Götzer studierte Betriebswirtschaftslehre an der Universität München und promovierte in Wirtschaftsinformatik zum Thema »Geschäftsprozessoptimierung«. Er war dann für mehrere Jahre in einem Unternehmen der Luft- und Raumfahrtindustrie in einer Organisationsabteilung als Organisator, Projektleiter und stellvertretender Hauptabteilungsleiter tätig. Anschließend war er in einer Unternehmensberatung für den Bereich »Prozessoptimierung« zuständig und leitete eine Geschäftsstelle. Seit 1993 ist er selbstständig und führt IT- und Organisationsprojekte im Öffentlichen Dienst sowie in Industrie- und Versicherungsunternehmen durch. Hierbei beschäftigt er sich vor allem mit den Themen Geschäftsprozesse, Dokumenten-Management und Workflow. Außerdem führt er Seminare durch, insbesondere zum Thema Dokumenten-Management und Prozessmanagement.

Dr. Patrick Maué studierte und promovierte an der WWU Münster mit dem Schwerpunkt auf der Geoinformatik. In verschiedenen Forschungsprojekten setzte er sich mit der Semantik von Geodaten auseinander. Der fehlende Praxisbezug der Wissenschaft war Grund für ihn, im Anschluss im Namen verschiedenster Unternehmen Digitalisierungsprojekte im deutschen Behördenumfeld technisch und fachlich zu unterstützen. Bei den meisten Projekten stand eine Einführung oder Modernisierung der elektronischen Akte im Mittelpunkt. Als begeisterter Programmierer sucht er stets die Nähe zur praktischen Umsetzung und arbeitet aktiv in Open-Source-Projekten mit. Heute leitet er ein Team von Software-Entwicklern, die Produkte im DMS-Umfeld mit dem Fokus auf dem Sprachverständnis mithilfe maschinellen Lernens entwickeln.

Ulrich Emmert studierte Rechtswissenschaften in Tübingen und wurde 1996 zur Rechtsanwaltschaft zugelassen. Er ist schwerpunktmäßig im Bereich des IT- und Wirtschaftsrechts tätig, insbesondere im Datenschutz- und Kapitalgesellschaftsrecht. In diesem Zusammenhang ist er auch als Datenschutzbeauftragter und als Aufsichtsrat bestellt worden. Zum Thema elektronische Signaturen hat er 2011 die Reviscan-Aktiengesellschaft gegründet, die Software im Bereich qualifizierte elektronische Signaturen und Zeitstempel sowie Datenbankauskunftsdienste bereitstellt. Seit 2003 ist er Lehrbeauftragter für Wettbewerbs-, Urheber- und Onlinerecht an der Hochschule für Wirtschaft und Umwelt Nürtingen-Geislingen.

Im Beck Verlag ist das Buch »Elektronischer Rechtsverkehr« 2021 in 2. Auflage erschienen, das Ulrich Emmert zusammen mit Thomas Degen verfasst hat. Ebenso veröffentlichte er im Jahr 2021 mit Thomas Degen und anderen das Buch »IT- und Datenschutz Compliance« im Boorberg Verlag.

Dank

Derartige Bücher können nur entstehen, wenn neben den Autoren noch weitere Kollegen, Partner und Bekannte daran mitwirken: entweder als Diskussionspartner, die für Anregungen, Tipps usw. sorgen, oder als Lebenspartner und Kinder, die viel Geduld aufbringen während der Zeit, die man mit dem Werk verbringt, oder die auch das Ganze mal Korrektur lesen. Geholfen haben uns ebenso Mitarbeiter der Systemhersteller, die sich um Screenshots und Anwenderberichte bemühten, sowie Anwender, die uns über ihre Erfahrungen informierten. Das Gleiche gilt für die Leserinnen und Leser der vorherigen Auflage, die uns wertvolle Tipps und Vorschläge zur Verbesserung des Buches gaben.

Index

G

H

I

J

K

L

M

N

O

P

Q

R

S

T

U

V

W

X

Z